財務會計

（附習題集）

洪娟 編著

財經錢線

前言

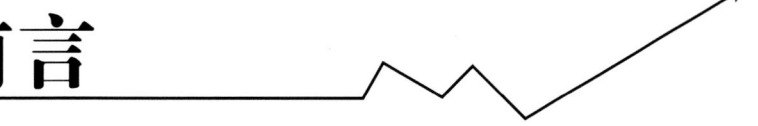

高等職業教育是職業教育體系的重要組成部分，其教材建設是推動高等職業教育發展的重要因素。為了適應高等職業教育「財務會計」課程的教學特點和教學改革，我們編寫了本書。

本書以企業典型工作任務為主線，將財務會計各項目的知識點貫穿起來，實現「教、學、做」合一。其特點如下：

（1）教材內容理論與實踐一體化。本教材的理論知識和實踐操作的關係，是理論隨著實踐走，知識隨著操作走。

（2）教材內容與學生考證相組合。本教材以職業任職資格的獲得為目標，盡力做到傳授知識與培養崗位技能的有機結合，課證融通，真正實現所學與所用的無縫對接。

（3）業務核算能力項目化。本教材通過分析企業經濟業務的特點，將企業的業務進行分解，按業務實現過程編排教學內容，將會計崗位工作進行職能歸納，以應用為目標，體現對職業核心能力進行培養的思路。

（4）教材體現了「教、學、做」一體化。本教材是以工作過程為線索，通過任務來實現知識的學習。這樣在教學中，就能實現教師在做中教，學生在做中學，充分體現「教、學、做」一體化。

本書的項目一、項目二由孫玲編寫；項目三、項目十、項目十三、項目十四由周慧編寫，項目四由趙媛媛編寫，項目五、項目七任務三、項目十二由洪娟編寫，項目六由李玄編寫，項目七任務一由毛政珍編寫，項目七任務二由柳志編寫，項目八由何芳玲編寫，項目九由黃貝編寫，項目十一由劉夢潔編寫，項目十五由湯文思編寫，項目十六由周永麗編寫，項目十七由鐘彩霞編寫。本書在編寫過程中參考了有關專家、

教授編寫的教材和專著，在此表示衷心感謝。

由於時間及編者水準有限，書中難免有疏漏和不當之處，敬請使用本書的師生與讀者批評指正，以便修訂時改進。

編者

目錄

項目一　**會計業務流程** ……………………………………………… (1)
　　任務一　會計業務規範 ……………………………………… (2)
　　任務二　會計業務規則 ……………………………………… (10)
　　任務三　會計業務流程 ……………………………………… (13)

項目二　**貨幣資金業務** ……………………………………………… (16)
　　任務一　庫存現金的核算 …………………………………… (17)
　　任務二　銀行存款支付結算方式及核算 …………………… (19)
　　任務三　其他貨幣資金的核算 ……………………………… (24)

項目三　**往來款項核算業務** ………………………………………… (28)
　　子項目一　應收及預付款項 ………………………………… (29)
　　　　任務一　應收票據業務 ………………………………… (29)
　　　　任務二　應收帳款業務 ………………………………… (34)
　　　　任務三　預付帳款業務 ………………………………… (37)
　　　　任務四　其他應收款業務 ……………………………… (38)
　　　　任務五　應收款項的減值 ……………………………… (39)
　　子項目二　應付及預收款項 ………………………………… (41)
　　　　任務一　應付票據業務 ………………………………… (41)
　　　　任務二　應付帳款業務 ………………………………… (43)
　　　　任務三　應付利息業務 ………………………………… (45)
　　　　任務四　預收帳款業務 ………………………………… (46)
　　　　任務五　其他應付款業務 ……………………………… (47)

項目四　**存貨核算業務** ……………………………………………… (49)
　　任務一　存貨的確認和計量 ………………………………… (50)
　　任務二　原材料按實際成本核算 …………………………… (59)
　　任務三　原材料按計劃成本核算 …………………………… (65)

任務四　週轉材料的核算 ··· (71)
　　任務五　委託加工物資的核算 ··· (75)
　　任務六　庫存商品的核算 ··· (78)
　　任務七　存貨的清查 ··· (81)
　　任務八　存貨的期末計量 ··· (83)

項目五　固定資產核算業務 ··· (89)
　　任務一　固定資產概述 ··· (90)
　　任務二　固定資產初始計量 ··· (92)
　　任務三　固定資產後續計量 ··· (96)
　　任務四　固定資產後續支出 ··· (99)
　　任務五　固定資產的處置 ·· (101)
　　任務六　固定資產的清查 ·· (103)
　　任務七　固定資產的期末計量 ··· (104)

項目六　無形資產及其他資產核算業務 ··· (107)
　　任務一　無形資產的確認和初始計量 ··· (108)
　　任務二　內部研究開發支出的確認和計量 ·· (111)
　　任務三　無形資產的後續計量 ··· (115)
　　任務四　無形資產的處置和報廢 ·· (119)
　　任務五　其他非流動資產 ·· (120)

項目七　投資核算業務 ·· (123)
　　子項目一　金融資產 ··· (124)
　　　　任務一　以公允價值計量且其變動計入當期損益的金融資產 ················· (125)
　　　　任務二　以攤餘成本計量的金融資產 ·· (127)
　　　　任務三　以公允價值計量且其變動計入其他綜合收益的金融資產 ············ (130)
　　　　任務四　金融資產減值 ·· (136)
　　子項目二　長期股權投資 ··· (138)
　　　　任務一　長期股權投資初始計量 ··· (139)
　　　　任務二　長期股權投資後續計量 ··· (146)
　　　　任務三　長期股權投資的處置 ·· (151)
　　子項目三　投資性房地產 ··· (151)
　　　　任務一　投資性房地產概述 ··· (152)
　　　　任務二　投資性房地產初始計量與後續計量 ····································· (155)

任務三　投資性房地產後續支出的核算 ·················· (159)
　　　任務四　投資性房地產的轉換和處置 ···················· (161)

項目八　稅費核算業務 ·· (169)
　　任務一　應交增值稅 ·· (170)
　　任務二　應交消費稅 ·· (175)
　　任務三　其他應交稅費 ·· (178)

項目九　職工薪酬核算業務 ·· (182)
　　任務一　職工薪酬概述 ·· (183)
　　任務二　職工薪酬的核算 ·· (184)

項目十　籌資核算業務 ·· (192)
　　子項目一　負債籌資的核算 ······································ (193)
　　　任務一　短期借款 ·· (193)
　　　任務二　長期借款 ·· (195)
　　　任務三　應付債券 ·· (196)
　　　任務四　長期應付款 ·· (202)
　　子項目二　權益籌資的核算 ······································ (205)
　　　任務一　實收資本 ·· (205)
　　　任務二　其他權益工具 ·· (211)
　　　任務三　資本公積和其他綜合收益 ······························ (214)
　　　任務四　留存收益 ·· (217)

項目十一　收入、費用和利潤核算業務 ······························ (221)
　　子項目一　收入核算業務 ·· (222)
　　　任務一　收入的確認和計量 ···································· (222)
　　　任務二　在某一時段內履行的履約義務收入的確認與核算 ·········· (224)
　　　任務三　在某一時點履行的履約義務的確認與核算 ················ (229)
　　子項目二　費用核算業務 ·· (234)
　　　任務一　主營業務成本與稅金及附加的確認與核算 ················ (234)
　　　任務二　期間費用的確認與核算 ································ (236)
　　子項目三　利潤核算業務 ·· (237)
　　　任務一　利潤的核算 ·· (237)
　　　任務二　利潤分配的核算 ······································ (239)

項目十二　非貨幣性資產交換核算業務·······································(243)
　　任務一　非貨幣性資產交換的認定·······································(244)
　　任務二　非貨幣性資產交換的確認和計量·································(244)

項目十三　債務重組核算業務···(256)
　　任務一　債務重組方式···(257)
　　任務二　債務重組的會計處理··(258)

項目十四　或有事項核算業務···(267)
　　任務一　或有事項概述···(268)
　　任務二　或有事項的確認和計量···(270)
　　任務三　或有事項會計處理原則的應用··································(275)
　　任務四　或有事項的列報··(282)

項目十五　借款費用核算業務··(285)
　　任務一　借款費用的範圍··(286)
　　任務二　借款費用的確認··(286)
　　任務三　借款費用的計量··(291)

項目十六　所得稅費用業務··(300)
　　任務一　所得稅核算基本原理··(301)
　　任務二　計稅基礎與暫時性差異···(302)
　　任務三　遞延所得稅資產及負債的確認和計量·······················(311)
　　任務四　所得稅費用的確認和計量······································(314)

項目十七　財務報告··(318)
　　任務一　財務報告概述···(319)
　　任務二　資產負債表···(321)
　　任務三　利潤表···(329)
　　任務四　現金流量表···(333)
　　任務五　所有者權益變動表··(344)

項目一　會計業務流程

本項目為財務會計課程的基本項目，通過學習，學生要明白財務會計課程的兩大任務：一是掌握會計崗位操作技能；二是處理會計業務，編製會計報表。

【項目工作目標】

⊙知識目標

理解財務會計的目標，掌握會計的基本假設、會計基礎、會計信息質量要求、會計要素、財務報告的相關概念和內容。

⊙技能目標

通過本項目的學習，學生要明白本課程的兩大任務：編製企業會計報表、掌握會計崗位操作技能。

【任務導入】

常言道：「沒有規矩不成方圓。」你瞭解會計業務的游戲規則嗎？即將學習財務會計業務的你，是否在對未來會計工作充滿期望的同時，也在考慮自己如何能在未來的會計工作崗位上得心應手，大展宏圖。本項目將告訴你：會計工作的第一步就是掌握和瞭解會計的操作規則和業務流程。

【進入任務】

任務一　會計業務規範
任務二　會計業務規則
任務三　會計業務流程

任務一　會計業務規範

在中國，車輛靠右行；在日本，則靠左行。這無關對錯，然而一旦選定，這個交通規則就必須遵守。至於這個規則是否絕對正確，並不是問題的所在，沒有人會堅持說只有靠右側通行才是最正確的。財務會計的成立，也基於同樣的道理。從事財務會計工作不能隨心所欲，因為，財務會計並不像自然科學那樣追求一種絕對的真理，而是追求一種建立在既定規則之上的、相對的真實。這就要求會計工作無論是在工作程序和工作形式上，還是在會計所反應的實質內容上，都必須按照公認的會計規範來進行。

一、會計核算的基本前提與會計基礎

（一）會計基本前提

會計核算的基本前提也稱會計假設，是指為了保證會計工作的正常進行和會計信息的質量，對會計核算的範圍、內容、基本程序和方法所做的基本限定。中國財政部公布並實施的《企業會計準則》中，明確規定了四項基本前提，包括會計主體、持續經營、會計分期、貨幣計量。

1. 會計主體

會計主體又稱會計實體、會計個體，它是指會計人員所核算和監督的特定單位。會計主體是指經營上或經濟上具有獨立性或相對獨立性的單位。比如它可以是股份公司、一個合夥企業或獨資企業，也可以是一個企業的某一特定部分，如分公司、內部部門、銷售區域、零售點等，關鍵要明確會計人員是在核算誰的業務。

會計核算時，必須首先明確會計主體。會計主體前提是持續經營前提、會計分期前提和全部會計準則的基礎。因為，如果不限定會計的空間範圍，會計工作就無法進行，《企業會計準則》明確指出：「會計核算應當以企業發生的各項經濟業務為對象，記錄和反應企業本身的各項生產活動。」會計只記錄會計主體的帳，只核算和監督會計主體所涉及的經濟業務。會計主體通常是指獨立核算的企業或企業的一部分。

會計主體不同於法律主體，一般來說，法律主體必然是一個會計主體，會計主體不一定是法律主體。法律主體是指在政府部門註冊登記，有獨立的財產，能夠承擔民事責任的法律實體，它強調企業與各方面的經濟法律關係。會計主體則是按照正確處理所有者與企業的關係，以及正確處理企業內部關係的要求而設立的。儘管所有經營法人都是會計主體，但有些會計主體就不一定是法人。

2. 持續經營

《企業會計準則》規定：「會計核算應當以企業持續、正常的生產經營活動為前提。」有了持續經營這個前提條件，對資產按實際成本（歷史成本）計價、折舊、費用的分期攤銷才能正常進行。否則，資產的評估、費用在受益期分配、負債按期償還，以及所有者權

益和經營成果將無法確認。

持續經營是指會計主體的生產經營活動在可預見的未來，將無限期地延續下去，即會計主體在可預見的未來不會破產清算，它所擁有的資產，將按既定的目標投入正常的營運，所承擔的債務責任將如期履行。它界定會計工作的時間界限。

3. 會計分期

《企業會計準則》規定：「會計核算應當劃分會計期間，分期結算帳目和編製會計報表。會計期間分為年度、季度和月份。年度、季度和月份的起訖日期採用公歷日期。」中外各國都以會計年度作為會計期間，其起訖日一般與本國的財政預算年度相同。

會計分期前提是持續經營前提的補充，會計核算方法和原則只有建立在持續經營的前提下，按照會計期間分期記錄、計算、匯總和報告，才能達到會計預定的目標。

會計分期是指把企業連續不斷的經營活動過程，合理地劃分為若干較短的、等間距的「區間」。它是對會計主體時間範圍的具體劃分的假定。這種確定企業進行結帳和編製財務報告所規定的起訖日期，稱為會計期間。

會計分期的目的在於定期（月末、季末、半年末、年末）反應企業的財務狀況和經營成果並進行各期之間的比較。有了會計期間劃分，才產生了本期與非本期的區別。由於對跨越兩個以上會計期間的經濟業務要進行攤配，從而產生了權責發生制和收付實現制。

4. 貨幣計量

貨幣計量是指在會計核算中，以貨幣作為統一計量單位。根據《企業會計準則》的規定，「會計核算以人民幣為記帳本位幣。業務收支以外幣為主的企業，也可以選擇某種外幣作為記帳本位幣，但編製的會計報表應當折算為人民幣反應。」

會計核算和監督必須借助貨幣作為衡量手段，但貨幣作為一種特殊商品，其自身價值也在不斷變化，而會計核算很難根據貨幣自身的變化及時做出反應，這就自然提出了假設幣值穩定不變的會計核算前提，因此，在會計核算和會計報表體系中不考慮幣值變化的因素。

上述會計核算的四項基本前提，具有相互依存、相互補充的關係。會計主體確立了會計核算的空間範圍，持續經營與會計分期確立了會計核算的時間長度，而貨幣計量則為會計核算提供了必要手段。沒有會計主體，就不會有持續經營；沒有持續經營，就不會有會計分期；沒有貨幣計量，就不會有現代會計。

(二) 會計基礎

企業會計的確認、計量和報告應當以權責發生制為基礎。

權責發生制又稱應收應付制，它是以款項收付是否應計入本期為標準來確定本期的收入和費用的一種技術處理方法。企業應當以權責發生制為基礎進行會計確認、計量和報告。

採用這種方法處理時，凡是當期已經實現的收入和已經發生或應當負擔的費用，不論款項是否收付，都應當作為當期的收入和費用，計入利潤表；凡不屬於當期的收入和費用，即使款項已於當期收付，也不應當作為當期的收入和費用。

收付實現制又稱實收實付制。它是以款項的實際收付為標準來確定本期收入和費用的一種技術處理方法。採用這種方法處理時，凡當期收到的收入和支付的費用，不論是否歸屬本期，都作為本期的收入和費用處理；凡本期未收到的收入和未支付的費用，不論是否歸屬本期，均不作為本期的收入和費用處理。由於款項的收付實際上以現金收付為準，所以一般稱之為現金制或實收實付制。

二、會計信息質量要求

會計信息質量要求是對企業財務報告中所提供的會計信息質量的基本要求，是使財務報告中所提供的會計信息對使用者決策有用所應具備的基本特徵。它包括可靠性、相關性、可理解性、可比性、實質重於形式、重要性、謹慎性和及時性等。

（一）可靠性

企業應當以實際發生的交易或者事項為依據進行會計確認、計量和報告，如實反應符合確認和計量要求的各項會計要素及其他相關信息，保證會計信息真實可靠、內容完整。

（二）相關性

企業提供的會計信息應當與財務會計報告使用者的經濟決策需要相關，有助於財務會計報告使用者對企業過去、現在或者未來的情況做出評價或者預測。

（三）可理解性

企業提供的會計信息應當清晰明了，便於財務會計報告使用者理解和使用。

（四）可比性

可比性要求企業提供的會計信息應當具有可比性，主要包括兩層含義：

（1）同一企業不同時期可比。這要求同一企業不同期間發生的相同或者相似的交易或者事項，應當採用一致的會計政策，不得隨意變更；確需變更的，應當在附註中說明。

（2）不同企業相同會計期間可比。這要求不同企業同一會計期間發生的相同或者相似的交易或者事項，應當採用規定的會計政策，確保會計信息口徑一致、相互可比。

（五）實質重於形式

企業應當按照交易或者事項的經濟實質進行會計確認、計量和報告，不應僅以交易或者事項的法律形式為依據。如果企業僅僅以交易或者事項的法律形式為依據進行會計確認、計量和報告，那麼就容易導致會計信息失真，無法如實反應經濟現實和實際情況。

在實務中，交易或者事項的法律形式並不總能完全真實地反應其實質內容。所以，會計信息要想反應其所應反應的交易或事項，就必須根據交易或事項的實質和經濟現實來進行判斷，而不能僅僅根據它們的法律形式。

（六）重要性

企業提供的會計信息應當反應與企業財務狀況、經營成果和現金流量等有關的所有重要交易或者事項。

重要性的應用需要依賴職業判斷，企業應當根據其所處環境和實際情況，從項目的性質和金額兩方面加以判斷。

（七）謹慎性

企業對交易或者事項進行會計確認、計量和報告應當保持應有的謹慎，不應高估資產或者收益、低估負債或者費用。

在市場經濟環境下，企業的生產經營活動面臨著許多風險和不確定性，如應收款項的可收回性、固定資產的使用壽命、無形資產的使用壽命、售出存貨可能發生的退貨或者返修等。企業在面臨不確定性因素的情況下做出職業判斷時，要保持應有的謹慎，充分估計各種風險和損失，即不高估資產或者收益、低估負債或者費用。

但是，謹慎性的應用並不允許企業設置秘密準備，如果企業故意低估資產或者收益，或者故意高估負債或者費用，將不符合會計信息的可靠性和相關性要求，損害會計信息質量，扭曲企業實際的財務狀況和經營成果，從而對使用者的決策產生誤導，這是會計準則所不允許的。

（八）及時性

企業對於已經發生的交易或者事項，應當及時進行會計確認、計量和報告，不得提前或者延後。

會計信息的價值在於幫助使用者做出經濟決策，因此具有時效性。即使是可靠、相關的會計信息，如果不及時提供，就會失去時效性，其對於使用者的效用就大大降低，甚至不再具有任何意義。

在會計確認、計量和報告的過程中貫徹及時性，一是要求及時收集會計信息；二是要求及時處理會計信息；三是要求及時傳遞會計信息。

三、會計要素

中國《企業會計準則》將會計要素規定為「資產」「負債」「所有者權益」「收入」「費用」「利潤」六大類。

其中：資產、負債、所有者權益反應企業的財務狀況，是靜態會計要素，這三個要素構成了資產負債表；收入、費用、利潤反應企業在一定時期的經營成果，是動態會計要素，這三個要素構成了利潤表。

（一）資產

1. 定義

資產是指由企業過去的交易、事項形成的並由企業擁有或控制的、預期會給企業帶來經濟利益的資源。

2. 特徵

（1）資產能夠直接或間接地給企業帶來經濟利益。

作為企業的資產，無論是廠房、設備、存貨還是債權，都應能直接地（通過銷售手段）或間接地（通過成本價值的轉移）給企業帶來經濟利益。而那些長期無法收回的款項、嚴重損壞而無法使用的設備等，不能為企業帶來經濟利益的，就不能再作為資產列支了。因此，資產要能夠直接或間接地給企業帶來經濟利益。

(2) 資產是為企業所擁有或控制的。

有些資產企業並不擁有「所有權」，但可以「控制」它，如融資租入的固定資產，根據「實質重於形式」原則，它也屬於企業的資產。

(3) 資產是由過去的交易或事項形成的。

強調「過去」發生，談判中的交易或事項不能作為企業的資產。

3. 分類

為了更好地對企業的資產進行管理和核算，我們還將企業的資產做了以下的分類。

企業的資產按其流動性，通常可分為流動資產和非流動資產。

所謂流動資產，是指現金以及其他能在一年或超過一年的一個營業週期內變現或被耗用的資產。所謂營業週期是指企業自投入資金—購買原料—制成產品—銷售產品—再收回資金的過程。大部分行業一年有幾個營業週期，則其資產按年劃分為流動資產和非流動資產；而某些特殊行業，如造船、重型機械等，其營業週期往往超過一年，則其資產按營業週期劃分。

流動資產通常包括庫存現金、銀行存款、交易性金融資產、應收票據、應收帳款、庫存商品等。

所謂非流動資產是指在1年或超過1年的一個營業週期以上才能變現或被耗用的資產。

非流動資產通常包括長期股權投資、固定資產、無形資產和其他資產等。

(二) 負債

如果說，資產是企業的權利，那麼，負債就是企業的義務。

1. 定義

負債是企業過去的交易、事項形成的現時義務，履行該義務預期會導致經濟利益流出企業。負債是籌資的主要渠道。

2. 特徵

(1) 負債的清償預期會導致經濟利益流出企業。

清償負債導致經濟利益流出企業的形式多種多樣，如用現金償還或以實物資產償還；以提供勞務償還；轉移資產償還；將負債轉為所有者權益，如中國目前試行的國有企業債轉股業務。

(2) 負債是由過去的交易或事項形成的。

不能根據談判中的交易或事項或計劃中的經濟業務來確認負債。

3. 分類

按照流動性對負債進行分類，可以分為流動負債和非流動負債。

流動負債，是指將在1年（含1年）或者超過1年的一個營業週期內償還的債務，包括短期借款、應付票據、應付帳款、預收帳款、應付職工薪酬、應付股利、應交稅費、其他暫收應付款項和一年內到期的長期借款等。

非流動負債是指償還期在1年或超過1年的一個營業週期以上的各種債務，通常包括

長期借款、應付債券、長期應付款等。各項長期負債應當分別進行核算，並在資產負債表中分列項目反應。將於 1 年內到期償還的長期負債，在資產負債表中應當作為一項流動負債，單獨反應。

(三) 所有者權益

1. 定義

所有者權益是指企業資產扣除負債後由所有者享有的剩餘權益，即企業的淨資產。對股份有限公司來說，所有者權益又稱為股東權益。

2. 特徵

(1) 它是一種剩餘權益。

(2) 除非發生減資、清算，企業不需要償還所有者權益。企業清算時，只有在清償所有的負債後，所有者權益才返還給所有者。

(3) 所有者憑藉所有者權益能夠參與利潤的分配。所有者權益在性質上體現為所有者對企業資產的剩餘權益，在數量上也就體現為資產減去負債後的餘額。

3. 所有者權益的來源構成

所有者權益包括實收資本（或股本）、資本公積、其他綜合收益、盈餘公積和未分配利潤。

(1) 實收資本（或股本）是指投資者按照企業章程或者協議的約定，實際投入企業的資本。它是企業註冊成立的基本條件之一，也是企業承擔民事責任的財力保證。

(2) 資本公積是企業收到投資者投入的超出其在註冊資本或股本中所占份額的投資，以及其他資本公積等。資本公積包括資本溢價（或股本溢價）和其他資本公積。

(3) 其他綜合收益是指企業根據企業會計準則的規定未在當期損益中確認的各項利得和損失。它包括以後會計期間不能重分類進損益的其他綜合收益和以後會計期間滿足規定條件時將重分類進損益的其他綜合收益兩類。

(4) 盈餘公積是指企業按照有關規定從稅後利潤中提取的各種公積金，包括法定盈餘公積、任意盈餘公積等。

(5) 未分配利潤是指企業留存於以後年度分配或本年度待分配的利潤。

其中，盈餘公積和未分配利潤又合稱為留存收益。

4. 所有者權益與負債有著本質的不同

(1) 負債要償還，而所有者權益不需償還。

(2) 負債要支付報酬，所有者權益不需支付。

(3) 清算時，負債要優先於所有者權益。

(4) 所有者權益參與企業經營決策及利潤分配，而負債不能參與其中。

(四) 收入

1. 定義

收入是指企業在日常活動中所形成的、會導致所有者權益增加的、與所有者投入資本無關的經濟利益的總流入。

2. 特徵

（1）收入是從企業的日常經營活動中產生，而不是從偶發的交易或事項中產生。後者稱之為利得，如出售固定資產的淨收益、因其他企業違約收取的罰款、接受政府補助等，不屬於收入範疇。

（2）收入可能表現為企業資產的增加，或負債的減少，或二者兼而有之。如商品銷售的貨款部分用於抵債，部分收取現款。

（3）收入能引起企業所有者權益的增加。

（4）收入只包括本企業經濟利益的流入，而不包括為第三方或客戶代收的款項。

3. 分類

（1）按照企業所從事日常活動的性質，收入有三種來源：一是銷售商品，取得現金或者形成應收款項；二是提供勞務；三是讓渡資產使用權，主要表現為對外貸款、對外投資或者對外出租等。

（2）按照日常活動在企業所處的地位，收入可分為主營業務收入和其他業務收入。

（五）費用

1. 定義

費用是指企業日常活動中所發生的、會導致所有者權益減少的、與向所有者分配利潤無關的經濟利益的總流出。

2. 特徵

（1）費用是企業在日常活動中發生的經濟利益的流出，而不是從偶發的交易或事項中發生的經濟利益的流出。

（2）費用可能表現為資產的減少，或負債的增加，或二者兼而有之。

（3）費用將引起所有者權益的減少。

3. 分類

費用按用途分為生產成本和期間費用。

（1）生產成本：直接費用、間接費用。

（2）期間費用：管理費用、財務費用、銷售費用。

（六）利潤

1. 定義

利潤是企業在一定會計期間的經營成果，也就是收入費用配比後的差額。因此，利潤往往是評價企業管理層業績的一項重要指標，也是投資者等財務報告使用者進行決策時的重要參考。利潤包括收入減去費用後的淨額、直接計入利潤的利得和損失等。其中收入減去費用後的淨額反應的是企業的日常活動的業績，直接計入利潤的利得和損失反應的是企業的非日常活動的業績。

2. 分類

利潤按其形成的來源不同，現行制度將其分為營業利潤和營業外收支淨額。

營業利潤＝營業收入－營業成本－稅金及附加－銷售費用－管理費用－財務費用－研發費

用+其他收益+投資收益（-投資損失）+公允價值變動收益（-公允價值變動損失）-資產減值損失-信用減值損失+資產處置收益（-資產處置損失）

利潤總額＝營業利潤+營業外收入-營業外支出

淨利潤＝利潤總額-所得稅費用

四、會計要素計量屬性

會計計量是為了將符合確認條件的會計要素登記入帳並列報於財務報表而確定其金額的過程。企業應當按照規定的會計計量屬性進行計量，確定相關金額。從會計角度，計量屬性反應的是會計要素金額的確定基礎，主要包括歷史成本、重置成本、可變現淨值、現值和公允價值等。

（一）歷史成本

歷史成本，又稱為實際成本，就是取得或製造某項財產物資時所實際支付的現金或其他等價物。在歷史成本計量下，資產按照其購置時支付的現金或者現金等價物的金額，或者按照購置資產時所付出的對價的公允價值計量。負債按照其因承擔現時義務而實際收到的款項或者資產的金額，或者承擔現時義務的合同金額，或者按照日常活動中為償還負債預期需要支付的現金或現金等價物的金額計量。

（二）重置成本

重置成本又稱現行成本，是指按照當前市場條件，重新取得同樣一項資產所需支付的現金或現金等價物金額。在重置成本計量下，資產按照現在購買相同或者相似資產所需支付的現金或者現金等價物的金額計量。負債按照現在償付該項債務所需支付的現金或現金等價物金額計量。在實務中，重置成本多應用於盤盈固定資產的計量等。

（三）可變現淨值

可變現淨值是指在正常生產經營過程中，以預計售價減去進一步加工成本和銷售費用所必需的預計稅金費用後的淨值。在可變現淨值計量下，資產按照其正常對外銷售所能收到現金或者現金等價物的金額扣減該資產至完工時估計將要發生的成本、估計的銷售費用以及相關稅金後的金額計量。可變現淨值通常應用於存貨資產減值情況下的後續計量。

（四）現值

現值是指對未來現金流量以恰當的折現率進行折現後的價值，是考慮貨幣時間價值的一種計量屬性。在現值計量下，資產按照預計從其持續使用和最終處置中所取得的未來淨現金流入量的折現金額計量。負債按照預計期限內需要償還的未來淨現金流出量的折現金額計量。

（五）公允價值

公允價值是指在公平交易中，熟悉情況的交易雙方自願進行資產交換或者債務清償的金額。在公允價值計量下，資產和負債按照在公平交易中，熟悉情況的交易雙方自願進行資產交換或者債務清償的金額計量。

任務二　會計業務規則

一、會計憑證的填製規則

會計憑證是記錄經濟業務、明確經濟責任，作為記帳依據的書面證明。

正確填製和嚴格審核會計憑證是會計核算的一種專門方法，會計核算就是從編製憑證開始的。

（一）原始憑證的填製要求

要做好原始憑證的填製工作，首先，要使所有經辦人員都能充分認識到原始憑證在經營管理中的重要作用。其次，要加強經營管理上的責任制，促使有關人員都能嚴格按財務會計制度和手續辦事。

為了正確、完整、及時記錄各項經濟業務，有必要對原始憑證的填製提出明確要求。概括起來，填製要求有以下幾點：

1. 記錄真實

記錄真實，就是要實事求是地填寫經濟業務，原始憑證填製日期、業務內容、數量、金額等必須與實際情況相一致，確保憑證所記錄的內容真實可靠。

2. 內容完整

原始憑證上各項內容要逐項填製齊全，不得遺漏。

3. 填製及時

相關人員應根據經濟業務發生或完成情況及時填製，不能提前，也不能事後補辦。

4. 書寫清楚

填寫原始憑證要字跡清晰，易於辨認，大小寫金額填寫要符合規定，發生差錯要按規定的方法更正。涉及現金、銀行存款收付的原始憑證，如發票、收據、支票等，都有連續編號，應按號碼連續使用，這類憑證如有填寫錯誤，應予作廢重填，並在填錯的憑證上加蓋「作廢」戳記，與存根一起保存，不得任意銷毀。

金額的填寫要符合下列規範：

（1）小寫金額的填寫。阿拉伯數字應一個一個地寫，不得連筆寫。阿拉伯金額數字前面應寫貨幣符號，貨幣符號與阿拉伯金額數字之間不得留有空白。凡阿拉伯數字前寫有貨幣符號的，數字後面不再寫「元」字。

所有以元為單位的阿拉伯數字，除表示單價等情況外，一律填寫到角分，無角分的應寫「00」，有角無分，分位應寫「0」，不得用符號「-」代替。

（2）漢字大寫金額數字，一律用正楷字或行書字體書寫，不得任意編造簡化字。大寫金額數字滿拾元而不足貳拾元的，應在「拾」字前加寫「壹」字；大寫金額數字到元或角為止的，在「元」或「角」字之後應寫「整」字。

(3) 阿拉伯金額數字中間有「0」時，漢字大寫金額要寫「零」字。
(4) 凡填有大寫和小寫金額的原始憑證，大寫和小寫金額必須相符。
(二) 記帳憑證的填製要求
各種記帳憑證必須按規定及時、準確、完整地填製。基本要素填寫要求如下：
1. 日期的填寫
現金收付記帳憑證的日期以辦理收付現金的日期填寫；銀行付款業務的記帳憑證，一般以財會部門開出付款單據的日期或承付的日期填寫；銀行收款業務的記帳憑證，一般按銀行進帳單或銀行受理回執的戳記日期填寫；月末結轉的業務，按當月最後一天的日期填製。
2. 摘要的填寫
填寫的摘要，一要真實準確，其內容與經濟業務的內容和所附原始憑證的內容相符；二要簡明扼要，書寫整齊清潔。
3. 會計科目的填寫
會計科目的填寫應填寫會計科目的全稱或會計科目的名稱和編號，不得簡寫或只填會計科目的編號而不填名稱。需填明細科目的，應在「明細科目」欄填寫明細科目的名稱。
4. 金額的填寫
記帳憑證的金額必須與原始憑證的金額相符。在記帳憑證的「合計」行填列合計金額；阿拉伯數字的填寫要規範；在合計數字前應填寫貨幣符號，不是合計數字前不應填寫貨幣符號。一筆經濟業務因涉及會計科目較多，需填寫多張記帳憑證的，只在最末一張記帳憑證的「合計」行填寫合計金額。
5. 記帳憑證附件張數的計算
記帳憑證一般附有原始憑證。附件張數的計算方法有兩種：一是按構成記帳憑證金額的原始憑證（或原始憑證匯總表）計算張數，如轉帳業務的原始憑證張數計算。二是以所附原始憑證的自然張數為準，即凡與經濟業務內容相關的每一張憑證，都作為記帳憑證的附件。凡屬收付款業務的，原始憑證張數計算均以自然張數為準。但對差旅費、市內交通費、醫療費等報銷單據，可貼在一張紙上，作為一張原始憑證（報銷清單）附件。
當一張或幾張原始憑證涉及幾張記帳憑證時，可將原始憑證附在一張主要的記帳憑證後面，在摘要欄說明「本憑證附件包括××號記帳憑證業務」字樣，在其他記帳憑證上註明「原始憑證在××號記帳憑證後面」字樣。
6. 會計分錄的填製
不同類型的經濟業務不得填製在一張記帳憑證中，也不得對同類經濟業務採取大匯總的辦法填製記帳憑證。轉帳憑證和通用記帳憑證應按先「借」後「貸」的順序填列。不得填製「有借無貸」或「有貸無借」的會計分錄。
7. 記帳憑證的編號
會計人員應及時對記帳憑證予以編號。記帳憑證無論是全部作為一類編號，還是按收、付、轉編號，均應按月從「1」開始順序編號，不得跳號、重號。業務量大的單位，

可使用「記帳憑證編號銷號單」，在裝訂憑證時應將銷號單放在記帳憑證匯總表之後，使記帳憑證的編號、張數一目了然，以便查考。一組會計分錄使用兩張以上記帳憑證，應按順序用「帶分數」編列分號，兩張憑證之間不要填寫「過次頁」「承前頁」。例如，第8號會計事項有三張記帳憑證，編號分別為8,1/3號、8,2/3號、8,3/3號。

8. 簽名或蓋章

記帳憑證上規定有關人員的簽名或蓋章，應全部簽章齊全，以明確責任。財會人員較少的單位，在收、付記帳憑證上，至少應有兩人（會計和出納）簽章。一張記帳憑證涉及幾個會計記帳的，凡記帳的會計均應在「記帳」簽章處簽章。會計主管對未審閱過的記帳憑證，可以不簽章，但仍應對其合法性、準確性負責，收、付款記帳憑證還應由出納人員簽章。

9. 對空行的要求

記帳憑證不準跳行或留有餘行。填製完畢的記帳憑證如有空行的，應在金額欄畫一斜線或「S」形線註銷。劃線應從金額欄最後一筆金額數字下面的空行劃到合計數行的上面一行，並注意斜線或「S」形線兩端都不能劃到有金額數字的行次上。

10. 填寫要求

填製記帳憑證可用藍黑墨水或碳素墨水；金額按規定需用紅字表示的，數字可用紅色墨水，但不得以「負數」表示。下列兩種情況，金額可用紅色墨水填寫（紅字記帳憑證）：

（1）記帳後發現記帳憑證有錯誤，需採用紅字更正法的；

（2）會計核算制度規定採用紅字填製記帳憑證的特定會計業務。

收款憑證是根據貨幣資金收入業務的原始憑證編製的記帳憑證。付款憑證是根據貨幣資金付出業務的原始憑證編製的記帳憑證。它們既是登記現金日記帳、銀行存款日記帳的依據，也是出納人員收付款項的依據。這裡，要指出的是，對於從銀行提取現金或將現金存入銀行的業務，一般只編製付款憑證，以免重複。轉帳憑證是對於不涉及貨幣資金收支的經濟業務根據原始憑證或原始憑證匯總表所編製的記帳憑證。

二、會計帳簿的登記規則

（一）登記帳簿的一般規則

（1）會計人員應根據審核無誤的會計憑證及時地登記會計帳簿。

（2）會計人員按各單位所選用的會計核算形式來確定登記總帳的依據和具體時間。

（3）對於各種明細帳，會計人員可逐筆逐日進行登記，也可定期（三天或五天）登記。但債權債務類和財產物資類明細帳應當每天進行登記。

（4）對於現金和銀行存款日記帳，會計人員應當根據辦理完畢的收付款憑證，隨時逐筆順序進行登記，最少每天登記一次。

（二）登記帳簿的具體要求

（1）必須用藍黑色墨水鋼筆書寫，禁止用鉛筆或圓珠筆記帳。

（2）應當將會計憑證的日期、編號、業務內容摘要、金額和其他有關資料逐項記入帳

內。同時要在記帳憑證上簽章並註明已經登帳的標記（如打√等），以避免重登或漏登。

（3）應按帳戶頁次順序連續登記，不得跳行、隔頁。如果發生跳行、隔頁現象，應在空行、空頁處用紅色墨水畫對角線註銷，註明「此頁空白」或「此行空白」字樣，並由記帳人員簽章。

（4）帳簿中書寫的文字或數字不能頂格書寫，一般只應占格距的二分之一，以便留有改錯的空間。

（5）記帳除結帳、改錯、衝銷記錄外，不能用紅色墨水。因為在會計工作中，紅色數字表示對藍色數字的衝銷或表示負數。

（6）對於登錯的記錄，不得刮擦、挖補、塗改或用藥水消除字跡等手段更正錯誤，也不允許重抄。應採用正確的錯帳更正規則進行更正。

（7）各帳戶在一張帳頁登記完畢結轉下頁時，應當結出本頁合計數和餘額，寫在本頁最後一行和下頁第一行有關欄內，並在本頁最後一行的「摘要」欄內註明「轉次頁」字樣，在下一頁第一行的「摘要」欄內註明「承前頁」字樣。對「轉次頁」的本頁合計數的計算，一般分三種情況：

①需要結出本月發生額的帳戶，結計「轉次頁」的本頁合計數應當為自本月初起至本頁末止的發生額合計數，如現金日記帳及採用「帳結法」下的各損益類帳戶；

②需要結計本年累計發生額的帳戶，結計「轉次頁」的本頁合計數應當為自年初起至本頁末止的累計數，如採用「表結法」下的各損益類帳戶；

③既不需要結計本月發生額也不需要結計本年累計發生額的帳戶，可以只將每頁末的餘額結轉次頁，如債權、債務結算類帳戶和財產物資類帳戶等。

任務三　會計業務流程

一、會計循環

從企業發生的經濟業務或會計事項起，到編製出會計報表止的一系列會計處理程序叫會計循環。

（1）根據審核無誤的原始憑證編製記帳憑證。
（2）根據記帳憑證登記相關帳簿。
（3）編製結帳前的試算平衡表。
（4）編製帳項調整分錄。
（5）將帳項調整分錄過到相關帳簿帳戶中。
（6）編製結帳後試算平衡表。
（7）編製財務報告。

二、帳務處理程序

帳務處理程序是指填製會計憑證，根據憑證登記各種帳簿，根據帳簿記錄編製會計報表提供會計信息這一整個過程的步驟和方法。

在會計工作中，會計人員不僅要瞭解會計憑證的填製、帳簿的設置和登記，以及會計報表的編製，還必須明確規定各種會計憑證、各種帳簿和會計報表之間的關係，把它們科學地組織起來，使之構成一個有機的整體。而憑證、帳簿和報表之間的一定的組織形式，就形成了不同的帳務處理程序。

帳務處理程序有多種形式，並可根據情況進行適當調整。目前中國常用的主要帳務處理程序有：記帳憑證帳務處理程序、科目匯總表帳務處理程序、匯總記帳憑證帳務處理程序、多欄式日記帳帳務處理程序和日記總帳帳務處理程序。

1. 記帳憑證帳務處理程序

記帳憑證帳務處理程序是最基本的帳務處理程序，其他各種帳務處理程序基本上是在它的基礎上發展形成的。它的特點是直接根據各種記帳憑證逐筆登記總分類帳的一種帳務處理程序。

2. 科目匯總表帳務處理程序

科目匯總表帳務處理程序，是對發生的經濟業務，根據原始憑證或者原始憑證匯總編製記帳憑證，根據記帳憑證定期編製科目匯總表，然後根據科目匯總表登記總分類帳的一種帳務處理程序。

3. 匯總記帳憑證帳務處理程序

匯總記帳憑證帳務處理程序，是對發生的經濟業務，根據原始憑證或者原始憑證匯總表編製記帳憑證，再根據記帳憑證定期編製匯總記帳憑證，最後根據匯總記帳憑證登記總分類帳的一種帳務處理程序。

【本項目工作小結】

中國財政部公布並實施的《企業會計準則》中，明確規定了四項基本前提，包括會計主體、持續經營、會計分期、貨幣計量。會計信息質量要求是對企業財務報告中所提供的會計信息質量的基本要求，是使財務報告中所提供會計信息對使用者決策有用所應具備的基本特徵。它包括可靠性、相關性、可理解性、可比性、實質重於形式、重要性、謹慎性和及時性等。中國《企業會計準則》將會計要素規定為「資產」「負債」「所有者權益」「收入」「費用」「利潤」六大類。會計計量是為了將符合確認條件的會計要素登記入帳並列報於財務報表而確定其金額的過程。從會計角度，計量屬性反應的是會計要素金額的確定基礎，主要包括歷史成本、重置成本、可變現淨值、現值和公允價值等。會計憑證是記錄經濟業務、明確經濟責任，作為記帳依據的書面證明。正確填製和嚴格審核會計憑證是

會計核算的一種專門方法，會計核算就是從編製憑證開始的。接下來會計人員應根據審核無誤的會計憑證及時地登記相關的會計帳簿。帳務處理程序是指填製會計憑證，根據憑證登記各種帳簿，根據帳簿記錄編製會計報表提供會計信息這一整個過程的步驟和方法。目前中國常用的主要帳務處理程序有：記帳憑證帳務處理程序、匯總記帳憑證帳務處理程序、科目匯總表帳務處理程序、多欄式日記帳帳務處理程序和日記總帳帳務處理程序。

◆ 仿真操作

練習以下主要經濟業務記帳憑證的書寫：①採購材料一批，買價10,000元，增值稅率13%，貨款已付。②銷售產品一批，售價20,000元，增值稅率13%，貨款已收到。③從銀行提取現金1,000元備用。

◆ 崗位業務認知

1. 利用節假日，去當地的一些企業，瞭解企業採用的是哪種帳務處理程序。
2. 查閱企業的相關財務報告等相關財務資料。

◆ 工作思考

1. 會計的基本假設有哪些？
2. 會計信息質量要求包括哪些？
3. 會計要素是什麼？各要素的定義是什麼？
4. 會計的計量屬性有哪些？常用的是哪種計量屬性？
5. 什麼是帳務處理程序？中國主要的帳務處理程序有哪些？

項目二　貨幣資金業務

　　貨幣資金是企業生產經營過程中以貨幣形態存在的那部分資產，流動性是最強的，在企業的各項經濟活動中，也起著非常重要的作用。企業的貨幣資金包括庫存現金、銀行存款及其他貨幣資金。本項目涉及的主要會計崗位是出納崗位，作為該崗位的會計人員，應瞭解出納崗位的職責，掌握出納工作相關的基礎知識、銀行結算特點、各種結算憑證的填寫及結算程序，理解現金管理的有關規定和出納日常業務的核算。

【項目工作目標】

⊙知識目標

　　掌握庫存現金管理制度及現金的核算；掌握銀行的結算方式的處理流程及銀行存款的核算；掌握其他貨幣資金的核算。

⊙技能目標

　　學生通過本項目的學習，瞭解貨幣資金的內容；能對庫存現金、銀行存款和其他貨幣資金進行日常帳務處理；能處理庫存現金清查發現的溢餘或短缺；能進行銀行存款的清查，編製「銀行存款餘額調節表」。

【任務導入】

　　湖南沙沙門業有限公司出納員王宏由於剛參加工作不久，對貨幣資金業務管理和核算的相關規定不甚瞭解，所以出現了一些不應有的錯誤，其中有兩件事情讓他印象深刻，至今記憶猶新。第一件事是在2019年12月8日和10日兩天的現金業務結束後例行的現金清查中，分別發現現金短缺50元和現金溢餘20元的情況，對此他經過反復思考也弄不明白原因。為了保全自己的面子和息事寧人，同時又考慮到兩次帳實不符的金額又很小，他決定採取下列辦法進行處理：現金短缺50元，自掏腰包補齊；現金溢餘20元，暫時收起。第二件事是湖南沙沙門業有限公司經常對其銀行存款的實有數額心中無數，甚至有時會影響到公司日常業務的結算，公司經理因此指派有關人員檢查一下王宏的工作，結果發現，他每次編製銀行存款餘額調節表時，只根據公司銀行存款日記帳的餘額加或減對帳單中企業的未達帳項來確定公司銀行存款的實有數，而且每次做完此項工作以後，王宏就立即將這些未達帳項的款項登記入帳。王宏對上述兩項業務的處理是否正確？為什麼？你認為面

對這些情況，應該怎麼處理？

【進入任務】

任務一　庫存現金的核算
任務二　銀行存款結算支付方式及核算
任務三　其他貨幣資金的核算

任務一　庫存現金的核算

一、庫存現金的概述

在會計上，現金有廣義和狹義之分。狹義的現金僅指企業的庫存現金，廣義現金包括庫存現金、銀行存款和其他貨幣資金。中國會計上現金概念僅指狹義現金，包括企業庫存人民幣現金和外幣現金。

（一）庫存現金管理制度

1. 庫存現金的使用範圍

國務院頒發的《現金管理暫行條例》規定，允許企業使用的現金範圍是：
（1）職工工資、津貼；
（2）個人勞務報酬；
（3）根據國家規定頒發給個人的科學技術、文化藝術、體育等各種獎金；
（4）各種勞動保障、福利費用以及國家規定的對個人的其他支出；
（5）向個人收購農副產品和其他物資的價款；
（6）出差人員必須隨身攜帶的差旅費；
（7）結算起點（1,000元）以下的零星支出；
（8）中國人民銀行確定需要支付現金的其他支出。

2. 庫存現金限額管理

庫存現金限額管理原則上為該企業3~5天零星開支的需要，邊遠地區和交通不發達地區的庫存現金限額可以適當放寬，但最多不得超過15天零星開支的需要。庫存現金限額由企業根據日常零星現金開支情況提出並報經開戶銀行核准。

3. 現金收支的日常管理

坐支是指企業在經營活動中發生的現金收入，直接用於支出。企業不得坐支現金。

企業不得用不符合財務制度的憑證頂替庫存現金，即不得「白條頂庫」，不準謊報用途套取現金，不準將單位收入的現金以個人名義存入儲蓄，不準開設小金庫，不準保留帳外公款。

二、庫存現金的核算

為了總括反應企業庫存現金收入、支出和結存情況，應設置「庫存現金」科目，該科目的借方登記庫存現金的增加，貸方登記庫存現金的減少，期末餘額在借方，反應企業實際持有的庫存現金金額。

【實務 2-1】 2019 年 12 月 8 日，公司派職工王麗出差，王麗預借差旅費 3,000 元，則會計處理如下：

借：其他應收款——王麗　　　　　　　　　　　　3,000
　　貸：庫存現金　　　　　　　　　　　　　　　　　3,000

【實務 2-2】 承上例，2019 年 12 月 15 日王麗出差回來，報銷差旅費 2,800 元，餘款以現金交回。則會計處理如下：

借：管理費用　　　　　　　　　　　　　　　　　2,800
　　庫存現金　　　　　　　　　　　　　　　　　　 200
　　貸：其他應收款——王麗　　　　　　　　　　　 3,000

三、庫存現金的清查

（一）庫存現金清查的方法

企業如何對現金進行清查呢？我們知道現金是存放在單位的保險櫃裡的，所以在對現金進行清查時只需要先清點保險櫃中的庫存現金數，然後再與現金日記帳的帳面餘額進行核對，就可以查明帳實是否相符了。這種清查方法我們通常稱之為實地盤點法。

下面我們先來瞭解一下在對現金清查時需要注意的幾方面問題：

（1）因為出納人員是庫存現金的保管者，所以在對現金清查時出納員要保證到場，以明確經濟責任。

（2）在現金清查過程中，應注意相關人員是否遵守現金管理制度規定，有無不具有法律效力的借條、收據、白條抵充現金等情況。

（3）現金盤點以後，應根據盤點的結果，填製「現金盤點報告表」，此表也是重要的原始憑證，它既起著「盤存單」的作用，又起著「實存帳存對比表」的作用。此表必須由盤點人員和出納員共同簽章才能生效。

（二）庫存現金清查的核算

我們通常把現金的盤盈稱為「長款」，把現金的盤虧稱為「短款」。清查中發現現金長款或短款時，應及時根據「現金盤點報告單」進行帳務處理。

具體的處理方法如下：

（1）庫存現金盤盈：借記「庫存現金」科目，貸記「待處理財產損溢」科目，批准處理後屬於支付給有關人員或單位的，記入「其他應付款」科目；屬於無法查明原因的，記入「營業外收入」科目。

【實務2-3】公司12月份在現金清查中，發現長款150元。
借：庫存現金 150
　貸：待處理財產損溢——待處理流動資產損溢 150
經反復核查，公司發現少支付員工李芳100元工資，其餘50元未查明原因，報經批准後做如下處理：
借：待處理財產損溢——待處理流動資產損溢 150
　貸：其他應付款——李芳 100
　　　營業外收入 50

（2）庫存現金盤虧：借記「待處理財產損溢」科目，貸記「庫存現金」科目，批准處理後屬於應由責任人賠償或保險公司賠償的部分，記入「其他應收款」科目；屬於無法查明原因的，記入「管理費用」科目。

【實務2-4】公司12月份在現金清查中，發現短款80元。
借：待處理財產損溢——待處理流動資產損溢 80
　貸：庫存現金 80
經核實，其中50元屬於出納員王麗的責任，應由出納員賠償，另30元原因不明，批准予以轉銷。
借：其他應收款——出納員王麗 50
　　管理費用 30
　貸：待處理財產損溢——待處理流動資產損溢 80

任務二　銀行存款支付結算方式及核算

銀行存款是指存放在銀行和其他金融機構的各種存款。

一、銀行存款的管理制度

企業通過銀行辦理收付結算時，應當認真執行國家結算辦法和結算制度，執行國家票據法。企業應當根據業務需要，按照規定在其所在地銀行開設帳戶，運用所開設的帳戶，進行存款、取款以及各種收支轉帳業務的結算。

銀行存款帳戶分為基本存款帳戶、一般存款帳戶、臨時存款帳戶和專用存款帳戶。

基本存款帳戶指存款人因辦理日常轉帳結算和現金收付需要開立的銀行結算帳戶，是主辦帳戶，且只有一個基本存款帳戶。一般存款帳戶指存款人因借款或其他結算需要，在基本存款帳戶開戶銀行以外的銀行開立的銀行結算帳戶，不得辦理現金支取。專用存款帳戶指按照法律、行政法規和規章，對其特定用途資金進行專項管理和使用而開立的銀行結算帳戶。臨時存款帳戶指存款人因臨時需要並在規定期限內使用而開立的銀行結算帳戶。

二、銀行結算方式

銀行存款收支業務是指企業通過銀行辦理與往來單位的款項收支業務。由於往來單位有的與本企業在同一地區，有的與本企業不在同一地區，並且企業與各往來單位收付款項的內容也有所不同，因此，企業應當根據具體情況選擇不同的結算方法進行款項的收付。中國人民銀行《支付結算辦法》規定，單位、個人在社會經濟活動中可使用票據、托收承付、匯兌、委託收款、信用卡等結算方式進行貨幣給付及資金清算，其中票據包括銀行匯票、商業匯票、銀行本票、支票四種。企業在進行與其他單位和個人往來款項的結算時，可選擇採用的結算方式共八種。

（一）支票

支票是由出票人簽發的，委託辦理支票存款業務的銀行在見票時無條件支付確定金額給收票人或持票人的票據。

支票分為「現金支票」「轉帳支票」和「普通支票」三種。現金支票只能用於支付現金。轉帳支票只能用於轉帳。普通支票可以用於支付現金，又可以用於轉帳。普通支票左上角劃兩條平行線的，為劃線支票，劃線支票只能用於轉帳，不能用於支付現金。支票在同一票據交換區域內使用，起點金額100元，支票的提示付款期自出票日起10天。企業不得簽發空頭支票，轉帳支票可以在票據交換區域內背書轉讓。要素填寫齊全的支票允許掛失止付。

企業進行帳務處理時，付款單位依據支票存根聯，借記有關科目，貸記「銀行存款」科目；收款單位收到支票正本聯時，應填製進帳單，連同支票正本聯到銀行辦理進帳後，取回進帳單回單聯，借記「銀行存款」科目，貸記有關科目。

（二）銀行本票

銀行本票是銀行簽發的，承諾自己在見票時無條件支付票面確定金額給收款人或持票人的票據。

銀行本票分為定額本票和不定額本票。定額本票面值為1,000元、5,000元、10,000元、50,000元四種。銀行本票只能在同一票據交換區域內使用。銀行本票的提示付款期自出票日起最長不超過兩個月。填明「現金」字樣的銀行本票可以掛失止付，未填明「現金」字樣的銀行本票不得掛失止付。

在進行帳務處理時，依據銀行本票申請書存根聯、支票存根聯，借記「其他貨幣資金——銀行本票存款」科目，貸記「銀行存款」科目。付款單位購進材料後，依據購進發票，借記「材料採購」等科目，「應交稅費——應交增值稅」科目，貸記「其他貨幣資金——銀行本票存款」科目；收款單位收到銀行本票時，應填製進帳單，連同銀行本票到銀行辦理進帳後，取回進帳單回單聯，借記「銀行存款」科目，貸記有關科目。

（三）銀行匯票

銀行匯票是由出票銀行簽發的，承諾自己在見票時按照票面註明的實際結算金額無條件支付給收款人或持票人的票據。

銀行匯票一般用於轉帳，註明「現金」的銀行匯票，也可以用於支付現金。銀行匯票的提示付款期自出票日起一個月。

（四）匯兌

匯兌是匯款人委託銀行將款項支付給收款人的結算方式，用於異地之間的款項結算。

付款單位應填製匯款憑證，作為銀行劃撥款項的依據。根據取回的匯款憑證回單聯，借記有關科目，貸記「銀行存款」科目；收款單位收到匯款憑證收款通知聯，借記「銀行存款」科目，貸記有關科目。

（五）委託收款

委託收款是收款人（銷售方）委託銀行向付款人收取款項的結算方式。這種結算方式適應於各種款項同城和異地之間的結算。

採用委託收款方式，收款方應向銀行提供債權證明，填製委託收款結算憑證，依據取回的回單聯，借記「應收帳款」科目，貸記有關科目；收到銀行轉回的委託收款的收款通知聯及款項時，借記「銀行存款」科目，貸記「應收帳款」科目。付款單位收到對方填製的由銀行轉來的委託收款付款通知聯時，借記「材料采購」等科目，貸記「銀行存款」科目。

（六）托收承付

托收承付是根據購銷合同由收款人（銷售方）發貨後委託銀行向異地付款人收取款項、由付款人向銀行承認付款的結算方式。辦理托收承付必須是商品交易及因商品交易而產生的勞務供應款項。代銷、寄銷、賒銷商品款項，不得辦理托收承付結算。

收款單位銷售商品及相應勞務後，填製托收承付結算憑證，連同銷售發票、相關勞務單據以及發運證件送至銀行辦理托收，取回回單聯，借記「應收帳款」科目，貸記「主營業務收入」等科目；收到銀行轉回的托收承付收款通知聯及款項時，借記「銀行存款」科目，貸記「應收帳款」科目。付款單位收到對方填製的由銀行轉來的托收承付付款通知聯時，借記「材料采購」等科目，貸記「銀行存款」科目。

（七）商業匯票

商業匯票是由出票人簽發的委託付款人在指定日期無條件支付確定的金額給收款人或持票人的票據。

商業匯票用於有真實交易關係的債權債務結算。商業匯票的付款期最長不得超過6個月，商業匯票的提示付款期為自票據到期日起10天內。商業匯票可以背書轉讓。符合條件的商業匯票的持票人可以持未到期的商業匯票向銀行申請貼現。

商業匯票按承兌人不同，可以分為商業承兌匯票和銀行承兌匯票兩種。

1. 商業承兌匯票

商業承兌匯票是由付款人承兌的商業匯票。銷貨單位應在提示付款期內通過開戶銀行委託收款或直接向付款人提示付款，購進單位應在收到委託收款憑證付款通知聯或於票據到期日及時通過銀行將貨款劃給銷貨單位。如果付款單位無力支付，銀行不負責任。

付款單位用商業承兌匯票購進材料時，借記「材料採購」科目，借記「應交稅費——

應交增值稅」科目，貸記「應付票據」科目；於到期日付款時，借記「應付票據」科目，貸記「銀行存款」科目。收款單位銷售商品時，借記「應收票據」科目，貸記「主營業務收入」科目，貸記「應交稅費——應交增值稅」科目。匯票到期，銷貨企業將票據交存開戶銀行辦理收款手續，收到銀行收款通知時，編製收款憑證，進行帳務處理，借記「銀行存款」科目，貸記「應收票據」科目。

2. 銀行承兌匯票

銀行承兌匯票是由付款人開戶銀行承兌的商業匯票。承兌時，承兌方需交付萬分之五的手續費。購貨單位將銀行承兌匯票交給銷貨單位後，應於匯票到期前將款項交存其開戶銀行，銷貨企業應於匯票到期前將匯票連同自己填製的進帳單送交開戶銀行辦理進帳。如果付款單位於到期日不能支付款項或未能足額支付款項，則由付款單位開戶銀行全額承兌，付款單位不足部分作企業逾期貸款，按每天萬分之五計收罰息。

收款單位銷售商品時，借記「應收票據」科目，貸記「主營業務收入」科目，貸記「應交稅費——應交增值稅」科目。收款單位於商業匯票到期前將銀行承兌匯票連同自己填製的進帳單送交開戶銀行辦理進帳後，借記「銀行存款」科目，貸記「應收票據」科目。付款單位用銀行承兌匯票購進材料時，借記「材料採購」科目，借記「應交稅費——應交增值稅」科目，貸記「應付票據」科目；於到期日付款時，借記「應付票據」科目，貸記「銀行存款」科目。如果到期日不能支付款項或未能足額支付款項，則借記「應付票據」科目，貸記「短期借款」科目。

（八）信用卡

信用卡是銀行、金融機構向信譽良好的單位、個人提供的，能在指定的銀行提取現金，或在指定的商店、飯店、賓館等購物和享受服務時進行記帳結算的一種信用憑證。信用卡是銀行卡的一種，信用卡按使用對象分為單位卡和個人卡等，按信用等級分為金卡和普通卡，按是否向銀行交存備用金分為貸記卡和準貸記卡。

（九）信用證

信用證結算方式是國際結算的一種主要方式。經中國人民銀行批准經營結算業務的商業銀行總行以及商業銀行總行批准開辦信用證結算業務的分支機構，也可以辦理國內企業之間商品交易的信用證結算業務。

三、銀行結算業務的核算

為了總括地反應和監督銀行存款的收入、付出和結存情況，需設立「銀行存款」科目，對銀行存款進行總分類核算。

【實務 2-5】2019 年 12 月 11 日，湖南沙沙門業有限公司採用支票結算方式購入一批材料，價款 20,000 元，增值稅 2,600 元，材料已經驗收入庫。

借：原材料 20,000
　　應交稅費——應交增值稅（進項稅額） 2,600
　　貸：銀行存款 22,600

【實務 2-6】2019 年 12 月 18 日，湖南沙沙門業有限公司銷售產品一批，開出增值稅專用發票上註明銷售價款 30,000 元，增值稅 4,800 元，收到對方開出的 34,800 元的轉帳支票一張，已送存銀行。

借：銀行存款　　　　　　　　　　　　　　　　　　　　　34,800
　　貸：主營業務收入　　　　　　　　　　　　　　　　　　　30,000
　　　　應交稅費——應交增值稅（銷項稅額）　　　　　　　　4,800

四、銀行存款帳的核對

在實際工作中，企業的開戶銀行會定期（通常在每月月末）給企業寄來一份銀行對帳單，上面詳細記載了本期企業在該行的銀行存款增減變動和結餘情況。所以企業可以將本單位的銀行存款日記帳與開戶銀行對帳單進行逐筆核對，以查明帳實是否相符。這種方法稱之為核對帳目法。

那麼企業銀行存款日記帳餘額為什麼會與銀行對帳單餘額不一致？這裡有兩方面的原因：一是雙方本身記帳有誤；二是出現了未達帳項。我們在進行帳目核對之前首先應消除記帳方面的錯誤，如果排除了記帳方面的錯誤雙方帳目仍不一致，則說明存在未達帳項。

所謂未達帳項是指企業與銀行之間，由於結算憑證傳遞的時間不同，出現了一方已經登記入帳，而另一方尚未接到有關結算憑證，而未登記入帳的款項。未達帳項存在四種情況：

（1）企業已付款入帳，而銀行尚未付款入帳；
（2）企業已收款入帳，而銀行尚未收款入帳；
（3）銀行已付款入帳，而企業尚未付款入帳；
（4）銀行已收款入帳，而企業尚未收款入帳。

【實務 2-7】湖南沙沙門業有限公司 2019 年 12 月 31 日銀行存款日記帳的餘額為 9,000 元，銀行對帳單的餘額為 10,000 元，假設雙方記帳均無誤，核對銀行對帳單所列各項收支活動並與企業銀行存款日記帳比較，發現有下列事項：

（1）12 月 29 日，公司開出轉帳支票一張 1,000 元，支付某單位貨款。公司已經根據支票存根、發票及收料單位等憑證登記銀行存款減少，銀行尚未接到支付款項的憑證，尚未登記減少。

（2）12 月 30 日，銀行代公司支付電費 500 元，銀行已經登記減少，公司尚未接到付款結算憑證，未登記減少。

（3）12 月 30 日，公司存入一張銀行匯票 2,500 元，已經登記銀行存款增加，銀行尚未登記增加。

（4）12 月 30 日，銀行收到購貨單位匯來的貨款 3,000 元，銀行已經登記增加，公司未接到收款憑證，尚未登記增加。

分析：

我們看到 2019 年 12 月 31 日企業銀行存款日記帳餘額和銀行對帳單餘額不一致。因

為雙方記帳均無誤，所以不一致的原因只有一個，即存在未達帳項。

事項（1）屬於企業已付款入帳，而銀行尚未付款入帳。

事項（2）屬於銀行已付款入帳，而企業尚未付款入帳。

事項（3）屬於企業已收款入帳，而銀行尚未收款入帳。

事項（4）屬於銀行已收款入帳，而企業尚未收款入帳。

通過這個例子我們可以看到未達帳項一般有以上四種情況。

根據上例編製的銀行存款餘額調節表如表 2-1 所示。

表 2-1　銀行存款餘額調節表

2019 年 12 月 31 日　　　　　　　　　　　　　　　單位：元

項　目	餘額	項　目	餘額
企業銀行存款日記帳餘額	9,000	銀行對帳單餘額	10,000
加：銀行已記收 　　企業尚未記收	3,000	加：企業已記收 　　銀行尚未記收	2,500
減：銀行已記付 　　企業尚未記付	500	減：企業已記付 　　銀行尚未記付	1,000
調節後的存款餘額	11,500	調節後的存款餘額	11,500

經過上述調整後的銀行存款餘額，表示企業可動用的銀行存款數額。需要注意的是：「銀行存款餘額調節表」只起到對帳的作用，不能作為調節帳面餘額的憑證。對於因未達帳項而使雙方帳面餘額出現的差異，企業無須作帳面調整，待結算憑證到達後再進行帳務處理，登記入帳。

任務三　其他貨幣資金的核算

其他貨幣資金包括外埠存款、銀行本票存款、銀行匯票存款、信用卡存款、信用證保證金存款、存出投資款。它與銀行存款在存放地點和用途不同。

一、外埠存款的核算

外埠存款，是指企業到外地進行臨時或者零星採購時，匯往採購地銀行開立採購專戶的款項。企業匯出款項存入外地時，借記「其他貨幣資金——外埠存款」科目，貸記「銀行存款」科目。支取該存款使用報銷後，借記「在途物資」等科目，「應交稅費——應交增值稅」科目，貸記「其他貨幣資金——外埠存款」科目。

【實務 2-8】湖南沙沙門業有限公司 2019 年 12 月 13 日，委託當地銀行匯款 8,000 元給採購地銀行開立臨時採購專戶，用於購進一批材料。根據匯款憑證，公司會計處理

如下：
  借：其他貨幣資金——外埠存款   8,000
   貸：銀行存款   8,000

【實務2-9】承上例，假如公司收到採購員交來的供應單位發票帳單等報銷憑證，註明材料價款5,000元，增值稅800元，餘款轉回當地銀行，材料尚未驗收入庫。公司會計處理如下：
  借：在途物資   5,000
    應交稅費——應交增值稅（進項稅額）   800
   貸：其他貨幣資金——外埠存款   5,800
  借：銀行存款   2,200
   貸：其他貨幣資金——外埠存款   2,200

二、銀行本票存款的核算

銀行本票存款是指企業為取得銀行本票，按照規定存入銀行的款項。

企業將款項送交銀行，依據銀行本票申請書存根聯、支票存根聯，借記「其他貨幣資金——銀行本票存款」科目，貸記「銀行存款」科目。企業購進材料後，依據購進發票，借記「材料采購」等科目，「應交稅費——應交增值稅」科目，貸記「其他貨幣資金——銀行本票存款」科目；收款單位收到銀行本票時，應填製進帳單，連同銀行本票到銀行辦理進帳後，取回進帳單回單聯，借記「銀行存款」科目，貸記有關科目。

【實務2-10】湖南沙沙門業有限公司2019年12月3日申請辦理銀行本票10,000元，公司向銀行提交了本票申請書，並將款項交存銀行取得銀行本票。
  借：其他貨幣資金——銀行本票存款   10,000
   貸：銀行存款   10,000

三、銀行匯票存款的核算

銀行匯票存款是指企業為取得銀行匯票，按照規定存入銀行的款項。

企業使用銀行匯票支付款項後，應根據發票帳單及開戶銀行轉來的銀行匯票有關副聯等憑證，借記「材料採購」「應交稅費——應交增值稅」科目，貸記「其他貨幣資金——銀行匯票存款」科目。如實際採購支付後銀行匯票有餘額，多餘部分應借記「銀行存款」科目，貸記「其他貨幣資金——銀行匯票存款」科目。匯票因超過付款期限或其他原因未曾使用而退還款項時，應借記「銀行存款」科目，貸記「其他貨幣資金——銀行匯票存款」科目。

【實務2-11】湖南沙沙門業有限公司2019年12月1日申請辦理銀行匯票10,000元，取得銀行匯票後，根據銀行蓋章退回的委託存根聯，做如下會計處理：
  借：其他貨幣資金——銀行匯票存款   10,000
   貸：銀行存款   10,000

【實務2-12】承上例，12月10日，公司收到採購員交來的供應單位增值稅專用發票等憑證，註明貨款8,000元，增值稅1,280元，材料已驗收入庫。餘款已轉回當地銀行，則公司會計處理如下：

借：原材料　　　　　　　　　　　　　　　　　　　　　　　　8,000
　　應交稅費——應交增值稅（進項稅額）　　　　　　　　　　1,280
　　銀行存款　　　　　　　　　　　　　　　　　　　　　　　　720
　貸：其他貨幣資金——銀行匯票存款　　　　　　　　　　　　10,000

四、信用卡存款的核算

信用卡存款是指企業為取得信用卡按照規定存入銀行的款項。企業開出支票連同進帳單送存銀行時，借記「其他貨幣資金——信用卡存款」科目，貸記「銀行存款」科目。支取該存款用後報銷時，借記有關科目，貸記「其他貨幣資金——信用卡存款」科目。

【實務2-13】湖南沙沙門業有限公司在中國工商銀行申請領用信用卡，按要求於2019年12月10日向銀行交存備用金20,000元，12月30日用信用卡支付該月份電話費3,600元。則公司會計處理如下：

（1）12月10日向銀行交存備用金開立信用卡時。

借：其他貨幣資金——信用卡存款　　　　　　　　　　　　　20,000
　貸：銀行存款　　　　　　　　　　　　　　　　　　　　　　20,000

（2）12月30日用信用卡支付電話費時。

借：管理費用　　　　　　　　　　　　　　　　　　　　　　　3,600
　貸：其他貨幣資金——信用卡存款　　　　　　　　　　　　　3,600

五、信用證保證金存款的核算

信用證保證金存款，是指企業為取得信用證按照規定存入銀行的保證金。企業向銀行繳納保證金，根據銀行退回的進帳單第一聯編製付款憑證，借記「其他貨幣資金——信用證保證金」科目，貸記「銀行存款」科目；根據開證銀行交來的信用證通知書及有關單據標明的金額，借記「材料採購」等科目，貸記「其他貨幣資金——信用證保證金」科目；企業未用完的信用證保證金餘額轉回開戶銀行時，根據收款通知，借記「銀行存款」科目，貸記「其他貨幣資金——信用證保證金」科目。

六、存出投資款的核算

存出投資款，是指企業存入證券公司但尚未進行投資的款項。

企業開出支票向證券公司劃撥款項時，借記「其他貨幣資金——存出投資款」科目，貸記「銀行存款」科目。支取該款用於投資後，借記「交易性金融資產」等科目，貸記「其他貨幣資金——存出投資款」科目。

【實務2-14】湖南沙沙門業有限公司根據發生的有關存出投資款的業務，進行了如下

會計處理：

（1）2019 年 12 月 5 日，將銀行存款 1,000,000 元存入證券公司，以備購買有價證券。

借：其他貨幣資金——存出投資款　　　　　　　　　　　1,000,000
　　貸：銀行存款　　　　　　　　　　　　　　　　　　　　1,000,000

（2）2019 年 12 月 6 日，用存出投資款 1,000,000 元購入股票作為交易性金融資產。

借：交易性金融資產　　　　　　　　　　　　　　　　　1,000,000
　　貸：其他貨幣資金——存出投資款　　　　　　　　　　　1,000,000

【本項目工作小結】

在會計上，現金有廣義和狹義之分。狹義的現金僅指企業的庫存現金，廣義現金包括庫存現金、銀行存款和其他貨幣資金。中國會計上現金概念僅指狹義現金，包括企業庫存人民幣現金和外幣現金。學生應瞭解庫存現金管理制度，掌握庫存現金的核算以及庫存現金的清查及處理；瞭解銀行存款的管理制度以及結算方式，掌握銀行存款的核算以及清查後銀行存款餘額調節表的編製。其他貨幣資金包括外埠存款、銀行本票存款、銀行匯票存款、信用卡存款、信用證保證金存款、存出投資款。學生應掌握其他貨幣資金的核算。

◆ 仿真操作

根據【實務 2-1】至【實務 2-14】編寫有關的記帳憑證。

◆ 崗位業務認知

利用節假日，尋找實習單位，進行出納崗位的實習。

◆ 工作思考

1. 如果你是企業的出納，談談如何才能保管好庫存現金、有價證券以及有關印章、空白支票、空白收據，以確保企業財產安全。
2. 銀行存款日記帳帳面餘額與銀行對帳單餘額之間出現不一致的原因主要有哪些？應如何進行處理？
3. 銀行結算方式有哪幾種？各有什麼特點？哪些結算方式可以通過「其他貨幣資金」科目進行核算？
4. 為什麼期末對帳時會出現未達帳項？發現未達帳項應如何處理？
5. 如果編製銀行存款餘額調節表後雙方的餘額仍不相符，則應如何處理？
6. 其他貨幣資金包括哪些內容？
7. 銀行支付結算方式有哪幾種？

項目三　往來款項核算業務

往來結算是企業日常購銷業務中不可缺少的環節，也是企業會計工作的重要環節。本項目涉及的主要會計崗位是往來結算崗位。在企業一方面負債水準居高不下，另一方面又沉澱大量債權資產的情況下，作為企業的財會人員，尤其是往來核算崗位上的工作人員，應熟悉往來結算管理的策略與技術，掌握往來結算帳務處理的具體方法，加強往來款項的管理，合理調配往來款項之間的關係，及時催收與清算，為企業獲取更大的經濟效益和社會效益。

【項目工作目標】

⊙知識目標

掌握應收帳款、應收票據、預付帳款和其他應收款的核算內容及方法；掌握應付帳款、預收帳款和其他應付款的核算內容及方法；能依據相關資料準確計提壞帳準備金；能依據相關資料準確計算票據貼現息；能獨立完成往來結算相關業務的會計處理。

⊙技能目標

學生通過本項目的學習，會分析和處理應收帳款、應收票據、預付帳款和其他應收款的經濟業務；會分析和處理壞帳的經濟業務；會分析和處理應付帳款、預收帳款和其他應付款的經濟業務。

【任務導入】

湖南沙沙門業有限公司是一家上市公司，華遠公司系湖南沙沙門業有限公司控股70%的子公司，華遠公司尚處於籌建期，正在進行大規模的基礎建設。

註冊會計師張嵐在對湖南沙沙門業有限公司的審計中，通過企業貸款信息，以及以向銀行發函詢證的形式瞭解存款情況、借款情況、擔保情況和相關票據的開具情況等後發現，貸款信息中反應公司有開具銀行票據的情況，但企業帳面並沒有反應；同時在對華遠公司的審核中，發現帳面記載華遠公司對一公司有大額應付款項，公司解釋為企業間的資金拆借，並有相關的借款合同，經查驗記帳憑證後所附的原始憑證，發現款項系由銀行直接劃入，同時附有銀行開具的票據貼現單據。

思考與分析：(1) 華遠公司該項大額應付款項的資金從何而來？該公司的大額應付款

與湖南沙沙門業有限公司開具的銀行票據有何聯繫？（2）湖南沙沙門業有限公司的處理存在什麼問題？

【進入任務】

　　子項目一　應收及預付款項
　　任務一　應收票據業務
　　任務二　應收帳款業務
　　任務三　預付帳款業務
　　任務四　其他應收款業務
　　任務五　應收款項的減值
　　子項目二　應付及預收款項
　　任務一　應付票據業務
　　任務二　應付帳款業務
　　任務三　應付利息業務
　　任務四　預收帳款業務
　　任務五　其他應付款業務

子項目一　應收及預付款項

　　應收及預付款項是指企業在日常生產經營過程中發生的各項債權，包括應收款項和預付款項。應收款項包括應收票據、應收帳款和其他應收款等；預付款項則是指企業按照合同規定預付的款項，如預付帳款等。

任務一　應收票據業務

一、應收票據概述

（一）應收票據的含義

　　應收票據是指企業因銷售商品、提供勞務等而收到的商業匯票。在中國，除商業匯票外，大部分票據都是即期票據，即可以立刻收款或存入銀行成為貨幣資金，不需要作為應收票據。因此，中國應收票據即指商業匯票。商業匯票是一種由出票人簽發的，委託付款人（銀行或企業）在指定日期無條件支付確定金額給收款人或者持票人的票據。商業匯票的付款期限最長不超過6個月。商業匯票的提示付款期限，自匯票到期日起10日。

（二）應收票據的分類

（1）根據承兌人不同，商業匯票分為商業承兌匯票和銀行承兌匯票。

商業承兌匯票是指由付款人簽發並承兌，或由收款人簽發交由付款人承兌的匯票。

銀行承兌匯票是指由在承兌銀行開立存款帳戶的存款人（這裡也是出票人）簽發，由承兌銀行承兌的票據。企業申請使用該匯票，應向承兌銀行按票面金額的萬分之五繳納手續費。

（2）根據是否帶息，商業匯票分為不帶息應收票據和帶息應收票據。

二、應收票據的核算

為了總括反應和監督企業的應收票據的取得、收回、貼現等業務，企業應當設置「應收票據」科目。該科目借方登記取得的應收票據的面值，貸方登記到期收回票款或者到期前向銀行貼現的應收票據的票面餘額，期末餘額在借方，反應企業持有的商業匯票的票面金額。

（一）取得應收票據和收回到期票款

應收票據取得的原因不同，其會計處理亦有所區別。因債務人抵償前欠貨款而取得的應收票據，借記「應收票據」科目，貸記「應收帳款」科目；因企業銷售商品、提供勞務等而收到、開出承兌的商業匯票，借記「應收票據」科目，貸記「主營業務收入」「應交稅費——應交增值稅（銷項稅額）」等科目。

商業匯票到期收回款項時，應按實際收到的金額，借記「銀行存款」科目，貸記「應收票據」科目。

【實務3-1】湖南沙沙門業有限公司2019年9月1日向乙公司銷售一批產品，貨款為1,500,000元，尚未收到，已辦妥托收手續，適用的增值稅稅率為13%。則湖南沙沙門業有限公司會計處理如下：

借：應收帳款　　　　　　　　　　　　　　　　　　　　　1,695,000
　　貸：主營業務收入　　　　　　　　　　　　　　　　　　　1,500,000
　　　　應交稅費——應交增值稅（銷項稅額）　　　　　　　　　195,000

【實務3-2】12月15日，湖南沙沙門業有限公司收到乙公司寄來的一張3個月到期的商業承兌匯票，面值為1,695,000元，抵扣產品貨款。則湖南沙沙門業有限公司會計處理如下：

借：應收票據　　　　　　　　　　　　　　　　　　　　　1,695,000
　　貸：應收帳款　　　　　　　　　　　　　　　　　　　　　1,695,000

【實務3-3】12月15日，湖南沙沙門業有限公司上述應收票據到期收回票面金額1,690,000元存入銀行。則湖南沙沙門業有限公司會計處理如下：

借：銀行存款　　　　　　　　　　　　　　　　　　　　　1,695,000
　　貸：應收票據　　　　　　　　　　　　　　　　　　　　　1,695,000

（二）應收票據的背書轉讓

在實務中，企業可以將自己持有的商業匯票背書轉讓。背書是指在票據的背面或粘單上記載有關事項並簽章的票據行為。

企業將持有的商業匯票背書轉讓以取得所需物資時，按應計入取得物資成本的金額，借記「材料採購」「原材料」「庫存商品」等科目，按增值稅專用發票上註明的可抵扣的增值稅額，借記「應交稅費——應交增值稅（進項稅額）」科目，按商業匯票的票面金額，貸記「應收票據」科目，如有差額，借記或貸記「銀行存款」等科目。

【實務3-4】承【實務3-2】，假定湖南沙沙門業有限公司於12月25日將上述應收票據背書轉讓，以取得生產經營所需的A材料，該材料價款為1,500,000元，適用的增值稅稅率為13%。則湖南沙沙門業有限公司會計處理如下：

借：原材料　　　　　　　　　　　　　　　　　　　　　1,500,000
　　應交稅費——應交增值稅（進行稅額）　　　　　　　　195,000
　貸：應收票據　　　　　　　　　　　　　　　　　　　　1,695,000

【實務3-5】若【實務3-4】中材料金額是1,000,000元，適用的增值稅稅率為13%，差額部分已收到並存入銀行。則湖南沙沙門業有限公司會計處理如下：

借：原材料　　　　　　　　　　　　　　　　　　　　　1,000,000
　　應交稅費——應交增值稅（進項稅額）　　　　　　　　130,000
　　銀行存款　　　　　　　　　　　　　　　　　　　　　565,000
　貸：應收票據　　　　　　　　　　　　　　　　　　　　1,695,000

【實務3-6】若【實務3-4】中材料金額是1,600,000元，適用的增值稅稅率為13%，差額部分以銀行存款支付。則湖南沙沙門業有限公司會計處理如下：

借：原材料　　　　　　　　　　　　　　　　　　　　　1,600,000
　　應交稅費——應交增值稅（進項稅額）　　　　　　　　208,000
　貸：應收票據　　　　　　　　　　　　　　　　　　　　1,695,000
　　　銀行存款　　　　　　　　　　　　　　　　　　　　113,000

（三）應收票據的貼現

貼現是指企業將尚未到期的應收票據轉讓給銀行，由銀行按票據的到期價值扣除貼現日至票據到期日止的利息後，將餘額付給企業的融資行為。其實質是銀行按票據的到期價值對企業發放的抵押貸款，但預先扣除了貸款的利息，而不是等到貸款歸還時才扣除貸款利息。應收票據的貼現根據票據的風險是否轉移分為兩種情況，一種帶追索權，貼現企業在法律上負連帶責任；另一種不帶追索權，企業將應收票據上的風險和未來經濟利益全部轉讓給銀行。

1. 應收票據貼現淨額的計算

貼現息＝票據到期值×貼現率×貼現期

貼現淨額＝票據到期值−貼現息

其中：票據到期值＝票據面值（不帶息票據）

　　　　　　　　＝票據面值＋利息（帶息票據）

貼現期為從貼現日至票據到期日前一天的時期，貼現率為銀行統一制定的利率。

2. 應收票據貼現的核算

（1）帶追索權的票據貼現。

企業以取得的應收票據向銀行等金融機構申請貼現，如企業與銀行等金融機構簽訂的協議中規定，在貼現的應收債權到期，債務人未按期償還時，申請貼現的企業負有向銀行等金融機構還款的責任，這種貼現為帶追索權的票據貼現。根據實質重於形式的原則，該類貼現從實質上看，與所貼現應收債權有關的風險和報酬並未轉移，應收債權可能產生的風險仍由申請貼現的企業承擔，屬於以應收債權為質押取得的借款，申請貼現的企業應按照以應收債權為質押取得借款的規定進行會計處理。

貼現時的基本會計處理為借記「銀行存款」「財務費用（實際支付的手續費）」科目，貸記「短期借款」科目。

【實務 3-7】 湖南沙沙門業有限公司收到購貨單位交來 2019 年 12 月 31 日簽發的不帶息商業票據一張，金額 900,000 元，承兌期限 5 個月。2020 年 1 月 31 日企業持匯票向銀行申請貼現，帶追索權，年貼現率 5%。則湖南沙沙門業有限公司會計處理如下：

到期值 = 900,000（元）

貼現息 = 900,000×5%×4/12 = 15,000（元）

貼現淨額 = 900,000 - 15,000 = 885,000（元）

借：銀行存款		885,000
財務費用		15,000
貸：短期借款		900,000

【實務 3-8】 承【實務 3-7】若為帶息票據，票面利率為 4%。其餘條件相同。則湖南沙沙門業有限公司會計處理如下：

2020 年 1 月 31 日期末計提利息

借：應收票據		3,000
貸：財務費用		3,000

到期值 = 900,000×（1+4%×5/12）= 915,000（元）

貼現息 = 915,000×5%×4/12 = 15,250（元）

貼現淨額 = 915,000 - 15,250 = 899,750（元）

借：銀行存款		899,750
財務費用		15,250
貸：短期借款		915,000

這裡是比照以取得的應收帳款等應收債權向銀行等金融機構申請貼現的會計處理，因為到期承兌人無力支付款項，銀行要收取的款項是 915,000 元，故先將貼現息作財務費用處理更加符合會計核算原則。

票據到期，承兌人按期付款。基本會計處理應為借記「短期借款」科目，貸記「應收票據（應收票據帳面價值）」「財務費用（未結算入帳的利息）」科目。

【實務 3-9】 承【實務 3-8】中票據到期，承兌人按期付款。2020 年 2~4 月已計提應

收票據利息。2020 年 5 月 31 日尚未計提應收票據利息。則湖南沙沙門業有限公司會計處理如下：

2020 年 2~4 月計提應收票據利息基本會計處理同【實務 3-8】，每月計提利息 3,000元衝減財務費用。票據到期，承兌人按期付款的基本會計處理應為：

借：短期借款　　　　　　　　　　　　　　　　　　　　　915,000
　　貸：應收票據（應收票據帳面價值）　　　　　　　　　912,000
　　　　財務費用（未結算入帳的利息）　　　　　　　　　　3,000

若到期承兌人無力支付款項，銀行將支款通知隨同匯票、付款人未付票款通知書送交申請貼現的企業，貼現企業有義務將有關款項按票據的到期值支付給銀行。此時借記「應收帳款（面值與票據利息之和）」科目，貸記「應收票據（應收票據帳面價值）」「財務費用（未結算入帳的利息）」科目，同時借記「短期借款」科目，貸記「銀行存款（銀行扣款金額）」科目。

【實務 3-10】承【實務 3-7】中票據到期時，因承兌人的銀行帳戶不足支付，企業現已收到銀行退回的應收票據、支款通知和付款人未付票款通知書。2020 年 1~5 月已計提應收票據利息。則湖南沙沙門業有限公司會計處理如下：

2020 年 2~5 月已計提應收票據利息基本會計處理同【實務 3-8】，每月計提利息 3,000 元衝減財務費用。票據到期，承兌人無力支付款項的基本會計處理應為：

借：應收帳款（面值與票據利息之和）　　　　　　　　　915,000
　　貸：應收票據（應收票據帳面價值）　　　　　　　　　915,000

同時不再計提應收票據利息。

借：短期借款　　　　　　　　　　　　　　　　　　　　　915,000
　　貸：銀行存款（銀行扣款金額）　　　　　　　　　　　915,000

【實務 3-11】承【實務 3-9】中如果該企業「銀行存款」帳戶餘額僅為 500,000 元。其餘條件相同。則湖南沙沙門業有限公司會計處理如下：

借：應收帳款（面值與票據利息之和）　　　　　　　　　915,000
　　貸：應收票據（應收票據帳面價值）　　　　　　　　　915,000
借：短期借款　　　　　　　　　　　　　　　　　　　　　500,000
　　貸：銀行存款　　　　　　　　　　　　　　　　　　　500,000

（2）不帶追索權的票據貼現。

如果企業與銀行等金融機構簽訂的協議中規定，在貼現的應收債權到期，債務人未按期償還，申請貼現的企業不負有任何償還責任時，應視同應收債權的出售。企業將應收票據上的風險和未來經濟利益全部轉讓給銀行，衝減應收票據的帳面價值，應收票據貼現值（貼現所得金額）與帳面價值之差額計入「財務費用」（可能在借方，也可能在貸方）。

協議中沒有約定預計將發生的銷售退回和銷售折讓（包括現金折扣）的金額。貼現時的基本會計處理應為借記「銀行存款（貼現所得金額）」科目，借或貸記「財務費用（貼現所得金額與帳面價值之差額）」科目，貸記「應收票據（應收票據的帳面價值）」

科目。

【實務 3-12】 湖南沙沙門業有限公司收到購貨單位交來 2019 年 9 月 30 日簽發的帶息商業票據一張，票面利率為 4%，金額 900,000 元，承兌期限 5 個月。不帶追索權，2019 年 10 月 31 日企業持匯票向銀行申請貼現，年貼現率 5%。湖南沙沙門業有限公司會計處理如下：

到期值＝900,000×（1+4%×5/12）＝915,000（元）
貼現息＝915,000×5%×4/12＝15,250（元）
貼現淨額＝915,000-15,250＝899,750（元）
2019 年 10 月 31 日期末計提利息：

借：應收票據	3,000
貸：財務費用	3,000

貼現時：

借：銀行存款	899,750
財務費用	3,250
貸：應收票據	903,000

協議中約定預計將發生的銷售退回和銷售折讓（包括現金折扣）的金額。貼現時的基本會計處理應為借記「銀行存款（貼現所得金額）」「其他應收款（協議中約定預計將發生的銷售退回和銷售折讓，包括現金折扣）」科目，借或貸記「財務費用（貼現所得金額加上預計將發生的銷售退回和銷售折讓與帳面價值之差額）」科目，貸記「應收票據（應收票據的帳面價值）」科目。

對已貼現的不帶追索權的商業匯票到期，因貼現企業不承擔連帶償付責任，不做任何會計處理。

任務二　應收帳款業務

一、應收帳款概述

（一）應收帳款的含義

應收帳款是指企業因銷售商品、提供勞務等經營活動，應向購貨單位或接受勞務單位收取的款項，主要包括企業銷售商品或提供勞務等應向有關債務人收取的價款及代購貨單位墊付的包裝費、運雜費等。

（二）應收帳款的入帳價值

應收帳款的入帳價值包括銷售商品或提供勞務從購貨方或接受勞務方應收的合同或協議價款（應收的合同或協議價款不公允的除外）、增值稅銷項稅額，以及代購貨單位墊付的包裝費、運雜費等。但在商業活動中，經常會存在商業折扣、現金折扣條件，這兩種情

況的入帳價值為：存在商業折扣時，按折扣後的應收金額入帳；存在現金折扣時，按原應收金額入帳，收回金額小於應收金額，差額作財務費用處理。

二、應收帳款的核算

為了反應和監督應收帳款的增減變動及其結存情況，企業應設置「應收帳款」科目，不單獨設置「預收帳款」科目的企業，預收的帳款也在「應收帳款」科目核算。「應收帳款」科目借方登記應收帳款的增加，貸方登記應收帳款的收回及確認的壞帳損失，期末餘額一般在借方，反應企業尚未收回的應收帳款；如果期末餘額在貸方，則反應企業預收的帳款。

（一）應收帳款的一般核算

企業銷售商品等發生應收款項時，借記「應收帳款」科目，貸記「主營業務收入」「應交稅費——應交增值稅（銷項稅額）」等科目；收回應收帳款時，借記「銀行存款」等科目，貸記「應收帳款」科目。

企業代購貨單位墊付包裝費、運雜費時，借記「應收帳款」科目，貸記「銀行存款」等科目；收回代墊費用時，借記「銀行存款」科目，貸記「應收帳款」科目。

如果企業應收帳款改用應收票據結算，在收到承兌的商業匯票時，借記「應收票據」科目，貸記「應收帳款」科目。

【實務3-13】湖南沙沙門業有限公司採用托收承付結算方式向乙公司銷售商品一批，貨款300,000元，增值稅額39,000元，以銀行存款代墊運雜費6,000元，已辦理托收手續。則湖南沙沙門業有限公司會計處理如下：

借：應收帳款　　　　　　　　　　　　　　　　　　　　　　345,000
　　貸：主營業務收入　　　　　　　　　　　　　　　　　　300,000
　　　　應交稅費——應交增值稅（銷項稅額）　　　　　　　39,000
　　　　銀行存款　　　　　　　　　　　　　　　　　　　　6,000

湖南沙沙門業有限公司實際收到款項時，應編製如下會計分錄：

借：銀行存款　　　　　　　　　　　　　　　　　　　　　　345,000
　　貸：應收帳款　　　　　　　　　　　　　　　　　　　　345,000

企業應收帳款改用應收票據結算，在收到承兌的商業匯票時，借記「應收票據」科目，貸記「應收帳款」科目。

【實務3-14】湖南沙沙門業有限公司收到丙公司交來商業承兌匯票一張，面值10,000元，用以償還其前欠貨款。則湖南沙沙門業有限公司會計處理如下：

借：應收票據　　　　　　　　　　　　　　　　　　　　　　10,000
　　貸：應收帳款　　　　　　　　　　　　　　　　　　　　10,000

（二）商業折扣

商業折扣是對商品價目單中所列的商品價格，根據批發、零售、特約經銷等不同銷售對象，給予一定的折扣優惠。商業折扣通常用百分數表示，如5%、10%等，扣減商業折

扣後的價格才是商品的實際售價。一般情況下，商業折扣都直接從商品的價目單價中扣減，購買單位應付的貨款和銷售單位所應收的貨款，都直接根據扣減商業折扣以後的價格來計算。因此，商業折扣對企業的會計記錄沒有影響，在存在商業折扣的情況下，企業應按扣除商業折扣後的實際售價，確認收入。

【實務 3-15】 湖南沙沙門業有限公司向湖南丁公司銷售商品一批，售價金額 10,000 元，商業折扣 10%，折扣金額 1,000 元，增值稅率 13%。則湖南沙沙門業有限公司會計處理如下：

借：應收帳款——丁公司　　　　　　　　　　　　　　　　10,170
　　貸：主營業務收入　　　　　　　　　　　　　　　　　　9,000
　　　　應交稅費——應交增值稅（銷項稅額）　　　　　　　1,170

（三）現金折扣

現金折扣是企業為了鼓勵客戶提前償付貨款而規定的債務人在不同期限內付款可享受不同比例的折扣。一般用符號「折扣/付款期限」表示，如 2/10 表示 10 天內付款可按售價給予 2%的折扣。

現金折扣實際上是一種信用政策，發生在銷售業務成立之後，也就是說，現金折扣不影響銷售發票上開具的銷售價格，只影響實際收回的貨款的數額。因此，現金折扣的存在不會影響收入的確認，在有現金折扣的情況下，中國會計實務中通常採用總價法，即按未扣除現金折扣前的應收帳款全額入帳，付款企業在折扣期內付款，銷售企業給予對方的現金折扣作為當期的財務費用，計入當期損益。

【實務 3-16】 湖南沙沙門業有限公司於 2019 年 9 月 5 日向 A 公司銷售商品一批，售價金額100,000 元，增值稅13%，雙方約定採用現金折扣方式，折扣條件2/10，1/20，0/30，增值稅享受現金折扣。則湖南沙沙門業有限公司會計處理如下：

（1）賒銷時。

借：應收帳款——A 公司　　　　　　　　　　　　　　　　113,000
　　貸：主營業務收入　　　　　　　　　　　　　　　　　　100,000
　　　　應交稅費——應交增值稅（銷項稅額）　　　　　　　13,000

（2）若公司於 9 月 15 日收到 A 有限公司貨款。

借：銀行存款　　　　　　　　　　　　　　　　　　　　　110,740
　　財務費用　　　　　　　　　　　　　　　　　　　　　　2,260
　　貸：應收帳款——A 有限公司　　　　　　　　　　　　　113,000

（3）若公司於 9 月 25 日收到湖南沙沙門業有限公司貨款。

借：銀行存款　　　　　　　　　　　　　　　　　　　　　111,870
　　財務費用　　　　　　　　　　　　　　　　　　　　　　1,130
　　貸：應收帳款——A 公司　　　　　　　　　　　　　　　113,000

任務三　預付帳款業務

一、預付帳款概述

預付帳款是指企業按照有關合同，預先支付給供貨方（包括提供勞務者）的款項。預付帳款和應收帳款都屬於企業的短期債權，但二者產生的原因不同。應收帳款是企業銷售後應收的銷貨款；預付帳款是預先支付給供貨企業的購貨款。應收帳款債權的實現方式是收回相應的貨幣；預付帳款債權的實現方式則是收回相應的貨物。

二、預付帳款的核算

企業應當設置「預付帳款」科目，核算預付帳款的增減變動及其結存情況，預付款項情況不多的企業，可以不設置「預付帳款」科目，而直接通過「應付帳款」科目核算。

預付帳款的核算包括預付款項和收到貨物兩個方面。

（1）企業根據購貨合同的規定向供應單位預付款項時，借記「預付帳款」科目，貸記「銀行存款」科目。

（2）企業收到所購物資，按應計入購入物資成本的金額，借記「材料採購」或「原材料」「庫存商品」「應交稅費——應交增值稅（進項稅額）」等科目，貸記「預付帳款」科目；當預付貨款小於採購貨物所需支付的款項時，應將不足部分補付，借記「預付帳款」科目，貸記「銀行存款」科目；當預付貨款大於採購貨物所需支付的款項時，對收回的多餘款項應借記「銀行存款」科目，貸記「預付帳款」科目。

【實務 3-17】湖南沙沙門業有限公司是一般納稅人，向乙公司採購材料 5,000 千克，每千克單價 10 元（不含稅），增值稅率為 13%，所需支付的稅價總額 56,500 元。按照合同規定向乙公司預付貨款的 50%，驗收貨物後補付其餘款項。則湖南沙沙門業有限公司會計處理如下：

（1）預付 50% 的貨款時。

借：預付帳款——乙公司　　　　　　　　　　　　　　　　　　28,250
　　貸：銀行存款　　　　　　　　　　　　　　　　　　　　　　28,250

（2）收到乙公司發來的材料，驗收無誤，增值稅專用發票記載的貨款為 50,000 元，增值稅額為 6,500 元。湖南沙沙門業有限公司以銀行存款補付款項所欠 28,250 元。則湖南沙沙門業有限公司會計處理如下：

借：原材料　　　　　　　　　　　　　　　　　　　　　　　　50,000
　　應交稅費——應交增值稅（進項稅額）　　　　　　　　　　 6,500
　　貸：預付帳款——乙公司　　　　　　　　　　　　　　　　　56,500
借：預付帳款——乙公司　　　　　　　　　　　　　　　　　　28,250
　　貸：銀行存款　　　　　　　　　　　　　　　　　　　　　　28,250

任務四　其他應收款業務

一、其他應收款的概述

其他應收款是指企業除應收票據、應收帳款、預付帳款等以外的其他各種應收及暫付款項。其主要內容包括：

（1）應收的各種賠款、罰款，如因企業財產等遭受意外損失而應向有關保險公司收取的賠款等；

（2）應收的出租包裝物租金；

（3）應向職工收取的各種墊付款項，如為職工墊付的水電費、應由職工負擔的醫藥費、房租費等；

（4）存出保證金，如租入包裝物支付的押金；

（5）其他各種應收、暫付款項。

二、其他應收款的核算

為了反應其他應收款的增減變動及其結存情況，企業應當設置「其他應收款」科目進行核算。「其他應收款」科目的借方登記其他應收款的增加，貸方登記其他應收款的收回，期末餘額一般在借方，反應企業尚未收回的其他應收款項。

企業發生其他應收款時，借記「其他應收款」科目，貸記「庫存現金」「銀行存款」等科目；收回或轉銷其他應收款時，借記「庫存現金」「銀行存款」「應付職工薪酬」等科目，貸記「其他應收款」科目。

【實務 3-18】 湖南沙沙門業有限公司在採購過程中發生材料毀損，按保險合同規定，應由保險公司賠償損失 30,000 元，賠款尚未收到。則湖南沙沙門業有限公司會計處理如下：

借：其他應收款——保險公司　　　　　　　　　　　30,000
　　貸：材料採購　　　　　　　　　　　　　　　　　　30,000

【實務 3-19】 承【實務 3-18】，上述保險公司賠款如數收到。則湖南沙沙門業有限公司會計處理如下：

借：銀行存款　　　　　　　　　　　　　　　　　　30,000
　　貸：其他應收款——保險公司　　　　　　　　　　　30,000

【實務 3-20】 湖南沙沙門業有限公司以銀行存款替副總經理墊付應由其個人負擔的醫療費 5,000 元，擬從其工資中扣回。則湖南沙沙門業有限公司會計處理如下：

（1）墊支時：

借：其他應收款　　　　　　　　　　　　　　　　　5,000
　　貸：銀行存款　　　　　　　　　　　　　　　　　　5,000

（2）扣款時。
借：應付職工薪酬　　　　　　　　　　　　　　　　　　　　　5,000
　　貸：其他應收款　　　　　　　　　　　　　　　　　　　　　5,000

【實務3-21】湖南沙沙門業有限公司租入包裝物一批，以銀行存款向出租方支付押金10,000元。則湖南沙沙門業有限公司會計處理如下：
借：其他應收款——存出保證金　　　　　　　　　　　　　　10,000
　　貸：銀行存款　　　　　　　　　　　　　　　　　　　　　10,000

【實務3-22】承【實務3-21】租入包裝物按期如數退回，湖南沙沙門業有限公司收到出租方退還的押金10,000元，已存入銀行。則湖南沙沙門業有限公司會計處理如下：
借：銀行存款　　　　　　　　　　　　　　　　　　　　　　10,000
　　貸：其他應收款——存出保證金　　　　　　　　　　　　　10,000

任務五　應收款項的減值

一、應收款項減值

（一）應收款項減值損失的確認

企業的各種應收款項，可能會因購貨人拒付、破產、死亡等原因而無法收回。這類無法收回的應收款項就是壞帳。因壞帳而遭受的損失為壞帳損失。企業應當在資產負債表日對應收款項的帳面價值進行檢查，有客觀證據表明應收款項發生減值的，應當將該應收款項的帳面價值減記至預計未來現金流量現值，減記的金額確認減值損失，計提壞帳準備。確定應收款項減值有兩種方法，即直接轉銷法和備抵法。中國企業會計準則規定採用備抵法確定應收款項的減值。

1. 直接轉銷法

採用直接轉銷法時，日常核算中應收款項可能發生的壞帳損失不予考慮，只有在實際發生壞帳時，才作為損失計入當期損益，同時衝銷應收款項，借記「信用減值損失」科目，貸記「應收帳款」科目。

【實務3-23】湖南沙沙門業有限公司2019年發生的一筆20,000元的應收帳款，長期無法收回，於2018年末確認為壞帳。則湖南沙沙門業有限公司會計處理如下：
借：信用減值損失——壞帳損失　　　　　　　　　　　　　　20,000
　　貸：應收帳款　　　　　　　　　　　　　　　　　　　　　20,000

2. 備抵法

備抵法是採用一定的方法按期估計壞帳損失，計入當期費用，同時建立壞帳準備，待壞帳實際發生時，衝銷已提的壞帳準備和相應的應收款項。採用這種方法，壞帳損失計入同一期間的損益，體現了配比原則的要求，避免了企業明盈實虧，在報表上列示了應收款

項淨額，使報表使用者能瞭解企業應收款項的可變現金額。

（二）壞帳準備的帳務處理

已確認並轉銷的應收款項之後又收回的，應當按照實際收到的金額增加壞帳準備的帳面餘額。已確認並轉銷的應收款項之後又收回時，借記「應收帳款」「其他應收款」等科目，貸記「壞帳準備」科目；同時，借記「銀行存款」科目，貸記「應收帳款」「其他應收款」等科目。也可以按照實際收回的金額，借記「銀行存款」科目，貸記「壞帳準備」科目。

壞帳準備可按以下公式計算：

當期應計提的壞帳準備＝當期按應收款項計算應提壞帳準備金額－（＋）「壞帳準備」科目的貸方（或借方）餘額

企業計提壞帳準備時，按應減記的餘額，借記「信用減值損失——計提的壞帳準備」科目，貸記「壞帳準備」科目。衝減多計提的壞帳準備時，借記「壞帳準備」科目，貸記「信用減值損失——計提的壞帳準備」科目。

【實務3-24】2019年12月31日，湖南沙沙門業有限公司對應收丙公司的帳款進行減值測試。應收帳款餘額合計為1,000,000元，湖南沙沙門業有限公司根據丙公司的資信情況確定應計提100,000元壞帳準備。則湖南沙沙門業有限公司會計處理如下：

借：信用減值損失——計提的壞帳準備　　　　　　　　　　100,000
　　貸：壞帳準備　　　　　　　　　　　　　　　　　　　　　　100,000

企業確實無法收回的應收款項按管理權限報經批准後作為壞帳轉銷時，應當衝減已計提的壞帳準備。已確認並轉銷的應收款項以後又收回的，應當按照實際收到的金額增加壞帳準備的帳面餘額。企業發生壞帳損失時，借記「壞帳準備」科目，貸記「應收帳款」「其他應收款」等科目。

【實務3-25】湖南沙沙門業有限公司2019年對丙公司的應收帳款實際發生了壞帳損失30,000元，確認壞帳損失。則湖南沙沙門業有限公司會計處理如下：

借：壞帳準備　　　　　　　　　　　　　　　　　　　　　　30,000
　　貸：應收帳款　　　　　　　　　　　　　　　　　　　　　　30,000

【實務3-26】承【實務3-24】和【實務3-25】，假設湖南沙沙門業有限公司2019年末應收丙公司的帳款金額為1,200,000元，經減值測試，湖南沙沙門業有限公司決定應計提120,000壞帳準備。

根據湖南沙沙門業有限公司壞帳核算方法，其「壞帳準備」科目應保持的貸方餘額為120,000元；計提壞帳準備前，「壞帳準備」科目的實際餘額為貸方70,000（100,000-30,000）元，因此本年末應計提的壞帳準備金額為50,000（120,000-70,000）元。則湖南沙沙門業有限公司會計處理如下：

借：信用減值損失——計提的壞帳準備　　　　　　　　　　50,000
　　貸：壞帳準備　　　　　　　　　　　　　　　　　　　　　　50,000

已確認並轉銷的應收款項之後又被收回的，應當按照實際收到的金額增加壞帳準備的

帳面餘額。已確認並轉銷的應收款項之後又被收回時，借記「應收帳款」「其他應收款」等科目，貸記「壞帳準備」科目；同時，借記「銀行存款」科目，貸記「應收帳款」「其他應收款」等科目。也可以按照實際收回的金額，借記「銀行存款」科目，貸記「壞帳準備」科目。

【**實務 3-27**】湖南沙沙門業有限公司 2019 年 9 月 20 日，收到 2018 年已轉銷的壞帳 20,000 元，已存入銀行。則湖南沙沙門業有限公司會計處理如下：

借：應收帳款　　　　　　　　　　　　　　　　　　　　20,000
　　貸：壞帳準備　　　　　　　　　　　　　　　　　　　　20,000
借：銀行存款　　　　　　　　　　　　　　　　　　　　20,000
　　貸：應收帳款　　　　　　　　　　　　　　　　　　　　20,000
或：
借：銀行存款　　　　　　　　　　　　　　　　　　　　20,000
　　貸：壞帳準備　　　　　　　　　　　　　　　　　　　　20,000

子項目二　應付及預收款項

任務一　應付票據業務

一、應付票據概述

應付票據是企業購買材料、商品和接受勞務供應等而開出、承兌的商業匯票，包括商業承兌匯票和銀行承兌匯票。企業應當設置「應付票據備查簿」，詳細登記每一應付票據的種類、號數、簽發日期、到期日、票面金額、票面利率、合同交易號、收款人姓名或單位名稱，以及付款日期和金額等資料。應付票據到期結清時應當在備查簿內逐筆註銷。

企業應通過「應付票據」科目核算應付票據的發生、償付等情況。該科目貸方登記開出並承兌的匯票的面值及帶息票據的預提利息，借方登記支付票據的金額，餘額在貸方，表示企業尚未到期的商業匯票的票面金額和應計未付的利息。

二、應付票據的核算

企業因購買材料、商品和接受勞務供應等而開出、承兌的商業匯票，應當按其票面金額作為應付票據的入帳金額，借記「材料採購」「庫存商品」「應付帳款」「應交稅費——應交增值稅（進項稅額）」等科目，貸記「應付票據」科目。企業支付的銀行承兌匯票手續費應當計入財務費用，借記「財務費用」科目，貸記「銀行存款」科目。

企業開出、承兌的帶息票據，應於期末計算應付利息，計入當期財務費用，借記「財務費用」科目，貸記「應付票據」科目。

應付票據到期支付票款時，應按票面金額予以結轉，借記「應付票據」科目，貸記「銀行存款」科目。應付商業承兌匯票到期，如企業無力支付票款，應將應付票據按票面金額轉作應付帳款，借記「應付票據」科目，貸記「應付帳款」科目。應付銀行承兌匯票到期，如企業無力支付票款，應將應付票據的票面金額轉作短期借款，借記「應付票據」科目，貸記「短期借款」科目。

【實務 3-28】湖南沙沙門業有限公司為增值稅一般納稅人。該企業 2019 年 5 月 6 日，開出並承兌一張面值為 56,500 元、期限 5 個月的不帶息商業承兌匯票，用以採購一批材料，材料已收到，按計劃成本核算。增值稅專用發票上註明的材料價款為 50,000 元，增值稅稅額為 6,500 元。則湖南沙沙門業有限公司會計處理如下：

借：材料採購　　　　　　　　　　　　　　　　　　50,000
　　應交稅費——應交增值稅（進項稅額）　　　　　　6,500
　貸：應付票據　　　　　　　　　　　　　　　　　　56,500

【實務 3-29】承【實務 3-28】假設上例中的商業承兌匯票為銀行承兌匯票，湖南沙沙門業有限公司已經繳納承兌手續費 29.25 元。則湖南沙沙門業有限公司會計處理如下：

借：財務費用　　　　　　　　　　　　　　　　　　29.25
　貸：銀行存款　　　　　　　　　　　　　　　　　　29.25

【實務 3-30】承【實務 3-28】2018 年 10 月 6 日，湖南沙沙門業有限公司於 5 月 6 日開出的商業承兌匯票到期，該公司通知其開戶銀行以銀行存款支付票款。則湖南沙沙門業有限公司會計處理如下：

借：應付票據　　　　　　　　　　　　　　　　　　56,500
　貸：銀行存款　　　　　　　　　　　　　　　　　　56,500

【實務 3-31】承【實務 3-28】假設上述商業承兌匯票為銀行承兌匯票，該匯票到期時湖南沙沙門業有限公司無力支付票款。則湖南沙沙門業有限公司會計處理如下：

借：應付票據　　　　　　　　　　　　　　　　　　56,500
　貸：短期借款　　　　　　　　　　　　　　　　　　56,500

【實務 3-32】2019 年 9 月 1 日，湖南沙沙門業有限公司開出帶息商業承兌匯票一張，面值 320,000 元，用於抵付其前欠 H 公司的貨款。該票面年利率 6%，期限為 3 個月。則湖南沙沙門業有限公司會計處理如下：

借：應付帳款——H 公司　　　　　　　　　　　　　320,000
　貸：應付票據　　　　　　　　　　　　　　　　　　320,000

【實務 3-33】承【實務 3-32】12 月 30 日，湖南沙沙門業有限公司計算出的帶息應付票據應計利息為 1,600 元。

12 月份應計提的應付票據利息 = 320,000×6%÷12 = 1,600（元）

則湖南沙沙門業有限公司會計處理如下：

借：財務費用　　　　　　　　　　　　　　　　　　1,600
　貸：應付票據　　　　　　　　　　　　　　　　　　1,600

10月末和11月末的會計處理同上。

【實務3-34】承【實務3-32】12月1日，湖南沙沙門業有限公司開出的帶息商業承兌匯票到期，企業以銀行存款全額支付到期票款和3個月的票據利息。

該商業承兌匯票到期應償還的金額＝本金＋利息＝320,000＋320,000×6%÷12×3

＝324,800（元）

則湖南沙沙門業有限公司會計處理如下：

借：應付票據　　　　　　　　　　　　　　　　　　　　　324,800
　　貸：銀行存款　　　　　　　　　　　　　　　　　　　　324,800

【實務3-35】承【實務3-32】12月1日，帶息商業承兌匯票到期，湖南沙沙門業有限公司無力支付票款，應將應付票據的帳面餘額轉入「應付帳款」科目。則湖南沙沙門業有限公司會計處理如下：

借：應付票據　　　　　　　　　　　　　　　　　　　　　324,800
　　貸：應付帳款　　　　　　　　　　　　　　　　　　　　324,800

任務二　應付帳款業務

一、應付帳款概述

應付帳款是企業因購買材料、商品或接受勞務等經營活動應支付的款項。應付帳款作為買賣雙方在購銷活動中由於取得物資與支付的時間上不致而產生的負債，它與應付票據不同，兩者雖然都是由於交易而引起的負債，都屬於流動負債，但應付帳款是尚未結清的債務，而應付票據是一種期票，是延期付款的證明，有承諾付款的票據作為憑證。

企業應通過「應付帳款」科目核算應付帳款的發生、償還、轉銷等情況。該科目貸方登記企業購買材料、商品和接受勞務等而發生的應付帳款，借方登記償還的應付帳款，或開出商業匯票抵付應付帳款的款項，或已衝銷的無法支付的應付帳款，餘額一般在貸方，表示企業尚未支付的應付帳款餘額。本科目一般應該按照債權人設置明細科目進行明細核算。

二、應付帳款的核算

企業購入材料、商品等或接受勞務所產生的應付帳款，應按應付金額入帳。購入材料、商品等經驗收入庫，但貨款尚未支付，根據有關憑證（發票帳單、隨貨同行發票上記載的實際價款或暫估價值），借記「材料採購」「在途物資」等科目，按可抵扣的增值稅額，借記「應交稅費——應交增值稅（進項稅額）」科目，按應付的價款，貸記「應付帳款」科目。企業接受供應單位提供勞務而發生的應付未付款項，根據供應單位的發票帳單，借記「生產成本」「管理費用」等科目，貸記「應付帳款」科目。

應付帳款附有現金折扣的，應按照扣除現金折扣前的應付款總額入帳。因在折扣期限內付款獲得的現金折扣，應在償付應付帳款時衝減財務費用。

企業償還應付帳款或開出商業匯票抵付應付帳款時，借記「應付帳款」科目，貸記「銀行存款」「應付票據」等科目。

企業轉銷確實無法支付的應付帳款，應按其帳面餘額計入營業外收入，借記「應付帳款」科目，貸記「營業外收入——其他」科目。

【實務 3-36】 湖南沙沙門業有限公司為增值稅一般納稅人。2019 年 9 月 1 日，從 A 公司購入一批材料，貨款 100,000 元，增值稅 13,000，對方代墊運雜費 1,000 元（不考慮增值稅）。材料已運到並驗收入庫（該企業材料按實際成本計價核算），款項尚未支付。則湖南沙沙門業有限公司會計處理如下：

借：原材料　　　　　　　　　　　　　　　　　　　　　　101,000
　　應交稅費——應交增值稅（進項稅額）　　　　　　　　 13,000
　　貸：應付帳款——A 公司　　　　　　　　　　　　　　114,000

【實務 3-37】 湖南沙沙門業有限公司於 2019 年 9 月 2 日，從 A 公司購入一批家電產品並已驗收入庫。增值稅專用發票上列明，該批家電的價款為 100 萬元。增值稅為 13 萬元。按照購貨協議的規定，湖南沙沙門業有限公司如在 15 天內付清貨款，將獲得 1% 的現金折扣（假定計算現金折扣時需考慮增值稅）。則湖南沙沙門業有限公司會計處理如下：

借：庫存商品　　　　　　　　　　　　　　　　　　　　1,000,000
　　應交稅費——應交增值稅（進項稅額）　　　　　　　　130,000
　　貸：應付帳款——A 公司　　　　　　　　　　　　　1,130,000

【實務 3-38】 根據供電部門通知，湖南沙沙門業有限公司本月應支付電費 48,000 元。其中生產車間電費 32,000 元，企業行政管理部門電費 16,000 元，款項尚未支付。則湖南沙沙門業有限公司會計處理如下：

借：製造費用　　　　　　　　　　　　　　　　　　　　　32,000
　　管理費用　　　　　　　　　　　　　　　　　　　　　16,000
　　貸：應付帳款——××電力公司　　　　　　　　　　　48,000

【實務 3-39】 承【實務 3-36】2019 年 9 月 30 日，湖南沙沙門業有限公司用銀行存款支付 A 公司應付帳款。則湖南沙沙門業有限公司會計處理如下：

借：應付帳款——A 公司　　　　　　　　　　　　　　　113,000
　　貸：銀行存款　　　　　　　　　　　　　　　　　　113,000

【實務 3-40】 承【實務 3-37】湖南沙沙門業有限公司於 2019 年 9 月 10 日，按照扣除現金折扣後的金額，用銀行存款付清了所欠 A 公司貨款。

本例中，湖南沙沙門業有限公司在 9 月 10 日（即購貨後的第 8 天）付清所欠 A 公司的貨款，按照購貨協議可以獲得現金折扣。乙百貨商場獲得的現金折扣 = 1,130,000×1% = 11,300（元），實際支付的貨款 = 1,130,000-1,130,000×1% = 1,044,000（元）。

則湖南沙沙門業有限公司會計處理如下：

借：應付帳款——A公司　　　　　　　　　　　　　　　1,130,000
　　貸：銀行存款　　　　　　　　　　　　　　　　　　1,118,700
　　　　財務費用　　　　　　　　　　　　　　　　　　　11,300

【實務3-41】2019年9月30日，湖南沙沙門業有限公司確定一筆應付帳款4,000元為無法支付的款項，應予轉銷。則湖南沙沙門業有限公司會計處理如下：
借：應付帳款　　　　　　　　　　　　　　　　　　　　4,000
　　貸：營業外收入——其他　　　　　　　　　　　　　　4,000

任務三　應付利息業務

一、應付利息的概述

應付利息核算企業按照合同約定應支付的利息，包括分期付息到期還本的長期借款、企業債券等應支付的利息。企業應當設置「應付利息」科目，按照債權人設置明細科目進行明細核算，該科目期末貸方餘額反應企業按照合同約定應支付但尚未支付的利息。

二、應付利息的核算

企業採用合同約定的名義利率計算確定利息費用時，應按合同約定的名義利率計算確定的應付利息的金額，記入「應付利息」科目，實際支付利息時，借記「應付利息」科目，貸記「銀行存款」等科目。

【實務3-42】湖南沙沙門業有限公司借入5年期到期還本每年付息的長期借款5,000,000元，合同約定年利率為3.5%。則湖南沙沙門業有限公司會計處理如下：
（1）每年計算確定利息費用時。
借：財務費用　　　　　　　　　　　　　　　　　　　175,000
　　貸：應付利息　　　　　　　　　　　　　　　　　　175,000
企業每年應支付的利息=5,000,000×3.5%=175,000（元）
（2）每年實際支付利息時。
借：應付利息　　　　　　　　　　　　　　　　　　　175,000
　　貸：銀行存款　　　　　　　　　　　　　　　　　　175,000

任務四　預收帳款業務

一、預收帳款的概述

預收帳款是企業按照合同規定向購貨單位預收的款項。與應付帳款不同，預收帳款所形成的負債不是以貨幣償付，而是以貨物償付。

企業應通過「預收帳款」科目核算預收帳款的取得、償付等情況。該科目貸方登記發生的預收帳款的數額和購貨單位補付帳款的數額，借方登記企業向購貨方發貨後衝銷的預收帳款數額和退回購貨方多付帳款的數額，餘額一般在貸方，反應企業向購貨單位預收的款項但尚未向購貨方發貨的數額，如為借方餘額，反應企業尚未轉銷的款項。企業應當按照購貨單位設置明細科目進行明細核算。

預收帳款情況不多的，也可不設「預收帳款」科目，將預收的款項直接記入「應收帳款」科目的貸方。

二、預收帳款的核算

企業向購貨單位預收款項時，借記「銀行存款」科目，貸記「預收帳款」科目；銷售實現時，按實現的收入和應交的增值稅銷項稅額，借記「預收帳款」科目，按照實現的營業收入，貸記「主營業務收入」科目，按照增值稅專用發票上註明的增值稅額，貸記「應交稅費——應交增值稅（銷項稅額）」等科目；企業收到購貨單位補付的款項，借記「銀行存款」科目，貸記「預收帳款」科目；向購貨單位退回其多付的款項時，借記「預收帳款」科目，貸記「銀行存款」科目。

【實務3-43】湖南沙沙門業有限公司為增值稅一般納稅人。2019年9月3日，與乙公司簽訂供貨合同，向其出售一批產品，貨款金額共計100,000元，應交增值稅13,000元。根據購貨合同的規定，乙公司在購貨合同簽訂後一週內，應當向湖南沙沙門業有限公司預付貨款60,000元，剩餘貨款在交貨後付清。2019年9月9日，湖南沙沙門業有限公司收到乙公司交來的預付貨款60,000元並存入銀行，9月19日湖南沙沙門業有限公司將貨物發到乙公司並開出增值稅專用發票，乙公司驗收後付清了剩餘貨款。則湖南沙沙門業有限公司會計處理如下：

(1) 9月9日收到乙公司交來的預付貨款60,000元。

借：銀行存款　　　　　　　　　　　　　　　　　60,000
　　貸：預收帳款——乙公司　　　　　　　　　　　　60,000

(2) 9月19日按合同規定，向乙公司發出貨物。

借：預收帳款——乙公司　　　　　　　　　　　　113,000
　　貸：主營業務收入　　　　　　　　　　　　　　　100,000

　　　　應交稅費——應交增值稅（銷項稅額）　　　　　　　　　13,000
(3) 收到乙公司補付的貨款。
借：銀行存款　　　　　　　　　　　　　　　　　　　　　53,000
　貸：預收帳款——乙公司　　　　　　　　　　　　　　　　53,000

【實務3-44】承【實務3-43】的資料，假設湖南沙沙門業有限公司不設置「預收帳款」科目，通過「應收帳款」科目核算有關業務。則湖南沙沙門業有限公司會計處理如下：

(1) 9月9日收到乙公司交來的預付貨款60,000元。
借：銀行存款　　　　　　　　　　　　　　　　　　　　　60,000
　貸：應收帳款——乙公司　　　　　　　　　　　　　　　　60,000
(2) 9月19日按合同規定，向乙公司發出貨物。
借：應收帳款——乙公司　　　　　　　　　　　　　　　　113,000
　貸：主營業務收入　　　　　　　　　　　　　　　　　　100,000
　　　應交稅費——應交增值稅（銷項稅額）　　　　　　　　　13,000
(3) 收到乙公司補付的貨款。
借：銀行存款　　　　　　　　　　　　　　　　　　　　　53,000
　貸：應收帳款——乙公司　　　　　　　　　　　　　　　　53,000

任務五　其他應付款業務

一、其他應付款的內容

其他應付款是指應付、暫收其他單位或個人的款項，如應付租入固定資產和包裝物的租金、存入保證金等，具體包括：①應付短期租入固定資產和包裝物租金；②職工未按期領取的工資；③存入保證金（如收入包裝物押金等）；④應付、暫收所屬單位、個人的款項；⑤其他應付、暫收款項。

二、其他應付款的帳務處理

企業發生的各種應付、暫收款項，借記「銀行存款」「管理費用」等科目，貸記「其他應付款」科目；支付時，借記「其他應付款」科目，貸記「銀行存款」等科目。

【本項目工作小結】

本項目主要闡述應收及預付、應付及預收的會計核算，使學生瞭解應收帳款的核算內容，掌握應收帳款的取得、收回的核算，掌握壞帳的確認與壞帳損失的計量和核算；瞭解

預付帳款的核算內容，掌握預付帳款發生的核算；瞭解其他應收款的核算內容，掌握各類其他應收款的核算；瞭解應付帳款的核算內容，掌握應付帳款的會計核算；瞭解預收帳款的核算內容，掌握預收帳款的核算；瞭解其他應付款核算的內容，掌握其他應付款的核算。

◆ 仿真操作

1. 根據【實務3-1】至【實務3-44】編寫有關的記帳憑證。
2. 根據記帳憑證登記往來款項的明細帳和總帳。

◆ 崗位業務認知

利用節假日，去當地的中小企業（工商企業），瞭解企業往來結算款項方面的基本情況，對一般企業的應收和應付款項等情況有初步的認識和掌握。

◆ 工作思考

1. 什麼是應收票據？應收票據取得及到期時如何進行帳務處理？應收票據貼現時，如何計算貼現息及進行帳務處理？
2. 什麼是壞帳損失？對壞帳損失的處理有哪幾種方法？
3. 什麼是商業折扣和現金折扣？在有商業折扣和現金折扣的情況下，如何對應收帳款進行計價？
4. 簡述應付帳款和應付票據的主要區別？
5. 簡述應付票據的帳務處理。

項目四　存貨核算業務

在企業的日常經營中，幾乎每一家企業都會有庫存商品、原材料等存貨，存貨成了每個企業缺一不可的資產。一般情況下，存貨占工業企業總資產的30%左右，商品流通企業的則更高，它是反應企業流動資金運轉情況的晴雨表，其管理利用情況如何，直接關係到企業的資金占用水準以及資產運作效率。因此，一個企業若要保持較高的盈利能力，應當加強存貨管理。存貨核算崗位的工作流程圖如圖4.1所示。

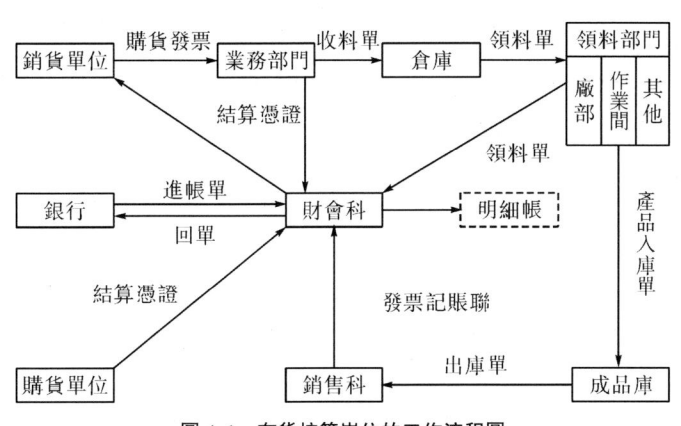

圖 4.1　存貨核算崗位的工作流程圖

【項目工作目標】

⊙知識目標

瞭解存貨的概念、確認條件、分類；掌握存貨的初始計價及發出存貨的計量方法；掌握原材料收發按實際成本和計劃成本計價的核算；掌握週轉材料的核算；掌握委託加工物資的核算；掌握庫存商品的核算；掌握存貨清查及減值的核算。

⊙技能目標

學生通過本項目的學習，能準確地確定存貨的入帳價值；能分別用實際成本與計劃成本對原材料的收、發、存進行帳務處理；能核算委託加工物資業務；會對存貨盤盈、盤虧進行帳務處理；會對存貨期末計價進行會計處理。

【任務導入】

2019 年 12 月 6 日湖南沙沙門業有限公司對外銷售一批 M2 商品，收到含稅價款 226,000（其中增值稅 26,000 元），該批商品成本 210,000 元，已提存貨跌價準備 35,000 元。請問應計入銷售成本的金額是多少？

【進入任務】

任務一　存貨的確認和計量
任務二　原材料按實際成本核算
任務三　原材料按計劃成本核算
任務四　週轉材料的核算
任務五　委託加工物資的核算
任務六　庫存商品的核算
任務七　存貨的清查
任務八　存貨的期末計量

任務一　存貨的確認和計量

一、存貨的概念

（一）存貨的定義

存貨是指企業在日常活動中持有以備出售的產成品或商品、處在生產過程中的在產品、在生產過程或提供勞務過程中耗用的材料和物料等。存貨包括原材料、包裝物、低值易耗品、在產品、半成品、產成品、商品、週轉材料、委託加工物資、委託代銷商品等。

（二）存貨的特點

（1）存貨是有形資產。存貨必須有實物形態，這一點有別於無形資產。

（2）存貨具有較強的流動性。存貨在企業日常經營活動中不斷被銷售、生產或耗用，變現能力強。相對於非流動資產其週轉速度較快，通常會在 1 年內變現、出售或耗用。

（3）持有的目的是為了出售或耗用。存貨是企業為了銷售或耗用而儲備的資產，企業持有存貨的目的是滿足其日常生產經營活動的需要。企業在生產經營中將存貨出售或耗用，從而獲取相應的貨幣資產或其他資產。如湖南沙沙門業有限公司倉庫存放的完工產品防盜門，其持有的目的是為了出售，屬於存貨；而其辦公樓安裝的防盜門，其持有的目的是經營管理使用，屬於固定資產。

(三) 存貨的分類

企業存貨按其經濟內容，可以分為原材料、週轉材料、在產品、半成品、產成品、商品、委託加工物資、委託代銷商品等類別。

1. 原材料

原材料是指企業儲備的、在生產過程中經加工改變其實物形態或性質並構成產品主要實體的各種原料及主要材料、輔助材料、外購半成品、修理備用件、包裝材料、燃料等。

在生產性企業的存貨中，原材料品種，規格多種多樣，收發業務頻繁，是企業存貨核算和管理的重點。原材料按其在生產過程中作用的不同，可分為以下幾類：

（1）原料及主要材料是指企業經過加工以後，能夠構成產品主要實體的各種原料和材料。例如，製造機器用的金屬材料（主要材料）、煉鐵用的礦石和紡紗用的原棉（原料）等。

（2）輔助材料是指企業直接用於生產，有助於產品形成或便於生產的進行，但不構成產品主要實體的各種材料。輔助材料主要包括：投入生產後和主要材料結合加入產品實體，或使主要材料發生化學變化，或給予產品某種性能的輔助材料，如油漆、染料、溶劑、催化劑等；被勞動工具所消耗的輔助材料，如維護機器設備用的潤滑油和防銹劑等；為創造正常勞動條件而消耗的輔助材料，如工作地點清潔用的各種用具等。

（3）外購半成品（外購件）是指企業從外部購進，需要本企業進一步加工或裝配的原材料和零部件。如織布廠購進的棉紗、汽車製造廠購進的輪胎等。從能夠構成產品主要實體這一點來說，外購半成品是企業的主要材料，為了加強管理，可以從原料及主要材料中分離出來單獨作為一類。

（4）修理用備件（備品備件）是指企業儲備的、用於本企業機器設備和運輸工具所專用的各種備品備件，如軸承、齒輪等。

（5）包裝材料是指為了包裝本企業產品而儲備的隨同產品或商品對外出售的各種紙張、繩子、鐵絲、鐵皮等材料。

（6）燃料是指企業在生產經營過程中用來燃燒發熱的各種固體、液體和氣體燃料。如煤、焦炭、汽油、柴油、重油、煤氣、天然氣、氧氣等。

2. 週轉材料

週轉材料是指企業能夠多次使用、逐漸轉移其價值但仍保持原有形態，不確認為固定資產的材料，如建造承包企業的鋼模板、木模板、腳手架和其他週轉材料等。工業企業、商品流通企業的低值易耗品和包裝物也稱為週轉材料。低值易耗品是指不作為固定資產管理和核算的各種用具物品，如工具、管理用具、玻璃器皿、勞動保護用品以及在經營過程中週轉使用的容器等。包裝物是指為了包裝本企業的產品而儲存的各種包裝容器，如桶、箱、瓶、壇、袋等。

3. 在產品

在產品是指企業正在製造尚未完工的生產物，包括正在各個生產工序加工的產品和已加工完畢但尚未檢驗或已檢驗但尚未辦理入庫手續的產品。

4. 半成品

半成品是指經過一定生產過程並已檢驗合格交付半成品倉庫保管，但尚未製造完工成為產品，仍需進一步加工的中間產品，但不包括從一個生產車間轉給另一個生產車間繼續加工的自制半成品以及不能單獨計算成本的自制半成品，這類自制半成品屬於在產品。

5. 產成品

產成品是指製造企業已經完成全部生產過程並驗收入庫，可以按照合同規定的條件送交訂貨單位，或者可以作為商品對外銷售的產品。企業接受外來原材料加工製造的代製品和為外單位加工修理的代修品，製造和修理完成驗收入庫後，應視同企業的產成品。

【實務4-1】 2019年12月17日，湖南沙沙門業有限公司接受長沙華升公司的委託加工包裝木箱。按照加工合同，12月20日沙沙門業公司收到華升公司木材一批，價值60萬元。截至12月30日，沙沙門業公司為加工此批包裝木箱，領用輔助材料3萬元，發生加工成本10萬元。沙沙門業公司12月末應計入存貨成本金額是多少？

分析：沙沙門業公司12月末計入存貨成本金額＝3+10＝13（萬元）。加工中委託方提供的原材料所有權屬於華升公司，故不能計入沙沙門業公司的存貨成本，只能進行備查登記。

房地產開發企業銷售的或為銷售而正在開發的商品房或土地，其性質類似於製造企業在產品、產成品，是房地產企業的開發產品，應當作為存貨處理。

6. 商品

商品是指商品流通企業外購或委託加工完成驗收入庫用於銷售的各種商品。

7. 委託加工物資

委託加工物資是指企業因技術或經濟原因而委託外單位加工的各種材料、商品等物資。

8. 委託代銷商品

委託代銷商品是指企業委託其他單位代銷的商品。

二、存貨的確認

在滿足存貨定義的前提下，同時滿足下列兩個條件才能予以確認：
（1）與該存貨有關的經濟利益很可能流入企業；
（2）該存貨的成本能夠可靠地計量。

在存貨確認的兩個條件中，「與該存貨有關的經濟利益很可能流入企業」是從物品的所有權是否轉移來考慮的。也就是說，在盤存日期，凡是法定所有權屬於企業的物品，不論其存放地點在哪裡或出於何種狀態，都應當確認為企業的存貨；凡是法定所有權不屬於企業的物品，即使存放於企業，也不應當確認為企業的存貨。例如美的公司委託國美電器代銷美的空調，雖然代銷的美的空調存放在國美電器的商場裡，但國美電器對其不擁有法定所有權，故不能作為國美電器的存貨。在美的空調未銷售出去之前，美的空調所有權屬於美的公司，應納入美的公司存貨的盤點範圍。

三、存貨的初始計量

存貨初始計量是指如何確認存貨的入帳價值。存貨應當按照成本進行初始計量，即存貨初始計量的基礎是存貨的歷史成本或者叫作實際成本。

存貨成本包括採購成本、加工成本和其他成本。採購成本是指外購存貨的成本；加工成本是指存貨加工過程中發生的直接人工和製造費用；其他成本是指除外購存貨採購成本以外的、使存貨達到目前場所和狀態所發生的其他支出，如可以直接認定的產品設計費用等。

（一）外購存貨的成本

企業外購存貨應當以其實際採購成本作為入帳價值。存貨的採購成本包括購買價款、相關稅費、運輸費、裝卸費、保險費以及其他可歸屬於存貨採購成本的費用，不包括可以用以抵扣的增值稅額。

（1）購買價款指供貨單位開出的發票上載明的價款。一般納稅人企業存貨購買價款中不包括增值稅專用發票中載明的、可以抵扣的增值稅額。一般納稅人採購過程中發生的可抵扣的增值稅，應計入「應交稅費——應交增值稅（進項稅額）」進行抵扣。

（2）相關稅費指外購存貨應負擔的進口關稅、消費稅、資源稅和其他稅金（包括不能抵扣的增值稅金）以及相關的其他費用。

（3）運輸費指外購存貨運輸途中所發生的運輸費用，不包括可以抵扣的增值稅額。

（4）裝卸費指外購存貨運到企業倉庫驗收所發生的裝卸費用，不包括可以抵扣的增值稅額。

（5）保險費指外購存貨支付的運輸保險費，不包括可以抵扣的增值稅額。

（6）其他可歸屬於存貨採購成本的費用，指除上述各項以外的其他可歸屬於存貨採購成本的費用，不包括可以抵扣的增值稅額。包括外購存貨採購過程中發生的倉儲費、包裝費、運輸途中的合理損耗、入庫挑選整理費用等。運輸途中的合理損耗是指商品在運輸途中，因商品性質、自然條件及技術設備等因素所發生的自然或不可避免的損耗。挑選整理費用是指挑選整理過程中發生的人工費用支出以及必要的損耗。

【實務4-2】湖南沙沙門業有限公司為增值稅一般納稅人，2019年12月20日購入一批油漆，取得增值稅專用發票記載價款10萬元、增值稅1.3萬元，另支付運輸費0.109萬元，取得增值稅專用發票上註明運費0.1萬元，增值稅0.009萬元。

油漆的採購成本＝10+0.1＝10.1（萬元）

【實務4-3】湖南沙沙門業有限公司2019年12月20日從中石化購入柴油30噸，合同約定不含稅單價0.5萬元，支付貨款16.95萬元，取得增值稅專用發票記載價款15萬元、增值稅1.95萬元，另支付運輸費1.09萬元和保險費0.53萬元；運輸費增值稅專用發票上註明運費1萬元，增值稅0.09萬元，保險費增值稅專用發票上註明保險費0.5萬元，增值稅0.03萬元。9月26日運抵企業後，驗收入庫柴油29.7噸，短少的0.3噸系運輸途中的合理損耗。

柴油的採購成本 = 15+1+0.5=16.5（萬元）
柴油的單位成本 = 16.5÷29.7=0.555,6（萬元/噸）
小規模納稅人採購存貨時所支付的增值稅不能抵扣，應計入採購的存貨成本。

【實務4-4】天天超市為小規模納稅人，本月購進牛奶一批，取得增值稅專用發票註明價款2萬元、增值稅稅額0.26萬元，另外取得裝卸費增值稅專用發票註明裝卸費0.1萬元、增值稅0.006萬元。

牛奶的採購成本 = 2 + 0.26+ 0.1 + 0.006 = 2.366（萬元）

商品流通企業在採購商品過程中發生的運輸費、裝卸費、保險費以及其他可歸屬於存貨採購成本的進貨費用，可選擇以下方式處理：

①計入存貨採購成本。
②進貨費用可以先進行歸集，期末根據所購商品的存銷情況進行分攤。對於已售商品的進貨費用，計入當期損益（主營業務成本）；對於未售商品的進貨費用，計入期末存貨成本。
③商品流通企業採購商品的進貨費用金額較小的，可以在發生時直接計入當期損益（銷售費用）。

（二）自制存貨的成本

產成品、在產品、半成品等自制完成的存貨的成本，由採購成本、加工成本以及使存貨達到目前場所和狀態所發生的其他支出構成。

存貨的加工成本，包括直接人工（存貨加工人員的薪酬）以及按照一定方法分配的製造費用。製造費用是指企業為生產產品和提供勞務而發生的各項間接費用，包括生產車間管理人員的職工薪酬、折舊費、辦公費、水電費等。

（三）委託加工存貨的成本

委託加工存貨成本按實際成本計算，包括實際耗用的材料物資的採購成本、支付的加工費、往返過程中運雜費等，以及按規定應計入成本的稅金。

（四）投資者投入存貨的成本

投資者投入存貨的成本，企業應當按照投資合同或者協議約定的價值確定，但合同或者協議約定價值不公允的除外。在投資合同或者協議約定的價值不公允的情況下，按照該項存貨的公允價值作為其入帳價值。

（五）接受捐贈存貨的成本

企業接受捐贈的存貨，如果捐贈方提供了有關憑據的，按照憑據上標明的金額，加上應支付的相關稅費作為存貨實際成本；如果捐贈方沒有提供有關憑據的，應當參照同類存貨或類似存貨的市場價格估計其金額，加上應支付的相關稅費作為其入帳價值。

（六）盤盈存貨的成本

企業盤盈的材料、商品等存貨，應當按照其重置成本作為入帳價值。

在存貨成本的確定過程中，企業應注意下列費用不應計入存貨成本，而應在其發生時計入當期損益：

（1）非正常消耗的直接材料、直接人工和製造費用，應在發生時計入當期損益，不應計入存貨成本。例如，由於自然災害而發生的直接材料、直接人工和製造費用，由於這些費用的發生無助於使該存貨達到目前場所和狀態，不應計入存貨成本，而應確認為當期損益。

（2）倉儲費是指企業在存貨採購入庫後發生的儲存費用，應在發生時計入當期損益。但是，在生產過程中為達到下一個生產階段所必需的倉儲費應計入存貨成本。例如，某種酒類產品生產企業為使生產的酒達到規定的產品質量標準而必須發生的倉儲費用，應計入酒的成本，而不應計入當期損益。

（3）不能歸屬於使存貨達到目前場所和狀態的其他支出，應在發生時計入當期損益，不得計入存貨成本。

四、發出存貨的計價

實務中，企業發出存貨可以按照實際成本核算，也可以按照計劃成本核算。企業採用實際成本進行存貨日常核算的，可以採用先進先出法、加權平均法或者個別計價法核算發出存貨的成本。企業應當根據各類存貨的實物流轉方式、企業管理的要求、存貨的性質等實際情況，合理地確定企業發出存貨的計價方法。

對於性質和用途相似的存貨，企業應當採用相同的成本計算方法確定發出存貨的成本。發出存貨成本計算方法一經確定，不得隨意變更；如需變更，應當按照規定履行有關批准和備案手續。企業應當在財務報表附註中披露存貨發出的計價方法。

（一）先進先出法

先進先出法是指以假定先入庫的存貨先發出（銷售或耗用）為前提，並根據這種假定的存貨實物流轉順序，計算發出存貨成本的方法。也就是說，採用先進先出法，先購入的存貨成本在後購入存貨成本之前轉出，並據此確定發出存貨和期末存貨的成本。具體方法如下：收到存貨時，逐筆登記收入存貨的數量、單價和金額；發出存貨時，按照先進先出法的原則逐筆登記存貨的發出成本和結存金額。

【實務4-5】湖南沙沙門業有限公司2019年12月份有關A材料收入、發出和結存的資料見表4-1。

表4-1 A原材料收入、發出明細表

實物計量單位：千克　　金額單位：元

19年		憑證字號	摘要	收入			發出			結存		
月	日			數量	單價	金額	數量	單價	金額	數量	單價	金額
12	1		月初結存							400	5.00	2,000
	6	略	購入	800	5.50	4,400				1,200		
	8	略	領用				800			400		
	18	略	購入	1,000	5.60	5,600				1,400		

表4-1(續)

19年		憑證字號	摘要	收入			發出			結存		
月	日			數量	單價	金額	數量	單價	金額	數量	單價	金額
	19	略	領用				800			600		
	30	略	購入	400	5.70	2,280				1,000		
	30		本月合計	2,200		12,280	1,600			1,000		

根據資料，採用先進先出法計算A材料發出材料和期末結存材料成本，有關計算過程如下：

2019年12月發出原材料成本＝400×5+400×5.5+400×5.5+400×5.6＝8,640（元）

2019年12月結存原材料成本＝600×5.6+400×5.7＝5,640（元）

或2019年12月結存原材料成本＝2,000+12,280-8,640＝5,640（元）

企業原材料明細帳登記情況見表4-2。

表4-2　A原材料明細帳（先進先出法）

實物計量單位：千克　　金額單位：元

19年		憑證字號	摘要	收入			發出			結存		
月	日			數量	單價	金額	數量	單價	金額	數量	單價	金額
12	1		月初結存							400	5.00	2,000
	6	略	購入	800	5.50	4,400				400 800	5.00 5.50	2,000 4,400
	8	略	領用				400 400	5.00 5.50	2,000 2,200	400	5.50	2,200
	18	略	購入	1,000	5.60	5,600				400 1,000	5.50 5.60	2,200 5,600
	19	略	領用				400 400	5.50 5.60	2,200 2,240	600	5.60	3,360
	30	略	購入	400	5.70	2,280				600 400	5.60 5.70	3,360 2,280
	30		本月合計	2,200		12,280	1,600		8,640	600 400	5.60 5.70	3,360 2,280

從表4-2可以看到，採用先進先出法，結存材料和發出的材料可能有兩種或兩種以上不同的單位成本。

採用先進先出法計算發出存貨成本，優點是可以隨時結轉發出存貨的實際成本，但較繁瑣。如果存貨收發業務較多且存貨單價不穩定時，其工作量較大。在物價持續上升時，期末結存存貨的成本接近市價，而發出成本偏低，會高估企業當期利潤和庫存存貨價值；反之，會低估企業存貨價值和當期利潤。

(二) 加權平均法

加權平均法可分為月末加權平均法和移動加權平均法。

1. 月末一次加權平均法

月末一次加權平均法，是以當月全部進貨的成本加上期初庫存存貨的成本，除以全部進貨的數量與期初庫存存貨的數量之和，計算出存貨加權平均單位成本，並以此為基礎，計算當月發出存貨成本和期末結存存貨成本的一種方法。月末一次加權平均法的計算如下：

$$\frac{本期存貨加權}{平均單位成本} = \frac{期初存貨總成本+本期入庫存貨總成本}{期初存貨總量+本期入庫存貨總量}$$

$$\frac{本期發出存貨}{實際總成本} = \frac{本期發出}{存貨數量} \times \frac{該種存貨加權}{平均單位成本}$$

$$\frac{期末存貨}{實際總成本} = \frac{期初存貨}{總成本} + \frac{本期入庫}{存貨總成本} - \frac{本期發出存貨}{實際總成本}$$

【實務 4-6】湖南沙沙門業有限公司 2019 年 12 月份有關 A 材料收入、發出和結存的資料見表 4-1。根據資料，採用月末一次加權平均法計算 A 材料本月加權平均單位成本以及發出材料和期末結存材料總成本，有關計算過程如下：

$$A 材料本月加權平均單位成本 = \frac{2,000+800\times5.50+1,000\times5.60+400\times5.70}{400+800+1,000+400}$$

$$= 5.49$$

本月發出 A 材料總成本 = 1,600×5.49 = 8,784（元）

月末結存 A 材料總成本 = 2,000+12,280-8,784 = 5,496（元）

上述計算結果在 A 材料明細帳中的登記見表 4-3。

表 4-3　A 原材料明細帳（月末一次加權平均法）

實物計量單位：千克　金額單位：元

19 年		憑證字號	摘要	收入			發出			結存		
月	日			數量	單價	金額	數量	單價	金額	數量	單價	金額
12	1		月初結存							400	5.00	2,000
	6	略	購入	800	5.50	4,400				1,200		
	8	略	領用				800			400		
	18	略	購入	1,000	5.60	5,600				1,400		
	19	略	領用				800			600		
	30	略	購入	400	5.70	2,280				1,000		
	30		本月合計	2,200		12,280	1,600	5.49	8,784	1,000	5.50	5,496

2. 移動加權平均法

移動加權平均法是指以每次進貨的成本加上原有庫存存貨的成本，除以每次進貨的數

量與原有庫存存貨的數量之和，計算出存貨加權平均單位成本，作為在下次進貨前計算發出存貨成本依據的一種方法。移動加權平均法的計算公式如下：

$$存貨移動加權平均單位成本 = \frac{原有庫存存貨成本 + 本次進貨實際成本}{原有存貨數量 + 本次進貨數量}$$

【實務4-7】湖南沙沙門業有限公司2019年12月份有關A材料收入、發出和結存的資料見表4-1。根據資料，採用移動加權平均法計算A材料移動加權平均單位成本以及每次發出材料和結存材料的成本，有關計算過程如下：

12月6日購入原材料後的平均單價 = $\frac{2,000 + 4,400}{400 + 800}$ = 5.33（元）

12月18日購入原材料後的平均單價 = $\frac{2,136 + 5,600}{400 + 1,000}$ = 5.53（元）

12月30日購入原材料後的平均單價 = $\frac{3,312 + 2,280}{600 + 400}$ = 5.59（元）

2019年12月發出原材料的成本 = 800×5.33+800×5.53 = 8,688（元）
2019年12月結存原材料的成本 = 2,000 + 12,280−8,688 = 5,592（元）
上述計算結果在A材料明細帳中的登記見表4-4。

表4-4　A材料原材料明細帳（移動加權平均法）

實物計量單位：千克　金額單位：元

19年		憑證字號	摘要	收入			發出			結存		
月	日			數量	單價	金額	數量	單價	金額	數量	單價	金額
12	1		月初結存							400	5.00	2,000
	6	略	購入	800	5.50	4,400				1,200	5.33	6,400
	8	略	領用				800	5.33	4,264	400	5.34	2,136
	18	略	購入	1,000	5.60	5,600				1,400	5.53	7,736
	19	略	領用				800	5.53	4,424	600	5.52	3,312
	30	略	購入	400	5.70	2,280				1,000	5.59	5,592
	30		本月合計	2,200		12,280	1,600		8,688	1,000	5.59	5,592

月末一次加權平均法比先進先出法簡便，有利於簡化發出存貨成本的計算工作，但不能隨時結轉發出存貨的實際成本，不利於存貨成本的日常管理和控制。移動加權平均法可以隨時結轉發出存貨的實際成本，但仍比較繁瑣，當企業存貨收發業務較多時，計算的工作量比較大。

（三）個別計價法

個別計價法又稱個別認定法、具體辨認法、分批實際法，它假設存貨具體項目的實物流轉與成本流轉相一致，按照各種存貨逐一辨認各批發出存貨和期末存貨所屬的購進批別或生產批別，分別按其購入或生產時所確定的單位成本計算各批發出存貨和期末存貨成本

的方法。

採用個別計價法，以每一種存貨的實際成本作為計算發出存貨成本和期末結存存貨成本的基礎，計算的發出存貨成本和期末結存存貨成本最為準確。但是，個別計價法實務操作的工作量繁重、困難較大。因為採用這種方法必須具備兩個條件：一是存貨項目必須是可以辨別認定的；二是必須對每一特定存貨的具體情況進行詳細記錄。

個別計價法主要適用於不能替代使用的存貨、為特定項目專門購入或製造的存貨以及提供的勞務，如不能替代使用的貴重材料以及珠寶、名畫等。當企業計算機信息系統比較完備時，個別計價法也可以廣泛應用於發出存貨的計價。

任務二　原材料按實際成本核算

原材料的日常核算，可以採用計劃成本，也可以採用實際成本。具體採用哪一種方法，由企業根據具體情況自行決定。

企業採用實際成本進行原材料核算時，材料的收發及結存，無論總分類核算還是明細分類核算，均按照實際成本計價。

一、帳戶設置

企業採用實際成本法進行原材料核算時，一般需設置「原材料」「在途物資」兩個帳戶。

1.「原材料」帳戶

採用實際成本進行材料日常核算的企業，「原材料」帳戶用來核算企業庫存的各種材料，包括原料及主要材料、輔助材料、外購半成品（外購件）、修理用備件（備品備件）、包裝材料、燃料等的實際成本。

「原材料」帳戶借方登記企業已經驗收入庫的材料的實際成本；貸方登記發出（領用或銷售、委託加工發出等）材料的實際成本；期末餘額在借方，反應企業期末庫存材料的實際成本。

「原材料」帳戶應按材料的保管地點（倉庫）、材料的類別、品種和規格等設置材料明細帳，進行材料的明細核算。

2.「在途物資」帳戶

在途物資是指企業已經支付貨款，但尚在運輸途中或已經抵達企業尚未驗收入庫的各種外購材料和外購商品等。

「在途物資」帳戶的借方登記企業在途的物資的實際成本；貸方登記驗收入庫材料、商品的實際成本；期末餘額在借方，反應尚未到達或尚未驗收入庫的在途材料、商品等物資的採購成本。

為了便於查對，「在途物資」帳戶按供應單位和物資品種開設明細帳戶，進行明細核算。

企業專門購入為固定資產新建工程、改擴建工程、大修理工程等準備的材料物資，應當另行設置「工程物資」帳戶進行核算，不通過「在途物資」或「材料採購」帳戶核算。

二、購入原材料的核算

企業外購原材料，由於結算方式和採購地點的不同，原材料入庫的時間與付款的時間可能一致，也可能不一致，因此企業在帳務處理上也有所不同。

1. 單貨同到

企業外購材料時，發票帳單與材料同時到達，材料已驗收入庫，應通過「原材料」帳戶核算，對於一般納稅人增值稅專用發票上記載的可抵扣的增值稅進項稅額，不計入存貨的成本，應記入「應交稅費——應交增值稅（進項稅額）」；對於小規模納稅人材料採購時支付的增值稅，應計入存貨的成本。

【實務4-8】2019年12月3日，湖南沙沙門業有限公司從市內青州公司採購A材料1,000千克，增值稅專用發票載明價款11,000元，增值稅額1,430元，發票帳單已收到，款項已用轉帳支票結算，材料已驗收入庫。根據有關發票帳單、銀行結算憑證和收料單等，編製會計分錄如下：

借：原材料——A材料　　　　　　　　　　　　　　　　　11,000
　　應交稅費——應交增值稅（進項稅額）　　　　　　　　1,430
　　貸：銀行存款　　　　　　　　　　　　　　　　　　　12,430

除特別指明外，本章所舉例題的企業均指一般納稅人企業。

【實務4-9】2019年12月8日，湖南沙沙門業有限公司從外地青江公司採購A材料4,000千克，增值稅專用發票載明價款39,500元，增值稅額5,135元，運輸費增值稅專用發票載明運輸費3,000元，增值稅額270元，款項均已採用銀行匯票結算方式結算，銀行匯票多餘款2,095元已收入銀行結算戶，材料已驗收入庫。根據有關發票帳單、銀行結算憑證和收料單等，編製會計分錄如下：

借：原材料——A材料　　　　　　　　　　　　　　　　　42,500
　　應交稅費——應交增值稅（進項稅額）　　　　　　　　5,405
　　銀行存款　　　　　　　　　　　　　　　　　　　　　2,095
　　貸：其他貨幣資金——銀行匯票存款　　　　　　　　　50,000

【實務4-10】2019年12月12日，湖南沙沙門業有限公司從青園公司採購A材料5,000千克，增值稅專用發票載明價款50,000元，增值稅額6,500元，款項合計56,500元已開出商業承兌匯票，同時用匯兌結算方式支付運輸費4,360元（已取得運輸費增值稅專用發票，運費4,000元，增值稅360元）。A材料運抵企業後，驗收入庫原材料為4,980千克，短少20千克為運輸途中合理損耗。根據有關發票帳單、銀行結算憑證和收料單等，編製會計分錄如下：

借：原材料——A材料　　　　　　　　　　　　　　　　　54,000
　　應交稅費——應交增值稅（進項稅額）　　　　　　　　6,860

貸：應付票據　　　　　　　　　　　　　　　　　　　　　　56,500
　　　　銀行存款　　　　　　　　　　　　　　　　　　　　　　4,360

本例中，A 材料運輸途中的合理損耗 20 千克應計入採購成本，其不影響外購存貨的採購成本，但會影響 A 材料入庫的單位成本（54,000÷4,980＝10.84）。

【實務 4-11】2019 年 12 月 16 日，湖南沙沙門業有限公司從青豐公司採購 A 材料 2,000 千克，並已驗收入庫，收到的增值稅專用發票載明購買價款 20,000 元，增值稅額 2,600 元，款項合計 22,600 元尚未支付。根據有關發票帳單和收料單等，編製會計分錄如下：

　　借：原材料　　　　　　　　　　　　　　　　　　　　　　20,000
　　　　應交稅費——應交增值稅（進項稅額）　　　　　　　　　2,600
　　貸：應付帳款——青豐公司　　　　　　　　　　　　　　　22,600

2. 單到貨未到

企業外購材料，已收到相關的發票、運輸費單據，材料尚未到達或尚未驗收入庫，應通過「在途物資」帳戶核算；待材料驗收入庫後，再根據收料單，由「在途物資」轉入「原材料」。

【實務 4-12】2019 年 12 月 25 日，湖南沙沙門業有限公司向青海公司採購 B 材料 4,000 千克，增值稅專用發票載明購買價款 75,000 元，增值稅額 9,750 元，發票帳單已到並已通過電匯方式支付全部款項，材料尚未運到企業。根據有關發票帳單和銀行結算憑證等，編製會計分錄如下：

　　借：在途物資——B 材料（青海公司）　　　　　　　　　　75,000
　　　　應交稅費——應交增值稅（進項稅額）　　　　　　　　　9,750
　　貸：銀行存款　　　　　　　　　　　　　　　　　　　　　84,750

【實務 4-13】2020 年 1 月 4 日，湖南沙沙門業有限公司向青海公司採購的 B 材料已如數驗收入庫。根據有關收料憑證，編製會計分錄如下：

　　借：原材料——B 材料　　　　　　　　　　　　　　　　　75,000
　　貸：在途物資——B 材料（青海公司）　　　　　　　　　　75,000

3. 貨到單未到

對於已驗收入庫但發票尚未到達的原材料，平時不做帳務處理，待發票到達後再處理。對於月末仍未收到發票帳單的原材料，按暫估價值先入帳，借記「原材料」，貸記「應付帳款——暫估應付款」。下月初應用紅字作同樣的會計記帳憑證，予以衝回，以便在下月收到發票帳單，再按照實際金額記帳。

【實務 4-14】2019 年 12 月 28 日，湖南沙沙門業有限公司收到青華公司 B 材料 2,000 千克，材料已驗收入庫，月末發票帳單尚未收到也無法確定其實際成本，暫估價值 36,000 元。編製會計分錄如下：

　　借：原材料——B 材料（青華公司）　　　　　　　　　　　36,000
　　貸：應付帳款——暫估應付款　　　　　　　　　　　　　　36,000

下月初，用紅字衝銷的暫估入帳金額：
　　借：原材料——B 材料（青華公司）　　　　　　　　　　-36,000
　　　貸：應付帳款——暫估應付款　　　　　　　　　　　　-36,000
　　承上例，2020 年 1 月 5 日，湖南沙沙門業有限公司收到青華公司 B 材料的發票帳單，增值稅專用發票上註明價款項 35,000 元，增值稅 4,550 元，已用銀行存款付訖。根據有關發票、銀行結算帳單、收料憑證，編製會計分錄如下：
　　借：原材料——B 材料　　　　　　　　　　　　　　　　35,000
　　　應交稅費——應交增值稅（進項稅額）　　　　　　　　4,550
　　　貸：銀行存款　　　　　　　　　　　　　　　　　　　39,550
　4. 貨款已預付，材料尚未驗收入庫
　【實務 4-15】2019 年 12 月 28 日，湖南沙沙門業有限公司根據與青雲公司的購銷合同規定，為購買 B 材料，已通過電匯方式向青雲公司預付的 45,000 元。根據有關購銷合同、銀行結算憑證等，編製會計分錄如下：
　　借：預付帳款——青雲公司　　　　　　　　　　　　　　45,000
　　　貸：銀行存款　　　　　　　　　　　　　　　　　　　45,000
　　承上例，2020 年 1 月 3 日，湖南沙沙門業有限公司收到青雲公司發運來的 B 材料 5,000 千克，已驗收入庫，增值稅專用發票上記載該批貨物的價款 90,000 元，增值稅稅額 11,700 元，以銀行存款支付餘款。根據有關發票、銀行結算帳單、收料憑證，編製會計分錄如下：
　（1）材料入庫時。
　　借：原材料——B 材料　　　　　　　　　　　　　　　　90,000
　　　應交稅費——應交增值稅（進項稅額）　　　　　　　　11,700
　　　貸：預付帳款——青雲公司　　　　　　　　　　　　　101,700
　（2）補付貨款時。
　　借：預付帳款——青雲公司　　　　　　　　　　　　　　56,700
　　　貸：銀行存款　　　　　　　　　　　　　　　　　　　56,700
　5. 外購材料短缺或毀損的處理
　　企業外購材料在驗收時發現短缺或毀損，應當及時查明原因，分清責任，按不同情況處理。
　（1）屬於運輸途中的合理損耗（即定額內損耗），應計入材料實際採購成本（會計上不必做會計記帳憑證，只是相應提高了材料的實際平均單位成本）。
　（2）屬於供應單位負責的，如果貨款尚未支付，應按實收數量付款或全部拒付；如果貨款已經支付，則應填製賠償請求單，要求供應單位退款或補貨，退款通過「應付帳款」帳戶核算，請求補貨可以保留在「在途物資」帳戶中。
　（3）屬於運輸機構或過失人責任的，應填製賠償請求單，請求賠償，通過「其他應收款」帳戶核算。短缺或毀損的材料所負擔的增值稅稅額應自「應交稅費——應交增值稅

（進項稅額）」科目隨同「在途物資」科目轉入相對應科目。

（4）因遭受意外災害發生的損失和尚待查明原因的途中損耗，應先記入「待處理財產損溢」科目，查明原因後再作處理。如屬於意外災害造成的損失，應按扣除殘料價值和保險公司賠償後的淨損失，從「待處理財產損溢」科目轉入「營業外支出——非常損失」科目；屬於無法收回的其他損失，報經報準後，將其從「待處理財產損溢」科目轉入「管理費用」科目。

【實務4-16】 假設例4-12中，2020年1月4日，湖南沙沙門業有限公司驗收B材料時實收數量為3,800千克，短少200千克。經查由供應單位青海公司負責，已同意補發材料，B材料不含增值稅的價款為3,750（75,000÷4,000×200）元。根據有關收料憑證等，編製會計分錄如下：

　　借：原材料——B材料　　　　　　　　　　　　　　　　71,250
　　　　貸：在途物資——青海公司　　　　　　　　　　　　　71,250

收到青海公司補發B材料200千克，在途物資明細帳登記的金額為3,750元。材料驗收入庫時，根據有關收料憑證等，編製會計分錄如下：

　　借：原材料——B材料　　　　　　　　　　　　　　　　 3,750
　　　　貸：在途物資——青海公司　　　　　　　　　　　　　 3,750

三、發出原材料的核算

由於企業發料次數頻繁，憑證數量很多，為了簡化核算，企業平時一般不直接根據每一張發料憑證編製記帳憑證，而是在每月月末，由財會（或倉庫）部門根據「領料單」或「限額領料單」，按有關領用的單位、部門等進行匯總，編製「發料憑證匯總表」，據以編製記帳憑證，登記總分類帳。發出材料實際成本的確定，可以由企業從先進先出法、移動加權平均法、月末一次加權平均法、個別計價法等方法中選擇。

企業發出原材料，應貸記「原材料」帳戶，借方對應帳戶則應根據領料用途確定。基本生產車間產品生產直接耗用的材料，應記入「生產成本」帳戶；基本生產車間管理部門領用材料和車間一般消耗的材料，應記入「製造費用」帳戶；企業銷售產品過程中領用的材料以及專設銷售機構領用的材料，應記入「銷售費用」帳戶；企業管理部門領用的材料，應記入「管理費用」帳戶；企業對外銷售的材料，在取得收入時，登記在「其他業務收入」帳戶中，銷售材料的成本，則應登記在「其他業務成本」帳戶中；委託外單位加工發出的材料，應記入「委託加工物資」帳戶；固定資產建造工程領用生產用的材料，應列入固定資產建造成本，記入「在建工程」帳戶。

【實務4-17】 湖南沙沙門業有限公司2019年12月，根據發料憑證編製「A材料發料憑證匯總表」如下：

表 4-5　A 材料發料憑證匯總表

實物計量單位：千克

基本生產車間		數量	單價	金額
基本生產車間	M1 產品	700	5.49	3,843
	M2 產品	500	5.49	2,745
車間管理部門		100	5.49	549
行政管理部門		50	5.49	274.5
銷售部門		50	5.49	274.5
基建工程		200	5.49	1,098
合　計		1,600		8,784

根據上述「A 材料發料憑證匯總表」，結轉發出原材料的實際成本，湖南沙沙門業有限公司應編製如下會計分錄：

借：生產成本——M1　　　　　　　　　　　3,843
　　　　　　——M2　　　　　　　　　　　2,745
　　製造費用　　　　　　　　　　　　　　549
　　管理費用　　　　　　　　　　　　　　274.5
　　銷售費用　　　　　　　　　　　　　　274.5
　　在建工程　　　　　　　　　　　　　　1,098
　貸：原材料　　　　　　　　　　　　　　　8,784

四、材料收發的明細核算

1.「在途物資」帳戶的明細核算

「在途物資」帳戶應當按照供貨單位和材料的品種設置明細帳，組織明細核算。

「在途物資」明細帳的借方，應當根據審核以後的有關記帳憑證及其所附原始憑證序時登記，反應每一筆在途材料的實際採購成本；貸方應當根據有關收料憑證登記。

2.「原材料」帳戶的明細核算

採用實際成本進行材料的明細核算，一般應設置材料明細帳。

「原材料」帳戶的明細帳按材料的品種和規格設置，同時進行數量和金額核算，用以反應各種材料的收入、發出、結存的數量和金額變動情況。材料明細帳應當根據收料憑證和發料憑證逐筆登記，一個企業至少應有一套有數量金額的材料明細帳。

3. 材料總帳與明細帳的核對

為了保證材料核算的正確性，企業必須定期（按月）進行材料帳目的核對。會計部門材料員（或材料稽核員）必須加強對材料日常收發憑證和數量核算的稽核工作；每日或定期到材料倉庫，簽收材料收發憑證，並檢查其憑證內容和材料計價等有無問題；核對無誤以後，在倉庫材料明細帳上簽字，再將憑證帶回會計部門，作為進行材料核算的依據。

月末，應將「原材料」總分類帳戶的借方餘額，與各材料二級帳戶借方餘額之和核對相符；原材料二級帳戶的借方餘額，應與其所屬各材料明細帳戶借方餘額（結存金額）之和核對相符。沒有設置原材料二級帳戶的企業，應將「原材料」總分類帳戶的月末借方餘額，與其所屬各材料明細帳戶月末借方餘額（結存金額）之和核對相符。在途物資總分類帳戶與明細帳戶的核對與原材料帳戶相同。

任務三　原材料按計劃成本核算

原材料按計劃成本核算是指企業存貨的日常收入、發出及結存，無論總分類核算還是明細分類核算，均按照計劃成本計價，同時將存貨實際成本與計劃成本之間的差額作為材料成本差異單獨反應。月末，計算本月發出材料應負擔的成本差異並進行分攤，根據領用材料的用途計入相關資產的成本或當期損益，從而將計劃成本調整為實際成本的方法。

一、帳戶設置

企業採用計劃成本進行材料的日常核算，除了設置「原材料」「週轉材料」（或者「包裝物」「低值易耗品」）等反應庫存材料計劃成本的帳戶外，還應設置「材料採購」和「材料成本差異」帳戶。

1. 「原材料」帳戶

「原材料」帳戶用來核算庫存各種材料的收發與結存情況。在材料採用計劃成本計價核算時，本帳戶借方登記企業已經驗收入庫的原材料的計劃成本；貸方登記發出（領用或銷售、委託加工發出等）材料的計劃成本；期末餘額在借方，反應企業期末材料的計劃成本。

2. 「材料採購」帳戶

用來核算企業所有外購材料的採購成本。「材料採購」帳戶的借方登記全部外購材料的實際採購成本；貸方登記已驗收入庫材料的計劃成本。材料實際成本與計劃成本的差異，稱為材料成本差異。實際成本大於計劃成本的差異，稱為超支差；實際成本小於計劃成本的差異，稱為節約差。已經收到發票帳單、貨款已經支付（或已經開出商業匯票）並已驗收入庫材料的成本差異，應從「材料採購」帳戶轉入「材料成本差異」帳戶。超支差從貸方轉出；節約差從借方轉出。這樣，「材料採購」帳戶的期末餘額一定在借方，反應的是企業已經收到發票帳單，但尚在運輸途中或未驗收入庫的在途材料的實際成本。

「材料採購」帳戶一般應按供應單位和材料的品種設置明細帳，進行明細核算。

3. 「材料成本差異」帳戶

企業應設置「材料成本差異」帳戶，用來核算企業各種材料（包括原材料、週轉材料等）的實際成本與計劃成本的差異。「材料成本差異」帳戶的借方，登記已經驗收入庫的各種材料的超支差及發出材料應負擔的節約差；貸方登記已經驗收入庫的各種材料的節

約差及發出材料應負擔的超支差。該帳戶期末餘額如果在借方，反應期末各種庫存材料實際成本大於計劃成本的差異（超支差）；期末餘額如果在貸方，反應期末各種庫存材料的實際成本小於計劃成本的差異（節約差）。

「材料成本差異」帳戶應分「原材料」「週轉材料」（或「包裝物」「低值易耗品」）等，按照材料類別或品種進行明細核算。

二、購入原材料的核算

在計劃成本下，購入的材料無論是否驗收入庫，都要先通過「材料採購」科目進行核算，以反應企業所購材料的實際成本，從而與「原材料」科目計劃成本比較，計算確定材料成本差異。

材料成本差異＝收入存貨的實際成本－該存貨的計劃成本

1. 單貨同到

對於原材料和發票帳單同時到達的情況，企業應根據結算單據確定購入成本，借記「材料採購」「應交稅費——應交增值稅（進項稅額）」等科目，按實際支付或應付的金額，貸記「銀行存款」「其他貨幣資金」「應付票據」「應付帳款」等科目。原材料驗收入庫時，根據收料憑證，按照計劃成本借記「原材料」科目，貸記「材料採購」（實際成本）科目，兩者的差額記入「材料成本差異」科目。

【實務4-18】2019年12月3日，湖南沙沙門業有限公司從青川公司採購A材料1,000千克，增值稅專用發票載明購買價款11,000元，增值稅額1,430元，發票已收到，款項已用轉帳支票結算，計劃成本為10,000元，材料已驗收入庫。根據有關發票帳單、銀行結算憑證和收料單等，編製會計分錄如下：

借：材料採購——A材料　　　　　　　　　　　　　11,000
　　應交稅費——應交增值稅（進項稅額）　　　　　 1,430
　　貸：銀行存款　　　　　　　　　　　　　　　　12,430
同時：
借：原材料——A材料　　　　　　　　　　　　　　10,000
　　材料成本差異——A材料　　　　　　　　　　　　1,000
　　貸：材料採購——A材料　　　　　　　　　　　　11,000

在本例中，A材料的實際成本11,000元，計劃成本10,000元，實際成本大於計劃成本1,000元（超支差異），應記入「材料成本差異」科目借方。

【實務4-19】2019年12月8日，湖南沙沙門業有限公司從外地青江公司採購A材料4,000千克，增值稅專用發票載明價款39,500元，增值稅額5,135元，運輸費增值稅專用發票載明運輸費3,000元，增值稅額270元，發票已收到，款項均已採用銀行匯票結算方式支付，銀行匯票多餘款880元已收入銀行結算戶。原材料運抵企業後，驗收入庫原材料為3,980千克，短少20千克為運輸途中的合理損耗，計劃單位成本為10元/千克。根據有關發票帳單、銀行結算憑證和收料單等，編製會計分錄如下：

借：材料採購——A 材料	42,500	
應交稅費——應交增值稅（進項稅額）	5,405	
銀行存款	2,095	
貸：其他貨幣資金——銀行匯票存款	50,000	

同時：

借：原材料——A 材料	39,800
材料成本差異——A 材料	2,700
貸：材料採購——A 材料	42,500

本例中，實際入庫原材料 3,980 千克，原材料入庫的計劃成本為入庫數量乘以計劃單位成本，即 39,800（3,980×10）元；材料成本差異 = 42,500−39,800 = 2,700（元），實際採購成本大於計劃成本，差額記入「材料成本差異」借方。

2. 單到貨未到

對於發票帳單已到而原材料未到的情況，企業應根據發票帳單確定原材料成本，借記「材料採購」「應交稅費——應交增值稅（進項稅額）」等科目，按實際支付或應付的金額，貸記「銀行存款」「其他貨幣資金」「應付票據」「應付帳款」等科目。待原材料驗收入庫時，再編製按計劃成本入庫的會計分錄。

【實務 4-20】 2019 年 12 月 25 日，湖南沙沙門業有限公司向青海公司採購 B 材料 4,000 千克，增值稅專用發票載明購買價款 75,000 元，增值稅額 9,750 元。發票帳單已到並已通過電匯方式支付全部款項，計劃成本 72,000 元，材料尚未運到企業。根據有關發票帳單和銀行結算憑證等，編製會計分錄如下：

借：材料採購——B 材料（青海公司）	75,000
應交稅費——應交增值稅（進項稅額）	9,750
貸：銀行存款	84,750

本例中，由於湖南沙沙門業有限公司未收到 B 材料，因此，不能借記「原材料」科目，同時也不計算材料成本差異。

3. 貨到單未到

對於原材料已到而發票帳單尚未到的情況，其帳務處理與原材料按實際成本計價核算基本相同。

【實務 4-21】 2019 年 12 月 28 日，湖南沙沙門業有限公司收到青華公司 B 材料 2,000 千克，材料已驗收入庫，月末發票帳單尚未收到，月末應按計劃成本 36,000 元暫估入帳。編製會計分錄如下：

借：原材料——B 材料（青華公司）	36,000
貸：應付帳款——暫估應付款	36,000

下月初，用紅字衝銷的暫估入帳金額：

借：原材料——B 材料（青華公司）	−36,000
貸：應付帳款——暫估應付款	−36,000

在實務中，採用計劃成本進行材料日常核算的企業，入庫材料的計劃成本也可以在月末匯總後一次結轉。月末匯總外購材料的收料憑證、結轉材料的計劃成本和成本差異。財會部門將倉庫轉來的外購材料收料憑證，應按計劃成本和實際成本對「原材料」「週轉材料」（或「包裝物」「低值易耗品」）等材料帳戶分別匯總，並分材料帳戶計算出實際成本與計劃成本的差異，結轉入庫材料的計劃成本和成本差異。

【實務 4-22】2019 年 12 月 30 日，湖南沙沙門業有限公司本月收到發票並已入庫的 A 材料 4,980 千克，A 材料計劃單位成本為 10 元。本月入庫材料的計劃成本可以匯總計算如下：

A 材料：4,980×10＝49,800（元）

月末結轉入庫外購材料的計劃成本，根據有關收料憑證和收料憑證匯總表等，編製會計分錄如下：

借：原材料——A 材料　　　　　　　　　　　　　　　　　　49,800
　　貸：材料採購　　　　　　　　　　　　　　　　　　　　　　49,800

【實務 4-23】2019 年 12 月 30 日，湖南沙沙門業有限公司本月外購並已入庫原材料實際成本為 53,500 元，計劃成本為 49,800 元，材料成本差異為超支 3,700 元。根據有關材料成本差異計算表等，月末結轉入庫材料成本差異，編製會計分錄如下：

借：材料成本差異　　　　　　　　　　　　　　　　　　　　3,700
　　貸：材料採購　　　　　　　　　　　　　　　　　　　　　　3,700

4. 外購材料短缺或毀損的處理

採用計劃成本進行材料核算，對於外購材料短缺和毀損的處理，與採用實際成本進行核算相同，只是對於已付款材料的短缺或毀損，不是從「在途物資」帳戶中轉出，而是從「材料採購」帳戶中轉出。

【實務 4-24】湖南沙沙門業有限公司採購的 C 材料 4,000 千克因運輸途中車輛事故導致材料全部報廢，原已支付的購買價款為 25,000 元，增值稅額為 3,250 元，運輸費為 545 元（運費 500 元，增值稅額 45 元）。殘料回收收入現金 1,000 元。事故調查處理結果為：應由過失人賠款 3,000 元，保險公司賠款 23,000 元。有關會計處理如下：

（1）發生事故後將實際採購成本轉入「待處理財產損溢」帳戶，根據有關事故報告憑證，編製會計分錄如下：

借：待處理財產損溢——待處理流動資產損溢（C 材料）　　　28,795
　　貸：應交稅費——應交增值稅（進項稅額轉出）　　　　　　3,295
　　　　材料採購——C 材料　　　　　　　　　　　　　　　　25,500

（2）登記殘料回收收入和過失人、保險公司應賠款，根據有關收款憑證和事故處理憑證等，編製會計分錄如下：

借：庫存現金　　　　　　　　　　　　　　　　　　　　　　1,000
　　其他應收款——××過失人　　　　　　　　　　　　　　　3,000
　　其他應收款——保險公司　　　　　　　　　　　　　　　23,000

貸：待處理財產損溢——待處理流動資產損溢（C材料）　　　　27,000
（3）扣除殘料價值和過失人、保險公司賠款後的淨損失1,795（28,795-1,000-3,000-23,000）元，列作營業外支出，根據有關審批憑證，編製會計分錄如下：
借：營業外支出——非常損失　　　　　　　　　　　　　　　1,795
　　貸：待處理財產損溢——待處理流動資產損溢（C材料）　　1,795

三、發出原材料的核算

原材料採用計劃成本計價核算，在處理發出業務時，企業按事先制定的計劃單位成本乘以發出材料的數量，計算出發出材料的計劃成本，根據所發出的材料用途，按計劃成本分別記入「生產成本」「製造費用」「管理費用」「銷售費用」等帳戶。實務中，為了簡化日常核算工作，對材料的領用、發出業務，平時只在明細帳中進行登記，月末，根據領料單等編製「發料憑證匯總表」結轉發出材料的計劃成本。

【實務4-25】2019年12月30日，湖南沙沙門業有限公司根據本月A材料領料單進行匯總，本月共發出A材料1,600千克，其中：基本生產車間生產M1產品領用700千克，生產M2產品領用A材料500千克，車間管理部門領用100千克，行政管理部門領用50千克，銷售部門領用50千克，基建工程領用200千克。A材料的計劃單位成本為10元/千克，公司應根據「發料憑證匯總表」編製如下會計分錄：

借：生產成本——M1　　　　　　　　　　　　　　　　　　7,000
　　　　　　　——M2　　　　　　　　　　　　　　　　　　5,000
　　製造費用　　　　　　　　　　　　　　　　　　　　　　1,000
　　管理費用　　　　　　　　　　　　　　　　　　　　　　　500
　　銷售費用　　　　　　　　　　　　　　　　　　　　　　　500
　　在建工程　　　　　　　　　　　　　　　　　　　　　　2,000
　　貸：原材料——A材料　　　　　　　　　　　　　　　　16,000

四、材料成本差異的分攤與結轉

企業採用計劃成本進行材料日常核算，應當在月末將發出材料的計劃成本由計劃成本調整為實際成本，通過「材料成本差異」帳戶進行結轉，按照所發出材料的用途分別記入相關的成本費用。

採用計劃成本法，發出材料實際成本的計算公式如下：

$$\text{發出材料實際成本} = \text{發出材料計劃成本} + \text{發出材料應負擔的成本差異}$$

發出材料應負擔的成本差異，是通過計算材料成本差異率來求得的，材料成本差異率通常採用月末一次加權平均法的原理計算，其計算公式如下：

$$\text{本期材料成本差異率} = \frac{\text{期初結存材料成本差異} + \text{本期收入材料成本差異}}{\text{期初結存材料計劃成本} + \text{本期收入材料計劃成本}} \times 100\%$$

$$\text{本期發出材料應負擔的成本差異} = \text{本期發出材料計劃成本} \times \text{本期材料成本差異率}$$

發出材料應負擔的成本差異應當按期（月）分攤，不得在季末或年末一次分攤。

【實務4-26】 承【實務4-18】、【實務4-19】、【實務4-25】湖南沙沙門業有限公司A材料期初庫存400千克，計劃單位成本為10元，材料成本差異為貸方203元，本期購進A材料4,980千克，實際總成本53,500元，發出A材料1,600千克。

本期材料成本差異＝53,500－49,800＝3,700（元）

材料成本差異率＝（－203＋3,700）／（4,000＋49,800）＝6.5%

基本生產車間M1產品應分攤的材料成本差異＝700×10×6.5%＝455（元）

基本生產車間M2產品應分攤的材料成本差異＝500×10×6.5%＝325（元）

製造費用應分攤的應分攤的材料成本差異＝100×10×6.5%＝65（元）

管理費用應分攤的應分攤的材料成本差異＝50×10×6.5%＝32.5（元）

銷售費用應分攤的應分攤的材料成本差異＝50×10×6.5%＝32.5（元）

在建工程應分攤的應分攤的材料成本差異＝200×10×6.5%＝130（元）

結轉發出材料的成本差異，應編製如下會計分錄：

借：生產成本——M1　　　　　　　　　　　　　　　　455
　　　　　　——M2　　　　　　　　　　　　　　　　325
　　製造費用　　　　　　　　　　　　　　　　　　　 65
　　管理費用　　　　　　　　　　　　　　　　　　　32.5
　　銷售費用　　　　　　　　　　　　　　　　　　　32.5
　　在建工程　　　　　　　　　　　　　　　　　　　130
　　貸：材料成本差異——A材料　　　　　　　　　　1,040

12月發出A材料的實際成本＝1,600×10＋1,040＝17,040（元）

12月末結存A材料數量＝400＋4,980－1,600＝3,780（千克）

12月末結存A材料計劃成本＝3,780×10＝37,800（元）

12月末結存A材料成本差異＝－203＋3,700－1,040＝2,457（元）

12月末結存A材料實際成本＝37,800＋2,457＝40,257（元）

即將上述會計分錄記入A材料明細帳戶後，「A原材料」帳戶月末餘額為37,800元，表示月末庫存材料的計劃成本；「材料成本差異」帳戶月末借方餘額為2,457元，表示月末庫存材料應負擔的材料成本差異（超支差）；這兩個帳戶的借方餘額之和，即為月末庫存原材料的實際成本40,257元；而月初庫存材料的實際成本，則是3,797（4,000－203）元。

五、材料收發的明細核算

採用計劃成本進行材料的明細核算，包括材料採購的明細核算、材料收發的明細核算和材料成本差異的明細核算。

1.「材料採購」帳戶的明細核算

企業「材料採購」帳戶的明細帳需要按照供貨單位和材料的品種（或者材料）設置。為了便於按類別或品種計算外購材料的成本差異，「材料採購明細帳」和「材料成本差異明細帳」的明細帳戶名稱應該一致。

「材料採購明細帳」的借方應當根據審核以後的有關記帳憑證及其所附原始憑證序時登記，反應每一筆業務的實際採購成本；貸方應當根據按計劃成本計價的收料單登記。月終，應將借方合計數（外購材料實際成本總額，不包括在途材料實際成本）與貸方合計數（購入材料計劃成本加其他轉出）進行比較，計算出材料成本差異的超支或節約額。超支額應從「材料採購明細帳」的貸方一次結轉到「材料成本差異明細帳」的借方；節約額則相反。

2.「材料成本差異」帳戶的明細核算

「材料成本差異」的明細核算，應當按照材料類別或品種設置「材料成本差異明細帳」。「材料成本差異明細帳」每月月末根據有關記帳憑證登記。其中，收入材料的成本差異包括外購材料（自「材料採購」帳戶轉入）、自製材料（自「生產成本」帳戶轉入）和委託加工材料（自「委託加工物資」帳戶轉入）等；發出材料應負擔的成本差異應在計算材料成本差異率後確定。

任務四　週轉材料的核算

週轉材料是指企業能夠多次使用，逐漸轉移其價值但仍保持原有形態，不確認為固定資產的材料。企業的週轉材料包括低值易耗品和包裝物。企業的週轉材料符合存貨的定義和確認條件，按照使用次數分次計入成本費用；金額較小的，可以在領用時一次計入成本費，以簡化核算，但為加強實物管理，應當在備查簿上進行登記。

一、低值易耗品

低值易耗品是企業週轉材料中的一種，是指不能作為固定資產管理和核算的各種用具物品，如工具、管理用具、玻璃器皿，以及在生產經營過程中週轉使用的包裝容器等。

低值易耗品具有單位價值較低、容易損耗的特點，會計上將其視同材料存貨，列作流動資產進行管理和核算。但是，低值易耗品屬於勞動資料，它可以多次參加生產過程，並保持原有的實物形態；低值易耗品在使用過程中，可能需要進行修理；低值易耗品使用一定時期後才報廢，報廢時可以回收一部分殘值等。這些特點決定了低值易耗品的領用和報廢在管理和核算上都有不同於材料的地方。

（一）帳戶設置

為了核算和監督企業低值易耗品的收入、發出、使用和價值攤銷等情況，企業可以單獨設置「低值易耗品」帳戶，也可以在「週轉材料」帳戶下設置「低值易耗品」二級帳

戶，對低值易耗品收入、發出、使用、結存進行核算。本書按在「週轉材料」帳戶下設置「低值易耗品」二級帳戶講述。

「週轉材料——低值易耗品」二級帳戶借方登記企業購入、自制、委託外單位加工等方式取得低值易耗品的實際成本；貸方登記領用、發出低值易耗品的實際成本以及在用低值易耗品的攤銷額；期末餘額在借方，反應在庫低值易耗品的實際成本和在用低值易耗品的攤餘價值。企業採用計劃成本組織低值易耗品日常核算時，該帳戶借方、貸方和餘額都反應低值易耗品的計劃成本。

「週轉材料——低值易耗品」帳戶應當按照低值易耗品類別、品種、規格以及在庫、在用、攤銷等情況分別設置明細帳，進行低值易耗品數量和金額明細核算。

企業購入、自制、委託外單位加工等方式取得的低值易耗品，與原材料收入的核算完全相同，本節主要說明企業低值易耗品攤銷的核算。

(二) 帳務處理

低值易耗品攤銷有一次攤銷法、五五攤銷法、分次攤銷法。

1. 一次攤銷法

一次攤銷法是指在領用低值易耗品時，一次將全部價值攤入有關成本費用的方法。一次攤銷法通常適用於價值較低或者極易損壞的管理用具和小型工具及某些專用工具，但為了加強實物管理，應當在備查簿上進行登記。

【實務 4-27】湖南沙沙門業有限公司低值易耗品採用計劃成本法組織日常核算，本月基本生產車間領用專用工具一批，計劃總成本為 8,000 元；廠部管理部門領用管理用具一批，計劃總成本為 2,000 元；本月低值易耗品成本差異率為 1.8%。根據發出材料匯總表，本月領用低值易耗品應負擔的成本差異為 180 元（其中，生產車間 144 元，管理部門 36 元）；實際成本為 10,180 元（其中，生產車間 8,144 元，管理部門 2,036 元）。採用一次攤銷法，計算並結轉低值易耗品的計劃成本和應負擔的成本差異，編製會計分錄如下：

借：製造費用　　　　　　　　　　　　　　　　　　　8,144
　　管理費用　　　　　　　　　　　　　　　　　　　2,036
　　貸：週轉材料——低值易耗品（在庫）　　　　　　10,000
　　　　材料成本差異　　　　　　　　　　　　　　　　180

2. 五五攤銷法

五五攤銷法是指低值易耗品在領用和報廢時，各攤銷其價值的 50%。五五攤銷法適用於使用期限較長、單位價值較高或一次領用數量較大的低值易耗品。

五五攤銷法需要設置「週轉材料——低值易耗品——在用」「週轉材料——低值易耗品——在庫」和「週轉材料——低值易耗品——攤銷」明細帳戶。

【實務 4-28】湖南沙沙門業有限公司低值易耗品採用實際成本法進行日常核算，本月基本生產車間領用包裝容器 20 件用於生產過程中週轉，實際總成本為 20,000 元。假設該批低值易耗品報廢時回收殘料收入現金 1,800 元。採用五五攤銷法，根據有關憑證，編製會計分錄如下：

（1）領用時攤銷其價值的50%，並轉作在用低值易耗品。
借：週轉材料——低值易耗品——在用　　　　　　　　　　20,000
　　貸：週轉材料——低值易耗品——在庫　　　　　　　　　　20,000
借：製造費用　　　　　　　　　　　　　　　　　　　　　10,000
　　貸：週轉材料——低值易耗品——攤銷　　　　　　　　　10,000
（2）報廢時攤銷另外的50%，並註銷在用低值易耗品及其攤銷額。
借：製造費用　　　　　　　　　　　　　　　　　　　　　10,000
　　貸：週轉材料——低值易耗品——攤銷　　　　　　　　　10,000
借：週轉材料——低值易耗品——攤銷　　　　　　　　　　20,000
　　貸：週轉材料——低值易耗品——在用　　　　　　　　　20,000
（3）報廢時回收殘料收入衝減有關費用。
借：庫存現金　　　　　　　　　　　　　　　　　　　　　 1,800
　　貸：製造費用　　　　　　　　　　　　　　　　　　　　 1,800

3. 分次攤銷法

分次攤銷法是指根據週轉材料的預計使用次數平均分攤其帳面價值的方法，適用於可供多次反覆使用的週轉材料。採用這種方法需要設置「週轉材料——低值易耗品——在用」「週轉材料——低值易耗品——在庫」和「週轉材料——低值易耗品——攤銷」明細帳戶。比如某項低值易耗品預計使用6次，那麼每次領用週轉材料時，都按週轉材料的1/6的帳面價值進行攤銷。

二、包裝物

包裝物是指為了包裝本企業商品而儲備的各種包裝容器，如桶、箱、瓶、壇、袋等，具體包括：

（1）生產過程中用於包裝產品作為產品組成部分的包裝物。
（2）隨同商品出售而不單獨計價的包裝物。
（3）隨同商品出售單獨計價的包裝物。
（4）出租或出借的包裝物。

（一）帳戶設置

為了核算和監督企業包裝物的收入、發出、使用和價值攤銷等情況，企業可以單獨設置「包裝物」帳戶，也可以在「週轉材料」帳戶下設置「包裝物」二級帳戶，組織包裝物收入、發出、使用和結存的核算。本書按在「週轉材料」帳戶下設置「包裝物」二級帳戶講述。

「週轉材料——包裝物」二級帳戶，借方登記企業購入、自製、委託外單位加工完成驗收入庫等方式收入的包裝物的實際成本；貸方登記領用、發出包裝物的實際成本以及出租出借包裝物的攤銷額；期末餘額在借方，反應期末庫存包裝物的實際成本和出租出借包裝物的攤餘價值。企業採用計劃成本組織包裝物日常核算時，該帳戶借方、貸方和餘額都

反應包裝物的計劃成本。

企業應根據包裝物的種類以及在庫、在用（出租、出借）和攤銷等情況設置明細帳，進行包裝物數量和金額明細核算；出租出借包裝物收回後，應當設置備查簿登記。

（二）包裝物攤銷帳務處理

包裝物可以按實際成本計價核算，也可按照計劃成本計價核算。購入包裝物的核算方法與原材料相同，以下主要介紹包裝物發出的帳務處理。

1. 生產領用包裝物

企業在生產和銷售過程中領用包裝物、出售包裝物以及數量不多、金額較小且業務不頻繁的出租、出借包裝物，採用一次攤銷法核算。生產過程中領用包裝物並隨同產品出售，包裝物價值計入產品生產成本。

【實務4-29】湖南沙沙門業有限公司包裝物按實際成本核算，本月生產車間領用包裝物實際成本為16,000元。湖南沙沙門業有限公司應編製會計分錄如下：

借：生產成本 16,000
　　貸：週轉材料——包裝物 16,000

2. 銷售過程中領用，隨同產品出售不單獨計價的包裝物

銷售過程中領用的隨同本企業產品出售而不單獨計價的包裝物，包裝物價值包含在銷售產品的價值之中，領用包裝物的實際成本列作銷售費用。

【實務4-30】湖南沙沙門業有限公司銷售部門本月為銷售產品領用，隨同產品出售不單獨計價的包裝物一批，實際總成本為8,000元。湖南沙沙門業有限公司應編製會計分錄如下：

借：銷售費用 8,000
　　貸：週轉材料——包裝物 8,000

3. 銷售過程中領用，隨同產品出售單獨計價的包裝物

銷售過程中領用的隨同本企業產品出售並單獨計價的包裝物，由於出售包裝物的收入沒有包括在產品銷售收入之中，該包裝物出售收入列作企業其他業務收入，領用包裝物的實際成本也列作其他業務成本。

【實務4-31】湖南沙沙門業有限公司銷售部門本月為銷售產品領用，隨同產品出售並單獨計價的包裝物一批，實際總成本為9,000元，增值稅專用發票載明價款10,000元，增值稅額1,300元，款項已收妥存入銀行。根據銀行收帳通知和「材料發出匯總表」等有關憑證，編製會計分錄如下：

借：銀行存款 11,300
　　貸：其他業務收入 10,000
　　　　應交稅費——應交增值稅（銷項稅額） 1,300
借：其他業務成本 9,000
　　貸：週轉材料——包裝物 9,000

4. 出租包裝物

出租包裝物是指企業因銷售產品的需要，將包裝物租給購貨單位使用，要求其按期歸

還並支付租金。出租的包裝物的價值通常於領用時，按照使用次數分次計入成本費用，分次攤銷法參見低值易耗品的五五攤銷法。出租包裝物金額較小的，可以領用時一次性計入成本費用。

【實務 4-32】2019 年 12 月 1 日，湖南沙沙門業有限公司向倉庫領用一批新的包裝物，實際成本 2,000 元，出租給長沙雨花有限責任公司，已收到押金 3,000 元，合同約定租期為 1 個月，應收取租金 1,000 元（含稅）在退還的押金中扣除。包裝物採用一次攤銷法。湖南沙沙門業有限公司應編製如下會計分錄：

（1）12 月 1 日領用包裝物時：
借：其他業務成本　　　　　　　　　　　　　　　　　　2,000
　貸：週轉材料——包裝物　　　　　　　　　　　　　　　　2,000
（2）收到押金：
借：銀行存款　　　　　　　　　　　　　　　　　　　　3,000
　貸：其他應付款——長沙雨花有限責任公司　　　　　　　　3,000

【實務 4-33】承【實務 4-32】，2019 年 12 月 30 日，湖南沙沙門業有限公司收到長沙雨花有限責任公司退還的包裝物，以轉帳方式退還押金。湖南沙沙門業有限公司應編製如下會計分錄：

（1）12 月 30 日確認包裝物出租收入：1,000/1.13＝884.96（元）
借：其他應付款——長沙雨花有限責任公司　　　　　　　　1,000
　貸：其他業務收入　　　　　　　　　　　　　　　　　　884.96
　　　應交稅費——應交增值稅（銷項稅額）　　　　　　　　115.04
（2）退還押金：3,000-1,000＝2,000（元）
借：其他應付款——長沙雨花有限責任公司　　　　　　　　2,000
　貸：銀行存款　　　　　　　　　　　　　　　　　　　　2,000

企業確認應由其負擔的包裝物修理費用等支出，借記「其他業務成本」科目，貸記「庫存現金」「銀行存款」「原材料」等科目。

5. 出借包裝物

包裝物出借是企業根據購銷合同規定，將包裝物借給購買單位使用。為了促使購買單位按期歸還包裝物，出租出借包裝物都可以收取押金，但出借包裝物不收取租金。出借包裝物沒有收取租金，其成本列入銷售費用。

任務五　委託加工物資的核算

委託加工物資是指企業向受託加工企業提供原材料和主要材料，並支付給受託加工企業一定的加工費用，待加工完成後由委託方收回的製成品。企業委託外單位加工物資的成本包括加工中實際耗用的物資成本、支付的加工費用及應負擔的運雜費、支付的稅費等。

一、帳戶的設置

為了反應和監督委託加工物資增減變動及其結存情況，企業應當設置「委託加工物資」帳戶。本帳戶借方登記委託加工物資發生的實際成本；貸方登記加工完成驗收入庫物資的實際成本和收回剩餘材料、物資的實際成本；期末餘額在借方，反應企業委託單位加工尚未完成物資的實際成本。

「委託加工物資」帳戶可以按照委託加工合同、受託加工單位及加工物資的品種等設置明細帳戶，組織明細核算。

二、帳務處理

（一）發出材料

採用實際成本核算的企業，在發出材料時，按照材料的實際成本，借記「委託加工物資」科目，貸記「原材料」科目。

採用計劃成本核算的企業，在發出材料時，按照材料的實際成本，借記「委託加工物資」科目，按照發出材料的計劃成本，貸記「原材料」科目，同時結轉材料成本差異，借記或貸記「材料成本差異」科目。

（二）發生加工費、運雜費等費用

企業實際發生的加工費、運雜費等費用支出，借記「委託加工物資」科目，貸記「銀行存款」「應付帳款」等科目。

（三）支付相關稅費

1. 消費稅

委託加工應稅消費品，消費稅由受託方代扣代繳。受託方代收代繳的消費稅是否可以抵扣需視不同情況而定。消費稅收回後用於直接銷售的，記入「委託加工物資」科目；收回後用於繼續加工的，記入「應交稅費——應交消費稅」。

2. 增值稅

委託加工物資應負擔的增值稅，凡屬於加工物資用於增值稅應稅項目並取得增值稅專用發票的一般納稅人，其進項稅額可以抵扣，借記「應交稅費——應交增值稅（進項稅額）」科目，不計入委託加工物資的成本；否則，進項稅額計入委託加工物資的成本。

（四）加工完成驗收入庫

採用實際成本法核算的企業，委託加工物資加工完成驗收入庫時，按照實際成本借記「原材料」或「庫存商品」科目，貸記「委託加工物資」科目。

採用計劃成本核算的企業，委託加工物資加工完成驗收入庫時，按照計劃成本借記「原材料」或「庫存商品」科目，按照實際成本，貸記「委託加工物資」科目，實際成本與計劃之間的差額，記入「材料成本差異」科目。

【實務4-34】因考慮到本公司的加工條件和權衡成本，湖南沙沙門業有限公司委託青林公司將材料加工成包裝木箱。按照加工合同，從倉庫發出木材一批，實際總成本為

20,000 元；以銀行存款支付往返運雜費 1,090 元（增值稅專用發票載明運費 1,000 元，增值稅額 90 元），加工費 6,780 元（增值稅專用發票載明價款 6,000 元，增值稅額 780 元）；加工完成，木箱已驗收入庫，剩餘木材的價值為 1,200 元，已交材料倉庫。根據有關憑證，編製會計分錄如下：

（1）發出委託加工材料。
借：委託加工物資——青林公司（包裝木箱）　　　　　　　20,000
　貸：原材料——木材　　　　　　　　　　　　　　　　　20,000
（2）支付往返運雜費。
借：委託加工物資——青林公司（包裝木箱）　　　　　　　1,000
　　應交稅費——應交增值稅（進項稅額）　　　　　　　　　90
　貸：銀行存款　　　　　　　　　　　　　　　　　　　　1,090
（3）支付加工費。
借：委託加工物資——青林公司（包裝木箱）　　　　　　　6,000
　　應交稅費——應交增值稅（進項稅額）　　　　　　　　780
　貸：銀行存款　　　　　　　　　　　　　　　　　　　　6,780
（4）加工完成，退回剩餘材料。
借：原材料——木材　　　　　　　　　　　　　　　　　　1,200
　貸：委託加工物資——青林公司（包裝木箱）　　　　　　1,200
（5）包裝木箱驗收入庫。
借：週轉材料——包裝物（在庫木箱）　　　　　　　　　　25,800
　貸：委託加工物資——青林公司（包裝木箱）　　　　　　25,800

本例中，加工完成的包裝木箱的實際成本為 25,800 元［(20,000 - 1,200) + 1,000 + 6,000］。

【實務 4-35】因客戶急需，湖南沙沙門業有限公司委託青源公司將 A 材料加工成 M1 產品（應稅消費品），按照加工合同，從存貨發出 A 材料一批，實際總成本為 60,000 元；以銀行存款支付往返運雜費 2,180 元（增值稅專用發票載明運費 2,000 元，增值稅額 180 元），加工費 33,900 元（增值稅專用發票載明價款 30,000 元，增值稅額 3,900 元），消費稅 4,842 元；加工完成，M1 產品已驗收入庫，沒有剩餘材料退回。該公司將委託加工物資收回後直接用於銷售，根據有關憑證，編製會計分錄如下：

（1）發出委託加工材料。
借：委託加工物資——青源公司（M1 產品）　　　　　　　60,000
　貸：原材料——A 材料　　　　　　　　　　　　　　　　60,000
（2）支付往返運雜費。
借：委託加工物資——青源公司（M1 產品）　　　　　　　2,000
　　應交稅費——應交增值稅（進項稅額）　　　　　　　　180
　貸：銀行存款　　　　　　　　　　　　　　　　　　　　2,180

（3）支付加工費。
借：委託加工物資——青源公司（M1產品）　　　　　30,000
　　應交稅費——應交增值稅（進項稅額）　　　　　　3,900
　　貸：銀行存款　　　　　　　　　　　　　　　　　33,900
（4）支付消費稅
借：委託加工物資——青源公司（M1產品）　　　　　4,842
　　貸：銀行存款　　　　　　　　　　　　　　　　　4,842
（5）加工完成，M1產品驗收入庫
借：庫存商品——M1產品　　　　　　　　　　　　　96,842
　　貸：委託加工物資——青源公司（M1產品）　　　96,842

如果委託加工物資收回後用於繼續生產應稅消費品，所支付的消費稅則應記入「應交稅費——消費稅」科目，委託加工物資轉入庫存商品的金額為 92,000（60,000+2,000+30,000）元。

任務六　庫存商品的核算

一、工業企業

工業企業的庫存商品主要是指產成品。產成品是指企業已經完成全部生產過程並已驗收入庫合乎標準規格和技術條件，可以按照合同規定的條件送交訂貨單位，或者可以作為商品對外銷售的產品。庫存商品具體包括庫存產成品、外購商品、存放在門市部準備出售的商品、發出展覽的商品、寄存在外的商品等。企業接受來料加工製造的代製品和為外單位加工修理的代修品，在製造和修理完成驗收入庫後，視同企業的產成品，也包括在庫存商品中。

（一）帳戶設置

工業企業「庫存商品」帳戶用來核算企業各種庫存商品收入、發出和結存的實際成本。該帳戶的借方登記已完成生產過程（或委託加工過程、採購過程等）並已驗收入庫的庫存商品的實際成本；貸方登記發出商品的實際成本；期末餘額在借方，反應企業期末庫存商品的實際成本。

企業發出產成品的實際成本，可以採用先進先出法、月末一次加權平均法、移動加權平均法和個別計價法等方法計算確定。

「庫存商品」帳戶應按庫存商品的種類、品種和規格以及存放地點等設置明細帳，進行數量和金額的明細核算。企業庫存商品（產成品）明細帳的格式與材料明細帳格式相同。

（二）帳務處理

1. 驗收入庫商品

對於庫存商品採用實際成本核算的企業，當產品完成生產並驗收入庫時，企業應按實

際成本，借記「庫存商品」科目，貸記「生產成本」科目。

【實務 4-36】湖南沙沙門業有限公司基本生產車間生產 M1 和 M2 兩種產成品，成品倉庫匯總的產品交庫單載明，本月已經驗收入庫的 M1 產品為 1,000 件，M2 產品為 1,200 件；財會部門編製的產品成本計算匯總表載明，本月 M1 和 M2 兩種產品的實際總成本分別為 600,000 元和 900,000 元，根據產品成本計算匯總表等資料，編製會計分錄如下：

借：庫存商品——M1 產品　　　　　　　　　　　　　　　600,000
　　　　　——M2 產品　　　　　　　　　　　　　　　　　900,000
　貸：生產成本——基本生產車間（M1 產品）　　　　　　　600,000
　　　　　——基本生產車間（M2 產品）　　　　　　　　　900,000

2. 發出商品

企業銷售商品、確認收入結轉銷售成本，借記「主營業務成本」等科目，貸記「庫存商品」科目。

【實務 4-37】湖南沙沙門業有限公司上月結存 M1 產品 200 件，實際總成本為 118,000 元，結存 M2 產品 100 件，實際總成本為 76,000 元；本月生產完工入庫 M1、M2 產品資料見【實務 4-36】；本月銷售 M1 產品 1,100 件，M2 產品 1,200 件。採用月末一次加權平均法計算並結轉本月銷售 M1 產品和 M2 產品的實際成本。根據有關資料，編製會計分錄如下：

M1 產品加權平均法單位成本 =（118,000+600,000）÷（200+1,000）= 598.33（元）
本月 M1 產品銷售總成本 = 1,100×598.33 = 658,163（元）
M2 產品加權平均單位成本 =（76,000+900,000）÷（100+1,200）= 750.77（元）
本月 M2 產品銷售總成本 = 1,200×750.77 = 900,924（元）

借：主營業務成本　　　　　　　　　　　　　　　　　　1,559,087
　貸：庫存商品——M1 產品　　　　　　　　　　　　　　　658,163
　　　　　——M2 產品　　　　　　　　　　　　　　　　　900,924

二、商品流通企業

商品流通企業的庫存商品主要是指外購或委託加工完成驗收入庫用於銷售的各種商品。商品流通企業購入商品可以採用進價或售價核算。採用售價核算的，商品售價和進價之間的差額，可通過「商品進銷差異」科目核算。期末，企業應將歸集的進銷差價在已售商品和期末結存商品之間進行分攤，確定已售商品應負擔的進銷差價，將已售商品的銷售成本調整為實際成本。進價核算採用進價法；售價核算主要採用毛利率法和售價金額核算法。

（一）進價法

商品流通企業購入商品採用進價核算時，企業「庫存商品」帳戶的設置和運用與工業企業相同。購進商品的核算與工業企業外購材料按實際成本計價的核算相似，購入在途的商品通過「在途物資」帳戶核算；庫存商品銷售成本的結轉與產成品銷售成本結轉相同，

銷售商品的實際成本,可以採用先進先出法、月末一次加權平均法、移動加權平均法和個別計價法等方法計算確定。

(二) 售價金額核算法

售價金額核算法是指企業在日常核算中,商品的購進、加工收回、銷售都按售價記帳,商品售價與進價成本之間的差額通過「商品進銷差價」科目核算,期末計算進銷差價率和本期已銷售商品應分攤的進銷差價,並據以調整本期銷售成本的一種方法。此方法通常適用於商品零售企業。

採用售價金額核算法,已銷商品實際進價成本的計算公式如下:

已銷商品實際進價成本=已銷商品售價-已銷商品應分攤的進銷差價

公式中的商品進銷差價可以按商品類別或零售櫃組分別計算出商品進銷差價率,再計算已銷商品應分攤的進銷差價。商品進銷差價率的計算原理與材料成本差異率相同。

$$商品進銷差價率 = \frac{期初庫存商品進銷差價 + 本期入庫商品進銷差價}{期初庫存商品售價 + 本期入庫商品售價} \times 100\%$$

$$\frac{本期銷售商品應}{負擔的進銷差價} = \frac{本期銷售}{商品售價} \times \frac{商品進銷}{差異率}$$

【實務4-38】 丙商業公司食品零售櫃組上月庫存商品售價總額為40,000元,商品進銷差價為9,500元,本月購進商品售價總額為460,000元,商品進銷差價為115,500元,本月銷售商品售價總額為465,000元。該櫃組本月已銷商品的進銷成本可以計算如下:

本期商品進銷差價率=(9,500+115,500)÷(40,000+460,000)×100%
　　　　　　　　=125,000÷500,000×100%=25%

本期已銷商品應分攤的進銷差價=465,000×25%=116,250 (元)

本期已銷商品的進價成本=465,000-116,250=348,750 (元)

月末庫存商品應分攤的進銷差價=9,500+115,500-116,250=8,750 (元)

月末庫存商品的進價成本=(40,000+460,000-465,000)-8,750
　　　　　　　　　　=35,000-8,750=26,250 (元)

如果企業的商品進銷差價率各期之間比較均衡,也可以採用上期商品進銷差價率分攤本期的商品進銷差價。年度終了,企業應對商品進銷差價進行核實調整。

(三) 毛利率法

毛利率法適用於商業批發企業,是用於計算本期商品銷售成本和期末庫存商品成本的方法。商品流通企業由於經營商品的品種繁多,如果分品種計算商品成本,工作量將大大增加,而且一般來講,商品流通企業同類商品的毛利率大致相同,採用這種存貨計價方法既能減輕工作量,也能滿足對存貨管理的需要。

毛利率法是指根據本期銷售淨額乘以上期實際(或本期計劃)毛利率匡算本期銷售毛利,並據以計算發出存貨和期末存貨成本的一種方法。其計算公式如下:

毛利率 = 銷售毛利/銷售額×100%

銷售淨額 = 商品銷售收入-銷售退回與折讓

銷售毛利 = 銷售額 × 毛利率
銷售成本 = 銷售額－銷售毛利
期末存貨成本 = 期初存貨成本 + 本期購貨成本 － 本期銷售成本

【實務 4-39】 丙批發公司採用毛利率進行核算，2019 年 12 月初針織品庫存餘額 180 萬元，本月購進 300 萬元，本期銷售收入 340 萬元，上季度該類商品毛利率為 25%。本月已銷商品和月末庫存商品的成本計算如下：

銷售毛利＝340×25%＝85（萬元）
本月銷售成本＝340-85＝255（萬元）
月末庫存商品成本＝180+300-255＝225（萬元）

任務七　存貨的清查

存貨清查是指對存貨進行實地盤點，確定存貨的實有數量，並與帳面結存數核對，從而確定存貨實存數與帳存數是否相符的一種專門方法。

由於存貨種類繁多、收發頻繁，在日常收發過程中可能發生計量錯誤、計算錯誤、自然損耗、損壞變質以及貪污、盜竊等情況，因此會造成帳實不符，形成存貨的盤盈、盤虧。對於存貨的盤盈、盤虧，企業應填寫存貨盤點報告（如實存帳存對比表），及時查明原因，按照規定程序報批處理。

一、帳戶設置

為了反應和監督企業在財產清查中查明的各種存貨的盤盈、盤虧和毀損情況，企業應當設置「待處理財產損溢」帳戶。該帳戶的借方登記企業在財產清查過程中查明的各種財產物資的盤虧、毀損的金額，以及按管理權限經批准轉銷的財產物資的盤盈金額；貸方登記各種財產物資的盤盈金額，以及按管理權限經批准轉銷的各種財產物資的盤虧、毀損金額。企業財產損益應當查明原因，在期末結帳前處理完畢，期末處理後「待處理財產損溢」帳戶應無餘額。

「待處理財產損溢」帳戶應按盤盈、盤虧的資產種類和項目進行明細核算。

二、帳務處理

（一）存貨盤盈的帳務處理

企業發生存貨盤盈時，借記「原材料」「庫存商品」等科目，貸記「待處理財產損溢」科目；在按管理權限報經批准後，借記「待處理財產損溢——待處理流動資產損溢」科目，貸記「管理費用」科目。

【實務 4-40】 湖南沙沙門業有限公司在定期財產清查中，盤盈 C 材料 200 千克，同類材料的市場價格為 6 元/千克。經查明，材料盤盈為收發計量方面的差錯用。根據「存貨

盤存盈虧報告單」編製會計分錄如下：
（1）按管理權限報經批准轉銷前的處理。
借：原材料——C 材料　　　　　　　　　　　　　　　　　　　1,200
　　貸：待處理財產損溢——待處理流動資產損溢　　　　　　　1,200
（2）按管理權限報經批准轉銷的處理
借：待處理財產損溢——待處理流動資產損溢　　　　　　　　　1,200
　　貸：管理費用　　　　　　　　　　　　　　　　　　　　　1,200

（二）存貨盤虧及毀損的帳務處理

企業發生存貨盤虧及毀損時，借記「待處理財產損溢」科目，貸記「原材料」「庫存商品」等科目。在按管理權限報經批准後應做如下帳務處理：

（1）屬於正常損耗的盤虧，記入「管理費用」科目。

（2）屬於自然災害造成的盤虧或毀損，保險公司的賠償款記入「其他應收款」科目，入庫殘料價值，記入「原材料」科目，扣除殘料價值和應由保險公司賠償後的淨損失，記入「營業外支出——非常損失」科目。

（3）屬於非正常損失造成的盤虧或毀損，其進項稅額不能抵扣，應轉入「待處理財產損溢」科目。保險公司或責任人的賠償款記入「其他應收款」科目，入庫殘料價值記入「原材料」科目，扣除殘料價值和應由保險公司、過失人賠償後的淨損失，記入「管理費用」科目。

【實務 4-41】湖南沙沙門業有限公司在定期財產清查中，盤虧 D 材料 400 千克，該材料帳面實際單位成本為 10 元/千克。經查明，材料盤虧為收發計量方面的差錯，應編製會計分錄如下：
（1）按管理權限報經批准轉銷前的處理。
借：待處理財產損溢——待處理流動資產損溢　　　　　　　　　4,000
　　貸：原材料——C 材料　　　　　　　　　　　　　　　　　　4,000
（2）按管理權限報經批准轉銷的處理。
借：管理費用　　　　　　　　　　　　　　　　　　　　　　　　4,000
　　貸：待處理財產損溢——待處理流動資產損溢　　　　　　　4,000

【實務 4-42】湖南沙沙門業有限公司丙材料因自然災害毀損 1,200 千克，經查，該材料帳面實際單位成本為 20 元/千克，購入時支付的增值稅金為 3,120 元；保險公司已同意賠款 10,000 元，殘料處理收到現金 600 元。按管理權限報經批准後，淨損失列作營業外支出。根據「材料毀損報告單」等有關憑證，編製會計分錄如下：
（1）按管理權限報經批准轉銷前。
借：待處理財產損溢——待處理流動資產損溢　　　　　　　　　24,000
　　貸：原材料——丙材料　　　　　　　　　　　　　　　　　24,000
借：庫存現金　　　　　　　　　　　　　　　　　　　　　　　　600
　　其他應收款——應收保險賠款　　　　　　　　　　　　　10,000
　　貸：待處理財產損溢——待處理流動資產損溢　　　　　　10,600

（2）按管理權限報經批准轉銷。
借：營業外支出——非常損失　　　　　　　　　　　　　　13,400
　　貸：待處理財產損溢——待處理流動資產損溢　　　　　　　13,400

【實務4-43】湖南沙沙門業有限公司在財產清查中發現毀損B材料300千克，實際單位成本為20元／千克，購入時支付的增值稅金為780元；經查屬於材料保管員的過失造成的，由其個人賠償3,000元。按管理權限報經批准後，淨損失列作管理費用。根據「材料毀損報告單」等有關憑證，編製會計分錄如下：
（1）按管理權限報經批准轉銷前。
借：待處理財產損溢——待處理流動資產損溢　　　　　　　　6,780
　　貸：原材料——丙材料　　　　　　　　　　　　　　　　6,000
　　　　應交稅費——應交增值稅（進項稅額轉出）　　　　　　780
借：其他應收款——應收賠償款　　　　　　　　　　　　　　3,000
　　貸：待處理財產損溢——待處理流動資產損溢　　　　　　　3,000
（2）按管理權限報經批准轉銷。
借：管理費用　　　　　　　　　　　　　　　　　　　　　　3,780
　　貸：待處理財產損溢——待處理流動資產損溢　　　　　　　3,780

本例中，管理不善造成的存貨的毀損或短缺，應將對應的進項稅轉出。材料毀損淨損失＝原材料×（1+增值稅稅率）-責任人員的賠償款＝6,000×1.13-3,000＝3,780（元）。

任務八　存貨的期末計量

資產負債表日，存貨應當按照成本與可變現淨值孰低計量。其中，成本是指期末存貨的實際成本，如企業在存貨成本的日常核算中採用計劃成本法、售價金額核算法等簡化核算方法，應調整為實際成本。可變現淨值，是指在日常活動中，存貨的估計售價減去至完工時估計將要發生的成本、估計的銷售費用以及相關稅費後的金額。可變現淨值的特徵表現為存貨的預計未來淨現金流量，而不是存貨的售價或合同價。

當存貨成本低於可變現淨值時，存貨按成本計價；當存貨成本高於其可變現淨值的，表明存貨可能發生損失，應在存貨銷售之前確認這一損失，即計提存貨跌價準備，計入當期損益。以前減記存貨價值的影響因素已經消失的，減記的金額應當予以恢復，並在原已計提的存貨跌價準備金額內轉回，轉回的金額衝減當期損益。

一、存貨可變現淨值的確定方法

存貨可變現淨值通常應當按照單個存貨項目分別確定。在確定其可變現淨值時應當考慮以下三點：

（一）產成品、商品和用於出售的材料等直接用於出售的商品存貨

在正常生產經營過程中，企業應當以該存貨的估計售價減去估計的銷售費用和相關稅費後的金額確定其可變現淨值。即：

可變現淨值＝存貨的估計售價－（估計的銷售費用＋相關稅費）

【實務4-44】2019年12月31日，湖南沙沙門業有限公司M1庫存商品估計售價580,000元，估計銷售費用和相關稅費為50,000元。則：

M1庫存商品可變現淨值＝580,000-50,000＝530,000（元）

（二）用於生產的材料、在產品或自製半成品等需經過加工的存貨

需要經過加工的材料存貨，如原材料、在產品、委託加工材料等，由於持有該材料的目的是生產產成品，而不是出售，該材料存貨的價值將體現在用於其生產的產成品上。因此，在確定需要經過加工的材料存貨的可變現淨值時，需要以其生產的產成品可變現淨值與該產品的成本進行比較，如果該產成品的可變現淨值高於其成本，則該材料應按照其成本計量。

【實務4-45】2019年12月31日，湖南沙沙門業有限公司庫存C材料帳面價值100,000元，市場價格80,000元。C材料生產的M3產品售價為210,000元，生產成本為180,000元，估計銷售20,000元。

M3產品可變現淨值＝210,000-20,000＝190,000（元）

M3產品成本＝180,000（元）

本例中，雖然C材料在2019年12月31日帳面價值（成本）高於其市場價格。但是由於其用於生產的產成品——M1型機器的可變現淨值高於其成本，即用該原材料生產的最終產品此時並沒有發生價值減損。因而，在這種情況下，即使C材料的帳面價值（成本）高於市場價格，也不應計提存貨跌價準備，仍應按其帳面價值計價，其價值為100,000元。

如果材料價格的下降表明以其生產的產成品的可變現淨值低於成本，則該材料應當按可變現淨值計量。其可變現淨值為在正常生產經營過程中，以該材料所生產的產成品的估計售價減去至完工時估計將要發生的成本、估計的銷售費用以及相關稅費後的金額確定。

需經過加工的材料存貨的可變現淨值＝產成品的估計售價－至完工估計將要發生的成本－估計的銷售費用－估計相關稅費

【實務4-46】2019年12月31日，湖南沙沙門業有限公司庫存C材料帳面價值100,000元，市場價格70,000元。由於C材料市場銷售價格下降，用C材料生產的M3產品售價由210,000元下降到180,000元，將該批C材料加工成M3產品尚需投入80,000元，估計銷售M3產品20,000元。

根據上述資料，可按以下步驟確定該批C材料的帳面價值：

（1）計算用C材料所生產的M1產品的可變現淨值。

M1產品的可變現淨值＝M1產品估計售價－估計銷售費用及稅金＝180,000-20,000
　　　　　　　　　＝160,000（元）

（2）用 M1 產品可變現淨值與 M1 產品成本進行比較。

M1 產品成本＝100,000+80,000＝180,000（元）

M1 產品成本 180,000 高於其可變現淨值 160,000 元，即 C 材料價格的下降和 M1 產品銷售價格的下降表明 M1 產品的可變現淨值低於成本，因此該批 C 材料應當按照可變現淨值計量。

（3）計算 C 材料的可變現淨值，並確定其期末價值。

C 材料可變現淨值＝M1 產品估計售價－C 材料加工成 M1 產品尚需投入的成本－估計的銷售費用及稅金＝180,000－80,000－20,000＝80,000（元）

C 材料的可變現淨值 80,000 元小於其成本 100,000 元，因此 C 材料的期末價值應為其可變現淨值 80,000 元。

（三）資產負債表日，同一項存貨中一部分有合同價格約定、其他部分不存在合同價格的，應當分別確定其可變現淨值

企業為執行銷售合同或者勞務合同而持有的存貨，其可變現淨值應當以合同價格為基礎，減去估計的銷售費用和相關稅費後的金額確定。如果企業持有的同一項存貨數量多於銷售合同訂購數量的，應分別確定其可變現淨值，並與其相對應的成本進行比較，分別確定存貨跌價準備計提或轉回的金額。超出合同部分的存貨的可變現淨值，應當以一般銷售價格為基礎計算。

【實務 4-47】2019 年 12 月 31 日，湖南沙沙門業有限公司與青華公司簽訂一份購銷合同，雙方約定 2020 年 1 月 5 日，公司按照每件 820 元價格向青華公司提供 M2 產品 200 件，2019 年 12 月 31 日，M2 產品 300 件，單位生產成本 750 元，市場銷售價格為每件 700 元，估計銷售費用每件 50 元。

由於 2019 年 12 月 31 日 M2 產品庫存數量大於購銷合同約定數量，因此期末 M2 產品的可變現淨值應按照購銷合同和無購銷合同兩種情況分別確定。

有購銷合同的 200 件 M2 產品的可變現淨值＝200×（820-50）＝154,000（元）

無購銷合同的 100 件 M2 產品的可變現淨值＝100×（700-50）＝65,000（元）

有購銷合同的 200 件 M2 產品可變現淨值為 154,000 元，按照成本與可變現淨值孰低原則，則其期末成本為 150,000（750×200）元；無購銷合同的 100 件 M2 產品的可變現淨值 65,000 元小於成本 75,000 元，期末應按照可變現淨值計量。

企業在確定持有的各類存貨的可變現淨值時，應當區別如下情況以確定存貨的估計售價：①為執行銷售合同而持有的存貨，通常應當以產成品或商品的合同價格作為其可變現淨值的計算基礎；②企業持有存貨的數量多於銷售合同訂購數量，超出部分存貨可變現淨值應當以產成品或商品的一般銷售價格為計算基礎；③沒有銷售合同約定的存貨（不包括用於出售材料），其可變現淨值應當以產成品或商品的一般銷售價格（市場銷售價格）為計算基礎；④用於出售的材料，通常以市場價格作為其可變現淨值的計算基礎。

二、帳戶設置

(一)「存貨跌價準備」帳戶

「存貨跌價準備」帳戶用來核算企業存貨的跌價準備。該帳戶屬於資產類帳戶的備抵帳戶，貸方登記企業按規定計提的存貨跌價準備；借方登記發出存貨結轉的存貨跌價準備，以及已計提跌價準備的存貨價值之後又得以恢復時，沖減的存貨跌價準備金額；期末餘額在貸方，反應企業已計提但尚未轉銷的存貨跌價準備。

「存貨跌價準備」帳戶應當按照存貨項目或類別進行明細核算。

(二)「資產減值損失」帳戶

「資產減值損失」屬於損益類帳戶，用於核算企業計提各項資產減值準備所形成的損失。本帳戶借方登記企業計提各項資產減值準備所形成的損失金額，貸方登記轉回的存貨跌價準備損失及期末結轉「本年利潤」的金額，期末無餘額。

本帳戶可按資產減值損失的項目進行明細核算。

三、帳務處理

(一) 計提存貨跌價準備

當存貨成本高於可變現淨值時，企業應當按照存貨可變現淨值低於成本的差額，借記「資產減值損失——存貨跌價準備」科目，貸記「存貨跌價準備」科目。

【實務 4-49】 2019 年 12 月 31 日，湖南沙沙門業有限公司 M1 庫存商品可變現淨值為 530,000 元，該項存貨帳面實際成本為 550,000 元，帳面沒有計提存貨跌價準備。根據資料，有關存貨跌價準備的計算和編製的會計分錄如下：

本期應計提存貨跌價準備 = 550,000 - 530,000 = 20,000（元）

借：資產減值損失——存貨跌價損失　　　　　　　　20,000
　　　貸：存貨跌價準備——M1　　　　　　　　　　　　　20,000

(二) 存貨跌價準備的轉回

資產負債表日，企業應當確定存貨的可變現淨值。以前減記存貨價值的影響因素已經消失的，減記的金額應當予以恢復，並在原已計提的存貨跌價準備金額內轉回，轉回的金額計入當期損益。轉回已計提的存貨跌價準備金額時，按恢復的金額，借記「存貨跌價準備」科目，貸記「資產減值損失——存貨跌價準備」帳戶。

【實務 4-50】 例 4-45 中，2019 年 12 月 31 日湖南沙沙門業有限公司 M1 庫存商品的可變現淨值為 546,000 元，該項存貨帳面實際成本為 550,000 元，帳面已計提存貨跌價準備 20,000 元。根據資料，有關存貨跌價準備轉回的計算和編製的會計分錄如下：

借：存貨跌價準備——M1　　　　　　　　　　　　　16,000
　　　貸：資產減值損失——存貨跌價損失　　　　　　　　16,000

M1 存貨期末應當計提存貨跌價準備金額為 4,000（550,000 - 546,000）元，該項存貨

原來已計提存貨跌價準備 20,000 元，由於該項存貨期末可變現淨值高於成本，不是當期其他影響因素造成的，而是以前減記存貨價值的影響因素已經消失。這時需要在原已計提的存貨跌價準備金額 20,000 元內轉回 16,000（20,000-4,000）元。

（三）存貨跌價準備的結轉

企業計提了存貨跌價準備，如果其中有部分存貨已經銷售，企業結轉存貨銷售成本時，應同時結轉對其已計提的存貨跌價準備，借記「存貨跌價準備」科目，貸記「主營業務成本」「其他業務成本」等帳戶。

【實務4-51】2019 年 12 月 6 日湖南沙沙門業有限公司對外銷售一批 M2 商品，收到含稅價款 226,000 元（其中增值稅 26,000 元），該批商品成本 210,000 元，已提存貨跌價準備 35,000 元。根據資料，編製會計分錄如下：

（1）銷售商品確認收入。

借：銀行存款　　　　　　　　　　　　　　　　　　　　　　226,000
　　貸：主營業務收入　　　　　　　　　　　　　　　　　　　200,000
　　　　應交稅費——應交增值稅（銷項稅額）　　　　　　　　 26,000

（2）結轉成本同時結轉存貨跌價準備。

借：主營業務成本　　　　　　　　　　　　　　　　　　　　175,000
　　存貨跌價準備　　　　　　　　　　　　　　　　　　　　 35,000
　　貸：庫存商品——M2　　　　　　　　　　　　　　　　　 210,000

【本項目工作小結】

存貨是企業一項重要的資產，其週轉速度、管控水準與企業自身的財務狀況和生產經營成果息息相關，是稅務機關、內部控制、外部審計檢查的重點。作為企業的財務人員應掌握存貨的初始計量方法及發出存貨的計量方法，原材料按照實際成本、計劃成本核算方法，週轉材料及委託加工物資、庫存商品的會計核算方法，存貨期末清查及減值的會計核算方法，並配合業務部門做好存貨運轉流程優化，提高存貨運轉利用效率，從而提升公司的整體競爭力。

◆仿真操作

1. 根據【實務4-1】至【實務4-51】編寫有關的記帳憑證。
2. 登記庫存商品明細帳。

◆ 崗位業務認知

　　利用節假日，去當地的一些企業（工商企業），瞭解企業的存貨收支業務，瞭解企業會計人員是如何進行帳務處理的。

◆ 工作思考

1. 期末存貨計價為什麼採用成本與可變現淨值孰低法？
2. 會計準則中允許採用的發出存貨的計價方法有哪些？
3. 什麼是五五攤銷法？
4. 售價金額核算法適用的範圍？
5. 簡述存貨的核算範圍。

項目五　固定資產核算業務

　　固定資產是企業開展生產經營活動必不可少的生產資料，固定資產業務是企業的日常業務，固定資產核算業務涉及固定資產初始成本的確定、折舊的計算以及固定資產的後續計量與期末計量；本項目涉及的主要會計崗位是資產崗位。作為企業的財會人員，應該能夠確定固定資產的初始成本，能選擇合適的折舊方法計算固定資產的折舊額，財務人員要加強資產管理，為企業獲取更大的經濟效益。

【項目工作目標】

⊙知識目標

　　掌握固定資產的概念及初始計量；熟悉固定資產的折舊範圍與折舊方法，瞭解固定資產的後續計量、處置及期末計量。

⊙技能目標

　　學生通過本項目的學習，能夠對固定資產的初始成本進行計量，能採用不同的方法計算固定資產的折舊，能對固定資產處置業務進行相關的帳務處理。

【任務導入】

　　2019 年，湖南沙沙門業有限公司為提高工作效率，將一臺已提足折舊但尚可使用的設備轉入報廢清理。報廢設備的原始價值 62,000 元，已計提折舊 59,520 元。報廢時發生清理費 360 元，殘值收入 450 元（殘料）。該固定資產的處置損益如何帳務核算？

【進入任務】

　　任務一　固定資產概述
　　任務二　固定資產初始計量
　　任務三　固定資產後續計量
　　任務四　固定資產後續支出
　　任務五　固定資產的處置
　　任務六　固定資產的清查
　　任務七　固定資產的期末計量

任務一　固定資產概述

一、固定資產的定義和特徵

固定資產是指為生產產品、提供勞務、出租或經營管理而持有的，使用年限超過一年，單位價值較高的有形資產。

具體來說，作為企業的固定資產，其特徵主要表現在以下幾個方面。

（一）為生產商品、提供勞務、出租或經營管理而持有

企業持有固定資產的目的是生產商品、提供勞務、出租或經營管理，即企業持有的固定資產是企業的勞動工具或手段，而不是用於出售的產品。

（二）使用年限超過一個會計年度

固定資產的使用壽命，是指企業使用固定資產的預計期間，或者該固定資產所能生產產品或提供勞務的期限。通常情況下，固定資產的使用壽命是指使用固定資產的預計期間，比如自用房屋建築物的使用壽命表現為企業對該建築物的預計使用年限。

（三）固定資產是有形資產

固定資產具有實物特徵，這一特徵將固定資產與無形資產區別開來。雖然有些無形資產可能同時符合固定資產的其他特徵，即都是為生產商品、提供勞務而持有，使用壽命超過一個會計年度的資產，但是由於其沒有實物形態，所以不屬於固定資產。

二、固定資產的確認條件

某一資產項目，如果要作為固定資產加以確認，除需要符合固定資產的定義外，還必須同時滿足以下條件。

（一）與該固定資產有關的經濟利益很可能流入企業

資產最主要的特徵是預期能給企業帶來經濟利益，如果某一資產預期不能給企業帶來經濟利益，就不能確認為企業的資產。企業在確認固定資產時，需要判斷該項固定資產所包含的經濟利益是否很可能流入企業。如果某一固定資產包含的經濟利益不是很可能流入企業，那麼，即使滿足固定資產確認的其他條件，企業也不應將其確認為固定資產；如果某一固定資產包含的經濟利益很可能流入企業，並同時滿足固定資產確認的其他條件，那麼，企業應將其確認為固定資產。

在實務工作中，判斷某項固定資產包含的經濟利益是否很可能流入企業，主要依據是與該固定資產所有權相關的風險與報酬是否轉移到了企業。通常，取得固定資產的所有權是判斷與固定資產所有權相關的風險和報酬轉移到企業的一個重要標誌。只要所有權已屬於企業，無論企業是否收到或持有該固定資產，均應將其作為企業的固定資產；反之，如果沒有取得所有權，即使存放在企業，也不能作為企業的固定資產。

但是，所有權是否轉移，不是判斷與固定資產所有權相關的風險和報酬是否轉移到企業的唯一標誌。企業雖然有時不能取得固定資產的所有權，但與固定資產所有權相關的風險和報酬實質上已轉移給企業，那企業就能夠控制該項固定資產所包含的經濟利益流入企業。例如，融資租入固定資產，企業雖然不擁有固定資產的所有權，但與固定資產所有權相關的風險和報酬實質上已轉移到企業（承租方），此時，企業能夠控制該項固定資產所包含的經濟利益，因此，滿足確認固定資產的第一個條件。

（二）該固定資產的成本能夠可靠地計量

成本能夠可靠地計量是資產確認的一項基本條件，固定資產作為企業資產的重要組成部分，要予以確認，且為取得固定資產而發生的支出也必須能夠可靠地計量。如果固定資產的成本能夠可靠地計量，並同時滿足其他確認條件，就可以對固定資產加以確認；否則，企業不應加以確認。

企業在確認固定資產成本時，有時需要根據所獲得的最新資料，對固定資產的成本進行合理的估計。例如，企業對於已達到預定可使用狀態的固定資產，在尚未辦理竣工決算時，需要根據工程預算、工程造價或者工程實際發生的成本等資料，按暫估價值確認資產的入帳價值，待辦理了竣工決算手續後再做調整。

三、固定資產的分類

為了加強固定資產的核算與管理，需要對固定資產進行分類。固定資產的分類主要有以下幾種。

（一）固定資產按經濟用途分類

固定資產按經濟用途分類，可以分為生產經營用固定資產和非生產經營用固定資產。

生產經營用固定資產是指直接服務於企業生產、經營過程的各種固定資產，如生產經營用的房屋、建築物、機器、設備、器具、工具等。

非生產經營用固定資產是指不直接服務於生產、經營過程的各種固定資產，如職工宿舍、食堂、理髮室等使用的房屋、設備和其他固定資產等。

這種分類有利於企業核算和管理固定資產，發揮固定資產的作用，提高固定資產的使用效率，從而合理配置固定資產。

（二）固定資產按使用情況分類

固定資產按使用情況分類，可以分為使用中固定資產、未使用固定資產和不需用固定資產。

使用中固定資產是指正在使用中的生產經營用和非生產經營用固定資產。由於季節性或大修理等原因暫時停止使用的固定資產，仍屬於企業使用中的固定資產，企業以經營租賃方式租給其他單位使用的固定資產也屬於使用中的固定資產。

未使用固定資產是指已完工或已購建的、尚未交付使用的新增固定資產，以及因進行改建、擴建等原因暫時停止使用的固定資產。

不需用固定資產是指本企業多餘或不適用，需要調配處理的各種固定資產。

這種分類有利於企業合理使用固定資產，加強管理固定資產，處理和盤盈固定資產。
（三）固定資產按所有權分類
固定資產按所有權分類，可以分為自有固定資產和租入固定資產。
自有固定資產是企業擁有的可供長期使用的固定資產。
租入固定資產是企業向外單位租入，供企業在一定時期內使用的固定資產。租入固定資產的所有權屬於出租單位，租入固定資產可分為經營租入固定資產和融資租入固定資產。
這種分類有利於企業核算和管理固定資產，合理使用資金，提高資金使用效益。
（四）固定資產按經濟用途和使用情況綜合分類
固定資產按經濟用途和使用情況綜合分類，可以分為以下7類。
生產經營用固定資產是指直接使用於生產經營過程的固定資產，如生產用的房屋及建築物、機器設備、運輸設備、工具器具等。
非生產經營用固定資產是指直接使用於非生產經營過程的固定資產，如非生產經營用的職工宿舍、食堂、浴室等。
租出固定資產指企業在短期租賃方式下出租給外單位使用的固定資產。
不需用固定資產是指不適應企業生產經營需要的、等待處理的固定資產。
未使用固定資產是指已完工或已購入的尚未交付使用或尚待安裝的新增加的固定資產，因改擴建等原因暫停使用的固定資產，經批准停止使用的固定資產。
土地是指過去已估價入帳的土地。因徵地而支付的補償費，應計入與土地有關的房屋、建築物的價值內，不單獨作為土地價值入帳。企業取得的土地使用權，應作為無形資產，而不作為固定資產。
租入固定資產指企業除短期租賃和低價值資產租賃外而租入的固定資產，在租賃期間，應視同自有固定資產進行管理。
由於企業的經營性質不同，經營規模各異，對固定資產的分類不可能完全一致，因此在實際工作中，大多數企業採用綜合分類的方法作為編製固定資產目錄、進行固定資產核算的依據。

任務二　固定資產初始計量

固定資產的初始計量是指固定資產初始成本的確定。固定資產應按成本進行初始計量。固定資產成本是指企業購建某項固定資產達到預定可使用狀態前發生的一切合理、必要的支出。這些支出既包括直接發生的價款、相關稅費、運雜費、包裝費和安裝成本等，也包括間接發生的其他一些費用。

一、固定資產初始成本的構成

固定資產取得的方式不同，其初始成本也各不相同。

（一）外購的固定資產

外購固定資產的成本，為實際支付的買價、進口關稅等相關稅費，以及為使固定資產達到預定可使用狀態前發生的可直接歸屬於該資產的其他支出，如運輸費、裝卸費、安裝費和專業人員服務費等。

（二）自行建造的固定資產

自行建造的固定資產的成本，為建造該項資產達到預定可使用狀態前所發生的必要支出構成。符合資本化的借款費用應計入自行建造固定資產的成本。

（三）投資者投入的固定資產

投資者投入固定資產的成本，應當按照投資合同或協議約定的價值確定，但合同或協議約定的價值不公允的除外。

（四）接受捐贈的固定資產

接受捐贈的固定資產，捐贈方提供了有關憑據的，按憑據上標明的金額加上應支付的相關稅費入帳；如果捐贈方未提供有關憑據，則按其市價或同類、類似固定資產的市場價格估計的金額，加上由企業負擔的運輸費、保險費、安裝調試費等入帳，或按照捐贈固定資產的預計未來現金流量的現值入帳。

（五）盤盈的固定資產

盤盈的固定資產，按其市價或同類、類似的固定資產的市場價格，減去按該項固定資產的新舊程度估計的價值損耗後的餘額入帳。

（六）經批准無償調入的固定資產

經批准無償調入的固定資產，按調出單位的帳面價值加上發生的運輸費、安裝費等相關費用入帳。

二、外購的固定資產

外購固定資產的成本，包括買價、進口關稅等相關稅費，以及為使固定資產達到預定可使用狀態前發生的可直接歸屬於該資產的其他支出，如運輸費、裝卸費、安裝費和專業人員服務費等。

外購固定資產分為購入不需要安裝的固定資產和購入需要安裝的固定資產兩類。

（一）購入不需要安裝的固定資產

購入時，需要按實際支付的價款，包括買價和支付的運輸費、保險費、包裝費等，借記「固定資產」帳戶。

【實務 5-1】2019 年 12 月 12 日，湖南沙沙門業有限公司購入一臺不需要安裝的設備，取得的增值稅專用發票上註明的設備價款 100,000 元，增值稅稅額為 13,000 元，發生的運輸費為 3,000 元，發生的保險費為 2,000 元，以銀行存款轉帳支付。假定不考慮其他相

關稅費。湖南沙沙門業有限公司的帳務處理如下：

借：固定資產　　　　　　　　　　　　　　　　　　　105,000
　　應交稅費——應交增值稅（進項稅額）　　　　　　13,000
　　　貸：銀行存款　　　　　　　　　　　　　　　　　　　118,000

（二）購入需要安裝的固定資產

購入需要安裝的固定資產，購入後經安裝調試符合要求才能交付使用。其原始價值包括實際支付的價款（包括買價、包裝費、運輸費等）和安裝調試費用等。購入需要安裝的固定資產，先通過「在建工程」帳戶核算，待安裝調試完工交付使用後，轉入「固定資產」帳戶核算。

【實務 5-2】2019 年 12 月 13 日，湖南沙沙門業有限公司購入一臺需要安裝的機器設備，取得的增值稅專用發票上註明的設備價款為 150,000 元，增值稅稅額為 19,500 元，支付的裝卸費為 1,800 元，款項已通過銀行轉帳支付；安裝設備時領用一批原材料，其帳面成本為 15,200 元，未計提存貨跌價準備；應支付安裝工人薪酬為 3,600 元。假定不考慮其他相關稅費。湖南沙沙門業有限公司的帳務處理如下：

（1）支付設備價款、增值稅、裝卸費。

借：在建工程　　　　　　　　　　　　　　　　　　　151,800
　　應交稅費——應交增值稅（進項稅額）　　　　　　19,500
　　　貸：銀行存款　　　　　　　　　　　　　　　　　　　171,300

（2）領用本公司原材料、支付安裝工人薪酬等費用。

借：在建工程　　　　　　　　　　　　　　　　　　　18,800
　　　貸：原材料　　　　　　　　　　　　　　　　　　　　15,200
　　　　　應付職工薪酬　　　　　　　　　　　　　　　　　3,600

（3）設備安裝完畢達到預定可使用狀態時，結轉成本。

借：固定資產　　　　　　　　　　　　　　　　　　　170,600
　　　貸：在建工程　　　　　　　　　　　　　　　　　　　170,600

三、自行建造的固定資產

自行建造的固定資產，按建造該項資產達到預定可使用狀態前所發生的必要支出作為入帳價值。其中，「建造該項資產達到預定可使用狀態前所發生的必要支出」包括工程用物資成本、人工成本、繳納的相關稅費、應予以資本化的借款費用及應分攤的間接費用等。自行建造的固定資產通過「在建工程」帳戶核算。

【實務 5-3】2019 年 9 月，湖南沙沙門業有限公司準備自行建造一座廠房，購入為工程準備的一批物資，價款為 200,000 元，支付的增值稅進項稅額為 26,000 元，款項以銀行存款支付。工程先後領用物資為 110,000 元；剩餘工程物資轉為該公司的存貨；領用生產原材料一批，帳面成本 30,000 元，未計提存貨跌價準備；輔助生產車間為工程提供的有關勞務支出為 26,000 元；應支付工程人員薪酬為 58,000 元；12 月底，工程達到預定可

使用狀態並交付使用。湖南沙沙門業有限公司的帳務處理如下：

(1) 購入為工程準備的物資。

借：工程物資　　　　　　　　　　　　　　　　　200,000
　　應交稅費——應交增值稅（進項稅額）　　　　 26,000
　　貸：銀行存款　　　　　　　　　　　　　　　 226,000

(2) 工程領用物資。

借：在建工程　　　　　　　　　　　　　　　　　110,000
　　貸：工程物資　　　　　　　　　　　　　　　 110,000

(3) 工程領用原材料。

借：在建工程　　　　　　　　　　　　　　　　　 30,000
　　貸：原材料　　　　　　　　　　　　　　　　　30,000

(4) 輔助生產車間為工程提供勞務支出。

借：在建工程　　　　　　　　　　　　　　　　　 26,000
　　貸：生產成本——輔助生產成本　　　　　　　 26,000

(5) 計提工程人員薪酬。

借：在建工程　　　　　　　　　　　　　　　　　 58,000
　　貸：應付職工薪酬　　　　　　　　　　　　　 58,000

(6) 12月底，工程達到預定可使用狀態並交付使用。

借：固定資產　　　　　　　　　　　　　　　　　224,000
　　貸：在建工程　　　　　　　　　　　　　　　 224,000

(7) 剩餘工程物資轉作存貨。

借：原材料　　　　　　　　　　　　　　　　　　 90,000
　　貸：工程物資　　　　　　　　　　　　　　　　90,000

四、投資者投入的固定資產

企業接受外單位以固定資產作為投資。對外單位投入的固定資產，應按投資合同或協議約定的價值作為其成本，但合同或協議約定的價值不公允的，應以公允價值計量，公允價值與合同約定價之間的差額計入資本公積。

【實務5-4】2019年12月21日，湖南沙沙門業有限公司接受乙公司投入的固定資產一臺，乙公司記錄的該項固定資產的帳面原價為90,000元，已提折舊10,000元；湖南沙沙門業有限公司接受投資時，雙方同意按原固定資產的淨值確認投資額，但經評估該固定資產的價格為90,000元。

借：固定資產　　　　　　　　　　　　　　　　　 90,000
　　貸：實收資本（股本）　　　　　　　　　　　　80,000
　　　　資本公積　　　　　　　　　　　　　　　　10,000

五、接受捐贈的固定資產

（1）接受新固定資產捐贈。捐贈方提供了有關憑據的，按憑據上標明的金額加上應支付的相關稅費，作為入帳價值；捐贈方未能提供有關憑據的，應按其公允價值入帳。

（2）接受舊固定資產捐贈。如接受捐贈的是舊的固定資產，則按上述方法確定該固定資產價值，減去按該項資產新舊程度估計的價值損耗後的餘額，作為入帳價值。

【實務5-5】湖南沙沙門業有限公司接受B公司捐贈固定資產一臺，其公允價值為36,000元。

借：固定資產　　　　　　　　　　　　　　　　　36,000
　　貸：營業外收入——捐贈利得　　　　　　　　　　36,000

任務三　固定資產後續計量

一、固定資產折舊

固定資產折舊是指在固定資產使用壽命內，按照確定的方法對應計提折舊額進行系統分攤。其中，應計折舊額是指應當計提折舊的固定資產的原價扣除其預計淨殘值後的金額；已計提減值準備的固定資產，還應當扣除已計提的固定資產減值準備累計金額。預計淨殘值是指假定固定資產預計使用壽命已滿並處於壽命終了時的預期狀態，企業目前從該項資產處置中獲得的扣除預計處置費用後的金額。

企業應當根據固定資產的性質和使用情況，合理確定固定資產的使用壽命和預計淨殘值。固定資產的使用壽命、預計淨殘值一經確定，不得隨意變更。

（一）固定資產折舊範圍

《企業會計準則第4號——固定資產》規定，企業應對所有的固定資產計提折舊；但是，已提足折舊仍繼續使用的固定資產和單獨計價入帳的土地除外。

提足折舊是指已經提足該項固定資產的應計折舊額。固定資產提足折舊後，不論能否繼續使用，均不再計提折舊。提前報廢的固定資產也不再補提折舊。

已達到預定可使用狀態但尚未辦理竣工決算的固定資產，應當按照估計價值確定其成本，並計提折舊；待辦理竣工決算後再按實際成本調整原來的暫估價值，但不需用調整原已計提的折舊額。

處於更新改造過程中停止使用的固定資產，應將其帳面價值轉入在建工程，不再計提折舊。更新改造項目達到預定可使用狀態轉為固定資產後，再按照重新確定的折舊方法和該項固定資產尚可使用年限計提折舊。

（二）固定資產的折舊方法

企業應當根據與固定資產有關的經濟利益的預期實現形式，合理選擇折舊方法。固定

資產折舊方法包括年限平均法、工作量法、雙倍餘額遞減法和年數總和法等。企業選用不同的固定資產折舊方法，將影響固定資產使用壽命期間內不同時期的折舊費用，因此，固定資產的折舊方法一經確定，不得隨意變更。

1. 年限平均法

年限平均法，又稱直線法。它是指將固定資產的應計折舊額均衡分攤到固定資產預計使用壽命內的一種方法。採用這種方法計算的每期折舊額相等。計算公式如下：

年折舊率＝(1−預計淨殘值)÷預計使用年限×100%

月折舊率＝年折舊率/12

月折舊額＝固定資產原價×月折舊率

【實務5-6】湖南沙沙門業有限公司有一項固定資產，該固定資產原值為100,000元，固定資產預計使用年限為5年，預計淨殘率為2%。採用年限平均法計提固定資產年折舊額。

月折舊額＝100,000×(1−預計淨殘值)÷預計使用年限/12×100%

＝100,000×(1−2%)÷5/12×100%

＝1,633.33（元）

2. 工作量法

工作量法是根據實際工作量計算每期應提折舊額的一種方法。計算公式如下：

單位工作量折舊額＝固定資產原價×（1−預計淨殘值）/預計總工作量

某項固定資產月折舊額＝該項固定資產當月工作量×單位工作量折舊額

【實務5-7】湖南沙沙門業有限公司的運輸汽車1輛，原值為300,000元，預計淨殘值率為4%，預計行使總里程為800,000千米。該汽車採用工作量法計提折舊。某月該汽車行駛6,000千米。該汽車的單位工作量折舊額和該月折舊額計算如下：

單位工作量折舊額＝[300,000×(1−4%)]/800,000＝0.36（元/千米）

該月折舊額＝0.36×6,000＝2,160（元）

3. 雙倍餘額遞減法

雙倍餘額遞減法是指在不考慮固定資產預計淨殘值的情況下，根據每期期初固定資產原價減去累計折舊後的金額和雙倍的直線法折舊率計算固定資產折舊的一種方法。應用這種方法計算折舊時，由於每年年初固定資產淨值沒有扣除預計淨殘值，所以在計算固定資產折舊時應在其折舊年限到期前兩年內，將固定資產淨值扣除預計淨殘值後的餘額平均攤銷。計算公式如下：

年折舊率＝2/預計使用年限×100%

月折舊率＝年折舊率/12

月折舊額＝（固定資產原價−累計折舊）×月折舊率

【實務5-8】湖南沙沙門業有限公司有一臺設備，原值為50,000元，預計殘值為2,000元，預計使用5年，採用雙倍餘額遞減法計算各年的折舊額如表5-1。

表 5-1　折舊計算表　　　　　　　　　　　單位：元

年次	年初帳面淨值	折舊率	折舊額	累計折舊額	期末帳面淨值
1	50,000	40%	20,000	20,000	30,000
2	30,000	40%	12,000	32,000	18,000
3	18,000	40%	7,200	39,200	10,800
4	10,800		4,400	43,600	6,400
5	6,400		4,400	48,000	2,000

4. 年數總和法

年數總和法，是將固定資產的原值減去預計淨殘值後的餘額，乘以一個逐年遞減的分數計算每年的折舊額，這個分數的分子代表固定資產尚可使用年限，分母代表使用年數之和。計算公式如下：

年折舊率＝尚可使用年限／預計使用的年數總和×100%

月折舊率＝年折舊率／12

月折舊額＝（固定資產原價－預計淨殘值）×月折舊率

企業應當按月計提固定資產折舊，當月增加的固定資產，當月不計提折舊，從下月起計提折舊；當月減少的固定資產，當月仍計提折舊，從下月起不計提折舊。

企業計提的固定資產折舊，應當根據用途計入相關資產的成本或者當期損益。例如，基本生產車間使用的固定資產，其計提的折舊應計入製造費用；管理部門使用的固定資產，計提的折舊應計入管理費用；銷售部門計提使用的固定資產，計提的折舊應計入銷售費用；未使用固定資產，其計提的折舊應計入管理費用等。

【實務 5-9】湖南沙沙門業有限公司有一臺設備，原值為 48,000 元，預計殘值為 3,000 元，預計使用 5 年，採用年限總和法計算各年的折舊額如表 5-2。

表 5-2　折舊計算表　　　　　　　　　　　單位：元

年次	原值-淨殘值	折舊率	折舊額	累計折舊額	期末帳面淨值
1	45,000	5/15	15,000	15,000	33,000
2	45,000	4/15	12,000	27,000	21,000
3	5/15	3/15	9,000	36,000	12,000
4	45,000	2/15	6,000	42,000	6,000
5	45,000	1/15	3,000	45,000	3,000

任務四　固定資產後續支出

固定資產的後續支出是指固定資產使用過程中發生的更新改造支出、修理費用等。企業的固定資產在投入使用後，為了適應新技術發展的需要，或者為維護或提高固定資產的使用效能，往往需要對現有固定資產進行維護、改建、擴建或者改良。

後續支出的處理原則為：符合固定資產確定條件的，應當計入固定資產的成本，同時將被替換部分的帳面價值扣除；不符合固定資產確定條件的，應當計入當期損益。

一、資本化的後續支出

固定資產發生可資本化的後續支出時，企業一般應將該固定資產的原價、已計提的累計折舊和減值準備轉銷，將其帳面價值轉入在建工程，並停止計提折舊。發生的可資本化的後續支出，通過「在建工程」科目核算。在固定資產發生的後續支出完工並達到預定可使用狀態時，再從在建工程轉為固定資產，並按重新確定的使用壽命、預計淨殘值和折舊方法計提折舊。

【實務 5-10】湖南沙沙門業有限公司是一家門業生產企業，有關業務資料如下：

（1）2017 年 10 月，該公司自行建成了一條門業生產線並投入使用，建造成本為 600,000 元；採用年限平均法計提折舊；預計淨殘值率為固定資產原價的 3%，預計使用年限為 6 年。

（2）2019 年 10 月 31 日，由於生產的產品適銷對路，現有這條門業生產線的生產能力已難以滿足公司生產發展的需要，但若新建生產線成本過高，週期過長，於是決定對現有生產線進行擴建，以提高其生產力。假定該生產線未發生過減值。

（3）至 2019 年 12 月 30 日，完成了對這條生產線的改擴建工程，達到預定可使用狀態。改擴建過程中發生以下支出：用銀行存款購買工程物資一批，增值稅專用發票上註明的價款為 210,000 元，增值稅稅額為 27,300 元，已全部用於改擴建工程；發生有關人員薪酬 84,000 元。

（4）該生產線改擴建工程達到預定使用狀態後，大大提高了生產能力，預計尚可使用年限為 7 年。假定改擴建後的生產線的預計淨殘值率為改擴建後其帳面價值的 4%；折舊方法仍為年限平均法。

假定湖南沙沙門業有限公司按年度計提固定資產折舊，為了簡化計算過程，整個過程不考慮其他相關稅費，湖南沙沙門業有限公司的帳務處理如下：

（1）本例中，門業生產線改擴建後能力大大提高，能夠為企業帶來更多經濟利益，改擴建的支出金額也能可靠計量，因此該後續支出符合固定資產的確定條件，應計入固定資產的成本。

固定資產後續支出發生前，該條門業生產線的應計折舊額 = 600,000×（1-3%）= 582,000（元）

年折舊額＝582,000/6＝97,000（元）

（2）2019年10月31日，將該生產線的帳面價值406,000［600,000－（97,000×2）］元轉入在建工程。編製會計分錄如下：

借：在建工程——門業生產線　　　　　　　　　　　　406,000
　　累計折舊　　　　　　　　　　　　　　　　　　　194,000
　　貸：固定資產——門業生產線　　　　　　　　　　　600,000

（3）發生改擴建工程支出：

借：工程物資　　　　　　　　　　　　　　　　　　　210,000
　　應交稅費——應交增值稅（進項稅額）　　　　　　　27,300
　　貸：銀行存款　　　　　　　　　　　　　　　　　　237,300

借：在建工程——門業生產線　　　　　　　　　　　　294,000
　　貸：工程物資　　　　　　　　　　　　　　　　　　210,000
　　　　應付職工薪酬　　　　　　　　　　　　　　　　84,000

（4）2019年12月30日，生產線改擴建工程達到預定可使用狀態，轉為固定資產。編製會計分錄如下：

借：固定資產——門業生產線　　　　　　　　　　　　700,000
　　貸：在建工程——門業生產線　　　　　　　　　　　700,000

（5）2019年12月30日，轉為固定資產後，按重新確定的使用壽命、預計淨殘值和折舊方法計提折舊。

應計折舊額＝700,000×（1－4%）＝672,000（元）

年折舊額＝672,000/7＝96,000（元）

2020年至2026年每年應計提折舊額為96,000元，會計分錄為：

借：製造費用　　　　　　　　　　　　　　　　　　　96,000
　　貸：累計折舊　　　　　　　　　　　　　　　　　　96,000

企業對固定資產進行定期檢查發生的大修理費用，符合資本化條件的，可以計入固定資產成本，不符合資本化條件的，計入當期損益。

二、費用化的後續支出

一般情況下，固定資產投入使用後，由於固定資產磨損、各組成部分耐用程度不同，可能導致固定資產的局部損壞，為了維護固定資產的正常運轉和使用，充分發揮其使用效能，企業會對固定資產進行必要的維護。

固定資產的日常維護支出通常不滿足固定資產的確認條件，應在發生時直接計入當期損益。企業生產車間和行政管理部門等發生的固定資產修理費用等後續支出計入管理費用；企業專設銷售機構的，其發生的與專設銷售機構相關的固定資產修理費用等後續支出，計入銷售費用。固定資產更新改造支出不滿足固定資產確認條件的，也應在發生時直接計入當期損益。

任務五　固定資產的處置

一、固定資產終止確認的條件

固定資產處置，包括固定資產的出售、轉讓、報廢和毀損、對外投資、非貨幣性資產交換、債務重組等。

固定資產滿足下列條件之一的，應當予以終止確認：

（1）該固定資產處於處置狀態；

（2）該固定資產預期通過使用或處置不能產生經濟利益。

二、固定資產處置的核算業務

企業出售、轉讓、報廢固定資產或發生固定資產毀損，應當將處置收入扣除帳面價值和相關稅費後的金額計入當期損益。固定資產帳面價值是固定資產成本扣減累計折舊和累計減值準備後的金額。固定資產處理一般通過「固定資產清理」科目進行核算。

（一）固定資產轉入清理

企業因出售、報廢、毀損、對外投資、非貨幣性資產交換、債務重組等轉出的固定資產，按該項固定資產的帳面價值，借記「固定資產清理」科目；按已計提的累計折舊，借記「累計折舊」科目；按已計提的減值準備，借記「固定資產減值準備」科目；按其帳面原價，貸記「固定資產」科目。

（二）發生的清理費用等

固定資產清理過程中，應支付的清理費用及其可抵扣的增值稅進項稅額，借記「固定資產清理」「應交稅費——應交增值稅（進項稅額）」科目，貸記「銀行存款」等科目。

（三）收回出售固定資產的價款、殘料價值和變價收入等

收回出售固定資產的價款和稅款，借記「銀行存款」科目，按增值稅專用發票上註明的價款，貸記「固定資產清理」科目；按增值稅專用發票上註明的增值稅銷項稅額，貸記「應交稅費——應交增值稅（銷項稅額）」科目。殘料入庫，按殘料價值，借記「原材料」等科目，貸記「固定資產清理」科目。

（四）保險賠償等的處理

應由保險公司或過失人賠償的損失，借記「其他應收款」等科目，貸記「固定資產清理」科目。

（五）清理淨損益的處理

固定資產清理完畢後，企業對清理淨損益應區分不同情況進行帳務處理：

（1）因固定資產已喪失使用功能或因自然災害發生毀損等原因而報廢清理產生的利得或損失應計入營業外收支。屬於生產經營期間報廢清理產生的處理淨損失，借記「營業外

支出——非流動資產處置損失」（正常原因）或「營業外支出——非常損失」（非正常原因）科目，貸記「固定資產清理」科目；如為淨收益，借記「固定資產清理」科目，貸記「營業處收入——非流動資產處置利得」科目。

(2) 因出售、轉讓等原因產生的固定資產處置利得或損失應計入資產處置收益。確認處置淨損失，借記「資產處置損益」科目，貸記「固定資產清理」科目；如為淨收益，借記「固定資產清理」科目，貸記「資產處置損益」科目。

【實務 5-11】湖南沙沙門業有限公司有一臺設備，因使用期滿經批准報廢。該設備原價為 106,800 元，累計已提折舊 98,000 元，已提減值準備 2,600 元。在清理過程中，以銀行存款支付清理費用 4,800 元，殘料變賣收入為 5,600 元。甲公司的帳務處理如下：

(1) 固定資產轉入清理。

借：固定資產清理	6,200
累計折舊	98,000
固定資產減值準備	2,600
貸：固定資產	106,800

(2) 發生清理費用。

| 借：固定資產清理 | 4,800 |
| 貸：銀行存款 | 4,800 |

(3) 收到殘料變價收入。

| 借：銀行存款 | 5,600 |
| 貸：固定資產清理 | 5,600 |

(4) 結轉固定資產淨損益。

| 借：資產處置損益 | 5,400 |
| 貸：營業處收入——非流動資產處置利得 | 5,400 |

【實務 5-12】2019 年 12 月 8 日，湖南沙沙門業有限公司出售給 B 公司一臺機器設備，設備原值 150,000 元，已計提折舊 60,000 元，已計提減值準備 20,000 元，出售時取得收入 103,000 元。假該公司是一般納稅人，該設備處置符合簡易計稅條件，並按 3% 徵收率開具了增值稅專用發票。

(1) 固定資產轉入清理。

借：固定資產清理	70,000
累計折舊	60,000
固定資產減值準備	20,000
貸：固定資產	150,000

(2) 出售取得收入。

借：銀行存款	103,000
貸：固定資產清理	100,000
應交稅費——簡易計稅	3,000

借：固定資產清理	30,000	
貸：資產處置損益		30,000

【實務5-13】湖南沙沙門業有限公司為增值稅一般納稅人，因遭受臺風襲擊毀損一座倉庫，該倉庫原價4,000,000元，已計提折舊1,000,000元，未計提減值準備。其殘料估計價值50,000元，殘料已辦理入庫。發生清理費用並取得增值稅專用發票，註明的裝卸費為20,000元，增值稅稅額為1,200元，以銀行存款支付。經保險公司核定應賠償損失1,500,000元，增值稅稅額為0元，款項已存入銀行。該公司應編製如下會計分錄：

(1) 將毀損的倉庫轉入清理時。

借：固定資產清理	3,000,000
累計折舊	1,000,000
貸：固定資產	4,000,000

(2) 殘料入庫時。

借：原材料	50,000
貸：固定資產清理	50,000

(3) 支付清理費用時。

借：固定資產清理	20,000
應交稅費——應交增值稅（進項稅額）	1,200
貸：銀行存款	21,200

(4) 收到保險公司理賠款項時。

借：銀行存款	1,500,000
貸：固定資產清理	1,500,000

(5) 結轉毀損固定資產發生的損失時。

借：營業外支出——非常損失	1,470,000
貸：固定資產清理	1,470,000

任務六　固定資產的清查

一、盤盈的固定資產

盤盈的固定資產應作為會計差錯更正來處理，在按管理權限報經批准處理前應先通過「以前年度損益調整」科目核算。

【實務5-14】湖南沙沙門業有限公司在財產清查中，發現多出機器設備一臺，其公允價值為40,000元，該公司所得稅稅率為25%，提取法定盈餘公積的比例為10%，該公司的帳務處理如下：

借：固定資產	40,000	
貸：以前年度損益調整		40,000
借：以前年度損益調整	10,000	
貸：應交稅費——應交所得稅		10,000
借：以前年度損益調整	30,000	
貸：盈餘公積——法定盈餘公積		3,000
利潤分配——未分配利潤		27,000

二、盤虧的固定資產

固定資產出現盤虧的原因主要有自然災害、責任事故、失竊等。對不同情況出現的固定資產盤虧，企業應進行不同的帳務處理。

（1）批准前：

借：待處理財產損溢——待處理固定資產損溢
　　累計折舊
　　貸：固定資產

（2）批准後：

借：其他應收款
　　營業外支出
　　貸：待處理財產損溢——待處理固定資產損溢

任務七　固定資產的期末計量

一、固定資產減值的核算

固定資產減值是指由於固定資產發生損壞、技術陳舊或其他經濟原因，所導致的其可收回金額低於其帳面價值的情況。

企業固定資產在使用過程中，由於存在有形損耗（如自然磨損）和無形損耗（如技術陳舊）及其他經濟原因，發生資產價值的減值是必然的。對於已經發生的資產價值的減值如果不予以確認，必然導致資產的價值虛誇，這不符合真實性原則，也有悖於穩健性原則。因此，企業應當在期末或者至少在每年年度終了，對固定資產逐項進行檢查，如發現存在下列情況，應當計算固定資產的可收回金額，以確定資產是否已經發生減值：

（1）固定資產市價大幅度下跌，其跌價幅度大大高於因時間推移或正常使用而預計的下跌，並且預計在近期內不可能恢復。

（2）企業經營所處的經濟、技術或者法律環境等及資產所處的市場在當期或者將在近期發生重大變化，並對企業產生不良影響。

（3）市場利率或者其他市場投資報酬率在當期已經提高，從而影響企業計算固定資產預計未來現金流量限制的折現率，導致固定資產可收回金額大幅度降低。

（4）有證據表明固定資產已經陳舊過時或者其實體已經損壞。

（5）固定資產預計使用方式發生重大不利變化，如企業計劃終止使用、提前處置資產等情形，從而對企業產生負面影響。

（6）其他有可能表明資產已發生減值的情況。

如果固定資產的可收回金額低於其帳面價值，企業應當按可收回金額低於帳面價值的差額計提減值準備，並設置「固定資產減值準備」科目進行核算。固定資產減值準備應按單項資產計提，計提時，借記「資產減值損失」科目，貸記「固定資產減值準備」科目。

【實務 5-15】 湖南沙沙門業有限公司有一臺機器設備，帳面原值為 200,000 元，已提累計折舊 120,000 元，經檢查該設備的性能已經陳舊，預計可收回金額僅為 30,000 元，則對可收回金額低於其淨值 80,000 元（200,000－120,000）的 50,000 元（80,000－30,000）提取減值準備如下：

借：資產減值損失　　　　　　　　　　　　　　　　　50,000
　　貸：固定資產減值準備　　　　　　　　　　　　　　50,000

企業在對固定資產檢查時，如發現某項固定資產存在以下幾種情況：①長期閒置不用、在可預見的未來不會再使用，且已無轉讓價值；②由於技術進步等原因，已不可使用；③雖尚可使用，但使用後會嚴重影響產品的質量；④實質上已經不能再給企業帶來經濟利益等，應按該項固定資產的帳面價值全額提取減值準備。已全額計提減值準備的固定資產，不再計提折舊。

【本項目工作小結】

固定資產是指為生產產品、提供勞務、出租或經營管理而持有的、使用年限超過一年，單位價值較高的有形資產。學生通過本項目的學習，掌握固定資產的概念及初始計量；熟悉固定資產的折舊範圍與折舊方法，瞭解固定資產的後續計量、處置及期末計量，能採用不同的方法計算固定資產的折舊；能對固定資產不同的處置方式正確地進行相應的帳務處理。

◆ 仿真操作

1. 根據【實務 5-1】至【實務 5-15】編寫有關的記帳憑證。
2. 登記固定資產明細帳。

◆ 崗位業務認知

　　1. 利用節假日，去當地的一些企業，瞭解企業的固定資產是如何分類的，一般採用什麼方法計提固定資產折舊的。
　　2. 參與企業固定資產的清查工作。

◆ 工作思考

　　1. 什麼是固定資產？在實際工作中，固定資產是如何分類的？
　　2. 怎樣確定通過各種渠道取得固定資產的原始價值？
　　3. 什麼是固定資產減值？什麼情況下要計提固定資產減值準備？
　　4. 計提固定資產折舊的方法有哪些？加速折舊法對企業的資產和損益有什麼影響？
　　5. 固定資產處置與盤虧在核算上有什麼不同？

項目六　無形資產及其他資產核算業務

隨著市場經濟的發展和知識創新步伐的加快，無形資產在企業中的地位日益突出，已成為企業的一項重要的經濟資源，在企業資產中的比重越來越大。加強對無形資產的會計核算和相關信息的披露也就顯得日益重要。本項目涉及的主要會計崗位是無形資產核算崗位，作為該崗位的會計人員，一定要熟練掌握無形資產的確認、計量、處置等方面的知識和技能。

【項目工作目標】

⊙知識目標

瞭解無形資產的概念、種類；掌握無形資產的初始計量和後續計量，掌握無形資產的處置、清查與減值的會計核算。

⊙技能目標

學生通過本項目的學習，能對無形資產的取得、後續支出、處置、清查與減值進行帳務處理。

【任務導入】

2019年，湖南沙沙門業有限公司現有作為無形資產核算的一項商標權和一項專有技術，商標權的使用壽命為10年，專有技術的使用壽命不確定，請問這兩項無形資產都需要攤銷嗎？為什麼？

【進入任務】

任務一　無形資產的確認和初始計量
任務二　內部研究開發支出的確認和計量
任務三　無形資產的後續計量
任務四　無形資產的處置和報廢
任務五　其他非流動資產

任務一　無形資產的確認和初始計量

一、無形資產的概念與特徵

無形資產是指企業擁有或者控制的沒有實物形態的可辨認非貨幣性資產。無形資產通常包括專利權、非專利技術、商標權、著作權、特許權、土地使用權等。

相對於其他資產，無形資產具有以下特徵：

1. 無形資產不具有實物形態

無形資產是不具有實物形態的非貨幣性資產，它不像固定資產、存貨等資產，具有實物形態。

2. 無形資產具有可辨認性

作為無形資產核算的資產，必須是能夠區別於其他資產的、可單獨辨認的。符合以下條件之一，則當認定為其具有可辨認性：

（1）能夠從企業中分離或者劃分出來，並能單獨用於出售或轉讓等，而不需要同時處置在同一獲利活動中的其他資產。商譽的存在無法與企業自身分離，不具有可辨認性，不屬於本章所指無形資產。

（2）產生於合同權利或其他法定權利，無論這些權利是否可以從企業或其他權利和義務中轉移或者分離。如一方簽訂特許權合同而獲得的特許使用權、通過法律程序申請獲得的商標權和專利權等。

3. 無形資產屬於非貨幣性資產

非貨幣性資產是指除企業持有的貨幣資金和將以固定或可確定的金額收取的資產以外的其他資產。無形資產屬於非貨幣性資產，且能夠在多個會計期間為企業帶來經濟利益。無形資產的使用年限在一年以上，其價值將在各個受益期間逐漸攤銷。

二、無形資產的內容

無形資產包括專利權、非專利技術、商標權、著作權、特許權及土地使用權等。

1. 專利權

專利權是指國家專利主管機關依法授予發明創造專利申請人，對其發明創造在法定期限內所享有的專有權利，包括發明專利權、實用新型專利權和外觀設計專利權。發明專利權的期限為 20 年，實用新型專利權和外觀設計專利權的期限為 10 年，均自申請日起計算。

2. 非專利技術

非專利技術也稱專有技術。它是指不為外界所知、在生產經營活動中已採用了的、不享有法律保護的、可以帶來經濟效益的各種技術和訣竅。非專利技術一般包括工業專有技

術、商業貿易專有技術、管理專有技術等。非專利技術並不是專利法的保護對象，非專利技術用自我保密的方式來維持其獨占性，具有經濟性、機密性和動態性等特點。

3. 商標權

商標權是用來辨認特定的商品或勞務的標記。商標權指專門在某類指定的商品或產品上使用特定的名稱或圖案的權利。經商標局核准註冊的商標為註冊商標，包括商品商標、服務商標和集體商標、證明商標，商標註冊人享有商標專用權，受法律保護。註冊商標的有效期為 10 年，自核准註冊之日起計算。註冊商標有效期滿，需要繼續使用的，應當在期滿前 6 個月內申請續展註冊，在此期間未能提出申請的，可以給予 6 個月的寬展期。寬展期滿仍未提出申請的，註銷其註冊商標。每次續展註冊的有效期為 10 年。

4. 著作權

著作權又稱版權，指作者對其創作的文學、科學和藝術作品依法享有的某些特殊權利。著作權包括作品署名權、發表權、修改權和保護作品完整權，還包括複製權、發行權、出租權、展覽權、表演權、放映權、廣播權、信息網絡傳播權、攝製權、改編權、翻譯權、匯編權以及應當由著作權人享有的其他權利。著作權人包括作者和其他依法享有著作權的公民、法人或者其他組織。著作權屬於作者，作者是創作作品的公民。由法人或者其他組織主持，代表法人或其他組織意志創作，並由法人或者其他組織承擔責任的作品，法人或者其他組織視為作者。作者的署名權、修改權、保護作品完整權的保護期不受限制。公民的作品，其發表權、複製權、發行權、出租權、展覽權、表演權、放映權、廣播權、信息網絡傳播權、攝製權、改編權、翻譯權、匯編權以及應當由著作權人享有的其他權利的保護期，為作者終生及其死亡後 50 年，截止於作者死亡後第 50 年的 12 月 31 日；如果是合作作品，截止於最後死亡的作者死亡後第 50 年的 12 月 31 日。

5. 特許權

特許權又稱經營特許權、專營權，指企業在某一地區經營或銷售某種特定商品的權利或是一家企業接受另一家企業使用其商標、商號、技術秘密等的權利。特許權通常有兩種形式：一種是由政府機構授權，准許企業使用或在一定地區享有經營某種業務的特權，如水、電、郵電通信等專營權、菸草專賣權等。另一種指企業間依照簽訂的合同，有限期或無限期使用另一家企業的某些權利，如連鎖店分店使用總店的名稱等。特許權轉讓合同通常規定了特許權轉讓的期限、轉讓人和受讓人的權利和義務。轉讓人一般要向受讓人提供商標、商號等使用權，傳授專有技術，並負責培訓營業人員，提供經營所必需的設備和特殊原料。受讓人則需要向轉讓人支付取得特許權的費用，開業後則按營業收入的一定比例或其他計算方法支付享用特許權費用。

6. 土地使用權

土地使用權是指國家准許某企業在一定期間內對國有土地享有開發、利用、經營的權利。根據中國土地管理法的規定，中國土地實行公有制，任何單位和個人不得侵占、買賣或者以其他形式非法轉讓。企業取得土地使用權的方式大致有行政劃撥取得、外購取得（例如以繳納土地出讓金方式取得）及投資者投資取得幾種。通常情況下，作為投資性房

地產或者作為固定資產核算的土地，按照投資性房地產或者固定資產核算；以繳納土地出讓金等方式外購的土地使用權、投資者投入等方式取得的土地使用權，作為無形資產核算。

三、無形資產的確認

無形資產同時滿足下列條件的，才能予以確認：
1. 與該無形資產有關的經濟利益很可能流入企業

作為無形資產確認的項目，必須滿足其所產生的經濟利益很可能流入企業這一條件。通常情況下，無形資產產生的未來經濟利益可能包括在銷售商品、提供勞務的收入當中，或者企業使用該項無形資產而減少或節約了成本，或者體現在獲得的其他利益當中。例如，生產加工企業在生產工序中使用了某種知識產權，使其降低了未來生產成本。
2. 該無形資產的成本能夠可靠地計量

成本能夠可靠地計量是確認資產的一項基本條件，對無形資產而言，這個條件顯得更為重要。例如，企業內部產生的品牌、報刊名、刊頭、客戶名單和實質上類似項目的支出，由於不能與整個業務開發成本區分開來，成本無法可靠計量，不應確認為無形資產。

四、無形資產的初始計量

無形資產通常是按實際成本計量，即以取得無形資產並使之達到預定用途而發生的全部支出作為無形資產成本。
1. 外購無形資產的成本

外購無形資產的成本，包括購買價款、相關稅費以及直接歸屬於使該項資產達到預定用途所發生的其他支出，比如使無形資產達到預定用途發生的專業服務費用、測試無形資產是否能夠正常發揮作用的費用等。

購買無形資產的價款超過正常信用條件延期支付，實質上具有融資性質的，無形資產的成本應以購買價款的現值為基礎確定。實際支付的價款與購買價款的現值之間的差額作為未確認融資費用，在付款期間內採用實際利率法進行攤銷，攤銷金額除滿足借款費用資本化條件應當計入無形資產的成本外，均應當在信用期間內確認為財務費用，計入當期損益。

下列費用不構成無形資產的取得成本：
（1）為引入新產品進行宣傳發生的廣告費、管理費用及其他間接費用；
（2）無形資產達到預定用途之後發生的費用。
2. 投資者投入無形資產的成本

投資者投入無形資產的成本，應當按照投資合同或協議約定的價值確定，但合同或協議約定價值不公允的，應按無形資產的公允價值入帳。
3. 非貨幣性資產交換方式換入

詳見非貨幣性資產交換章節。

110

4. 債務重組方式換入

詳見債務重組章節。

5. 土地使用權的處理

企業應按實際支付的價款加上相關稅費認定土地使用權的成本。但屬於投資性房地產的土地使用權，應當按投資性房地產進行會計處理。

土地使用權用於自行開發建造廠房等地上建築物時，土地使用權的帳面價值不與地上建築物合併計算其成本，而仍作為無形資產進行核算，土地使用權與地上建築物分別進行攤銷和計提折舊。但以下的情況除外：

（1）房地產開發企業取得的土地使用權用於建造對外出售的房屋建築物，相關的土地使用權應當計入所建造的房屋建築物成本。

（2）企業外購房屋建築物所支付的價款中包括土地使用權和建築物的價值的，應當對實際支付的價款按照合理的方法在土地使用權與地上建築物之間進行分配；如果確實無法在土地使用權與地上建築物之間進行合理分配的，應當全部作為固定資產，按照固定資產確認和計量的原則進行會計處理。企業改變土地使用權的用途，停止自用土地使用權而用於賺取租金或資本增值時，應將其轉為投資性房地產。

任務二 內部研究開發支出的確認和計量

一、研究與開發階段的區分

研究開發項目區分為研究階段與開發階段。企業應當根據研究與開發的實際情況加以判斷。

1. 研究階段

研究是指為獲取並理解新的科學或技術知識而進行的獨創性的有計劃的調查。研究階段基本上是探索性的，為進一步開發活動進行資料及相關方面的準備，已進行的研究活動將來是否會轉入開發、開發後是否會形成無形資產等均具有較大的不確定性。

研究階段的特點在於：

（1）計劃性。計劃性是指研究階段是建立在有計劃的調查基礎上。

（2）探索性。研究階段基本上是探索性的，為進一步的開發活動進行資料及相關方面的準備，在這一階段不會形成階段性成果。

2. 開發階段

開發是指在進行商業性生產或使用前，將研究成果或其他知識應用於某項計劃或設計，以生產出新的或具有實質性改進的材料、裝置、產品等。相對於研究階段而言，開發階段應當是已完成研究階段的工作，在很大程度上具備了形成一項新產品或新技術的基本條件。

開發階段具有如下特徵：

（1）具有針對性；

（2）形成成果的可能性較大。

二、研究與開發支出的確認

1. 研究階段的支出

考慮到研究階段的探索性及其成果的不確定性，企業無法證明其能夠帶來未來經濟利益的無形資產的存在，因此，對於企業內部研究開發項目，研究階段的支出，應當在發生時全部費用化，計入當期損益（管理費用）。

2. 開發階段的支出

考慮到進入開發階段的研發項目形成成果的可能性較大，因此，如果企業能夠證明開發階段的支出符合無形資產的定義及相關確認條件，則可將其確認為無形資產。具體來講，對於企業內部研究開發項目，開發階段的支出同時滿足下列條件的才能資本化，計入無形資產成本，否則應當計入當期損益（管理費用）。

（1）完成該無形資產以使其能夠使用或出售在技術上具有可行性；

（2）具有完成該無形資產並使用或出售的意圖；

（3）很可能為企業帶來未來經濟利益；

（4）有足夠的技術、財務資源和其他資源支持，以完成該無形資產的開發，並有能力使用或出售該無形資產；

（5）歸屬於該無形資產開發階段的支出能夠可靠地計量。

3. 無法區分研究階段和開發階段的支出

無法區分研究階段和開發階段的支出，應當在發生時費用化，計入當期損益（管理費用）。

三、內部開發的無形資產的計量

內部研發形成的無形資產成本，由可直接歸屬於該資產的創造、生產並使該資產能夠以管理層預定的方式運作的所有必要支出構成。可直接歸屬成本包括開發該無形資產時耗費的材料、勞務成本、註冊費、在開發該無形資產過程中使用的其他專利權和特許權的攤銷、按照借款費用的處理原則可以資本化的利息支出等。在開發無形資產過程中發生的費用、除上述可直接歸屬於無形資產開發活動之外的其他銷售費用、管理費用等間接費用，無形資產達到預定用途前發生的可辨認的無效和初始運作損失，為運行該無形資產發生的培訓支出等，不構成無形資產的開發成本。

內部開發無形資產的支出僅包括在滿足資本化條件的時點至無形資產達到預定用途前發生的支出總和，對於同一項無形資產在開發過程中達到資本化條件之前已經費用化計入當期損益的支出不再進行調整。

四、取得無形資產的會計處理

為了反應和監督無形資產的取得、攤銷和處置等情況，企業應當設置「無形資產」「累計攤銷」等科目進行核算。

「無形資產」科目核算企業持有的無形資產成本，借方登記取得無形資產的成本，貸方登記處置無形資產轉出無形資產的帳面餘額，期末借方餘額反應企業無形資產的成本。「無形資產」科目應當按照無形資產的項目設置明細科目進行核算。

「累計攤銷」科目核算企業對使用壽命有限的無形資產計提的累計攤銷，該科目屬於「無形資產」的調整科目。「累計攤銷」科目的貸方登記企業計提的無形資產攤銷，借方登記處置無形資產轉出無形資產的累計攤銷，期末貸方餘額反應企業無形資產的累計攤銷額。

此外，企業無形資產發生減值的，還應當設置「無形資產減值準備」科目進行核算。

取得的無形資產應當按照成本進行初始計量。企業取得無形資產的主要方式有外購、自行研究開發等。無形資產取得的方式不同，其會計處理也有所差別。

（一）外購無形資產

外購無形資產的成本包括購買價款、相關稅費以及直接歸屬於使該項資產達到預定用途所發生的其他支出。其中，相關稅費不包括按照現行增值稅制度規定，可以從銷項稅額中抵扣的增值稅進項稅額。外購無形資產，取得增值稅專用發票的，按註明的增值稅進項稅額，借記「應交稅費——應交增值稅（進項稅額）」科目；取得增值稅普通發票的，按照註明的價稅合計金額作為無形資產的成本，其進項稅額不可抵扣。

【實務6-1】湖南沙沙門業有限公司為增值稅一般納稅人，2019年12月向順達公司購入一項A非專利技術，取得的增值稅專用發票上註明的價款為800,000元，稅率6%，增值稅稅額48,000元，款項暫未支付。

甲公司應編製如下會計分錄：

借：無形資產——A非專利技術	800,000
應交稅費——應交增值稅（進項稅額）	48,000
貸：應付帳款——順達公司	848,000

（二）自行研究開發無形資產

企業內部研究開發項目所發生的支出應區分研究階段支出和開發階段支出。

企業自行開發無形資產發生的研發支出，不滿足資本化條件的，借記「研發支出——費用化支出」科目，滿足資本化條件的，借記「研發支出——資本化支出」科目，貸記「原材料」「銀行存款」「應付職工薪酬」等科目。自行研究開發無形資產發生的支出取得增值稅專用發票可抵扣的進項稅額，借記「應交稅費——應交增值稅（進項稅額）」科目。

研究開發項目達到預定用途形成無形資產的，應當按照「研發支出——資本化支出」科目的餘額，借記「無形資產」科目，貸記「研發支出——資本化支出」科目。期（月）末，應將「研發支出——費用化支出」科目歸集的金額轉入「管理費用」科目。借記

「管理費用」科目，貸記「研發支出——費用化支出」科目。

企業如果無法準確區分研究階段的支出和開發階段的支出，應將發生的研發支出全部費用化，計入當期損益，記入「管理費用」科目的借方。

自行研究開發費用的會計處理如圖 6-1 所示：

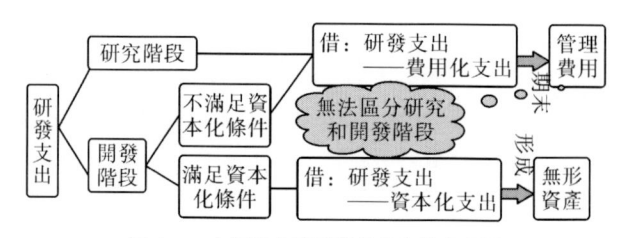

圖 6-1　自行研究開發費用的會計處理圖

【實務 6-2】2018 年 9 月 1 日，湖南沙沙門業有限公司的董事會批准研發某項新型技術，該公司董事會認為，研發該項目具有可靠的技術和財務等資源的支持，並且一旦研發成功將降低該公司的生產成本。2019 年 12 月底，該項新型技術研發成功並已達到預定用途。研發過程中所發生的直接相關的必要支出情況如下：

（1）2018 年度發生材料費用 9,000,000 元，人工費用 4,500,000 元，計提專用設備折舊 750,000 元，以銀行存款支付其他費用 3,000,000 元，總計 17,250,000 元，其中，符合資本化條件的支出為 7,500,000 元。

（2）2019 年 9 月 30 日前發生材料費用 800,000 元，人工費用 500,000 元，計提專用設備折舊 50,000 元，其他費用 20,000 元，總計 1,370,000 元。

本例中，湖南沙沙門業有限公司經董事會批准研發某項新型技術，並認為完成該項新型技術無論從技術上，還是在財務上都能夠得到可靠的資源支持，且研發成功將降低公司的生產成本，並且有確鑿證據予以支持。因為，符合條件的開發費用可以資本化。

其次，湖南沙沙門業有限公司在開發該項新型技術時，累計發生了 18,620,000 元的研究與開發支出，其中符合資本化條件的開發支出為 8,870,000 元，符合「歸屬於該無形資產開發階段的支出能夠可靠地計量」的條件。

湖南沙沙門業有限公司的帳務處理為：

（1）2018 年度發生研發支出。

借：研發支出——××技術——費用化支出	9,750,000
——資本化支出	7,500,000
貸：原材料	9,000,000
應付職工薪酬	4,500,000
累計折舊	750,000
銀行存款	3,000,000

（2）2018 年 12 月 31 日，將不符合資本化條件的研發支出轉入當期管理費用。
借：管理費用——研發費用　　　　　　　　　　　　9,750,000
　貸：研發支出——××技術——費用化支出　　　　　9,750,000
（3）2019 年 9 月份發生研發支出。
借：研發支出——××技術——資本化支出　　　　　1,370,000
　貸：原材料　　　　　　　　　　　　　　　　　　　800,000
　　　應付職工薪酬　　　　　　　　　　　　　　　　500,000
　　　累計折舊　　　　　　　　　　　　　　　　　　 50,000
　　　銀行存款　　　　　　　　　　　　　　　　　　 20,000
（4）2019 年 12 月底，該項新型技術已經達到預定用途。
借：無形資產——××技術　　　　　　　　　　　　8,870,000
　貸：研發支出——××技術——資本化支出　　　　　8,870,000

任務三　無形資產的後續計量

一、無形資產使用壽命的確定

無形資產的後續計量以其使用壽命為基礎。無形資產的使用壽命有限的，應當估計該使用壽命的年限或者構成使用壽命的產量等類似計量單位數量；無法預見無形資產為企業帶來未來經濟利益期限的，應當視為使用壽命不確定的無形資產。

1. 估計無形資產使用壽命應考慮的因素

無形資產的使用壽命包括法定壽命和經濟壽命兩個方面：法定壽命是指無形資產根據法律、規章或合同的規定所能為企業使用的年限；經濟壽命則是指無形資產可以為企業帶來經濟利益的年限。

企業在估計無形資產的使用壽命時，應當綜合考慮各方面相關因素的影響，其中通常應當考慮的因素有：

（1）運用該資產生產的產品通常的壽命週期、可獲得的類似資產使用壽命的信息。
（2）技術、工藝等方面的現實情況及對未來發展的估計。
（3）以該資產生產的產品或提供的服務的市場需求情況。
（4）現在或潛在的競爭者預期將採取的行動。
（5）為維持該資產產生未來經濟利益的能力預期的維護支出，以及企業預計支付有關支出的能力。
（6）對該資產的控制期限，以及對該資產使用的法律或類似限制，如特許使用期間、租賃期等。
（7）與企業持有的其他資產使用壽命的關聯性等。

2. 無形資產使用壽命的確定

(1) 源自合同性權利或其他法定權利取得的無形資產，其使用壽命通常不應超過合同性權利或其他法定權利的期限。但如果企業使用資產的預期期限短於合同性權利或其他法定權利規定的期限的，則應當按照企業預期使用的期限來確定其使用壽命。

如果合同性權利或其他法定權利能夠在到期時因續約等延續，則僅當有證據表明企業續約不需要付出重大成本時，續約期才能夠包括在使用壽命的估計中。

(2) 沒有明確的合同或法律規定無形資產的使用壽命的，企業應當綜合各方面因素判斷。

(3) 企業只有經過上述努力仍確實無法合理確定無形資產為企業帶來經濟利益的期限的，才能將其作為使用壽命不確定的無形資產。

3. 無形資產使用壽命的復核

企業至少應當於每年年度終了，對使用壽命有限的無形資產的使用壽命進行復核。如果有證據表明無形資產的使用壽命與以前估計不同的，應當改變其攤銷期限，並按照會計估計變更進行處理。

企業應當在每個會計期末對使用壽命不確定的無形資產的使用壽命進行復核。如果有證據表明該無形資產的使用壽命是有限的，應當按照會計估計變更進行處理，並按照使用壽命有限的無形資產的處理原則進行會計處理。

二、使用壽命有限的無形資產攤銷

使用壽命有限的無形資產，應以成本減去累計攤銷額和累計減值損失後的餘額（帳面價值）進行後續計量。使用壽命有限的無形資產，應在其預計的使用壽命內採用系統合理的方法對應攤銷金額進行攤銷。

1. 應攤銷金額

無形資產的應攤銷金額，是指其成本扣除預計殘值後的金額。已計提減值準備的無形資產，還應扣除已計提的無形資產減值準備累計金額。無形資產的殘值一般為零，但下列情況除外：

(1) 有第三方承諾在無形資產使用壽命結束時願以一定的價格購買該無形資產；

(2) 可以根據活躍市場得到預計殘值信息，並且從目前情況看，該市場在無形資產使用壽命結束時還可能存在。

殘值確定以後，在持有無形資產的期間內，至少應於每年年末進行復核，預計其殘值與原估計金額不同的，應按照會計估計變更進行處理。如果無形資產的殘值重新估計以後高於其帳面價值的，則無形資產不再攤銷，直至殘值降至低於帳面價值時再恢復攤銷。

2. 攤銷期和攤銷方法

無形資產的攤銷期自其可供使用（即其達到預定用途）時起至終止確認時止（當月增加當月開始攤銷，當月減少當月不再攤銷）。

企業選擇的無形資產攤銷方法，應當能夠反應與該項無形資產有關的經濟利益的預期

實現方式，並一致地運用於不同會計期間。具體攤銷方法有多種，包括直線法、產量法等。有特定產量限制的經營特許權或專利權，應採用產量法進行攤銷無法可靠確定其預期實現方式的，應當採用直線法進行攤銷。無法可靠確定其預期消耗方式的無形資產，應當採用直線法進行攤銷。

企業至少應當於每年年度終了時，對使用壽命有限的無形資產的使用壽命及攤銷方法進行復核，如果有證據表明無形資產的使用壽命及攤銷方法與以前估計不同的，應當改變其攤銷年限和攤銷方法，並按照會計估計變更進行會計處理。

持有待售的無形資產不進行攤銷，按照帳面價值與公允價值減去處置費用後的淨額孰低進行計量。

3. 使用壽命有限的無形資產攤銷的會計處理

無形資產的攤銷額一般應當計入當期損益。企業管理用的無形資產，其攤銷金額計入管理費用；出租的無形資產，其攤銷金額計入其他業務成本；某項無形資產包含的經濟利益通過所生產的產品或其他資產實現的，其攤銷金額應當計入相關資產成本。

企業對無形資產進行攤銷時，借記「管理費用」「其他業務成本」「生產成本「製造費用」等科目，貸記「累計攤銷」科目。

【實務6-3】湖南沙沙門業有限公司購買的一項非專利技術，成本為6,000,000元，合同規定使用年限為10年，該公司採用年限平均法按月進行攤銷。

本例中，該無形資產屬於企業管理用無形資產，其攤銷金額應記入「管理費用」科的借方。每月攤銷時，湖南沙沙門業有限公司應做如下帳務處理：

（1）每月應攤銷的金額 = 6,000,000÷10÷12 = 50,000（元）

（2）編製會計分錄。

借：管理費用　　　　　　　　　　　　　　　　　　　　　　　50,000
　　貸：累計攤銷　　　　　　　　　　　　　　　　　　　　　　50,000

【實務6-4】2019年12月1日，湖南沙沙門業有限公司將其自行開發完成的非專利技術出租給和義公司，該非專利技術成本為1,200,000元，雙方約定的租賃期限為8年，湖南沙沙門業有限公司採用年限平均法按月進行攤銷。

本例中，該無形資產屬於出租的無形資產，其攤銷金額應記入「其他業務成本」科目的借方。因此每月攤銷時，湖南沙沙門業有限公司應做如下帳務處理：

（1）每月應攤銷的金額 = 1,200,000÷8÷12 = 12,500（元）

（2）編製會計分錄。

借：其他業務成本　　　　　　　　　　　　　　　　　　　　　12,500
　　貸：累計攤銷　　　　　　　　　　　　　　　　　　　　　　12,500

三、使用壽命不確定的無形資產減值測試

無形資產在資產負債表日存在可能發生減值的跡象時，其可收回金額低於帳面價值的，企業應當將該無形資產的帳面價值減記至可收回金額，減記的金額確認為減值損失，

計入當期損益，同時計提相應的資產減值準備。

企業按照應減記的金額，借記「資產減值損失——計提的無形資產減值準備」科目，貸記「無形資產減值準備」科目。需要強調的是，根據《企業會計準則第8號——資產減值》的規定，企業無形資產減值損失一經確認，在以後會計期間不得轉回。

【實務6-5】2018年1月1日，湖南沙沙門業有限公司自行研發的某項非專利技術已經達到預定可使用狀態，累計研究支出為800,000元，累計開發支出為2,500,000元（其中符合資本化條件的支出為2,000,000元）。有關調查表明，根據產品生命週期、市場競爭等方面情況綜合判斷，該非專利技術將在不確定的期間內為企業帶來經濟利益。

由於該非專利技術可視為使用壽命不確定的無形資產，因此企業在持有期間內不需要進行攤銷。

2019年年底，湖南沙沙門業有限公司對該項非專利技術按照資產減值的原則進行減值測試，經測試表明其已發生減值。2019年年底，該非專利技術的可收回金額為1,800,000元。

湖南沙沙門業有限公司的帳務處理為：

(1) 2018年1月1日，非專利技術達到預定用途。

借：無形資產——非專利技術　　　　　　　　　　　2,000,000
　　貸：研發支出——資本化支出　　　　　　　　　　2,000,000

(2) 2019年12月31日，非專利技術發生減值。

借：資產減值損失——無形資產減值準備　　　　　　200,000
　　貸：無形資產減值準備——非專利技術　　　　　　200,000

無形資產的後續計量如圖6-2所示：

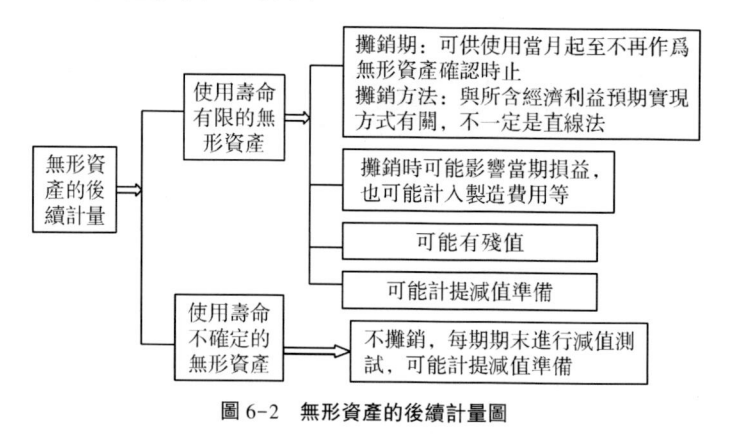

圖6-2　無形資產的後續計量圖

任務四　無形資產的處置和報廢

無形資產的處置，主要是指無形資產對外出租、出售、對外捐贈，或者是無法為企業帶來未來經濟利益時，應予轉銷並終止確認。

一、無形資產出租

企業讓渡無形資產使用權並收取租金，在滿足收入確認條件的情況下，應確認相關的收入和費用。

出租無形資產取得租金收入時，借記「銀行存款」等科目，貸記「其他業務收入」等科目；攤銷出租無形資產的成本和發生與轉讓有關的各種費用支出時，借記「其他業務成本」「稅金及附加」等科目，貸記「累計攤銷」「應交稅費」等科目。

【實務 6-6】湖南沙沙門業有限公司將某商標使用權出租給某公司，合同規定出租期限為三年，每月租金收入 200,000 元，每月月末收取當月租金。2019 年 12 月 23 日收到當月的租金及增值稅合計 212,000 元，已辦理進帳手續。該商標權每月的攤銷額為 100,000 元。甲公司會計處理如下：

借：銀行存款　　　　　　　　　　　　　　　　　　212,000
　　貸：其他業務收入　　　　　　　　　　　　　　　　200,000
　　　　應交稅費——應交增值稅（銷項稅額）　　　　　12,000
借：其他業務成本　　　　　　　　　　　　　　　　100,000
　　貸：累計攤銷　　　　　　　　　　　　　　　　　　100,000

二、無形資產出售

企業出售無形資產，表明企業放棄該無形資產的所有權，應當將取得的價款扣除該無形資產帳面價值以及出售相關稅費後的差額作為資產處置損益進行會計處理。

企業出售無形資產，應當按照實際收到或應收的金額等，借記「銀行存款」「其他應收款」等科目；按照已計提的累計攤銷，借記「累計攤銷」科目；按照實際支付相關費用的可抵扣進項稅額，借記「應交稅費——應交增值稅（進項稅額）」科目；按照實際支付的相關費用，貸記「銀行存款」等科目；按無形資產帳面餘額，貸記「無形資產」科目；按照開具的增值稅專用發票上註明的增值稅銷項稅額，貸記「應交稅費應交增值稅（銷項稅額）」科目；按照其差額，貸記或借記「資產處置損益」科目。已計提減值準備的，還應同時結轉減值準備，借記「無形資產減值準備」科目。

【實務 6-7】湖南沙沙門業有限公司為增值稅一般納稅人，將其購買的一項商標權轉讓給紅星公司，已開具增值稅專用發票，註明價款 500,000 元，稅率 6%，增值稅稅額 30,000 元，款項 530,000 元已存入銀行。該商標權的成本為 600,000 元，已攤銷 220,000 元。

本例中，在出售時，企業該項商標權的帳面價值為 380,000（600,000-220,000）元，取得的出售價款為 500,000 元，企業出售該項商標權實現淨損益為 120,000（500,000-380,000）元。則湖南沙沙門業有限公司應編製會計分錄如下：

借：銀行存款　　　　　　　　　　　　　　　　　　　530,000
　　累計攤銷　　　　　　　　　　　　　　　　　　　220,000
　貸：無形資產　　　　　　　　　　　　　　　　　　600,000
　　　應交稅費——應交增值稅（銷項稅額）　　　　　 30,000
　　　資產處置損益　　　　　　　　　　　　　　　　120,000

三、無形資產報廢

如果無形資產預期不能為企業帶來未來經濟利益，例如，某無形資產已被其他新技術所替代或超過法律保護期，則不再符合無形資產的定義，應將其報廢並予以轉銷，其帳面價值轉入當期損益。

轉銷時，按已計提的累計攤銷額，借記「累計攤銷」科目；按其帳面餘額，貸記「無形資產」科目，如果已計提減值準備的，還應同時結轉減值準備，借記「無形資產減值準備」科目；按其差額，借記「營業外支出——處置非流動資產損失」科目。

【實務 6-8】 2019 年 12 月 10 日，湖南沙沙門業有限公司原擁有一項非專利技術，現該項非專利技術已被內部研發成功的新技術所替代，並且根據市場調查，用該非專利技術生產的產品已沒有市場，則不再符合無形資產的定義，故應當予以轉銷。轉銷時，非專利技術的成本為 280,000 元，已累計攤銷 240,000 元，未計提減值準備，該非專利技術的殘值為 0。假定不考慮其他相關因素，湖南沙沙門業有限公司應編製如下會計分錄：

借：累計攤銷　　　　　　　　　　　　　　　　　　　240,000
　　營業外支出——非流動資產處置損失　　　　　　　 40,000
　貸：無形資產——非專利技術　　　　　　　　　　　2,80,000

任務五　其他非流動資產

一、長期應收款

長期應收款核算企業的長期應收款項，包括融資租賃產生的應收款項，採用遞延方式具有融資性質的銷售商品和提供勞務等產生的應收款項等。

採用遞延方式分期收款銷售商品或提供勞務等經營活動產生的長期應收款，滿足收入確認條件的；按應收合同或協議價款，借記「長期應收款」科目，按應收合同或協議價款的公允價值（折現值），貸記「主營業收入」等科目；按其差額，貸記「未實現融資收益」科目。涉及增值稅的，還應進行相應的處理。

【實務 6-9】2019 年 1 月 1 日，湖南沙沙門業有限公司採用分期收款方式向悅達公司銷售一臺機器設備，合同約定的銷售價為 1,500,000 元，分 3 次於每年 12 月 31 日等額收取，該設備的銷售價為 1,200,000 元，假定不考慮其他因素，該公司編製的會計分錄如下：

借：長期應收款　　　　　　　　　　　　　　　1,500,000
　　貸：主營業務收入　　　　　　　　　　　　　1,200,000
　　　　未實現融資收益　　　　　　　　　　　　　300,000

二、長期待攤費用

長期待攤費用指企業已經發生但應由本期和以後各期負擔的分攤期限在 1 年以上的各項費用，如以經營租賃方式租入的固定資產發生的改良支出等。

根據長期待攤費用的發生、攤銷情況，企業應設置「長期待攤費用」科目。借方登記發生的長期待攤費用，貸方登記攤銷的長期待攤費用，期末借方餘額反應企業尚未攤銷完畢的長期待攤費用，「長期待攤費用」項目進行明細核算。

企業發生的長期待攤費用，借記「長期待攤費用」科目，貸記「原材料」「銀行存款」等科目。攤銷長期待攤費用，借記「管理費用」「銷售費用」等科目，貸記「長期待攤費用」科目。「長期待攤費用」科目期末借方餘額，反應企業尚未攤銷完畢的長期待攤費用。

【實務 6-10】2018 年 9 月 1 日，湖南沙沙門業有限公司對其以經營租賃方式租入的辦公樓進行裝修，發生以下有關支出：領用生產用原材料 113,000 元，有關人員工資 87,000 元。2019 年 12 月 1 日，該辦公樓裝修完工，達到預定可使用狀態並交付使用，按租賃期 10 年進行攤銷。假定不考慮其他因素，湖南沙沙門業有限公司帳務處理如下：

（1）裝修領用原材料時。

借：長期待攤費用　　　　　　　　　　　　　　　113,000
　　貸：原材料　　　　　　　　　　　　　　　　　113,000

（2）確認有關人員工資時。

借：長期待攤費用　　　　　　　　　　　　　　　　87,000
　　貸：應付職工薪酬　　　　　　　　　　　　　　 87,000

（3）2019 年 12 月攤銷裝修支出時。

借：管理費用　　　　　　　　　　　　　　　　　　 6,800
　　貸：長期待攤費用　　　　　　　　　　　　　　　6,800

【本項目工作小結】

無形資產是指企業擁有或者控制的沒有實物形態的可辨認非貨幣性資產。無形資產通

常包括專利權、非專利技術、商標權、著作權、特許權、土地使用權等。學生通過本項目的學習能夠充分瞭解無形資產的概念、種類；掌握無形資產的初始計量和後續計量，掌握無形資產的處置、清查與減值的會計核算；並能對無形資產的取得、後續支出、處置、清查與減值進行相應的帳務處理。

◆ **仿真操作**

　　根據【實務6-1】至【實務6-10】編寫有關的記帳憑證。

◆ **崗位業務認知**

　　利用節假日，去當地的一些企業（工商企業），瞭解無形資產核算方面的基本情況，對一般企業的無形資產的取得、確認、後續計量、處置等情況有初步的認識和掌握。

◆ **工作思考**

1. 無形資產具有哪些特點？包括哪些內容？
2. 無形資產內部開發費用如何處理？
3. 無形資產的使用壽命怎樣進行判斷？應考慮哪些因素？
4. 無形資產如何進行攤銷？
5. 什麼是長期應收款？什麼是長期待攤費用？

項目七　投資核算業務

　　企業在正常的生產經營之外，可能會為了有效地利用暫時閒置的資金，進行各種投資，以獲取一定的經濟利益。本項目涉及的主要會計崗位是投資核算崗位。作為該崗位的會計人員，應該熟悉企業的投資環境，能進行投資策略及投資收益的分析，並及時地反饋企業投資經營活動信息，以便企業做出正確的投資決策。

【項目工作目標】

⊙知識目標

　　掌握金融資產、長期股權投資、投資性房地產的概念及長期股權投資成本法與權益法核算的範圍，清楚投資性房地產成本模式及公允價值模式的運用範圍。

⊙技能目標

　　學生通過本項目的學習，會進行金融資產的核算；會進行長期股權投資初始計量、後續計量及處置的核算；會進行投資性房地產初始計量、後續計量、轉換及處置的核算。

【任務導入】

　　浙江人對雅戈爾的最初印象是從服裝開始的。之後雅戈爾卻因為在證券金融領域的成功投資而迅速走紅全國，一時間，雅戈爾成了國內民營企業涉足金融投資領域的典範。然而股市風雲突變，金融風暴席捲全球，從美洲、歐洲到亞洲，無一不受到波及。事實證明，風暴來襲，首當其衝的就是金融資產，其市場價值應聲而落，慘不忍睹。雅戈爾的金融資產從最高處的200億元很快縮水至100億元左右。雅戈爾股票本身的市值更是在一年內蒸發385.65億元，市值縮水率位列當年浙江上市公司之首。

　　案例思考：什麼是金融資產，金融資產有哪些分類，上述案例中提到的股票可以劃分為哪一類金融資產，應該如何進行會計核算。

【進入任務】

　　子項目一　金融資產
　　任務一　以公允價值計量且其變動計入當期損益的金融資產
　　任務二　以攤餘成本計量的金融資產

任務三　以公允價值計量且其變動計入其他綜合收益的金融資產
任務四　金融資產減值
子項目二　長期股權投資
任務一　長期股權投資初始計量
任務二　長期股權投資後續計量
任務三　長期股權投資的處置
子項目三　投資性房地產
任務一　投資性房地產概述
任務二　投資性房地產初始計量與後續計量
任務三　投資性房地產後續支出的核算
任務四　投資性房地產的轉換和處置

子項目一　金融資

　　金融資產主要包括企業持有的現金、債權投資、股權投資、基金投資、衍生金融資產等。企業應當根據其管理金融資產的業務模式和金融資產的合同現金流量特徵，將取得的金融資產在初始確認時分為以下幾類：①以公允價值計量且其變動計入當期損益的金融資產；②以攤餘成本計量的金融資產；③以公允價值計量且其變動計入其他綜合收益的金融資產。上述分類一經確定，不得隨意變更。

　　企業改變其管理金融資產的業務模式時，應當按照規定對所有受影響的相關金融資產進行重分類。金融資產可以在以攤餘成本計量、以公允價值計量且其變動計入其他綜合收益和以公允價值計量且其變動計入當期損益之間進行重分類，企業管理金融資產業務模式的變更是一種極其少見的情形。企業對金融資產進行重分類，應當自重分類日起採用未來適用法進行相關會計處理，不得對以前已確認的利得、損失或利息進行追溯調整。

　　企業管理金融資產的業務模式，是指企業如何管理其金融資產以產生現金流量。業務模式決定企業所管理金融資產現金流量的來源是收取合同現金流量、出售金融資產還是兩者兼有。一個企業可能會採用多個業務模式管理其金融資產。例如，企業持有一組以收取合同現金流量為目標的投資組合，同時還持有另一組既以收取合同現金流量為目標又以出售該金融資產為目標的投資組合。

　　企業管理金融資產的業務模式，如為以收取合同現金流量為目標，則該金融資產應當分類為以攤餘成本計量的金融資產；如為既以收取合同現金流量又出售金融資產來實現其目標，則該金融資產應當分類為以公允價值計量且其變動計入其他綜合收益的金融資產；如不是以收取合同現金流量為目標，也不是既以收取合同現金流量又出售金融資產來實現其目標，則該金融資產應當分類為以公允價值計量且其變動計入當期損益的金融資產。

任務一　以公允價值計量且其變動計入當期損益的金融資產

一、以公允價值計量且其變動計入當期損益的金融資產概述

分類為以公允價值計量且其變動計入當期損益的金融資產的企業管理業務模式，其實質為以出售金融資產實現現金流量為目標。

例如，企業持有金融資產的目的是為了交易或者基於金融資產的公允價值做出決策並對其進行管理。在這種情況下，企業管理金融資產的目標是通過出售金融資產以實現現金流量。即使企業在持有金融資產的過程中會收取合同現金流量，因為企業管理金融資產的業務模式不是既以收取合同現金流量又出售金融資產來實現目標，收取合同現金流量對實現該業務模式目標而言只是附帶性質的活動。

企業應當設置「交易性金融資產」科目核算以公允價值計量且其變動計入當期損益的金融資產。企業持有的直接指定為以公允價值計量且其變動計入當期損益的金融資產，也在本科目核算。

在活躍市場中沒有報價、公允價值不能可靠計量的權益工具投資，不得指定為以公允價值計量且其變動計入當期損益的金融資產。

二、以公允價值計量且其變動計入當期損益的金融資產的會計處理

企業取得交易性金融資產，按其公允價值，借記「交易性金融資產——成本」科目；按發生的交易費用，借記「投資收益」科目；按已到付息期但尚未領取的利息或已宣告但尚未發放的現金股利，借記「應收利息」或「應收股利」科目；按實際支付的金額，貸記「銀行存款」等科目。

（1）交易性金融資產持有期間被投資單位宣告發放的現金股利，或在資產負債表日按分期付息、一次還本債券投資的票面利率計算的利息，借記「應收股利」或「應收利息」科目，貸記「投資收益」科目。

（2）資產負債表日，交易性金融資產的公允價值高於其帳面餘額的差額，借記「交易性金融資產——公允價值變動」科目，貸記「公允價值變動損益」科目；公允價值低於其帳面餘額的差額做相反的會計分錄。

（3）出售交易性金融資產，應按實際收到的金額，借記「銀行存款」等科目；按該金融資產的帳面餘額，貸記「交易性金融資產」科目；按其差額，貸記或借記「投資收益」科目。

【實務7-1】2019年1月1日，湖南沙沙門業有限公司從二級市場支付價款1,020,000元（含已到付息但尚未領取的利息20,000元）購入某公司發行的債券，另發生交易費用20,000元。該債券面值1,000,000元，剩餘期限為2年，票面年利率為4%，每半年付息

一次，沙沙門業公司將其劃分為以公允價值計量且其變動計入當期損益的金融資產。其他資料如下：

(1) 2019 年 1 月 5 日，收到該債券 2018 年下半年利息 20,000 元。

(2) 2019 年 6 月 30 日，該債券的公允價值為 1,150,000 元（不含利息）。

(3) 2019 年 7 月 5 日，收到該債券 2019 年上半年利息。

(4) 2019 年 12 月 31 日，該債券的公允價值為 1,100,000 元（不含利息）。

(5) 2020 年 1 月 5 日，收到該債券 2019 年下半年利息。

(6) 2020 年 3 月 31 日，沙沙門業公司將該債券出售，取得價款 1,180,000 元（含 1 季度利息 10,000 元）。

假定不考慮其他因素。湖南沙沙門業有限公司的帳務處理如下：

(1) 2019 年 1 月 1 日，購入債券。

借：交易性金融資產——成本　　　　　　　　　　1,000,000
　　應收利息　　　　　　　　　　　　　　　　　　　20,000
　　投資收益　　　　　　　　　　　　　　　　　　　20,000
　　貸：銀行存款　　　　　　　　　　　　　　　　1,040,000

(2) 2019 年 1 月 5 日，收到該債券 2018 年下半年利息。

借：銀行存款　　　　　　　　　　　　　　　　　　20,000
　　貸：應收利息　　　　　　　　　　　　　　　　　20,000

(3) 2019 年 6 月 30 日，確認債券公允價值變動和投資收益。

借：交易性金融資產——公允價值變動　　　　　　　150,000
　　貸：公允價值變動損益　　　　　　　　　　　　150,000
借：應收利息　　　　　　　　　　　　　　　　　　20,000
　　貸：投資收益　　　　　　　　　　　　　　　　　20,000

(4) 2019 年 7 月 5 日，收到該債券半年利息。

借：銀行存款　　　　　　　　　　　　　　　　　　20,000
　　貸：應收利息　　　　　　　　　　　　　　　　　20,000

(5) 2019 年 12 月 31 日，確認債券公允價值變動和投資收益。

借：公允價值變動損益　　　　　　　　　　　　　　50,000
　　貸：交易性金融資產——公允價值變動　　　　　50,000
借：應收利息　　　　　　　　　　　　　　　　　　20,000
　　貸：投資收益　　　　　　　　　　　　　　　　　20,000

(6) 2020 年 1 月 5 日，收到該債券 2019 年下半年利息。

借：銀行存款　　　　　　　　　　　　　　　　　　20,000
　　貸：應收利息　　　　　　　　　　　　　　　　　20,000

(7) 2020 年 3 月 31 日，將該債券予以出售。

借：應收利息　　　　　　　　　　　　　　　　　　10,000
　　貸：投資收益　　　　　　　　　　　　　　　　　10,000

借：銀行存款   1,170,000
　　貸：交易性金融資產——成本   1,000,000
　　　　　　　　　　　——公允價值變動   100,000
　　　　投資收益   70,000
借：銀行存款   10,000
　　貸：應收利息   10,000

任務二　以攤餘成本計量的金融資產

一、以攤餘成本計量的金融資產概述

1. 金融資產同時符合下列條件的，應當分類為以攤餘成本計量的金融資產
（1）企業管理該金融資產的業務模式是以收取合同現金流量為目標。
（2）該金融資產的合同條款規定，在特定日期產生的現金流量，僅為對本金和以未償付本金為基礎的利息的支付。

例如，企業購買的利率固定的一定期限債券，沒有提前出售意圖，在沒有其他特殊安排的情況下，該債券的合同現金流量一般情況下可能符合僅為對本金和以未償付本金金額為基礎的利息的支付的要求。如果企業管理該債券的業務模式是以收取合同現金流量為目標，則該債券應當分類為以攤餘成本計量的金融資產。

企業一般應當設置「銀行存款」「貸款」「應收帳款」「債權投資」等科目核算分類為以攤餘成本計量的金融資產。

2. 以攤餘成本計量的金融資產的重分類
（1）企業將一項以攤餘成本計量的金融資產重分類為以公允價值計量且變動計入當期損益的金融資產的，應當按照該資產在重分類日的公允價值進行計量，原帳面價值與公允價值之間的差額計入當期損益。
（2）企業將一項以攤餘成本計量的金融資產重分類為以公允價值計量且其變動計入其他綜合收益的金融資產的，應當按照該金融資產在重分類日的公允價值進行計量，原帳面價值與公允價值之間的差額計入其他綜合收益。

二、以攤餘成本計量的金融資產的會計處理

以攤餘成本計量的金融資產的會計處理主要應解決該金融資產實際利率的計算、攤餘成本的確定、持有期間的收益確認以及將其處置時損益的處理的問題。

1. 實際利率

實際利率法是指計算金融資產的攤餘成本以及將利息收入分攤計入各會計期間的方法。

實際利率是指金融資產在預計存續期的估計未來現金流量，折現為該金融資產帳面餘額所使用的利率。

2. 攤餘成本

金融資產的攤餘成本，應當以該金融資產的初始確認金額經下列調整後的結果確定：

（1）扣除已償還的本金。

（2）加上或減去採用實際利率法將該初始確認金融與到期日金額之間的差額進行攤銷形成的累計攤銷額。

（3）扣除累計計提的損失準備。

3. 利息收入

企業應當按照實際利率法確認利息收入。利息收入應當根據金融資產攤餘成本乘以實際利率計算確定。

以攤餘成本計量的金融資產相關帳務處理如下：

企業取得的以攤餘成本計量的金融資產，應按該投資的面值，借記「債權投資——成本」科目；按支付的價款中包含的已到付息期但尚未領取的利息，借記「應收利息」科目；按實際支付的金額，貸記「銀行存款」等科目；按其差額，借記或貸記「債權投資——利息調整」科目。

資產負債表日，以攤餘成本計量的金融資產為分期付息、一次還本債券投資的，應按票面利率計算確定的應收未收利息，借記「應收利息」科目；以攤餘成本計量的金融資產的攤餘成本和實際利率計算確定的利息收入，貸記「投資收益」科目；按其差額，借記或貸記「債權投資——利息調整」科目。

以攤餘成本計量的金融資產為一次還本付息債券投資的，應於資產負債表日按票面利率計算確定的應收未收利息，借記「債權投資——應計利息」科目；按債權投資攤餘成本和實際利率計算確定的利息收入，貸記「投資收益」科目；按其差額，借記或貸記「債權投資——利息調整」科目。

出售以攤餘成本計量的金融資產，應按實際收到的金額，借記「銀行存款」等科目；按其帳面餘額，貸記「債權投資——成本、利息調整、應計利息」科目；按其差額，貸記或借記「投資收益」科目。已計提減值準備的，還應同時結轉減值準備。

【實務 7-2】2015 年 1 月 1 日，湖南沙沙門業有限公司支付價款 1,000 萬元（含交易費用）從活躍市場上購入某公司 5 年期債券，面值 1,250 萬元，票面利率 4.72%，按年支付利息（即每年 59 萬元），本金最後一次支付。合同約定，該債券的發行方在遇到特定情況時可以將債券贖回，且不需要為提前贖回支付額外款項。沙沙門業公司在購買該債券時，預計發行方不會提前贖回。湖南沙沙門業有限公司根據其管理該債券的業務模式和該債券的合同現金流量特徵，將該債券分類為以攤餘成本計量的金融資產，見表 7-1。

計算實際利率 r：

$59\times(1+r)^{-1}+59\times(1+r)^{-2}+59\times(1+r)^{-3}+59\times(1+r)^{-4}+(59+1,250)\times(1+r)^{-5}=1,000$（元）

採用插值法計算得出 $r=10\%$。

表 7-1　湖南沙沙門業有限公司 5 年期債券的財務處理　　　　　單位：萬元

年 份	期初攤餘成本（a）	實際利息（b）（按10%計算）	現金流入（c）	期末攤餘成本（d=a+b-c）
2015	1,000	100	59	1,041
2016	1,041	104	59	1,086
2017	1,086	109	59	1,136
2018	1,136	113	59	1,190
2019	1,190	119	1,250+59	0

根據上述數據，湖南沙沙門業有限公司的有關帳務處理如下：

（1）2015 年 1 月 1 日，購入債券。

借：債權投資——成本　　　　　　　　　　　　　　　　12,500,000
　　貸：銀行存款　　　　　　　　　　　　　　　　　　10,000,000
　　　　債權投資——利息調整　　　　　　　　　　　　 2,500,000

（2）2015 年 12 月 31 日，確認實際利息收入、收到票面利息等。

借：應收利息　　　　　　　　　　　　　　　　　　　　　 590,000
　　債權投資——利息調整　　　　　　　　　　　　　　　 410,000
　　貸：投資收益　　　　　　　　　　　　　　　　　　 1,000,000
借：銀行存款　　　　　　　　　　　　　　　　　　　　　 590,000
　　貸：應收利息　　　　　　　　　　　　　　　　　　　 590,000

（3）2016 年 12 月 31 日，確認實際利息收入、收到票面利息等。

借：應收利息　　　　　　　　　　　　　　　　　　　　　 590,000
　　債權投資——利息調整　　　　　　　　　　　　　　　 450,000
　　貸：投資收益　　　　　　　　　　　　　　　　　　 1,040,000
借：銀行存款　　　　　　　　　　　　　　　　　　　　　 590,000
　　貸：應收利息　　　　　　　　　　　　　　　　　　　 590,000

（4）2017 年 12 月 31 日，確認實際利息收入、收到票面利息等。

借：應收利息　　　　　　　　　　　　　　　　　　　　　 590,000
　　債權投資——利息調整　　　　　　　　　　　　　　　 500,000
　　貸：投資收益　　　　　　　　　　　　　　　　　　 1,090,000
借：銀行存款　　　　　　　　　　　　　　　　　　　　　 590,000
　　貸：應收利息　　　　　　　　　　　　　　　　　　　 590,000

（5）2018 年 12 月 31 日，確認實際利息收入、收到票面利息等。

借：應收利息　　　　　　　　　　　　　　　　　　　　　 590,000
　　債權投資——利息調整　　　　　　　　　　　　　　　 540,000
　　貸：投資收益　　　　　　　　　　　　　　　　　　 1,130,000

借：銀行存款　　　　　　　　　　　　　　　　590,000
　　　　貸：應收利息　　　　　　　　　　　　　　　　　590,000
（6）2019年12月31日，確認實際利息收入、收到票面利息和本金等。
　　借：應收利息　　　　　　　　　　　　　　　　590,000
　　　　債權投資——利息調整　　　　　　　　　　600,000
　　　　貸：投資收益　　　　　　　　　　　　　　　1,190,000
　　借：銀行存款　　　　　　　　　　　　　　　　590,000
　　　　貸：應收利息　　　　　　　　　　　　　　　　590,000
　　借：銀行存款等　　　　　　　　　　　　　　12,500,000
　　　　貸：債權投資——成本　　　　　　　　　　12,500,000

任務三　以公允價值計量且其變動計入其他綜合收益的金融資產

一、概述

金融資產同時符合下列條件的，應當分類為以公允價值計量且其變動計入其他綜合收益的金融資產：

（1）企業管理該金融資產的業務模式既以收取合同現金流量為目標又以出售該金融資產為目標。

（2）該金融資產的合同條款規定，在特定日期產生的現金流量，僅為對本金和以未償付本金金額為基礎的利息的支付。

例如，企業持有的普通債券的合同現金流量是到期收回本金及按約定利率在合同期間按時收取固定或浮動利息的權利。在沒有其他特殊安排的情況下，普通債券的合同現金流量一般情況下可能符合僅為對本金和以未償付本金金額為基礎的利息的支付的要求。如果企業管理該債券的業務模式既以收取合同現金流量為目標又以出售該債券為目標，則該債券應當分類為以公允價值計量且其變動計入其他綜合收益的金融資產。

二、會計處理

以公允價值計量且其變動計入其他綜合收益的金融資產的會計處理，與以公允價值計量且其變動計入當期損益的金融資產的會計處理有些類似，例如，二者均要求按公允價值進行後續計量。但是，二者也有一些不同：

（1）分類為以公允價值計量且其變動計入其他綜合收益的金融資產所產生的所有利得或損失，除減值損失或利得和匯兌損益之外，均應當計入其他綜合收益，直至該金融資產終止確認或被重分類。但是，採用實際利率法計算的該金融資產的利息應當計入當期損益。

該金融資產終止確認時，之前計入其他綜合收益的累計利得或損失應當從其他綜合收益中轉出，計入當期損益。

（2）指定為以公允價值計量且其變動計入其他綜合收益的非交易性權益工具投資，除了獲得的股利（明確代表投資成本部分收回的股利除外）計入當期損益外，其他相關的利得和損失（包括匯兌損益）均應當計入其他綜合收益，且後續不得轉入當期損益。

當其終止確認時，之前計入其他綜合收益的累計利得或損失應當從其他綜合收益中轉出，計入留存收益。

相關帳務處理如下：

①企業取得以公允價值計量且其變動計入其他綜合收益的金融資產為權益性投資的，應按其公允價值與交易費用之和，借記「其他權益工具投資——成本」科目；按支付的價款中包含的已宣告但尚未發放的現金股利，借記「應收股利」科目；按實際支付的金額，貸記「銀行存款」等科目。

企業取得的以公允價值計量且其變動計入其他綜合收益的金融資產為債券投資的，應按債券的面值，借記「其他債權投資——成本」科目；按支付的價款中包含的已到付息期但尚未領取的債券利息，借記「應收利息」科目；按實際支付的金額，貸記「銀行存款」等科目；按差額，借記或貸記「其他債權投資——利息調整」科目。

②資產負債表日，以公允價值計量且其變動計入其他綜合收益的金融資產的債券為分期付息、一次還本債券投資的，應按票面利率計算確定的應收未收利息，借記「應收利息」科目；按該債券的攤餘成本和實際利率計算確定的利息收入，貸記「投資收益」科目；按其差額，借記或貸記「其他債權投資——利息調整」科目。

以公允價值計量且其變動計入其他綜合收益的金融資產的債券為一次還本付息債券投資的，應於資產負債表日按票面利率計算確定的應收未收利息，借記「其他債權投資——應計利息」科目；按該債券的攤餘成本或實際利率計算確定利息收入，貸記「投資收益」科目；按其差額，借記或貸記「其他債權投資——利息調整」科目。

資產負債表日，以公允價值計量且其變動計入其他綜合收益的金融資產應當按照公允價值計量。

以公允價值計量且其變動計入其他綜合收益的金融資產公允價值變動應當作為其他綜合收益，計入所有者權益，不構成當期利潤。「其他綜合收益」科目核算企業該金融資產公允價值變動而形成的應計入所有者權益的利得或損失等。「其他綜合收益」科目的借方登記資產負債表日企業持有的該金融資產的公允價值低於帳面餘額的差額，貸方登記資產負債表日企業持有的該金融資產公允價值高於帳面餘額的差額。

以公允價值計量且其變動計入其他綜合收益的金融資產的公允價值高於其帳面餘額的差額，借記「其他債權投資——公允價值變動」科目或借記「其他權益工具投資——公允價值變動」科目，貸記「其他綜合收益」科目；公允價值低於其帳面餘額的差額做相反的會計分錄。

（3）以公允價值計量且其變動計入其他綜合收益的金融資產，出售時應按實際收到的

金額，借記「銀行存款」「其他貨幣資金」等科目；按其帳面餘額，貸記「其他權益工具投資（或其他債權投資）」科目；按照其差額，貸記或借記「投資收益」科目。如果是採用實際利率法計算的金融資產或交易性權益工具投資，應按照從所有者權益中轉出的公允價值累計變動額，借記或貸記「其他綜合收益」科目，貸記或借記「投資收益」科目。如果指定為以公允價值計量且其變動計入其他綜合收益的非交易性權益工具投資，終止確認時，之前計入其他綜合收益的累計利得或損失應當從其他綜合收益中轉出，計入留存收益。

【實務7-3】2016年1月1日，湖南沙沙門業有限公司支付價款1,000萬元（含交易費用）從上海證券交易所購入A公司同日發行的5年期公司債券12,500份，債券票面價值總額為1,250萬元，票面年利率為4.72%，於年末支付本年度債券利息（即每年利息為59萬元），本金在債券到期時一次償還。合同約定，該債券的發行方在遇到特定情況時可以將債券贖回，且不需要為提前贖回支付額外款項。湖南沙沙門業有限公司在購買該債券時，假定發行方不會提前贖回，湖南沙沙門業有限公司根據其管理該債券的業務模式和該債券的合同現金流量特徵，將該債券分類為以公允價計量且其變動計入其他綜合收益的金融資產。

其他資料如下：

(1) 2016年12月31日，A公司債券的公允價值為1,200萬元（不含利息）。

(2) 2017年12月31日，A公司債券的公允價值為1,300萬元（不含利息）。

(3) 2018年12月31日，A公司債券的公允價值為1,250萬元（不含利息）。

(4) 2019年12月31日，A公司債券的公允價值為1,200萬元（不含利息）。

(5) 2020年1月20日，湖南沙沙門業有限公司通過上海證券交易所出售了A公司債券12,500份，取得價款1,260萬元。

假定不考慮所得稅、減值損失等因素，計算該債券的實際利率 r：

$59 \times (1+r)^{-1} + 59 \times (1+r)^{-2} + 59 \times (1+r)^{-3} + 59 \times (1+r)^{-4} + (59+1,250) \times (1+r)^{-5} = 1,000$（萬元）

採用插值法，計算得出 $r=10\%$，見表7-2。

表7-2　湖南沙沙門業有限公司5年期債券的財務處理　　　　單位：萬元

日　期	現金流入（A）	實際利息收入（B=期初D×10%）	已收回的本金（C=A-B）	攤餘成本餘額（D=期初D-C）	公允價值（E）	公允價值變動額（F=E-D-期初G）	公允價值變動累計金額（G=期初G+F）
2016年1月1日				1,000	1,000	0	0
2016年12月31日	59	100	-41	1,041	1,200	159	159
2017年12月31日	59	104	-45	1,086	1,300	55	214
2018年12月31日	59	109	-50	1,136	1,250	-100	114
2019年12月31日	59	113	-54	1,190	1,200	-104	10

表7-2(續)

日　　期	現金流入 （A）	實際利息 收入 （B＝期初 D×10%）	已收回 的本金 （C＝A-B）	攤餘成本 餘額 （D＝期初 D-C）	公允價值 （E）	公允價值 變動額 （F＝E-D- 期初G）	公允價值變動 累計金額 （G＝期初 G+F）
2020年1月20日	0	70	-70	1,260	1,260	-10	0
小計	236	496	-260	1,260	——		
2020年1月20日	1,260	——	1,260	0			
合計	1,496	496	1,000	0			

湖南沙沙門業有限公司的有關帳務處理如下（金額單位：元）：

（1）2016年1月1日，購入A公司債券。

　　借：其他債權投資——成本　　　　　　　　　　　　　　　12,500,000
　　　貸：銀行存款　　　　　　　　　　　　　　　　　　　　10,000,000
　　　　　其他債權投資——利息調整　　　　　　　　　　　　　2,500,000

（2）2016年12月31日，確認A公司債券實際利息收入、公允價值變動，收到債券利息。

　　借：應收利息　　　　　　　　　　　　　　　　　　　　　　590,000
　　　　其他債權投資——利息調整　　　　　　　　　　　　　　410,000
　　　貸：投資收益　　　　　　　　　　　　　　　　　　　　1,000,000
　　借：銀行存款　　　　　　　　　　　　　　　　　　　　　　590,000
　　　貸：應收利息　　　　　　　　　　　　　　　　　　　　　590,000
　　借：其他債權投資——公允價值變動　　　　　　　　　　　1,590,000
　　　貸：其他綜合收益——其他債權投資公允價值變動　　　　1,590,000

（3）2017年12月31日，確認A公司債券實際利息收入、公允價值變動，收到債券利息。

　　借：應收利息　　　　　　　　　　　　　　　　　　　　　　590,000
　　　　其他債權投資——利息調整　　　　　　　　　　　　　　450,000
　　　貸：投資收益　　　　　　　　　　　　　　　　　　　　1,040,000
　　借：銀行存款　　　　　　　　　　　　　　　　　　　　　　590,000
　　　貸：應收利息　　　　　　　　　　　　　　　　　　　　　590,000
　　借：其他債權投資——公允價值變動　　　　　　　　　　　　550,000
　　　貸：其他綜合收益——其他債權投資公允價值變動　　　　　550,000

（4）2018年12月31日，確認A公司債券實際利息收入、公允價值變動，收到債券利息。

　　借：應收利息　　　　　　　　　　　　　　　　　　　　　　590,000
　　　　其他債權投資——利息調整　　　　　　　　　　　　　　500,000

貸：投資收益   1,090,000
　　借：銀行存款   590,000
　　　貸：應收利息   590,000
　　借：其他綜合收益——其他債權投資公允價值變動   1,000,000
　　　貸：其他債權投資——公允價值變動   1,000,000
　（5）2019年12月31日，確認A公司債券實際利息收入、公允價值變動，收到債券利息。
　　借：應收利息   590,000
　　　　其他債權投資——利息調整   540,000
　　　貸：投資收益   1,130,000
　　借：銀行存款   590,000
　　　貸：應收利息   590,000
　　借：其他綜合收益——其他債權投資公允價值變動   1,040,000
　　　貸：其他債權投資——公允價值變動   1,040,000
　（6）2020年1月20日，確認出售A公司債券實現的損益。
　　借：銀行存款   12,600,000
　　　　其他債權投資——利息調整   600,000
　　　貸：其他債權投資——成本   12,500,000
　　　　　　　　　　　——公允價值變動   100,000
　　　　　投資收益   600,000
　　借：其他綜合收益——其他債權投資公允價值變動   100,000
　　　貸：投資收益   100,000
　A公司債券的成本＝1,250（萬元）
　A公司債券的利息調整餘額＝－250＋41＋45＋50＋54＝60（萬元）
　A公司債券公允價值變動餘額＝159＋55－100－104＝10（萬元）
　同時，應從其他綜合收益中轉出的公允價值累計金額為10萬元。

【實務7-4】2019年5月6日，湖南沙沙門業有限公司支付價款10,160,000元（含交易費用10,000元和已宣告發放的現金股利150,000元），購入乙公司發行的股票2,000,000股，占乙公司有表決權股份的0.5%。湖南沙沙門業有限公司將其劃分為以公允價值計量且其變動計入其他綜合收益的非交易性權益工具投資。

　2019年5月10日，沙沙門業公司收到乙公司發放的現金股利150,000元。
　2019年6月30日，該股價市價為每股5.2元。
　2019年12月31日，沙沙門業公司仍持有該股票；當日，該股票市價為每股5元。
　2020年5月9日，乙公司宣告發放股利40,000,000元。
　2020年5月13日，沙沙門業公司收到乙公司發放的現金股利。
　2020年5月20日，沙沙門業公司以每股4.9元的價格將股票全部轉讓。

假定不考慮其他因素，沙沙門業公司的帳務處理如下：

（1）2019年5月6日，購入股票。

借：應收股利 150,000
　　其他權益工具投資——成本 10,010,000
　貸：銀行存款 10,160,000

（2）2019年5月10日，收到現金股利。

借：銀行存款 150,000
　貸：應收股利 150,000

（3）2019年6月30日，確認股票的價格變動。

借：其他權益工具投資——公允價值變動 390,000
　貸：其他綜合收益——其他權益工具投資公允價值變動 390,000

（4）2019年12月31日，確認股票價格變動。

借：其他綜合收益——其他權益工具投資公允價值變動 400,000
　貸：其他權益工具投資——公允價值變動 400,000

（5）2020年5月9日，確認應收現金股利。

借：應收股利 200,000
　貸：投資收益 200,000

（6）2020年5月13日，收到現金股利。

借：銀行存款 200,000
　貸：應收股利 200,000

（7）2020年5月20日，出售股票。

借：銀行存款 9,800,000
　　盈餘公積 21,000
　　利潤分配——未分配利潤 189,000
　　其他權益工具投資——公允價值變動 10,000
　貸：其他權益工具投資——成本 10,010,000
　　　其他綜合收益——其他權益工具投資公允價值變動 10,000

假定湖南沙沙門業有限公司將購入的乙公司股票劃分為交易性金融資產，且2019年12月31日乙公司股票市價為每股4.8元，其他資料不變，則湖南沙沙門業有限公司應做如下帳務處理：

（1）2019年5月6日，購入股票。

借：應收股利 150,000
　　交易性金融資產——成本 10,000,000
　　投資收益 10,000
　貸：銀行存款 10,160,000

（2）2019 年 5 月 10 日，收到現金股利。
借：銀行存款　　　　　　　　　　　　　　　　　　150,000
　　貸：應收股利　　　　　　　　　　　　　　　　　　　150,000
（3）2019 年 6 月 30 日，確認股票的價格變動。
借：交易性金融資產——公允價值變動　　　　　　　　400,000
　　貸：公允價值變動損益　　　　　　　　　　　　　　　400,000
（4）2019 年 12 月 31 日，確認股票價格變動。
公允價值變動＝2,000,000×（4.8-5.2）＝-800,000（元）
借：公允價值變動損益　　　　　　　　　　　　　　　800,000
　　貸：交易性金融資產——公允價值變動　　　　　　　　800,000
（5）2020 年 5 月 9 日，確認應收現金股利。
借：應收股利　　　　　　　　　　　　　　　　　　200,000
　　貸：投資收益　　　　　　　　　　　　　　　　　　　200,000
（6）2020 年 5 月 13 日，收到現金股利。
借：銀行存款　　　　　　　　　　　　　　　　　　200,000
　　貸：應收股利　　　　　　　　　　　　　　　　　　　200,000
（7）2020 年 5 月 20 日，出售股票。
借：銀行存款　　　　　　　　　　　　　　　　　9,800,000
　　交易性金融資產——公允價值變動　　　　　　　　400,000
　　貸：交易性金融資產——成本　　　　　　　　　　10,200,000

任務四　金融資產減值

一、金融資產減值概述

　　企業應當以預期信用損失為基礎，對以攤餘成本計量的金融資產和以公允價值計量且其變動計入其他綜合收益的金融資產（債務工具）進行減值會計處理並確認損失準備；對以公允價值計量且其變動計入當期損益的金融資產及以公允價值計量且其變動計入其他綜合收益的金融資產（權益工具）不計提減值準備。
　　信用損失是指企業按照原實際利率折現的、根據合同應收的所有合同現金流量與預期收取的所有現金流量之間的差額，即全部現金短缺的現值。
　　預期信用損失是指以發生違約的風險為權重的金融資產信用損失的加權平均值。
　　當對金融資產預期未來現金流量具有不利影響的一項或多項事件發生時，該金融資產成為發生信用減值的金融資產。金融資產發生信用減值的證據包括下列可觀察信息：
　　（1）發行方或債務人發生重大財務困難；

（2）債務人違反合同，如償付利息或本金違約或逾期等；

（3）債權人出於與債務人財務困難有關的經濟或合同考慮，給予債務人在任何其他情況下都不會做出的讓步；

（4）債務人很可能破產或進行其他財務重組；

（5）發行方或債務人財務困難導致該金融資產的活躍市場消失；

（6）以大幅折扣購買或衍生一項金融資產，該折扣反應了發生信用損失的事實。

金融資產發生信用減值，有可能是多個事件的共同作用所致，未必是可單獨識別的事件所致。

二、金融資產減值損失的確認和計量

如果金融資產的信用風險自初始確認後並未顯著增加，企業應當按照相當於該金融資產未來12個月內預期信用損失的金額計量其損失準備。無論企業評估信用損失的基礎是單項金融資產還是金融資產組合，由此形成的損失準備的增加或轉回金額，應當作為減值損失或利得計入當期損益。未來12個月內預期信用損失，是指因資產負債表日後12個月內（若金融資產的預計存續期少於12個月，則為預計存續期）可能發生的金融資產違約事件而導致的預期信用損失，是整個存續期預期信用損失的一部分。整個存續期預期信用損失，是指因金融資產整個預計存續期內所有可能發生的違約事件而導致的預期信用損失。

如果金融資產的信用風險自初始確認後已顯著增加，企業應當按照相當於該金融資產整個存續期內預期信用損失的金額計量其損失準備。無論企業評估信用損失的基礎是單項金融資產還是金融資產組合，由此形成的損失準備的增加或轉回金額，應當作為減值損失或利得計入當期損益。

對於以公允價值計量且其變動計入其他綜合收益的金融資產（債務工具），企業應當在其他綜合收益中確認其損失準備，並將減值損失或利得計入當期損益，且不應減少該金融資產在資產負債表中列示的帳面價值。

【實務7-5】 2018年12月15日，湖南沙沙門業有限公司按面值購買了公允價值2,000萬元的債券，這些債券以公允價值計量且其變動計入其他綜合收益。這些債券的合同期限為10年，利率為5%，實際利率同為5%。2018年12月31日（即首個報告日），由於市場利率變化，該債券的公允價值下降至1,900萬元。該債券的惠譽評級為AA+，通過採用低信用風險簡化操作，沙沙門業公司確定信用風險自初始確認後沒有顯著增加，應計量12個月預期信用損失。為了計算預期信用損失，沙沙門業公司採用了AA+級中隱含的12個月違約率（假設為2%）和60%的違約損失率，因此12個月預期信用損失為24萬元。

2019年（即第二個報告日），由於市場利率變化以及發行人面臨的不利的業務和經濟狀況風險導致的不確定性，該債券的公允價值進一步降低至1,700萬元。惠譽將該債券的外部評級調低至BBB-級以下（即投資等級以下），這表明該風險敞口使該債券發生違約的風險顯著增加。因此，沙沙門業公司認定信用風險已顯著增加。基於該等級中隱含的整個存續期違約率（假設為15%）和60%的違約損失率，沙沙門業公司確定整個存續期的預期損失為180萬元。假定不考慮利息收入的確認及其他因素。

要求：
(1) 編製沙沙門業公司 2018 年 12 月 15 日購入債券投資的會計分錄。
(2) 編製沙沙門業公司 2018 年 12 月 31 日確認債券投資公允價值變動及預期損失準備的會計分錄。
(3) 編製沙沙門業公司 2019 年 12 月 31 日確認債券投資公允價值變動及預期損失準備的會計分錄。

湖南沙沙門業有限公司的有關帳務處理如下：
(1) 2018 年 12 月 15 日購入債券投資的會計分錄。
借：其他債權投資——成本　　　　　　　　　　20,000,000
　　貸：銀行存款　　　　　　　　　　　　　　20,000,000
(2) 2018 年 12 月 31 日確認債券投資公允價值變動及預期損失準備的會計分錄。
借：其他綜合收益——其他債權投資公允價值變動　1,000,000
　　貸：其他債權投資——公允價值變動　　　　　1,000,000
損失準備 = 20,000,000×2%×60% = 240,000（元）
借：信用減值損失　　　　　　　　　　　　　　240,000
　　貸：其他綜合收益——損失準備　　　　　　240,000
(3) 2019 年 12 月 31 日確認債券投資公允價值變動及預期損失準備的會計分錄。
借：其他綜合收益——其他債權投資公允價值變動　2,000,000
　　貸：其他債權投資——公允價值變動　　　　　2,000,000
借：信用減值損失　　　　　　　　　　　　　　1,560,000
　　貸：其他綜合收益——損失準備　　　　　　1,560,000
沙沙門業公司在 2019 年確定整個存續期的預期損失為 180（2,000×15%×60%）萬元，因前一會計年度，已提損失準備 24 萬元，則本期只需計提 180-24 = 156（萬元）。

子項目二　長期股權投資

股權投資，又稱權益性投資，是指通過付出現金或非現金資產等取得被投資單位的股份或股權，享有一定比例的權益份額代表的資產。企業在其生產經營之外，會為了有效地利用其資金，進行各種長期權益性投資，以獲取一定的經濟利益。本項目涉及的主要會計崗位是投資核算崗位。

本項目所指長期股權投資，包括三個方面：
(1) 投資方能夠對被投資單位實施控制的權益性投資，即對子公司投資。
控制是指投資方擁有對被投資方的權力，通過參與被投資方的相關活動而享有可變回報，並且有能力運用對被投資方的權力影響其回報金額。
(2) 投資方與其他合營方一同對被投資單位實施共同控制且對被投資單位淨資產享有權利的權益性投資，即對合營企業的投資。

共同控制是指按照相關約定對某項安排所共有的控制，並且該安排的相關活動必須經過分享控制權的參與方一致同意後才能決策。合營企業是共同控制一項安排的參與方僅對該安排的淨資產享有權利的合營安排。

相關活動是指對被投資方的回報產生重大影響的活動。包括但不限於：商品或勞務的銷售和購買；金融資產的管理；資產的購買和處置；研究與開發活動；確定資本結構和獲取融資。

在判斷是否存在共同控制時，我們應當首先判斷所有參與方或參與方組合是否集體控制該安排，其次再判斷該安排相關活動的決策是否必須經過這些集體控制該安排的參與方一致同意。如果存在兩個或兩個以上的參與方組合能夠集體控制某項安排的，不構成共同控制。僅享有保護性權利的參與方不享有共同控制。

（3）投資方對被投資單位具有重大影響的權益性投資，即對聯營企業的投資。

重大影響是指投資方對被投資單位的財務和經營政策有參與決策的權力，但並不能夠控制或者與其他方一起共同控制這些政策的制定。投資方能夠對被投資單位施加重大影響的，被投資單位為其聯營企業。在實務中，較為常見的重大影響體現為在被投資單位的董事會或類似權力機構中派有代表，通過這些代表在被投資單位財務和經營決策制定過程中的發言權實施重大影響。

投資方直接或通過子公司間接持有被投資單位20%以上但低於50%的表決權時，一般認為對被投資單位具有重大影響，除非有明確的證據表明該種情況下投資方不能參與被投資單位的生產經營決策，則不形成重大影響。

任務一　長期股權投資初始計量

長期股權投資在取得時，企業應按初始投資成本入帳。長期股權投資的初始投資成本，應分企業合併和非企業合併兩種情況確定（上述對子公司的投資稱企業合併，企業合併又分同一控制下的企業合併和非同一控制下的企業合併；對聯營企業及合營企業的投資稱非企業合併）。

一、企業合併形成的長期股權投資

長期股權投資初始計量

取得方式		初始計量
企業合併方式	同一控制	被投資單位所有者權益帳面價值的份額，付出資產帳面價值與享有被投資單位所有者權益帳面價值的份額之間的差額計入資本公積
	非同一控制	付出資產的公允價值，付出資產公允價值與帳面價值的差額計入當期損益
非企業合併方式（或稱企業合併以外的方式）		付出資產的公允價值或發行權益性證券的公允價值，付出資產公允價值與帳面價值的差額計入當期損益

（一）同一控制下的企業合併形成的長期股權投資

原則：不以公允價值計量，不確認損益。

同一控制下的企業合併，合併方以支付現金、轉讓非現金資產或承擔債務方式作為合併對價的，應當在合併日按照取得被合併方所有者權益帳面價值的份額作為長期股權投資的初始投資成本。長期股權投資初始投資成本與支付的現金、轉讓的非現金資產以及所承擔債務帳面價值之間的差額，應當調整資本公積（資本溢價或股本溢價）；資本公積（資本溢價或股本溢價）不足衝減的，調整留存收益。

【工作思考點】這裡調整的是「資本公積（資本溢價或股本溢價）」而不是「資本公積」的全部。

合併方以發行權益性證券作為合併對價的，應當在合併日按照取得被合併方所有者權益帳面價值的份額作為長期股權投資的初始投資成本。合併方按照發行股份的面值總額作為股本，長期股權投資初始投資成本與所發行股份面值總額之間的差額，應當調整資本公積（資本溢價或股本溢價）；資本公積（資本溢價或股本溢價）不足衝減的，調整留存收益。發行權益性證券的發行費用應衝減資本公積。

【實務7-6】湖南沙沙門業有限公司以定向增發股票的方式購買同一集團內另一企業持有的 A 公司 80% 股權。為取得該股權，沙沙門業公司增發 2,000 萬股普通股，每股面值為 1 元，每股公允價值為 5 元；支付承銷商佣金 50 萬元。沙沙門業公司取得該股權時，A 公司淨資產帳面價值為 9,000 萬元，公允價值為 12,000 萬元。假定沙沙門業公司和 A 公司採用的會計政策相同，沙沙門業公司取得該股權時應確認的資本公積為是多少？

甲公司取得該股權時應確認的資本公積＝9,000×80%－2,000×1－50＝5,150（萬元）。

【實務7-7】2019 年 12 月 30 日，湖南沙沙門業有限公司向其母公司 P 發行 1,000 萬股普通股（每股面值為 1 元，市價為 4.34 元），取得母公司 P 擁有對 S 公司 100% 的股權，並於當日起能夠對 S 公司實施控制。合併後 S 公司仍維持其獨立法人地位繼續經營。2019 年 12 月 30 日 S 公司淨資產的帳面價值為 40,020,000 元。假定沙沙門業公司和 S 公司在企業合併前採用的會計政策相同。合併日，沙沙門業公司與 S 公司所有者權益的構成如表 7-3 所示。

表 7-3　2019 年 12 月 30 日湖南沙沙門業有限公司與 S 公司的所有者權益構成　　單位：元

	沙沙門業公司	S 公司
實收資本	30,000,000	10,000,000
資本公積	20,000,000	6,000,000
盈餘公積	20,000,000	20,000,000
未分配利潤	23,550,000	4,020,000
合計	93,550,000	40,020,000

S 公司在合併後維持其法人資格繼續經營，合併日沙沙門業公司在其帳簿及個別財務

報表中應確認對 S 公司的長期股權投資，其成本為合併日享有 S 公司帳面所有者權益的份額，帳務處理為：

借：長期股權投資——S 公司　　　　　　　　　　　　　40,020,000
　　貸：股本　　　　　　　　　　　　　　　　　　　　10,000,000
　　　　資本公積——股本溢價　　　　　　　　　　　　30,020,000

（二）非同一控制下的企業合併，購買方在購買日應當區別下列情況確定合併成本，並將其作為長期股權投資的初始投資成本

（1）一次交換交易實現的企業合併，合併成本為購買方在購買日為取得對被購買方的控制權而付出的資產、發生或承擔的負債以及發行的權益性證券的公允價值。

（2）通過多次交換交易分步實現的企業合併，合併成本為每一單項交易成本之和。

【實務 7-8】湖南沙沙門業有限公司於 2019 年 5 月以 3,000 萬元取得 B 公司 30%的股權，並對所取得的投資採用權益法核算。2019 年 12 月，沙沙門業公司又投資 3,750 萬元取得 B 公司另外 30%的股權。假定沙沙門業公司在取得對 B 公司的長期股權投資以後，B 公司並未宣告發放現金股利或利潤。沙沙門業公司按淨利潤的 10%提取盈餘公積。沙沙門業公司未對該項長期股權投資計提任何減值準備。2019 年 12 月，再次投資之後，沙沙門業公司對 B 公司長期股權投資的帳面價值為多少萬元？

合併成本為每一單項交易之和。
長期股權投資的帳面價值＝3,000＋3,750＝6,750（萬元）

（3）購買方為進行企業合併發生的各項直接相關費用於發生時計入當期損益，該直接相關費用不包括為企業合併發行的債券或承擔其他債務支付的手續費、佣金等，也不包括企業合併中發行權益性證券發生的手續費、佣金等費用。

（4）非同一控制下企業合併形成的長期股權投資，應在購買日按企業合併成本，借記「長期股權投資」科目；按支付合併對價的帳面價值，貸記或借記有關資產、負債科目；按發生的直接相關費用，貸記「銀行存款」等科目，企業合併成本中包含的應自被投資單位收取的已宣告但尚未發放的現金股利或利潤，應作為應收股利進行核算。

非同一控制下的企業合併，投出資產為非貨幣性資產時，投出資產公允價值與其帳面價值的差額應分不同資產進行會計處理：

①投出資產為固定資產或無形資產，其差額計入資產處置損益。

②投出資產為存貨，按其公允價值確認主營業務收入或其他業務收入，按其成本結轉主營業務成本或其他業務成本。

③投出資產為以公允價值計量且其變動計入當期損益的金融資產等投資的，其差額計入投資收益。以公允價值計量且其變動計入其他綜合收益的金融資產持有期間公允價值變動形成的「其他綜合收益」應一併轉入相關科目。

【實務 7-9】2019 年 12 月 10 日，湖南沙沙門業有限公司以一臺固定資產和銀行存款 200 萬元向乙公司投資（沙沙門業公司和乙公司不屬於同一控制的兩個公司），占乙公司註冊資本的 60%，該固定資產的帳面原價為 8,000 萬元，已計提累計折舊 500 萬元，已計

提固定資產減值準備 200 萬元，公允價值為 7,600 萬元。不考慮其他相關稅費。沙沙門業公司的會計處理如下：

借：固定資產清理　　　　　　　　　　　　　73,000,000
　　累計折舊　　　　　　　　　　　　　　　　5,000,000
　　固定資產減值準備　　　　　　　　　　　　2,000,000
　　貸：固定資產　　　　　　　　　　　　　　80,000,000
借：長期股權投資　　　　　　　　　　　　　　78,000,000
　　貸：固定資產清理　　　　　　　　　　　　73,000,000
　　　　銀行存款　　　　　　　　　　　　　　2,000,000
　　　　資產處置損益　　　　　　　　　　　　3,000,000

【實務 7-10】2019 年 12 月 10 日，湖南沙沙門業有限公司以一項專利權和銀行存款 200 萬元向丙公司投資（沙沙門業公司和丙公司不屬於同一控制的兩個公司），占丙公司註冊資本的 70%，該專利權的帳面原價為 5,000 萬元，已計提累計攤銷 600 萬元，已計提無形資產減值準備 200 萬元，公允價值為 4,000 萬元。不考慮其他相關稅費。沙沙門業公司的會計處理如下：

借：長期股權投資　　　　　　　　　　　　　　42,000,000
　　累計攤銷　　　　　　　　　　　　　　　　6,000,000
　　無形資產減值準備　　　　　　　　　　　　2,000,000
　　資產處置損益　　　　　　　　　　　　　　2,000,000
　　貸：無形資產　　　　　　　　　　　　　　50,000,000
　　　　銀行存款　　　　　　　　　　　　　　2,000,000

【實務 7-11】湖南沙沙門業有限公司 2019 年 12 月 10 日與乙公司原投資者 A 公司簽訂協議，沙沙門業公司和乙公司不屬於同一控制下的公司。沙沙門業公司以存貨和承擔 A 公司的短期還貸款義務換取 A 持有的乙公司股權，2019 年 12 月 10 日合併日乙公司可辨認淨資產公允價值為 1,000 萬元，沙沙門業公司取得 70% 的份額。沙沙門業公司投出存貨的公允價值為 500 萬元，增值稅率為 13%，帳面成本 400 萬元，承擔歸還短期貸款義務 200 萬元。沙沙門業公司會計處理如下：

借：長期股權投資　　　　　　　　　　　　　　7,650,000
　　貸：短期借款　　　　　　　　　　　　　　2,000,000
　　　　主營業務收入　　　　　　　　　　　　5,000,000
　　　　應交稅費——應交增值稅（銷項稅額）　　650,000
借：主營業務成本　　　　　　　　　　　　　　4,000,000
　　貸：庫存商品　　　　　　　　　　　　　　4,000,000
註：合併成本＝500+65+200＝765（萬元）。

【實務 7-12】2019 年 12 月 10 日，湖南沙沙門業有限公司以一項以公允價值計量且其變動計入其他綜合收益的金融資產（債券）向丙公司投資（沙沙門業公司和丙公司不屬

於同一控制的兩個公司），占丙公司註冊資本的 70%，該金融資產 12 月 10 日的公允價值為 2,500 萬元，累計計入其他綜合收益的金額為 500 萬元，取得時成本為 2,000 萬元。不考慮其他相關稅費。沙沙門業公司的會計處理如下：

借：長期股權投資　　　　　　　　　　　　　　　　25,000,000
　　貸：其他債權投資　　　　　　　　　　　　　　　　25,000,000
借：其他綜合收益　　　　　　　　　　　　　　　　　5,000,000
　　貸：投資收益　　　　　　　　　　　　　　　　　　5,000,000

【實務 7-13】湖南沙沙門業有限公司於 2019 年 12 月 30 日取得了 B 公司 70% 的股權。合併中，沙沙門業公司支付的有關資產在購買日的帳面價值與公允價值如表 7-4 所示。合併中，沙沙門業公司為核實 B 公司的資產價值，聘請專業資產評估機構對 B 公司的資產進行評估，支付評估費用 1,000,000 元。本例中假定合併前沙沙門業公司與 B 公司及其股東不存在任何關聯方關係。

表 7-4　湖南沙沙門業有限公司支付的有關資產在購買日的帳面價值與公允價值　單位：元

項　目	帳面價值	公允價值
土地使用權	20,000,000 （成本為 30,000,000，累計攤銷 10,000,000）	32,000,000
專利技術	8,000,000 （成本為 10,000,000，累計攤銷 2,000,000）	10,000,000
銀行存款	8,000,000	8,000,000
合　計	36,000,000	50,000,000

分析：

本例中因沙沙門業公司與 B 公司及其股東在合併前不存在任何關聯方關係，故應作為非同一控制下的企業合併處理。

沙沙門業公司對於合併形成的對 B 公司的長期股權投資，應按支付對價的公允價值確定其初始投資成本。沙沙門業公司應進行的帳務處理為：

借：長期股權投資　　　　　　　　　　　　　　　　50,000,000
　　累計攤銷　　　　　　　　　　　　　　　　　　12,000,000
　　管理費用　　　　　　　　　　　　　　　　　　　1,000,000
　　貸：無形資產　　　　　　　　　　　　　　　　　40,000,000
　　　　銀行存款　　　　　　　　　　　　　　　　　9,000,000
　　　　資產處置損益　　　　　　　　　　　　　　14,000,000

二、非企業合併（或企業合併以外方式）取得的長期股權投資

除企業合併形成的長期股權投資以外，以其他方式取得的長期股權投資，應當按照下列規定確定其初始投資成本：

（1）以支付現金取得的長期股權投資，企業應當按照實際支付的購買價款作為初始投資成本。初始投資成本包括與取得長期股權投資直接相關的費用、稅金及其他必要支出。企業取得長期股權投資，實際支付的價款或對價中包含的已宣告但尚未發放的現金股利或利潤，應作為應收項目處理。

【實務7-14】2019年12月10日，湖南沙沙門業有限公司從證券市場上購入丁公司發行在外1,000萬股股票作為長期股權投資，每股8元（含已宣告但尚未發放的現金股利0.5元），實際支付價款8,000萬元，另支付相關稅費40萬元，沙沙門業公司的會計處理如下：

借：長期股權投資　　　　　　　　　　　　　　75,400,000
　　應收股利　　　　　　　　　　　　　　　　　5,000,000
　貸：銀行存款　　　　　　　　　　　　　　　　80,400,000

（2）以發行權益性證券取得的長期股權投資，企業應當按照發行權益性證券的公允價值作為初始投資成本。為發行權益性證券支付的手續費、佣金等應自權益性證券的溢價發行收入中扣除，溢價收入不足的，應衝減盈餘公積和未分配利潤。

【實務7-15】2019年12月10日，湖南沙沙門業有限公司發行股票1,000萬股作為對價向A公司投資，每股面值為1元，實際發行價為每股3元，另支付相關費用9萬元。不考慮相關稅費。沙沙門業公司的會計處理如下：

借：長期股權投資　　　　　　　　　　　　　　30,000,000
　貸：股本　　　　　　　　　　　　　　　　　 10,000,000
　　　資本公積——股本溢價　　　　　　　　　　20,000,000
借：資本公積——股本溢價　　　　　　　　　　　　 90,000
　貸：銀行存款　　　　　　　　　　　　　　　　　 90,000

（3）投資者投入的長期股權投資，企業應當按照投資合同或協議約定的價值作為初始投資成本，但合同或協議約定價值不公允的除外。

【實務7-16】2019年12月10日，湖南沙沙門業有限公司接受B公司投資，B公司將持有的對C公司的長期股權投資投入到沙沙門業公司。B公司持有的對C公司的長期股權投資的帳面餘額為800萬元，未計提減值準備。沙沙門業公司和B公司投資合同約定的價值為1,000萬元，沙沙門業公司的註冊資本為5,000萬元，B公司投資持股比例為20%。沙沙門業公司的會計處理如下：

借：長期股權投資　　　　　　　　　　　　　　10,000,000
　貸：實收資本　　　　　　　　　　　　　　　　10,000,000

（4）通過非貨幣性資產交換取得的長期股權投資，其初始投資成本應當參照本書「非貨幣性資產交換」有關規定處理；通過債務重組取得的長期股權投資，其初始投資成本參照本書「債務重組」有關規定確定。

（5）初始投資成本的調整（只針對共同控制、重大影響這兩種方式的投資）。對於共同控制、重大影響這兩種方式的長期股權投資，當初始投資成本大於投資時應享有被投

單位可辨認淨資產公允價值份額的，不調整長期股權投資的初始投資成本；當初始投資成本小於投資時應享有被投資單位可辨認淨資產公允價值份額的，應按其差額，借記「長期股權投資」科目，貸記「營業外收入」科目。

【實務 7-17】湖南沙沙門業有限公司以銀行存款 1,000 萬元取得 B 公司 30% 的股權，取得投資時被投資單位可辨認淨資產的公允價值為 3,000 萬元。

（1）如沙沙門業公司能夠對 B 公司施加重大影響，則沙沙門業公司應進行的會計處理為：

  借：長期股權投資——投資成本   10,000,000
    貸：銀行存款   10,000,000

註：商譽 100（1,000-3,000×30%）萬元體現在長期股權投資成本中。

（2）如投資時 B 公司可辨認淨資產的公允價值為 3,500 萬元，則沙沙門業公司應進行的會計處理為：

  借：長期股權投資——投資成本   10,000,000
    貸：銀行存款   10,000,000
  借：長期股權投資——投資成本   500,000
    貸：營業外收入   500,000

【實務 7-18】湖南沙沙門業有限公司於 2019 年 12 月 10 日取得 B 公司 30% 的股權，實際支付價款 30,000,000 元。取得投資時被投資單位帳面所有者權益的構成如下（假定該時點被投資單位各項可辨認資產、負債的公允價值與其帳面價值相同，單位：元）：

實收資本   30,000,000
資本公積   24,000,000
盈餘公積   6,000,000
未分配利潤   15,000,000
所有者權益總額   75,000,000

假定在 B 公司的董事會中，所有股東均以其持股比例行使表決權。沙沙門業公司在取得對 B 公司的股權後，派人參與了 B 公司的財務和生產經營決策。因能夠對 B 公司的生產經營決策施加重大影響，沙沙門業公司對該項投資採用權益法核算。取得投資時，A 公司應進行的帳務處理為：

  借：長期股權投資——B 公司——投資成本   30,000,000
    貸：銀行存款   30,000,000

長期股權投資的成本 30,000,000 元大於取得投資時應享有 B 公司可辨認淨資產公允價值的份額 22,500,000 元（75,000,000×30%），不對其初始投資成本進行調整。

假定上例中取得投資時 B 公司可辨認淨資產公允價值為 120,000,000 元，沙沙門業公司按持股比例 30% 計算確定應享有 36,000,000 元，則初始投資成本與應享有 B 公司可辨認淨資產公允價值份額之間的差額 6,000,000 元應計入取得投資當期的損益。

	借：長期股權投資——B公司——投資成本	36,000,000
	貸：銀行存款	30,000,000
	營業外收入	6,000,000

三、投資成本中包含的已宣告尚未發放現金股利或利潤的處理

企業無論是以何種方式取得長期股權投資，取得投資時，對於支付的對價中包含的應享有被投資單位已經宣告但尚未發放的現金股利或利潤應確認為應收項目，不構成取得長期股權投資的初始投資成本。

任務二　長期股權投資後續計量

一、成本法及權益法核算的範圍（表7-5）

表7-5　長期股權投資後續計量方法

取得方式		後續計量
企業合併方式	同一控制	成本法核算
	非同一控制	成本法核算
企業合併以外的方式		共同控制或重大影響的投資按權益法核算

二、長期股權投資的成本法

採用成本法核算的長期股權投資，除取得投資時實際支付的價款或對價中包含的已宣告但尚未發放的現金股利或利潤外，投資企業應當按照享有被投資單位宣告發放的現金股利或利潤確認投資收益，不再劃分是否屬於投資前和投資後被投資單位實現的淨利潤。

企業按上述規定確認自被投資單位應分得的現金股利或利潤後，應當考慮長期股權投資是否發生減值。在判斷該類長期股權投資是否存在減值跡象時，企業應當關注長期股權投資的帳面價值是否大於享有被投資單位淨資產（包括相關商譽）帳面價值的份額等類似情況。出現類似情況時，企業應當按照《企業會計準則第8號——資產減值》對長期股權投資進行減值測試，可收回金額低於長期股權投資帳面價值的，應當計提減值準備。

【實務7-19】湖南沙沙門業有限公司與黃河公司2019年與投資有關資料如下：

（1）2019年4月1日沙沙門業公司支付現金1,000萬元取得黃河公司60%的股權（非同一控制）。

（2）2019年4月20日，黃河公司宣告分配2018年實現的淨利潤，現金股利總共200萬元。

（3）沙沙門業公司於2019年5月10日收到現金股利。

（4）2019 年，黃河公司發生虧損 200 萬元。
要求：分別編製沙沙門業公司上述與投資有關業務的會計分錄。
（1）2019 年 4 月 1 日。
借：長期股權投資——黃河公司　　　　　　　　　　　10,000,000
　　貸：銀行存款　　　　　　　　　　　　　　　　　　　10,000,000
（2）2019 年 4 月 20 日。
借：應收股利　　　　　　　　　　　　　　　　　　　　1,200,000
　　貸：投資收益　　　　　　　　　　　　　　　　　　　　1,200,000
（3）2019 年 5 月 10 日。
借：銀行存款　　　　　　　　　　　　　　　　　　　　1,200,000
　　貸：應收股利　　　　　　　　　　　　　　　　　　　　1,200,000
（4）沙沙門業公司採用成本法核算，不做帳務處理。

三、長期股權投資的權益法

長期股權投資的權益法的科目設置：
長期股權投資——投資成本
　　　　　　——損益調整
　　　　　　——其他綜合收益
　　　　　　——其他權益變動

（一）投資損益的確認（本教材採用簡單權益法）

投資企業取得長期股權投資後，應當按照應享有或應分擔的被投資單位實現的淨損益的份額，確認投資損益並調整長期股權投資的帳面價值。投資企業按照被投資單位宣告分派的利潤或現金股利計算應分得的部分，相應減少長期股權投資的帳面價值。

1. 被投資企業實現盈利

投資企業：
借：長期股權投資——損益調整
　　貸：投資收益

2. 被投資企業發生虧損

投資企業：
借：投資收益
　　貸：長期股權投資——損益調整

3. 被投資企業宣告分派股利

按照權益法核算的長期股權投資，投資企業自被投資單位取得的現金股利或利潤，應抵減長期股權投資的帳面價值。在被投資單位宣告分派現金股利或利潤時，借記「應收股利」科目，貸記「長期股權投資（損益調整）」科目；自被投資單位取得的現金股利或利潤超過已確認損益調整的部分應視同投資成本的收回，衝減長期股權投資的帳面價值。

投資企業：
借：應收股利
　　貸：長期股權投資——損益調整

【實務7-20】2019年9月20日，湖南沙沙門業有限公司以貨幣資金取得乙公司30%的股權，初始投資成本為4,000萬元；當日，乙公司可辨認淨資產公允價值為14,000萬元，與其帳面價值相同。沙沙門業公司取得投資後即派人參與乙公司的生產經營決策，但未能對乙公司形成控制。乙公司2019年實現淨利潤1,000萬元。假定不考慮所得稅等其他因素，2019年沙沙門業公司下列各項與該項投資相關的會計處理中，正確的有（　　）。

A. 確認商譽200萬元　　　　　　B. 確認營業外收入200萬元
C. 確認投資收益300萬元　　　　D. 確認資本公積200萬元

分析：該題的會計分錄為：
2019年9月20日初始入帳
借：長期股權投資——乙公司（投資成本）　　42,000,000
　　貸：銀行存款　　　　　　　　　　　　　40,000,000
　　　　營業外收入　　　　　　　　　　　　 2,000,000
2019年12月31日後續計量
借：長期股權投資——乙公司（損益調整）　　 3,000,000
　　貸：投資收益　　　　　　　　　　　　　 3,000,000
由此可知，甲公司應該確認營業外收入200萬元，確認投資收益300萬元，答案為BC。

【實務7-21】湖南沙沙門業有限公司2019年9月10日以3,000萬元的價格購入乙公司30%的股份，另支付相關費用15萬元。購入時乙公司可辨認淨資產的公允價值為11,000萬元（假定乙公司各項可辨認資產、負債的公允價值與帳面價值相等）。乙公司2019年實現淨利潤600萬元。沙沙門業公司取得該項投資後對乙公司具有重大影響。假定不考慮其他因素，該投資對沙沙門業公司2019年度利潤總額的影響為（　　）萬元。

A. 165　　　B. 180　　　C. 465　　　D. 480

分析：該投資對沙沙門業公司2019年度利潤總額的影響＝［11,000×30%－(3,000＋15)］＋600×30%＝465（萬元），答案為C。

4. 超額虧損的確認

按照權益法核算的長期股權投資，投資企業確認應分擔被投資單位發生的損失，原則上應以長期股權投資及其他實質上構成對被投資單位淨投資的長期權益減記至零為限，投資企業負有承擔額外損失義務的除外。這裡所講「其他實質上構成對被投資單位淨投資的長期權益」通常為長期應收項目，比如，企業對被投資單位的長期債權，該債權沒有明確的清收計劃、且在可預見的未來期間不準備收回，實質上構成對被投資單位的淨投資，但不包括投資企業與被投資單位之間因銷售商品、提供勞務等日常活動所產生的長期債權。

投資企業在確認應分擔被投資單位發生的虧損時，具體應按照以下順序處理：

首先，減記長期股權投資的帳面價值。

其次，在長期股權投資的帳面價值減記至零的情況下，對於未確認的投資損失，考慮除長期股權投資以外，帳面上是否有其他實質上構成對被投資單位淨投資的長期權益項目，如果有，則應以其他長期權益的帳面價值為限，繼續確認投資損失，衝減長期應收項目等的帳面價值。

最後，經過上述處理，按照投資合同或協議約定，投資企業仍需要承擔額外損失彌補等義務的，應按預計將承擔的義務金額確認預計負債，計入當期投資損失。

企業在實務操作過程中，在發生投資損失時，應借記「投資收益」科目，貸記「長期股權投資——損益調整」科目。在長期股權投資的帳面價值減記至零以後，考慮其他實質上構成對被投資單位淨投資的長期權益，繼續確認的投資損失，應借記「投資收益」科目，貸記「長期應收款」科目；因投資合同或協議約定導致投資企業需要承擔額外義務的，按照或有事項準則的規定，對於符合確認條件的義務，應確認為當期損失，同時確認預計負債，借記「投資收益」科目，貸記「預計負債」科目。除上述情況仍未確認的應分擔被投資單位的損失，應在帳外備查登記。

在確認了有關的投資損失以後，被投資單位於以後期間實現盈利的，應按以上相反順序分別減記帳外備查登記的金額、已確認的預計負債、恢復其他長期權益及長期股權投資的帳面價值，同時確認投資收益。即應當按順序分別借記「預計負債」「長期應收款」「長期股權投資」科目，貸記「投資收益」科目。

【實務 7-22】湖南沙沙門業有限公司持有乙企業 40% 的股權，能夠對乙企業施加重大影響，2018 年 12 月 31 日該項長期股權投資的帳面價值為 6,000 萬元。乙企業 2019 年由於一項主要經營業務市場條件發生變化，當年度虧損 9,000 萬元。假定沙沙門業公司在取得該投資時，乙企業各項可辨認資產、負債的公允價值與其帳面價值相等，雙方所採用的會計政策及會計期間也相同，則沙沙門業公司當年度應確認的投資損失為 3,600 萬元。確認上述投資損失後，長期股權投資的帳面價值變為 2,400 萬元。

如果乙企業當年度的虧損額為 18,000 萬元，則沙沙門業公司按其持股比例確認應分擔的損失為 7,200 萬元，但長期股權投資的帳面價值僅為 6,000 萬元，如果企業沒有實質上構成對被投資單位淨投資的長期權益項目，則沙沙門業公司應確認的投資損失僅為 6,000 萬元，超額損失在帳外進行備查登記；在確認了 6,000 萬元投資損失，長期股權投資的帳面價值減記至零以後，如果沙沙門業公司帳上仍有乙企業的長期應收款 2,400 萬元，該款項從目前情況看，沒有明確的清償計劃（並非產生於商品購銷等日常活動），則在長期應收款的帳面價值大於 1,200 萬元的情況下，應以長期應收款的帳面價值為限進一步確認投資損失 1,200 萬元。沙沙門業公司應進行的帳務處理為：

借：投資收益　　　　　　　　　　　　　　　　　60,000,000
　　貸：長期股權投資——損益調整　　　　　　　　　60,000,000
借：投資收益　　　　　　　　　　　　　　　　　12,000,000

貸：長期應收款　　　　　　　　　　　　　　　　　　　　　　12,000,000
　　5. 被投資單位其他綜合收益
　　投資企業在持有長期股權投資期間，應當按照應享有或應分擔被投資單位實現其他綜合收益的份額，借記「長期股權投資——其他綜合收益」科目，貸記「其他綜合收益」科目。這裡所講的「其他綜合收益」，是指企業根據其他會計準則規定未在當期損益中確認的各項利得和損失。

【實務7-23】湖南沙沙門業有限公司持有B企業30%的股份，能夠對B企業施加重大影響。當期B企業因持有的以公允價值計量且其變動計入其他綜合收益的金融資產公允價值的變動計入其他綜合收益的金額為1,800萬元，除該事項外，B企業當期實現的淨損益為9,600萬元。沙沙門業公司在確認應享有被投資單位所有者權益的變動時，應進行的帳務處理為：

　　借：長期股權投資——損益調整　　　　　　　　　　　　　　28,800,000
　　　　　　　　　　——其他綜合收益　　　　　　　　　　　　 5,400,000
　　　　貸：投資收益　　　　　　　　　　　　　　　　　　　　 28,800,000
　　　　　　其他綜合收益　　　　　　　　　　　　　　　　　　 5,400,000

　　6. 被投資單位所有者權益的其他變動
　　採用權益法核算時，投資企業對於被投資單位除淨損益、其他綜合收益和利潤分配外所有者權益的其他變動，應按照持股比例計算應享有的份額，借記或貸記「長期股權投資——其他權益變動」科目，貸記或借記「資本公積——其他資本公積」科目。
　　7. 股票股利的處理
　　被投資單位分派的股票股利，投資企業不作帳務處理，但應於除權日註明所增加的股數，以反應股份的變化情況。

四、長期股權投資的減值

　　長期股權投資在按照規定進行核算確定其帳面價值的基礎上，如果存在減值跡象的，企業應當按照相關準則的規定計提減值準備。投資企業應當按照《企業會計準則第8號——資產減值》對長期股權投資進行減值測試，其可收回金額低於帳面價值的，應當將該長期股權投資的帳面價值減記至可收回金額，減記的金額確認為減值損失，計入當期損益，同時計提相應的資產減值準備。
　　計提長期股權投資減值準備的帳務處理：
　　借：資產減值損失
　　　　貸：長期股權投資減值準備
　　長期股權投資的減值損失一經確認，在以後會計期間不得轉回。

任務三　長期股權投資的處置

企業處置長期股權投資時，應相應結轉與所售股權相對應的長期股權投資的帳面價值，出售所得價款與處置長期股權投資帳面價值之間的差額，應確認為投資收益。

採用權益法核算的長期股權投資，原計入其他綜合收益中的金額，在處置時亦應進行結轉，將與所出售股權相對應的部分在處置時從「其他綜合收益」「資本公積——其他資本公積」科目中轉入投資收益。

【實務 7-24】 湖南沙沙門業有限公司原持有 B 企業 40% 的股權，2019 年 12 月 20 日，沙沙門業公司決定出售 10% 的 B 企業股權，出售時沙沙門業公司帳面上對 B 企業長期股權投資的構成為：投資成本 1,800 萬元，損益調整 480 萬元，其他綜合收益 300 萬元，出售取得價款 705 萬元。

（1）沙沙門業公司確認處置損益的帳務處理為：

借：銀行存款　　　　　　　　　　　　　　　7,050,000
　　貸：長期股權投資——投資成本　　　　　　　4,500,000
　　　　　　　　　　——損益調整　　　　　　　1,200,000
　　　　　　　　　　——其他綜合收益　　　　　　750,000
　　　　投資收益　　　　　　　　　　　　　　　600,000

（2）除應將實際取得價款與出售長期股權投資的帳面價值進行結轉，確認出售損益以外，沙沙門業公司還應將原計入其他綜合收益的部分按比例轉入當期損益。

借：其他綜合收益　　　　　　　　　　750,000（300×25%）
　　貸：投資收益　　　　　　　　　　　　　　　750,000

沙沙門業公司如果是出售全部的 B 企業股權，則將長期股權投資的帳面價值以及原計入其他綜合收益的數值全部轉出。

子項目三　投資性房地

2006 年《企業會計準則第 3 號——投資性房地產》將投資性房地產從固定資產中分離出來，由於投資性房地產有兩種計量模式可供選擇，同一公司在不同計量模式下產生的經濟效益、財務成果差異顯著，使其成為部分上市企業關注的焦點。該子項目主要介紹了投資性房地產的定義、初始的確認、後續的計量、資產之間的轉換及處置等內容。

任務一　投資性房地產概述

　　房地產是土地和房屋及其權屬的總稱。在中國，土地歸國家或集體所有，企業只能取得土地使用權。因此，房地產中的土地是指土地使用權。房屋是指土地上的房屋等建築物及構建物。

　　投資性房地產是指為賺取租金或資本增值，或兩者兼有而持有的房地產，主要包括已出租的土地使用權、持有並準備增值後轉讓的土地使用權和已出租的建築物。投資性房地產應當能夠單獨計量和出售。

一、投資性房地產的特徵

（一）投資性房地產是一種經營性活動

　　投資性房地產的主要形式是出租建築物、出租土地使用權，這實質上屬於一種讓渡資產使用權行為。房地產租金就是讓渡資產使用權取得的使用費收入，是企業為完成其經營目標所從事的經營性活動以及與之相關的其他活動形成的經濟利益總流入。投資性房地產的另一種形式是持有並準備增值後轉讓的土地使用權，儘管其增值收益通常與市場供求、經濟發展等因素相關，但目的是為了增值後轉讓以賺取增值收益，也是企業為完成其經營目標所從事的經營性活動以及與之相關的其他活動形成的經濟利益總流入。

（二）投資性房地產是一種持有特定目的和用途的資產

　　投資性房地產在用途、狀態、目的等方面區別於作為生產經營場所的房地產和用於銷售的房地產。企業持有的房地產如果用於自身經營管理，應作為固定資產核算；如果用於對外銷售，應作為存貨核算；如果是用於賺取租金或增值收益，則應單獨作為投資性房地產核算。

（三）投資性房地產有兩種後續計量模式

　　企業一般應當採用成本模式對投資性房地產進行後續計量，只有在有確鑿證據表明投資性房地產的公允價值能夠持續可靠取得時，才可以採用公允價值模式計量。但是，同一企業只能採用一種計量模式對所有的投資性房地產進行後續計量，不得同時採用兩種計量模式。

二、投資性房地產的範圍

　　投資性房地產的範圍限定為已出租的土地使用權、持有並準備增值後轉讓的土地使用權、已出租的建築物。

（一）屬於投資性房地產的項目

1. 已出租的土地使用權

　　已出租的土地使用權，是指企業通過出讓或轉讓方式取得，並以經營租賃方式出租的

土地使用權。企業取得的土地使用權通常包括在一級市場上以繳納土地出讓金的方式取得的土地使用權，也包括在二級市場上接受其他單位轉讓的土地使用權。對於以經營租賃方式租入土地使用權再轉租給其他單位的，不能確認為投資性房地產。企業計劃用於出租但尚未出租的土地使用權，不屬於此類。

【實務 7-25】 A 公司與 B 公司簽訂了一項經營租賃合同，B 公司將其持有使用的一塊土地出租給 A 公司，以賺取租金，為期 20 年，A 公司又將這塊土地轉租給 C 公司，以賺取租金差價，為期 5 年，假設不違反國家有關規定。

本例中，對 A 公司而言，這塊土地屬於以經營租賃方式租入後又轉租的土地，A 企業並不擁有其產權，因此不能將其確認為投資性房地產。對 B 公司而言，自租賃期開始日起，這項土地使用權屬於其投資性房地產。

2. 持有並準備增值後轉讓的土地使用權

持有並準備增值後轉讓的土地使用權，是指企業取得的、準備增值後轉讓的土地使用權。這類土地使用權很可能給企業帶來資本增值收益，符合投資性房地產的定義。

企業依法取得土地使用權後，應當按照國有土地有償使用合同或建設用地批准書規定的期限動工開發建設。未經原批准用地的人民政府同意、超過規定的期限未動工開發建設的建設用地屬於閒置土地，按照國家有關規定認定的閒置土地，不屬於持有並準備增值後轉讓的土地使用權。

3. 已出租的建築物

已出租的建築物，是指企業擁有產權並以經營租賃方式出租的建築物，包括自行建造或開發活動完成後用於出租的建築物。企業在判斷和確認已出租的建築物時，應當把握以下要點：

（1）用於出租的建築物是指企業擁有產權的建築物。企業經營租賃方式租入再轉租的建築物不屬於投資性房地產。

【實務 7-26】 A 企業與 B 企業簽訂了一項經營租賃合同，B 企業將其持有產權的一棟辦公樓出租給 A 企業，為期 6 年，A 企業一開始將該辦公樓改裝後用於自行經營餐館。3 年後，由於連續虧損，A 企業將餐館轉租給 C 企業，以賺取租金差價。

本例中，對 A 企業而言，這棟辦公樓屬於以經營租賃方式租入後又轉租的建築物，A 企業這棟辦公樓產權，因此不能將其確認為投資性房地產。B 企業擁有這兩間房屋的產權並以經營租賃方式對外出租，可以將其確認為投資性房地產。

（2）已出租的建築物是企業已經與其他方簽訂了租賃協議，約定以經營租賃方式出租的建築物。自租賃協議規定的租賃期開始日起，經營租出的建築物才屬於已出租的建築物。企業計劃用於出租但尚未出租的建築物，不屬於已出租的建築物。

【實務 7-27】 A 企業在當地房地產交易中心通過競拍取得一塊土地的使用權。A 企業按照合同規定對這塊土地進行了開發，並在這塊土地上建造了一棟商場，擬用於整體出租，但尚未找到合適的承租人。

本例中，這棟商場不屬於投資性房地產。直到 A 企業與承租人簽訂經營租賃合同，自

租賃期開始日起，這棟商場才能轉換為投資性房地產；同時，相應的土地使用權（無形資產）也應當轉換為投資性房地產。

（3）特殊情況：①空置建築物只要企業管理當局（董事會或類似機構）做出正式書面決議，明確表明將其用於經營出租且持有意圖短期內不再發生變化的，則視為投資性房地產。②某項房地產，部分用於賺取租金或資本增值，部分用於生產商品、提供勞務或經營管理，能夠單獨計量和出售的，用於賺取租金或資本增值的部分，應當確認為投資性房地產；不能夠單獨計量和出售的、用於賺取租金或資本增值的部分，不確認為投資性房地產。③企業將建築物出租，按租賃協議向承租人提供的相關輔助服務在整個協議中不重大的，如企業將辦公樓出租並向承租人提供保安、維修等輔助服務，應當將該建築物確認為投資性房地產。

【實務7-28】A 企業在中關村購買了一棟寫字樓，共 12 層，其中 1 層經營出租給某家大型超市，2~5 層經營出租給 B 企業，6~12 層經營出租給 C 企業。A 企業同時為該寫字樓提供保安、維修等日常輔助服務。

本例中，A 企業將寫字樓出租，同時提供的輔助服務不重大。對 A 企業而言，這棟寫字樓屬於 A 企業的投資性房地產。

（二）不屬於投資性房地產的項目

1. 自用房地產

自用房地產，即為生產商品、提供勞務或者經營管理而持有的房地產。例如，企業擁有並自行經營的旅館飯店，其經營目的主要是通過提供客房服務賺取服務收入，該旅館飯店不確認為投資性房地產。

企業出租給本企業職工居住的宿舍，雖然也收取租金，但間接為企業自身的生產經營服務，因此具有自用房地產的性質，不屬於投資性房地產。

2. 作為存貨的房地產

作為存貨的房地產通常是指房地產開發企業在正常經營過程中銷售的或為銷售而正在開發的商品房和土地。這部分房地產屬於房地產開發企業的存貨，其生產、銷售構成企業的主營業務活動，產生的現金流量也與企業的其他資產密切相關。因此，具有存貨性質的房地產不屬於投資性房地產。

三、投資性房地產的確認

將某個項目確認為投資性房地產，首先應當符合投資性房地產的概念，其次要同時滿足投資性房地產的兩個確認條件：

（1）與該資產相關的經濟利益很可能流入企業。

（2）該投資性房地產的成本能夠可靠地計量。

四、投資性房地產核算的帳戶設置

為了核算投資性房地產業務，企業應當設置「投資性房地產」「投資性房地產累計折

舊（攤銷）」「投資性房地產減值準備」等帳戶。

（一）「投資性房地產」帳戶

本帳戶核算投資性房地產採用成本模式計量的成本或採用公允價值模式計量的公允價值。

採用成本模式計量時，該帳戶借方登記外購、自行建造、內部轉換等方式發生的投資性房地產的成本；貸方登記處置或轉為自用的投資性房地產的成本；期末借方餘額反應企業持有的投資性房地產的成本。

採用公允價值模式計量時，該帳戶核算的是其公允價值，同時還應當分別設置「成本」和「公允價值變動」兩個明細帳戶。

（二）「投資性房地產累計折舊（攤銷）」帳戶

本帳戶是「投資性房地產」帳戶的備抵帳戶，核算企業採用成本模式計量的投資性房地產的累計折舊或攤銷。該帳戶核算比照「累計折舊」和「累計攤銷」帳戶進行。

（三）「投資性房地產減值準備」帳戶

本帳戶是「投資性房地產」帳戶的調整帳戶，核算企業採用成本模式計量的投資性房地產的減值情況。該帳戶的核算比照「固定資產減值準備」「無形資產減值準備」帳戶進行。

（四）「公允價值變動損益」帳戶

本帳戶核算企業採用公允價值模式計量的投資性房地產因公允價值變動形成的應計入當期損益的利得或損失。

任務二　投資性房地產初始計量與後續計量

一、投資性房地產的初始計量

投資性房地產的取得主要有外購、自行建造及其他方式。投資性房地產應當按照取得時的成本進行初始計量。

（一）外購的投資性房地產

對於企業外購的房地產，只有在購入房地產的同時開始對外出租（自租賃期開始日起，下同）或用於資本增值，才能稱之為外購的投資性房地產。外購投資性房地產的成本，包括購買價款、相關稅費和可直接歸屬於該資產的其他支出。

企業購入房地產，自用一段時間之後再改為出租或用於資本增值的，應當先將外購的房地產確認為固定資產或無形資產，自租賃期開始日或用於資本增值之日開始，才能從固定資產或無形資產轉換為投資性房地產。

（二）自行建造的投資性房地產

企業自行建造（或開發，下同）的房地產，只有在自行建造或開發活動完成（即達

到預定可使用狀態）的同時開始對外出租或用於資本增值，才能將自行建造的房地產確認為投資性房地產。自行建造投資性房地產的成本，由建造該項房地產達到預定可使用狀態前發生的必要支出構成。

企業自行建造房地產達到預定可使用狀態後一段時間才對外出租或用於資本增值的，應當先將自行建造的房地產確認為固定資產或無形資產，自租賃期開始日或用於資本增值之日開始，從固定資產或無形資產轉換為投資性房地產。

（三）以其他方式取得的投資性房地產

以其他方式取得的投資性房地產，其成本參照固定資產相關內容確定。

二、投資性房地產的後續計量

企業通常應當採用成本模式對投資性房地產進行後續計量，也可以採用公允價值模式對投資性房地產進行後續計量。但是，同一企業只能採用一種模式對所有投資性房地產進行後續計量，不得同時採用兩種計量模式。

（一）採用成本模式進行後續計量的投資性房地產

企業通常應當採用成本模式對投資性房地產進行後續計量。採用成本模式進行後續計量的投資性房地產，應當比照固定資產或無形資產的有關規定處理。

（1）外購投資性房地產或自行建造的投資性房地產達到預定可使用狀態時，按照其實際成本，編製如下會計分錄：

借：投資性房地產
　　應交稅費——應交增值稅（進項稅額）
　貸：銀行存款等

（2）按照固定資產或無形資產的有關規定，按期（月）計提折舊或進行攤銷，借記「其他業務成本」等科目，貸記「投資性房地產累計折舊（攤銷）」科目。

（3）取得的租金收入，借記「銀行存款」等科目，貸記「其他業務收入」「應交稅費——應交增值稅（銷項稅）」等科目。

（4）投資性房地產存在減值跡象的，應當適用資產減值的有關規定。經減值測試後確定發生減值的，應當計提減值準備，借記「資產減值損失」科目，貸記「投資性房地產減值準備」科目。如果已經計提減值準備的投資性房地產的價值又得以恢復，不得轉回。

【實務7-29】2019年9月，湖南沙沙門業有限公司計劃購入一棟寫字樓用於對外出租。9月15日，湖南沙沙門業有限公司與青山公司簽訂了經營租賃合同，約定自寫字樓購買日起將這棟寫字樓出租給青山公司，為期5年。10月31日，湖南沙沙門業有限公司實際購入寫字樓，增值稅專用發票上註明購買價款1,200萬元，增值稅108萬元，款項全部以銀行存款支付。假設不考慮其他因素，湖南沙沙門業有限公司採用成本模式進行後續計量。

湖南沙沙門業有限公司的帳務處理如下：

借：投資性房地產——寫字樓　　　　　　　　　　　12,000,000

| 應交稅費——應交增值稅（進項稅額） | 1,080,000 |
| 貸：銀行存款 | 13,080,000 |

【實務7-30】承【實務7-29】，假設該棟寫字樓按照直線法計提折舊，使用壽命為20年，預計淨殘值為零。按照經營租賃合同約定，青山公司每月支付湖南沙沙門業有限公司含稅租金3.27萬元（租金3萬元，增值稅0.27萬元）。2019年12月，這棟辦公樓發生減值跡象，經減值測試，其可收回金額為1,050萬元。

湖南沙沙門業有限公司的帳務處理如下：

（1）計提折舊。

每月計提折舊1,200÷20÷12＝5（萬元）

| 借：其他業務成本 | 50,000 |
| 貸：投資性房地產累計折舊 | 50,000 |

（2）確認租金。

借：銀行存款（或其他應收款）	32,700
貸：其他業務收入	30,000
應交稅費——應交增值稅（銷項稅額）	2,700

（3）2019年12月31日計提減值準備。

2019年11~12月累計折舊額＝5×2＝10（萬元）

計提減值準備前該寫字樓的帳面價值＝1,200-10＝1,190（萬元）

應計提減值準備＝1,190-1,050＝140（萬元）

| 借：資產減值損失 | 1,400,000 |
| 貸：投資性房地產減值準備 | 1,400,000 |

（二）採用公允價值模式進行後續計量的投資性房地產

1. 採用公允價值模式的前提條件

企業只有存在確鑿證據表明投資性房地產的公允價值能夠持續可靠取得，才可以採用公允價值模式對投資性房地產進行後續計量。企業一旦選擇採用公允價值計量模式，就應當對其所有投資性房地產均採用公允價值模式進行後續計量。

採用公允價值模式進行後續計量的投資性房地產，應當同時滿足下列條件：

（1）投資性房地產所在地有活躍的房地產交易市場。

所在地，通常是指投資性房地產所在的城市。對於大中型城市，應當為投資性房地產所在的城區。

（2）企業能夠從活躍的房地產交易市場上取得同類或類似房地產的市場價格及其他相關信息，從而對投資性房地產的公允價值做出合理的估計。

同類或類似的房地產，對建築物而言，是指所處地理位置和地理環境相同、性質相同、結構類型相同或相近、新舊程度相同或相近、可使用狀況相同或相近的建築物；對土地使用權而言，是指同一城區、同一位置區域、所處地理環境相同或相近、可使用狀況相同或相近的土地。

2. 採用公允價值模式進行後續計量的會計處理

採用公允價值模式進行後續計量的投資性房地產，應當遵循以下會計處理：

（1）外購投資性房地產或自行建造的投資性房地產達到預定可使用狀態時，按照其實際成本，借記「投資性房地產——成本」等科目，貸記「銀行存款」「在建工程」等科目。

（2）不對投資性房地產計提折舊或攤銷。企業應當以資產負債表日投資性房地產的公允價值為基礎調整其帳面價值，公允價值與原帳面價值之間的差額計入當期損益。

資產負債表日，投資性房地產的公允價值高於其帳面餘額的差額，借記「投資性房地產——公允價值變動」科目，貸記「公允價值變動損益」科目；公允價值低於其帳面餘額的差額做相反的會計分錄。

（3）投資性房地產取得的租金收入，確認為其他業務收入。借記「銀行存款」等科目，貸記「其他業務收入」「應交稅費——應交增值稅（銷項稅）」等科目。

【實務7-31】華盛房地產有限公司為從事房地產經營開發的企業。2019年8月，華盛房地產有限公司與青華公司簽訂租賃協議，約定將華盛房地產有限公司開發的一棟精裝修的寫字樓於開發完成的同時開始租賃給青華公司使用，租賃期為10年。2019年10月1日，該寫字樓開發完成並開始起租，寫字樓的造價為90,000,000元。由於該棟寫字樓地處商業繁華區，所在城區有活躍的房地產交易市場，而且能夠從房地產交易市場上取得同類房地產的市場報價，華盛房地產有限公司決定採用公允價值模式對該項出租的房地產進行後續計量。2019年12月31日，該寫字樓的公允價值為91,000,000元。2020年12月31日，該寫字樓的公允價值為94,000,000元。

華盛房地產有限公司的帳務處理如下：

（1）2019年10月1日，華盛房地產有限公司開發完成寫字樓並出租。

借：投資性房地產——××寫字樓（成本）　　　　90,000,000
　　貸：開發產品　　　　　　　　　　　　　　　　90,000,000

（2）2019年12月31日，以公允價值為基礎調整其帳面價值，公允價值與原帳面價值之間的差額計入當期損益。

借：投資性房地產——××寫字樓（公允價值變動）　1,000,000
　　貸：公允價值變動損益　　　　　　　　　　　　　1,000,000

（3）2020年12月31日，公允價值又發生變動。

借：投資性房地產——××寫字樓（公允價值變動）　3,000,000
　　貸：公允價值變動損益　　　　　　　　　　　　　3,000,000

（三）投資性房地產後續計量模式的變更

企業對投資性房地產的計量模式一經確定，不得隨意變更。以成本模式轉為公允價值模式的，企業應當將其作為會計政策變更處理，將計量模式變更時公允價值與帳面價值的差額，調整期初留存收益（未分配利潤）。

企業變更投資性房地產計量模式時，應當按照計量模式變更日投資性房地產的公允價

值，借記「投資性房地產——成本」科目，按照已計提的折舊或攤銷，借記「投資性房地產累計折舊（攤銷）」科目，原已計提減值準備的，借記「投資性房地產減值準備」科目，按照原帳面餘額，貸記「投資性房地產」科目，按照公允價值與其帳面價值之間的差額，貸記或借記「利潤分配——未分配利潤」「盈餘公積」等科目。

已採用公允價值模式計量的投資性房地產，不得從公允價值模式轉為成本模式。

【實務 7-32】湖南沙沙門業有限公司將某一棟寫字樓租賃給乙公司使用，並一直採用成本模式進行後續計量。2019 年 12 月 1 日，湖南沙沙門業有限公司認為，出租給乙公司使用的寫字樓，其所在地的房地產交易市場比較成熟，具備了採用公允價值模式計量的條件，決定對該項投資性房地產從成本模式轉換為公允價值模式計量。該寫字樓的原造價為 90,000,000 元，已計提折舊 2,700,000 元，帳面價值為 87,300,000 元。2019 年 12 月 1 日，該寫字樓的公允價值為 95,000,000 元。假設湖南沙沙門業有限公司按淨利潤的 10% 計提盈餘公積。

湖南沙沙門業有限公司的帳務處理如下：

借：投資性房地產——××寫字樓（成本）　　　　　　95,000,000
　　投資性房地產累計折舊　　　　　　　　　　　　　2,700,000
　貸：投資性房地產——××寫字樓　　　　　　　　　90,000,000
　　　利潤分配——未分配利潤　　　　　　　　　　　6,930,000
　　　盈餘公積　　　　　　　　　　　　　　　　　　　770,000

任務三　投資性房地產後續支出的核算

一、資本化的後續支出

與投資性房地產有關的後續支出，滿足投資性房地產確認條件的，企業應當計入投資性房地產成本。例如：企業為了提高投資性房地產的使用效能，往往需要對投資性房地產進行改建、擴建而使其更加堅固耐用，或者通過裝修而改善其室內裝潢，改擴建或裝修支出滿足確認條件的，企業應當將其資本化。企業對某項投資性房地產進行改擴建等再開發且將來仍作為投資性房地產的，在再開發期間應繼續將其作為投資性房地產，再開發期間不計提折舊或攤銷。

採用成本模式計量的，投資性房地產進入改擴建或裝修階段後，企業應當將其帳面價值轉入改擴建工程，借記「投資性房地產——在建」「投資性房地產累積折舊」等科目，貸記「投資性房地產」科目。發生資本化的改良或裝修支出，通過「投資性房地產——在建」科目歸集，借記「投資性房地產——在建」科目，貸記「銀行存款」「應付帳款」等科目。改擴建或裝修完成後，借記「投資性房地產」科目，貸記「投資性房地產——在建」科目。

採用公允價值模式計量的，投資性房地產進入改擴建或裝修階段，借記「投資性房地產——在建」科目，貸記「投資性房地產——成本」「投資性房地產——公允價值變動」等科目；在改擴建或裝修完成後，借記「投資性房地產——成本」科目，貸記「投資性房地產——在建」科目。

企業對某項投資性房地產進行改擴建等再開發且將來仍作為投資性房地產的，再開發期間應繼續將其作為投資性房地產，不計提折舊或攤銷。

【實務 7-33】2019 年 9 月，湖南沙沙門業有限公司與乙公司的一項廠房經營租賃合同即將到期，該廠房原價為 50,000,000 元，已計提折舊 10,000,000 元。為了提高廠房的租金收入，湖南沙沙門業有限公司決定在租賃期滿後對該廠房進行改擴建，並與丙公司簽訂了經營租賃合同，約定自改擴建完工時將該廠房出租給丙公司。2019 年 9 月 30 日，與乙公司的租賃合同到期，該廠房隨即進入改擴建工程，2019 年 12 月 31 日，該廠房改擴建工程完工，其發生支出 5,000,000 元，均已支付，即日按照租賃合同出租給丙公司，假定湖南沙沙門業有限公司採用成本計量模式。

本例中，改擴建支出屬於後續支出，假定符合《企業會計準則第 3 號——投資性房地產》第六條的規定，應當計入投資性房地產的成本。

湖南沙沙門業有限公司的帳務處理如下：

（1）2019 年 9 月 30 日，投資性房地產轉入改擴建工程。

借：投資性房地產——廠房——在建　　　　　　40,000,000
　　投資性房地產累計折舊　　　　　　　　　　10,000,000
　　貸：投資性房地產——廠房　　　　　　　　　　　　50,000,000

（2）2019 年 9 月 30 日至 2018 年 12 月 31 日，發生改擴建支出。

借：投資性房地產——廠房——在建　　　　　　5,000,000
　　貸：銀行存款　　　　　　　　　　　　　　　　　　5,000,000

（3）2019 年 12 月 31 日，改擴建工程完工。

借：投資性房地產——廠房　　　　　　　　　　45,000,000
　　貸：投資性房地產——廠房——在建　　　　　　　　45,000,000

【實務 7-34】2019 年 9 月，湖南沙沙門業有限公司與乙公司的一項廠房經營租賃合同即將到期，為了提高廠房的租金收入，湖南沙沙門業有限公司決定在租賃期滿後對該廠房進行改擴建，並與丙公司簽訂了經營租賃合同，約定自改擴建完工時將該廠房出租給丙公司，2019 年 9 月 30 日，與乙公司的租賃合同到期，該廠房隨即進入改擴建工程。2019 年 9 月 30 日，該廠房帳面餘額為 20,000,000 元，其中成本 16,000,000 元。累計公允價值變動 4,000,000 元，2019 年 12 月 31 日該廠房改擴建工程完工，其發生支出 3,000,000 元，均已支付，即日按照租賃合同出租給丙公司，假定湖南沙沙門業有限公司採用公允價值計量模式。

湖南沙沙門業有限公司的帳務處理如下：

（1）2019 年 9 月 30 日，投資性房地產轉入改擴建工程。

借：投資性房地產——廠房——在建　　　　　　　　20,000,000
　　貸：投資性房地產——廠房——成本　　　　　　　16,000,000
　　　　　　　　　　　　——公允價值變動　　　　　　4,000,000
(2) 2019 年 9 月 30 日至 2018 年 12 月 31 日，發生改建支出。
借：投資性房地產——廠房——在建　　　　　　　　3,000,000
　　貸：銀行存款　　　　　　　　　　　　　　　　　3,000,000
(3) 2019 年 12 月 31 日，改擴建工程完工。
借：投資性房地產——廠房——成本　　　　　　　　23,000,000
　　貸：投資性房地產——廠房——在建　　　　　　　23,000,000

二、費用化的後續支出

與投資性房地產有關的後續支出，不滿足投資性房地產確認條件的，如企業對投資性房地產進行日常維護所發生的支出，應當在發生時計入當期損益，借記「其他業務成本」等科目，貸記「銀行存款」等科目。

任務四　投資性房地產的轉換和處置

一、房地產的轉換

(一) 房地產的轉換形式及轉換日

房地產的轉換，實質上是因房地產用途發生改變而對房地產進行的重新分類。企業有確鑿證據表明房地產用途發生改變，且滿足下列條件之一的，應當將投資性房地產轉換為其他資產或者將其他資產轉換為投資性房地產：

1. 投資性房地產開始自用

投資性房地產開始自用，即投資性房地產轉為自用房地產。在此種情況下，轉換日為房地產達到自用狀態，企業開始將房地產用於生產商品、提供勞務或者經營管理的日期。

2. 作為存貨的房地產改為出租

作為存貨的房地產改為出租，通常指地產開發企業將其持有的開發產品以經營租賃的方式出租，存貨相應地轉換為投資性房地產。在此種情況下，轉換日為房地產的租賃期開始日。租賃期開始日是指承租人有權行使其使用租賃資產權利的日期。

3. 自用建築物或土地使用權停止自用，改為出租

自用建築物或土地使用權停止自用，改為出租，即企業將原本用於生產商品、提供勞務或者經營管理的房地產改用於出租，固定資產或土地使用權相應地轉換為投資性房地產。在此種情況下，轉換日為租賃期開始日。

4. 自用土地使用權停止自用改用於資本增值

自用土地使用權停止自用改用於資本增值，即企業將原本用於生產商品、提供勞務或

者經營管理的土地使用權改用於資本增值，土地使用權相應地轉換為投資性房地產。在此種情況下，轉換日為自用土地使用權停止自用後確定用於資本增值的日期。

5. 房地產企業將用於經營出租的房地產重新開發用於對外銷售，從投資性房地產轉為存貨

轉換日為租賃屆滿、企業董事會或類似機構做出書面決議明確表明將其重新開發用於對外銷售的日期。

(二) 房地產轉換的會計處理

1. 成本模式下的轉換

(1) 投資性房地產轉為自用房產。

企業將採用成本模式計量的投資性房地產轉為自用房地產時，應當按該項投資性房地產在轉換日的帳面餘額、累計折舊、減值準備等，分別轉為「固定資產」或「累計折舊」「固定資產減值準備」等科目。按其帳面餘額，借記「固定資產」或「無形資產」科目，貸記「投資性房地產」科目；按已計提的折舊或攤銷，借記「投資性房地產累計折舊（攤銷）」科目，貸記「累計折舊」或「累計攤銷」科目；原已計提減值準備的，借記「投資性房地產減值準備」科目，貸記「固定資產減值準備」或「無形資產減值準備」科目。

【實務7-35】2019年9月末，湖南沙沙門業有限公司將出租在外的廠房收回，10月1日開始用於本企業的商品生產，該廠房相應由投資性房地產轉換為自用房地產。該項房地產在轉換前採用成本模式計量，截至2019年9月30日，帳面價值為37,650,000元，其中，原價50,000,000元，累計已計提折舊12,350,000元。

湖南沙沙門業有限公司2019年10月1日的帳務處理如下：

借：固定資產　　　　　　　　　　　　　　　　50,000,000
　　投資性房地產累計折舊　　　　　　　　　　12,350,000
　　貸：投資性房地產——××廠房　　　　　　　50,000,000
　　　　累計折舊　　　　　　　　　　　　　　12,350,000

(2) 投資性房地產轉換為存貨。

企業將採用成本模式計量的投資性房地產轉換為存貨時，應當按照該項房地產在轉換日的帳面價值，借記「開發產品」科目；按照已計提的折舊或攤銷，借記「投資性房地產累計折舊（攤銷）」科目，原已計提減值準備的，借記「投資性房地產減值準備」科目；按其帳面餘額，貸記「投資性房地產」科目。

(3) 自用房地產轉換為投資性房地產。

企業將自用土地使用權或建築物轉換為以成本模式計量的投資性房地產時，應當按該項土地使用權或建築物在轉換日的原價、累計折舊、減值準備等，分別轉入「投資性房地產」「投資性房地產累計折舊（攤銷）」「投資性房地產減值準備」科目。按其帳面餘額，借記「投資性房地產」科目，貸記「固定資產」或「無形資產」科目；按已計提的折舊或攤銷，借記「累計折舊」或「累計攤銷」科目，貸記「投資性房地產累計折舊（攤

銷）」科目；原已計提減值準備的，借記「固定資產減值準備」或「無形資產減值準備」科目，貸記「投資性房地產減值準備」科目。

【實務7-36】湖南沙沙門業有限公司擁有一棟辦公樓，用於本企業總部辦公。2019年9月10日，湖南沙沙門業有限公司與B企業簽訂了經營租賃協議，將這棟辦公樓整體出租給B企業使用，租賃期開始日為2019年10月1日，為期5年。2019年10月1日，這棟辦公樓的帳面餘額450,000,000元，已計提折舊3,000,000元。

假設湖南沙沙門業有限公司所在城市沒有活躍的房地產交易市場。

湖南沙沙門業有限公司2018年10月1日的帳務處理如下：

借：投資性房地產——××寫字樓　　　　　　　　450,000,000
　　累計折舊　　　　　　　　　　　　　　　　　　3,000,000
　　貸：固定資產　　　　　　　　　　　　　　　450,000,000
　　　　投資性房地產累計折舊　　　　　　　　　　3,000,000

（4）作為存貨的房地產轉換為投資性房地產。

企業將作為存貨的房地產轉換為採用成本模式計量的投資性房地產時，應當按該項存貨在轉換日的帳面價值，借記「投資性房地產」科目；原已計提跌價準備的，借記「存貨跌價準備」科目，按其帳面餘額，貸記「開發產品」等科目。

【實務7-37】湖南沙沙門業有限公司是從事房地產開發業務的企業，2019年9月10日，湖南沙沙門業有限公司與B企業簽訂租賃協議，將其開發的一棟寫字樓整體出租給B企業使用，租賃期開始日為2019年10月1日。2019年10月1日，該寫字樓的帳面餘額450,000,000元，未計提存貨跌價準備，轉換後採用成本模式計量。

湖南沙沙門業有限公司2019年10月1日的帳務處理如下：

借：投資性房地產——××寫字樓　　　　　　　　450,000,000
　　貸：開發產品　　　　　　　　　　　　　　　450,000,000

2. 公允價值模式下的轉換

（1）採用公允價值模式計量的投資性房地產轉換為自用房地產。

企業將採用公允價值模式計量的投資性房地產轉換為自用房地產時，應當以其轉換當日的公允價值作為自用房地產的帳面價值，公允價值與原帳面價值的差額計入當期損益（公允價值變動損益）。

轉換日，按該項投資性房地產的公允價值，借記「固定資產」或「無形資產」科目；按該項投資性房地產的成本，貸記「投資性房地產——成本」科目；按該項投資性房地產的累計公允價值變動，貸記或借記「投資性房地產——公允價值變動」科目；按其差額，貸記或借記「公允價值變動損益」科目。

【實務7-38】2019年12月1日，湖南沙沙門業有限公司因租賃期滿，將出租的寫字樓收回，公司董事會就將該寫字樓作為辦公樓用於本公司的行政管理形成了書面決議。2019年12月1日，該寫字樓正式開始自用，相應由投資性房地產轉換為自用房地產，當日的公允價值為48,000,000元。該項房地產在轉換前採用公允價值模式計量，原帳面價

值為 47,500,000 元，其中，成本為 45,000,000 元，公允價值變動為增值 2,500,000 元。

湖南沙沙門業有限公司的帳務處理如下：

借：固定資產　　　　　　　　　　　　　　　　　　　48,000,000
　　貸：投資性房地產——寫字樓（成本）　　　　　　　45,000,000
　　　　　　　　　　——寫字樓（公允價值變動）　　　 2,500,000
　　　　公允價值變動損益　　　　　　　　　　　　　　　　500,000

（2）投資性房地產轉換為存貨。

企業將採用公允價值模式計量的投資性房地產轉換為存貨時，應當以其轉換當日的公允價值作為存貨的帳面價值，公允價值與原帳面價值的差額計入當期損益（公允價值變動損益）。

轉換日，按該項投資性房地產的公允價值，借記「開發產品」等科目。按該項投資性房地產的成本，貸記「投資性房地產——成本」科目；按該項投資性房地產的累計公允值變動，貸記或借記「投資性房地產——公允價值變動」科目；按其差額，貸記或借記「公允價值變動損益」科目。

（3）作為存貨的房地產轉換為投資性房地產。

企業將作為存貨的房地產轉換為採用公允價值模式計量的投資性房地產時，應當按照該項房地產轉換當日的公允價值，借記「投資性房地產（成本）」科目；原已計提跌價準備的，借記「存貨跌價準備」科目；按其帳面餘額，貸記「開發產品」等科目。同時，轉換日的公允價值小於帳面價值的，按其差額，借記「公允價值變動損益」科目；轉換日的公允價值大於帳面價值的，按其差額，貸記「其他綜合收益」科目。待該項投資性房地產處置時，因轉換計入其他綜合收益的部分應轉入當期的其他業務成本，借記「其他綜合收益」科目，貸記「其他業務成本」科目。

【實務 7-39】沿用【實務 7-37】，假設轉換後採用公允價值模式計量，10 月 1 日該寫字樓的公允價值為 410,000,000 元，2019 年 12 月 31 日，該項投資性房地產的公允價值為 430,000,000 元。

湖南沙沙門業有限公司的帳務處理如下：

（1）2019 年 10 月 1 日。

借：投資性房地產——××寫字樓（成本）　　　　　410,000,000
　　公允價值變動損益　　　　　　　　　　　　　　　40,000,000
　　貸：開發產品　　　　　　　　　　　　　　　　　450,000,000

（2）2019 年 12 月 31 日。

借：投資性房地產——××寫字樓（公允價值變動）　　20,000,000
　　貸：公允價值變動損益　　　　　　　　　　　　　 20,000,000

【實務 7-40】沿用【實務 7-37】，假設轉換後採用公允價值模式計量，10 月 1 日該寫字樓的公允價值為 470,000,000 元。2019 年 12 月 31 日，該項投資性房地產的公允價值為 480,000,000 元。

湖南沙沙門業有限公司的帳務處理如下：
(1) 2019 年 10 月 1 日。
借：投資性房地產——××寫字樓（成本）　　　　　　　　470,000,000
　　貸：開發產品　　　　　　　　　　　　　　　　　　　　450,000,000
　　　　其他綜合收益　　　　　　　　　　　　　　　　　　 20,000,000
(2) 2019 年 12 月 31 日。
借：投資性房地產——××寫字樓（公允價值變動）　　　　　10,000,000
　　貸：公允價值變動損益　　　　　　　　　　　　　　　　 10,000,000
(4) 自用房地產轉換為投資性房地產。

企業將自用房地產轉換為採用公允價值模式計量的投資性房地產時，應當按照該項土地使用權或建築物在轉換日的公允價值，借記「投資性房地產——成本」科目；按已計提的累計折舊或累計攤銷，借記「累計折舊」或「累計攤銷」科目；原已計提減值準備的，借記「無形資產減值準備」「固定資產減值準備」科目；按其帳面餘額，貸記「固定資產」或「無形資產」科目。同時，轉換日的公允價值小於帳面價值的，按其差額，借記「公允價值變動損益」科目；轉換日的公允價值大於帳面價值的，按其差額，貸記「其他綜合收益」科目。待該項投資性房地產處置時，因轉換計入其他綜合收益的部分應轉入當期的其他業務成本，借記「其他綜合收益」科目，貸記「其他業務成本」科目。

【實務 7-41】2019 年 6 月，湖南沙沙門業有限公司打算搬遷至新建辦公樓，由於原辦公樓處於商業繁華地段，湖南沙沙門業有限公司準備將其出租，以賺取租金收入。2019 年 10 月，湖南沙沙門業有限公司完成了搬遷工作，原辦公樓停止自用。2019 年 12 月，湖南沙沙門業有限公司與 B 企業簽訂了租賃協議，將其原辦公樓租賃給 B 企業使用，租賃期開始日為 2020 年 1 月 1 日，租賃期限為 3 年。

在本例中，湖南沙沙門業有限公司應當於租賃期開始日（2020 年 1 月 1 日），將自用房地產轉換為投資性房地產。由於該辦公樓處於商業區，房地產交易活躍，該企業能夠從市場上取得同類或類似房地產的市場價格及其他相關信息，假設湖南沙沙門業有限公司對出租的辦公樓採用公允價值模式計量。假設 2020 年 1 月 1 日，該辦公樓的公允價值為 350,000,000 元，其原價為 500,000,000 元，已提折舊 142,500,000 元。

湖南沙沙門業有限公司 2020 年 1 月 1 日的帳務處理如下：
借：投資性房地產——××辦公樓（成本）　　　　　　　　350,000,000
　　公允價值變動損益　　　　　　　　　　　　　　　　　　 7,500,000
　　累計折舊　　　　　　　　　　　　　　　　　　　　　 142,500,000
　　貸：固定資產　　　　　　　　　　　　　　　　　　　 500,000,000

二、投資性房地產的處置

當投資性房地產被處置，或者永久退出使用且預計不能從其處置中取得經濟利益時，企業應當終止確認該項投資性房地產。

企業出售、轉讓、報廢投資性房地產或者發生投資性房地產毀損時，應當將處置收入扣除其帳面價值和相關稅費後的金額計入當期損益（將實際收到的處置收入計入其他業務收入，所處置投資性房地產的帳面價值計入其他業務成本）。

（一）成本模式計量的投資性房地產

處置投資性房地產時，企業應按實際收到的金額，借記「銀行存款」等科目，貸記「其他業務收入」科目；按該項投資性房地產的累計折舊或累計攤銷，借記「投資性房地產累計折舊（攤銷）」科目；按該項投資性房地產的帳面餘額，貸記「投資性房地產」科目，按其差額，借記「其他業務成本」科目，已計提減值準備的，還應同時結轉減值準備。

（二）公允價值模式計量的投資性房地產

處置投資性房地產時，企業應按實際收到的金額，借記「銀行存款」等科目，貸記「其他業務收入」科目；按該項投資性房地產的帳面餘額，借記「其他業務成本」科目，貸記「投資性房地產（成本）」科目、貸記或借記「投資性房地產（公允價值變動）」科目；同時，按該項投資性房地產的公允價值變動，借記或貸記「公允價值變動損益」科目，貸記或借記「其他業務成本」科目；按該項投資性房地產在轉換日計入其他綜合收益的金額，借記「其他綜合收益」科目，貸記「其他業務成本」科目。

【實務 7-42】湖南沙沙門業有限公司將其出租的一棟寫字樓確認為投資性房地產。租賃期滿後，湖南沙沙門業有限公司將該棟寫字樓出售給 B 公司，合同價款為 300,000,000 元，B 公司已用銀行存款付清。

（1）假設這棟寫字樓原採用成本模式計量。出售時，該棟寫字樓的成本為 280,000,000 元，已計提折舊 30,000,000 元。

湖南沙沙門業有限公司的帳務處理如下：

借：銀行存款　　　　　　　　　　　　　　　　　300,000,000
　　貸：其他業務收入　　　　　　　　　　　　　　300,000,000
借：其他業務成本　　　　　　　　　　　　　　　250,000,000
　　投資性房地產累計折舊（攤銷）　　　　　　　 30,000,000
　　貸：投資性房地產——寫字樓　　　　　　　　　280,000,000

（2）假設這棟寫字樓原採用公允價值模式計量。出售時，該棟寫字樓的成本為 210,000,000 元，公允價值變動為借方餘額 40,000,000 元。

甲公司的帳務處理如下：

借：銀行存款　　　　　　　　　　　　　　　　　300,000,000
　　貸：其他業務收入　　　　　　　　　　　　　　300,000,000
借：其他業務成本　　　　　　　　　　　　　　　250,000,000
　　貸：投資性房地產——寫字樓（成本）　　　　　210,000,000
　　　　　　　　——寫字樓（公允價值變動）　　　 40,000,000

同時，將投資性房地產累計公允價值變動轉入其他業務成本。

借：公允價值變動損益　　　　　　　　　　　　　　　　40,000,000
　　貸：其他業務成本　　　　　　　　　　　　　　　　　　40,000,000

【本項目工作小結】

　　本項目包括了金融資產、長期股權投資及投資性房地產三個子任務。金融資產主要包括企業持有的現金、債權投資、股權投資、基金投資、衍生金融資產等。企業應當根據其管理金融資產的業務模式和金融資產的合同現金流量特徵，將取得的金融資產在初始確認時分為以下幾類：①以公允價值計量且其變動計入當期損益的金融資產；②以攤餘成本計量的金融資產；③以公允價值計量且其變動計入其他綜合收益的金融資產。上述分類一經確定，不得隨意變更。長期股權投資，包括三個方面：①投資方能夠對被投資單位實施控制的權益性投資，即對子公司投資；②投資方與其他合營方一同對被投資單位實施共同控制且對被投資單位淨資產享有權利的權益性投資，即對合營企業的投資；③投資方對被投資單位具有重大影響的權益性投資，即對聯營企業的投資。以賺取租金或資本增值為目的的投資性房地產現已成為企業一個重要的投資工具。因此，作為企業的財務管理人員，應瞭解投資性房地產的界定、掌握其入帳成本的確認、兩種後續計量模式的會計處理、成本模式轉為公允價值模式的會計處理及投資性房地產的轉換和處置的會計處理、分析變更投資性房地產計量模式的財務影響，清晰地反應企業所持有房地產的盈利能力，為企業管理層進行決策提供有用的信息。

◆ 仿真操作

　　1. 根據【實務7-1】至【實務7-42】編寫相關的記帳憑證。
　　2. 登記相關交易性金融資產、長期股權投資及投資性房地產的總帳。

◆ 崗位業務認知

　　利用節假日，去當地的一些企業（工商企業），瞭解企業投資核算方面的基本情況，對一般企業的金融資產、長期股權投資、投資性房地產等情況有初步的認識和掌握。

◆ 工作思考

　　1. 金融資產在初始確認時可以分為哪幾類，它們之間哪些可以進行重分類？
　　2. 交易性金融資產投資取得時初始入帳成本有哪些？
　　3. 以攤餘成本計量的金融資產主要有哪些特點？

4. 什麼是以公允價值計量且變動計入其他綜合收益的金融資產，如何進行帳務處理？
5. 長期股權投資核算主要包括哪些內容？
6. 同一控制下企業合併方式形成的長期股權投資的初始入帳成本是如何計量的？非同一控制下企業合併方式形成的長期股權投資的初始入帳成本又是如何計量的？
7. 什麼是長期股權投資的成本法？它核算範圍是什麼？如何進行後續計量？
8. 什麼是長期股權投資的權益法？它核算範圍是什麼？如何進行後續計量？
9. 長期股權投資採用權益法核算時，發生超額虧損時怎樣進行確認？
10. 投資性房地產的概念是什麼，它核算的範圍又包括了哪些？
11. 投資性房地產後續計量包括哪兩種模式，滿足什麼樣的條件採用公允價值模式計量？
12. 作為存貨的房地產轉換為採用公允價值模式計量的投資性房地產該如何進行帳務處理？

項目八　稅費核算業務

企業根據稅法規定應當繳納的各種稅費包括增值稅、消費稅、城市維護建設稅及教育費附加、資源稅、土地增值稅、房產稅、車船稅、城鎮土地使用稅、印花稅、耕地占用稅、所得稅等。本項目涉及的主要會計崗位是稅費核算崗位。隨著中國社會主義市場經濟的發展和逐步完善，該崗位在企業會計崗位中的重要性日益突顯。

【項目工作目標】

⊙知識目標

熟悉稅費核算崗位職責；能夠正確計算企業應納增值稅、消費稅、所得稅的稅額；會增值稅、消費稅和其他應交稅費的核算。

⊙技能目標

學生通過本項目的學習，能對企業經營過程中涉及的各種應交稅費業務進行正確的計算並進行相應的會計處理；會填寫納稅申報表，按時申報納稅。

【任務導入】

湖南沙沙門業有限公司是一家工業企業，除對外銷售產品，也提供工業性勞務和運輸裝卸勞務。2019年年底當地國稅部門稽查人員在對其進行納稅檢查時，該企業帳簿上記載：年度對外銷售收入400萬元，對外提供工業性勞務收入60萬元，收取運輸裝卸費16萬元。該公司的產品、工業性勞務均按13%的稅率計算增值稅，該公司財務部門計算的銷項稅額為59.8萬元，稽查人員認為與其收入不相符。經過深入調查，審閱「主營業務收入」「其他業務收入」等帳戶，並核對有關的記帳憑證、原始憑證，稽查人員瞭解到該公司在銷售產品時，還向購買方收取包裝費、運輸裝卸費、包裝物租金。沙沙門公司沒有計算確認這些價外費用的銷項稅額。根據《中華人民共和國增值稅暫行條例》規定，與產品銷售相關的價外費用也應並入銷售額計算增值稅銷項稅額。稽查人員責令該公司補交漏繳稅費。

思考與分析：(1) 該公司應補繳多少增值稅額？(2) 除了包裝費、運輸裝卸費、包裝物租金外，你知道還有哪些收入應計入銷售額一併計算銷項稅額？

【進入任務】

　　任務一　應交增值稅
　　任務二　應交消費稅
　　任務三　其他應交稅費

　　企業根據稅法規定應繳納的各種稅費包括增值稅、消費稅、城市維護建設稅、資源稅、所得稅、土地增值稅、房產稅、車船稅、城鎮土地使用稅、教育費附加、印花稅、耕地占用稅等。
　　企業應通過「應交稅費」科目，總括反應各種稅費的繳納情況，並按照應交稅費的種類進行明細核算。該科目貸方登記應繳納的各種稅費等，借方登記實際繳納的稅費，期末餘額一般在貸方，反應企業尚未繳納的稅費，期末餘額如在借方，反應企業多交或尚未抵扣的稅費。
　　註：企業繳納的印花稅、耕地占用稅等不需要預計應交的稅費，不通過「應交稅費」科目核算。

任務一　應交增值稅

一、增值稅概述

　　增值稅是指對中國境內銷售貨物、進口貨物、提供加工、修理修配勞務或者發生應稅行為過程中實現的增值額徵收的一種流轉稅。
　　增值稅的納稅人按照納稅人的經營規模及會計核算的健全程度，增值稅納稅人分為一般納稅企業和小規模納稅企業。
　　小規模納稅企業應納增值稅額＝銷售額×規定的徵收率
　　一般納稅企業應納增值稅額＝當期銷項稅額－當期準予扣除的進項稅額
　　按照《中華人民共和國增值稅暫行條例》的規定，增值稅一般納稅人企業購入貨物或接受應稅勞務支付的增值稅（即進項稅額），可以從銷售貨物或提供勞務規定收取的增值稅（即銷項稅額）中抵扣。當期準予扣除的進項稅額通常包括：
　　（1）從銷售方取得的增值稅專用發票上註明的增值稅額。
　　（2）從海關取得完稅憑證上註明的增值稅額。
　　（3）購入免稅農產品，可以按照經稅務機關批准的收購憑證上的買價和規定扣除率計算準予抵扣的進項稅。
　　會計核算中，如果企業不能取得有關的扣稅證明，則購進貨物或接受應稅勞務支付的增值稅額不能作為進項稅額扣稅，其支付的增值稅只能記入購入貨物或接受勞務的成本。

二、一般納稅人應納增值稅的核算

為了核算企業應交增值稅的發生、抵扣、繳納、退稅及轉出等情況，企業應在「應交稅費」科目下設置「應交增值稅」明細科目，並在「應交增值稅」明細帳內設置「進項稅額」「已交稅金」「銷項稅額」「出口退稅」「進項稅額轉出」等專欄。

（一）取得資產或接受勞務等業務的帳務處理

一般納稅人購進貨物、加工修理修配勞務、服務、無形資產或不動產，按應計入相關成本費用或資產的金額，借記「在途物資」或「原材料」「庫存商品」「生產成本」「無形資產」「固定資產」「管理費用」等科目；按當月已認證的可抵扣增值稅額，借記「應交稅費——應交增值稅（進項稅額）」科目；按當月未認證的可抵扣增值稅額，借記「應交稅費——待認證進項稅額」科目；按應付或實際支付的金額，貸記「應付帳款」「應付票據」「銀行存款」等科目。發生退貨的，如原增值稅專用發票已做認證，企業應根據稅務機關開具的紅字增值稅專用發票做相反的會計分錄；如原增值稅專用發票未做認證，企業應將發票退回並做相反的會計分錄。（假定後面業務題增值稅進項稅額當期都已認證）。

【實務 8-1】湖南沙沙門業有限公司購入原材料一批，增值稅專用發票上註明貨款 100,000 元，增值稅額 13,000 元，貨物尚未到達，貨款和進項稅款已用銀行存款支付。該公司採用實際成本對原材料進行核算。則沙沙門業公司的有關會計處理如下：

借：在途物資 100,000
　　應交稅費——應交增值稅（進項稅額） 13,000
　貸：銀行存款 113,000

【實務 8-2】湖南沙沙門業有限公司生產車間委託外單位修理機器設備，對方開具的增值稅專用發票上註明修理費用 20,000 元，增值稅額 2,600 元，貨款尚未支付。則沙沙門業公司的有關會計處理如下：

借：管理費用 20,000
　　應交稅費——應交增值稅（進項稅額） 2,600
　貸：應付帳款 22,600

按照增值稅暫行條例，企業購入免徵增值稅貨物，一般不能夠抵扣增值稅銷項稅額。但對於企業購入免稅農產品，根據經稅務機關批准的收購憑證註明的買價和規定的扣除率計算進項稅額，准予從銷項稅額中抵扣，借記「應交稅費——應交增值稅（進項稅額）」科目，按買價扣除按規定計算的進項稅額後的差額，借記「在途物資」「原材料」「庫存商品」等科目；按照應付或實際支付的價款，貸記「應付帳款」「銀行存款」等科目。

【實務 8-3】湖南沙沙門業有限公司購入免稅農產品一批，價款 100,000 元，規定的扣除率為 9%，貨物尚未到達，貨款已用銀行存款支付。則沙沙門業公司的有關會計處理如下：

借：在途物資 91,000
　　應交稅費——應交增值稅（進項稅額） 9,000（100,000×9%）

貸：銀行存款　　　　　　　　　　　　　　　　　　　　100,000
　　購進用於生產用固定資產所支付的增值稅額，應計入增值稅進項稅額，可以從銷項稅額中抵扣，購進的貨物用於非應稅項目，其所支付的增值稅額應計入購入貨物的成本。

【實務8-4】 湖南沙沙門業有限公司購入不需要安裝的生產用設備一臺，價款及運輸保險等費用合計300,000元，增值稅專用發票上註明的增值稅額39,000元，款項尚未支付。則沙沙門業公司的有關會計處理如下：
　　借：固定資產　　　　　　　　　　　　　　　　　　　　300,000
　　　　應交稅費——應交增值稅（進項稅額）　　　　　　　　39,000
　　貸：應付帳款　　　　　　　　　　　　　　　　　　　　339,000

【實務8-5】 湖南沙沙門業有限公司購入新建廠房的基建工程所用工程物資一批，價款及運輸保險等費用合計100,000元，增值稅專用發票上註明的增值稅額13,000元，物資已驗收入庫，款項尚未支付。則沙沙門業公司的有關會計處理如下：
　　借：工程物資　　　　　　　　　　　　　　　　　　　　100,000
　　　　應交稅費——應交增值稅（進項稅額）　　　　　　　　13,000
　　貸：應付帳款　　　　　　　　　　　　　　　　　　　　113,000

（二）進項稅額轉出

　　企業購進的貨物發生非常損失的，以及將購進貨物改變用途的（如用於非應稅項目、集體福利或個人消費等），其進項稅額應通過「應交稅費——應交增值稅（進項稅額轉出）」科目轉入有關科目，借記「待處理財產損溢」「應付職工薪酬」等科目，貸記「應交稅費——應交增值稅（進項稅額轉出）」科目，屬於轉作待處理財產損失的進項稅額，應與遭受非常損失的購進貨物、在產品或庫存商品的成本一併處理。

【實務8-6】 湖南沙沙門業有限公司庫存材料因意外火災毀損一批，有關增值稅專用發票確認成本為10,000元，增值稅額1,300元。則沙沙門業公司的有關會計處理如下：
　　借：待處理財產損溢　　　　　　　　　　　　　　　　　11,300
　　貸：原材料　　　　　　　　　　　　　　　　　　　　　10,000
　　　　應交稅費——應交增值稅（進項稅轉出）　　　　　　　1,300

【實務8-7】 湖南沙沙門業有限公司所屬的職工醫院維修領用原材料5,000元，其購入時支付的增值稅為650元。則沙沙門業公司的有關會計處理如下：
　　借：應付職工薪酬　　　　　　　　　　　　　　　　　　5,650
　　貸：原材料　　　　　　　　　　　　　　　　　　　　　5,000
　　　　應交稅費——應交增值稅（進項稅轉出）　　　　　　　650

（三）銷售貨物或提供應稅勞務

　　企業銷售貨物或者提供應稅勞務，按照營業收入和應收取的增值稅額，借記「應收帳款」「應收票據」「銀行存款」等科目；按專用發票上註明的增值稅額，貸記「應交稅費——應交增值稅（銷項稅額）」科目；按照實現的營業收入，貸記「主營業務收入」「其他業務收入」等科目。發生的銷售退回，做相反的會計分錄。

【實務 8-8】湖南沙沙門業有限公司銷售產品一批，價款 500,000 元，按規定應收取增值稅稅額 65,000 元，提貨單和增值稅專用發票已交給買方，款項尚未收到。則沙沙門業公司的有關會計處理如下：

借：應收帳款　　　　　　　　　　　　　　　　　　　　565,000
　　貸：主營業務收入　　　　　　　　　　　　　　　　　500,000
　　　　應交稅費——應交增值稅（銷項稅額）　　　　　　 65,000

（四）視同銷售行為

企業將自產或委託加工的貨物用於集體福利或個人消費，將自產、委託加工或購買的貨物作為投資、分配給股東、贈送他人等，應視同銷售貨物計算繳納增值稅，借記「應付職工薪酬」「長期股權投資」「營業外支出」等科目，貸記「應交稅費——應交增值稅（銷項稅額）」科目等。

【實務 8-9】湖南沙沙門業有限公司將自己生產的產品捐贈給貧困山區。該批產品的成本為 200,000 元，計稅價格為 300,000 元，增值稅稅率為 13%。則沙沙門業公司的有關會計處理如下：

借：營業外支出　　　　　　　　　　　　　　　　　　　239,000
　　貸：庫存商品　　　　　　　　　　　　　　　　　　 200,000
　　　　應交稅費——應交增值稅（銷項稅額）　　　　　　 39,000

（五）差額徵稅行為

金融商品轉讓按規定以盈虧相抵後的餘額（差額）作為銷售額進行計徵增值稅。金融商品在實際轉讓時，如產生轉讓收益，則按應納稅額借記「投資收益」等科目，貸記「應交稅費——轉讓金融商品應交增值稅」科目；如產生轉讓損失，則按可結轉下月抵扣稅額，借記「應交稅費——轉讓金融商品應交增值稅」科目，貸記「投資收益」等科目。轉讓金融商品，繳納增值稅時，應借記「應交稅費——轉讓金融商品應交增值稅」科目，貸記「銀行存款」科目。

【實務 8-10】湖南沙沙門業有限公司為增值稅一般納稅企業，當月出售交易性金融資產，該金融商品取得成本為 300,000 元，本月出售金額為 363,600 元，增值稅稅率為 6%，不考慮其他稅費情況，則轉讓金融商品涉及的帳務處理如下：

借：其他貨幣資金　　　　　　　　　　　　　　　　　　363,600
　　貸：交易性金融資產——成本　　　　　　　　　　　 300,000
　　　　投資收益　　　　　　　　　　　　　　　　　　　63,600
借：投資收益　　　　　　　　　　　　　　　　　　　　　3,600
　　貸：應交稅費——轉讓金融商品應交增值稅　　　　　　 3,600

企業對金融商品計稅依據為賣出價 363,600 元減去買入價 300,000 元，由於金融商品出售是含稅價，則還需除以（1+6%），再乘以稅率 6%，得出應交金融商品的增值稅為 3,600 元。

（六）出口退稅

企業出口產品按規定退稅的，按應收的出口退稅額，借記「其他應收款」，貸記「應交稅費——應交增值稅（出口退稅）」科目；收到退稅額時，借記「銀行存款」，貸記「其他應收款」科目。

（七）繳納增值稅

企業繳納的增值稅，通過「應交稅費——應交增值稅（已交稅金）」科目核算，借記「應交稅費——應交增值稅（已交稅金）」科目，貸記「銀行存款」科目。

【實務 8-11】湖南沙沙門業有限公司以銀行存款繳納本月增值稅 100,000 元。則沙沙門業公司的有關會計處理如下：

借：應交稅費——應交增值稅（已交稅金）　　　　　　100,000
　　貸：銀行存款　　　　　　　　　　　　　　　　　　　　100,000

三、小規模納稅人應納增值稅的核算

小規模納稅企業應當按照不含稅銷售額和規定的增值稅徵收率計算繳納增值稅，銷售貨物或提供應稅勞務時只能開具普通發票，不能開具增值稅專用發票。小規模納稅企業不享有進項稅額的抵扣權，其購進貨物或接受應稅勞務支付的增值稅直接計入有關貨物或勞務的成本。因此，小規模納稅企業只需在「應交稅費」科目下設置「應交增值稅」明細科目，不需要在「應交增值稅」明細科目中設置專欄，「應交稅費——應交增值稅」科目貸方登記應繳納的增值稅，借方登記已繳納的增值稅；期末貸方餘額為尚未繳納的增值稅，借方餘額為多繳納的增值稅。

（1）小規模納稅企業購進貨物和接受應稅勞務時支付的增值稅，直接計入有關貨物或勞務的成本，借記「在途物資」「原材料」等科目，貸記「銀行存款」科目。一般納稅人購入材料，不能取得增值稅專用發票的，比照小規模納稅人進行處理。

【實務 8-12】湖南沙沙門業有限公司是小規模納稅企業，購入材料一批，取得的專用發票中註明貨款 20,000 元，增值稅 2,600 元，款項以銀行存款支付，材料已驗收入庫（該企業按實際成本計價核算）。則企業的有關會計處理如下：

借：原材料　　　　　　　　　　　　　　　　　　　　22,600
　　貸：銀行存款　　　　　　　　　　　　　　　　　　　　22,600

（2）小規模納稅企業銷售貨物和提供應稅勞務時只能使用普通發票，不得使用增值稅專用發票，借記「銀行存款」等科目，貸記「主營業務收入」「應交稅費——應交增值稅」等科目。

應納增值稅＝不含稅銷售額×徵收率

不含稅銷售額＝含稅銷售額÷（1+徵收率）

【實務 8-13】湖南沙沙門業有限公司是小規模納稅企業，銷售產品一批，所開出的普通發票中註明的貨款（含稅）為 20,600 元，增值稅徵收率為 3%，款項已存入銀行。該企業的有關會計分錄如下：

借：銀行存款 20,600
　貸：主營業務收入 20,000
　　　應交稅額——應交增值稅 600
註：不含稅銷售額 = 20,600÷（1+3%）= 20,000（元）
應納增值稅 = 20,000×3% = 600（元）

【實務 8-14】湖南沙沙門業有限公司是小規模納稅企業，某月月末以銀行存款上交增值稅 600 元。則沙沙門業公司的有關會計處理如下：
借：應交稅費——應交增值稅 600
　貸：銀行存款 600

任務二　應交消費稅

一、消費稅概述

消費稅是指在中國境內生產、委託加工和進口應稅消費品的單位和個人，按其流轉額繳納的一種稅。

消費稅有從價定率和從量定額兩種徵收方法。

1. 從價定率徵收消費稅

從價定率徵收消費稅，以不含增值稅的銷售額為稅基，按照稅法規定的稅率計算。

應納消費稅稅額 = 應稅消費品的銷售額×消費稅稅率

其中：銷售額是納稅人銷售應稅消費品向購貨方收取的全部價款和價外費用，但不包括代墊運費和向購貨方收取的增值稅。

如果納稅人銷售應稅消費品的銷售額中包含增值稅稅款，或因不能開具增值稅專用發票，而發生價款和增值稅額合併收取的，企業財務管理人員在計算消費稅時，應將含增值稅的銷售額換算為不含增值稅的銷售額，公式如下：

應稅消費品的銷售額 = 含增值稅的銷售額÷（1+增值稅稅率或徵收率）

2. 從量定額徵收消費稅

從量定額徵收消費稅，根據按稅法確定的企業應稅消費品的數量和單位應稅消費品應繳納的消費稅計算確定。

應納消費稅稅額 = 應稅消費品的銷售量×單位稅額

卷菸和白酒在計徵消費稅時，既從價計徵又從量計徵。

應稅消費品的銷售量按如下規定確定：

（1）屬於銷售應稅消費品的為應稅消費品的銷售數量；
（2）屬於自產自用應稅消費品的為移送使用數量；
（3）屬於委託加工應稅消費品的為納稅人收回的應稅消費品數量；

（4）進口的應稅消費品為海關核定的應稅消費品進口徵稅數量。

二、應交消費稅的核算

企業應在「應交稅費」科目下設置「應交消費稅」明細科目，核算應交消費稅的發生、繳納情況。該科目貸方登記應繳納的消費稅，借方登記已繳納的消費稅；期末貸方餘額為尚未繳納的消費稅，借方餘額為多繳納的消費稅。

1. 銷售應稅消費品

企業銷售應稅消費品應交的消費稅，應借記「稅金及附加」科目，貸記「應交稅費——應交消費稅」科目。

【實務 8-15】 湖南沙沙門業有限公司銷售所生產的化妝品，價款 2,000,000 元（不含增值稅），適用的消費稅稅率為 15%。則沙沙門業公司的有關會計處理如下：

借：稅金及附加　　　　　　　　　　　　　　　　　　　300,000
　　貸：應交稅費——應交消費稅　　　　　　　　　　　　　　　300,000

2. 自產自用的應稅消費品

企業將生產的應稅消費品用於在建工程、對外投資、集體福利或個人消費、無償贈送他人、非生產機構等方面。按規定應繳納的消費稅，借記「在建工程」「長期股權投資」「應付職工薪酬」「營業外支出」「管理費用」等科目，貸記「應交稅費——應交消費稅」科目。

【實務 8-16】 湖南沙沙門業有限公司在建工程領用自產柴油成本為 50,000 元，按市場價計算的應納消費稅 6,000 元。則沙沙門業公司的有關會計處理如下：

借：在建工程　　　　　　　　　　　　　　　　　　　　56,000
　　貸：庫存商品　　　　　　　　　　　　　　　　　　　　　　50,000
　　　　應交稅費——應交消費稅　　　　　　　　　　　　　　　6,000

【實務 8-17】 湖南沙沙門業有限公司下設的職工食堂享受企業提供的補貼，本月領用自產產品一批，該產品的帳面價值 40,000 元，市場價格 60,000 元（不含增值稅），適用的消費稅稅率為 10%，增值稅稅率為 13%。該企業的有關會計分錄如下：

借：應付職工薪酬——職工福利　　　　　　　　　　　　53,800
　　貸：庫存商品　　　　　　　　　　　　　　　　　　　　　　40,000
　　　　應交稅費——應交增值稅（銷項稅額）　　　　　　　　　7,800
　　　　　　　　——應交消費稅　　　　　　　　　　　　　　　6,000

3. 進口應稅消費品

企業進口應稅物資在進口環節應交的消費稅，計入該項物資的成本，借記「在途物資」「固定資產」等科目，貸記「銀行存款」科目。

【實務 8-18】 湖南沙沙門業有限公司從國外進口一批需要繳納消費稅的商品，商品價值 2,000,000 元，進口環節需要繳納的消費稅為 400,000 元（不考慮增值稅），採購的商品已經驗收入庫，貨款尚未支付，稅款已經用銀行存款支付。則沙沙門業公司的有關會計

分錄如下：
　　借：庫存商品　　　　　　　　　　　　　　　　　　　　2,400,000
　　　貸：應付帳款　　　　　　　　　　　　　　　　　　　　2,000,000
　　　　　銀行存款　　　　　　　　　　　　　　　　　　　　　400,000
　　4. 委託加工應稅消費品
　　需要繳納消費稅的委託加工物資，應由受託方代收代交消費稅，受託方按照應交稅款金額，借記「應收帳款」「銀行存款」等科目，貸記「應交稅費——應交消費稅」科目。
　　委託加工物資收回後，直接用於銷售的，企業應將受託方代收代交的消費稅計入委託加工物資的成本，借記「委託加工物資」等科目，貸記「應付帳款」「銀行存款」等科目。委託加工物資收回後用於連續生產應稅消費品，按規定準予抵扣的，企業應按已由受託方代收代交的消費稅，借記「應交稅費——應交消費稅」科目，貸記「應付帳款」「銀行存款」科目。

　　【實務 8-19】湖南沙沙門業有限公司委託乙企業代為加工一批應交消費稅的材料（非金銀首飾）。沙沙門業公司的材料成本為 1,000,000 元，加工費為 200,000 元，由乙企業代收代繳的消費稅為 80,000 元（不考慮增值稅）。材料已經加工完成，並由沙沙門業公司收回驗收入庫，加工費尚未支付。沙沙門業公司採用實際成本法進行原材料的核算。
　　（1）如果沙沙門業公司收回的委託加工物資用於繼續生產應稅消費品，則該企業的有關會計分錄如下：
　　借：委託加工物資　　　　　　　　　　　　　　　　　　1,000,000
　　　貸：原材料　　　　　　　　　　　　　　　　　　　　　1,000,000
　　借：委託加工物資　　　　　　　　　　　　　　　　　　　　200,000
　　　　應交稅費——應交消費稅　　　　　　　　　　　　　　　 80,000
　　　貸：應付帳款　　　　　　　　　　　　　　　　　　　　　280,000
　　借：原材料　　　　　　　　　　　　　　　　　　　　　　1,200,000
　　　貸：委託加工物資　　　　　　　　　　　　　　　　　　1,200,000
　　（2）如果沙沙門業公司收回的委託加工物資直接用於對外銷售，則該企業的有關會計分錄如下：
　　借：委託加工物資　　　　　　　　　　　　　　　　　　1,000,000
　　　貸：原材料　　　　　　　　　　　　　　　　　　　　　1,000,000
　　借：委託加工物資　　　　　　　　　　　　　　　　　　　　280,000
　　　貸：應付帳款　　　　　　　　　　　　　　　　　　　　　280,000
　　借：原材料　　　　　　　　　　　　　　　　　　　　　　1,280,000
　　　貸：委託加工物資　　　　　　　　　　　　　　　　　　1,280,000
　　（3）乙企業對應收取的受託加工代收代繳消費稅的會計分錄如下：
　　借：應收帳款　　　　　　　　　　　　　　　　　　　　　　80,000
　　　貸：應交稅費——應交消費稅　　　　　　　　　　　　　　 80,000

任務三　其他應交稅費

其他應交稅費是指除上述稅費以外的應交稅費，包括應交資源稅、城市維護建設稅、土地增值稅、所得稅、房產稅、城鎮土地使用稅、車船稅、教育費附加等。企業應當在「應交稅費」科目下設置相應的明細科目進行核算。

一、應交資源稅

資源稅是國家對在中國境內開採礦產品或者生產鹽的單位和個人徵收的一種稅。資源稅依據開採的產品不同，可以採用從量計徵，也可以採用從價計徵。

（1）資源稅按應稅產品的課稅數量和規定的單位稅額計算，公式為：

應納稅額＝課稅數量×單位稅額

公式中，課稅數量為：開採或生產應稅產品用於銷售的，以銷售數量為課稅數量；開採或生產應稅產品自用的，以自用數量為課稅數量。

（2）資源稅按應稅產品的銷售額和規定的稅率計算，公式為：

應納稅額＝銷售金額×資源稅稅率

公式中，銷售金額為：開採或生產應稅產品用於銷售的，以銷售金額作為計稅依據，不含增值稅；開採或生產應稅產品自用的，以自用視同銷售額作為計稅依據。

企業對外銷售應稅產品應繳納的資源稅，借記「稅金及附加」科目，貸記「應交稅費——應交資源稅」科目；企業自產自用應稅產品而應繳納的資源稅，借記「生產成本」「製造費用」等科目，貸記「應交稅費——應交資源稅」科目。

【實務 8-20】 湖南沙沙門業有限公司對外銷售某種資源稅應稅礦產品 200,000 元，該應稅產品資源稅稅率為 6%。該企業的有關會計分錄如下：

借：稅金及附加　　　　　　　　　　　　　　12,000
　　貸：應交稅費——應交資源稅　　　　　　　　　　　12,000

【實務 8-21】 湖南沙沙門業有限公司將自產的資源稅應稅礦產品 500 噸用於企業的產品生產，每噸應交資源稅 5 元。該企業的有關會計分錄如下：

借：生產成本　　　　　　　　　　　　　　　2,500
　　貸：應交稅費——應交資源稅　　　　　　　　　　　2,500

二、應交城市維護建設稅

為了加強城市的維護建設，擴大和穩定城市維護建設資金的來源，國家開徵了城市維護建設稅。城市維護建設稅是一種附加稅，以納稅人應交的增值稅和消費稅的稅額為計稅依據徵收的一種稅。其計算公式為：

應納稅額＝（應交增值稅＋應交消費稅）×適用稅率

稅率因納稅人所在地不同，分為三個檔次，分別為 7%、5%、1%。

企業應交的城市維護建設稅，借記「稅金及附加」等科目，貸記「應交稅費——應交城市維護建設稅」科目；實際上交時，借記「應交稅費——應交城市維護建設稅」科目，貸記「銀行存款」科目。

【實務 8-22】湖南沙沙門業有限公司本期實際應上交增值稅 400,000 元，消費稅 300,000 元。該企業適用的城市維護建設稅稅率為 7%。該企業的有關會計分錄如下：
（1）計算應交的城市維護建設稅。

借：稅金及附加 49,000
　　貸：應交稅費——應交城市維護建設稅 49,000

（2）用銀行存款上交城市維護建設稅時。

借：應交稅費——應交城市維護建設稅 49,000
　　貸：銀行存款 49,000

三、應交教育費附加

教育費附加是為了加快發展地方教育事業，擴大地方教育經費的資金來源而向企業徵收的附加費用，它沒有自己獨立的徵收對象，是以各單位和個人實際繳納的增值稅、消費稅的稅額為計稅依據徵收的一種附加費。

企業按規定計算出應交的教育費附加，借記「稅金及附加」科目，貸記「應交稅費——應交教育費附加」科目；實際上交時，借記「應交稅費——應交教育費附加」科目，貸記「銀行存款」科目。

【實務 8-23】湖南沙沙門業有限公司按稅法規定計算，2018 年第 4 季度應繳納教育費附加 300,000 元。款項已經用銀行存款支付。該企業的有關會計處理如下：

借：稅金及附加 300,000
　　貸：應交稅費——應交教育費附加 300,000
借：應交稅費——應交教育費附加 300,000
　　貸：銀行存款 300,000

四、應交土地增值稅

土地增值稅是指在中國境內有償轉讓土地使用權及地上建築物和其他附著物產權的單位和個人，就其土地增值額徵收的一種稅。這裡的增值稅額指的是轉讓房地產所取得的收入減除規定扣除項目金額後的餘額，即計稅依據為增值額，依照超率累進稅率計算應納稅額。

土地增值稅按照轉讓房地產所取得的增值額和規定的稅率計算徵收，通過「應交稅費——應交土地增值稅」科目核算。企業轉讓的土地使用權連同地上建築物及其附著物一併在「固定資產」等科目核算的，轉讓時應交的土地增值稅，借記「固定資產清理」科目，貸記「應交稅費——應交土地增值稅」；土地使用權在「無形資產」科目核算的，按

實際收到的金額，借記「銀行存款」科目，按應交的土地增值稅，貸記「應交稅費——應交土地增值稅」，同時沖減「無形資產」帳面價值。

【實務 8-24】 湖南沙沙門業有限公司對外轉讓一棟廠房，根據稅法規定計算的應交土地增值稅為 27,000 元。則沙沙門業公司的有關會計處理如下：

(1) 計算應繳納的土地增值稅。

借：固定資產清理	27,000
貸：應交稅費——應交土地增值稅	27,000

(2) 企業用銀行存款繳納應交土地增值稅稅款。

借：應交稅費——應交土地增值稅	27,000
貸：銀行存款	27,000

五、應交房產稅、土地使用稅和車船稅

房產稅是國家對在城市、縣城、建制鎮和工礦區徵收的由產權所有人繳納的一種稅，依照房產原值一次減除 10% 至 30% 後的餘額計算繳納。

土地使用稅是國家為了合理利用城鎮土地，調節土地級差收入，提高土地使用效益，加強土地管理而開徵的稅種，以納稅人實際占用的土地面積為計稅依據。

車船稅是向擁有並使用車船的單位和個人徵收的一種稅。

企業應交的房產稅、土地使用稅、車船稅，借記「稅金及附加」科目，貸記「應交稅費——應交房產稅（或應交土地使用稅、應交車船稅）」科目。

六、應交個人所得稅

企業按規定計算的代扣代交的職工個人所得稅，借記「應付職工薪酬」科目，貸記「應交稅費——應交個人所得稅」科目。

【實務 8-25】 湖南沙沙門業有限公司結算本月應付職工工資總額 200,000 元，代扣職工個人所得稅共計 2,000 元，實發工資 198,000 元。該企業相關會計處理如下：

借：應付職工薪酬——工資	200,000
貸：銀行存款	198,000
應交稅費——應交個人所得稅	2,000

七、應交企業所得稅

企業應繳納的所得稅，在「應交稅費」科目下設置「應交企業所得稅」明細科目。企業按稅法規定計算應交的所得稅時，借記「所得稅費用」，貸記「應交稅費——應交企業所得稅」科目；上交所得稅時，借記「應交稅費——應交企業所得稅」科目，貸記「銀行存款」科目。

【本項目工作小結】

　　企業根據稅法規定應繳納的各種稅費包括增值稅、消費稅、城市維護建設稅、資源稅、所得稅、土地增值稅、房產稅、車船稅、城鎮土地使用稅、教育費附加、印花稅、耕地占用稅等。通過本項目的學習，學生要熟悉稅費核算崗位的職責；能夠正確計算企業增值稅、消費稅、所得稅的稅額；能對增值稅、消費稅和其他應交稅費的經濟業務進行相應的帳務處理，在企業中會編製納稅申報表，按時申報納稅。

◆ 仿真操作

1. 根據【實務8-1】至【實務8-25】編寫有關的記帳憑證。
2. 根據記帳憑證登記相關明細帳和總帳。

◆ 崗位業務認知

　　利用節假日，去當地稅務徵管部門，瞭解當前企業應交稅費的政策法規及其徵管情況，對企業應繳納的各種稅額及應繳納的時間、方式方法等有初步認識，明確企業應交稅費核算的內容。

◆ 工作思考

1. 一般納稅企業和小規模納稅企業在應交增值稅方面的核算有什麼不同？
2. 企業有哪些稅費不需通過「應交稅費」科目進行核算？
3. 企業繳納的稅費哪些直接計入當期損益「管理費用」科目？
4. 企業應交的增值稅應當如何進行會計處理？
5. 企業繳納的稅費哪些通過「稅金及附加」科目核算？

項目九　職工薪酬核算業務

職工薪酬是指企業為獲得職工提供的服務而給予的各種形式的報酬以及其他相關支出。本項目涉及的主要會計崗位是職工薪酬核算崗位，該崗位會計人員，應熟練掌握應付職工薪酬的確認、發放、「五險一金」的繳存與支取等核算內容。

【項目工作目標】

⊙知識目標

熟悉應付職工薪酬的核算內容；掌握短期薪酬確認與發放的核算；熟悉「五險一金」的計提與繳存核算。

⊙技能目標

學生通過本項目的學習，掌握工資結算表、應付福利費的計提計算表、工會經費、職工教育經費的計提計算表的編製；掌握應付職工薪酬的業務流程及會計憑證的編製和登記有關總帳和明細帳。

【任務導入】

某公司在年終為職工發放獎金時，獎金沒有在職工薪酬中核算，而是全部計入了本期的生產成本。這種做法是否妥當？

【進入任務】

任務一　職工薪酬概述
任務二　職工薪酬的核算

任務一　職工薪酬概述

一、職工薪酬的概述

人工成本是企業在生產經營過程中發生的各種耗費支出的主要組成部分，直接關係到產品成本和產品價格的高低，直接影響企業生產經營的成果。明確企業使用各種人力資源所付出的全部代價，以及產品成本中人工成本所占比重，有利於有效監督和控制生產經營過程中的人工費用支出，改善費用支出結構，節約成本，降低產品價格，提高企業的市場競爭力。

《企業會計準則第9號——職工薪酬》（以下簡稱「職工薪酬準則」）從廣義的角度，根據構成完整人工成本的各類薪酬，從人工成本的理念出發，將職工薪酬界定為「企業為獲得職工提供的服務而給予各種形式的報酬以及其他相關支出」。從性質上來說，凡是企業為獲得職工提供的服務而給予或付出的各種形式的對價，都構成職工薪酬，都應當作為一種耗費，與這些服務產生的經濟利益相匹配。職工薪酬準則以明確界定的職工薪酬完整內涵為起點，著重解決了職工薪酬的範圍、確認、計量和披露，規範了除以股份為基礎的薪酬以外的其他所有職工薪酬的會計處理和相關信息的披露。

二、職工及職工薪酬的範圍

（一）職工的範圍

職工薪酬準則所稱的「職工」包括三層含義：一是與企業訂立勞動合同的所有人員，含全職、兼職和臨時職工；二是未與企業訂立勞動合同、但由企業正式任命的人員，如董事會成員、監事會成員等；三是在企業的計劃和控制下，雖未與企業訂立勞動合同或未由其正式任命，但為其提供與職工類似服務的人員，也屬於職工薪酬準則所稱的職工。

（二）職工薪酬的範圍

職工薪酬是企業因職工提供服務而支付或放棄的所有對價，主要包括以下內容：

1. 短期薪酬
（1）職工工資、獎金、津貼和補貼。
（2）職工福利費。
（3）醫療保險費、養老保險費、失業保險費、工傷保險費和生育保險費等社會保險費。
（4）住房公積金。
（5）工會經費和職工教育經費。
（6）短期帶薪缺勤。
（7）短期利潤分享計劃。

(8) 其他短期薪酬。
2. 離職後福利
離職後福利是指企業為獲得職工提供的服務而在職工退休或與企業解除勞動關係後，提供的各種形式的報酬和福利，短期薪酬和辭退福利除外。
3. 辭退福利
辭退福利是指企業在職工勞動合同到期之前解除與職工的勞動關係，或者為鼓勵職工自願接受裁減而給予職工的補償。
4. 其他長期福利
其他長期福利是指除短期薪酬、離職後福利、辭退福利之外所有的職工薪酬，包括長期帶薪缺勤、其他長期服務福利、長期殘疾福利、長期利潤分享計劃和長期獎金計劃等。
總之，從薪酬的涵蓋時間和支付形式來看，職工薪酬包括企業職工在職期間和離職後給予的所有貨幣性薪酬和非貨幣性福利；從薪酬的支付對象來看，職工薪酬包括提供給職工本人和其配偶、子女或其他被贍養人的福利，比如支付給因公傷亡職工的配偶、子女或其他被贍養人的撫恤金。

任務二　職工薪酬的核算

企業應當通過「應付職工薪酬」科目，核算應付職工薪酬的提取、結算、使用等情況。該科目的貸方登記已分配計入有關成本費用項目的職工薪酬的數額，借方登記實際發放職工薪酬的數額，包括扣還的款項等；該科目期末貸方餘額，反應企業應付未付的職工薪酬。

「應付職工薪酬」科目應當按照「工資、獎金、津貼和補貼」「職工福利費」「社會保險費」「住房公積金」「工會經費和職工教育經費」「非貨幣性福利」等應付職工薪酬項目設置明細科目，進行明細核算。

一、職工薪酬的確認

職工薪酬準則規定，企業應當在職工為其提供服務的會計期間，將應付的職工薪酬確認為負債，除因解除與職工的勞動關係給予的補償外，應當根據職工提供服務的受益對象，分別下列情況處理：
(1) 應由生產產品、提供勞務負擔的職工薪酬，計入產品成本或勞務成本。
(2) 應由在建工程、無形資產負擔的職工薪酬，計入建造固定資產或無形資產成本。
(3) 上述兩項之外的其他職工薪酬，計入當期損益。

二、職工薪酬的計量

(一) 貨幣性職工薪酬
對於貨幣性薪酬，在確定應付職工薪酬和應當計入成本費用的職工薪酬金額時，企業

應當區分兩種情況：一是對於國務院有關部門、省、自治區、直轄市人民政府或經批准的企業年度計劃規定了計提基礎和計提比例的職工薪酬項目，企業應當按照規定的計提標準，計量企業承擔的職工薪酬義務和計入成本費用的職工薪酬，包括「五險一金」以及工會經費和職工教育經費。二是對於國家（包括省、市、自治區政府）相關法律法規沒有明確規定計提基礎和計提比例的職工薪酬，企業應當根據歷史經驗數據和自身實際情況，計算確定應付職工薪酬金額和應計入成本費用的薪酬金額。

企業應當在職工為其提供服務的會計期間，根據職工提供服務的受益對象，將應確認的職工薪酬計入相關資產成本或當期損益，同時確認為應付職工薪酬。具體分別按以下情況進行處理：

（1）生產部門人員的職工薪酬，借記「生產成本」「製造費用」「勞務成本」等科目，貸記「應付職工薪酬」科目；

（2）管理部門人員的職工薪酬，借記「管理費用」科目，貸記「應付職工薪酬」科目；

（3）銷售人員的職工薪酬，借記「銷售費用」科目，貸記「應付職工薪酬」科目；

（4）應由在建工程、研發支出負擔的職工薪酬，借記「在建工程」「研發支出」科目，貸記「應付職工薪酬」科目。

1. 工資、獎金、津貼和補貼

對於職工工資、獎金、津貼和補貼等貨幣性職工薪酬，企業應當在職工為其服務的會計期間，將實際發生的工資、獎金、津貼和補貼等，根據職工提供服務的受益對象，將確認的職工薪酬，借記「生產成本」「製造費用」「勞務成本」等科目，貸記「應付職工薪酬——工資、獎金、津貼和補貼」科目。

【實務 9-1】2019 年 12 月湖南沙沙門業有限公司應付工資總額 462,000 元，工資費用分配匯總表中列示的產品生產人員工資為 320,000 元，車間管理人員工資為 70,000 元，企業行政管理人員工資為 60,400 元，銷售人員工資為 11,600 元。該企業有關會計分錄如下：

```
借：生產成本——基本生產成本                320,000
    製造費用                              70,000
    管理費用                              60,400
    銷售費用                              11,600
  貸：應付職工薪酬——工資、獎金、津貼和補貼   462,000
```

2. 職工福利費

對於職工福利費，企業應當在實際發生時根據實際發生額計入當期損益或者相關資產成本，借記「生產成本」「製造費用」「管理費用」「銷售費用」等科目，貸記「應付職工薪酬——職工福利費」科目。

【實務 9-2】湖南沙沙門業有限公司下設一所職工食堂，每月根據在崗職工數量及崗位分佈情況、相關歷史經驗數據等計算需要補貼食堂的金額，從而確定企業每期因職工食堂需要承擔的福利費金額。2019 年 12 月，企業在崗職工共計 100 人，其中管理部門 20

人，生產車間 80 人，企業的歷史經驗數據表明，每個職工每月需補貼食堂 120 元。該企業的有關會計分錄如下：

借：生產成本　　　　　　　　　　　　　　　　　　9,600
　　管理費用　　　　　　　　　　　　　　　　　　　2,400
　　貸：應付職工薪酬——職工福利費　　　　　　　12,000

3. 國家規定計提標準的職工薪酬

對於國家規定計提標準和計提比例的「五險一金」（醫療保險、工傷保險、生育保險、失業保險、養老保險、住房公積金），以及按規定提取的工會經費和職工教育經費，企業應當在為其提供服務的會計期間，根據規定的計提基礎和計提比例計算確認相應的職工薪酬金額，並確認相應的負債，按照受益對象計入當期損益或者相關資產成本，借記「生產成本」「製造費用」「管理費用」等科目，貸記「應付職工薪酬」科目。

【實務 9-3】承【實務 9-1】，2019 年 12 月 30 日，湖南沙沙門業有限公司根據相關規定，分別按照職工工資總額的 2%和 2.5%的計提標準，確認應付工會經費和職工教育費。企業的有關會計分錄如下：

借：生產成本——基本生產成本　　　　　　　　　14 400
　　製造費用　　　　　　　　　　　　　　　　　　3,150
　　管理費用　　　　　　　　　　　　　　　　　　2,718
　　銷售費用　　　　　　　　　　　　　　　　　　　522
　　貸：應付職工薪酬——工會經費和職工教育費——工會經費　　9,240
　　　　　　　　　　　　　　　　　　　　　　——職工教育費　　11,550

【實務 9-4】2019 年 12 月 30 日湖南沙沙門業有限公司按照上年工資薪酬 20%、2%、0.5%、0.8%、9%分別計提養老保險、失業保險、工傷保險金、生育保險金、醫療保險。上年工資薪酬為 100,000 元，包括：基本生產車間工人 40,000 元，車間管理人員 10,000 元，為試製專利產品人員 20,000 元，行政管理部門人員 30,000 元。該企業計提社會保險的會計處理如下：

借：生產成本　　　　　　　　　　　　　　　　　　12,920
　　製造費用　　　　　　　　　　　　　　　　　　　3,230
　　研發支出　　　　　　　　　　　　　　　　　　　6,460
　　管理費用　　　　　　　　　　　　　　　　　　　9,690
　　貸：應付職工薪酬——社會保險費（養老保險）　　20,000
　　　　　　　　　　——社會保險費（失業保險）　　2,000
　　　　　　　　　　——社會保險費（工傷保險）　　　500
　　　　　　　　　　——社會保險費（生育保險）　　　800
　　　　　　　　　　——社會保險費（醫療保險）　　9,000

（二）非貨幣性職工薪酬

企業向職工提供的非貨幣性職工薪酬，應當分情況處理：

（1）企業以其生產的產品作為非貨幣性福利提供給職工的，應當按照該產品的公允價值和相關稅費，計量應計入成本費用的職工薪酬金額，並確認為主營業務收入，其銷售成本的結轉和相關稅費的處理，與正常商品銷售相同。企業以外購商品作為非貨幣性福利提供給職工的，應當按照該商品的公允價值和相關稅費，確定應計入成本費用的職工薪酬金額。

企業以其自產產品作為非貨幣性福利發放給職工的，應當根據受益對象，按照該產品的公允價值，計入相關資產成本或當期損益，同時確認應付職工薪酬，借記「管理費用」「生產成本」「製造費用」等科目，貸記「應付職工薪酬——非貨幣性福利」科目。

（2）企業將擁有的房屋等資產無償提供給職工使用的，應當根據受益對象，將該住房每期應計提的折舊計入相關資產成本或當期損益，同時確認應付職工薪酬，借記「管理費用」「生產成本」「製造費用」等科目，貸記「應付職工薪酬——非貨幣性福利」科目，並且同時借記「應付職工薪酬——非貨幣性福利」科目，貸記「累計折舊」科目。

（3）企業租賃住房等資產供職工無償使用的，應當根據受益對象，將每期應付的租金計入相關資產成本或當期損益，並確認應付職工薪酬，借記「管理費用」「生產成本」「製造費用」等科目，貸記「應付職工薪酬——非貨幣性福利」科目。難以認定受益對象的非貨幣性福利，直接計入當期損益和應付職工薪酬。

【實務 9-5】 湖南沙沙門業有限公司共有職工 200 名，其中 170 名為直接參加生產的職工，30 名為總部管理人員。2019 年 12 月 30 日，該公司以其生產的每扇成本為 900 元的門作為春節福利發放給公司每名職工。該型號的門市場售價為每臺 1,000 元，該公司適用的增值稅稅率為 13%。湖南沙沙門業有限公司的有關會計處理如下：

借：生產成本　　　　　　　　　　　　　　　　　　　　192,100
　　管理費用　　　　　　　　　　　　　　　　　　　　 33,900
　　貸：應付職工薪酬——非貨幣性福利　　　　　　　　226,000

本例中，應確認的應付職工薪酬 = 200×1,000×13% + 200×1,000 = 226,000（元），其中，應記入「生產成本」科目的金額 = 170×1,000×13% + 170×1,000 = 192,100（元），應記入「管理費用」科目的金額 = 30×1,000×13% + 30×1,000 = 33,900（元）。

【實務 9-6】 湖南沙沙門業有限公司為總部各部門經理級別以上職工提供免費使用的汽車，同時為副總裁以上高級管理人員每人租賃一套住房。該公司總部共有部門經理以上職工 20 名，每人提供一輛桑塔納汽車免費使用，假定每輛桑塔納汽車每月計提折舊 1,000元；該公司共有副總裁以上高級管理人員 5 名，公司為其每人租賃一套面積為 200 平方米帶有家具和電器的公寓，月租金為每套 8,000 元。該公司的有關會計處理如下：

借：管理費用　　　　　　　　　　　　　　　　　　　　60,000
　　貸：應付職工薪酬——非貨幣性福利　　　　　　　　60,000
借：應付職工薪酬——非貨幣性福利　　　　　　　　　　20,000
　　貸：累計折舊　　　　　　　　　　　　　　　　　　20,000

應確認的應付職工薪酬 = 20×1,000 + 5×8,000 = 60,000 元，其中，提供企業擁有的汽

車供職工使用的非貨幣性福利＝20×1,000＝20,000元，租賃住房供職工使用的非貨幣性福利＝5×8,000＝40,000元。

（三）離職後福利

離職後福利，包括退休福利（如養老金和一次性的退休支付）及其他離職後福利（如離職後失業保險）。企業向職工提供了離職後福利的，無論是否設立了單獨主體接受提存金並支付福利，均應當適用準則的相關要求對離職後福利進行會計處理。

離職後福利計劃，是指企業與職工就離職後福利達成的協議，或者企業為向職工提供離職後福利制定的規章或辦法等。企業應當按照企業承擔的風險和義務情況，將離職後福利計劃分類為設定提存計劃和設定受益計劃兩種類型。

（四）解除勞動關係補償（亦稱辭退福利）

職工薪酬準則規定的辭退福利包括兩方面的內容：一是在職工勞動合同尚未到期前，不論職工本人是否願意，企業決定解除與職工的勞動關係而給予的補償；二是在職工勞動合同尚未到期前，為鼓勵職工自願接受裁減而給予的補償，職工有權利選擇繼續在職或接受補償離職。辭退福利也包括當公司控制權發生變動時，對辭退的管理層人員進行補償的情況。

職工薪酬準則規定，企業在職工勞動合同到期之前解除與職工的勞動關係，或者為鼓勵職工自願接受裁減而提出給予補償的建議，同時滿足下列條件的，應當確認因解除與職工的勞動關係給予補償而產生的預計負債，同時計入當期管理費用。

條件一：企業已經制訂正式的解除勞動關係計劃或提出自願裁減建議，並即將實施。該計劃或建議應當包括擬解除勞動關係或裁減的職工所在部門、職位及數量；根據有關規定按工作類別或職位確定的解除勞動關係或裁減補償金額；擬解除勞動關係或裁減的時間。這裡所稱「正式的辭退計劃或建議」應當經過董事會或類似權力機構的批准；「即將實施」是指辭退工作一般應當在一年內實施完畢，但因付款程序等原因使部分付款推遲到一年後支付的，視為符合辭退福利預計負債的確認條件。

條件二：企業不能單方面撤回解除勞動關係計劃或裁減建議。如果企業能夠單方面撤回解除勞動關係計劃或裁減建議，則表明未來經濟利益流出不是很可能，因而不符合職工薪酬準則中規定的預計負債的確認條件。

由於被辭退的職工不再為企業帶來未來經濟利益，因此，對於滿足職工薪酬準則預計負債確認條件的所有辭退福利，均應當於辭退計劃滿足預計負債確認條件的當期計入費用，不計入資產成本。

【實務 9-7】2019 年 12 月 30 日湖南沙沙門業有限公司有 10 名職工願意接受辭退，企業每人補償 6 萬元（新《中華人民共和國勞動合同法》規定一次性支付）。則公司會計處理如下：

借：管理費用　　　　　　　　　　　　　　　　　　　　　600,000
　　貸：應付職工薪酬——辭退福利　　　　　　　　　　　600,000

三、發放職工薪酬

（一）發放貨幣性職工薪酬

（1）企業按照有關規定向職工支付工資、獎金、津貼等，借記「應付職工薪酬——工資」科目，貸記「銀行存款」「庫存現金」等科目；企業從應付職工薪酬中扣還的各種款項（代墊的家屬藥費、個人所得稅等），借記「應付職工薪酬——工資」科目，貸記「銀行存款」「庫存現金」「其他應收款」「應交稅費——應交個人所得稅」等科目。

（2）企業支付職工福利費、支付工會經費和職工教育經費用於工會運作和職工培訓或按照國家有關規定繳納社會保險費或住房公積金時，借記「應付職工薪酬——職工福利（或工會經費、職工教育經費、社會保險費、住房公積金）」科目，貸記「銀行存款」「庫存現金」等科目。

【實務9-8】湖南沙沙門業有限公司根據「工資結算匯總表」結算本月應付職工工資總額462,000元，代扣職工房租40,000元，企業代墊職工家屬醫藥費2,000元，實發工資420,000元。該企業的有關會計處理如下：

（1）向銀行提取現金。

借：庫存現金　　　　　　　　　　　　　　　　　　　420,000
　　貸：銀行存款　　　　　　　　　　　　　　　　　420,000

（2）發放工資，支付現金。

借：應付職工薪酬——工資、獎金、津貼和補貼　　　420,000
　　貸：庫存現金　　　　　　　　　　　　　　　　420,000

（3）代扣款項。

借：應付職工薪酬——工資、獎金、津貼和補貼　　　42,000
　　貸：其他應收款——職工房租　　　　　　　　　40,000
　　　　　　　　　——代墊醫藥費　　　　　　　　2,000

【實務9-9】2019年12月30日湖南沙沙門業有限公司以現金支付張某生活困難補助800元。該公司的有關會計分錄如下：

借：應付職工薪酬——職工福利　　　　　　　　　　800
　　貸：庫存現金　　　　　　　　　　　　　　　　800

（二）發放非貨幣性職工薪酬

企業以自產產品作為職工薪酬發放給職工時，應確認主營業務收入，借記「應付職工薪酬——非貨幣性福利」科目，貸記「主營業務收入」科目，同時結轉相關成本，涉及增值稅銷項稅額的，還應進行相應的處理。

企業支付租賃住房等資產供職工無償使用所發生的租金，借記「應付職工薪酬——非貨幣性福利」科目，貸記「銀行存款」等科目。

【實務9-10】承【實務9-5】湖南沙沙門業有限公司向職工發放自己生產的門作為福

利，同時要根據相關稅收規定，視同銷售計算增值稅銷項稅額。該公司的有關會計處理如下：

借：應付職工薪酬——非貨幣性福利　　　　　　　　　　　226,000
　　貸：主營業務收入　　　　　　　　　　　　　　　　　　200,000
　　　　應交稅費——應交增值稅（銷項稅額）　　　　　　　26,000
借：主營業務成本　　　　　　　　　　　　　　　　　　　　180,000
　　貸：庫存商品——門　　　　　　　　　　　　　　　　　180,000

湖南沙沙門業有限公司應確認的主營業務收入＝200×1,000＝200,000（元）
湖南沙沙門業有限公司應確認的增值稅銷項稅額＝200×1,000×13%＝26,000（元）
湖南沙沙門業有限公司應結轉的銷售成本＝200×900＝180,000（元）

【實務9-11】承【實務9-6】湖南沙沙門業有限公司每月支付副總裁以上高級管理人員住房租金時，應進行如下會計處理：

借：應付職工薪酬——非貨幣性福利　　　　　　　　　　　40,000
　　貸：銀行存款　　　　　　　　　　　　　　　　　　　　40,000

【本項目工作小結】

通過本項目的學習，學生主要掌握了應付職工薪酬的核算，主要包括短期薪酬、離職後福利、辭退福利以及其他長期職工福利。其中短期薪酬主要包括工資、福利費、工會經費和職工教育經費以及「五險一金」。工資、福利費按照實際發生額來進行確認，工會經費和職工教育經費以及「五險一金」按照規定的計提標準和計提比例進行確認。在進行本項目的學習時，學生還應當注意貨幣性職工薪酬以及非貨幣性職工薪酬的核算的區別。

◆仿真操作

1. 根據【實務9-1】至【實務9-9】編寫有關的記帳憑證。
2. 根據記帳憑證登記有關明細帳及總帳。

◆崗位業務認知

利用節假日，去當地的中型企業（工商企業），瞭解企業職工薪酬的確認、計量、發放；「五險一金」計算、繳納方面的基本情況；對一般企業的職工薪酬的核算方面的情況有初步的認識和掌握。

◆ **工作思考**

1. 應付職工薪酬主要包括哪些核算內容？
2. 在企業中職工的範圍包括哪些？
3. 「五險一金」包括哪些內容？企業是如何進行計提的？
4. 非貨幣性福利在企業中應如何進行核算？
5. 簡述應付職工薪酬具體的會計處理方法。

項目十　籌資核算業務

　　一個企業要長期穩定經營並加快發展，資金必須正常地運用和流通，否則將直接制約企業的生產經營活動，影響企業的經濟效益和發展。合理的資本結構既可以使企業所有者獲得最大的經濟利益，又能夠保證企業順利地進行生產經營，以使企業不至於發生財務危機。合理的資本結構需要確定一個合理的自有資本和債務資本的比例關係。該項目涉及的主要會計崗位是籌資核算崗位。作為該崗位會計人員，應熟練掌握並應用財經法規和會計制度，參與企業資金的管理和核算，在遵循資金管理制度的基礎上，合理調度資金，保證資金供求，考核資金使用效果，提出加速資金週轉的建議並付諸實施。

【項目工作目標】

⊙知識目標

　　掌握短期借款、長期借款、應付債券、長期應付款等負債的核算；理解所有者權益的概念及內容；掌握實收資本的核算；理解資本公積的含義、用途，掌握資本公積的核算；理解盈餘公積的來源和用途；掌握盈餘公積及未分配利潤的核算。

⊙技能目標

　　學生通過本項目的學習，能分析和處理借款籌資和債券籌資的相關事項；能對非股份公司及股份公司實際收到的投資者投入的資本進行會計處理；能分清哪些項目應計入資本公積；能正確計提盈餘公積，能對盈餘公積的增減變化進行會計處理；能對未分配利潤的形成及減少進行會計處理。

【任務導入】

　　南存輝是一個傳奇人物，25年前的他只是柳市的一個小鞋匠，而25年後他卻成為中國民營經濟的巨頭之一。南存輝的「正泰集團」也是一個傳奇，20年前，正泰還是一個只有5萬元資產的小作坊，20年後，小作坊成了擁有資產數十億元的企業集團。

　　南存輝和「正泰企業」的傳奇之旅是從1989年開始的。1984年，南存輝創辦「求精開關廠」，並任廠長，起點資本只有5萬元。面對資金週轉的壓力，南存輝開始以無利息的「社會負債」模式運作，並壓占供應商貨款2~3個月，壓占的貨款占到總資產的25%~30%，南存輝通過這種方式取得企業急需的資金，挖取了企業創業的第一桶金。直到今

天,「正泰集團」仍舊沿用這一模式。在創業過程中,南存輝發現,把「求精開關廠」做大要靠資金投入,1990年南存輝開始第一次股權「革命」,與美商黃李益合資辦廠「正泰」,在新的框架中,南存輝的股權由100%下降到60%。經過三年的發展,中美合資溫州正泰電器有限公司正式成為溫州市首屈一指的知名企業。這時,南存輝開始了第二次股權「革命」,以分散股權為條件將30家外姓企業納入「正泰」的旗下。到1994年2月正泰集團組建時,成員企業已達到38家,股東僅40名,南存輝的個人股權,從60%下降到不足30%,「正泰」成了一家資產達8億多元的企業,南存輝的個人資產也超過了2億元。經過數年的非常擴張,正泰集團的內部也出現了前所未有的混亂局面,正泰參股企業在發展戰略上與集體戰略不斷衝突,1998年,南存輝開始第三次股權「革命」,用股權釋「兵權」的方案重組「正泰」。重組後,「正泰」呈現控股集團結構,下轄近30家絕對控股公司和31家相對控股公司,從此次股權革命後,南存輝股份降至28%。

在不到30年的時間裡,南存輝從一個小鞋匠成長為一個商業巨頭,他的「正泰」從一個小作坊發展成為一個大集團,他的股權從100%下降到28%,這說明了什麼問題呢?從籌資的角度看,在企業發展過程中,如何利用不同的籌資方式和籌資渠道呢?同時,不同籌資方式和渠道又是怎樣影響企業發展的呢?此項目將重點討論企業籌資的核算問題。

【進入任務】

子項目一　負債籌資的核算
任務一　短期借款
任務二　長期借款
任務三　應付債券
任務四　長期應付款
子項目二　權益籌資的核算
任務一　實收資本
任務二　其他權益工具
任務三　資本公積和其他綜合收益
任務四　留存收益

子項目一　負債籌資的核算

任務一　短期借款

短期借款是企業向銀行或其他金融機構等借入的期限在1年以下(含1年)的各種借

款，通常是為了滿足正常生產經營的需要。企業應通過「短期借款」科目，核算短期借款的發生以及償還等情況。企業從銀行或其他金融機構取得短期借款時，借記「銀行存款」科目，貸記「短期借款」科目。

在實際工作中，銀行一般於每季度末收取短期借款利息，因此，企業的短期借款利息一般採用月末預提的方式進行核算。短期借款利息屬於籌資費用，應記入「財務費用」科目。企業應當在資產負債表日按照計算確定的短期借款利息費用，借記「財務費用」科目，貸記「應付利息」科目；實際支付利息時，借記「應付利息」科目，貸記「銀行存款」科目。

企業短期借款到期償還本金時，借記「短期借款」科目，貸記「銀行存款」科目。

【實務 10-1】湖南沙沙門業有限公司於 2019 年 1 月 1 日向銀行借入一筆生產經營用短期借款，共計 120,000 元，期限為 9 個月，年利率為 4%。根據與銀行簽署的借款協議，該項借款的本金到期後一次歸還；利息分月預提，按季支付。湖南沙沙門業有限公司的有關會計分錄如下：

(1) 1 月 1 日借入短期借款。

借：銀行存款　　　　　　　　　　　　　　　　　　　120,000
　　貸：短期借款　　　　　　　　　　　　　　　　　　　120,000

(2) 1 月末，計提 1 月份應計利息。

借：財務費用　　　　　　　　　　　　　　　　　　　　400
　　貸：應付利息　　　　　　　　　　　　　　　　　　　　400

本月應計提的利息 = 120,000×4%÷12 = 400（元）

2 月末計提 2 月份利息費用的處理與 1 月份相同。

(3) 3 月末支付第一季度銀行借款利息。

借：財務費用　　　　　　　　　　　　　　　　　　　　400
　　應付利息　　　　　　　　　　　　　　　　　　　　　800
　　貸：銀行存款　　　　　　　　　　　　　　　　　　　1,200

第二、三季度的會計處理同上。

(4) 10 月 1 日償還銀行借款本金。

借：短期借款　　　　　　　　　　　　　　　　　　　120,000
　　貸：銀行存款　　　　　　　　　　　　　　　　　　　120,000

如上述借款期限是 8 個月，則到期日為 9 月 1 日，8 月末之前的會計處理與上述相同。

9 月 1 日償還銀行借款本金，同時支付 7 月和 8 月已計提未付利息：

借：短期借款　　　　　　　　　　　　　　　　　　　120,000
　　應付利息　　　　　　　　　　　　　　　　　　　　　800
　　貸：銀行存款　　　　　　　　　　　　　　　　　　　120,800

任務二　長期借款

一、長期借款概述

長期借款是企業向銀行或其他金融機構借入的期限在1年以上（不含1年）的各項借款。長期借款一般用於固定資產的購建、改擴建工程、大修理工程、對外投資以及保持長期經營能力等方面。它是企業長期負債的重要組成部分，必須加強管理與核算。

由於長期借款的使用關係到企業的生產經營規模和效益，因此企業除了要遵守有關的貸款規定，編製借款計劃並要有不同形式的擔保外，還應監督借款的使用、按期支付長期借款的利息以及按規定的期限歸還借款本金等。因此，長期借款會計處理的基本要求是反應和監督企業長期借款的借入、借款利息的結算和借款本息的歸還情況，促使企業遵守信貸紀律、提高信用等級，同時也要確保長期信貸發揮效益。

二、長期借款的帳務處理

企業應通過「長期借款」科目，核算長期借款的借入、歸還等情況。該科目可按照貸款單位和貸款種類設置明細帳，分別對「本金」「利息調整」等進行明細核算。該科目的貸方登記長期借款本息的增加額，借方登記本息的減少額，貸方餘額表示企業尚未償還的長期借款。

長期借款的帳務處理包括取得長期借款、發生利息、歸還長期借款等環節。

（一）取得長期借款

企業借入長期借款，應按實際收到的金額，借記「銀行存款」科目，貸記「長期借款——本金」科目，如存在差額，還應借記「長期借款——利息調整」科目。

【實務10-2】湖南沙沙門業有限公司為增值稅一般納稅人，於2019年6月1日從銀行借入資金4,000,000元，借款期限為1.5年，年利率為8.4%（到期一次還本，每年年底付息，不計複利）。所借款項已存入銀行。湖南沙沙門業有限公司用該借款於當日購買無須安裝的設備一臺，不含稅價款3,000,000元，稅率為13%，設備已於當日投入使用。

湖南沙沙門業有限公司的有關會計處理如下：
（1）取得借款時。
借：銀行存款　　　　　　　　　　　　　　　　　　4,000,000
　　貸：長期借款——本金　　　　　　　　　　　　　4,000,000
（2）支付設備款保險費時。
借：固定資產　　　　　　　　　　　　　　　　　　3,000,000
　　應交稅費——應交增值稅（進項稅額）　　　　　　390,000
　　貸：銀行存款　　　　　　　　　　　　　　　　　3,390,000

（二）發生長期借款利息

長期借款利息費用應當在資產負債表日按照實際利率法計算確定，實際利率與合同利率差異較小的，也可以採用合同利率計算確定利息費用。長期借款計算確定的利息費用，應當按以下原則計入有關成本和費用：屬於籌建期間的，計入管理費用；屬於生產經營期間的，計入財務費用。如果長期借款是用於購建固定資產的，在固定資產尚未達到預定可使用狀態前，所發生的應當資本化的利息支出數，計入在建工程成本；固定資產達到預定可使用狀態後發生的利息支出以及按規定不予資本化的利息支出，計入財務費用。長期借款（分期付息）按合同利率計算確定的應付未付利息，記入「應付利息」科目，借記「在建工程」「製造費用」「財務費用」「研發支出」等科目，貸記「應付利息」科目。

【實務10-3】 承【實務10-2】湖南沙沙門業有限公司於2019年6月30日計提長期借款利息。

長期借款每月應計利息＝4,000,000×8.4%÷12＝28,000（元）

該企業的有關會計分錄如下：

借：財務費用　　　　　　　　　　　　　　　　　　　　　28,000
　　貸：應付利息　　　　　　　　　　　　　　　　　　　　　　28,000

2019年7月至11月、2020年1月至4月底計提利息分錄同上。

2019年12月末有關會計分錄如下：

借：財務費用　　　　　　　　　　　　　　　　　　　　　28,000
　　應付利息　　　　　　　　　　　　　　　　　　　　　168,000
　　貸：銀行存款　　　　　　　　　　　　　　　　　　　　196,000

（三）歸還長期借款

企業歸還長期借款的本金時，應按歸還的金額，借記「長期借款——本金」科目，貸記「銀行存款」科目；按歸還的利息，借記「應付利息」科目，貸記「銀行存款」科目。

【實務10-4】 承【實務10-3】2020年5月31日，湖南沙沙門業有限公司償還該筆銀行借款本息。

湖南沙沙門業有限公司的有關會計分錄如下：

借：財務費用　　　　　　　　　　　　　　　　　　　　　28,000
　　長期借款——本金　　　　　　　　　　　　　　　4,000,000
　　應付利息　　　　　　　　　　　　　　　　　　　　　112,000
　　貸：銀行存款　　　　　　　　　　　　　　　　　　4,140,000

任務三　應付債券

一、應付債券概述

應付債券是企業為籌集（長期）資金而發行的債券。債券是企業為籌集長期使用資金

而發行的一種書面憑證。企業通過發行債券取得資金是以將來履行歸還購買債券者的本金和利息的義務作為保證的。

企業債券發行價格的高低一般取決於債券的票面金額、債券票面利率、發行當時的市場利率以及債券期限長短等因素。債券發行有面值發行、溢價發行和折價發行三種情況。面值發行又稱平價發行，是指以債券的票面金額為發行價格；溢價發行是指以高於債券票面金額的價格為發行價格；折價發行是指以低於債券票面金額的價格為發行價格。企業發行債券發生的溢價或者折價，其實質是對債券票面利息的調整，即將債券票面利率調整為實際利率。債券各期的調整金額（攤銷金額），是指按債券攤餘成本和實際利率計算確定的債券利息費用與按票面利率計算確定的應付利息的差額。債券的利息調整屬於借款費用範疇，應當按照借款費用確認和計量原則處理。

二、應付債券的帳務處理

企業發行的一般公司債券，無論是按面值發行，還是溢價發行或折價發行，均按債券面值記入「應付債券」科目的「面值」明細科目，實際收到的款項與面值的差額，記入「利息調整」明細科目。企業發行債券時，按實際收到的款項，借記「銀行存款」「庫存現金」等科目；按債券票面價值，貸記「應付債券——面值」科目；按實際收到的款項與票面價值之間的差額，貸記或借記「應付債券——利息調整」科目。

利息調整應在債券存續期間內採用實際利率法進行攤銷。實際利率法是指按照應付債券的實際利率計算其攤餘成本及各期利息費用的方法，實際利率是指將應付債券在債券存續期間的未來現金流量，折現為該債券當前帳面價值所使用的利率。

資產負債表日，對於分期付息、一次還本的債券，企業應按應付債券的攤餘成本和實際利率計算確定的債券利息費用，借記「在建工程」「製造費用」「財務費用」等科目；按票面利率計算確定的應付未付利息，貸記「應付利息」科目；按其差額，借記或貸記「應付債券——利息調整」科目。對於一次還本付息的債券，企業應於資產負債表日按攤餘成本和實際利率計算確定的債券利息費用，借記「在建工程」「製造費用」「財務費用」等科目；按票面利率計算確定的應付未付利息，貸記「應付債券——應計利息」科目；按其差額，借記或貸記「應付債券——利息調整」科目。

（一）面值發行債券

【實務 10-5】2019 年 1 月 1 日，湖南沙沙門業有限公司為建設新產品生產線，經批准發行期限為 3 年，面值為 100 萬元，年利率為 7.2%，到期一次還本付息的債券。該債券按面值發行，發行費用為 6,000 元，從發行款中扣除。公司收到債券發行資金，新生產線開始建設，第 2 年年末達到預定可使用狀態。根據資料編製會計分錄如下：

（1）發行債券時。

借：銀行存款　　　　　　　　　　　　　　　　　994,000
　　在建工程　　　　　　　　　　　　　　　　　　6,000
　　貸：應付債券——面值　　　　　　　　　　1,000,000

(2) 假定不考慮閒置資金收益,第1年年末計提利息(第2年年末計提利息的分錄相同)。

借：在建工程　　　　　　　　　　　　　　　　　72,000
　　貸：應付債券——應計利息　　　　　　　　　　　　　72,000

(3) 第3年年末計提利息時,已經過了停止資本化時點,利息計入當期損益。

借：財務費用　　　　　　　　　　　　　　　　　72,000
　　貸：應付債券——應計利息　　　　　　　　　　　　　72,000

(4) 到期歸還本息。

借：應付債券——本金　　　　　　　　　　　　1,000,000
　　　　　　——應計利息　　　　　　　　　　　　216,000
　　貸：銀行存款　　　　　　　　　　　　　　　　1,216,000

(二) 折價發行債券

【實務10-6】2019年1月1日,湖南沙沙門業有限公司為建設新產品生產線,經批准發行期限為5年,面值為100萬元,票面年利率為4.72%,每年1月1日支付利息,本金最後一次支付的公司債券。該債券發行價格為80萬元,發行費用為6,000元,從發行款中扣除。公司收到債券發行資金,新生產線開始建設,第3年年末達到預定可使用狀態。經計算,該債券實際利率為10%,實際利息費用計算表見表10-1。根據資料編製會計分錄如下:

(1) 發行債券時。

借：銀行存款　　　　　　　　　　　　　　　　794,000
　　在建工程　　　　　　　　　　　　　　　　　　6,000
　　應付債券——利息調整　　　　　　　　　　　200,000
　　貸：應付債券——面值　　　　　　　　　　　　1,000,000

(2) 第1年年末計提利息。

借：在建工程　　　　　　　　　　　　　　　　　80,000
　　貸：應付利息——債券利息　　　　　　　　　　　47,200
　　　　應付債券——利息調整　　　　　　　　　　　32,800

(3) 第2年年末計提利息。

借：在建工程　　　　　　　　　　　　　　　　　83,200
　　貸：應付利息——債券利息　　　　　　　　　　　47,200
　　　　應付債券——利息調整　　　　　　　　　　　36,000

(4) 第3年年末計提利息。

借：在建工程　　　　　　　　　　　　　　　　　86,800
　　貸：應付利息——債券利息　　　　　　　　　　　47,200
　　　　應付債券——利息調整　　　　　　　　　　　39,600

(5) 第4年年末計提利息（已過停止資本化時點,利息計入當期損益）。

借：財務費用　　　　　　　　　　　　　　　　　90,800
　　貸：應付利息——債券利息　　　　　　　　　　　47,200

| | | | 應付債券——利息調整 | | 43,600 |

（6）第 5 年年末計提利息。
借：財務費用　　　　　　　　　　　　　　　　　　　　　95,200
　　貸：應付利息——債券利息　　　　　　　　　　　　　　47,200
　　　　應付債券——利息調整　　　　　　　　　　　　　　48,000
（7）到期歸還本金。
借：應付債券——本金　　　　　　　　　　　　　　　　1,000,000
　　貸：銀行存款　　　　　　　　　　　　　　　　　　1,000,000
（8）支付各期利息（每年會計分錄相同）。
借：應付利息——債券利息　　　　　　　　　　　　　　　47,200
　　貸：銀行存款　　　　　　　　　　　　　　　　　　　　47,200

表 10-1　湖南沙沙門業有限公司債券利息費用計算表（實際利率法）

2019 年 1 月 1 日至 2023 年 12 月 31 日　　　　　　　　　金額單位：萬元

年份	債券期初攤餘成本 ①	按票面利率計算的利息費用 ②=100×4.72%	按實際利率計算的利息費用 ③=①×10%	利息調整 ④=③-②	債券期末攤餘成本 ⑤=①+④
第 1 年	80.00	4.72	8.00	3.28	83.28
第 2 年	83.28	4.72	8.32	3.60	86.88
第 3 年	86.88	4.72	8.68	3.96	90.84
第 4 年	90.84	4.72	9.08	4.36	95.20
第 5 年	95.20	4.72	9.52	4.80	100.00
合計		23.60	43.60	20.00	

（三）溢價發行債券

【實務 10-7】2019 年 1 月 1 日，湖南沙沙門業有限公司為建設新產品生產線，經批准發行期限為 5 年，面值為 100 萬元，票面年利率為 10%，每年 1 月 1 日支付利息，本金最後一次支付的公司債券。該債券發行價格為 108 萬元，發行費用為 6,000 元，從發行款中扣除。公司收到債券發行資金，新生產線開始建設，第 3 年年末達到預定可使用狀態。該債券實際利率為 8%，編製實際利息費用計算表見表 10-2。根據資料編製會計分錄如下：

（1）發行債券時。
借：銀行存款　　　　　　　　　　　　　　　　　　　　1,074,000
　　在建工程　　　　　　　　　　　　　　　　　　　　　　6,000
　　貸：應付債券——面值　　　　　　　　　　　　　　　1,000,000
　　　　　　　　——利息調整　　　　　　　　　　　　　　80,000
（2）第 1 年年末計提利息。
借：在建工程　　　　　　　　　　　　　　　　　　　　　86,000

　　　　應付債券——利息調整　　　　　　　　　　　　　　　　14,000
　　　貸：應付利息——債券利息　　　　　　　　　　　　　　　100,000
（3）第 2 年年末計提利息。
　　借：在建工程　　　　　　　　　　　　　　　　　　　　　　85,000
　　　　應付債券——利息調整　　　　　　　　　　　　　　　　15,000
　　　貸：應付利息——債券利息　　　　　　　　　　　　　　　100,000
（4）第 3 年年末計提利息。
　　借：在建工程　　　　　　　　　　　　　　　　　　　　　　84,000
　　　　應付債券——利息調整　　　　　　　　　　　　　　　　16,000
　　　貸：應付利息——債券利息　　　　　　　　　　　　　　　100,000
（5）第 4 年年末計提利息（已過停止資本化時點，利息計入當期損益）。
　　借：財務費用　　　　　　　　　　　　　　　　　　　　　　83,000
　　　　應付債券——利息調整　　　　　　　　　　　　　　　　17,000
　　　貸：應付利息——債券利息　　　　　　　　　　　　　　　100,000
（6）第 5 年年末計提利息。
　　借：財務費用　　　　　　　　　　　　　　　　　　　　　　82,000
　　　　應付債券——利息調整　　　　　　　　　　　　　　　　18,000
　　　貸：應付利息——債券利息　　　　　　　　　　　　　　　100,000
（7）到期歸還本金。
　　借：應付債券——本金　　　　　　　　　　　　　　　　　1,000,000
　　　貸：銀行存款　　　　　　　　　　　　　　　　　　　　1,000,000
（8）支付各期利息（每年會計分錄相同）。
　　借：應付利息——債券利息　　　　　　　　　　　　　　　　100,000
　　　貸：銀行存款　　　　　　　　　　　　　　　　　　　　　100,000

表 10-2　湖南沙沙門業有限公司債券利息費用計算表（實際利率法）

2019 年 1 月 1 日至 2023 年 12 月 31 日　　　　　　　金額單位：萬元

年份	債券期初攤餘成本 ①	按票面利率計算的利息費用 ②=100×10%	按實際利率計算的利息費用 ③=①×8%	利息調整 ④=③-②	債券期末攤餘成本 ⑤=①-④
第 1 年	108	10	8.6	1.4	106.6
第 2 年	106.6	10	8.5	1.5	105.1
第 3 年	105.1	10	8.4	1.6	103.5
第 4 年	103.5	10	8.3	1.7	101.8
第 5 年	101.8	10	8.2	1.8	100.0
合計		50	42.0	8.0	

二、可轉換公司債券

中國發行可轉換公司債券採取記名式無紙化發行方式，企業發行的可轉換公司債券在「應付債券」科目下設置「可轉換公司債券」明細科目核算。

企業發行的可轉換公司債券，應當在初始確認時將其包含的負債成分和權益成分進行分拆，將負債成分確認為應付債券，將權益成分確認為其他權益工具。在進行分拆時，企業應當先對負債成分的未來現金流量進行折現，以確定負債成分的初始確認金額，再按發行價格總額扣除負債成分初始確認金額後的金額，確定權益成分的初始確認金額。發行可轉換公司債券發生的交易費用，企業應當在負債成分和權益成分之間按照各自的相對公允價值進行分攤。企業應按實際收到的款項，借記「銀行存款」等科目；按可轉換公司債券包含的負債成分面值，貸記「應付債券——可轉換公司債券（面值）」科目；按權益成分的公允價值，貸記「其他權益工具」科目；按借貸雙方之間的差額，借記或貸記「應付債券——可轉換公司債券（利息調整）」科目。

對於可轉換公司債券的負債成分，在轉換為股份前，其會計處理與一般公司債券相同，即按照實際利率和攤餘成本確認利息費用，按照面值和票面利率確認應付債券，差額作為利息調整進行攤銷。可轉換公司債券持有者在債券存續期間內行使轉換權利，將可轉換公司債券轉換為股份時，對於債券面額不足轉換 1 股股份的部分，企業應當以現金償還。

可轉換公司債券持有人行使轉換權利，將其持有的債券轉換為股票，按可轉換公司債券的餘額，借記「應付債券——可轉換公司債券（面值、利息調整）」科目；按其權益成分的金額，借記「其他權益工具」科目；按股票面值和轉換的股數計算的股票面值總額，貸記「股本」科目；按其差額，貸記「資本公積——股本溢價」科目。如用現金支付不可轉換股票的部分，應同時貸記「銀行存款」等科目。

【實務 10-8】湖南沙沙門業有限公司經批准於 2019 年 1 月 1 日按面值發行 5 年期一次還本按年付息的可轉換公司債券 200,000,000 元，款項已收存銀行。債券票面年利率為 6%，利息按年支付。債券發行 1 年後可轉換為普通股股票。初始轉股價為每股 10 元，股票面值為每股 1 元。

2020 年 1 月 1 日債券持有人將持有的可轉換公司債券全部轉換為普通股股票（假定按當日可轉換公司債券的帳面價值計算轉股數），湖南沙沙門業有限公司發行可轉換公司債券時二級市場上與之類似的沒有轉換權的債券市場利率為 9%。

據此，湖南沙沙門業有限公司的帳務處理如下：
(1) 2019 年 1 月 1 日發行可轉換公司債券。

借：銀行存款　　　　　　　　　　　　　　　　　　200,000,000
　　應付債券——可轉換公司債券（利息調整）　　　　23,343,600
　貸：應付債券——可轉換公司債券（面值）　　　　　200,000,000
　　　其他權益工具　　　　　　　　　　　　　　　　 23,343,600

可轉換公司債券負債成分的公允價值為：
200,000,000×0.649,9+200,000,000×6%×3.889,7＝176,656,400（元）
(2) 2019年12月31日確認利息費用。

借：財務費用等	15,899,076
貸：應付債券——可轉換公司債券（應計利息）	12,000,000
——可轉換公司債券（利息調整）	3,899,076

(3) 2020年1月1日債券持有人行使轉換權。
(176,656,400+12,000,000+3,899,076)／10＝19,255,547.60（股）
不足1股的部分支付現金0.6元。

借：應付債券——可轉換公司債券（面值）	200,000,000
——可轉換公司債券（應計利息）	12,000,000
其他權益工具	23,343,600
貸：股本	19,255,547
應付債券——可轉換公司債券（利息調整）	19,444,524
資本公積——股本溢價	196,643,528.40
庫存現金	0.60

任務四　長期應付款

長期應付款是指企業除長期借款和應付債券以外的其他各種長期應付款項，包括應付租入固定資產（視同自有固定資產管理）的租賃費、以分期付款方式購入固定資產等發生的應付款項等。

一、相應涉及的帳戶

（一）「長期應付款」帳戶

「長期應付款」帳戶用來核算企業除長期借款和應付債券以外的其他各種長期應付款項，包括租入固定資產（視同自有固定資產管理）的租賃費、以分期付款方式購入固定資產等發生的應付款項等。該帳戶貸方登記企業發生的租入固定資產（視同自有固定資產管理）的租賃費等長期應付款項；借方登記企業按期支付的固定資產的租金和價款等；期末餘額在貸方，反應企業應付未付的長期應付款項。

「長期應付款」帳戶可以按照長期應付款的種類和債權人進行明細核算。

（二）「未確認融資費用」帳戶

企業租賃方式租入固定資產（視同自有固定資產管理），在租賃期開始日，應當將租賃開始日租賃固定資產公允價值與最低租賃付款額現值兩者中較低者，作為租入固定資產（視同自有固定資產管理）的入帳價值，將最低租賃付款額作為長期應付款的入帳價值，

其差額作為未確認融資費用。

　　企業租入固定資產（視同自有固定資產管理）的租賃付款額（支付的租金）中，包含了本金和利息兩部分。企業支付租金時，一方面要減少長期應付款；另一方面要同時將未確認融資費用按一定方法確認為當期融資費用。確認當期融資費用（分期攤銷的未確認融資費用）的方法一般採用實際利率法。

　　「未確認融資費用」帳戶用來核算企業應當分期計入利息費用的未確認融資費用。該帳戶借方登記企業採用租賃方式租入固定資產（視同自有固定資產管理），在租賃開始日發生的未確認融資費用；企業購入固定資產超過正常信用條件延期支付價款，實質上具有融資性質的，在購買日發生的未確認融資費用，登記在該帳戶借方；該帳戶貸方登記企業採用實際利率法分期攤銷的未確認融資費用；期末餘額在借方，反應企業未確認融資費用的攤餘價值。

　　「未確認融資費用」帳戶可以按照債權人和長期應付款項目進行明細核算。

　　【實務10-9】2018年12月1日，湖南沙沙門業有限公司與新海租賃公司簽訂租賃大型設備合同，根據簽訂的租賃合同，租賃期開始日為2019年（租賃期第1年）1月1日，租賃期為36個月，利率為14%，租金總額為180萬元，租金自租賃期開始起每年6月30日和12月31日各支付一次，每次支付30萬元；租賃期屆滿時，湖南沙沙門業有限公司享有優惠購買該設備的選擇權，購買價格為200元。租賃開始日，該設備公允價值為140萬元，租賃期屆滿時，該設備公允價值估計為16萬元。湖南沙沙門業有限公司在簽訂租賃合同過程中發生差旅費，手續費等2,000元。租賃期屆滿，湖南沙沙門業有限公司以銀行存款200元購買了該設備。

　　根據湖南沙沙門業有限公司簽訂的租賃合同，我們可以將其判斷為租賃性質。按照租賃方式租入固定資產（視同自有固定資產管理）的處理原則，有關計算過程和編製的會計分錄如下：

　　（1）租賃期開始日，確認租入固定資產（視同自有固定資產管理），長期應付款，未確認融資費用的入帳價值。

最低租賃付款額＝1,800,000+200＝1,800,200（元）
最低租賃付款額的現值（按6個月期7%的利率計算，過程略）＝1,430,233（元）
租賃開始日租賃固定資產公允價值＝1,400,000（元）
固定資產的入帳價值＝租賃開始日租賃固定資產公允價值＝1,400,000（元）

借：固定資產——融資租入固定資產　　　　　　　　　1,402,000
　　未確認融資費用　　　　　　　　　　　　　　　　　400,200
　貸：長期應付款——新海租賃公司　　　　　　　　　1,800,200
　　　銀行存款　　　　　　　　　　　　　　　　　　　2,000

　　（2）採用實際利率法計算未確認融資費用。

　　由於該項租入固定資產（視同自有固定資產管理）的入帳價值為租賃開始日租賃固定資產公允價值，因此公司應當重新計算融資費用的分攤率。經計算，融資費用分攤率為7.7%，編製未確認融資費用分攤表見表10-3。

表 10-3　湖南沙沙門業有限公司未確認融資費用分攤表（實際利率法）

2019 年 1 月 1 日至 2021 年 12 月 31 日　　　　　　　　　金額單位：元

時　　間	期初應付本金餘額①	租金②	應確認融資費用③=①×7.7%	應付本金減少額④=②-③	期末應付本金餘額⑤=①-④
第 1 年 1 月 1 日	1,400,200				1,400,200
第 1 年 6 月 30 日	1,400,200	300,000	107,815	192,185	1,208,015
第 1 年 12 月 31 日	1,208,015	300,000	93,017	206,983	1,001,032
第 2 年 6 月 30 日	1,001,032	300,000	77,079	222,921	778,111
第 2 年 12 月 31 日	788,111	300,000	59,915	240,085	538,026
第 3 年 6 月 30 日	538,026	300,000	41,428	258,572	279,454
第 3 年 12 月 31 日	279,454	300,000	20,746	279,254	200
第 3 年 12 月 31 日				200	
合計		1,800,000	400,000		

（3）各期支付租金和確認融資費用時。

①第 1 年 6 月 30 日支付租金。

借：長期應付款——新海租賃公司　　　　　　　　　　　　300,000
　　貸：銀行存款　　　　　　　　　　　　　　　　　　　　　　　300,000
借：財務費用　　　　　　　　　　　　　　　　　　　　　　107,815
　　貸：未確認融資費用　　　　　　　　　　　　　　　　　　　　107,815

②第 1 年 12 月 31 日支付租金。

借：長期應付款——新海租賃公司　　　　　　　　　　　　300,000
　　貸：銀行存款　　　　　　　　　　　　　　　　　　　　　　　300,000
借：財務費用　　　　　　　　　　　　　　　　　　　　　　 93,017
　　貸：未確認融資費用　　　　　　　　　　　　　　　　　　　　 93,017

③第 2 年 6 月 30 日支付租金。

借：長期應付款——新海租賃公司　　　　　　　　　　　　300,000
　　貸：銀行存款　　　　　　　　　　　　　　　　　　　　　　　300,000
借：財務費用　　　　　　　　　　　　　　　　　　　　　　 77,079
　　貸：未確認融資費用　　　　　　　　　　　　　　　　　　　　 77,079

④第 2 年 12 月 31 日支付租金。

借：長期應付款——新海租賃公司　　　　　　　　　　　　300,000
　　貸：銀行存款　　　　　　　　　　　　　　　　　　　　　　　300,000
借：財務費用　　　　　　　　　　　　　　　　　　　　　　 59,915
　　貸：未確認融資費用　　　　　　　　　　　　　　　　　　　　 59,915

⑤第 3 年 6 月 30 日支付租金。
借：長期應付款——新海租賃公司 300,000
　　貸：銀行存款 300,000
借：財務費用 41,428
　　貸：未確認融資費用 41,428
⑥第 3 年 12 月 31 日支付租金。
借：長期應付款——新海租賃公司 300,000
　　貸：銀行存款 300,000
借：財務費用 20,746
　　貸：未確認融資費用 20,746
（4）租賃期屆滿，湖南沙沙門業有限公司購買該設備。
借：長期應付款——新海租賃公司 200
　　貸：銀行存款 200
借：固定資產——生產用固定資產 1,402,000
　　貸：固定資產——融資租入固定資產 1,402,000

子項目二　權益籌資的核算

所有者權益根據其核算的內容和要求，可分為實收資本（股本）、其他權益工具、資本公積、其他綜合收益、盈餘公積和未分配利潤等部分。其中，盈餘公積和未分配利潤統稱為留存收益。

任務一　實收資本

一、實收資本概述

實收資本是指企業按照章程規定或合同、協議約定，接受投資者投入企業的資本。實收資本的構成比例或股東的股份比例，是確定所有者在企業所有者權益中份額的基礎，也是企業進行利潤或股利分配的主要依據。

實收資本確認和計量要求企業應當設置「實收資本」科目，核算企業接受投資者投入的實收資本，股份有限公司應將該科目改為「股本」。投資者可以用現金投資，也可以用現金以外的其他有形資產投資，符合國家規定比例的，還可以用無形資產投資。企業收到投資時，一般應做如下會計處理：收到投資人投入的現金，應在實際收到或者存入企業開戶銀行時，按實際收到的金額，借記「銀行存款」科目；以實物資產投資的，應在辦理實

物產權轉移手續時，借記有關資產科目；以無形資產投資的，應按照合同、協議或公司章程規定移交有關憑證時，借記「無形資產」科目，按投入資本在註冊資本或股本中所占份額，貸記「實收資本」或「股本」科目，按其差額，貸記「資本公積——資本溢價」或「資本公積——股本溢價」等科目。

公司所有者權益又稱為股東權益。所有者權益具有以下特徵：①除非發生減資，清算或分派現金股利，企業不需要償還所有者權益；②企業清算時，只有在清償所有的負債後，所有者權益才返還所有者；③所有者憑藉所有者權益能夠參與企業利潤的分配。

二、實收資本的帳務處理

(一) 接受現金資產投資

1. 股份有限公司以外的企業接受現金資產投資

【實務10-10】甲、乙、丙共同投資設立湖南沙沙門業有限公司，註冊資本為 2,000,000 元，甲、乙、丙持股比例分別為 60%、25% 和 15%。按照章程規定，甲、乙、丙投入資本分別為 1,200,000 元、500,000 元和 300,000 元。湖南沙沙門業有限公司已如期收到各投資者一次繳足的款項。則該公司在進行會計處理時，應編製如下會計分錄：

借：銀行存款　　　　　　　　　　　　　　　　　　2,000,000
　　貸：實收資本——甲　　　　　　　　　　　　　 1,200,000
　　　　　　　　——乙　　　　　　　　　　　　　　 500,000
　　　　　　　　——丙　　　　　　　　　　　　　　 300,000

實收資本的構成比例，即投資者的出資比例或股東的股份比例，通常是確定所有者在企業所有者權益中所占的份額和參與生產經營決策的基礎，也是企業進行利潤分配或股利分配的依據，同時還是企業清算時確定所有者對淨資產的要求權的依據。

2. 股份有限公司接受現金資產投資

股份有限公司發行股票時，既可以按面值發行股票，也可以溢價發行（中國目前不允許折價發行）。股份有限公司在核定的股本總額及核定的股份總額的範圍內發行股票時，應在實際收到現金資產時進行會計處理。

【實務10-11】B股份有限公司發行普通股 10,000,000 股，每股面值 1 元，每股發行價格 5 元，假定股票發行成功，股款 50,000,000 元已全部收到，不考慮發行過程中的稅費等因素。根據上述資料，B公司應做如下帳務處理：

應記入「資本公積」科目的金額 = 50,000,000 - 10,000,000 = 40,000,000（元）
應編製如下會計分錄：

借：銀行存款　　　　　　　　　　　　　　　　　　50,000,000
　　貸：股本　　　　　　　　　　　　　　　　　　 10,000,000
　　　　資本公積——股本溢價　　　　　　　　　　 40,000,000

本例中，B公司發行股票實際收到的款項為 50,000,000 元，應借記「銀行存款」科目；實際發行的股票面值為 10,000,000 元，應貸記「股本」科目，按其差額，貸記「資

本公積——股本溢價」科目。

（二）接受非現金資產投資

1. 接受投入固定資產

企業接受投資者作價投入的房屋、建築物、機器設備等固定資產，應按投資合同或協議約定價值確定固定資產價值（但投資合同或協議約定價值不公允的除外）和在註冊資本中應享有的份額。

【實務 10-12】湖南沙沙門業有限公司於設立時收到乙公司作為資本投入的不需要安裝的機器設備一臺，合同約定該機器設備的價值為 2,000,000 元，增值稅進項稅額為 260,000 元。經約定湖南沙沙門業有限公司接受乙公司的投入資本為 2,260,000 元。合同約定的固定資產價值與公允價值相符，不考慮其他因素，湖南沙沙門業有限公司進行會計處理時，應編製如下會計分錄：

借：固定資產	2,000,000
應交稅費——應交增值稅（進項稅額）	260,000
貸：實收資本——乙公司	2,260,000

本例中，該固定資產合同約定的價值與公允價值相符，湖南沙沙門業有限公司接受乙公司投入的固定資產按約定的金額作為實收資本，因此，可按 2,260,000 元的金額貸記「實收資本」科目。

2. 接受投入材料物資

企業接受投資者作價投入的材料物資，應按投資合同或協議約定價值確定材料物資價值（投資合同或協議約定價值不公允的除外）和在註冊資本中應享有的份額。

【實務 10-13】乙有限責任公司於設立時收到 B 公司作為資本投入的原材料一批，該原材料投資合同或協議約定價值（不含可抵扣的增值稅進項稅額部分）為 100,000 元，增值稅進項稅額為 13,000 元。B 公司已開具了增值稅專用發票。假設合同約定的價值與公允價值相符，該進項稅額允許抵扣，不考慮其他因素，原材料按實際成本進行日常核算，乙公司在進行會計處理時，應編製如下會計分錄：

借：原材料	100,000
應交稅費——應交增值稅（進項稅額）	13,000
貸：實收資本——B 公司	113,000

本例中，原材料的合同約定價值與公允價值相符，因此，可按照 100,000 元的金額借記「原材料」科目；同時，該進項稅額允許抵扣，因此，增值稅專用發票上註明的增值稅稅額 13,000 元，應借記「應交稅費——應交增值稅（進項稅額）」科目。乙公司接受的 B 公司投入的原材料按合同約定金額作為實收資本，因此可按 113,000 元的金額貸記「實收資本」科目。

3. 接受投入無形資產

企業收到以無形資產方式投入的資本，應按投資合同或協議約定價值確定無形資產價值（但投資合同或協議約定價值不允許的除外）和在註冊資本中應享有的份額。

【實務 10-14】丙有限責任公司於設立時收到 A 公司作為資本投入的非專利技術一項，該非專業技術投資合同約定價值為 60,000 元，同時收到 B 公司作為資本投入的土地使用權一項，投資合同約定價值為 80,000 元。假設丙公司接受該非專利技術和土地使用權符合國家註冊資本管理的有關規定，可按合同約定作實收資本入帳，合同約定的價值與公允價值相符，不考慮其他因素。丙公司在進行會計處理時，應編製如下會計分錄：

借：無形資產——非專利技術　　　　　　　　　　　60,000
　　　　　　——土地使用權　　　　　　　　　　　80,000
　　貸：實收資本——A 公司　　　　　　　　　　　　60,000
　　　　　　　　——B 公司　　　　　　　　　　　　80,000

本例中，非專業技術與土地使用權的合同約定價值與公允價值相符，因此，丙公司可分別按照 60,000 元和 80,000 元的金額借記「無形資產」科目。A、B 公司投入的非專業技術和土地使用權按合同約定全額作為實收資本，因此可分別按 60,000 元和 80,000 元的金額貸記「實收資本」科目。

（三）實收資本（或股本）的增減變動

《中華人民共和國公司登記管理條例》規定，公司增加註冊資本的，有限責任公司股東認繳新增資本的出資和股份有限公司的股東認購新股，應當分別依照《中華人民共和國公司法》設立有限責任公司繳納出資和設立股份有限公司繳納款項的有關規定執行。公司法定公積金轉增為註冊資本的，驗資證明應當載明留存的該項公積金不少於轉增前公司註冊資本的 25%。公司減少註冊資本的，應當自公告之日起 45 日後申請變更登記，並應當提交公司在報紙上登載公司減少註冊資本公告的有關證明和公司債務清償或者債務擔保情況的說明。公司減資後的註冊資本不得低於法定的最低限額。公司變更實收資本的，應當提交依法設立的驗資機構出具的驗資證明，並應當按照公司章程載明的出資時間、出資方式繳納出資。公司應當自足額繳納出資或者股款之日起 30 日內申請變更登記。

1. 實收資本或股本的增加

（1）企業增加資本的途徑。

企業增加資本主要有三個途徑：接受投資者追加投資、資本公積轉增資本和盈餘公積轉增資本。需要注意的是，由於資本公積和盈餘公積均屬於所有者權益，用其轉增資本時，如果是獨資企業則比較簡單，直接結轉即可；如果是股份公司或有限責任公司，則應按照原投資者各自出資比例相應增加各投資者的出資額。

【實務 10-15】甲、乙、丙三人共同投資設立了湖南沙沙門業有限公司，原註冊資本為 4,000,000 元，甲、乙、丙分別出資 500,000 元、2,000,000 元和 1,500,000 元。為擴大經營規模，經批准，湖南沙沙門業有限公司註冊資本擴大為 5,000,000 元，甲、乙、丙按照原出資比例分別追加投資 125,000 元、500,000 元和 375,000 元。湖南沙沙門業有限公司如期收到甲、乙、丙追加的現金投資。

湖南沙沙門業有限公司應編製如下會計分錄：

借：銀行存款　　　　　　　　　　　　　　　　　　　　　1,000,000
　　貸：實收資本——甲公司　　　　　　　　　　　　　　　　125,000
　　　　　——乙公司　　　　　　　　　　　　　　　　500,000
　　　　　——丙公司　　　　　　　　　　　　　　　　375,000

本例中，甲、乙、丙按原出資比例追加實收資本，因此，湖南沙沙門業有限公司應分別按照 125,000 元、500,000 元和 375,000 元的金額，貸記「實收資本」科目中甲、乙、丙明細分類帳。

【實務 10-16】承【實務 10-15】因擴大經營規模需要，經批准，湖南沙沙門業有限公司按原出資比例將資本公積 1,000,000 元轉增資本。湖南沙沙門業有限公司應編製如下會計分錄：

借：資本公積　　　　　　　　　　　　　　　　　　　　　1,000,000
　　貸：實收資本——甲公司　　　　　　　　　　　　　　　　125,000
　　　　　——乙公司　　　　　　　　　　　　　　　　500,000
　　　　　——丙公司　　　　　　　　　　　　　　　　375,000

本例中，資本公積 1,000,000 元按原出資比例轉增實收資本，因此，湖南沙沙門業有限公司應分別按照 125,000 元、500,000 元和 375,000 元的金額，貸記「實收資本」科目中甲、乙、丙明細分類帳。

【實務 10-17】承【實務 10-16】，因擴大經營規模需要，經批准，湖南沙沙門業有限公司按原出資比例將盈餘公積 1,000,000 元轉增資本。湖南沙沙門業有限公司應編製如下會計分錄：

借：盈餘公積　　　　　　　　　　　　　　　　　　　　　1,000,000
　　貸：實收資本——甲公司　　　　　　　　　　　　　　　　125,000
　　　　　——乙公司　　　　　　　　　　　　　　　　500,000
　　　　　——丙公司　　　　　　　　　　　　　　　　375,000

本例中，盈餘公積 1,000,000 元按原出資比例轉增實收資本，因此，湖南沙沙門業有限公司應分別按照 125,000 元、500,000 元和 375,000 元的金額貸記「實收資本」科目中甲、乙、丙明細分類帳。

（2）股份有限公司發放股票股利。

股份有限公司採用發放股票股利實現增資的，在發放股票股利時，按照股東原來持有的股數分配，如股東所持股份按比例分配的股利不足一股時，應採用恰當的方法處理。例如，股東會決議按股票面額的 10％發放股票股利時（假定新股發行價格及面額與原股相同），對於所持股票不足 10 股的股東，將會發生不能領取一股的情況。在這種情況下，有兩種方法可供選擇，一是將不足一股的股票股利改為現金股利，用現金支付；二是由股東相互轉讓，湊為整股。股東大會批准的利潤分配方案中分配的股票股利，應在辦理增資手續後，借記「利潤分配」科目，貸記「股本」科目。

（3）可轉換公司債券持有人行使轉換權利。

可轉換公司債券持有人行使轉換權利，將其持有的債券轉換為股票，按可轉換公司債

券的餘額，借記「應付債券——可轉換公司債券（面值、利息調整）」科目，按其權益成分的金額，借記「其他權益工具」科目；按股票面值和轉換的股數計算的股票面值總額，貸記「股本」科目；按其差額，貸記「資本公積——股本溢價」科目。

（4）企業將重組債務轉為資本。

企業將重組債務轉為資本的，應按重組債務的帳面餘額，借記「應付帳款」等科目；按債權人因放棄債權而享有本企業股份的面值總額，貸記「實收資本」或「股本」科目；按股份的公允價值總額與相應的實收資本或股本之間的差額，貸記或借記「資本公積——資本溢價」或「資本公積——股本溢價」科目；按其差額，貸記「營業外收入——債務重組利得」科目。

（5）以權益結算的股份支付的行權。

以權益結算的股份支付換取職工或其他方提供服務的，須在行權日，根據實際行權情況確定的金額，借記「資本公積——其他資本公積」科目；按應計入實收資本或股本的金額，貸記「實收資本」或「股本」科目。

2. 實收資本（或股本）的減少

企業減少實收資本應按法定程序報經批准，股份有限公司採用收購本公司股票方式減資的，按股票面值和註銷股數計算的股票面值總額衝減股本，按註銷庫存的帳面餘額與所衝減股本的差額衝減股本溢價，股本溢價不足衝減的，應依次衝減「盈餘公積」「利潤分配——未分配利潤」等科目。如果購回股票支付的價款低於面值總額的，所註銷庫存股的帳面餘額與所衝減股本的差額作為增加資本或股本溢價處理。

【實務10-18】B公司於2018年12月31日的股本為100,000,000股，面值為1元，資本公積（股本溢價）為30,000,000元，盈餘公積為40,000,000元。經股東大會批准，B公司以現金回購本公司股票20,000,000股並註銷。假定B公司按每股2元回購股票，不考慮其他因素，該公司應編製如下會計分錄：

（1）回購本公司股份時。

借：庫存股　　　　　　　　　　　　　　　　40,000,000
　　貸：銀行存款　　　　　　　　　　　　　　　40,000,000

庫存股成本＝20,000,000×2＝40,000,000（元）

（2）註銷公司股份時。

借：股本　　　　　　　　　　　　　　　　　20,000,000
　　資本公積　　　　　　　　　　　　　　　20,000,000
　　貸：庫存股　　　　　　　　　　　　　　　40,000,000

應衝減的資本公積＝20,000,000×2－20,000,000×1＝20,000,000（元）

【實務10-19】承【實務10-18】，假定B公司按每股3元回購股票，其他條件不變，B公司應編製如下會計分錄：

（1）回購本公司股份時。

借：庫存股　　　　　　　　　　　　　　　　60,000,000

貸：銀行存款　　　　　　　　　　　　　　　　　　　60,000,000

庫存股成本＝20,000,000×3＝60,000,000（元）

（2）註銷公司股份時。

借：股本　　　　　　　　　　　　　　　　　　　　　　20,000,000

　　資本公積　　　　　　　　　　　　　　　　　　　　30,000,000

　　盈餘公積　　　　　　　　　　　　　　　　　　　　10,000,000

　　貸：庫存股　　　　　　　　　　　　　　　　　　　60,000,000

應衝減的資本公積＝20,000,000×3－20,000,000×1＝40,000,000（元）

由於應衝減的資本公積大於公司現有的資本公積，所以只能衝減資本公積30,000,000元，剩餘的10,000,000元應衝減盈餘公積。

【實務10-20】承【實務10-18】假定B公司按每股0.9元回購股票，其他條件不變，B公司應編製如下會計分錄：

（1）回購本公司股份時。

借：庫存股　　　　　　　　　　　　　　　　　　　　　18,000,000

　　貸：銀行存款　　　　　　　　　　　　　　　　　　18,000,000

庫存股成本＝20,000,000×0.9＝18,000,000（元）

（2）註銷公司股份時。

借：股本　　　　　　　　　　　　　　　　　　　　　　20,000,000

　　貸：庫存股　　　　　　　　　　　　　　　　　　　18,000,000

　　　　資本公積——股本溢價　　　　　　　　　　　　　2,000,000

應增加的資本公積＝20,000,000×1－20,000,000×0.9＝2,000,000（元）

由於折價回購，股本與庫存股成本的差額2,000,000元應作為增加資本公積處理。

任務二　其他權益工具

　　企業發行的除普通股（作為實收資本或股本）以外，按照金融負債和權益工具區分原則分類為權益工具的其他權益工具，按照以下原則進行會計處理。

一、其他權益工具會計處理的基本原則

　　企業發行的金融工具首先應當按照金融工具準則進行初始確認和計量；然後於每個資產負債表日計提利息或分派股利，按照相關具體企業會計準則進行處理，即企業應當以所發行金融工具的分類為基礎，確定該工具利息支出或股利分配等的會計處理。對於歸類為權益工具的金融工具，無論其名稱中是否包含「債」，其利息支出或股利分配都應當作為發行企業的利潤分配，其回購、註銷等作為權益的變動處理；對於歸類為金融負債的金融工具，無論其名稱中是否包含「股」，其利息支出或股利分配原則上按照借款費用進行處

理，其回購或贖回產生的利得或損失等計入當期損益。

企業（發行方）發行金融工具，其發生的手續費、佣金等交易費用，如分類為債務工具且以攤餘成本計量的，應當計入發行工具的初始計量金額；如分類為權益工具的，應當從權益（其他權益工具）中扣除。

二、科目設置

金融工具發行方應當設置下列會計科目，對發行的金融工具進行會計核算。

(1) 發行方對於歸類為金融負債的金融工具在「應付債券」科目核算。「應付債券」科目應當按照發行的金融工具種類進行明細核算，並在各類工具中按「面值」「利息調整」「應計利息」設置明細帳，進行明細核算（發行方發行的符合流動負債特徵並歸類為流動負債的金融工具，以相關流動性質的負債類科目進行核算，本教材在帳務處理部分均以「應付債券」科目為例）。

對於需要拆分且形成衍生金融負債或衍生金融資產的，企業應將拆分的衍生金融負債或衍生金融資產按照其公允價值在「衍生工具」科目核算。對於發行且嵌入了非緊密相關的衍生金融資產或衍生金融負債的金融工具，如果發行方選擇將其整體指定為以公允價值計量且其變動計入當期損益的，則企業應將發行的金融工具的整體以公允價值計量且其變動計入當期損益的金融負債等科目進行核算。

(2) 在所有者權益類科目中設置「其他權益工具」科目，核算企業發行的除普通股以外的歸類為權益工具的各種金融工具。「其他權益工具」科目應按發行金融工具的種類等進行明細核算。

三、主要帳務處理

（一）發行方的帳務處理

(1) 發行方發行的金融工具歸類為債務工具並以攤餘成本計量的，應按實際收到的金額，借記「銀行存款」等科目；按債務工具的面值，貸記「應付債券——優先股、永續債等（面值）」科目；按其差額，貸記或借記「應付債券——優先股、永續債等（利息調整）」科目。

在該工具存續期間，計提利息並對帳面的利息進行調整的會計處理，企業應按照金融工具確認和計量準則中有關金融負債按攤餘成本後續計量的規定進行會計處理。

(2) 發行方發行的金融工具歸類為權益工具的，應按實際收到的金額，借記「銀行存款」等科目，貸記「其他權益工具——優先股、永續債等」科目。

分類為權益工具的金融工具，在存續期間分派股利（含分類為權益工具的工具所產生的利息，下同）的，作為利潤分配處理。發行方應根據經批准的股利分配方案，按應分配給金融工具持有者的股利金額，借記「利潤分配——應付優先股股利、應付永續債利息等」科目，貸記「應付股利——優先股股利、永續債利息」等科目。

(3) 發行方發行的金融工具為複合金融工具的，應按實際收到的金額，借記「銀行

存款」等科目；按金融工具的面值，貸記「應付債券——優先股、永續債（面值）等」科目；按負債成分的公允價值與金融工具面值之間的差額，借記或貸記「應付債券——優先股、永續債等（利息調整）」科目；按實際收到的金額扣除負債成分的公允價值後的金額，貸記「其他權益工具——優先股、永續債等」科目。發行複合金融工具發生的交易費用，應當在負債成分和權益成分之間按照各自占總發行價款的比例進行分攤。與多項交易相關的共同交易費用，應當在合理的基礎上，進行確認和計量。投資方需編製合併財務報表的，按照《企業會計準則第33號——合併財務報表》的規定編製合併財務報表。

(4) 發行的金融工具本身是衍生金融負債或衍生金融資產或者內嵌了衍生金融負債或衍生金融資產的，按照金融工具確認和計量準則中有關衍生工具的規定進行處理。

(5) 因發行的金融工具原合同條款約定的條件或事項隨著時間的推移或經濟環境的改變而發生變化，導致原歸類為權益工具的金融工具重分類為金融負債的，應當於重分類日，按該工具的帳面價值，借記「其他權益工具——優先股、永續債等」科目；按該工具的面值，貸記「應付債券——優先股、永續債等（面值）」科目；按該工具的公允價值與面值之間的差額，借記或貸記「應付債券——優先股、永續債等（利息調整）」科目；按該工具的公允價值與帳面價值的差額，貸記或借記「資本公積——資本溢價（或股本溢價）」科目，如資本公積不夠沖減的，依次沖減盈餘公積和未分配利潤。發行方以重分類日計算的實際利率作為應付債券後續計量利息調整的基礎。

因發行的金融工具原合同條款約定的條件或事項隨著時間的推移或經濟環境的改變而發生變化，導致原歸類為金融負債的金融工具重分類為權益工具的，應於重分類日，按金融負債的面值，借記「應付債券——優先股、永續債等（面值）」科目；按利息調整餘額，借記或貸記「應付債券——優先股、永續債等（利息調整）」科目；按金融負債的帳面價值，貸記「其他權益工具——優先股、永續債等」科目。

(6) 發行方按合同條款約定，贖回所發行的除普通股以外的、分類為權益工具的金融工具，按合同價格，借記「庫存股——其他權益工具」科目，貸記「銀行存款」等科目；註銷所購回的金融工具，按該工具對應的其他權益工具的帳面價值，借記「其他權益工具」科目；按該工具的贖回價格，貸記「庫存股——其他權益工具」科目；按其差額，借記或貸記「資本公積——資本溢價（或股本溢價）」科目，如資本公積不夠沖減的，依次沖減盈餘公積和未分配利潤。發行方按合同條款約定贖回所發行的分類為金融負債的金融工具，按該工具贖回日的帳面價值，借記「應付債券」等科目；按贖回價格，貸記「銀行存款」等科目；按其差額，借記或貸記「財務費用」科目。

(7) 發行方按合同條款約定，將發行的除普通股以外的金融工具轉換為普通股的，按該工具對應的金融負債或其他權益工具的帳面價值，借記「應付債券」「其他權益工具」等科目；按普通股的面值，貸記「實收資本（或股本）」科目；按其差額，貸記「資本公積——資本溢價（或股本溢價）」科目（如轉股時金融工具的帳面價值不足轉換為1股普通股而以現金或其他金融資產支付的，還需按支付的現金或其他金融資產的金額，貸記「銀行存款」等科目）。

（二）投資方的帳務處理

金融工具投資方（持有人）在考慮持有的金融工具或其組成部分是權益工具還是債務工具投資時，應當遵循金融工具確認和計量準則的相關要求，通常應當與發行方對金融工具的權益或負債屬性的分類保持一致。例如，對於發行方歸類為權益工具的非衍生金融工具，投資方通常應當將其歸類為權益工具投資。如果投資方因持有發行方發行的金融工具而對發行方擁有控制、共同控制或重大影響的，按照《企業會計準則第2號——長期股權投資》和《企業會計準則第20號——企業合併》進行確認和計量；投資方需編製合併財務報表的，按照《企業會計準則第33號——合併財務報表》的規定編製合併財務報表。

任務三 資本公積和其他綜合收益

一、資本公積確認與計量

資本公積是企業收到投資者的超出其在企業註冊資本（或股本）中所占份額的投資，以及直接計入所有者權益的利得和損失等。資本公積包括資本溢價（或股本溢價）和其他資本公積。

資本溢價（或股本溢價）是企業收到投資者的超出其在企業註冊資本（或股本）中所占份額的投資。形成資本溢價（或股本溢價）的原因包括溢價發行股票、投資者超額繳納資本等。

資本公積一般應當設置「資本（或股本）溢價」「其他資本公積」明細科目核算。

（一）資本溢價或股本溢價的會計處理

1. 資本溢價

除股份有限公司外的其他類型的企業，在企業創立時，投資者認繳的出資額與註冊資本一致，一般不會產生資本溢價。但在企業重組或有新的投資者加入時，常常會出現資本溢價。因為在企業進行正常生產經營後，其資本利潤率通常要高於企業初始階段，另外，企業有內部累積，新投資者加入企業後，對這些累積也要分享，所以新加入的投資者往往要付出大於原投資者的出資額，才能取得與原投資者相同的出資比例。投資者多繳的部分就形成了資本溢價。

【實務10-21】 湖南沙沙門業有限公司由兩位投資者投資200,000元設立，每人各出資100,000元。一年後，為擴大經營規模，經批准，湖南沙沙門業有限公司註冊資本增加到300,000元，並引入第三位投資者加入。按照投資協議，新投資者需繳入現金110,000元，同時享有該公司三分之一的股份。湖南沙沙門業有限公司已收到該現金投資。假定不考慮其他因素，湖南沙沙門業有限公司應編製如下會計分錄：

借：銀行存款　　　　　　　　　　　　　　　　　　　　　　　110,000
　　貸：實收資本　　　　　　　　　　　　　　　　　　　　　　100,000
　　　　資本公積——資本溢價　　　　　　　　　　　　　　　　 10,000

本例中，湖南沙沙門業有限公司收到第三位投資者的現金投資110,000元，100,000元屬於第三位投資者在註冊資本中所享有的份額，應記入「實收資本」科目，10,000元屬於資本溢價，應記入「資本公積——資本溢價」科目。

2. 股本溢價

股份有限公司是以發行股票的方式來籌集股本的。股票可按面值發行，也可按溢價發行，中國目前不準折價發行。與其他類型的企業不同，股份有限公司在成立時可能會溢價發行股票，因而在成立之初，就可能會產生股本溢價。股本溢價的數額等於股份有限公司發行股票時實際收到的款額超過股票面值總額的部分。

在按面值發行股票的情況下，企業發行股票取得的收入，應全部作為股本處理；在溢價發行股票的情況下，企業發行股票取得的收入，等於股票面值部分作為股本處理，超出股票面值的溢價收入應作為股本溢價處理。

發行股票相關的手續費，佣金等交易費用，如果是溢價發行股票的，應從溢價中抵扣，衝減資本公積（無溢價發行股票或溢價金額不足以抵扣的，應將不足抵扣的部分衝減盈餘公積和未分配利潤）。

【實務10-22】B股份有限公司首次公開發行了普通股50,000,000股，每股面值1元，每股發行價為4元。B公司與受託單位約定，按發行收入的3%收取手續費，從發行收入中扣除。假定收到的股款已存入銀行。B公司應編製如下會計分錄：

公司收到受託發行單位的現金 = 50,000,000 × 4 × (1−3%) = 194,000,000（元）

應記入「資本公積」科目的金額 = 溢價收入 − 發行手續費

$$= 50,000,000 \times (4-1) - 50,000,000 \times 4 \times 3\%$$
$$= 144,000,000（元）$$

借：銀行存款	194,000,000
貸：股本	50,000,000
資本公積——股本溢價	144,000,000

（二）其他資本公積的會計處理

其他資本公積，是指除資本溢價（或股本溢價）項目以外所形成的資本公積。

1. 以權益結算的股份支付

以權益結算的股份支付換取職工或其他方提供服務的，企業應按照確定的金額，記入「管理費用」等科目，同時增加資本公積（其他資本公積）。在行權日，企業應按實際行權的權益工具數量計算確定的金額，借記「資本公積——其他資本公積」科目，按計入實收資本或股本的金額，貸記「實收資本」或「股本」科目，並將其差額記入「資本公積——資本溢價」或「資本公積——股本溢價」科目。

2. 採用權益法核算的長期股權投資

長期股權投資採用權益法核算的，被投資單位除淨損益、其他綜合收益和利潤分配以外的所有者權益的其他變動，投資企業按持股比例計算應享有的份額，應當增加或減少長期股權投資的帳面價值，同時增加或減少資本公積（其他資本公積）。當處置採用權益法

核算的長期股權投資時，企業應當將原記入資本公積（其他資本公積）的相關金額轉入投資收益（除不能轉入損益的項目外）。

（三）資本公積轉增資本的會計處理

按照《中華人民共和國公司法》的規定，法定公積金（資本公積和盈餘公積）轉為資本時，所留存的該項公積金不得少於轉增前公司註冊資本的 25 %。經股東大會或類似機構決議，用資本公積轉增資本時，應衝減資本公積，同時按照轉增前的實收資本（或股本）的結構或比例，將轉增的金額記入「實收資本」或「股本」科目下各所有者的明細分類帳。

二、其他綜合收益的確認與計量及會計處理

其他綜合收益是指企業根據其他會計準則規定未在當期損益中確認的各項利得和損失，包括以後會計期間不能重分類進損益的其他綜合收益和以後會計期間滿足規定條件時將重分類進損益的其他綜合收益兩類。

1. 以後會計期間不能重分類進損益的其他綜合收益項目

以後會計期間不能重分類進損益的其他綜合收益項目，主要包括重新計量設定受益計劃淨負債或淨資產導致的變動、按照權益法核算被投資單位重新計量設定受益計劃淨負債或淨資產變動導致的權益變動，投資企業按持股比例計算確認的該部分其他綜合收益項目，以及在初始確認時，企業可以將非交易性權益工具指定為以公允價值計量且其變動計入其他綜合收益的金融資產，是指定後不得撤銷，即當該類非交易性權益工具終止確認時，原計入其他綜合收益的公允價值變動損益不得重分類進損益。

2. 以後會計期間有滿足規定條件時將重分類進損益的其他綜合收益項目

以後會計期間有滿足規定條件時將重分類進損益的其他綜合收益項目，主要包括：

（1）符合金融工具準則規定，同時符合兩個條件的金融資產應當分類為以公允價值計量且其變動計入其他綜合收益：①企業管理該金融資產的業務模式既以收取合同現金流量為目標又以出售該金融資產為目標；②該金融資產的合同條款規定，在特定日期產生的現金流量，僅為對本金和以未償付本金金額為基礎的利息的支付。當該類金融資產終止確認時，之前計入其他綜合收益的累計利得或損失應從其他綜合收益中轉出，計入當期損益。

（2）按照金融工具準則規定，對金融資產重分類按規定可以將原計入其他綜合收益的利得或損失轉入當期損益的部分。

（3）採用權益法核算的長期股權投資。

採用權益法核算的長期股權投資，按照被投資單位實現其他綜合收益以及持股比例計算應享有或分擔的金額，調整長期股權投資的帳面價值，同時增加或減少其他綜合收益。其會計處理為：借記（或貸記）「長期股權投資——其他綜合收益」科目，貸記（或借記）「其他綜合收益」科目，待該項股權投資處置時，將原計入其他綜合收益的金額轉入當期損益。

（4）存貨或自用房地產轉換為投資性房地產。

企業將作為存貨的房地產轉換為採用公允價值模式計量的投資性房地產時，應當按該

項房地產在轉換日的公允價值，借記「投資性房地產——成本」科目，原已計提跌價準備的，借記「存貨跌價準備」科目，按其帳面餘額，貸記「開發產品」等科目；同時，轉換日的公允價值小於帳面價值的，按其差額，借記「公允價值變動損益」科目，轉換日的公允價值大於帳面價值的，按其差額，貸記「其他綜合收益」科目。

企業將自用的建築物等轉換為採用公允價值模式計量的投資性房地產時，應當按該項房地產在轉換日的公允價值，借記「投資性房地產——成本」科目，原已計提減值準備的，借記「固定資產減值準備」科目，按已計提的累計折舊等，借記「累計折舊」科目，按其帳面餘額，貸記「定資產」等科目；同時，轉換日的公允價值小於帳面價值的，按其差額，借記「公允價值變動損益」科目，轉換日的公允價值大於帳面價值的，按其差額，貸記「其他綜合收益」科目。待該項投資性房地產處置時，因轉換計入其他綜合收益的部分應轉入當期損益。

（5）現金流量套期工具產生的利得或損失中屬於有效套期的部分。

（6）外幣財務報表折算差額。

按照外幣折算的要求，企業在處置境外經營的當期，將已列入合併財務報表所有者權益的外幣報表折算差額中與該境外經營相關部分，自其他綜合收益項目轉入處置當期損益。如果是部分處置的比例計算處置部分的外幣折算差額，轉入處置當期損益。

任務四　留存收益

一、留存收益概述

留存收益是指企業從歷年實現的利潤中提取或形成的留存於企業的內部累積，包括盈餘公積和未分配利潤兩類。

盈餘公積是指企業按照有關規定從淨利潤中提取的累積資金。公司制企業的盈餘公積包括法定盈餘公積和任意盈餘公積。法定盈餘公積是指企業按照規定的比例從淨利潤中提取的盈餘公積。任意盈餘公積是指企業按照股東會或股東大會決議提取的盈餘公積。企業提取的盈餘公積可用於彌補虧損、擴大生產經營、轉增資本或派送新股等。

未分配利潤是指企業實現的淨利潤經過彌補虧損、提取盈餘公積和向投資者分配利潤後留存在企業的、歷年結存的利潤。相對於所有者權益的其他部分來說，企業對於未分配利潤的使用有較大的自主權。

二、留存收益的帳務處理

（一）利潤分配

利潤分配是指企業根據國家有關規定和企業章程、投資者協議等，對企業當年可供分配的利潤所進行的分配。

可供分配的利潤=當年實現的淨利潤+年初未分配利潤（-年初未彌補虧損）+其他轉入（即盈餘公積補虧）

利潤分配的順序依次是：①提取法定盈餘公積；②提取任意盈餘公積；③向投資者分配利潤。

企業應通過「利潤分配」科目，核算企業利潤的分配（或虧損的彌補）和歷年分配（或彌補）後的未分配利潤（或未彌補虧損）。該科目應分別「提取法定盈餘公積」「提取任意盈餘公積」「應付現金股利或利潤」「盈餘公積補虧」「未分配利潤」等進行明細核算。企業未分配利潤通過「利潤分配——未分配利潤」明細科目進行核算。年度終了，企業應將全年實現的淨利潤或發生的淨虧損，自「本年利潤」科目轉入「利潤分配——未分配利潤」科目，並將「利潤分配」科目所屬其他明細科目的餘額，轉入「未分配利潤」明細科目。結轉後，「利潤分配——未分配利潤」科目如為貸方餘額，表示累積未分配的利潤數額；如為借方餘額，則表示累積未彌補的虧損數額。

【實務 10－23】湖南沙沙門業有限公司年初未分配利潤為 0，本年實現淨利潤 2,000,000 元，本年提取法定盈餘公積 200,000 元，宣告發放現金股利 800,000 元。假定不考慮其他因素，湖南沙沙門業有限公司會計處理如下：

（1）結轉本年利潤。

借：本年利潤　　　　　　　　　　　　　　　　　　　　　　　　　2,000,000
　　貸：利潤分配——未分配利潤　　　　　　　　　　　　　　　　　　　　2,000,000

如企業當年發生虧損，則應借記「利潤分配——未分配利潤」科目，貸記「本年利潤」科目。

（2）提取法定盈餘公積、宣告發放現金股利。

借：利潤分配——提取法定盈餘公積　　　　　　　　　　　　　　　　200,000
　　　　　　——應付現金股利　　　　　　　　　　　　　　　　　　　800,000
　　貸：盈餘公積　　　　　　　　　　　　　　　　　　　　　　　　　　200,000
　　　　應付股利　　　　　　　　　　　　　　　　　　　　　　　　　　800,000

同時，

借：利潤分配——未分配利潤　　　　　　　　　　　　　　　　　　　1,000,000
　　貸：利潤分配——提取法定盈餘公積　　　　　　　　　　　　　　　　　200,000
　　　　　　　　——應付現金股利　　　　　　　　　　　　　　　　　　800,000

結轉後，如果「未分配利潤」明細科目的餘額在貸方，表示累計未分配的利潤；如果餘額在借方，則表示累積未彌補的虧損。本例中，「利潤分配——未分配利潤」明細科目的餘額在貸方，此貸方餘額 1,000,000 元（本年利潤 2,000,000-提取法定盈餘公積 200,000-應付現金股利 80,000）即為湖南沙沙門業有限公司本年年末的累計未分配利潤。

（二）盈餘公積

按照《中華人民共和國公司法》有關規定，公司制企業應按照淨利潤（減彌補以前年度虧損，下同）的 10%提取法定盈餘公積。非公司制企業法定盈餘公積的提取比例可超過淨利潤的 10%。法定盈餘公累積計額已達註冊資本的 50%時可以不再提取。值得注意的

是，企業在計算提取法定盈餘公積的基數時，不應包括企業年初未分配利潤。

公司制企業可根據股東大會的決議提取任意盈餘公積。非公司制企業經類似權力機構批准，也可提取任意盈餘公積。法定盈餘公積和任意盈餘公積的區別在於其各自計提的依據不同，前者以國家的法律法規為依據；後者由企業的權力機構自行決定。

企業提取的盈餘公積經批准可用於彌補虧損、轉增資本、發放現金股利或利潤等。

1. 提取盈餘公積

企業按規定提取盈餘公積時，應通過「利潤分配」和「盈餘公積」等科目核算。

【實務10-24】湖南沙沙門業有限公司本年實現淨利潤5,000,000元，年初未分配利潤為0。經股東大會批准，湖南沙沙門業有限公司按當年淨利潤的10%提取法定盈餘公積。假定不考慮其他因素，該公司應編製如下會計分錄：

借：利潤分配——提取法定盈餘公積　　　　　　　　　500,000
　　貸：盈餘公積——法定盈餘公積　　　　　　　　　　　500,000

本年提取法定盈餘公積金額＝5,000,000 × 10％＝500,000（元）

2. 盈餘公積補虧

【實務10-25】經股東大會批准，湖南沙沙門業有限公司用以前年度提取的盈餘公積彌補當年虧損，當年彌補虧損的數額為600,000元。假定不考慮其他因素，湖南沙沙門業有限公司應編製如下會計分錄：

借：盈餘公積　　　　　　　　　　　　　　　　　　　600,000
　　貸：利潤分配——盈餘公積補虧　　　　　　　　　　　600,000

3. 盈餘公積轉增資本

【實務10-26】因擴大經營規模需要，經股東大會批准，湖南沙沙門業有限公司將盈餘公積400,000元轉增資本。假定不考慮其他因素，湖南沙沙門業有限公司應編製如下會計分錄：

借：盈餘公積　　　　　　　　　　　　　　　　　　　400,000
　　貸：實收資本　　　　　　　　　　　　　　　　　　　400,000

4. 用盈餘公積發放現金股利或利潤

【實務10-27】湖南沙沙門業有限公司2018年12月31日普通股股本為50,000,000股，每股面值1元，可供投資者分配的利潤為5,000,000元，盈餘公積為20,000,000元，2019年9月20日，股東大會批准了2018年度利潤分配方案，以2018年12月31日為登記日，按每股0.2元發放現金股利，湖南沙沙門業有限公司共需要分派10,000,000元現金股利，其中動用可供投資者分配的利潤5,000,000元，盈餘公積5,000,000元。假定不考慮其他因素，湖南沙沙門業有限公司應編製如下會計分錄：

（1）發放現金股利時。

借：利潤分配——應付現金股利　　　　　　　　　　5,000,000
　　盈餘公積　　　　　　　　　　　　　　　　　　5,000,000
　　貸：應付股利　　　　　　　　　　　　　　　　　　10,000,000

（2）支付股利時。
借：應付股利   10,000,000
　　貸：銀行存款   10,000,000

本例中，湖南沙沙門業有限公司司經股東大會批准，以未分配利潤和盈餘公積發放現金股利，屬於以未分配利潤發放現金股利的部分 5,000,000 元應記入「利潤分配——應付現金股利」科目，屬於以盈餘公積發放現金股利的部分 5,000,000 元應記入「盈餘公積」科目。

【本項目工作小結】

籌資核算業務主要包括負債籌資和權益籌資的核算。負債籌資包括短期借款、長期借款、應付債券、長期應付款，權益籌資包括實收資本、其他權益工具、資本公積和其他綜合收益、留存收益。通過本章學習，學生應熟悉借款的程序，瞭解短期借款的核算內容，掌握短期借款的會計核算；瞭解長期借款核算的內容，掌握長期借款的核算，掌握借款費用的核算；掌握實收資本的概念及其核算；瞭解資本公積的概念，理解資本公積的核算內容，掌握資本公積核算；瞭解其他權益工具的概念，理解其他權益工具的核算內容，掌握其他權益工具的核算；瞭解其他綜合收益的概念、內容及核算；掌握留存收益的概念、內容及核算。

◆ 仿真操作

1. 根據【實務10-5】至【實務10-27】編寫有關的記帳憑證。
2. 登記長期借款的明細帳和利潤分配的總帳。

◆ 崗位業務認知

利用節假日，去當地的一些企業（工商企業），瞭解企業的資本構成，投資者投入資本、企業實現盈利或者發生虧損，作為企業的會計人員是如何進行帳務處理。

◆ 工作思考

1. 什麼是負債？其一般特徵是什麼？
2. 什麼是流動負債？包括哪些內容？
3. 流動負債如何分類與計價？
4. 應付帳款如何確認與計價？怎樣進行具體核算？
5. 簡述實際利率法。

項目十一　收入、費用和利潤核算業務

收入、費用、利潤是企業經常發生的經濟業務，收入、費用、利潤會計核算的主要問題是收入的確認、費用的形成、利潤的核算。本項目涉及的主要會計崗位是財務成果核算崗位。作為企業的財會人員，應該掌握各種收入確認的帳務處理方法，熟悉所得稅費用的核算，能把握利潤分配的程序。

【項目工作目標】

⊙ **知識目標**

掌握各項收入、費用的確認計量及核算，熟悉利潤總額的概念、構成，掌握利潤分配的核算，掌握留存收益的核算。

⊙ **技能目標**

學生通過本項目的學習，會進行各項收入的核算和帳務處理，能準確地計算所得稅並進行利潤分配。

【任務導入】

湖南沙沙門業有限公司在 2019 年取得銷售商品收入 44,000,000 元，出租固定資產收入 26,000 元，發生保險費 60,000 元，固定資產折舊費 380,000 元，管理費用 280,000 元，職工工資 1,023,056 元（計入生產成本的 658,026 元），產品銷售成本 9,850,220 元，發生短期借款利息 560,000 元，請問湖南沙沙門業有限公司 2019 年是否取得利潤？是否需要向國家繳納所得稅？

【進入任務】

子項目一　收入核算業務
任務一　收入的確認和計量
任務二　在某一時段內履行的履約義務收入的確認與核算
任務三　在某一時點履行的履約義務收入的確認與核算
子項目二　費用核算業務
任務一　主營業務成本與稅金及附加的確認與核算

任務二　期間費用的確認與核算
子項目三　利潤核算業務
任務一　利潤的核算
任務二　利潤分配的核算

子項目一　收入核算業務

任務一　收入的確認和計量

一、收入的定義

收入是指企業在日常活動中形成的、會導致所有者權益增加的、與所有者投入資本無關的經濟利益的總流入。其中日常活動是指企業為完成其經營目標所從事的經常性活動以及與之相關的其他活動。企業按照本章確認收入的方式應當反應其向客戶轉讓商品（或提供服務，以下簡稱轉讓商品）的模式，收入的金額應當反應企業因轉讓這些商品（或服務，以下簡稱商品）而預期有權收取的對價金額。

二、收入的確認

收入確認主要指收入實現的時間及入帳金額的確認。收入實現時間的確認主要是解決收入在何時入帳的問題；入帳金額的確認是對實現的收入的多少進行價值判斷，即收入的計量。

（一）收入確認的原則

企業應當在履行了合同中的履約義務，即在客戶取得相關商品控制權時確認收入。取得相關商品控制權，是指能夠主導該商品的使用並從中獲得幾乎全部的經濟利益。例如，客戶在購買商品並支付貨款後，即有能力主導該商品的使用，並且能夠獲得該商品的幾乎全部經濟利益，此時客戶取得該商品的控制權，因此可以確認收入。在委託代銷商品交易中，商品雖然轉移到代銷商處，但代銷商沒有能力主導該商品的使用，也不能獲得幾乎全部的經濟利益，不能確認收入。

（二）收入確認的條件

企業與客戶之間的合同同時滿足下列條件時，企業應當在客戶取得相關商品控制權時確認收入：

（1）合同各方已經批准該合同並承諾將履行各自義務；

（2）該合同明確了合同各方與所轉讓的商品（或提供服務，以下簡稱轉讓的商品）相關的權利和義務；

（3）該合同有明確的與所轉讓的商品相關的支付條款；

（4）該合同具有商業實質，即履行該合同將改變企業未來現金流量的風險、時間分佈或金額；

（5）企業因向客戶轉讓商品而有權取得的對價很有可能收回。

對於不能同時滿足上述收入確認的五個條件的合同，企業只有在不負有向客戶轉讓商品的剩餘義務（例如，合同已完成），且已向客戶收取的對價無須退回時，才能將已收取的對價確認為收入；否則，應將已收取的對價作為負債進行會計處理。

三、收入確認和計量的步驟

收入的計量，就是確定入帳的價值。收入的計量包括確定交易價格和將交易價格分攤至各單項履約義務。根據《企業會計準則第14號——收入》（2018），收入確認和計量的步驟可分為以下五步：

第一，識別與客戶訂立的合同。合同是指雙方或多方之間訂立有法律約束力的權利義務的協議。合同一經訂立，企業即享有從客戶取得與轉移商品和服務對價的權利，同時負有向客戶轉移商品和服務的履約義務。

第二，識別合同中的單項履約義務。履約義務是指合同中企業向客戶轉讓可明確區分的商品或服務的承諾。

第三，確定交易價格。交易價格是指企業因向客戶轉讓商品而預期有權收取的對價金額。企業代第三方收取的款項（如增值稅）以及企業預期將退還給客戶的款項，應當作為負債進行會計處理，不計入交易價格。企業在確定交易價格時，應當假定將按照現有合同的約定向客戶轉讓商品，且該合同不會被取消、續約或變更。合同承諾的對價，可能是固定金額、可變金額或兩者兼有。

第四，將交易價格分攤至各項單項義務。當合同中包含兩項或兩項以上履約義務時，需要將交易價格按所承諾商品的單獨售價的相對比例分攤至各單項履約義務。

第五，履行各項履約義務時確認收入。企業應當在履行了合同中的履約義務，即客戶取得相關商品控制權時確認收入。企業應當根據實際情況，首先判斷履約義務是否滿足在某一時段內履行的條件，如不滿足，則該履約義務屬於在某一時點履行的履約義務。

其中，第一、第二、第五步主要與收入的確認相關，第三、第四主要與收入的計量相關。

一般而言，確認和計量任何一項合同收入應考慮全部的五個步驟。但履行某些合同義務確認收入不一定都經過五個步驟，如企業按第二步確定某項合同僅為單項履約義務時，可以從第三步直接進入第五步確認收入，不需要第四步。

任務二 在某一時段內履行的履約義務的收入確認與核算

一、在某一時段內履行履約義務的收入確認條件

滿足下列條件之一的，屬於在某一時段內履行的履約義務，相關收入應當在該履約義務履行的期間內確認：

第一，客戶在企業履約的同時即取得並消耗企業履約所帶來的經濟利益。企業在履約過程中是持續地向客戶轉移該服務的控制權，該履約義務屬於在某一時段內履行的履約義務，企業應當在提供該服務的期間內確認收入。

第二，客戶能夠控制企業履約過程中在建的商品。企業在履約過程中創建的商品包括在產品、在建工程、尚未完成的研發項目、正在進行的服務等，如果客戶在企業創建該商品的過程中就能夠控制這些商品，應當認為企業提供該商品的履約義務屬於在某一段內履行的履約義務。

第三，企業履約過程中所產生出的商品具有不可替代性，且該企業在整個合同期間內有權就累計至今已完成的履約部分收取款項。

二、在某一時段內履行履約義務的收入確認方法

對於在某一時段內履行履約義務的收入，企業應當在合同約定時間內按照履約進度確認收入，履約進度不能合理確定的除外。企業應當採用恰當的方法確定履約進度，以使其如實反應企業向客戶轉讓服務的履約情況。企業應當考慮商品的性質，採用產出法或投入法確定恰當的履約進度，並且在確定履約進度時，應當扣除那些控制權尚未轉移給客戶的服務。

（一）產出法

產出法主要是根據已轉移給客戶的商品對於客戶的價值確定履約進度，主要包括按照實際測量的完工進度、評估已實現的結果、已達到的里程碑、時間進度、已完工或交付的產品等確定履約進度的方法。企業在評估是否採用產出法確定履約進度時，應當考慮所選擇的產出指標是否能夠如實反應向客戶轉移商品的進度。

【實務 11-1】甲公司與客戶簽訂合同，為該客戶擁有的一條鐵路更換 100 根鐵軌，合同價格為 10 萬元（不含稅）。截至 2019 年 12 月 31 日，甲公司共更換鐵軌 60 根，剩餘部分預計在 2020 年 3 月 31 日前完成。該合同僅包含一項履約義務。假定不考慮其他情況。

本例中，甲公司按照已完成的工作量確定履約進度。因此，截至 2019 年 12 月 31 日，該合同的履約進度為 60%（60÷100），甲公司應確認的收入為 6 萬元（10 萬元×60%）。

產出法是直接計量已完成的產出，一般能夠客觀地反應履約進度。當產出法所需要的信息可能無法直接通過觀察獲得，或者為獲得這些信息需要花費很高的成本時，企業可採

用投入法。

(二) 投入法

投入法主要是根據企業履行履約義務的投入確定履約進度，主要包括以投入的材料數量、花費的人工工時或機器工時、發生的成本和時間進度等投入指標確定履約進度。當企業從事的工作或發生的投入是在整個履約期間內平均發生時，按照直線法確認收入是適合的。由於企業的投入與向客戶轉移商品的控制權之間未必存在直接的對應關係，因此，企業在採用投入法時，應當扣除那些雖然已經發生、但是未導致向客戶轉移商品的投入。

實務中，企業通常按照累計實際發生的成本占預計總成本的比例（成本法）確定履約進度，累積實際發生的成本包括企業向客戶轉移商品過程中所發生的直接成本和間接成本，如直接人工、直接材料、分包成本以及其他與合同相關的成本。企業在採用成本法確定履約進度，可能需要對已經發生的成本進行調整的情形有：

（1）已發生的成本並未反應企業履行其履約的進度，如因企業生產效率低下等原因而導致的非正常消耗。

（2）已發生的成本與企業履行其履約義務的進度不成比例。

三、在某一時段內履行履約義務收入的核算

(一) 設置會計科目

為了核算企業與客戶的合同產生的收入及相關的成本費用，企業一般需要設置以下科目：

「主營業務收入」科目。該科目屬於損益類科目，用於核算企業在銷售商品、提供勞務等日常活動中所產生的收入。該科目貸方登記實際取得的商品銷售收入，借方登記月末結轉到「本年利潤」的收入，月末一般無餘額；本科目可按主營業務的種類進行明細核算。

「其他業務收入」科目。該科目屬於損益類科目，用於核算企業確認的除主營業務之外的其他經營活動實現的收入，包括出租固定資產收入、出租無形資產收入、出租包裝物和銷售材料、用材料進行非貨幣性資產交換或債務重組等實現的收入。該科目的貸方登記企業其他業務活動實現的收入，借方登記期末轉入「本年利潤」的其他業務收入，結轉後無餘額。本科目可按照其他業務收入的種類進行明細核算。

「主營業務成本」科目。該科目屬於損益類科目，用於核算企業確認銷售商品、提供服務等主營業務收入時應結轉的成本。該科目借方登記企業應結轉的主營業務成本，貸方登記期末轉入「本年利潤」科目的主營業務成本，結轉後該科目應無餘額。該科目可按主營業務的種類進行明細核算。

「其他業務成本」科目。該科目屬於損益類科目，用於核算企業確認的除主營業務之外的其他經營活動所形成的成本，包括固定資產的折舊額、出租無形資產的攤銷額、出租包裝物的成本或攤銷額、銷售材料的成本等。該科目借方登記企業應結轉的其他業務成本，貸方登記期末轉入「本年利潤」的其他業務成本，結轉後該科目應無餘額。該科目可

按照其他業務的種類進行明細核算。

「合同取得成本」科目。該科目屬於成本類科目，用於核算企業取得合同發生的、預期能夠收回的增量成本。該科目借方登記發生的合同取得成本，貸方登記攤銷的合同取得成本，期末餘額通常在借方，反應企業尚未結轉的合同取得成本。該科目可按合同進行明細核算。

「合同履約成本」科目。該科目屬於成本類科目，用於核算為了取得當前或預期的合同所發生的、不屬於其他企業會計準則規範範圍且按照收入準則應當確認為一項資產的成本。該科目借方登記發生的合同履約成本，貸方登記攤銷的合同履約成本，期末借方餘額，反應企業尚未結轉的合同履約成本。該科目可按合同分別「服務成本」「施工成本」等進行明細核算。

「合同資產」科目。該科目屬於資產類科目，用於核算企業已向客戶轉讓商品而有權收取對價的權利，且該權利取決於時間流逝之外的其他因素（如履行合同中的其他履約義務）。該科目借方登記因已轉讓商品而有權收取的對價金額，貸方登記取得無條件收款權的金額，期末借方登記因已轉讓商品而有權收取的對價金額。該科目可按合同進行明細核算。

「合同負債」科目。該科目屬於負債類科目，用於核算企業已收或應收客戶對價而應向客戶轉讓商品的義務。該科目貸方登記企業在向客戶轉讓商品之前，已收或已取得無條件收取合同對價權利的金額，借方登記企業向客戶轉讓商品時衝銷的金額；期末貸方餘額，反應企業在向客戶轉讓商品前，已經收到的合同對價或已經取得的無條件收取合同對價權利的金額。該科目可按合同進行明細核算。

此外，發生減值的，企業還應當設置「合同履約成本減值準備」「合同取得成本減值準備」「合同資產減值準備」等科目進行核算。

（二）主營業務成本的帳務處理

【實務 11-2】甲裝修公司為增值稅一般納稅人，裝修服務適用的增值稅稅率為 9%。2019 年 12 月 1 日，甲裝修公司與 M 公司簽訂一項為期 3 個月的裝修合同，合同約定裝修價款為 100,000 元，增值稅稅額為 9,000 元，裝修費用每月月末按完工進度支付。2019 年 12 月 31 日，經專業測量師測量後，確定該項勞務的完工進度為 25%；M 公司按完工進度支付價款及相應的增值稅款。截至 2019 年 12 月 31 日，甲裝修公司為完成該合同累計發生勞務成本 20,000 元（假定均為裝修人員薪酬），估計還將發生勞務成本 60,000 元。

假設該業務屬於甲裝修公司的主營業務，全部由其自行完成；該裝修服務構成單項履約義務，並屬於在某一時段內履行的履約義務；甲裝修公司按照實際測量的完工進度確定履約進度。甲裝修公司帳務處理如下：

（1）實際發生勞務成本 20,000 元。

借：合同履約成本　　　　　　　　　　　　　　　　　　　　　　20,000
　　貸：應付職工薪酬　　　　　　　　　　　　　　　　　　　　　　20,000

（2）2019 年 12 月 31 日確認勞務收入並結轉勞務成本。

2019 年 12 月 31 日確認的勞務收入 = 100,000×25%-0 = 25,000（元）

借：銀行存款 27,250
　　貸：主營業務收入 25,000
　　　　應交稅費——應交增值稅（銷項稅額） 2,250
借：主營業務成本 20,000
　　貸：合同履約成本 20,000

2020年1月31日，經專業測量師測量後，確定該項勞務的完工成程度為70%；M公司按完工進度支付價款及相應的增值稅款。2020年1月，甲裝修公司為了完成合同發生勞務成本36,000元（假定均為裝修人員薪酬），為完成該合同估計還將發生勞務成本24,000元。甲裝修公司帳務處理如下：

（1）實際發生勞務成本36,000元。
借：合同履約成本 36,000
　　貸：應付職工薪酬 36,000

（2）2020年1月31日確認勞務收入並結轉勞務成本。
2020年1月31日確認的勞務收入=100,000×70%-25,000=45,000（元）
借：銀行存款 49,050
　　貸：主營業務收入 45,000
　　　　應交稅費——應交增值稅（銷項稅額） 4,050
借：主營業務成本 36,000
　　貸：合同履約成本 36,000

2020年2月28日，裝修完工。M公司驗收合格，按完工進度支付價款及相應的增值稅款。2020年2月，甲裝修公司為完成該合同發生勞務成本24,000元（假定均為裝修人員薪酬）。甲裝修公司帳務處理如下：

（1）實際發生勞務成本24,000元。
借：合同履約成本 24,000
　　貸：應付職工薪酬 24,000

（2）2020年2月28日確認勞務收入並結轉勞務成本。
2020年2月28日確認的勞務收入=100,000-25,000-45,000=30,000（元）
借：銀行存款 32,700
　　貸：主營業務收入 30,000
　　　　應交稅費——應交增值稅（銷項稅額） 2,700
借：主營業務成本 24,000
　　貸：合同履約成本 24,000

【實務11-3】甲公司經營一家健身房。2019年12月1日，某客戶與甲公司簽訂合同成為甲公司的會員，並向甲公司支付會員費3,600元（不含稅），可在未來的12月內在該健身房建設，沒有次數限制。該業務適用的增值稅稅率為6%。

該履約義務屬於在某一時段內履行的履約義務，並且該履約義務在會員的會籍期間內

隨時間的流逝而被履行。因此該履約義務按照直線法確認收入。甲公司帳務處理如下：

（1）2019年12月1日收到會員費時。

借：銀行存款　　　　　　　　　　　　　　　　　　　　3,600
　　貸：合同負債　　　　　　　　　　　　　　　　　　　　3,600

（2）2019年12月31日確認收入，開具增值稅專用發票並收到稅款。

借：合同負債　　　　　　　　　　　　　　　　　　　　　300
　　銀行存款　　　　　　　　　　　　　　　　　　　　　　18
　　貸：主營業務收入　　　　　　　　　　　　　　　　　　300
　　　　應交稅費——應交增值稅（銷項稅額）　　　　　　　　18

2020年1月至11月，每月確認收入同上。

企業為了取得合同所發生的增量成本預期能夠收回的，應作為合同取得成本確認為一項資產。增量成本是指企業不取得合同就不會發生的成本，也就是企業發生的與合同直接相關，但又不是所簽訂合同的對象或內容本身所直接發生的費用，例如銷售佣金，如果銷售佣金等預期可以通過未來的相關服務收入予以補償，該銷售佣金應在發生時確認為一項資產，即合同取得成本。

企業取得合同發生的增量成本已經確認為資產的，應當採用與該資產相關的商品收入確認相同的基礎進行攤銷，計入當期損益。為簡化實務操作，該資產攤銷期限不超過一年的，可以在發生時計入當期損益。

【實務11-4】甲公司是一家諮詢公司，2020年1月通過競標贏得一個服務期為5年的客戶，該客戶每年年末支付含稅諮詢費127,200元，為取得與該客戶的合同，甲公司聘請外部律師進行調查支付相關費用10,000元，為投標而發生的差旅費8,000元，支付銷售人員佣金30,000元。該公司預期這些支出在未來均能收回。此外，甲公司根據其年度銷售目標、整體盈利情況及個人業績等，向銷售部門經理支付年度獎金5,000元。

（1）支付相關費用。

借：合同取得成本　　　　　　　　　　　　　　　　　30,000
　　管理費用　　　　　　　　　　　　　　　　　　　　18,000
　　銷售費用　　　　　　　　　　　　　　　　　　　　 5,000
　　貸：銀行存款　　　　　　　　　　　　　　　　　　53,000

（2）每月確認服務收入，攤銷銷售佣金。

服務收入 = 127,200 ÷ (1+6%) ÷ 12 = 10,000（元）

銷售佣金攤銷額 = 30,000 ÷ 5 ÷ 12 = 500（元）

借：應收帳款　　　　　　　　　　　　　　　　　　　10,600
　　銷售費用　　　　　　　　　　　　　　　　　　　　　500
　　貸：合同取得成本　　　　　　　　　　　　　　　　　500
　　　　主營業務收入　　　　　　　　　　　　　　　　10,000
　　　　應交稅費——應交增值稅（銷項稅額）　　　　　　　600

任務三　在某一時點履行的履約義務的確認與核算

一、在某一時點履行的履約義務的收入確認條件

履約義務若不屬於在某一時段內履行的履約義務，則應當屬於在某一時點履行的履約義務。對於在某一時點履行的履約義務，企業應當在客戶取得相關商品控制權時點確認收入。在判斷客戶是否已取得商品控制權時，企業應當考慮以下跡象：

第一，企業就該商品享有現實收款權利，即客戶就該商品負有現時義務。如果企業就該商品享有現時的收款權利，則可能表明客戶已經有能力主導該商品的使用並從中獲得幾乎全部的經濟利益。

第二，企業已將該商品的法定所有權轉移給客戶，即客戶已擁有該商品的法定所有權。

第三，企業已將該商品實物轉移給客戶，即客戶已實物佔有該商品。客戶如果已經實物佔有該商品，則可能表明其有能力主導該商品的使用並從中獲得幾乎全部的經濟利益，或者使其他企業無法獲得這些利益。需要說明的是，客戶佔有了某項商品的實物並不意味著就一定取得了該商品的控制權，反之亦然。例如，在採用支付手續費方式的委託代銷安排情況下，雖然企業作為委託方已將商品發送給受託方，但是受託方並未取得該項商品的控制權，因此，企業不應該在向受託方發貨時確認銷售商品收入。

第四，企業已將該商品所有權上的主要風險和報酬轉移給客戶，即客戶已取得該商品所有權上的主要風險和報酬。

第五，客戶已接受該商品。

第六，其他表面客戶已取得商品控制權的跡象。

二、在某一時點履行的履約義務收入的核算

在該部分的實務例題中以銷售商品收入為例，假設所有合同都僅包含一項履約義務，並且一次性轉讓所有商品的控制權，都屬於在某一時點履行的履約義務。

（一）一般商品銷售的會計帳務處理

借：應收帳款（銀行存款、應收票據等）
　　貸：主營業務收入
　　　　應交稅費——應交增值稅（銷項稅額）

【**實務 11-5**】湖南沙沙門業有限公司 2019 年 12 月 10 日銷售 A 商品，價款為 100 萬元，增值稅稅率為 13%，已辦妥托收承付手續，則湖南沙沙門業有限公司帳務處理如下：

借：應收帳款　　　　　　　　　　　　　　　　　　1,130,000
　　貸：主營業務收入　　　　　　　　　　　　　　　　　　1,000,000
　　　　應交稅費——應交增值稅（銷項稅額）　　　　　　　130,000

（二）銷售退回、現金折扣和銷售折讓

1. 商品銷售的退回

商品銷售的退回分為未確認收入的商品銷售退回和已確認收入的商品銷售退回兩種情況。未確認收入的商品銷售退回，只需將已計入「發出商品」科目的商品成本轉回到「庫存商品」科目即可；已確認收入的商品銷售退回，不論是當期銷售還是上期銷售的商品，一般沖減當期收入並按當期同類商品成本沖減當期的商品銷售成本。

【實務 11-6】 湖南沙沙門業有限公司 2019 年 12 月 20 日按銷售合同規定，發出需要安裝的 A 商品一批，價款為 25 萬元，12 月 25 日為對方安裝時，發現設備存在一定的質量問題，對方退貨。

發出商品時：

借：發出商品		250,000
貸：庫存商品		250,000

收到退回商品時，做相反的分錄。

【實務 11-7】 湖南沙沙門業有限公司 2019 年 12 月 10 日銷售 B 產品 200 件，售價每件 2,000 元，增值稅率為 13%，製造成本為 1,500 元/件，貨款和稅金已存銀行。商品因質量問題於 12 月 18 日被退回 5 件，款項已退回。

（1）收到貨款和稅金時。

借：銀行存款	452,000
貸：主營業務收入	400,000
應交稅費——應交增值稅（銷項稅）	52,000
借：主營業務成本	300,000
貸：庫存商品	300,000

（2）收到退回商品時。

借：主營業務收入	10,000
貸：應交稅費——應交增值稅（銷項稅）	-1,300
銀行存款	11,300
借：庫存商品	7,500
貸：主營業務成本	7,500

2. 現金折扣

現金折扣是債權人為鼓勵債務人在規定的期限內盡早付款，而向債務人提供的債務減讓，其應在實際發生時計入財務費用。

【實務 11-8】 湖南沙沙門業有限公司 2019 年 11 月 20 日，銷售 A 產品一批，售價為 5 萬元，給予購貨方 20% 的商業折扣，另規定的現金折扣條件為 3/10、2/20、N/30，適用的增值稅稅率為 13%。已辦妥托收手續，該公司採用總價法核算（假設按含稅折扣）。

（1）公司在商品銷售時，會計分錄如下：

借：應收帳款	45,200

貸：主營業務收入　　　　　　　　　　　　　　　　　　　　　　　40,000
　　　　應交稅費——應交增值稅（銷項稅額）　　　　　　　　　　　　5,200
（2）如果在 10 天內收到貨款，會計分錄如下：
借：銀行存款　　　　　　　　　　　　　　　　　　　　　　　　　43,844
　　財務費用　　　　　　　　　　　　　　　　1,356（45,200×3%）
　　貸：應收帳款　　　　　　　　　　　　　　　　　　　　　　　　45,200
（3）如果在 11~20 天內收到貨款，會計分錄如下：
借：銀行存款　　　　　　　　　　　　　　　　　　　　　　　　　44,296
　　財務費用（45,200×2%）　　　　　　　　　　　　　　　　　　　　904
　　貸：應收帳款　　　　　　　　　　　　　　　　　　　　　　　　45,200
（4）如果超過了現金折扣的最後期限（20 天後），會計分錄如下：
借：銀行存款　　　　　　　　　　　　　　　　　　　　　　　　　45,200
　　貸：應收帳款　　　　　　　　　　　　　　　　　　　　　　　　45,200

3. 銷售折讓

　　銷售折讓是指企業因售出的商品質量不合格等原因而給予的售價減讓。銷售折讓是在交易時就標明了的，按折扣後的實際售價計算營業收入；在交易之後發生的銷售折讓，則應在實際發生時衝減當期的營業收入，同時衝減當期增值稅的銷項部分。

　　注意：稅法規定，如果銷售額和折扣額在同一張發票上分別註明的，企業可按折扣後的餘額作為銷售額計算增值稅；如果將折扣額另開發票，或非價格折扣而是實物折扣的不得從銷售額中減除折扣額。

【實務 11-9】湖南沙沙門業有限公司於 2019 年 12 月 9 日向青蘭公司銷售 100 件 A 商品，增值稅發票上標明售價1,000 元/件，增值稅稅額為 13,000 元，青蘭公司 15 日收到貨物並辦理驗收，發現質量不合格的商品有 5 件，要求降價 10%，湖南沙沙門業有限公司同意，並於 20 日收到貨款、稅金。

　　確認收入時，會計分錄如下：
借：應收帳款　　　　　　　　　　　　　　　　　　　　　　　　101,700
　　貸：主營業務收入　　　　　　　　　　　　　　　　　　　　　90,000
　　　　應交稅費——應交增值稅（銷項稅額）　　　　　　　　　　11,700
借：銀行存款　　　　　　　　　　　　　　　　　　　　　　　　101,700
　　貸：應收帳款　　　　　　　　　　　　　　　　　　　　　　　101,700

（三）特殊銷售商品業務及其帳務處理

　　特殊銷售商品業務包括委託代銷業務、分期收款銷售業務、以舊換新銷售業務等。委託代銷業務主要有視同買斷方式和收取手續費方式兩種情況。

1. 視同買斷方式

　　視同買斷方式是指由委託方和受託方簽訂合同，委託方按協議價收取代銷商品的貨款，實際售價可由受託方自定，差價歸受託方所有的銷售方式。委託方在交付商品時不確

認收入，受託方也不作為購進商品處理。受託方將商品銷售後，應按實際售價確認為銷售收入，按委託方和受託方簽訂的協議價確認為商品銷售成本，並向委託方開出代銷清單。委託方收到受託方開出的代銷清單時確認收入。

【實務 11-10】 2019 年 12 月 1 日湖南沙沙門業有限公司委託華南商場代銷 C 商品 1,000 件，協議價為 80 元/件（不含稅），華南商場自定售價為 100 元/件（不含稅）。12 月 30 日湖南沙沙門業有限公司收到華南商場開來的代銷清單，標明銷售 C 商品 1,000 件，湖南沙沙門業有限公司開具增值稅專用發票。C 商品製造成本 50 元/件。

委託企業的帳務處理如下：
(1) 代銷發出的商品：
借：委託代銷商品　　　　　　　　　　　　　　　50,000
　貸：庫存商品　　　　　　　　　　　　　　　　　50,000
(2) 收到受託方的代銷清單，按代銷清單上註明的已銷商品貨款的實現情況，按應收的款項：
借：應收帳款　　　　　　　　　　　　　　　　　90,400
　貸：主營業務收入　　　　　　　　　　　　　　　80,000
　　　應交稅費——應交增值稅（銷項稅額）　　　　10,400
(3) 結轉委託商品的成本：
借：主營業務成本　　　　　　　　　　　　　　　50,000
　貸：委託代銷商品　　　　　　　　　　　　　　　50,000
(4) 收到代銷發出的商品的收入：
借：銀行存款　　　　　　　　　　　　　　　　　90,400
　貸：應收帳款　　　　　　　　　　　　　　　　　90,400

受託企業的帳務處理如下：
(1) 收到代銷的商品時：
借：受託代銷商品　　　　　　　　　　　　　　　80,000
　貸：受託代銷商品款　　　　　　　　　　　　　　80,000
(2) 實現銷售時：
借：銀行存款　　　　　　　　　　　　　　　　　113,000
　貸：主營業務收入　　　　　　　　　　　　　　　100,000
　　　應交稅費——應交增值稅（銷項稅額）　　　　13,000
(3) 結轉委託商品的成本：
借：主營業務成本　　　　　　　　　　　　　　　80,000
　貸：受託代銷商品　　　　　　　　　　　　　　　80,000
借：受託代銷商品款　　　　　　　　　　　　　　80,000
　　應交稅費——應交增值稅（進項稅額）　　　　10,400
　貸：應付帳款　　　　　　　　　　　　　　　　　90,400

(4) 按照合同將款項付給委託方：
借：應付帳款 90,400
　　貸：銀行存款 90,400

2. 收取手續費方式

收取手續費方式是指受託方根據所代銷的商品數量或金額向委託方收取手續費的銷售方式。其特點是：受託方嚴格按委託方規定的價格銷售，自己無權定價。受託方應按收取的手續費確認收入，委託方在收到受託方開來的代銷清單時確認收入。

【實務 11-11】2019 年 12 月 1 日，湖南沙沙門業有限公司委託華南商場代 C 商品 1,000 件，按代銷合同規定 C 商品售價為 80 元/件（不含稅），代銷手續費為售價的 10%（不含稅），12 月 31 日向陽公司收到華南商場開來的代銷清單，標明代銷 C 商品 1,000 件，向陽公司開具增值稅專用發票。C 商品製造成本 50 元/件。

委託方記帳如下：
(1) 企業委託代銷發出的商品作為委託代銷商品處理：
借：委託代銷商品 50,000
　　貸：庫存商品 50,000
(2) 收到受託方的代銷清單，按代銷清單上註明的已銷商品貨款的實現情況，按應收的款項：
借：應收帳款 90,400
　　貸：主營業務收入 80,000
　　　　應交稅費——應交增值稅（銷項稅額） 10,400
(3) 應支付的代銷手續費：
借：銷售費用 8,000
　　應交稅費——應交增值稅（進項稅） 480
　　貸：應收帳款 8,480
(4) 收到委託代銷商品的款項：
借：銀行存款 81,920
　　貸：應收帳款 81,920
(5) 結轉商品的成本：
借：主營業務成本 50,000
　　貸：委託代銷商品 50,000

受託方記帳如下：
(1) 收到代銷商品時：
借：代理業務資產（或受託代銷商品） 80,000
　　貸：代理業務負債（或受託代銷商品款） 80,000
(2) 實現銷售時：
借：銀行存款 90,400

貸：應付帳款　　　　　　　　　　　　　　　　　　　　　　80,000
　　　　應交稅費——應交增值稅（銷項稅額）　　　　　　　　　10,400
（3）按可抵扣的增值稅進項稅額：
借：應交稅費——應交增值稅（進項稅額）　　　　　　　　　　10,400
　　貸：應付帳款　　　　　　　　　　　　　　　　　　　　　　10,400
借：代理業務負債　　　　　　　　　　　　　　　　　　　　　　80,000
　　貸：代理業務資產　　　　　　　　　　　　　　　　　　　　80,000
（4）歸還委託單位的貨款並計算代銷手續費，按應付的金額：
借：應付帳款　　　　　　　　　　　　　　　　　　　　　　　　8,480
　　貸：其他業務收入　　　　　　　　　　　　　　　　　　　　8,000
　　　　應交稅費——應交增值稅（銷項稅額）　　　　　　　　　　480
借：應付帳款　　　　　　　　　　　　　　　　　　　　　　　　81,920
　　貸：銀行存款　　　　　　　　　　　　　　　　　　　　　　81,920

子項目二　費用核算業務

任務一　主營業務成本與稅金及附加的確認與核算

一、主營業務成本的概念

　　主營業務成本是指銷售產品、商品和提供勞務的營業成本，由生產經營成本形成。工業企業產品生產成本（也稱製造成本）的構成主要包括直接材料、直接人工和製造費用。

二、主營業務成本的核算

（一）設置的會計科目

　　為了完整地反應商品銷售成本的核算，企業需要設置「主營業務成本」的科目。該科目屬於損益類科目，核算企業銷售商品、提供勞務等日常活動發生的實際成本，借方登記已銷售的商品成本，貸方登記月末結轉到「本年利潤」的商品成本，月末一般無餘額。本科目應按主營業務的種類設置明細帳，進行明細核算。

（二）主營業務成本的帳務處理

【實務 11-12】湖南沙沙門業有限公司 2019 年 12 月份銷售甲產品 100 件，單位售價 14 元，單位銷售成本 10 元。該批產品於 2019 年 12 月因質量問題發生退貨 10 件，貨款已經退回。該企業 2018 年 11 月份銷售甲產品 150 件，每件成本 11 元。

　　衝減銷售成本有以下兩種方法：
　　一是如果本月有同種或同類產品銷售的，銷售退回產品，可以直接從本月的銷售數量

中減去，得出本月銷售淨數量，然後計算應結轉的銷售成本。

二是單獨計算本月退回產品的成本。退回產品成本的確定，可以按照退回月份銷售的同種或同類產品的實際銷售成本計算，也可以按照銷售月份該種產品的銷售成本計算，然後從本月銷售產品的成本中扣除。

（1）方法一：結轉當月銷售產品成本。

借：主營業務成本　　　　　　　　　　　　1,540〔(150-10)×11〕
　貸：庫存商品　　　　　　　　　　　　　　　　　　　　　1,540

（2）方法二：結轉當月銷售產品成本。

借：主營業務成本　　　　　　　　　　　　1,650
　貸：庫存商品　　　　　　　　　　　　　　　　　　　　　1,650

衝減退回產品的成本：

借：庫存商品（10×11）　　　　　　　　　　　110
　貸：主營業務成本（10×11）　　　　　　　　　　　　　　　110

三、稅金及附加的確認與核算

（一）稅金及附加的確認

稅金及附加是指企業經營活動發生的消費稅、城市維護建設稅、教育費附加、資源稅、房產稅、城鎮土地使用稅、車船稅、印花稅等。

（二）稅金及附加的帳務處理

【實務 11-13】 某企業 12 月份銷售小轎車 15 輛，汽缸容量為 2,200 毫升，出廠價為 15 萬元/輛，價外收取有關費用為 11,000 元/輛。有關的計算式為

應納消費稅稅額＝(150,000+11,000)×8%×15＝193,200（元）

應納增值稅稅額＝(150,000+11,000)×13%×15＝313,950（元）

應納城市維護建設稅稅額＝(193,200+313,950)×7%＝35,500.5（元）

應納教育費附加＝(193,200+313,950)×3%＝15,214.5（元）

根據上述有關憑證和數據，會計分錄如下：

借：銀行存款　　　　　　　　　　　　　　　2,728,950
　貸：主營業務收入　　　　　　　　　　　　　　　　　2,415,000
　　　應交稅費——應交增值稅（銷項稅額）　　　　　　　313,950
借：稅金及附加　　　　　　　　　　　　　　243,915
　貸：應交稅費——應交消費稅　　　　　　　　　　　　　193,200
　　　　——應交城市維護建設稅　　　　　　　　　　　　35,500.5
　　　　——應交教育費附加　　　　　　　　　　　　　　15,214.5

任務二　期間費用的確認與核算

一、期間費用的內容

期間費用是指雖與本期收入的取得密切相關，但不能直接或間接歸屬於某種產品成本的、直接計入當期損益的各種費用。期間費用是企業當期發生的費用中重要的組成部分。期間費用包括以下幾種。

（一）管理費用

管理費用是指企業為組織和管理企業生產經營活動所發生的各項費用，包括企業在籌建期間發生的開辦費、董事會和行政管理部門在企業的經營管理中發生的，或者應當由企業統一負擔的公司經費、工會經費、董事會費、行政管理部門等發生的固定資產修理費和直接計入管理費用的房產稅、車船使用稅、土地使用稅、印花稅等。

企業發生的管理費用，在「管理費用」科目核算，並在「管理費用」科目中按費用項目設置明細帳，進行明細核算。期末，「管理費用」科目的餘額結轉「本年利潤」科目後無餘額。

（二）財務費用

財務費用是指企業為籌集生產經營所需資金而發生的各項費用，包括企業生產經營期間發生的利息支出（減利息收入）、匯兌淨損失（有的企業如商品流通企業、保險企業進行單獨核算，不包括在財務費用）、金融機構手續費、企業發生的現金折扣或收到的現金折扣以及籌資發生的其他財務費用如債券印刷費、國外借債擔保費等。

企業發生的財務費用，在「財務費用」科目核算，並在「財務費用」科目中按費用項目設置明細帳，進行明細核算。期末，「財務費用」科目的餘額結轉「本年利潤」科目後無餘額。

（三）銷售費用

銷售費用是指企業銷售商品和材料、提供勞務過程中發生的各種費用，包括企業在銷售過程中發生的保險費、包裝費、展覽費和廣告費、商品維修費、裝卸費等以及為銷售本企業商品而專設的銷售機構的職工薪酬、業務費、折舊費、固定資產修理費等費用。

企業發生的銷售費用，在「銷售費用」科目核算，並在「銷售費用」科目中按費用項目設置明細帳，進行明細核算。期末，「銷售費用」科目的餘額結轉「本年利潤」科目後無餘額。

二、期間費用帳務處理

【實務 11-14】湖南沙沙門業有限公司本月發生新產品研究開發費用 4,500 元，其中領用原材料為 1,500 元，研究人員工資 2,000 元，計提福利費為 340 元，以銀行存款支付

其他研製費用660元。該企業的會計處理如下：

借：管理費用	4,500
貸：原材料	1,500
應付職工薪酬——工資	2,000
應付職工薪酬——職工福利費	340
銀行存款	660

【實務11-5】湖南沙沙門業有限公司本月發生以下有關產品銷售費用事項：支付運輸費500元，裝卸費1,200元；支付產品廣告費為80,000元；根據工資單應付銷售部門人員工資7,200元。該企業的會計處理如下：

借：銷售費用——運輸費用	500
——裝卸費用	1,200
——產品廣告費	8,000
——工資	7,200
貸：銀行存款	9,700
應付職工薪酬——工資	7,200

【實務11-16】企業本月發生以下與財務費用有關的業務：支付發行債券的手續費與印刷費為50,000元。該企業的帳務處理如下：

借：財務費用——手續費	50,000
貸：銀行存款	50,000

子項目三　利潤核算業務

任務一　利潤的核算

一、利潤的核算

（一）設置的會計科目

企業需要設置「本年利潤」科目。該科目屬於損益類科目，用來核算企業本年度內實現的淨利潤或者虧損。該科目貸方登記會計期末各類收益帳戶結轉的餘額；借方登記會計期末各類成本、費用帳戶結轉的餘額。若「本年利潤」帳戶期末出現貸方餘額，則反應本會計期間企業有淨利潤；若「本年利潤」帳戶期末出現借方餘額，則反應本會計期間企業發生虧損。年度終了，企業應將「本年利潤」帳戶的餘額轉入「利潤分配」帳戶。

（二）本年利潤結轉的方法

期末企業經過核對帳目、財產清查和帳項調整等一系列核算的準備工作後，在試算平衡的基礎上，企業將所有損益類帳戶的發生額全部轉入到「本年利潤」帳戶。

企業計算本月利潤總額和本年累計利潤，可以採用「帳結法」，也可以採用「表結法」。中國一般採用「帳結法」。

【實務 11-17】湖南沙沙門業有限公司 2019 年 12 月各損益帳戶發生額如表 11-1 所示。

表 11-1　各損益帳戶本期發生額　　　　　　　　　　單位：元

科目名稱	結帳前餘額	科目名稱	結帳前餘額
主營業務收入	90,000	其他業務收入	9,400
稅金及附加	4,500	其他業務成本	7,400
主營業務成本	50,000	投資收益	1,500
銷售費用	2,000	營業外收入	3,500
管理費用	8,500	營業外支出	1,800
財務費用	2,000	所得稅費用	8,500
資產處置損益	5,000	其他收益	10,000

根據表 11-1 所示，公司應做結轉會計分錄如下：
（1）將損益類貸方發生額帳戶轉入「本年利潤」帳戶。
借：主營業務收入　　　　　　　　　　　　　　　　90,000
　　其他業務收入　　　　　　　　　　　　　　　　 9,400
　　投資收益　　　　　　　　　　　　　　　　　　 1,500
　　營業外收入　　　　　　　　　　　　　　　　　 3,500
　　資產處置損益　　　　　　　　　　　　　　　　 5,000
　　其他收益　　　　　　　　　　　　　　　　　　10,000
　　貸：本年利潤　　　　　　　　　　　　　　　　119,400
（2）將損益類借方發生額帳戶轉入「本年利潤」帳戶。
借：本年利潤　　　　　　　　　　　　　　　　　　76,200
　　貸：稅金及附加　　　　　　　　　　　　　　　 4,500
　　　　主營業務成本　　　　　　　　　　　　　　50,000
　　　　銷售費用　　　　　　　　　　　　　　　　 2,000
　　　　管理費用　　　　　　　　　　　　　　　　 8,500
　　　　財務費用　　　　　　　　　　　　　　　　 2,000
　　　　其他業務成本　　　　　　　　　　　　　　 7,400
　　　　營業外支出　　　　　　　　　　　　　　　 1,800
（3）將所得稅借方餘額帳戶轉入「本年利潤」帳戶。
借：本年利潤　　　　　　　　　　　　　　　　　　 8,500
　　貸：所得稅費用　　　　　　　　　　　　　　　 8,500

（4）年終將「本年利潤」帳戶結轉到「利潤分配——未分配利潤」帳戶。
借：本年利潤　　　　　　　　　　　　　　　　　34,700
　　貸：利潤分配——未分配利潤　　　　　　　　　　　　34,700

任務二　利潤分配的核算

一、利潤分配的順序

利潤分配是指企業按照國家規定的政策和企業章程的規定，對已實現的淨利潤在企業和投資者之間進行分配。企業當期實現的淨利潤，加上年初未分配利潤（或減去年初未彌補虧損）和其他轉入後的餘額，為可供分配的利潤。可供分配的利潤按下列順序分配。

（一）彌補以前年度的虧損

企業納稅年度發生的虧損，準予向以後年度結轉，用以後年度的所得彌補虧損，但結轉年限最長不得超過5年。

（二）提取法定盈餘公積

提取法定盈餘公積按照本年實現的淨利潤的一定比例提取，公司制企業根據有關法律規定按淨利潤的10%提取。其他企業可以根據需要確定提取比例，但至少應按10%提取。企業提取的法定盈餘公累積計額達到註冊資本50%以上的可以不再提取。

（三）分配給投資者的利潤

可供分配的利潤減去提取的法定盈餘公積金後，為可供投資者分配的利潤。可供投資者分配的利潤，按下列順序分配。

（1）應付優先股股利。應付優先股股利是指企業按照利潤分配方案分配給優先股股東的現金股利。

（2）提取任意盈餘公積。提取任意盈餘公積是指企業按照規定提取的任意盈餘公積。

（3）應付普通股股利。應付普通股股利是指企業按照利潤分配方案分配給普通股股東的現金股利。企業分配給投資者的利潤，也在本項目核算。

企業如果發生虧損，可用以後年度實現的利潤彌補，也可用以前年度提取的盈餘公積彌補。企業以前年度虧損未彌補完，不能提取法定盈餘公積，在提取法定盈餘公積前，不得向投資者分配利潤。

二、利潤分配的核算

（一）設置的帳戶

1.「利潤分配」帳戶

該帳戶屬於所有者權益帳戶，用來核算企業利潤的分配（或虧損的彌補）和歷年分配（或虧損）後的積存餘額。帳戶的借方登記利潤分配數，如「提取法定盈餘公積」「應付

投資者利潤」等；貸方登記年末由「本年利潤」帳戶轉入的淨利潤。該帳戶年末貸方餘額表示歷年積存的未分配利潤，若為借方餘額則表示為積欠的未彌補虧損。為了反應利潤分配的詳細情況，在「利潤分配」帳戶下，企業要設置「提取法定盈餘公積」「應付利潤」「未分配利潤」等明細分類帳戶，進行明細分類核算。

2.「盈餘公積」帳戶

該帳戶屬於所有者權益類帳戶，用來核算企業從淨利潤中提取的法定盈餘公積。帳戶的貸方登記企業從淨利潤中提取的法定盈餘公積；借方登記以盈餘公積彌補虧損或轉增的資本數。期末餘額在貸方，表示盈餘公積的結餘數。

3.「應付利潤」帳戶

該帳戶屬於負債類帳戶，用來核算應付給國家、其他單位、個人等投資者的利潤。帳戶的貸方登記按照利潤分配方案計算的應付利潤；借方登記用貨幣資金或其他資產支付給投資者的利潤。期末餘額在貸方，表示應付未付的利潤。

(二) 利潤分配的帳務處理

1. 稅後利潤補虧

稅後利潤補虧指用稅後利潤彌補企業往年被主管稅務機關審核認定不得在稅前彌補的虧損額或已超過5年彌補期限的掛帳虧損額。企業當年發生虧損，以往年未分配利潤或盈餘公積彌補的，也應屬於稅後補虧的範疇。

企業發生的虧損應由企業自行彌補。企業彌補虧損的渠道有以下三條：①用以後年度稅前利潤彌補；②用以後年度稅後利潤彌補；③用盈餘公積彌補。

用利潤彌補虧損，在會計核算上，無論是以稅前利潤還是以稅後利潤彌補虧損，其會計方法都相同，都不需要進行專門的帳務處理。這是因為，企業在當年發生虧損的情況下，應將本年度發生的虧損從「本年利潤」科目的貸方，轉入「利潤分配——未分配利潤」科目的借方；在以後年度實現淨利潤的情況下，應將本年度實現的利潤從「本年利潤」科目的借方，轉入「利潤分配——未分配利潤」科目的貸方，其貸方發生額（即實現的利潤）與借方餘額（未彌補虧損額）抵銷，自然就彌補了虧損，無須專門做會計分錄。

2. 提取盈餘公積

提取盈餘公積，引起所有者權益中的有關項目發生此增彼減的變化，涉及「利潤分配」和「盈餘公積」兩個帳戶。利潤分配的結果使一項所有者權益減少，應記入「利潤分配」帳戶的借方；盈餘公積增加使另一項所有者權益增加，應記入「盈餘公積」帳戶的貸方。

3. 向投資者分配利潤

向投資者分配利潤引起所有者權益和負債兩個項目發生增減變化，涉及「利潤分配」和「應付利潤」的兩個帳戶。利潤分配的結果使所有者權益減少，應記入「利潤分配」帳戶的借方；因款項尚未付出，形成企業的一筆負債，應記入「應付利潤」帳戶的貸方。

4. 年末結轉「利潤分配」各明細帳戶

年末，應將利潤分配的各項內容從「利潤分配」各明細帳戶的貸方轉入「利潤分配——未分配利潤」明細帳戶的借方，結轉後，除「利潤分配——未分配利潤」明細帳戶有貸方餘額外（虧損為借方餘額），其餘明細帳戶均無餘額。

「利潤分配——未分配利潤」明細帳戶年末貸方餘額表示各年累計未分配的利潤；借方餘額表示累計未彌補虧損。

【實務 11-18】 湖南沙沙門業有限公司在 2019 年發生虧損 120 萬元，在年度終了時，企業結轉本年度發生的虧損。應做如下會計分錄：

借：利潤分配——未分配利潤　　　　　　　　　　　　　　1,200,000
　　貸：本年利潤　　　　　　　　　　　　　　　　　　　　　　1,200,000

假設 2014—2019 年，A 公司每年實現利潤 20 萬元，按現行制度規定，公司在發生虧損以後的 5 年內可以用稅前利潤彌補虧損，超過 5 年仍未彌補完的虧損則用稅後利潤彌補。假設不考慮其他因素，該公司應做如下會計分錄。

2014—2019 年按規定用稅前利潤彌補虧損時，每年應做如下會計分錄：

借：本年利潤　　　　　　　　　　　　　　　　　　　　　　200,000
　　貸：利潤分配——未分配利潤　　　　　　　　　　　　　　　200,000

2019 年稅後利潤彌補虧損時，應先按當年實現利潤計算繳納所得稅 50,000 元（200,000×25%），再用稅後利潤 150,000（200,000-50,000）元彌補虧損。

借：所得稅費用　　　　　　　　　　　　　　　　　　　　　50,000
　　貸：應交稅費——應交所得稅　　　　　　　　　　　　　　　50,000
借：本年利潤　　　　　　　　　　　　　　　　　　　　　　50,000
　　貸：所得稅費用　　　　　　　　　　　　　　　　　　　　　50,000
借：本年利潤　　　　　　　　　　　　　　　　　　　　　　150,000
　　貸：利潤分配——未分配利潤　　　　　　　　　　　　　　　150,000

【實務 11-19】 湖南沙沙門業有限公司 2019 年全年實現淨利潤 1,720,000 元，其利潤分配方案如下：按淨利潤的 10% 提取法定盈餘公積；按可供分配利潤的 80% 向投資者分配利潤。年初「利潤分配——未分配利潤」帳戶有貸方餘額 138,000 元。

提取法定盈餘公積＝1,720,000×10%＝172,000（元）

借：利潤分配——提取法定盈餘公積　　　　　　　　　　　　172,000
　　貸：盈餘公積　　　　　　　　　　　　　　　　　　　　　　172,000

應付利潤＝（1,720,000-172,000+138,000）×80%
　　　　＝1,686,000×80%＝1,348,800（元）

年末未分配利潤＝1,686,000-1,348,800＝337,200（元）

借：利潤分配——應付利潤　　　　　　　　　　　　　　　　1,348,800
　　貸：應付利潤　　　　　　　　　　　　　　　　　　　　　1,348,800

2019年12月31日，結轉「利潤分配」帳戶：

借：利潤分配——未分配利潤　　　　　　　　　　　1,520,800
　　貸：利潤分配——提取盈餘公積　　　　　　　　　　172,000
　　　　　　　　——應付利潤　　　　　　　　　　　1,348,800

【本項目工作小結】

　　本項目主要闡述收入、費用和利潤的會計處理。收入是企業在日常活動中形成的、會導致所有者權益增加、與所有者投入資本無關的經濟利益的總流入。企業應當確認履約義務是在某一時段內履行，還是在某一時點履行。費用是指企業在日常活動中發生的、會導致所有者權益減少的、與向所有者分配利潤無關的經濟利益的總流出。利潤是企業在一定會計期間的經營成果。學生應掌握收入、費用的確認計量及核算；熟悉利潤總額的概念、構成；掌握利潤分配及核算；掌握留存收益的核算。

◆仿真操作

　　1. 根據【實務11-1】至【實務11-19】編寫有關的記帳憑證。
　　2. 辦理銷售款項結算工作，登記主營業務收入的總分類帳。

◆崗位業務認知

　　利用寒暑假，去當地或沿海大型企業，協助企業進行利潤核算，熟悉企業所得稅的計算。

◆工作思考

　　1. 銷售商品收入的確認應具備什麼條件？
　　2. 合同負債和應收帳款的區別是什麼？
　　3. 如何將交易價格分攤至各單項義務？
　　4. 什麼是勞務收入，勞務收入如何確認和計量？
　　5. 請談談成本與費用之間的聯繫與區別？
　　6. 利潤應怎樣進行分配核算？

項目十二　非貨幣性資產交換核算業務

非貨幣性資產交換是一種非經常性的特殊交易行為，是交易雙方主要以存貨、固定資產、無形資產、長期股權投資等非貨幣性資產進行的交換。該類交易雖然不經常發生，但是涉及金額較大，往往對企業的財務狀況、經營成果造成較大影響，而作為企業的財會人員，應該掌握其相應的帳務處理方法，本項目涉及的主要會計崗位是往來結算崗位。

【項目工作目標】

⊙知識目標

掌握非貨幣性資產交換的認定；掌握具有商業實質且換入資產或換出資產的公允價值能夠可靠計量的非貨幣性資產交換的會計處理；不具有商業實質或者公允價值不能可靠計量的非貨幣性資產交換的會計處理。

⊙技能目標

學生通過本項目的學習，能分析是否為非貨幣性資產交換，是採用公允價值模式核算還是採用帳面價值模式進行核算及兩種模式具體的帳務處理。

【任務導入】

湖南沙沙門業有限公司擁有一臺專有設備，該設備原價300萬元，已計提折舊220萬元，湘潭動力公司擁有一項長期股權投資，帳面價值70萬元，兩項資產均未計提減值準備。由於專有設備系當時專門製造、性質特殊，其公允價值不能可靠計量；湘潭動力公司擁有的長期股權投資在活躍市場中沒有報價，其公允價值也不能可靠計量。雙方商定，湘潭動力公司以兩項資產帳面價值的差額為基礎，向湖南沙沙門業有限公司支付10萬元補價，以換取專有設備。假定交易中沒有涉及相關稅費。

對於這項經濟業務，它是否屬於非貨幣性資產交換，如屬於，那應該是採用公允價值模式計量還是採用帳面價值模式計量，對於湖南沙沙門業有限公司及湘潭動力公司的會計人員又該如何進行相應的帳務核算？

【進入任務】

任務一　非貨幣性資產交換的認定
任務二　非貨幣性資產交換的確認和計量

任務一　非貨幣性資產交換的認定

　　非貨幣性資產交換是指交易雙方主要以存貨、固定資產、無形資產和長期股權投資等非貨幣性資產進行的交換。該交換不涉及或只涉及少量的貨幣性資產（即補價）。其中，貨幣性資產，是指企業持有的貨幣資金和將以固定或可確定的金額收取的資產，包括現金、銀行存款、應收票據以及持有至到期的債券投資等。非貨幣性資產，是指貨幣性資產以外的資產。非貨幣性資產交換的交易對象主要是非貨幣性資產。

　　非貨幣性資產交換一般不涉及或只涉及少量貨幣性資產，即涉及少量的補價。在涉及少量補價的情況下，以補價占整個資產交換金額的比例低於25%作為參考。支付的貨幣性資產占換入資產公允價值（或者占換出資產的公允價值與支付的貨幣性資產之和）的比例低於25%（不含25%,）視為非貨幣性資產交換；高於25%（含25%）的，則視為以貨幣性資產取得非貨幣性資產。

任務二　非貨幣性資產交換的確認和計量

　　非貨幣性資產的確認和計量與非貨幣性資產交換是否具有商業實質密切相關。

一、商業實質的判斷

滿足下列條件之一的非貨幣性資產交換具有商業實質：
1. 換入資產的未來現金流量在風險、時間和金額方面與換出資產顯著不同
這種情形主要包括以下幾種情況：
（1）未來現金流量的風險、金額相同，時間不同。此種情形是指換入資產和換出資產生的未來現金流量總額相同，獲得這些現金流量的風險相同，但現金流量流入企業的時間明顯不同。例如，某企業以一批存貨換入一項設備，因存貨流動性強，能夠在較短的時間內產生現金流量，設備作為固定資產要在較長的時間內為企業帶來現金流量，兩者產生現金流量的時間相差較大，上述存貨與固定資產產生的未來現金流量顯著不同。
（2）未來現金流量的時間、金額相同，風險不同。此種情形是指換入資產和換出資產生的未來現金流量時間和金額相同，但企業獲得現金流量的不確定性程度存在明顯差異。例如，某企業以其不準備持有至到期的國庫券換入一幢房屋以備出租，該企業預計未來每年收到的國庫券利息與房屋租金在金額和流入時間上相同，但是國庫券利息通常風險很小，租金的取得需要依賴於承租人的財務及信用情況等，兩者現金流量的風險或不確定性程度存在明顯差異，上述國庫券與房屋的未來現金流量顯著不同。
（3）未來現金流量的時間、風險相同，金額不同。此種情形是指換入資產和換出資產

產生的未來現金流量總額相同，預計為企業帶來現金流量的時間，風險也相同，但各年產生的現金流量金額存在明顯差異。例如，某企業以其商標權換入另一企業的一項專利技術，預計兩項無形資產的使用壽命相同，在使用壽命內預計為企業帶來的現金流量總額相同，但是換入專利技術是新開發的，預計開始階段產生的未來現金流量明顯少於後期，而該企業擁有的商標每年產生的現金流量比較均衡，兩者產生的現金流量金額差異明顯，即上述商標權與專利技術的未來現金流量顯著不同。

2. 換入資產與換出資產的預計未來現金流量現值不同，且其差額與換入資產和換出資產的公允價值相比是重大的

這種情況是指換入資產對換入企業的特定價值（即預計未來現金流量現值）與換出資產存在明顯差異。其中，資產的預計未來現金流量現值，應當按照資產在持續使用過程和最終處置時所產生的預計稅後未來現金流量，根據企業自身而不是市場參與者對資產特定風險的評價，選擇恰當的折現率對其進行折現後的金額加以確定。例如，某企業以一項專利權換入另一企業擁有的長期股權投資，該項專利權與該項長期股權投資的公允價值相同，兩項資產未來現金流量的風險、時間和金額亦相同，但對換入企業而言，換入該項長期股權投資使該企業對被投資方由重大影響變為控制關係，從而對換入企業的特定價值即預計未來現金流量現值與換出的專利權有較大差異；另一企業換入的專利權能夠解決生產中的技術難題，從而對換入企業的特定價值即預計未來現金流量現值與換出的長期股權投資存在明顯差異，因而兩項資產的交換具有商業實質。

不滿足上述任何一項條件的非貨幣性資產交易，通常認為不具有商業實質。在確定非貨幣性資產交換交易是否具有商業實質時，企業應當關注交易各方之間是否存在關聯方關係。關聯方關係的存在可能導致發生的非貨幣性資產交換不具有商業實質。

二、以公允價值計量的會計處理

具有商業實質且公允價值能夠可靠計量的非貨幣性資產交換，採用公允價值計量的會計處理；非貨幣性資產交換具有商業實質，且換入資產或換出資產的公允價值能夠可靠計量的，應當以換出資產的公允價值和應支付的相關稅費作為換入資產的成本，公允價值與換出資產帳面價值的差額計入當期損益。

符合下列情形之一的，表明換入資產或換出資產的公允價值能夠可靠的計量。

（1）換入資產或換出資產存在活躍市場。對於存在活躍市場的存貨、長期股權投資、固定資產、無形資產等非貨幣性資產應該以該資產的市場價格為基礎確定其公允價值。

（2）換入資產或換出資產不存在活躍市場，但同類或類似資產存在活躍市場。對於同類或類似資產存在活躍市場的存貨、長期股權投資、固定投資、無形資產等非貨幣性資產，應當以同類或類似資產市場價格為基礎確定其公允價值。

（3）換入資產或換出資產不存在同類或類似資產的可比市場交易，應當採用估值技術確定其公允價值。該公允價值估計數的變動區間很小，或者在公允價值估計數變動區間內，各種用於確定公允價值估計數的概率能夠合理確定的，視為公允價值能夠可靠計量。

(4) 換出資產公允價值與其帳面價值的差額，企業應當分不同情況處理：

①換出資產為存貨的，應當作為銷售處理，根據「收入」相關內容的規定，按其公允價值確認收入，同時結轉相應的成本。

②換出資產為固定資產、無形資產的，換出資產公允價值與其帳面價值的差額，計入資產處置損益。

③換出資產為長期股權投資的，換出資產公允價值與其帳面價值的差額，計入投資損益。

（一）不涉及補價的會計處理

具有商業實質且其換入或換出資產的公允價值能夠可靠的計量的非貨幣性資產交換，不涉及補價的，應當按照換出資產的公允價值作為確定換入資產成本的基礎，但有確鑿證據表明換入資產的公允價值更加可靠的，則以換入資產的公允價值作為確定換入資產成本的基礎。換出資產帳面價值與其公允價值之間的差額，計入當期損益。

【實務 12-1】2019 年 12 月 1 日，湖南沙沙門業有限公司以 2016 年購入的生產經營用設備交換乙公司生產的一批鋼材，沙沙門業公司換入的鋼材作為原材料用於生產，乙公司換入的設備繼續用於生產鋼材。沙沙門業公司設備的帳面原價為 1,500,000 元，在交換日的累計折舊為 525,000 元，公允價值為 1,404,000 元，沙沙門業公司此前沒有為該設備計提資產減值準備。此外，沙沙門業公司以銀行存款支付清理費 1,500 元。乙公司鋼材的帳面價值為 1,200,000 元，在交換日的市場價格為 1,404,000 元，計稅價格等於市場價格，乙公司此前也沒有為該批鋼材計提存貨跌價準備。沙沙門業公司、乙公司均為增值稅一般納稅人，適用的增值稅稅率為 13%。假設沙沙門業公司和乙公司在整個交易過程中沒有發生除增值稅以外的其他稅費，沙沙門業公司和乙公司均開具了增值稅專用發票。

沙沙門業公司的帳務處理如下：

換出設備的增值稅銷項稅額 = 1,404,000 × 13% = 182,520（元）

借：固定資產清理	975,000
累計折舊	525,000
貸：固定資產——××設備	1,500,000
借：固定資產清理	1,500
貸：銀行存款	1,500
借：原材料——鋼材	1,404,000
應交稅費——應交增值稅（進項稅額）	182,520
貸：固定資產清理	976,500
應交稅費——應交增值稅（銷項稅額）	182,520
資產處置損益	427,500

其中，資產處置損益的金額為換出設備的公允價值 1,404,000 元與其帳面價值 975,000（1,500,000-525,000）元並扣除清理費用 1,500 元後的餘額，即 427,500 元。

乙公司的帳務處理如下：

換出鋼材的增值稅銷項稅額 = 1,404,000 × 13% = 182,520（元）
換入設備的增值稅進項稅額 = 1,404,000 × 13% = 182,520（元）

借：固定資產——××設備　　　　　　　　　　　　　1,404,000
　　應交稅費——應交增值稅（進項稅額）　　　　　　182,520
　　貸：主營業務收入——鋼材　　　　　　　　　　　1,404,000
　　　　應交稅費——應交增值稅（銷項稅額）　　　　182,520
借：主營業務成本——鋼材　　　　　　　　　　　　　1,200,000
　　貸：庫存商品——鋼材　　　　　　　　　　　　　1,200,000

（二）涉及補價的會計處理

非貨幣性資產交換具有商業實質且公允價值能夠可靠計量的，在發生補價的情況下，企業應當分情況處理：

（1）支付補價的，應當以換出資產的公允價值加上支付的補價（或換入資產的公允價值）和應當支付的相關稅費，作為換入資產的成本。

（2）收到補價的，應當以換出投資的公允價值減去補價（或換入資產的公允價值）加上應支付的相關稅費，作為換入資產的成本。

【實務 12-2】湖南沙沙門業有限公司經協商以其擁有的一幢自用寫字樓與乙公司持有的對丙公司長期股權投資交換。在交換日，該幢寫字樓的帳面原價為 6,000,000 元，已提折舊 1,200,000 元，未計提減值準備，在交換日的公允價值為 6,750,000 元；乙公司持有的對丙公司長期股權投資帳面價值為 4,500,000 元，沒有計提減值準備，在交換日的公允價值為 6,000,000 元，乙公司支付 750,000 元給沙沙門業公司。乙公司換入寫字樓後用於經營出租目的，並擬採用成本計量模式。沙沙門業公司換入對丙公司投資仍然作為長期股權投資，並採用成本法核算。假定該項交易過程中不考慮相關的增值稅。

本例中，該項資產交換涉及收付貨幣性資產，即補價 750,000 元。對沙沙門業公司而言，收到的補價 750,000 元÷換出資產的公允價值 6,750,000 元（或換入長期股權投資公允價值 6,000,000 元 + 收到的補價 750,000 元）= 11.11% < 25%，屬於非貨幣性資產交換。

對乙公司而言，支付的補價 750,000 元÷換入資產的公允價值 6,750,000 元（或換出長期股權投資公允價值 6,000,000 元 + 支付的補價 750,000 元）= 11.11% < 25%，屬於非貨幣性資產交換。

本例屬於以固定資產交換長期股權投資。由於兩項資產的交換具有商業實質，且長期股權投資和固定資產的公允價值均能夠可靠地計量，因此，沙沙門業公司、乙公司均應當以公允價值為基礎確認換入資產的成本，並確認產生的損益。

沙沙門業公司的帳務處理如下：

借：固定資產清理　　　　　　　　　　　　　　　　　4,800,000
　　累計折舊　　　　　　　　　　　　　　　　　　　1,200,000
　　貸：固定資產——辦公樓　　　　　　　　　　　　6,000,000

借：長期股權投資——丙公司　　　　　　　　　　　　6,000,000
　　　　銀行存款　　　　　　　　　　　　　　　　　　　　750,000
　　　　貸：固定資產清理　　　　　　　　　　　　　　　　6,750,000
　　借：固定資產清理　　　　　　　　　　　　　　　　　　1,950,000
　　　　貸：資產處置損益　　　　　　　　　　　　　　　　1,950,000
　　其中，資產處置損益金額為沙沙門業公司換出固定資產的公允價值 6,750,000 元與帳面價值 4,800,000 元之間的差額，即 1,950,000 元。
　　乙公司的帳務處理如下：
　　借：投資性房地產　　　　　　　　　　　　　　　　　　6,750,000
　　　　貸：長期股權投資——丙公司　　　　　　　　　　　4,500,000
　　　　　　銀行存款　　　　　　　　　　　　　　　　　　　750,000
　　　　　　投資收益　　　　　　　　　　　　　　　　　　1,500,000
　　其中，投資收益金額為乙公司換出長期股權投資的公允價值 6,000,000 元與帳面價值 4,500,000 元之間的差額，即 1,500,000 元。

三、以換出資產帳面價值計量的會計處理

　　不具有商業實質，或者雖然具有商業實質但換入資產和換出資產公允價值均不能可靠計量的非貨幣性資產交換，採用以換出資產帳面價值計量的會計處理。如果非貨幣性資產交換交易不具有商業實質，換入資產的成本按照換出資產的帳面價值加上應支付的相關稅費確定，不確認損益。非貨幣性交易雖具有商業實質，但換入資產和換出資產的公允價值均不能可靠計量的，按照不具有商業實質的非貨幣性資產交換的原則進行會計處理。
　　下面以不具有商業實質的非貨幣性資產交換的會計處理為例進行說明。

　　(一) 不涉及補價情況的會計處理
　　在不具有商業實質的非貨幣性資產交換中，不涉及補價的，企業換入的資產應當按換出資產的帳面價值加上應支付的相關稅費，作為換入資產成本。

　　【實務 12-3】湖南沙沙門業有限公司以其持有的對丙公司的長期股權投資交換乙公司擁有的商標權。在交換日，沙沙門業公司持有的長期股權投資帳面餘額為 5,000,000 元，已計提長期股權投資減值準備餘額為 1,400,000 元，該長期股權投資在市場上沒有公開報價，公允價值也不能可靠計量；乙公司商標權的帳面原價為 4,200,000 元，累計已攤銷金額為 600,000 元，其公允價值也不能可靠計量，乙公司沒有為該項商標權計提減值準備。乙公司將換入的對丙公司的投資仍作為長期股權投資，並採用成本法核算。假設整個交易過程中不考慮相關的增值稅及其他稅費。
　　本例中，該項資產交換沒有涉及收付貨幣性資產，因此屬於非貨幣性資產交換。本例屬於以長期股權投資交換無形資產。由於換出資產和換入資產的公允價值都無法可靠計量，因此，沙沙門業公司、乙公司換入資產的成本均應當按照換出資產的帳面價值確定，不確認損益。

沙沙門業公司的帳務處理如下：
借：無形資產——商標權　　　　　　　　　　　　　　3,600,000
　　　長期股權投資減值準備——丙公司　　　　　　　1,400,000
　　貸：長期股權投資——丙公司　　　　　　　　　　　5,000,000
乙公司的帳務處理如下：
借：長期股權投資——丙公司　　　　　　　　　　　　3,600,000
　　累計攤銷　　　　　　　　　　　　　　　　　　　　600,000
　　貸：無形資產——專利權　　　　　　　　　　　　　4,200,000

（二）涉及補價情況的會計處理

不具有商業實質的非貨幣性資產交換中，在涉及補價的情況下，換入資產的入帳價值應分別確定：

（1）支付補價的，按換出資產帳面價值加上支付的補價和應支付的相關稅費，作為換入資產的入帳價值，不確認損益。其計算公式為：

$$\frac{換入資產}{入帳價值} = \frac{換出資產}{帳面價值} + \frac{支付的}{補價} + \frac{應支付的}{相關稅費} - \frac{增值稅}{進項稅}$$

（2）收到補價的，按換出資產帳面價值，減去收到的補價加上應支付的相關稅費，作為換入資產的入帳價值，不確認損益。其計算公式為：

$$\frac{換入資產}{入帳價值} = \frac{換出資產}{帳面價值} - \frac{收到}{的補價} + \frac{應支付的}{相關稅費} - \frac{增值稅}{進項稅}$$

【實務 12-4】湖南沙沙門業有限公司擁有一個離生產基地較遠的倉庫，該倉庫帳面原價 3,500,000 元，已計提折舊 2,350,000 元；乙公司擁有一項長期股權投資，帳面價值 1,050,000 元，兩項資產均未計提減值準備。由於倉庫離市區較遠，公允價值不能可靠計量；乙公司擁有的長期股權投資在活躍市場中沒有報價，其公允價值也不能可靠計量。雙方商定，乙公司以兩項資產帳面價值的差額為基礎，支付沙沙門業公司 100,000 元補價，以換取沙沙門業公司擁有的倉庫。假定交易中沒有涉及其他相關稅費。

本例中，該項資產交換涉及收付貨幣性資產，即補價 100,000 元。對沙沙門業公司而言，收到的補價 100,000 元÷換出資產帳面價值 1,150,000 元 = 8.7%<25%，因此，該項交換屬於非貨幣性資產交換，乙公司的情況也類似。由於兩項資產的公允價值不能可靠計量，因此，沙沙門業公司、乙公司換入資產的成本均應當以換出資產的帳面價值為基礎確定，不確認損益。

沙沙門業公司的帳務處理如下：
借：固定資產清理　　　　　　　　　　　　　　　　　1,150,000
　　累計折舊　　　　　　　　　　　　　　　　　　　2,350,000
　　貸：固定資產——倉庫　　　　　　　　　　　　　　3,500,000
借：長期股權投資——××公司　　　　　　　　　　　1,050,000
　　銀行存款　　　　　　　　　　　　　　　　　　　　100,000

```
    貸：固定資產清理                                      1,150,000
乙公司的帳務處理如下：
    借：固定資產——倉庫                                  1,150,000
        貸：長期股權投資——××公司                         1,050,000
            銀行存款                                        100,000
```

四、非貨幣性資產交換中涉及多項資產交換的會計處理

（一）具有商業實質且公允價值能夠可靠計量的會計處理

具有商業實質且換入資產的公允價值能夠可靠計量的非貨幣性資產交換，在同時換入多項資產的情況下，企業應當按照換入各項資產的公允價值佔換入資產公允價值總額的比例，對換入資產的成本總額進行分配，確定各項換入資產的成本。

【實務 12-5】湖南沙沙門業有限公司為適應業務發展的需要，2019 年 12 月 10 日經與乙公司協商，沙沙門業公司決定以生產經營過程中使用的辦公樓、機器設備和庫存商品換入乙公司生產經營過程中使用的 10 輛貨運車、5 臺專用設備和 15 輛客運汽車。

沙沙門業公司辦公樓的帳面原價為 2,250,000 元，在交換日的累計折舊為 450,000 元，公允價值為 1,600,000 元；機器設備系由沙沙門業公司於 2014 年購入，帳面原價為 1,800,000 元，在交換日的累計折舊為 900,000 元，公允價值為 1,200,000 元；庫存商品的帳面餘額為 4,500,000 元，市場價格為 5,250,000 元。

乙公司的貨運車、專用設備和客運汽車均系 2015 年年初購入，貨運車的帳面原價為 2,250,000 元，在交換日的累計折舊為 750,000 元，公允價值為 2,250,000 元；專用設備的帳面原價為 3,000,000 元，在交換日的累計折舊為 1,350,000 元，公允價值為 2,500,000 元；客運汽車的帳面原價為 4,500,000 元，在交換日的累計折舊為 1,200,000 元，公允價值為 3,600,000 元，增值稅率為 13%。

乙公司另外收取沙沙門業公司以銀行存款支付的 547,000 元，其中包括由於換出和換入資產公允價值不同而支付的補價 300,000 元，以及換出資產銷項稅額與換入資產進項稅額的差額 247,000 元。假定辦公樓換出不考慮相關稅費。

本例中，交換涉及收付貨幣性資產，應當計算沙沙門業公司支付的貨幣性資產佔其公司換出資產公允價值與支付的貨幣性資產之和的比例，即 300,000 ÷（1,600,000+1,200,000 +5,250,000+ 300,000）= 3.73%<25%。我們可以認定這一涉及多項資產的交換行為屬於非貨幣性資產交換。對沙沙門業公司而言，其為了拓展運輸業務，需要客運汽車、專用設備、貨運車等。乙公司為了滿足生產，需要辦公樓、機器設備、原材料等。換入的資產對雙方企業均能發揮更大的作用，因此，該項涉及多項資產的非貨幣性資產交換具有商業實質；同時，各單項換入資產和換出資產的公允價值均能可靠計量，因此，沙沙門業公司、乙公司均應當以公允價值為基礎確定換入資產的總成本，確認產生的相關損益。同時，按照各單項換入資產的公允價值佔換入資產公允價值總額的比例，確定各單項換入資產的成本。

沙沙門業公司的帳務處理如下：
（1）換出設備的增值稅銷項稅額 = 1,200,000 × 13% = 156,000（元）
換出庫存商品的增值稅銷項稅額 = 5,250,000 × 13% = 682,500（元）
換入貨運車、專用設備和客運汽車的增值稅進項稅額 =（2,250,000 + 2,500,000 + 3,600,000）× 13% = 1,085,500（元）
（2）計算換入資產、換出資產公允價值總額
換出資產公允價值總額 = 1,600,000 + 1,200,000 + 5,250,000 = 8,050,000（元）
換入資產公允價值總額 = 2,250,000 + 2,500,000 + 3,600,000 = 8,350,000（元）
（3）計算換入資產總成本
換入資產總成本 = 8,050,000 + 300,000 + 0 = 8,350,000（元）
或：換入資產總成本 = 8,050,000 +（156,000 + 682,500）+ 547,000 - 1,085,500
　　　　　　　　= 8,350,000（元）
（4）計算確定換入各項資產的成本
貨運車的成本 = 8,350,000 ×（2,250,000 ÷ 8,350,000 × 100%）= 2,250,000（元）
專用設備的成本 = 8,350,000 ×（2,500,000 ÷ 8,350,000 × 100%）= 2,500,000（元）
客運汽車的成本 = 8,350,000 ×（3,600,000 ÷ 8,350,000 × 100%）= 3,600,000（元）
（5）會計分錄

借：固定資產清理	2,700,000
累計折舊	1,350,000
貸：固定資產——辦公樓	2,250,000
——機器設備	1,800,000
借：固定資產——貨運車	2,250,000
——專用設備	2,500,000
——客運汽車	3,600,000
應交稅費——應交增值稅（進項稅額）	1,085,500
貸：固定資產清理	2,800,000
主營業務收入	5,250,000
應交稅費——應交增值稅（銷項稅額）	838,500
銀行存款	547,000
借：固定資產清理	100,000
貸：資產處置損益	100,000
借：主營業務成本	4,500,000
貸：庫存商品	4,500,000

乙公司的帳務處理如下：
（1）換入設備的增值稅進項稅額 = 1,200,000 × 13% = 156,000（元）
換入原材料的增值稅進項稅額 = 5,250,000 × 13% = 682,500（元）

換出貨運車、專用設備和客運汽車的增值稅銷項稅額 =（2,250,000+2,500,000+3,600,000）×13%=1,085,500（元）

（2）計算換入資產、換出資產公允價值總額

換出資產公允價值總額 =2,250,000+2,500,000+3,600,000=8,350,000（元）
換入資產公允價值總額 =1,600,000+1,200,000+5,250,000=8,050,000（元）

（3）確定換入資產總成本

換入資產總成本 =8,350,000-300,000+0=8,050,000（元）
或：換入資產總成本 =8,350,000+1,085,500-547,000-（156,000+682,500）
　　　　　　　　＝8,050,000（元）

（4）計算確定換入各項資產的成本

辦公樓的成本 =8,050,000×（1,600,000÷8,050,000×100%）=1,600,000（元）
機器設備的成本 =8,050,000×（1,200,000÷8,050,000×100%）=1,200,000（元）
原材料的成本 =8,050,000×（5,250,000÷8,050,000×100%）=5,250,000（元）

（5）會計分錄

借：固定資產清理	6,450,000
累計折舊	3,300,000
貸：固定資產——貨運車	2,250,000
——專用設備	3,000,000
——客運汽車	4,500,000
借：固定資產清理	1,085,500
貸：應交稅費——應交增值稅（銷項稅額）	1,085,500
借：固定資產——辦公樓	1,600,000
——機器設備	1,200,000
原材料	5,250,000
應交稅費——應交增值稅（進項稅額）	838,500
銀行存款	547,000
貸：固定資產清理	9,435,500
借：固定資產清理	1,900,000
貸：資產處置損益	1,900,000

其中，資產處置損益的金額為換出貨運車、專用設備和客運汽車的公允價值 8,350,000（2,250,000+2,500,000+3,600,000）元與帳面價值 6,450,000 ［（2,250,000-750,000）+（3,000,000-1,350,000）+（4,500,000-1,200,000）］元的差額，即 1,900,000 元。

（二）不具有商業實質或者雖然具有商業實質但換入資產和換出資產公允價值不能可靠計量的會計處理

1. 不涉及補價情況的會計處理

不具有商業實質且不涉及補價的多項資產交換的核算原則與不具有商業實質且不涉及補價的單項資產交換基本相同，即以換出資產的帳面價值加上應支付的相關稅費，作為換入資產的入帳價值。但是，由於換入、換出的是多項資產，換出各項資產的帳面價值無法與換入各項資產一一對應，因此，企業需要確定各項換入資產的入帳價值。在確定各項換入資產的入帳價值時，企業按照換入資產各項資產的原帳面價值佔換入資產原帳面價值總額的比例，對換入資產的成本的總額進行分配，確定各項換入資產的成本。

【實務 12-6】湖南沙沙門業有限公司因經營戰略發生較大轉變，產品結構發生較大調整，原生產廠房、專利技術等已不符合生產新產品的需要，經與乙公司協商，2018 年 9 月 1 日，沙沙門業公司將其生產廠房連同專利技術與乙公司正在建造過程中的一幢建築物、乙公司對丙公司的長期股權投資（採用成本法核算）進行交換。

沙沙門業公司換出生產廠房的帳面原價為 2,000,000 元，已提折舊 1,250,000 元；專利技術帳面原價為 750,000 元，已攤銷金額為 375,000 元。

乙公司在建工程截止到交換日的成本為 875,000 元，對丙公司的長期股權投資成本為 250,000 元。沙沙門業公司的廠房公允價值難以取得，專利技術市場上並不多見，公允價值也不能可靠計量。乙公司的在建工程因完工程度難以合理確定，其公允價值不能可靠計量，由於丙公司不是上市公司，乙公司對丙公司長期股權投資的公允價值也不能可靠計量。假定沙沙門業公司、乙公司均未對上述資產計提減值準備。假定該交易過程中不考慮相關稅費。

本例中，交換不涉及收付貨幣性資產，屬於非貨幣性資產交換。由於換入資產、換出資產的公允價值均不能可靠計量，沙沙門業公司、乙公司均應當以換出資產帳面價值總額作為換入資產的總成本，各項換入資產的成本，應當按各項換入資產的帳面價值佔換入資產帳面價值總額的比例分配後確定。

沙沙門業公司的帳務處理如下：
（1）計算換入資產、換出資產帳面價值總額。
換入資產帳面價值總額＝875,000+250,000＝1,125,000（元）
換出資產帳面價值總額＝（2,000,000－1,250,000）+（750,000－375,000）＝1,125,000（元）
（2）確定換入資產總成本。
換入資產總成本 ＝ 換出資產帳面價值 ＝1,125,000（元）
（3）確定各項換入資產成本。
在建工程成本 ＝1,125,000×（875,000÷1,125,000×100%）＝875,000（元）
長期股權投資成本＝1,125,000×（250,000÷1,125,000×100%）＝250,000（元）
（4）會計分錄。
借：固定資產清理　　　　　　　　　　　　　　　　　750,000
　　累計折舊　　　　　　　　　　　　　　　　　　1,250,000
　　貸：固定資產——廠房　　　　　　　　　　　　　　　　2,000,000

借：在建工程——××工程	875,000	
長期股權投資	250,000	
累計攤銷	375,000	
貸：固定資產清理		750,000
無形資產——專利技術		750,000

乙公司的帳務處理如下：
(1) 計算換入資產、換出資產帳面價值總額。
換入資產帳面價值總額 =（2,000,000-1,250,000）+（750,000-375,000）
　　　　　　　　　= 1,125,000（元）
換出資產帳面價值總額 = 875,000+250,000 = 1,125,000（元）
(2) 確定換入資產總成本。
換入資產總成本 = 換出資產帳面價值 = 1,125,000（元）
(3) 確定各項換入資產成本。
廠房成本 = 1,125,000 ×（750,000÷1,125,000×100%）= 750,000（元）
專利技術成本 = 1,125,000 ×（375,000÷1,125,000×100%）= 375,000（元）
(4) 會計分錄。

借：固定資產清理	875,000	
貸：在建工程——××工程		875,000
借：固定資產——廠房	750,000	
無形資產——專利技術	375,000	
貸：固定資產清理		875,000
長期股權投資		250,000

2. 涉及補價情況的會計處理

在不具有商業實質且涉及補價的多項資產交換時，核算的基本原則與不具有商業實質且涉及補價的單項資產的會計處理原則基本相同，即按收到補價和支付補價情況分別確定換入資產的入帳價值。涉及補價的多項資產交換與單項資產交換的主要區別在於，需要對換入各項資產的價值進行分配，其分配方法與不涉及補價的多項資產交換的原則相同，即按各項換入資產的帳面價值與換入資產帳面價值總額的比例進行分配，以確定換入各項資產的入帳價值。

具有商業實質的非貨幣資產交換，如果換入資產的公允價值不能可靠計量，在同時換入多項資產時，確定各項換入資產的成本的分配比照上述原則進行處理。

【本項目工作小結】

非貨幣性資產交換是指交易雙方主要以存貨、固定資產、無形資產和長期股權投資等

非貨幣性資產進行的交換。該交換不涉及或只涉及少量的貨幣性資產（即補價）。通過本項目的學習，學生要理解什麼是非貨幣性資產交換及怎樣認定非貨幣性資產；掌握非貨幣性資產交換具有商業實質主要包括哪幾種情形及什麼是補價率，應如何進行計算；掌握具有商業實質且公允價值能夠可靠計量的非貨幣性資產交換對於換入資產成本如何確認計量，不具有商業實質或公允價值不能夠可靠計量的非貨幣性資產交換對於換入資產成本的確認計量。

◆ 仿真操作

1. 根據【實務 12-1】至【實務 12-6】編寫有關的記帳憑證。
2. 登記「應交稅費——應交增值稅」的明細帳。

◆ 崗位業務認知

利用節假日，去當地的一些企業（工商企業），瞭解企業是否有此類特殊的非貨幣性資產交換業務，如有企業會計人員是如何進行帳務處理的。

◆ 工作思考

1. 什麼是非貨幣性資產交換？怎樣進行認定？
2. 非貨幣性資產交換具有商業實質主要包括哪幾種情形？
3. 什麼是補價率？應如何進行計算？
4. 具有商業實質且公允價值能夠可靠計量的非貨幣性資產交換對於換入資產成本應如何進行確認？
5. 不具有商業實質或公允價值不能夠可靠計量的非貨幣性資產交換對於換入資產成本應如何進行確認？

項目十三　債務重組核算業務

在市場經濟條件下，競爭日趨激烈，企業為此需要不斷地根據環境的變化，調整經營策略，防範和控制經營及財務風險。但有時由於各種因素（包括內部和外部）的影響，企業可能出現一些暫時性或嚴重的財務困難，致使資金週轉不靈，難以按期償還債務。在此情況下，作為債權人，一種方式是通過法律程序，要求債務人破產，以清償債務；另一種方式是通過互相協商，以債務重組的方式，債權人做出某些讓步，使債務人減輕負擔，渡過難關。

【項目工作目標】

⊙知識目標

掌握債務重組的概念及重組方式；掌握在四種債務重組方式下，債務人及債權人的具體的帳務處理。

⊙技能目標

學生通過本項目的學習，能分析在四種債務重組方式下，作為債務人企業的會計，正確進行相應的帳務處理；能分析在四種債務重組方式下，作為債權人企業的會計，如何正確進行相應的帳務處理；具備自主學習的能力。

【任務導入】

湖南長江有限責任公司於2019年5月15日銷售一批材料給湖南沙沙門業有限公司，開具的增值稅專用發票上的價款為300,000元，增值稅稅額為39,000元。按合同規定，湖南沙沙門業有限公司應於2019年8月15日前償付價款。由於湖南沙沙門業有限公司發生財務困難，無法按合同規定的期限償還債務，經雙方協商於2019年12月1日進行債務重組。債務重組協議規定，湖南長江有限責任公司同意減免湖南沙沙門業有限公司50,000元債務，餘額用現金立即清償。湖南長江有限責任公司於2,019年12月8日收到湖南沙沙門業有限公司通過銀行轉帳償還的剩餘款項。

思考：什麼是債務重組？債務重組有哪些方式？債權人與債務人應如何進行帳務處理？

【進入任務】

任務一　債務重組方式
任務二　債務重組的會計處理

任務一　債務重組方式

債務重組是指在債務人發生財務困難的情況下，債權人按照其與債務人達成的協議或者法院的裁定做出讓步的事項。本章主要講述持續經營條件下債權人做出讓步的債務重組的會計處理。

債務人發生財務困難、債權人做出讓步是會計準則中債務重組的基本特徵。債務人發生財務困難，是指因債務人出現資金週轉困難、經營陷入困境或者其他方面的原因，導致其無法或者沒有能力按原定條件償還債務。債權人做出讓步，是指債權人同意發生財務困難的債務人現在或者將來以低於重組債務帳面價值的金額或者價值償還債務。債權人做出讓步的情形主要包括債權人減免債務人部分債務本金或者利息、降低債務人應付債務的利率等。

債務重組的方式主要有以下幾種：

1. 以資產清償債務

以資產清償債務，是指債務人轉讓其資產給債權人以清償債務的債務重組方式。債務人用於清償債務的資產主要有：現金、存貨、金融資產、固定資產、無形資產等。此處的現金包括庫存現金、銀行存款和其他貨幣資金。

2. 將債務轉為資本

將債務轉為資本，是指債務人將債務轉為資本，同時債權人將債權轉為股權的債務重組方式。其結果是，債務人因此而增加股本（或實收資本），債權人因此而增加長期股權投資等。債務人根據轉換協議，將應付可轉換公司債券轉為資本的，屬於正常情況下的債務轉為資本，不能作為本章所指的債務重組。

3. 修改其他債務條件

修改其他債務條件，是指修改不包括上述兩種方式在內的其他債務條件進行債務重組的方式，如減少債務本金、降低利率、減少或免去債務利息、延長償還期限等。

4. 以上三種方式的組合

以上三種方式的組合，是指採用以上三種方式共同清償債務的債務重組方式。例如，以轉讓資產清償某項債務的一部分，另一部分債務通過修改其他債務條件進行債務重組。

任務二　債務重組的會計處理

一、以資產清償債務

（一）以現金清償債務

以現金清償債務的，債務人應當在滿足金融負債終止確認條件時，終止確認重組債務，並將重組債務的帳面價值與實際支付現金之間的差額確認為債務重組利得，計入營業外收入。重組債務的帳面價值，一般為債務的面值或本金，如應付帳款；如有利息的，還應加上應計未付利息，如長期借款等。

債權人應當在滿足金融資產終止確認條件時，終止確認重組債權，並將重組債權的帳面餘額與收到的現金之間的差額確認為債務重組損失，計入營業外支出。債權人已對債權計提減值準備的，應當先將該差額衝減減值準備，衝減後尚有餘額的，計入營業外支出，衝減後減值準備有餘額的，應予以轉回並抵減當期信用減值損失。

【實務 13-1】湖南長江有限責任公司於 2019 年 4 月 15 日銷售一批材料給湖南沙沙門業有限公司，開具的增值稅專用發票上的價款為 200,000 元，增值稅稅額為 26,000 元。按合同規定，湖南沙沙門業有限公司應於 2018 年 7 月 15 日前償付價款。由於湖南沙沙門業有限公司發生財務困難，無法按合同規定的期限償還債務，經雙方協商於 2019 年 12 月 1 日進行債務重組。債務重組協議規定，湖南長江有限責任公司同意減免湖南沙沙門業有限公司 60,000 元債務，餘額用現金立即清償。湖南長江有限責任公司於 2019 年 12 月 8 日收到湖南沙沙門業有限公司通過銀行轉帳償還的剩餘款項。湖南長江有限責任公司已為該項應收帳款計提了 20,000 元壞帳準備。（如無特殊說明，本章中的公司均為增值稅一般納稅人。）

（1）湖南沙沙門業有限公司的帳務處理。
計算債務重組利得：
應付帳款帳面餘額 226,000（元）
減：支付的現金 166,000（元）
債務重組利得 60,000（元）
會計分錄為：
借：應付帳款——湖南長江有限責任公司　　　　　　　　　226,000
　　貸：銀行存款　　　　　　　　　　　　　　　　　　　166,000
　　　　營業外收入——債務重組利得　　　　　　　　　　 60,000

（2）湖南長江有限責任公司帳務處理。
計算債務重組損失：
應收帳款帳面餘額 226,000（元）

減：收到的現金 166,000（元）
差額 60,000（元）
減：已計提壞帳準備 20,000（元）
債務重組損失 40,000（元）
會計分錄為：
借：銀行存款　　　　　　　　　　　　　　　　　166,000
　　壞帳準備　　　　　　　　　　　　　　　　　 20,000
　　營業外支出——債務重組損失　　　　　　　　 40,000
　　貸：應收帳款——湖南沙沙門業有限公司　　　　　　226,000

（二）以非現金資產清償債務

1. 債務人的會計處理

以非現金資產清償債務的，債務人應當在滿足金融負債終止確認條件時，終止確認重組債務，並將重組債務的帳面價值與轉讓的非現金資產的公允價值之間的差額確認為債務重組利得，計入營業外收入。轉讓的非現金資產的公允價值與其帳面價值的差額為資產轉讓損益，計入當期損益。非現金資產的帳面價值，一般為非現金資產的帳面原價扣除累計折舊或累計攤銷，以及資產減值準備後的金額。債務人在轉讓非現金資產過程中發生的一些稅費，如資產評估費、運雜費等，直接計入資產轉讓損益。

2. 債權人的會計處理

債務人以非現金資產清償債務，債權人應當在滿足金融資產終止確認條件時，終止確認重組債權，並將重組債權的帳面餘額與受讓的非現金資產的公允價值之間的差額，計入當期損益。債權人已對債權計提減值準備的，應當先將該差額衝減減值準備，衝減後尚有餘額的計入營業外支出，衝減後減值準備有餘額的，應當予以轉回並抵減當期信用減值損失。

3. 以非現金資產清償債務的具體會計處理

同企業以非現金資產清償債務的，非現金資產類別不同，其會計處理也略有不同。

（1）以庫存材料、商品產品抵償債務。

債務人以庫存材料、商品產品抵償債務，應視同銷售進行會計處理。企業可將該項業務分為兩部分：一是將庫存材料、商品產品出售給債權人，取得貨款。出售庫存材料、商品產品業務與企業正常的銷售業務處理相同，其發生的損益計入當期損益。二是以取得的貨幣清償債務，但在這項業務中並沒有實際的現金流入和流出。

【實務 13-2】湖南沙沙門業有限公司向湖南長江有限責任公司購買了一批貨物，價款 452,000 元（包括應收取的增值稅稅額），按照購銷合同約定，湖南沙沙門業有限公司應於 2019 年 7 月 5 日前支付該價款，但截至 2019 年 8 月 30 日，湖南沙沙門業有限公司尚未支付該價款。由於湖南沙沙門業有限公司財務發生困難，短期內不能償還債務，經雙方協商，湖南長江有限責任公司同意湖南沙沙門業有限公司以其生產的產品償還債務。該產品的公允價值為 380,000 元，實際成本為 320,000 元，適用的增值稅稅率為 13%。湖南長江

有限責任公司於 2019 年 12 月 5 日收到湖南沙沙門業有限公司抵債的產品，並作為商品入庫；湖南長江有限責任公司對該項應收帳款計提了 15,000 元壞帳準備。

①湖南沙沙門業有限公司的帳務處理。

計算債務重組利得：452,000 -（380,000 +380,000×13%）= 22,600（元）

借：應付帳款——湖南長江有限責任公司	452,000
貸：主營業務收入	380,000
應交稅費——應交增值稅（銷項稅額）	49,400
營業外收入——債務重組利得	22,600
同時，借：主營業務成本	320,000
貸：庫存商品	320,000

本例中，銷售產品取得的利潤體現在主營業務利潤中，債務重組利得作為營業外收入處理。

②湖南長江有限責任公司的帳務處理。

本例中，重組債權的帳面價值與受讓的產成品公允價值和未支付的增值稅進項稅額的差額 7,600（452,000 - 15,000 - 380,000 - 380,000×13%）元，應作為債務重組損失。

借：庫存商品	380,000
應交稅費——應交增值稅（進項稅額）	49,400
壞帳準備	15,000
營業外支出——債務重組損失	7,600
貸：應收帳款——湖南沙沙門業有限公司	452,000

（2）以固定資產清償債務。

債務人以固定資產抵償債務，應將固定資產的公允價值與該項固定資產帳面價值和清理費用的差額作為轉讓固定資產的損益處理。同時，將固定資產的公允價值與應付債務的帳面價值的差額，作為債務重組利得，計入營業外收入。債權人收到的固定資產應按公允價值計量。

【實務 13 -3】2019 年 4 月 5 日，湖南長江有限責任公司銷售一批材料給湖南沙沙門業有限公司，價款 1,243,000 元（包括應收取的增值稅稅額），按購銷合同約定，湖南沙沙門業有限公司應於 2,019 年 7 月 5 日前支付價款，但截至 2019 年 9 月 30 日，湖南沙沙門業有限公司尚未支付該價款。由於湖南沙沙門業有限公司發生財務困難，短期內無法償還債務。經過協商，湖南長江有限責任公司同意湖南沙沙門業有限公司用其一臺機器設備抵償債務。該項設備的帳面原價為 1,300,000 元，累計折舊為 430,000 元，公允價值為 950,000 元。抵債設備已於 2019 年 12 月 10 日運抵湖南長江有限責任公司，湖南長江有限責任公司將其用於本企業產品的生產。

①湖南沙沙門業有限公司的帳務處理。

計算債務重組利得：1,243,000 -（950,000 +950,000×13%）= 169,500（元）

計算固定資產清理損益：950,000 -（1,300,000 -430,000）= -80,000（元）

首先，將固定資產淨值轉入固定資產清理：
借：固定資產清理——機器設備　　　　　　　　　　870,000
　　累計折舊　　　　　　　　　　　　　　　　　　430,000
　貸：固定資產——機器設備　　　　　　　　　　　1,300,000
其次，結轉債務重組利得：
借：應付帳款——湖南長江有限責任公司　　　　　1,243,000
　貸：固定資產清理——機器設備　　　　　　　　　950,000
　　　應交稅費——應交增值稅（銷項稅額）　　　　123,500
　　　營業外收入——債務重組利得　　　　　　　　169,500
最後，結轉轉讓固定資產損失：
借：固定資產清理——機器設備　　　　　　　　　　80,000
　貸：資產處置損益——處置非流動資產損失　　　　80,000
②湖南長江有限責任公司的帳務處理。
計算債務重組損失：1,243,000 −(950,000+ 950,000×13%) = 174,000（元）
借：固定資產——機器設備　　　　　　　　　　　　950,000
　　應交稅費——應交增值稅（進項稅額）　　　　　123,500
　　營業外支出——債務重組損失　　　　　　　　　174,000
　貸：應收帳款——湖南沙沙門業有限公司　　　　　1,243,000
（3）以股票、債券等金融資產抵償債務。
　　債務人以股票、債券等金融資產抵償債務，應按相關金融資產的公允價值與其帳面價值的差額，作為轉讓金融資產的利得或損失處理；相關金融資產的公允價值與重組債務的帳面價值的差額，作為債務重組利得。債權人收到的相關金融資產按公允價值計量。

二、將債務轉為資本

將債務轉為資本，應分別以下情況處理：
（1）債務人為股份有限公司時，應當在滿足金融負債終止確認條件時，終止確認重組債務，並將債權人放棄債權而享有股份的面值總額確認為股本，股份的公允價值總額與股本之間的差額確認為股本溢價計入資本公積。重組債務帳面價值超過股份的公允價值總額的差額，作為債務重組利得計入當期營業外收入。
（2）債務人為其他企業時，應當在滿足金融負債終止確認條件時，終止確認重組債務，並將債權人放棄債權而享有的股權份額確認為實收資本，股權的公允價值與實收資本之間的差額確認為資本溢價計入資本公積。重組債務帳面價值超過股權的公允價值的差額，作為債務重組利得計入當期營業外收入。
（3）債權人應當在滿足金融資產終止確認條件時，終止確認重組債權，並將因放棄債權而享有股份的公允價值確認為對債務人的投資，重組債權的帳面餘額與股份的公允價值之間的差額確認為債務重組損失，計入當期營業外支出。債權人已對債權計提減值準備

的，應當先將該差額衝減減值準備，減值準備不足以衝減的部分，作為債務重組損失計入當期營業外支出。發生的相關稅費，企業分別按照長期股權投資或者金融工具確認計量的規定進行處理。

【實務 13-4】 2019 年 5 月 10 日，湖南長江有限責任公司銷售一批材料給湖南沙沙門業有限公司，價款 452,000 元（包括應收取的增值稅稅額），合同約定 6 個月後結清款項。6 個月後，由於湖南沙沙門業有限公司發生財務困難，無法支付該價款，與湖南長江有限責任公司協商進行債務重組。經雙方協議，湖南長江有限責任公司同意湖南沙沙門業有限公司將該債務轉為湖南沙沙門業有限公司的股份。湖南長江有限責任公司對該項應收帳款計提了壞帳準備 20,000 元。轉股後湖南沙沙門業有限公司註冊資本為 9,000,000 元，抵債股權占湖南沙沙門業有限公司註冊資本的 2%。債務重組日，抵債股權的公允價值為 400,000 元。2019 年 11 月 1 日，相關手續辦理完畢。假定不考慮其他相關稅費。

（1）湖南沙沙門業有限公司的帳務處理。
計算應計入資本公積的金額：400,000 －9,000,000×2％ ＝ 220,000（元）
計算債務重組利得：452,000 －400,000 ＝52,000（元）

借：應付帳款——湖南長江有限責任公司	452,000	
貸：實收資本——湖南長江有限責任公司		180,000
資本公積——資本溢價		220,000
營業外收入——債務重組利得		52,000

（2）湖南長江有限責任公司的帳務處理。
計算債務重組損失：452,000 － 400,000 －20,000 ＝32,000（元）

借：長期股權投資——湖南沙沙門業有限公司	400,000	
壞帳準備	20,000	
營業外支出——債務重組損失	32,000	
貸：應收帳款——湖南沙沙門業有限公司		452,000

三、修改其他債務條件

以修改其他債務條件進行債務重組的，債務人和債權人應分別以下情況處理：

（一）不附或有條件的債務重組

不附或有條件的債務重組，是指在債務重組中不存在或有應付（或應收）金額，該或有條件需要根據未來某種事項出現而發生的應付（或應收）金額，並且該未來事項的出現具有不確定性。

不附或有條件的債務重組，債務人應將修改其他債務條件後債務的公允價值作為重組後債務的入帳價值。重組債務的帳面價值與重組後債務的入帳價值之間的差額作為債務重組利得，計入當期損益。

以修改其他債務條件進行債務重組，如修改後的債務條款不涉及或有應收金額，則債權人應當將修改其他債務條件後的債權的公允價值作為重組後債權的帳面價值，重組債權

的帳面餘額與重組後債權帳面價值之間的差額確認為債務重組損失，計入當期損益。債權人如果已對該項債權計提了減值準備，則應當首先衝減已計提的減值準備，減值準備不足以衝減的部分，作為債務重組損失，計入營業外支出。

【實務13-5】湖南沙沙門業有限公司2019年12月31日應收湖南長江有限責任公司票據的帳為130,800元，其中，30,800元為累計未付的利息，票面年利率4%。由於湖南長江有限責任公司連面餘額年虧損，資金週轉困難，不能償付應於20,19年12月31日前支付的應付票據。經雙方協商，於20,20年1月5日進行債務重組。湖南沙沙門業有限公司同意將債務本金減至80,000元；免去債務人所欠的全部利息；將利率從4%降低到2%（等於實際利率），並將債務到期日延至2021年12月31日，利息按年支付。該項債務重組協議從協議簽訂日起開始實施。湖南沙沙門業有限公司、湖南長江有限責任公司已將應收、應付票據轉入應收、應付帳款。湖南沙沙門業有限公司已為該項應收款項計提了10,000元壞帳準備。

(1) 湖南長江有限責任公司的帳務處理。

①計算債務重組利得：

應付帳款的帳面餘額130,800（元）

減：重組後債務公允價值80,000（元）

　　債務重組利得50,800（元）

②債務重組時的會計分錄：

借：應付帳款　　　　　　　　　　　　　　　　　130,800

　　貸：應付帳款——債務重組　　　　　　　　　　80,000

　　　　營業外收入——債務重組利得　　　　　　　50,800

③2019年12月31日支付利息：

借：財務費用　　　　　　　　　　　　　　　　　1,600

　　貸：銀行存款　　　　　　　（80,000×2%）　1,600

④2021年12月31日償還本金和最後一年利息：

借：應付帳款——債務重組　　　　　　　　　　　80,000

　　財務費用　　　　　　　　　　　　　　　　　1,600

　　貸：銀行存款　　　　　　　　　　　　　　　81,600

(2) 湖南沙沙門業有限公司的帳務處理。

①計算債務重組損失：

應收帳款帳面餘額130,800（元）

減：重組後債權公允價值80,000（元）

　　差額50,800（元）

減：已計提壞帳準備10,000（元）

債務重組損失40,800（元）

②債務重組日之會計分錄：
借：應收帳款——債務重組　　　　　　　　　　　　80,000
　　營業外支出——債務重組損失　　　　　　　　　40,800
　　壞帳準備　　　　　　　　　　　　　　　　　　10,000
　　貸：應收帳款　　　　　　　　　　　　　　　　　　　130,800
③2020 年 12 月 31 日收到利息：
借：銀行存款　　　　　　　　　　　　　　　　　　1,600
　　貸：財務費用　　　　　　　　　　　　（80,000×2%）1,600
④2021 年 12 月 31 日收到本金和最後一年利息：
借：銀行存款　　　　　　　　　　　　　　　　　　81,600
　　貸：財務費用　　　　　　　　　　　　　　　　　　　1,600
　　　　應收帳款　　　　　　　　　　　　　　　　　　　80,000

（二）附或有條件的債務重組

附或有條件的債務重組，是指在債務重組協議中附或有應付條件的重組。或有應付金額，是指以未來某種事項出現而發生的支出。未來事項的出現具有不確定性。如債務重組協議規定，「將××公司債務 2,000,000 元免除 400,000 元，剩餘債務展期兩年，並按 2% 的年利率計收利息。如該公司一年後盈利，則自第二年起將按 5% 的利率計收利息」。根據此項債務重組協議，債務人依據未來是否盈利而發生的 48,000（1,600,000×3%）元支出，即為或有應付金額。但債務人是否盈利，在債務重組時不能確定，即具有不確定性。

對債務人而言，以修改其他債務條件進行的債務重組，修改後的債務條款如涉及或有應付金額，且該或有應付金額符合或有事項中有關預計負債確認條件的，債務人應當將該或有應付金額確認為預計負債。重組債務的帳面價值與重組後債務的入帳價值和預計負債金額之和的差額，作為債務重組利得，計入營業外收入。需要說明的是，在附或有支出的債務重組方式下，債務人應當在每期末，按照或有事項確認和計量要求，確定其最佳估計數，期末確定的最佳估計數與原預計數的差額，計入當期損益。

對債權人而言，修改其他債務條件進行債務重組，修改後的債務條款中涉及或有應收金額的，不應當確認或有應收金額，不得將其計入重組後債權的帳面價值。或有應收金額屬於或有資產，或有資產不予確認，只有在或有應收金額實際發生時，才計入當期損益。

四、以上三種方式的組合方式

以上三種方式的組合方式進行債務重組，主要有以下幾種情況：

（1）債務人以現金、非現金資產兩種方式的組合清償某項債務的，應將重組債務的帳面價值與支付的現金、轉讓的非現金資產的公允價值之間的差額作為債務重組利得。非現金資產的公允價值與其帳面價值的差額作為資產轉讓損益。債權人應將重組債權的帳面餘額與收到的現金、受讓的非現金資產的公允價值，以及已提壞帳準備之間的差額作為債務

重組損失。

（2）債務人以現金、將債務轉為資本兩種方式的組合清償某項債務的，應將重組債務的帳面價值與支付的現金、債權人因放棄債權而享有的股權的公允價值之間的差額作為債務重組利得。股權的公允價值與股本（或實收資本）的差額作為資本公積。債權人應將重組債權的帳面餘額與收到的現金、因放棄債權而享有股權的公允價值，以及已提壞帳準備之間的差額作為債務重組損失。

（3）債務人以非現金資產、將債務轉為資本兩種方式的組合清償某項債務的，應將重組債務的帳面價值與轉讓的非現金資產的公允價值、債權人因放棄債權而享有的股權的公允價值之間的差額作為債務重組利得。非現金資產的公允價值與帳面價值的差額作為資產轉讓損益；股權的公允價值與股本（或實收資本）的差額作為資本公積。

債權人應將重組債權的帳面餘額與受讓的非現金資產的公允價值、因放棄債權而享有的股權的公允價值，以及已提壞帳準備的差額作為債務重組損失。

（4）債務人以現金、非現金資產、將債務轉為資本三種方式的組合清償某項債務的，應將重組債務的帳面價值與支付的現金、轉讓的非現金資產的公允價值、債權人因放棄債權而享有股權的公允價值的差額作為債務重組利得。非現金資產的公允價值與帳面價值的差額作為資產轉讓損益；股權的公允價值與股本（或實收資本）的差額作為資本公積。債權人應將重組債權的帳面餘額與收到的現金、受讓的非現金資產的公允價值、因放棄債權而享有的股權的公允價值，以及已提壞帳準備的差額作為債務重組損失。

（5）以資產、將債務轉為資本等方式清償某項債務的一部分，並對該項債務的另一部分以修改其他債務條件進行債務重組。在這種方式下，債務人應先以支付的現金、轉讓的非現金資產的公允價值、債權人因放棄債權而享有的股權的公允價值衝減重組債務的帳面價值，餘額與將來應付金額進行比較，據此計算債務重組利得。非現金資產的公允價值與其帳面價值的差額作為資產轉讓損益；股權的公允價值與股本（或實收資本）的差額作為資本公積。債權人應先以收到的現金、受讓的非現金資產的公允價值、因放棄債權而享有的股權的公允價值衝減重組債權的帳面價值，餘額與將來應收金額進行比較，據此計算債務重組損失。

【本項目工作小結】

債務重組是指在債務人發生財務困難的情況下，債權人按照其與債務人達成的協議或者法院的裁定做出讓步的事項。通過本項目的學習，學生要能掌握債務重組的概念及重組方式；掌握以資產清償債務、將債務轉為資本、修改其他債務條件三種債務重組方式下債務人及債權人的具體的帳務處理，瞭解以上三種方式的組合方式下的帳務處理。

◆ 仿真操作

1. 根據【實務 13-1】至【實務 13-5】編寫有關的記帳憑證。
2. 登記應收帳款及應付帳款的明細帳。

◆ 崗位業務認知

利用節假日，去當地的一些企業（工商企業），瞭解企業是否有此類特殊的債務重組業務，如有企業會計人員是如何進行帳務處理的。

◆ 工作思考

1. 什麼是債務重組？債務重組主要包括哪幾種方式？
2. 以庫存材料及商品產品抵償債務對於債權人及債務人如何進行相應帳務處理？
3. 以固定資產抵償債務對於債權人及債務人應如何進行相應帳務處理？
4. 將債務轉為資本，債務人與債權人應怎樣進行帳務核算？
5. 什麼是附或有條件的債務重組？對此又應如何進行核算？

項目十四　或有事項核算業務

或有事項普遍存在於上市公司的經營活動之中，而且越來越複雜，重大的或有事項可能對上市公司的持續經營和發展造成深遠的影響。在過去的幾年中，因為或有事項風險造成的損失從而使企業陷入困境最終被迫清算的案例不勝枚舉，因此上市公司對或有事項信息的披露十分重要，這將有利於利益相關者獲取充分的信息並相應地做出決策。

【項目工作目標】

⊙知識目標

熟悉或有事項的確認；掌握或有事項的帳務處理。

⊙技能目標

學生通過本項目的學習，能辨別或有事項；會分析處理或有事項金額的確定，並能進行相應的帳務處理；具備自主學習的能力。

【任務導入】

2001年9月萬家樂突然發布關於重大訴訟的公告，稱萬家樂在1999年6月以前，為原大股東提供借款擔保7.5億元，目前擔保餘額尚有4.08億元。由於原大股東欠債不還，被銀行告上法庭，法院判定萬家樂負連帶責任，這使得萬家樂部分資產遭到凍結。由於在長達兩年的時間裡，萬家樂對這些或有事項一直守口如瓶，不僅在中報年報中不加披露，甚至到法院判決以後，也沒向投資者透一點風聲，深交所因此對萬家樂提出了公開譴責。投資者氣憤之餘，對此也是萬般無奈。現在，越來越多的上市公司因為或有事項而陷入困境，輕則替人買單，重則官司不斷，影響投資者利益的同時也影響了企業的發展。那麼，究竟什麼是「或有事項」呢？

【進入任務】

任務一　或有事項概述
任務二　或有事項的確認和計量
任務三　或有事項會計處理原則的應用
任務四　或有事項的列報

任務一　或有事項概述

一、或有事項的概念及其特徵

　　企業在經營活動中有時會面臨訴訟、仲裁、債務擔保、產品質量保證、重組等具有較大不確定性的經濟事項，這些不確定事項對企業的財務狀況和經營成果可能會產生較大的影響，其最終結果須由某些未來事項的發生或不發生加以決定。例如，企業對商品提供產品質量保證，承諾在商品發生質量問題時由企業無償提供修理服務，從而會發生一些費用。至於這筆費用是否發生以及發生的金額是多少，取決於未來是否發生修理請求以及修理工作量的大小等。按照權責發生制的要求，企業不能等到客戶提出修理請求時，才確認因提供產品質量保證而發生的義務，而應當在資產負債表日對這一不確定事項做出判斷，以決定是否在當期確認可能承擔的修理義務。會計上將這種不確定事項稱為或有事項。

　　或有事項是指過去的交易或者事項形成的，其結果須由某些未來事項的發生或不發生才能決定的不確定事項。常見的或有事項包括未決訴訟或未決仲裁、債務擔保、產品質量保證（含產品安全保證）、虧損合同、重組義務、承諾、環境污染整治等。

　　或有事項具有以下特徵：

　　（一）或有事項是由過去的交易或者事項形成的

　　例如，未決訴訟是企業因過去的經濟行為導致起訴其他單位或被其他單位起訴，是現存的一種狀況，而不是未來將要發生的事項。又如，產品質量保證是企業對已售出商品或已提供勞務的質量提供的保證，不是為尚未出售商品或尚未提供勞務的質量提供的保證。基於這一特徵，未來可能發生的自然災害、交通事故、經營虧損等事項，都不屬於或有事項。

　　（二）或有事項的結果具有不確定性

　　或有事項的結果具有不確定性，是指或有事項的結果是否發生具有不確定性或者或有事項的結果預計將會發生，但發生的具體時間或金額具有不確定性。首先，或有事項的結果是否發生具有不確定性。例如，債務的擔保方在債務到期時是否承擔和履行連帶責任，需要根據被擔保方能否按時還款決定，其結果在擔保協議達成時具有不確定性。又如，有些未決訴訟，被起訴的一方是否會敗訴，在案件審理過程中是難以確定的，需要根據人民法院的判決情況加以確定。其次，或有事項的結果預計將會發生，但發生的具體時間或金額具有不確定性。例如，某企業因生產過程中排污治理不力並對周圍環境造成污染而被起訴，如無特殊情況，該企業很可能敗訴。但是，在訴訟成立時，該企業因敗訴將支出多少金額，或者何時將發生這些支出，可能是難以確定的。

　　（三）或有事項的結果須由未來事項決定

　　由未來事項決定，是指或有事項的結果只能由未來不確定事項的發生或不發生才能

決定。

或有事項發生時，將會對企業產生有利影響還是不利影響，或雖已知是有利影響或不利影響，但影響有多大，在或有事項未發生時是難以確定的。這種不確定性的消失，只能由未來不確定事項的發生或不發生才能證實。例如，企業為其他單位提供債務擔保，該擔保事項最終是否會要求企業履行償還債務的連帶責任，要看被擔保方的未來經營情況和償債能力。如果被擔保方經營情況和財務狀況良好且有較好的信用，那麼企業將不需要履行該連帶責任。只有在被擔保方到期無力還款時，擔保方才承擔償還債務的連帶責任。又如，未決訴訟只能等到人民法院判決才能決定其結果。或有事項與不確定性聯繫在一起，但會計處理過程中存在不確定性的事項並不都是或有事項，企業應當按照或有事項的定義和特徵進行判斷。例如，對固定資產計提折舊雖然也涉及對固定資產預計淨殘值和使用壽命進行分析和判斷，帶有一定的不確定性，但是，固定資產折舊是已經發生的損耗，固定資產的原值是確定的，其價值最終會轉移到成本或費用中也是確定的，該事項的結果是確定的，因此，對固定資產計提折舊不屬於或有事項。

二、或有負債和或有資產

（一）或有負債

或有負債是指過去的交易或事項形成的潛在義務，其存在須通過未來不確定事項的發生或不發生予以證實；或過去的交易或事項形成的現時義務，履行該義務不是很可能導致經濟利益流出企業或該現實義務的金額不能可靠地計量。

或有負債涉及兩類義務：一類是潛在義務；另一類是現時義務。

（1）潛在義務是指結果取決於未來不確定事項的可能義務。也就是說，潛在義務最終是否轉變為現時義務，由某些未來不確定事項的發生或不發生決定。

（2）現時義務是指企業在現行條件下已承擔的義務，該現時義務的履行不是很可能導致經濟利益流出企業，或者該現時義務的金額不能可靠地計量。例如，湖南沙沙門業有限公司涉及一樁訴訟案，根據以往的審判案例推斷，湖南沙沙門業有限公司很可能要敗訴。但人民法院尚未判決，湖南沙沙門業有限公司無法根據經驗判斷未來將要承擔多少賠償金額，因此該現時義務的金額不能可靠地計量，該訴訟案件即形成一項湖南沙沙門業有限公司的或有負債。

或有負債無論是潛在義務還是現時義務，均不符合負債的確認條件，因而不能在財務報表中予以確認，但應當按照相關規定在財務報表附註中披露有關信息，包括或有負債的種類及其形成原因、經濟利益流出不確定性的說明、預計產生的財務影響以及獲得補償的可能性等。

（二）或有資產

或有資產是指過去的交易或者事項形成的潛在資產，其存在須通過未來不確定事項的發生或不發生予以證實。

或有資產作為一種潛在資產，其結果具有較大的不確定性，只有隨著經濟情況的變

化，通過某些未來不確定事項的發生或不發生才能證實其是否會形成企業真正的資產。

例如，甲企業向法院起訴乙企業侵犯了其專利權。法院尚未對該案件進行公開審理，甲企業是否勝訴尚難判斷。對於甲企業而言，將來可能勝訴而獲得的賠償屬於一項或有資產，但這項或有資產是否會轉化為真正的資產，要由人民法院的判決結果確定。如果終審判決結果是甲企業勝訴，那麼這項或有資產就轉化為企業的一項資產。如果終審判決結果是甲企業敗訴，那麼或有資產就消失了，不會形成企業的資產。

正如或有負債不符合負債確認條件一樣，或有資產也不符合資產確認條件，因而也不能在財務報表中確認。企業通常不應當披露或有資產，但或有資產很可能給企業帶來經濟利益的，應當披露其形成的原因、預計產生的財務影響等。

（三）或有負債和或有資產轉化為預計負債和資產

需要指出的是，影響或有負債和或有資產的各種因素處於不斷變化之中，企業應當持續地對這些因素予以關注。隨著時間的推移和事態的進展，或有負債對應的潛在義務可能轉化為現時義務，原來不是很可能導致經濟利益流出的現時義務也可能被證實將很可能導致經濟利益流出企業，並且現時義務的金額也能夠可靠計量。企業應當對或有負債相關義務進行評估、分析判斷其是否符合預計負債確認條件。如符合預計負債確認條件，應將其確認為負債。類似地，或有資產對應的潛在權利也可能隨著相關因素的改變而發生變化，其對應的潛在資產最終是否能夠流入企業會逐漸變得明確，如果某一時點企業基本確定能夠收到這項潛在資產並且其金額能夠可靠計量，應當將其確認為企業的資產。

例如，未決訴訟對於預期會勝訴的一方而言，因未決訴訟形成了一項或有資產；該或有資產最終是否轉化為企業的資產，要根據訴訟的最終判決而定。最終判決勝訴的一方，這項或有資產就轉化為企業真正的資產。對於預期會敗訴的一方而言，因未決訴訟形成了一項或有負債或預計負債：如為或有負債，該或有負債最終是否轉化為企業的預計負債，只能根據訴訟的進展而定。企業根據法律規定、律師建議等因素判斷自己很可能敗訴且賠償金額能夠合理估計的，這項或有負債就轉化為企業的預計負債。

任務二　或有事項的確認和計量

一、或有事項的確認

或有事項的確認通常是指與或有事項相關義務的確認。或有事項形成的或有資產只有在企業基本確定能夠收到的情況下，才能轉變為真正的資產，從而應當予以確認。根據《企業會計準則第13號——或有事項》的規定，與或有事項有關的義務在同時符合以下三個條件時，應當確認為預計負債：①該義務是企業承擔的現時義務；②履行該義務很可能導致經濟利益流出企業；③該義務的金額能夠可靠地計量。

（一）該義務是企業承擔的現時義務

該義務是企業承擔的現時義務，是指與或有事項相關的義務，是在企業當前條件下已

承擔的義務，企業沒有其他現實的選擇，只能履行該現時義務。通常情況下，過去的事項是否導致現時義務是比較明確的，但也存在極少情況，特定事項是否已發生或這些事項是否已產生了一項現時義務可能難以確定，企業應當考慮包括資產負債表日後所有可獲得的證據、專家意見等，以此確定資產負債表日是否存在現時義務。如果據此判斷，資產負債表日很可能存在現時義務，且符合預計負債確認條件的，應當確認一項預計負債；如果資產負債表日現時義務不是很可能存在的，企業應披露一項或有負債，除非含有經濟利益的資源流出企業的可能性極小。

這裡所指的義務包括法定義務和推定義務。其中，法定義務是指因合同、法規或其他司法解釋等產生的義務，通常是企業在經濟管理和經濟協調中，依照經濟法律、法規的規定必須履行的責任。例如，企業與其他企業簽訂購貨合同產生的義務就屬於法定義務。推定義務是指因企業的特定行為而產生的義務。企業的「特定行為」，泛指企業以往的習慣做法、已公開的承諾或已公開宣布的經營政策。並且，由於以往的習慣做法，或通過這些承諾或公開的聲明，企業向外界表明了它將承擔特定的責任，從而使受影響的各方形成了其將履行那些責任的合理預期。例如，某公司是一家化工企業，因擴大經營規模，到B國創辦了一家分公司。假定B國尚未針對某公司這類企業的生產經營可能產生的環境污染制定相關法律，因而某公司的分公司對在B國生產經營可能產生的環境污染不承擔法定義務。但是，某公司為在B國樹立良好的形象，自行向社會宣稱將對生產經營可能產生的環境污染進行治理，某公司的分公司為此承擔的義務就屬於推定義務。

（二）履行該義務很可能導致經濟利益流出企業

履行該義務很可能導致經濟利益流出企業，是指履行與或有事項相關的現時義務時，導致經濟利益流出企業的可能性超過50%，但尚未達到基本確定的程度。履行或有事項相關義務導致經濟利益流出企業的可能性，通常按照一定的概率區間加以判斷。一般情況下，發生的概率分為以下幾個層次：基本確定、很可能、可能、極小可能。企業通常可以結合下列情況判斷經濟利益流出的可能性：

結果的可能性	對應的概率區間
基本確定	大於95%但小於100%
很可能	大於50%但小於或等於95%
可能	大於5%但小於或等於50%
極小可能	大於0但小於或等於5%

企業因或有事項承擔了現時義務，並不說明該現時義務很可能導致經濟利益流出企業。例如，2019年5月1日，A企業與B企業簽訂協議，承諾為B企業的2年期銀行借款提供全額擔保。對A企業而言，其由於該擔保事項而承擔了一項現時義務，但這項義務的履行是否很可能導致經濟利益流出企業，需依據B企業的經營情況和財務狀況等因素加以確定。假定2019年末，B企業的財務狀況惡化，且沒有跡象表明B企業的財務狀況可能發生好轉。此種情況出現，表明B企業很可能違約，從而A企業履行承擔的現時義務將很可能導致經濟利益流出企業。反之，如果B企業財務狀況良好，一般可以認定B企業不會

違約，從而甲企業履行承擔的現時義務不是很可能導致經濟利益流出。

（三）該義務的金額能夠可靠地計量

該義務的金額能夠可靠地計量，是指與或有事項相關的現時義務的金額能夠被合理地估計。由於或有事項具有不確定性，且由或有事項產生的現時義務的金額也具有不確定性，因此該義務的金額需要估計。要對或有事項確認一項預計負債，相關現時義務的金額應當能夠可靠估計。只有在其金額能夠可靠地估計，並同時滿足其他兩個條件時，企業才能加以確認。

例如，B公司涉及一起訴訟案，根據以往的審判結果判斷，公司很可能敗訴，相關的賠償金額也可以估算出一個區間。在這種情況下，我們就可以認為該公司因未決訴訟承擔的現時義務的金額能夠可靠地估計，從而對未決訴訟確認一項因或有事項形成的預計負債。但是如果沒有以往的審判結果作為比照，而相關的法律條文又沒有明確解釋，那麼即使該公司預計可能敗訴，在判決以前也很可能無法合理估計其需承擔的現時義務的金額，這種情況下不應將之確認為預計負債。

二、或有事項的計量

或有事項的計量通常是指與或有事項相關的義務形成的預計負債的計量。當與或有事項有關的義務符合確認為負債的條件時應當將其確認為預計負債，預計負債應當按照履行相關現時義務所需支付的最佳估計數進行初始計量。此外，企業清償預計負債所需支出還可能從第三方或其他方獲得補償。因此，預計負債的計量主要涉及兩個方面：一是最佳估計數的確定；二是預期可獲得補償的處理。

（一）最佳估計數的確定

預計負債應當按照履行相關現時義務所需支出的最佳估計數進行初始計量。最佳估計數的確定應當分兩種情況處理：

（1）支出存在一個連續範圍，且該範圍內各種結果發生的可能性相同，則最佳估計數應當按照該範圍內的中間值，即上下限金額的平均數確定。

【實務 14-1】 2019 年 12 月 1 日，湖南沙沙門業有限公司因合同違約而被乙公司起訴。2020 年 12 月 31 日，湖南沙沙門業有限公司尚未接到人民法院的判決。湖南沙沙門業有限公司預計，最終的法律判決很可能對公司不利。假定沙沙門業有限公司預計將要支付的賠償金額為 1,200,000～1,400,000 元的某一金額，而且這個區間內每個金額的可能性都大致相同。

在這種情況下，湖南沙沙門業有限公司應在 2020 年 12 月 31 日的資產負債表中確認一項預計負債，金額為：（1,200,000+1,400,000）÷2＝1,300,000（元）。

有關帳務處理：

借：營業外支出——賠償支出——乙公司　　　　　　　　　1,300,000
　　貸：預計負債——未決訴訟——乙公司　　　　　　　　　　　1,300,000

（2）支出不存在一個連續範圍，或者雖然存在一個連續範圍，但該範圍內各種結果發

生的可能性不相同。在這種情況下，最佳估計數按照如下方法確定：

①如果或有事項涉及單個項目，最佳估計數按照最可能發生金額確定。「涉及單個項目」指或有事項涉及的項目只有一個，如一項未決訴訟、一項未決仲裁或一項債務擔保等。

【實務14-2】2019年10月2日，乙公司涉及一起訴訟案。2019年12月31日，乙公司尚未接到人民法院的判決。在諮詢了公司的法律顧問後，乙公司認為：勝訴的可能性為40%，敗訴的可能性為60%；如果敗訴，需要賠償2,000,000元。

在這種情況下，乙公司在2019年12月31日資產負債表中應確認的預計負債金額應為最可能發生的金額，即2,000,000元。

有關帳務處理：
借：營業外支出——賠償支出　　　　　　　　　　　　　　　　2,000,000
　　貸：預計負債——未決訴訟　　　　　　　　　　　　　　　　　2,000,000

②如果或有事項涉及多個項目，最佳估計數按照各種可能結果及相關概率加權計算確定。「涉及多個項目」指或有事項涉及的項目不止一個，如產品質量保證。在產品質量保證中，提出產品保修要求的可能有許多客戶，相應地，企業對這些客戶負有保修義務。

【實務14-3】湖南沙沙門業有限公司是生產並銷售A產品的企業，2019年度第一季度共銷售A產品40,000件，銷售收入為20,000,000元。根據公司的產品質量保證條款，該產品售出後一年內，如發生正常質量問題，公司將負責免費維修。根據以前年度的維修記錄，如果發生較小的質量問題，發生的維修費用為銷售收入的1%；如果發生較大的質量問題，發生的維修費用為銷售收入的2%。根據公司質量部門的預測，本季度銷售的產品中，80%不會發生質量問題；15%可能發生較小質量問題；5%可能發生較大質量問題。

根據上述資料，2019年第一季度末湖南沙沙門業有限公司應確認的預計負債金額為：20,000,000×（0×80%+1%×15%+2%×5%）=50,000（元）

有關帳務處理：
借：銷售費用——產品質量保證——A產品　　　　　　　　　　50,000
　　貸：預計負債——產品質量保證——A產品　　　　　　　　　　50,000

（二）預期可獲得補償的處理

如果企業清償因或有事項而確認的負債所需支出全部或部分預期由第三方或其他方補償，則此補償金額只有在基本確定能收到時，才能作為資產單獨確認，確認的補償金額不能超過所確認負債的帳面價值。

預期可能獲得補償的情況通常有：發生交通事故等情況時，企業通常可從保險公司獲得合理的賠償；在某些索賠訴訟中，企業可對索賠人或第三方另行提出賠償要求；在債務擔保業務中，企業在履行擔保義務的同時，通常可向被擔保企業提出追償要求。

企業預期從第三方獲得的補償，是一種潛在資產，其最終是否會轉化為企業真正的資產（即企業是否能夠收到這項補償）具有較大的不確定性，企業只有在基本確定能夠收到補償時才能對其進行確認。根據資產和負債不能隨意抵銷的原則，預期可獲得的補償在基

本確定能夠收到時應當確認為一項資產，而不能作為預計負債金額的扣減。補償金額的確認涉及兩個方面問題：一是確認時間，補償只有在「基本確定」能夠收到時才予以確認；二是確認金額，確認的金額是企業基本確定能夠收到的金額，而且不能超過相關預計負債的帳面價值。

【**實務 14-4**】2019 年 12 月 31 日，湖南沙沙門業有限公司因或有事項而確認了一筆金額為 800,000 元的預計負債；同時，湖南沙沙門業有限公司因該或有事項基本確定可從甲保險公司獲得 500,000 元的賠償。本例中，湖南沙沙門業有限公司應分別確認一項金額為 800,000 元的預計負債和一項金額為 500,000 元的資產，而不能只確認一項金額為 300,000（800,000 - 500,000）元的預計負債。同時，該公司所確認的補償金額 500,000 元未超過所確認的負債的帳面價值 800,000 元。

（三）預計負債的計量需要考慮的其他因素

企業在確定最佳估計數時應當綜合考慮與或有事項有關的風險、不確定性、貨幣時間價值和未來事項等因素。

1. 風險和不確定性

風險是對交易或事項結果的變化可能性的一種描述。風險的變動可能增加負債計量的金額。企業在不確定的情況下進行判斷需要謹慎，使得收入或資產不會被高估，或負債不會被低估。但是，不確定性並不說明應當確認過多的預計負債和故意誇大支出或費用。

企業應當充分考慮與或有事項有關的風險和不確定性，既不能忽略風險和不確定性對或有事項計量的影響，也要避免對風險和不確定性進行重複調整，從而在低估和高估預計負債金額之間尋找平衡點。

2. 貨幣時間價值

預計負債的金額通常應當等於未來應支付的金額。但是，受貨幣時間價值的影響，資產負債表日後不久發生的現金流出，要比一段時間之後發生的同樣金額的現金流出負有更大的義務。所以，如果預計負債的確認時點距實際清償有較長的時間跨度，貨幣時間價值的影響重大，那麼在確定預計負債的確認金額時，應考慮採用現值計量，即對相關未來現金流出進行折現後確認最佳估計數。例如，油氣井或核電站的棄置費用等，應按照未來應支付金額的現值確定。確定預計負債的金額不應考慮預期處置相關資產形成的利得。

將未來現金流出折算為現值時，需要注意以下三點：①用來計算現值的折現率應當是反應貨幣時間價值的當前市場估計和相關負債特有風險的稅前利率。②風險和不確定性既可以在計量未來現金流出時作為調整因素，也可以在確定折現率時予以考慮，但不能重複反應。③隨著時間的推移，即使在未來現金流出和折現率均不改變的情況下，預計負債的現值將逐漸增長。企業應當在資產負債表日對預計負債的現值進行重新計量。

3. 未來事項

企業應當考慮可能影響履行現時義務所需金額的相關未來事項。也就是說，對於這些未來事項，如果有足夠的客觀證據表明它們將發生，如未來技術進步、相關法規出抬等，企業就應當在預計負債計量中對未來事項予以考慮，但不應考慮預期處置相關資產形成的

利得。

預期的未來事項可能對預計負債的計量較為重要。例如，某核電企業預計在生產結束時處理核廢料的費用將會因為未來技術的變化而顯著降低，那麼，該企業因此確認的預計負債金額應當反應有關專家對技術發展以及處理費用減少做出的合理預測。但是，這種預計需要取得確鑿的客觀證據予以支持。

三、資產負債表日對預計負債帳面價值的復核

企業應當在資產負債表日對預計負債的帳面價值進行復核。有確鑿證據表明該帳面價值不能真實反應當前最佳估計數的，應當按照當前最佳估計數對該帳面價值進行調整。

例如，某化工企業對環境造成了污染，按照當時的法律規定，只需要對污染進行清理。隨著國家對環境保護越來越重視，按照現在的法律規定，該企業不但需要對污染進行清理，還很可能要對居民進行賠償。這種法律規定的變化，會對企業預計負債的計量產生影響。企業應當在資產負債表日對為此確認的預計負債金額進行復核，相關因素發生變化表明預計負債金額不再能反應真實情況時，需要按照當前情況下企業清理和賠償支出的最佳估計數對預計負債的帳面價值進行相應的調整。又如，企業對固定資產棄置費用形成的預計負債進行確認後，由於技術進步、法律要求或市場環境變化等原因，履行棄置義務可能發生支出金額、預計棄置時點、折現率等變動的，需要對預計負債的帳面價值進行調整。

企業對已經確認的預計負債在實際支出發生時，應當僅限於最初為之確定該預計負債的支出。也就是說，只有與該預計負債有關的支出才能衝減預計負債，否則將會混淆不同預計負債確認事項的影響。

任務三　或有事項會計處理原則的應用

一、未決訴訟或未決仲裁

訴訟是指當事人不能通過協商解決爭議，因而在人民法院起訴、應訴，請求人民法院通過審判程序解決糾紛的活動。訴訟尚未裁決之前，對於被告來說，可能形成一項或有負債或者預計負債；對於原告來說，則可能形成一項或有資產。

仲裁是指經濟關係的各方當事人依照事先約定或事後達成的書面仲裁協議，共同選定仲裁機構並由其對爭議依法做出具有約束力裁決的一種活動。作為當事人一方，仲裁的結果在仲裁決定公布以前是不確定的，會構成一項潛在義務或現時義務，或者潛在資產。

【實務 14-5】湖南沙沙門業有限公司 2019 年度發生的有關交易或事項如下：

2019 年 10 月 1 日有一筆已到期的銀行貸款本金 20,000,000 元，利息 2,500,000 元，湖南沙沙門業有限公司具有還款能力，但因與 A 銀行存在其他經濟糾紛，而未按時歸還 A

銀行的貸款，2019年12月1日，A銀行向人民法院提起訴訟。截至2019年12月31日人民法院尚未對案件進行審理。湖南沙沙門業有限公司法律顧問認為敗訴的可能性為60%，預計將要支付的罰息、訴訟費用在2,000,000~2,200,000元，其中訴訟費60,000元。

2016年10月6日，湖南沙沙門業有限公司委託銀行給丙公司貸款50,000,000元，由於經營困難，2019年10月6日貸款到期時丙公司無力償還貸款，湖南沙沙門業有限公司依法起訴丙公司，2019年12月6日，人民法院一審判決湖南沙沙門業有限公司勝訴，責成丙公司向湖南沙沙門業有限公司償付貸款本息60,000,000元，並支付罰息及其他費用6,000,000元，兩項合計66,000,000元，但由於種種原因，丙公司未履行判決，直到2019年12月31日，湖南沙沙門業有限公司尚未採取進一步的行動。

在本例中，湖南沙沙門業有限公司的會計處理如下：

（1）湖南沙沙門業有限公司敗訴的可能性為60%，即很可能敗訴，且相關罰息和訴訟費用等支出能可靠計量，因此，湖南沙沙門業有限公司應在2019年12月31日確認一項預計負債，金額為：

（2,000,000+2,200,000）÷2＝2,100,000（元）

湖南沙沙門業有限公司的有關帳務處理如下：

借：管理費用——訴訟費　　　　　　　　　　　　　　　　　60,000
　　營業外支出——罰息支出（1,100,000－50,000）　　　2,040,000
　　貸：預計負債——未決訴訟——A銀行　　　　　　　　　2,100,000

同時，湖南沙沙門業有限公司應在2016年12月31日的財務報表附註中做如下披露：本公司欠A銀行貸款於2019年10月1日到期，到期本金和利息合計22,500,000元，由於與A銀行存在其他經濟糾紛，故本公司尚未償還上述借款本金和利息，為此，A銀行起訴本公司，除要求本公司償還本金和利息外，還要求支付罰息等費用。由於以上情況，本公司在2019年12月31日確認了一項預計負債2,100,000元。目前，此案正在審理中。

（2）雖然一審判決湖南沙沙門業有限公司勝訴，將很可能從丙公司收回委託貸款本金、利息及罰息，但是由於丙公司本身經營困難，該款項是否能全額收回存在較大的不確定性。因此，湖南沙沙門業有限公司2019年12月31日不應確認資產，但應考慮該項委託貸款的減值問題。同時，湖南沙沙門業有限公司應在2019年12月31日的財務報表附註中做如下披露：本公司2016年10月6日委託銀行向丙公司貸款50,000,000元，丙公司逾期未還，為此本公司依法向人民法院起訴丙公司。2019年12月6日，一審判決本公司勝訴，並可從丙公司索償款項66,000,000元，其中貸款本金50,000,000元、利息10,000,000元以及罰息等其他費用6,000,000元。截至2019年12月31日，丙公司未履行判決，本公司尚未採取進一步的措施。

二、債務擔保

債務擔保在企業中是較為普遍的現象。作為提供擔保的一方，在被擔保方無法履行合同的情況下，常常承擔連帶責任。從保護投資者、債權人的利益出發，客觀、充分地反應

企業因擔保義務而承擔的潛在風險是十分必要的。

企業對外提供債務擔保常常會涉及未決訴訟，這時可以分以下情況進行處理：①企業已被判決敗訴，則應當按照人民法院判決的應承擔的損失金額，確認為負債，並計入當期營業外支出。②已判決敗訴，但企業正在上訴，或者經上一級人民法院裁定暫緩執行，或者由上一級人民法院發回重審等，企業應當在資產負債表日，根據已有判決結果合理估計可能產生的損失金額，確認為預計負債，並計入當期營業外支出。③人民法院尚未判決的，企業應向其律師或法律顧問等諮詢，估計敗訴的可能性，以及敗訴後可能發生的損失金額，並取得有關書面意見。如果敗訴的可能性大於勝訴的可能性，並且損失金額能夠合理估計的，應當在資產負債表日將預計擔保損失金額確認為預計負債，並計入當期營業外支出。

【實務 14-6】2019 年 1 月，湖南沙沙門業有限公司為乙公司人民幣 20,000,000 元、期限 2 年的銀行貸款提供全額擔保；2021 年 4 月，湖南沙沙門業有限公司為丙公司 1,000,000 美元、期限 1 年的銀行貸款提供 50%的擔保。截至 2019 年 12 月 31 日，各貸款單位的情況如下：乙公司貸款逾期未還，銀行已起訴乙公司和湖南沙沙門業有限公司，湖南沙沙門業有限公司因連帶責任需賠償多少金額尚無法確定；丙公司由於受政策影響和內部管理不善等原因，經營效益不如以往，可能不能償還到期美元債務。本例中，就乙公司而言，湖南沙沙門業有限公司很可能需履行連帶責任，但損失金額是多少，目前還難以預計；就丙公司而言，湖南沙沙門業有限公司可能需履行連帶責任。這兩項債務擔保形成湖南沙沙門業有限公司的或有負債，但不符合預計負債的確認條件，湖南沙沙門業有限公司應在 2021 年 12 月 31 日的財務報表附註中披露相關債務擔保的被擔保單位、擔保金額以及財務影響等。

三、產品質量保證

產品質量保證，通常指銷售商或製造商在銷售產品或提供勞務後，對客戶提供服務的一種承諾。在約定期內（或終身保修），若產品或勞務在正常使用過程中出現質量或與之相關的其他屬於正常範圍的問題，企業負有更換產品、免費或只收成本價進行修理等責任。按照權責發生制的要求，上述相關支出符合確認條件就應在收入實現時確認相關預計負債。

【實務 14-7】湖南沙沙門業有限公司對其銷售的產品做出承諾：產品售出後 3 年內如出現非意外事件造成的質量問題，湖南沙沙門業有限公司免費負責保修（含零部件更換）。湖南沙沙門業有限公司 2019 年第 1 季度、第 2 季度、第 3 季度、第 4 季度分別銷售產品 400 件、600 件、800 件和 700 件，每件售價為 5 萬元。根據以往的經驗，產品發生的保修費一般為銷售額的 1%~1.5%。湖南沙沙門業有限公司 2019 年四個季度實際發生的維修費用分別為 40,000 元、400,000 元、360,000 元和 700,000 元（假定用銀行存款支付 50%，另外 50%為耗用的原材料）。假定 2018 年 12 月 31 日，「預計負債——產品質量保證」科目年末餘額為 240,000 元。

本例中，湖南沙沙門業有限公司因銷售產品而承擔了現時義務，該現時義務的履行很

可能導致經濟利益流出湖南沙沙門業有限公司，且該義務的金額能夠可靠計量。因此，湖南沙沙門業有限公司應在每季度末確認一項預計負債。

(1) 第1季度：發生產品質量保證費用（維修費）。

借：預計負債——產品質量保證　　　　　　　　　　　40,000
　貸：銀行存款　　　　　　　　　　　　　　　　　　20,000
　　　原材料　　　　　　　　　　　　　　　　　　　20,000

應確認的產品質量保證負債金額 = 400×50,000×（1%+1.5%）÷2 = 250,000（元）

借：銷售費用——產品質量保證　　　　　　　　　　　250,000
　貸：預計負債——產品質量保證　　　　　　　　　　250,000

第1季度末，「預計負債——產品質量保證」科目餘額 = 240,000 + 250,000 - 40,000 = 450,000元。

(2) 第2季度：發生產品質量保證費用（維修費）。

借：預計負債——產品質量保證　　　　　　　　　　　400,000
　貸：銀行存款　　　　　　　　　　　　　　　　　　200,000
　　　原材料　　　　　　　　　　　　　　　　　　　200,000

應確認的產品質量保證負債金額 = 600×50,000×（1%+1、5%）÷2 = 375,000（元）

借：銷售費用——產品質量保證　　　　　　　　　　　375,000
　貸：預計負債——產品質量保證　　　　　　　　　　375,000

第2季度末，「預計負債——產品質量保證」科目餘額 = 450,000 + 375,000 - 400,000 = 425,000元。

(3) 第3季度：發生產品質量保證費用（維修費）。

借：預計負債——產品質量保證　　　　　　　　　　　360,000
　貸：銀行存款　　　　　　　　　　　　　　　　　　180,000
　　　原材料　　　　　　　　　　　　　　　　　　　180,000

應確認的產品質量保證負債金額 = 800×50,000×（1%+1、5%）÷2 = 500,000（元）

借：銷售費用——產品質量保證　　　　　　　　　　　500,000
　貸：預計負債——產品質量保證　　　　　　　　　　500,000

第3季度末，「預計負債——產品質量保證」科目餘額 = 425,000 + 500,000 - 360,000 = 565,000元。

(4) 第4季度：發生產品質量保證費用（維修費）。

借：預計負債——產品質量保證　　　　　　　　　　　700,000
　貸：銀行存款　　　　　　　　　　　　　　　　　　350,000
　　　原材料　　　　　　　　　　　　　　　　　　　350,000

應確認的產品質量保證負債金額 = 700×50,000×（1%+1、5%）÷2 = 437,500（元）

借：銷售費用——產品質量保證　　　　　　　　　　　437,500
　貸：預計負債——產品質量保證　　　　　　　　　　437,500

第 4 季度末,「預計負債——產品質量保證」科目餘額= 565,000 +437,500 -700,000 = 302,500 元。

企業在對產品質量保證確認預計負債時,需要注意的是:

第一,如果發現質量保證費用的實際發生額與預計數相差較大,應及時對預計比例進行調整。

第二,如果企業針對特定批次產品確認預計負債,則在保修期結束時,應將「預計負債——產品質量保證」餘額衝銷,同時衝銷銷售費用。

第三,對已確認預計負債的產品,如企業不再生產該產品,那麼企業應在相應的產品質量保證期滿後,將「預計負債——產品質量保證」餘額衝銷,同時衝銷銷售費用。

四、虧損合同

虧損合同是指履行合同義務不可避免會發生的成本超過預期經濟利益的合同。虧損合同產生的義務滿足預計負債確認條件的,應當確認為預計負債。預計負債的計量應當反應退出該合同的最低淨成本,即履行該合同的成本與未能履行該合同而發生的補償或處罰兩者之中的較低者。企業與其他企業簽訂的商品銷售合同、勞務合同、租賃合同等,均可能變為虧損合同。

企業對虧損合同進行會計處理,需要遵循以下兩點原則:

(1)如果與虧損合同相關的義務不需支付任何補償即可撤銷,企業通常就不存在現時義務,不應確認預計負債;如果與虧損合同相關的義務不可撤銷,企業就存在了現時義務,同時滿足該義務很可能導致經濟利益流出企業且金額能夠可靠地計量的,應當確認預計負債。

(2)虧損合同存在標的資產的,應當對標的資產進行減值測試並按規定確認減值損失,在這種情況下,企業通常不需確認預計負債,如果預計虧損超過該減值損失,應將超過部分確認為預計負債;合同不存在標的資產的,虧損合同相關義務滿足預計負債確認條件時,應當確認預計負債。

【實務 14-8】湖南沙沙門業有限公司 2018 年 12 月 10 日與丙公司簽訂不可撤銷合同,約定在 2019 年 12 月 1 日以每件 200 元的價格向丙公司提供 A 產品 1,000 件,若不能按期交貨,將對湖南沙沙門業有限公司處以總價款 20%的違約金。簽訂合同時 A 產品尚未開始生產,湖南沙沙門業有限公司準備採購原材料生產 A 產品時,原材料價格突然上漲,預計生產 A 產品的單位成本將超過合同單價。不考慮相關稅費。

(1)若生產 A 產品的單位成本為 210 元。

履行合同發生的損失=1,000×(210 -200)= 10,000(元)

不履行合同支付的違約金=1,000×200×20%= 40,000(元)

本例中,湖南沙沙門業有限公司與丙公司簽訂了不可撤銷合同,但是執行合同不可避免發生的費用超過了預期獲得的經濟利益,屬於虧損合同。由於該合同變為虧損合同時不存在標的資產,湖南沙沙門業有限公司應當按照履行合同造成的損失與違約金兩者中的較

低者確認一項預計負債，即應確認預計負債 10,000 元。

  借：營業外支出——虧損合同損失——A 產品   10,000
    貸：預計負債——虧損合同損失——A 產品   10,000

待產品完工後，將已確認的預計負債衝減產品成本。

  借：預計負債——虧損合同損失——A 產品   10,000
    貸：庫存商品——A 產品   10,000

（2）若生產 A 產品的單位成本為 270 元。

履行合同發生的損失 = 1,000 × (270 - 200) = 70,000（元）
不履行合同支付的違約金 = 1,000 × 200 × 20% = 40,000（元）
則應確認預計負債 40,000 元。

  借：營業外支出——虧損合同損失——A 產品   40,000
    貸：預計負債——虧損合同損失——A 產品   40,000

支付違約金時

  借：預計負債——虧損合同損失——A 產品   40,000
    貸：銀行存款   40,000

【**實務 14-9**】湖南沙沙門業有限公司與乙公司於 2019 年 11 月簽訂不可撤銷合同，湖南沙沙門業有限公司向乙公司銷售產品 50 件 B 產品，合同價格每件 1,000,000 元（不含稅）。該批產品在 2019 年 12 月 25 日交貨。截至 2019 年年末，湖南沙沙門業有限公司已生產 40 件 B 產品，由於原材料價格上漲，單位成本達到 1,020,000 元，每銷售一臺 A 產品虧損 20,000 元，因此這項合同已成為虧損合同。預計其餘未生產的 10 件 B 產品的單位成本與已生產的 B 產品的單位成本相同。則湖南沙沙門業有限公司應對有標的物 40 件 B 產品計提存貨跌價準備，對不是標的物的 10 件 B 產品確認預計負債。不考慮相關稅費。

有關帳務處理如下：

（1）有標的部分，合同為虧損合同，確認減值損失。

  借：資產減值損失——存貨跌價損失——B 產品   800,000
    貸：存貨跌價準備——B 產品（40×20,000）   800,000

（2）無標的部分，合同為虧損合同，確認預計負債。

  借：營業外支出——虧損合同損失——B 產品   200,000
    貸：預計負債——虧損合同損失——B 產品（10×20,000）   200,000

（3）在產品生產出來後，將預計負債衝減成本。

  借：預計負債——虧損合同損失——B 產品   200,000
    貸：庫存商品——B 產品   200,000

五、重組義務

  重組是指企業制定和控制的，將顯著改變企業組織形式、經營範圍或經營方式的計劃實施行為。屬於重組的事項主要包括：①出售或終止企業的部分業務；②對企業的組織結

構進行較大調整；③關閉企業的部分營業場所，或將營業活動由一個國家或地區遷移到其他國家或地區。

企業應當將重組與企業合併、債務重組區別開。因為重組通常是企業內部資源的調整和組合，謀求現有資產效能的最大化；企業合併是在不同企業之間的資本重組和規模擴張；而債務重組是債權人對債務人做出讓步，使債務人減輕債務負擔，債權人盡可能減少損失。

（一）重組義務的確認

企業因重組而承擔了重組義務，並且同時滿足預計負債確認條件時，才能確認預計負債。

首先，同時存在下列情況的，表明企業承擔了重組義務：①有詳細、正式的重組計劃，包括重組涉及的業務、主要地點、需要補償的職工人數、預計重組支出、計劃實施時間等；②該重組計劃已對外公告，重組計劃已經開始實施，或已向受其影響的各方通告了該計劃的主要內容，從而使各方形成了對該企業將實施重組的合理預期。

企業制訂了詳細、正式的重組計劃，並已經對外公告，使那些受其影響的其他單位或個人可以合理預期企業將實施重組，這構成了企業的一項推定義務。而管理層或董事會在資產負債表日前做出的重組決定，在資產負債表日並不形成一項推定義務，除非企業在資產負債表日前已經對外進行了公告，將重組計劃傳達給受其影響的各方，使他們形成了對企業將實施重組的合理預期。

其次，我們需要判斷重組義務是否同時滿足預計負債的三個確認條件，即判斷其承擔的重組義務是否是現時義務、履行重組義務是否很可能導致經濟利益流出企業、重組義務的金額是否能夠可靠計量。只有同時滿足這三個確認條件，才能將重組義務確認為預計負債。

【實務 14-10】2019 年 12 月 31 日，甲上市公司董事會決定關閉一個事業部。2019 年度財務報告報出前，甲上市公司董事會尚未將有關決定傳達到受影響的各方，也未採取任何措施實施該項決定，在 2019 年 12 月 31 日，甲上市公司不應對此項決定確認預計負債。

【實務 14-11】2019 年 12 月 16 日，乙上市公司董事會決定關閉 A 產品事業部，有關計劃已獲批准。至 2019 年 12 月 31 日，關閉該事業部的決定已經向社會公告，受影響的公司職工、客戶及供應商均收到了通知。如果該義務很可能導致經濟利益流出乙上市公司，且金額能夠可靠計量，在 2019 年 12 月 31 日，乙上市公司應對此項決定確認預計負債。

（二）重組義務的計量

企業應當按照與重組有關的直接支出確定預計負債金額，計入當期損益。其中，直接支出是企業重組必須承擔的直接支出，並且與主體繼續進行的活動無關的支出，不包括留用職工崗前培訓、市場推廣、新系統和營銷網絡投入等支出。因為這些支出與未來經營活動有關，在資產負債表日不是重組義務。

由於企業在計量預計負債時不應當考慮預期處置相關資產的利得，在計量與重組義務

相關的預計負債時，也不考慮處置相關資產（廠房、店面，有時是一個事業部整體）可能形成的利得或損失，即使資產的出售構成重組的一部分也是如此，這些利得或損失應當單獨確認。

企業可以參照表 14-1 判斷某項支出是否屬於與重組有關的直接支出。

表 14-1　與重組有關支出的判斷表

支出項目	包括	不包括	不包括的原因
自願遣散	√		
強制遣散（如果自願遣散目標未滿足）	√		
將不再使用的廠房的租賃撤銷費	√		
將職工和產品從擬關閉的工廠轉移到繼續使用的工廠		√	支出與繼續進行的活動相關
剩餘職工的再培訓		√	支出與繼續進行的活動相關
新經理的招聘成本		√	支出與繼續進行的活動相關
推廣公司新形象的營銷成本		√	支出與繼續進行的活動相關
對新營銷網絡的投資		√	支出與繼續進行的活動相關
重組的未來可辨認經營損失（最新預計值）		√	支出與繼續進行的活動相關
特定不動產、廠房和產品的減值損失		√	按企業會計準則進行計提

任務四　或有事項的列報

一、預計負債的列報

在資產負債表中，因或有事項而確認的負債（預計負債）應與其他負債項目區別開來，單獨反應。如果企業因多項或有事項確認了預計負債，在資產負債表上一般只需通過「預計負債」項目進行總括反應。在將或有事項確認為負債的同時，應確認一項支出或費用，這項費用或支出在利潤表中不應單列項目反應，而應與其他費用或支出項目（如「銷售費用」「管理費用」「營業外支出」等）合併反應。比如，企業因產品質量保證確認負債時所確認的費用，在利潤表中應作為「銷售費用」的組成部分予以反應；又如，企業因對其他單位提供債務擔保確認負債時所確認的費用，在利潤表中應作為「營業外支出」的組成部分予以反應。同時，為了使會計報表使用者獲得充分、詳細的有關或有事項的信息，企業應在會計報表附註中披露以下內容：

第一，預計負債的種類、形成原因以及經濟利益流出不確定性的說明；

第二，各類預計負債的期初、期末餘額和本期變動情況；

第三，與預計負債有關的預期補償金額和本期已確認的預期補償金額。

二、或有負債的披露

或有負債無論作為潛在義務還是現時義務，均不符合負債的確認條件，因而不予確認。但是，除非或有負債極小可能導致經濟利益流出企業，否則企業應當在附註中披露有關信息，具體包括：

第一，或有負債的種類及其形成原因，包括已貼現商業承兌匯票、未決訴訟、未決仲裁、對外提供擔保等形成的或有負債。

第二，經濟利益流出不確定性的說明。

第三，或有負債預計產生的財務影響，以及獲得補償的可能性；無法預計的，應當說明原因。

需要注意的是，在涉及未決訴訟、未決仲裁的情況下，如果披露全部或部分信息預期對企業會造成重大不利影響，企業無須披露這些信息，但應當披露該未決訴訟、未決仲裁的性質，以及沒有披露這些信息的事實和原因。

三、或有資產的披露

或有資產作為一種潛在資產，不符合資產確認的條件，因而不予確認。企業通常不應當披露或有資產，但或有資產很可能會給企業帶來經濟利益的，應當披露其形成的原因、預計產生的財務影響等。

【本項目工作小結】

或有事項是指過去的交易或者事項形成的，其結果須由某些未來事項的發生或不發生才能決定的不確定事項。常見的或有事項包括未決訴訟或未決仲裁、債務擔保、產品質量保證（含產品安全保證）、虧損合同、重組義務、承諾、環境污染整治等。通過本項目的學習，學生應熟悉或有事項的確認，掌握或有事項的帳務處理。

◆ 仿真操作

根據【實務14-1】至【實務14-11】編寫有關的記帳憑證。

◆ 崗位業務認知

利用節假日，去當地的一些企業（工商企業），瞭解企業是否有此類特殊的或有事項業務，如有企業會計人員是如何進行帳務處理的。

◆**工作思考**

1. 什麼是或有事項？或有事項主要包括哪幾種方式？
2. 或有事項如何進行披露？

項目十五　借款費用核算業務

在市場經濟條件下，企業發展所需要的資金除了一部分依靠所有者投入以外，另外有相當一部分要依靠借款方式來解決，從而產生借款費用，借款費用核算業務涉及借款費用的範圍、確認和計量。作為企業的財會人員，應該能夠確定借款費用的範圍、明確借款費用資本化和費用化的區分，並展開正確計量。

【項目工作目標】

⊙知識目標
熟悉借款費用的範圍；掌握借款費用資本化金額的確定及帳務。

⊙技能目標
學生通過本項目的學習，會辨別正確的借款費用；會分析處理借款費用及借款輔助費用資本化金額的確定，並能進行相應的帳務處理。

【任務導入】

隨著後金融危機時代的到來，世界經濟延續著緩慢復甦的勢頭，各行業現金流高度緊張，資產負債率較高，借款費用增大，為保證公司的可持續發展，公司需加強借款費用核算。準確計量資本化利息，能夠避免高估資產負債表的資產，虛增利潤表的利潤的現象，從而提高會計信息的可靠性。《企業會計準則第17號——借款費用》的頒布和實施對規範企業的會計行為、準確計量固定資產的成本、強化企業會計核算、加強財務管理、真實地反應企業的財務狀況和經營成果及提高企業會計信息的質量具有很強的現實指導意義。

【進入任務】

任務一　借款費用的範圍
任務二　借款費用的確認
任務三　借款費用的計量

任務一　借款費用的範圍

借款費用是企業因借入資金所付出的代價，包括借款利息、折價或者溢價的攤銷、輔助費用以及因外幣借款而發生的匯兌差額等。承租人確認的融資租賃發生的融資費用屬於借款費用。

因借款而發生的利息包括企業向銀行或者其他金融機構等借入資金發生的利息、發行公司債券或企業債券發生的利息，以及為購建或者生產符合資本化條件的資產而發生的帶息債務所承擔的利息等。

因借款而發生的折價或者溢價主要是指發行債券等發生的折價或者溢價、發行債券中的折價或者溢價，其實質是對債券票面利息的調整（即將債券票面利率調整為實際利率），屬於借款費用的範疇。例如，湖南沙沙門業有限公司發行公司債券，每張公司債券票面價值為 100 元，票面年利率為 6%，期限為 4 年，而同期市場利率為年利率 8%，由於公司債券的票面利率低於市場利率，為成功發行公司債券，湖南沙沙門業有限公司採取了折價發行的方式，折價金額在實質上是用於補償投資者在購入債券後所受到的名義利息上的損失，應當作為以後各期利息費用的調整額。

因借款而發生的輔助費用，是指企業在借款過程中發生的諸如手續費、佣金等費用，由於這些費用是因安排借款而發生的，也屬於借入資金所付出的代價，因此這些費用是借款費用的構成部分。

因外幣借款而發生的匯兌差額，是指由於匯率變動導致市場匯率與帳面匯率出現的差異，從而對外幣借款本金以及其利息的記帳本位幣金額所產生的影響金額。

企業發生的權益性融資費用，不應包括在借款費用中。

【實務 15-1】 湖南沙沙門業有限公司 2019 年 9 月發生了借款手續費 100,000 元，發行公司債券佣金 10,000,000 元，發行公司債券佣金 20,000,000 元，借款利息 2,000,000 元。其中借款手續費 1,00,000 元、發行公司債券佣金 10,000,000 元和借款利息 2,000,000 元均屬於借款費用。發行公司股票屬於公司權益性融資，所發生的佣金應當衝減溢價，不屬於借款費用範疇，不應按照《企業會計準則等 17 號——借款費用》進行財務處理。

任務二　借款費用的確認

一、確認的原則

借款費用的確認主要解決的是將每期發生的借款費用資本化、計入相關資產的成本，

還是將有關借款費用費用化、計入當期損益的問題。借款費用確認的基本原則是：企業發生的借款費用可直接歸屬於符合資本化條件的資產購建或者生產的，應當予以資本化，計入相關資產成本。其他借款費用應當在發生時根據其發生額確認為費用，計入當期損益。

符合資本化條件的資產，是指需要經過相當長時間的購建或者生產活動才能達到預定可使用或者可銷售狀態的固定資產、投資性房地產和存貨等資產。建造合同成本、無形資產的開發支出等在符合條件的情況下，也可以認定為符合資本化條件的資產。其中「相當長時間」應當是指資產的購建或者生產所必備的時間，通常為1年以上（含一年）。

在實務中，如果由於人為或者故意等非正常因素導致資產的購建或者生產時間相當長的，該資產不屬於符合資本化條件的資產。購入即可使用的資產，或者購入後需要安裝但所需安裝時間較短的資產，或者需要建造或生產但建造或生產時間較短的資產，均不屬於符合資本化條件的資產。

【實務15-2】湖南沙沙門業有限公司2019年9月向銀行借入資金分別用於生產A產品和B產品。其中，A產品的生產時間較短，為1個月；B產品屬於大型發電設備，生產週期較長，為1年零3個月。

為存貨生產而借入的借款費用在符合資本化條件的情況下應當予以資本化。本例中，由於A產品的生產時間較短，不屬於需要經過相當長時間的生產才能達到預定可銷售狀態的資產。因此，為A產品的生產而借入資金所發生的借款費用不應計入A產品的生產成本，而應當計入當期財務費用。而B產品的生產時間比較長，屬於需要經過相當長時間的生產才能達到預定可銷售狀態的資產，因此，為B產品的生產而借入資金所發生的借款費用符合資本化的條件，應計入B產品的成本中。

二、借款費用應予資本化的借款範圍

借款包括專門借款和一般借款。專門借款是指為購建或者生產符合資本化條件的資產而專門借入的款項。專門借款通常應當有明確的用途，即為購建或者生產某項符合資本化條件的資產而專門借入，並通常應當具有標明該用途的借款合同。例如：湖南沙沙門業有限公司為建造一條生產線向某銀行專門貸款50,000,000元。某房地產開發企業為了開發某住宅小區向某銀行專門貸款2億元等。以上兩者均屬於專門借款，其使用目的明確，而且其使用受到相關合同的限制。一般借款是指專門借款之外的借款，相對於專門借款而言，一般借款在借入時，其用途通常沒有特指用於符合資本化條件的資產的購建或者生產。

借款費用應予資本化的借款範圍，既包括專門借款，也包括一般借款。其中，對於一般借款，只有在購建或者生產某項符合資本化條件的資產佔用了一般借款時，才應將與該部分一般借款相關的借款費用資本化，否則，所發生的借款費用應當計入當期損益。

三、借款費用資本化期間的確定

只有發生在資本化期間內的有關借款費用才允許資本化，資本化期間的確定是借款費

用確認和計量的重要前提。借款費用資本化期間是指從借款費用開始資本化時點到停止資本化時點的期間，但不包括借款費用暫停資本化的期間。

1. 借款費用開始資本化的時點

借款費用允許開始資本化必須同時滿足三個條件，即資產支出已經發生、借款費用已經發生，以及為使資產達到預定可使用或者可銷售狀態所必要的購建或者生產活動已經開始。

(1) 資產支出已經發生的判斷。資產支出包括以支付現金、轉移非現金資產和承擔帶息債務形式所發生的支出。

①支付現金。支付現金是指用貨幣資金支付符合資本化條件的資產的購建或者生產支出。

②轉移非現金資產。轉移非現金資產是指企業將自己的非現金資產直接用於符合資本化條件的資產的購建或者生產。

【實務 15-3】湖南沙沙門業有限公司將自己生產的產品，包括水泥、鋼材等，用於符合資本化條件的資本的建造或者生產，該企業同時還用自己生產的產品換取其他企業的工程物資，用於符合資本化條件的資本的建造或者生產，這些產品的成本均屬於資產的支出。

③承擔帶息債務。承擔帶息債務是指企業為了購建或者生產符合資本化條件的資產而承擔的帶息應付款項。企業以賒購方式購買這些物資所產生的債務可能帶息，也可能不帶息。如果企業賒購這些物資承擔的是不帶息的債務，就不應當將購買價款計入資產支出，因為該債務在償付前不需要承擔利息，也沒有占用借款資金。企業只有等到實際償付債務，發生了資源流出時，才能將其作為資產支出。如果企業賒購物資承擔的是帶息債務，企業要為這筆債務付出代價，支付利息，與企業向銀行借入款項用以支付資產支出的性質上是一致的。企業為購建或者生產符合資本化條件的資產而承擔的帶息債務應當作為資產支出，當該帶息債務發生時，視同資產支出已經發生。

(2) 借款費用已經發生的判斷。借款費用已經發生，是指企業已經發生了因購建或者生產符合資本化條件的資產而專門借入款項的借款費用，或者占用了一般借款的借款費用。

(3) 為使資產達到預定可使用或者可銷售狀態所必要的購建或者生產活動已經開始，是指符合資本化條件的資產的實體建造或者生產工作已經開始，如主體設備的安裝、廠房的實際開工建造等。它不包括僅僅持有資產但沒有發生為改變資產形態而進行的實質上的建造或者生產活動。

企業只有在上述三個條件同時滿足的情況下，有關借款費用才可以開始資本化，只要其中有一個條件沒有滿足，借款費用就不能資本化，而應計入當期損益。

【實務 15-4】湖南沙沙門業有限公司專門借入款項建造某符合資本化條件的固定資產，相關借款費用已經發生，同時固定資產的實體建造工作也已開始，但為固定資產建造所需物資等都是賒購或者客戶墊付的（且所形成的負債均為不帶息負債），發生的相關薪

酬等費用也尚未形成現金流出。

在這種情況下，固定資產建造本身並沒有占用借款資金，沒有發生資產支出，該事項只滿足借款費用開始資本化的第二個條件和第三個條件，但沒有滿足第一個條件，所以，發生的借款費用不應予以資本化。

【實務 15-5】湖南沙沙門業有限公司為建造一項符合資本化條件的固定資產，使用自有資金購置了工程物資，該固定資產已經開始動工興建，但專門借款資金尚未到位，也沒有占用一般借款資金。

在這種情況下，企業儘管滿足了借款費用開始資本化的第一個條件和第三個條件，但是不符合借款費用開始資本化的第二個條件，因此，不允許開始借款費用的資本化。

【實務 15-6】湖南沙沙門業有限公司為了建造某一項符合資本化條件的廠房，已經使用銀行存款購置了水泥、鋼材等，發生了資產支出，相關借款也已經計息，但是廠房因各種原因遲遲未能開工興建。

在這種情況下，企業儘管符合了借款費用開始資本化的第一個條件和第二個條件，但不符合借款費用的第三個條件，因此，所發生的借款費用不允許資本化。

2. 借款費用暫停資本化的時間

符合資本化條件的資產在購建或者生產過程中發生非正常中斷且中斷時間連續超過3個月，應當暫停借款費用的資本化。中斷的原因必須是非正常中斷，屬於正常中斷的，相關借款費用仍可資本化。在實務中，企業應當遵循「實質重於形式」等原則來判斷借款費用暫停資本化的時間。

非正常中斷，通常是由於企業管理決策上的原因或者其他不可預見的原因等所導致的中斷。例如，企業因與施工方發生了質量糾紛，或者工程、生產用料沒有及時供應，或者資金週轉發生了困難，或者施工、生產發生了安全事故，或者發生了與資產購建、生產有關的勞動糾紛等原因，導致資產購建或者生產活動發生中斷，均屬於非正常中斷。

【實務 15-7】湖南沙沙門業有限公司於 2019 年 1 月 1 日利用專門借款開工興建一幢廠房，支出已經發生，因此借款費用從當日起開始資本化，工程預計於 2019 年 3 月完工。2019 年 5 月 15 日，由於工程施工發生了安全事故，導致工程中斷，直到 9 月 10 日才復工。

該中斷屬於非正常中斷。因此，上述專門借款在 5 月 15 日至 9 月 10 日間所發生的借款費用不應資本化，而應作為財務費用計入當期損益。

非正常中斷與正常中斷顯著不同。正常中斷通常僅限於購建或者生產符合資本化條件的資產達到預期可使用或者可銷售狀態所必要的程序，或者事先可預見的不可抗力因素導致的中斷，例如，某些工程建造到一定階段必須暫停下來進行質量或者安全檢查，檢查通過後才可能繼續下一階段的建造工作，這類中斷是在施工前可以預見的，而且是工程建造必須經過額程序，屬於正常中斷，某些地區的工程在建造的過程中，由於可預見的不可抗力因素（如雨季或冰凍季節）導致施工出現停頓，也屬於正常中斷。

【實務 15-8】湖南沙沙門業有限公司在北方某地建造某工程期間，遇上冰凍季節（通

常為 6 個月），工程施工因此中斷，待冰凍季節過後方能繼續施工。

由於該地區在施工期間出現較長時間的冰凍屬於正常情況，由此導致的施工中斷是可預見的不可抗力因素導致的中斷，屬於正常中斷，在正常中斷期間所發生的借款費用可以繼續資本化，計入相關資本的成本。

3. 借款費用停止資本化的時點

購建或者生產符合資本化條件的資產達到預定可使用或者可銷售狀態時，借款費用應當停止資本化，在符合資本化條件的資產達到預定可使用或者可銷售狀態之後所發生的借款費用，應當在發生時根據其發生額確認為費用，計入當期損益。

資本達到預定可使用或者可銷售狀態，是指所購建或者生產的符合資本化條件的資產已經達到建造方、購買方或者企業自身等預先設計、計劃或者合同約定的可以使用或者可以銷售的狀態。企業在確定借款費用停止資本化的時點時需要運用職業判斷，應當遵循實質重於形式原則，針對具體情況，依據經濟實質判斷所購建或者生產的符合資本化條件的資產達到預定可使用或可銷售狀態的時點，具體可從以下幾個方面進行判斷。

（1）符合資本化條件的資產的實體建造（包括安裝）或者生產活動已經全部完成或者實質上已經完成。

（2）所購建或者生產的符合資本化條件的資產與設計要求、合同規定或者生產要求符合或者基本符合，即使有極個別與設計、合同或者生產要求不相符的地方，也不影響其正常使用或者銷售。

（3）繼續發生在所購建或者生產的符合資本化條件的資產上的支出金額很少或者幾乎不再發生。

購建或者生產的符合資本化條件的資產需要試生產或者試運行的，在試生產結果表明資產能夠正常生產出合格產品，或者試運行結果表明資產能夠正常運轉或者營業時，應當認為該資產已經達到預定可使用或者可銷售的狀態。

【實務 15-9】湖南沙沙門業有限公司借入一筆款項，於 2018 年 2 月 1 日採用出包方式開工興建一幢廠房，2018 年 10 月 10 日工程全部完工，達到合同要求。10 月 30 日工程驗收合格，11 月 15 日辦理工程竣工結算，11 月 20 日完成全部資產移交手續，12 月 1 日廠房正式投入使用。

在本例中，企業應當將 2018 年 10 月 10 日確定為工程達到預定可使用狀態的時點，作為借款費用停止資本化的時點，後續的工程驗收日、竣工結算日、資產移交日和投入使用日均不應作為借款費用停止資本化的時點，否則會導致資產價值和利潤的高估。

在符合資本化條件的資產的實際購建或者生產過程中，如果所購建或者生產的符合資本化條件的資產分別建造、分別完工，企業也應當遵循實質重於形式原則，區別不同情況，界定借款費用停止資本化的時點。

如果所購建或者生產的符合資本化條件的資產的各部分分別完工，且每部分在其他部分繼續建造或者生產過程中可供使用或者可對外銷售，且為使該部分資產達到預定可使用或可銷售狀態所必要的購建或者生產活動實質上已經完成的，應當停止與該部分資產相關

的借款費用的資本化,因為該部分資產已經達到了預定可使用或者可銷售狀態。

如果企業購建或者生產的資產的各部分分別完工,但必須等到整體完工後才可使用或者對待銷售的,應當在該資產整體完工時停止借款費用的資本化。在這種情況下,即使各部分資產已經完工,也不能夠認為該部分資產已經達到了預定可使用或者可銷售狀態。企業只能在所購建固定資產整體完工時,才能認為資產已經達到了預定可使用或者可銷售狀態,借款費用方可停止資本化。

【實務15-10】湖南沙沙門業有限公司在建設某一涉及數項工程的鋼鐵冶煉項目時,每個單項工程都是根據各道冶煉工序設計建造的。因此,只有在每項工程都建造完畢後,整個冶煉項目才能正式運轉,達到生產和設計要求,所以每一個單項工程完工後不應認為資產就達到了預定可使用的狀態,企業只有等到整個冶煉項目全都完工,達到預定可使用狀態時,才能停止借款費用的資本化。

任務三　借款費用的計量

一、借款利息資本化金額的確定

在借款費用資本化期間內,每一會計期間的利息(包括折價或溢價的攤銷,下同)的資本化金額,應當按照下列原則確定:

(1) 為購建或者生產符合資本化條件的資產而借入專門借款的,企業應當以專門借款當期實際發生的利息費用減去將尚未動用的借款資金存入銀行取得的利息收入或進行暫時性投資取得的投資收益後的金額,確定專門借款應予資本化的利息金額。

(2) 為購建或者生產符合資本化條件的資產而占用了一般借款的,企業應當根據累計資產支出超過專門借款部分的資產支出加權平均數乘以所占用一般借款的資本化率,計算確定一般借款應予資本化的利息金額。資本化應當根據一般借款加權平均利率計算確定,即企業占用一般借款購建或者生產符合資本化條件的資產時,一般借款的借款費用的資本化金額的確定應當與資產支出相掛勾。有關計算公式如下:

一般借款利息費用資本化金額＝累計資產支出超過專門借款部分的資產支出加權平均數×所占用一般借款的資本化率

所占用的一般借款的資本化率＝所占用一般借款加權平均利率＝所占用一般借款當期實際發生的利息之和÷所占用的一般借款本金加權平均數

(3) 每一會計期間的利息資本化金額不應當超過當期相關借款實際發生的利息金額。

【實務15-11】如表15-1所示,湖南沙沙門業有限公司於2018年1月1日、2018年7月1日和2019年1月1日支付工程進度款。

湖南沙沙門業有限公司為建造廠房於2018年1月1日專門借款30,000,000元,借款期限為3年,年利率為5%。另外,在2018年7月1日又專門借款60,000,000元,借款期

限為 5 年，年利率為 6%，借款利息按年支付（如無特別說明，本章例題中名義利率與實際利率相同）。湖南沙沙門業有限公司將限制借款資金用於固定收益債券短期投資，該短期投資月收益率為 0.5%。

廠房於 2019 年 6 月 30 日完工，達到預定可使用狀態。

表 15-1　湖南沙沙門業有限公司建造該廠房的支出金額　　　　　　單位：元

日期	每期資產支出金額	累計資產支出金額	閒置借款資金用於短期投資金額
2018.1.1	15,000,000	15,000,000	15,000,000
2018.7.1	35,000,000	50,000,000	40,000,000
2019.1.1	35,000,000	85,000,000	5,000,000
總　計	85,000,000	-	60,000,000

由於湖南沙沙門業有限公司使用了專門借款建造廠房，而且廠房建造支出沒有超過專門借款金額。因此，公司於 2018 年、2019 年建造廠房應予資本化的利息金額計算如下：

（1）確定借款費用資本化期間為 2018 年 1 月 1 日至 2019 年 6 月 30 日。

（2）計算在資本化期間內專門借款實際發生的利息金額：

2018 年專門借款發生的利息金額 = 30,000,000 ×5%+60,000,000×6%×6/12
　　　　　　　　　　　　　　 = 3,300,000（元）

2019 年 1 月 1 日至 6 月 30 日專門借款發生的利息金額 = 3,000,000×5%×6/12+60,000,000×6%×6/12 = 2,550,000（元）

（3）計算在資本化期間利用閒置專門借款資金進行短期投資的收益：

2018 年短期投資收益 = 15,000,000×0.5%×6+40,000,000×0.5%×6 = 1,650,000（元）

2019 年 1 月 1 日至 6 月 30 日短期投資收益 = 5,000,000×0.5%×6 = 150,000（元）

（4）由於在資本化期間，專門借款利息費用的資本化金額應當以其實際發生的利息費用減去將限制的借款資金進行短期投資取得的投資效益後的金額確定，因此：

公司 2018 年的利息資本化金額 = 3,300,000-1,650,000 = 1,650,000（元）

公司 2019 年的利息資本化金額 = 2,550,000-150,000 = 2,400,000（元）

（5）有關帳務處理如下：

①2018 年 12 月 31 日

借：在建工程——××廠房　　　　　　　　　　　　　　　1,650,000
　　應收利息（或銀行存款）　　　　　　　　　　　　　　1,650,000
　　貸：應付利息——××銀行　　　　　　　　　　　　　　3,300,000

②2019 年 6 月 30 日

借：在建工程——××廠房　　　　　　　　　　　　　　　2,400,000
　　應收利息（或銀行存款）　　　　　　　　　　　　　　150,000
　　貸：應付利息——××銀行　　　　　　　　　　　　　　2,550,000

【實務15-12】沿用【實務15-11】假定湖南沙沙門業有限公司建造廠房沒有專門借款，佔用的都是一般借款。

湖南沙沙門業有限公司為建造廠房佔用的一般借款有兩筆，具體如下：

（1）向 A 銀行長期貸款 20,000,000 元。期限為 2017 年 12 月 1 日至 2020 年 12 月 1 日，年利率為 6%，按年支付利息。

（2）發行公司債券 1 億元，於 2017 月 1 月 1 日發行，期限為 5 年。年利率為 8%，按年支付利息。

假定這兩筆一般借款除了用於廠房建設外，沒有用於其他符合資本化條件的資產的購建或者生產活動假定全年按 360 天計算，一般借款利息資本化率為 7.67%。

鑒於湖南沙沙門業有限公司建設廠房沒有佔用專門借款，而是佔用了一般借款，因此，公司應當首先計算所佔用一般借款的加權平均利率作為資本化率，然後計算建設廠房的累積資產支出加權平均數，將其與資本化率相乘，計算求得當期應予資本化的借款利息金額，具體如下：

(1) 計算所佔用一般借款資本化率：

一般借款資本化率（年）=（20,000,000×6%+100,000,000×8%）÷（20,000,000+100,000,000）×100%＝7.67%

(2) 計算累積資產支出加權平均數：

2018 年累積資產支出加權平均數＝15,000,000×360÷360+35,000,000×180÷360
$$= 32,500,000（元）$$

2019 年累積資產支出加權平均數＝85,000,000×180÷360＝42,500,000（元）

(3) 計算每期利息資本化金額：

2018 年為建設廠房的利息資本化金額＝32,500,000×7.67%＝2,492,750（元）

2018 年實際發生的一般借款利息費用＝20,000,000×6%+100,000,000×8%
$$= 9,200,000（元）$$

2019 年為建設廠房的利息資本化金額＝42,500,000×7.67%＝3,259,750（元）

2019 年 1 月 1 日至 6 月 30 日實際發生的一般借款利息費用＝20,000,000×6%×180÷360+100,000,000×8%×180÷360＝4,600,000（元）

上述計算的利息資本化金額沒有超過兩筆一般借款實際發生的利息費用，可以資本化。

(4) 根據上述計算結果，帳務處理如下：

①2018 年 12 月 31 日

借：在建工程——廠房　　　　　　　　　　　　　　　2,492,750
　　財務費用　　　　　　　　　　　　　　　　　　　6,707,250
　　貸：應付利息——××銀行　　　　　　　　　　　9,200,000

②2019 年 6 月 30 日

借：在建工程——廠房　　　　　　　　　　　　　　　3,259,750

財務費用　　　　　　　　　　　　　　　　　　　　　1,340,250
　貸：應付利息——××銀行　　　　　　　　　　　　　　4,600,000

【實務 15-13】沿用【實務 15-11】、【實務 15-12】，假定湖南沙沙門業有限公司為建設廠房於 2018 年 1 月 1 日專門借款 30,000,000 元。借款期限為 3 年，年利率為 5%，除此之外，沒有其他專門借款。在廠房建造過程中所占用的一般借款仍為兩筆，一般借款利息資本化率為 7.67%。

在這種情況下，公司應當首先計算專門借款利息的資本化金額，然後計算所占用一般借款利息的資本化金額，具體如下：

（1）計算專門借款利息資本化金額：
2018 年專門借款利息資本化金額＝30,000,000×5%－15,000,000×0.5%×6
　　　　　　　　　　　　　　　＝1,050,000（元）
2019 年專門借款利息資本化金額＝30,000,000×5%×180÷360＝750,000（元）

（2）計算一般借款資本化金額：
在建造廠房的過程中，自 2018 年 7 月 1 日起已經有 20,000,000 元占用了一般借款。另外，2019 年 1 月 1 日支出的 35,000,000 元也占用了一般借款，計算這兩筆資產支出的加權平均數如下：
2018 年占用了一般借款的資產支出加權平均數＝20,000,000×180÷360
　　　　　　　　　　　　　　　　　　　　＝10,000,000（元）
一般借款利息資本化率為 7.67%，所以：
2018 年應予資本化的一般借款利息金額＝10,000,000×7.67%＝767,000（元）
2019 年占用的一般借款的資產支出加權平均數＝（20,000,000＋35,000,000）×180÷360
　　　　　　　　　　　　　　　　　　　　＝27,500,000（元）
則 2019 年應予資本化的一般借款利息金額＝27,500,000×7.67%＝2,109,250（元）

（3）根據上述計算結果，該公司建造廠房應予資本化的利息金額如下：
2018 年利息資本化金額＝1,050,000＋767,000＝1,817,000（元）
2019 年利息資本化金額＝750,000＋2,109,250＝2,859,250（元）

（4）有關帳戶處理如下：
①2018 年 12 月 31 日
借：在建工程——××廠房　　　　　　　　　　　　　1,817,000
　　財務費用　　　　　　　　　　　　　　　　　　　8,433,000
　　應收利息（或銀行存款）　　　　　　　　　　　　　450,000
　貸：應付利息——××銀行　　　　　　　　　　　　10,700,000

註：2018 年實際發生的借款利息＝30,000,000×5%＋20,000,000×6%＋100,000,000×8%＝10,700,000（元）

②2019 年 6 月 30 日

借：在建工程——××廠房　　　　　　　　　　　　　　2,859,250
　　財務費用　　　　　　　　　　　　　　　　　　　　2,490,750
　　貸：應付利息——××銀行　　　　　　　　　　　　　　5,350,000

註：2019年1月1日至6月30日實際發生的借款利息＝10,700,000÷2＝5,350,000（元）

【實務15-14】湖南沙沙門業有限公司擬在廠區內建造一幢新廠房，有關資料如下：

（1）2018年1月1日向銀行專門借款60,000,000元，期限為3年，年利率為6%，每年1月1日付息。

（2）除專門付款外，公司只有一筆其他借款，為公司於2017年12月1日借入的長期借款72,000,000元，期限為5年，年利率為8%，每年12月1日付息，假設湖南沙沙門業有限公司在2018年和2019年均未支付當年利息。

（3）由於審批、辦手續等原因，廠房於2018年4月1日才開始動工興建，當日支付工程款24,000,000元。工程建設期間的支出情況如表15-2所示：

表15-2　工程建設期間的支出情況　　　　　　　　　　單位：元

日期	每期資產支出金額	累計資產支出金額	閒置借款資金用於短期投資金額
2018.4.1	24,000,000	24,000,000	36,000,000
2018.6.1	12,000,000	36,000,000	24,000,000
2018.7.1	36,000,000	72,000,000	占用一般借款
2019.1.1	12,000,000	84,000,000	
2019.4.1	6,000,000	90,000,000	
2019.7.1	6,000,000	96,000,000	
總計	96,000,000	—	—

工程於2019年9月30日完工，達到預定可使用狀態。其中，由於施工質量問題，工程於2018年9月1日至12月31日停工四個月。

（4）專門借款中未支出部分全部存入銀行，假定月利率為0.25%。假定全年按照360天計算，每月按照30天計算。

根據上述資料，有關利息資本化金額的計算和帳務處理如下：

（1）計算2018年、2019年全年發生的專門借款和一般借款利息費用：

2018年專門借款發生的利息金額＝60,000,000×6%＝3,600,000（元）

2018年一般借款發生的利息金額＝72,000,000×8%＝5,760,000（元）

2019年專門借款發生的利息金額＝60,000,000×6%＝3,600,000（元）

2019年一般借款發生的利息金額＝72,000,000×8%＝5,760,000（元）

（2）在本例中，儘管專門借款於2018年1月1日借入，但是廠房建設於4月1日方才開工。因此，借款利息費用只有4月1日起才符合開始資本化的條件，計入在建工程成本。同時，由於廠房建設在2018年9月1日至12月31日期間發生非正常中斷4個月，

該期間發生的利息費用應當暫停資本化，計入當期損益。

（3）計算 2018 年借款利息資本化金額和應計入當期損益金額及其帳務處理：

①計算 2018 年專門借款應予資本化的利息金額。

2018 年 1~3 月和 9~12 月專門借款發生的利息費用＝60,000,000×6%×210÷360
＝2,100,000（元）

2018 年專門借款轉存入銀行取得的利息收入＝60,000,000×0.25%×3＋36,000,000×0.25%×2＋24,000,000×0.25%×1＝690,000（元）

其中，專門借款在資本化期間內取得的利息收入＝36,000,000×0.25%×2＋24,000,000×0.25%×1＝240,000（元）

公司在 2018 年應予資本化的專門借款利息金額＝3,600,000－2,100,000－240,000
＝1,260,000（元）

公司在 2018 年應當計入當期損益（財務費用）的專門借款利息金額（減利息收入）＝3,600,000－1,260,000－（690,000－240,000）＝1,890,000（元）

②計算 2018 年一般借款應予資本化的利息金額。

公司在 2018 年占用了一般借款資金的資金支出加權平均數＝（24,000,000＋12,000,000＋36,000,000－60,000,000）×60÷360＝2,000,000（元）

公司在 2018 年一般借款應予資本化的利息金額＝2,000,000×8%＝160,000（元）

公司在 2018 年應當計入當期損益的一般借款利息金額＝5,760,000－160,000
＝5,600,000（元）

③計算 2018 年應予資本化和應當計入當期損益的借款利息金額。

公司在 2018 年應予資本化的借款利息金額＝1,260,000＋160,000＝1,420,000（元）

公司在 2018 年應當計入當期損益的借款利息金額＝1,890,000＋5,600,000
＝7,490,000（元）

④2018 年有關會計分錄。

借：在建工程——××廠房　　　　　　　　　　　1,420,000
　　財務費用　　　　　　　　　　　　　　　　　7,490,000
　　應收利息或銀行存款　　　　　　　　　　　　　690,000
　貸：應付利息——××銀行　　　　　　　　　　　9,360,000

（4）計算 2019 年借款利息資本化金額和應計入當期損益金額以及帳務處理：

①計算 2019 年專門借款應予資本化的利息金額。

公司在 2019 年應予資本化的專門借款利息金額＝60,000,000×6%×270÷360
＝2,700,000（元）

公司在 2019 年應當計入當期損益的專門借款利息金額＝3,600,000－2,700,000
＝900,000（元）

②計算 2019 年一般借款應予資本化的利息金額。

公司在 2019 年占用了一般借款資金的資產支出加權平均數＝24,000,000×270÷360＋6,000,000×180÷360＋6,000,000×90÷360＝22,500,000（元）

公司在 2019 年一般借款應予資本化的利息金額＝22,500,000×8%＝1,800,000（元）
公司在 2019 年應當計入當期損益的一般借款利息金額＝5,760,000－1,800,000
$$=3,960,000（元）$$
③計算 2019 年應予資本化和應當計入當期損益的借款利息金額。
公司在 2019 年應予資本化的借款利息金額＝2,700,000＋1,800,000＝4,500,000（元）
公司在 2019 年應當計入當期損益的借款利息金額＝900,000＋3,960,000
$$=4,860,000（元）$$
④2019 年有關會計分錄。
借：在建工程——××廠房　　　　　　　　　　　　　　　4,500,000
　　財務費用　　　　　　　　　　　　　　　　　　　　　4,860,000
　貸：應付利息——××銀行　　　　　　　　　　　　　　　　9,360,000

二、借款輔助費用資本化金額的確定

輔助費用時，企業為了安排借款而發生的必要費用，包括借款手續費（如發行債券手續費）、佣金等，如果企業不發生這些費用，就無法取得借款。因此，輔助費用是企業借入款項所付出的一種代價，是借款費用的有機組成部分。

對於企業發生的專門借款輔助費用，在所購建或者生產的符合資本化條件的資產達到預定可使用或者可銷售狀態之前發生的，應當在發生時根據其發生額予以資本化。在所購建或者生產的符合資本化條件的資產達到預定可使用或者可銷售狀態之前發生的，應當在發生時根據其發生額確認為費用，計入當期損益，上述資本化或計入當期損益的輔助費用的發生額，是《企業會計準則第 22 號——金融工具確認和計量》，按照實際利率法所確定的金融負債交易費用對每期利息費用的調整額。借款實際利率與合同利率差異較小的，也可以採用合同利率計算確定利息費用。一般借款發生的輔助費用，也應當按照上述原則確定其發生額。考慮到借款輔助費用與金融負債交易費用是一致的，其會計處理相同。

根據《企業會計準則第 22 號——金融工具確認和計量》的規定，除以公允價值計量且其變動計入當期損益的金融負債之外，其他金融負債相關的交易費用應當計入金額負債的初始確認金額。為購建或者生產符合資本化條件的資產的專門借款或者一般借款，通常屬於除以公允價值計量且其變動計入當期損益的金融負債之外的其他金融負債。對於這些金融負債所發生的輔助費用需要計入借款的初始確認金額，即抵減相關借款的初始確認金額，從而影響以後各期實際利息的計算。換句話說，由於輔助費用的發生將導致相關借款實際利率的上升，從而需要對各期利息費用做相應的調整，在確定借款輔助費用資本化金額時可以結合借款利息資本化金額一併計算。

三、外幣專門借款匯兌差額資本化金額的確定

在資本化期間內，外幣專門借款本金及其利息的匯兌差額應當予以資本化，計入符合資本化條件的資產的成本；除外幣專門借款之外的其他外幣借款本金及其利息所產生的匯

兌差額，應當作為財務費用計入當期損益。

【實務 15-15】湖南沙沙門業有限公司產品已經打入美國市場，為節約生產成本，決定在當地建造生產工廠並設立分公司，2018 年 1 月 1 日，為該工程項目專門向當地銀行借入 10,000,000 美元，年利率為 8%，期限為 3 年，假定不考慮與借款有關的輔助費用，合同約定，湖南沙沙門業有限公司每年 1 月 1 日支付借款利息，到期償還借款本金。

工程於 2018 年 1 月 1 日開始實體建造，2019 年 6 月 30 日完工，達到預定可使用狀態，期間發生的資金支出如下：

①2018 年 1 月 1 日，支出 2,000,000 美元。
②2018 年 7 月 1 日，支出 5,000,000 美元。
③2019 年 1 月 1 日，支出 3,000,000 美元。

公司的記帳本位幣為人民幣，外幣業務採用外幣業務發生時當日即期匯率即市場匯率折算。相關匯率如下：

①2018 年 1 月 1 日，市場匯率為 1 美元 = 6.70 人民幣元。
②2018 年 12 月 31 日，市場匯率為 1 美元 = 6.75 人民幣元。
③2019 年 1 月 1 日，市場匯率為 1 美元 = 6.77 人民幣元。
④2019 年 6 月 30 日，市場匯率為 1 美元 = 6.80 人民幣元。

本例中，湖南沙沙門業有限公司計算該外幣借款匯兌差額資本化金額如下：

(1) 計算 2018 年匯兌差額資本化金額。

①應付利息 = 10,000,000×8%×6.75 = 5,400,000（元）

帳務處理為：

借：在建工程——××工程　　　　　　　　　　　　　　5,400,000
　　貸：應付利息——××銀行　　　　　　　　　　　　　　5,400,000

②外幣借款本金及利息匯兌差額 = 10,000,000×（6.75 - 6.72）+ 800,000×（6.75 - 6.75）= 500,000（元）

帳務處理：

借：在建工程——××工程　　　　　　　　　　　　　　500,000
　　貸：長期借款——××銀行——匯兌差額　　　　　　　　500,000

(2) 2019 年 1 月 1 日實際支付利息時，公司應當支付 800,000 美元，折算成人民幣為 5,416,000 元，該金額與原帳面金額之間的差額 16,000 元應當繼續予以資本化，計入在建工程成本。帳務處理為：

借：應付利息——××銀行　　　　　　　　　　　　　　5,400,000
　　在建工程——××工程　　　　　　　　　　　　　　　　16,000
　　貸：銀行存款　　　　　　　　　　　　　　　　　　　5,416,000

(3) 計算 2019 年 6 月 30 日時的匯兌差額資本化金額。

①應付利息 = 10,000,000×8%×1/2×6.8 = 2,720,000（元）

帳務處理為：

借：在建工程——××工程　　　　　　　　　　　　　2,720,000
　　貸：應付利息——××銀行　　　　　　　　　　　　2,720,000
②外幣借款本金及利息匯兌差額＝10,000,000×（6.80－6.75）＋400,000×（6.80－6.80）＝500,000（元）
帳務處理：
借：在建工程——××工程　　　　　　　　　　　　　500,000
　　貸：長期借款——××銀行——匯兌差額　　　　　　500,000

【本項目工作小結】

借款費用是企業因借入資金所付出的代價，包括借款利息、折價或者溢價的攤銷、輔助費用以及因外幣借款而發生的匯兌差額等。學生應熟悉借款費用的定義、範圍，掌握借款費用的確認條件，掌握專門借款、一般借款的計量以及借款輔助費用資本化金額、外幣專門借款匯兌差額資本化金額的確定。

◆仿真操作

根據【實務15-1】至【實務15-15】編寫有關的記帳憑證。

◆崗位業務認知

1. 利用節假日，去當地的一些企業，瞭解企業的借款費用的資本化和費用化的處理。
2. 參與企業借款費用核算。

◆工作思考

1. 什麼是借款費用？借款費用的範圍？
2. 如何確定借款費用資本化期間？
3. 如何確定借款費用資本化金額？
4. 如何確定借款輔助費用資本化金額？
5. 如何確定外幣專門借款匯兌差額資本化金額？

項目十六　所得稅費用業務

企業在同一會計期間按照會計準則計算的會計收益與按照國家稅法計算的應稅收益之間存在不可避免的差異，因此企業在計算所得稅時，不能直接以會計收益為依據，而要根據所得稅法的規定對會計收益進行調整後，才能正確地計算出應稅收益，因而就產生了調整這一複雜過程的專門的所得稅核算業務。本項目涉及的會計崗位是稅務會計崗位。

【項目工作目標】

⊙知識目標

瞭解計稅基礎與帳面價值的概念，掌握各類資產與負債的計稅基礎的確定，掌握遞延所得稅資產及負債的確認與計量，掌握所得稅費用的計算與帳務處理。

⊙技能目標

學生通過本項目的學習，能夠確定各類資產與負債的計稅基礎，能夠區別應納稅暫時性差異與可抵扣暫時性差異，能夠計量遞延所得稅資產及負債，能夠計算企業所得稅費用，並能進行相關的帳務處理。

【任務導入】

湖南沙沙門業有限公司2019年稅前會計利潤為720萬元，2019年12月12日向A公司銷售一批商品，開出的增值稅專用發票上註明的銷售價格為200萬元，增值稅稅額為26萬元，款項尚未收到；該批商品成本為120萬元。湖南沙沙門業有限公司在銷售時已知A公司資金週轉發生困難，但為了減少存貨積壓，同時也為了維持與A公司長期建立的商業關係，湖南沙沙門業有限公司仍將商品發往A公司且辦妥托收手續。同時計提壞帳準備20萬元。湖南沙沙門業有限公司適用的所得稅稅率為25%。不考慮其他納稅調整事項，其應交所得稅為多少？

【進入任務】

任務一　所得稅核算基本原理
任務二　計稅基礎與暫時性差異
任務三　遞延所得稅資產及負債的確認和計量
任務四　所得稅費用的確認和計量

任務一 所得稅核算基本原理

一、所得稅會計概述

中國所得稅會計採用資產負債表債務法,要求企業從資產負債表出發,通過比較資產負債表上列示的資產、負債,按照會計準則規定確定的帳面價值與按照稅法規定確定的計稅基礎,得出兩者之間的差異,區分應納稅暫時性差異與可抵扣暫時性差異,確認相關的遞延所得稅負債與遞延所得稅資產,在綜合考慮當期應交所得稅的基礎上,確定每一會計期間利潤表中的所得稅費用。

資產負債表債務法在所得稅的會計核算方面遵循了資產、負債的界定。從資產負債的角度考慮,資產的帳面價值代表的是某項資產在持續持有及最終處置的一定期間內為企業帶來未來經濟利益的總額,而其計稅基礎代表的是該期間內按照稅法規定就該項資產可以稅前扣除的總額。資產的帳面價值小於其計稅基礎的,表明該項資產於未來期間產生的經濟利益流入低於按照稅法規定允許稅前扣除的金額,產生可抵減未來期間應納稅所得額的因素,減少未來期間以所得稅稅款的方式流出企業的經濟利益,企業應確認為遞延所得稅資產。反之,一項資產的帳面價值大於其計稅基礎的,兩者之間的差額會增加企業於未來期間的應納稅所得額及應交所得稅,對企業形成經濟利益流出的義務,企業應確認為遞延所得稅負債。

二、所得稅會計核算的一般程序

在採用資產負債表債務法核算所得稅的情況下,企業一般應於每一資產負債表日進行所得稅的核算。企業進行所得稅核算一般應循以下程序:

(1)按照相關會計準則規定,確定資產負債表中除遞延所得稅資產和遞延所得稅負債以外的其他資產和負債項目的帳面價值。

(2)按照會計準則中對資產和負債計稅基礎的確定方法,以適用的稅收法規為基礎,確定資產負債表中有關資產,負債項目的計稅基礎。

(3)比較資產、負債的帳面價值與其計稅基礎,對於兩者之間存在差異的,分析其性質,除準則中規定的特殊情況外,區分應納稅暫時性差異與可抵扣暫時性差異,確定資產負債表日遞延所得稅負債和遞延所得稅資產的應有金額,並與期初遞延所得稅資產和遞延所得稅負債的餘額相比,確定當期應予進一步確認的遞延所得稅資產和遞延所得稅負債金額或應予轉銷的金額,作為遞延所得稅。

(4)就企業當期發生的交易或事項,按照適用的稅法規定計算確定當期應納稅所得額,將應納稅所得額與適用的所得稅稅率計算的結果確認為當期應交所得稅,作為當期所得稅。

（5）確定利潤表中的所得稅費用。利潤表中的所得稅費用包括當期所得稅（當期應交所得稅）和遞延所得稅兩個組成部分。企業計算確定的當期所得稅和遞延所得稅兩者之和（或之差），就是利潤表中的所得稅費用。

所得稅核算程序如圖 16-1 所示：

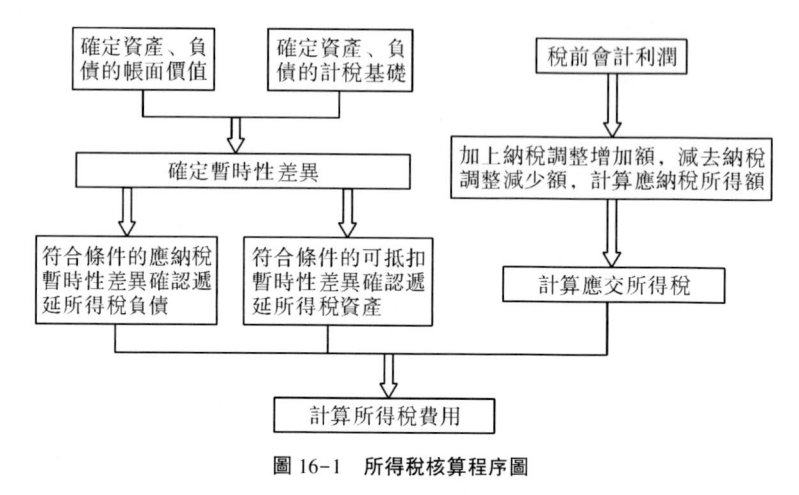

```
┌─────────────┐  ┌─────────────┐        ┌─────────────┐
│確定資產、負  │  │確定資產、負  │        │稅前會計利潤  │
│債的帳面價值  │  │債的計稅基礎  │        │             │
└──────┬──────┘  └──────┬──────┘        └──────┬──────┘
       │                │                      │
       └───────┬────────┘                      ▼
               ▼                        ┌─────────────────┐
       ┌─────────────┐                  │加上納稅調整增加額，減去納稅│
       │確定暫時性差異│                  │調整減少額，計算應納稅所得額│
       └──────┬──────┘                  └──────┬──────────┘
    ┌─────────┴─────────┐                      │
    ▼                   ▼                      ▼
┌─────────────┐  ┌─────────────┐        ┌─────────────┐
│符合條件的應納│  │符合條件的可抵│        │計算應交所得稅│
│稅暫時性差異確│  │扣暫時性差異確│        │             │
│認遞延所得稅負│  │認遞延所得稅資│        └──────┬──────┘
│債           │  │產           │               │
└──────┬──────┘  └──────┬──────┘               │
       └─────────┬──────┘                      │
                 ▼                             │
         ┌─────────────┐◄────────────────────┘
         │計算所得稅費用│
         └─────────────┘
```

圖 16-1　所得稅核算程序圖

任務二　計稅基礎與暫時性差異

所得稅會計核算的關鍵在於確定資產、負債的計稅基礎。資產、負債的計稅基礎的確定，與稅收法規的規定密切關聯。

一、資產的計稅基礎

資產的計稅基礎，是指在企業收回資產帳面價值的過程中，計算應納稅所得額時，按照稅法規定可以自應稅經濟利益中抵扣的金額，即某一項資產在未來期間計稅時可以稅前扣除的金額。資產在初始確認時，其計稅基礎一般為取得成本，即企業為取得某項資產支付的成本在未來期間準予稅前扣除。

現舉例說明部分資產項目計稅基礎的確定。

（一）固定資產

以各種方式取得的固定資產在初始確認時是被稅法認可的，即取得時其帳面價值一般等於計稅基礎。固定資產在持有期間進行後續計量時，由於會計準則與稅法規定就折舊方法、折舊年限以及固定資產減值準備的提取等處理方式的不同，可能造成固定資產的帳面價值與計稅基礎的差異。

1. 折舊方法、折舊年限的差異

會計準則規定，企業應當根據與固定資產有關的經濟利益的預期實現方式，合理選擇折舊方法，如可以按年限平均法計提折舊，也可以按照雙倍餘額遞減法、年數總和法等計提折舊。稅法中除某些按照規定可以加速折舊的情況外，基本上可以稅前扣除的是按照年限平均法計提的折舊；另外，稅法還就每一類固定資產的最低折舊年限做出了規定，而會計準則規定折舊年限是由企業根據固定資產的性質和使用情況合理確定的。如企業進行會計處理時確定的折舊年限與稅法規定不同，也會因每一期間折舊額的差異產生固定資產在資產負債表日帳面價值與計稅基礎的差異。

2. 因計提固定資產減值準備產生的差異

企業在持有固定資產的期間內，在對固定資產計提了減值準備以後，因稅法規定企業計提的資產減值準備在發生實質性損失前不允許稅前扣除，在有關減值準備轉變為實質性損失前，也會造成固定資產的帳面價值與計稅基礎的差異。

【實務16-1】湖南沙沙門業有限公司於2018年1月1日開始計提折舊的某項固定資產，原價為3,000,000元，使用年限為10年，採用年限平均法計提折舊，預計淨殘值為0。稅法規定類似固定資產採用加速折舊法計提的折舊可予稅前扣除，該企業在計稅時採用雙倍餘額遞減法計提折舊，預計淨殘值為0。2019年12月31日，企業估計該項固定資產的可收回金額為2,200,000元。

分析：

2019年12月31日，該項固定資產的帳面價值 = 3,000,000 - 300,000×2 - 200,000
= 2,200,000（元）

該項固定資產的計稅基礎 = 3,000,000 - 3,000,000×20% - 2,400,000×20%
= 1,920,000（元）

該項固定資產帳面價值2,200,000元與其計稅基礎1,920,000元之間的280,000元差額，將於未來期間計入企業應納稅所得額，由此造成未來期間應交所得稅的增加，產生應納稅暫時性差異。

【實務16-2】湖南沙沙門業有限公司於2016年12月20日取得某設備，成本為16,000,000元，預計使用10年，預計淨殘值為0，採用年限平均法計提折舊。2019年12月31日，根據該設備生產產品的市場佔有情況，湖南沙沙門業有限公司估計其可收回金額為9,200,000元。假定稅法規定的折舊方法、折舊年限與會計準則相同，企業的資產在發生實質性損失時可予稅前扣除。

分析：

2019年12月31日，湖南沙沙門業有限公司該設備的帳面價值 = 16,000,000 - 1,600,000×3 = 11,200,000元，可收回金額為9,200,000元，應當計提2,000,000元固定資產減值準備，計提該減值準備後，固定資產的帳面價值為9,200,000元。

該設備的計稅基礎 = 16,000,000 - 1,600,000×3 = 11,200,000（元）

該項資產的帳面價值9,200,000元小於其計稅基礎11,200,000元，在未來期間會減少

企業的應納稅所得額，產生可抵扣暫時性差異。

（二）無形資產

除內部研究開發形成的無形資產外，以其他方式取得的無形資產，初始確認時按照會計準則規定而確定的入帳價值與按照稅法規定確定的計稅基礎之間一般不存在差異。

（1）對於內部研究開發形成的無形資產，企業會計準則規定有關研究開發支出分為兩個階段，研究階段的支出應當費用化計入當期損益，而開發階段符合資本化條件以後達到預定可使用狀態前發生的支出作為無形資產的成本。稅法規定，企業為開發新技術、新產品、新工藝發生的研究開發費用，未形成無形資產計入當期損益的，在按照規定據實扣除的基礎上，按照研究開發費用的75%加計扣除；形成無形資產的，按照無形資產成本的175%攤銷。

【實務16-3】湖南沙沙門業有限公司當期發生研究開發支出共計10,000,000元，其中研究階段支出2,000,000元，開發階段符合資本化條件前發生的支出為2,000,000元，符合資本化條件後發生的支出為6,000,000元。假定開發形成的無形資產在當期期末已達到預定用途，但尚未進行攤銷。

分析：

湖南沙沙門業有限公司當年發生的研究開發支出中，按照會計規定應予費用化的金額為4,000,000元，形成無形資產的成本為6,000,000元，即期末所形成無形資產的帳面價值為6,000,000元。

湖南沙沙門業有限公司於當期發生的10,000,000元研究開發支出，可在稅前扣除的金額為7,000,000元。對於按照會計準則規定形成無形資產的部分，稅法規定按照無形資產成本的175%作為計算未來期間攤銷額的基礎，即該項無形資產在初始確認時的計稅基礎為10,500,000（6,000,000×175%）元。

該項無形資產的帳面價值6,000,000元與其計稅基礎10,500,000元之間的差額4,500,000元將於未來期間稅前扣除，產生可抵扣暫時性差異。

（2）無形資產在後續計量時，會計與稅法的差異主要產生於對無形資產是否需要攤銷、無形資產攤銷方法、攤銷年限的不同以及無形資產減值準備的提取。

稅法規定，企業取得的無形資產成本，應在一定期限內攤銷。對於使用壽命不確定的無形資產，會計處理時不予攤銷，但計稅時按照稅法規定確定的攤銷額允許稅前扣除，從而造成該類無形資產帳面價值與計稅基礎的差異。

在對無形資產計提減值準備的情況下，因稅法規定計提的無形資產減值準備在轉變為實質性損失前不允許稅前扣除，即在提取無形資產減值準備的期間，無形資產的計稅基礎不會隨減值準備的提取發生變化，從而造成無形資產的帳面價值與計稅基礎的差異。

【實務16-4】湖南沙沙門業有限公司於2019年1月1日外購某項無形資產，成本為6,000,000元。企業根據各方面情況判斷，無法合理預計其帶來未來經濟利益的期限，作為使用壽命不確定的無形資產。2019年12月31日，對該項無形資產進行減值測試表明未發生減值。企業在計稅時，對該項無形資產按照10年的期間攤銷，有關攤銷額允許稅前

扣除。

分析：

會計上將該項無形資產作為使用壽命不確定的無形資產，在未發生減值的情況下，其帳面價值為取得成本 6,000,000 元。

該項無形資產在 2019 年 12 月 31 日的計稅基礎為 5,400,000（6,000,000 - 600,000）元。

該項無形資產的帳面價值 6,000,000 元與其計稅基礎 5,400,000 元之間的差額 600,000 元將計入未來期間的應納稅所得額，產生未來期間企業所得稅稅款流出的增加，為應納稅暫時性差異。

（三）以公允價值計量的金融資產

1. 以公允價值計量且其變動計入當期損益的金融資產

按照企業會計準則規定，以公允價值計量且其變動計入當期損益的金融資產於某一會計期末的帳面價值為其公允價值。稅法規定，以公允價值計量的金融資產、金融負債以及投資性房地產等，持有期間公允價值的變動不計入應納稅所得額，在實際處置或結算時，處置取得的價款扣除其歷史成本後的差額應計入處置或結算期間的應納稅所得額。按照該規定，以公允價值計量的金融資產在持有期間，市價的波動在計稅時不予考慮，有關金融資產在某一會計期末的計稅基礎為其取得成本，從而造成在公允價值變動的情況下，對以公允價值計量的金融資產帳面價值與計稅基礎之間的差異。

【實務 16-5】湖南沙沙門業有限公司 2019 年 7 月以 520,000 元取得乙公司股票 50,000 股作為交易性金融資產核算，2019 年 12 月 31 日，湖南沙沙門業有限公司尚未出售所持有乙公司股票，乙公司股票公允價值為每股 12.4 元。稅法規定，資產在持有期間公允價值的變動不計入當期應納稅所得額，待處置時一併計算應計入應納稅所得額的金額。

分析：

作為交易性金融資產的乙公司股票在 2019 年 12 月 31 日的帳面價值為 620,000 元（12.4×50,000）；按照稅法規定，計稅基礎為原取得成本不變，即 520,000 元。

該交易性金融資產的帳面價值 620,00 元與其計稅基礎 520,000 元之間產生 100,000 元的暫時性差異，該暫時性差異在未來期間轉回時會增加未來期間的應納稅所得額。

2. 以公允價值計量且其變動計入其他綜合收益的金融資產

企業持有的以公允價值計量且其變動計入其他綜合收益的金融資產，其計稅基礎的確定，與以公允價值計量且其變動計入當期損益的金融資產類似，可比照處理。

（四）其他資產

因企業會計準則規定與稅法法規規定不同，企業持有的其他資產，可能造成其帳面價值與計稅基礎之間存在差異。

1. 投資性房地產

企業持有的投資性房地產在進行後續計量時，會計準則規定可以採用兩種模式：一種

是成本模式，採用該種模式計量的投資性房地產，其帳面價值與計稅基礎的確定與固定資產、無形資產相同；另一種是在符合規定條件的情況下，可以採用公允價值模式對投資性房地產進行後續計量。對於採用公允價值模式進行後續計量的投資性房地產，其帳面價值的確定類似於以公允價值計量的金融資產，因稅法中沒有投資性房地產的概念及專門的稅收處理規定，其計稅基礎的確定類似於固定資產或無形資產的計稅基礎。

【實務 16-6】湖南沙沙門業有限公司的 C 建築物於 2017 年 12 月 30 日投入使用並直接出租，成本為 6,800,000 元，湖南沙沙門業有限公司對投資性房地產採用公允價值模式進行後續計量。2019 年 12 月 31 日，已出租 C 建築物累計公允價值變動收益為 1,200,000 元，其中本年度公允價值變動收益為 500,000 元。根據稅法規定，已出租 C 建築物以歷史成本扣除按稅法規定計提折舊後作為其計稅基礎，折舊年限為 20 年，淨殘值為零，自投入使用的次月起採用年限平均法計提折舊。

分析：

2019 年 12 月 31 日，該投資性房地產的帳面價值為 8,000,000 元，計稅基礎為 6,120,000 元（6,800,000−6,800,000÷20×2）。該投資性房地產帳面價值與其計稅基礎之間的差額 1,880,000 元將計入未來期間的應納稅所得額，形成未來期間企業所得稅稅款流出的增加，為應納稅暫時性差異。

2. 其他計提了資產減值準備的各項資產

有關資產計提了減值準備後，其帳面價值會隨之下降，而稅法規定，資產在發生實質性損失之前，預計的減值損失不允許稅前扣除，即其計稅基礎不會因減值準備的提取而變化，造成在計提資產減值準備以後，資產的帳面價值與計稅基礎之間的差異。

二、負債的計稅基礎

負債的計稅基礎，是指負債的帳面價值減去未來期間計算應納稅所得額時按照稅法規定可予抵扣的金額。用公式表示為：

負債的計稅基礎=帳面價值−未來期間按照稅法規定可予稅前扣除的金額

負債的確認與償還一般不會影響企業的損益，也不會影響其應納稅所得額，未來期間計算應納稅所得額時按照稅法規定可予抵扣的金額為零，計稅基礎即為帳面價值。但是，某些情況下，負債的確認可能會影響企業的損益，進而影響不同期間的應納稅所得額，使得其計稅基礎與帳面價值之間產生差額，如按照會計規定確認的某些預計負債。

（一）預計負債

按照《企業會計準則第 13 號——或有事項》的規定，企業應將預計提供售後服務發生的支出在銷售當期確認為費用，同時確認預計負債。按照稅法規定，與銷售產品有關的支出應於發生時稅前扣除，由於該類事項產生的預計負債在期末的計稅基礎為其帳面價值與未來期間可稅前扣除的金額之間的差額，因此，與之有關的支出實際發生時可全部稅前扣除，其計稅基礎為 0。

【實務 16-7】湖南沙沙門業有限公司 2019 年因銷售產品承諾向顧客提供 3 年的保修

服務。在當年度利潤表中確認 8,000,000 元銷售費用，同時將其確認為預計負債，當年度發生保修支出 2,000,000 元，預計負債的期末餘額為 6,000,000 元。假定稅法規定，與產品售後服務相關的費用在實際發生時稅前扣除。

分析：

該項預計負債在湖南沙沙門業有限公司 2019 年 12 月 31 日的帳面價值為 6,000,000 元。

該項預計負債的計稅基礎＝帳面價值－未來期間計算應納稅所得額時按照稅法規定可予抵扣的金額＝6,000,000－6,000,000＝0（元）

該項負債的帳面價值 6,000,000 元與其計稅基礎 0 之間的暫時性差異可以理解為：未來期間企業實際發生 6,000,000 元的經濟利益流出用以履行產品保修義務時，稅法規定允許稅前扣除，即減少未來實際發生期間的應納稅所得額。

因其他事項確認的預計負債，應按照稅法規定的計稅原則確定其計稅基礎。特殊情況下某些事項確認的預計負債，如果稅法規定無論是否實際發生均不允許稅前扣除，即未來期間按照稅法規定可予抵扣的金額為 0，則其帳面價值與計稅基礎相同。

【實務 16-8】2019 年 10 月 5 日湖南沙沙門業有限公司為乙公司銀行借款提供擔保，乙公司未如期償還借款，而被銀行提起訴訟，要求其履行擔保責任；12 月 31 日，該案件尚未結案。湖南沙沙門業有限公司預計很可能履行的擔保責任為 3,000,000 元。假定稅法規定，企業為其他單位債務提供擔保發生的損失不允許在稅前扣除。

分析：2019 年 12 月 31 日，該項預計負債的帳面價值為 3,000,000 元，計稅基礎為 3,000,000（3,000,000－0）元。該項預計負債的帳面價值等於計稅基礎，不產生暫時性差異。

(二）預收帳款

企業在收到客戶預付的款項時，因不符合收入確認條件，會計上將其確認為負債。稅法對於收入的確認原則一般與會計規定相同，即會計上未確認收入的，計稅時一般也不計入應納稅所得額，該部分經濟利益在未來期間計稅時可予稅前扣除的金額為 0，計稅基礎等於帳面價值。

如果不符合會計準則規定的收入確認條件，但按照稅法規定應計入當期應納稅所得額時，有關預收帳款的計稅基礎為 0，即因其產生時已經計入應納稅所得額，未來期間可全額稅前扣除，計稅基礎為帳面價值減去未來期間可全額稅前扣除的金額，即其計稅基礎為 0。

【實務 16-9】湖南沙沙門業有限公司 2019 年 12 月 31 日收到客戶預付的款項 500 萬元。

（1）若該業務為沙沙門業一般業務，預收的款項不計入當期應納稅所得額。

2019 年 12 月 31 日預收帳款的帳面價值為 500 萬元；2019 年 12 月 31 日預收帳款的計稅基礎＝帳面價值 500 萬元－可從未來經濟利益中扣除的金額 0＝500 萬元，不存在差異，無須調整當期應納稅所得額。

（2）若該業務為沙沙門業經營的房地產業務，預收的款項應計入當期應納稅所得額。

2019年12月31日預收帳款的帳面價值為500萬元，因按稅法規定預收的款項計入當期應納稅所得額，所以在以後年度減少預收帳款確認收入時，由稅前會計利潤計算應納稅所得額時應將其扣除。

2019年12月31日預收帳款的計稅基礎＝帳面價值500萬元－可從未來經濟利益中扣除的金額500萬元＝0。

該項負債的帳面價值500萬元與其計稅基礎0之間產生500萬元暫時性差異。該項暫時性差異的含義為：在未來期間，企業按照會計規定確認收入，產生經濟利益流入且在產生期間已經計算繳納了所得稅，未來期間則不再計入應納稅所得額，從而會減少企業於未來期間的所得稅稅款流出。

（三）其他負債

企業的其他負債項目，如企業應交的罰款和滯納金等，在尚未支付之前，按照會計準則規定確認為費用，同時作為負債反應。稅法規定，罰款和滯納金不得稅前扣除，其計稅基礎為帳面價值減去未來期間計稅時可予稅前扣除的金額0之間的差額，即計稅基礎等於帳面價值。

【實務16-10】湖南沙沙門業有限公司因未按照稅法規定繳納稅金，按規定需在2019年繳納滯納金1,000,000元，至2019年12月31日，該款項尚未支付，形成其他應付款1,000,000元。稅法規定，企業因違反國家法律、法規規定繳納的罰款、滯納金不允許稅前扣除。

分析：

因應繳滯納金形成的其他應付款帳面價值為1,000,000元，由於稅法規定該支出不允許稅前扣除，其計稅基礎＝1,000,000－0＝1,000,000（元）。

對於罰款和滯納金支出，會計與稅收規定存在差異，但該差異僅影響發生當期，對未來期間計稅不產生影響，因而不產生暫時性差異。

三、暫時性差異

（一）基本界定

暫時性差異，是指資產或負債的帳面價值與其計稅基礎不同產生的差額。其中帳面價值是指按照會計準則規定確定的有關資產、負債在資產負債表中應列示的金額。由於資產、負債的帳面價值與其計稅基礎不同，產生了在未來收回資產清償負債的期間內，應納稅所得額增加或減少並導致未來期間應交所得稅增加或減少的情況，在這些暫時性差異發生的當期，一般應當確認相應的遞延所得稅負債或遞延所得稅資產。

除因資產、負債的帳面價值與其計稅基礎不同產生的暫時性差異以外，按照稅法規定可以結轉以後年度的未彌補虧損和稅款抵減，也視同可抵扣暫時性差異處理。

（二）暫時性差異的分類

根據暫時性差異對未來期間應納稅所得額影響的不同，分為應納稅暫時性差異和可抵扣暫時性差異。

1. 應納稅暫時性差異

應納稅暫時性差異，是指在確定未來收回資產或清償負債期間的應納稅所得額時，將導致產生應稅金額的暫時性差異，即在未來期間不考慮該事項影響的應納稅所得額的基礎上，由於該暫時性差異的轉回，會進一步增加轉回期間的應納稅所得額和應交所得稅金額，在其產生當期應當確認相關的遞延所得稅負債。

（1）資產的帳面價值大於其計稅基礎。

資產的帳面價值代表的是企業在持續使用及最終出售該項資產時將取得的經濟利益的總額，而計稅基礎代表的是資產在未來期間可予稅前扣除的總金額。資產的帳面價值大於其計稅基礎，該項資產未來期間產生的經濟利益不能全部稅前抵扣，兩者之間的差額需要交稅，產生應納稅暫時性差異。

例如，一項資產的帳面價值為500萬元，若計稅基礎為375萬元，兩者之間的差額會造成未來期間應納稅所得額和應交所得稅的增加，在其產生當期，應確認相關的遞延所得稅負債。

（2）負債的帳面價值小於其計稅基礎。

負債的帳面價值為企業預計在未來期間清償該項負債時的經濟利益流出，而其計稅基礎代表的是帳面價值在扣除稅法規定未來期間允許稅前扣除的金額之後的差額。負債的帳面價值與其計稅基礎不同產生的暫時性差異，實質上是稅法規定就該項負債在未來期間可以稅前扣除的金額（即與該項負債相關的費用支出在未來期間可予稅前扣除的金額）。負債的帳面價值小於其計稅基礎，則意味著就該項負債在未來期間可以稅前抵扣的金額為負數，即應在未來期間應納稅所得額的基礎上調增，增加未來期間的應納稅所得額和應交所得稅金額，產生應納稅暫時性差異，應確認相關的遞延所得稅負債。

2. 可抵扣暫時性差異

該差異在未來期間轉回時會減少轉回期間的應納稅所得額，減少未來期間的應交所得稅。在可抵扣暫時性差異產生當期，符合確認條件時，應當確認相關的遞延所得稅資產。

可抵扣暫時性差異一般產生於以下情況：

（1）資產的帳面價值小於其計稅基礎，意味著資產在未來期間產生的經濟利益少，按照稅法規定允許稅前扣除的金額多，兩者之間的差可以減少企業在未來期間的應納稅所得額並減少所得稅，符合有關條件時，應當確認相關的遞延所得稅資產。

（2）負債的帳面價值大於其計稅基礎，負債產生的暫時性差異實質上是稅法規定就該項負債可以在未來期間稅前扣除的金額。即：

負債產生的暫時性差異＝帳面價值－計稅基礎

＝帳面價值－（帳面價值－未來期間計稅時按照稅法規定可予稅前扣除的金額）

＝未來期間計稅時按照稅法規定可予稅前扣除的金額

負債的帳面價值大於其計稅基礎，意味著未來期間按照稅法規定與負債相關的全部或部分支出可以自未來應稅經濟利益中扣除，減少未來期間的應納稅所得額和應交所得稅，

符合有關確認條件時，應確認相關的遞延所得稅資產。

(三) 特殊項目產生的暫時性差異

1. 未作為資產、負債確認的項目產生的暫時性差異

某些交易或事項發生以後，因為不符合資產、負債的某確認條件而未體現為資產負債表中的資產或負債，但按照稅法規定能夠確定其計稅基礎的，其帳面價值0與計稅基礎之間的差異也構成暫時性差異。

如企業發生的符合條件的廣告費和業務宣傳費支出，除稅法另有規定外，不超過當年銷售收入15%的部分準予扣除；超過部分準予在以後納稅年度結轉扣除。該類支出在發生時按照會計準則規定計入當期損益，不形成資產負債表中的資產，但按照稅法規定可以確定其計稅基礎的，兩者之間的差異也形成暫時性差異（可抵扣暫時性差異）。

如根據《企業所得稅法實施條例》第四十二條規定：「除國務院財政、稅務主管部門另有規定外，企業發生的職工教育經費支出，不超過工資薪金總額8%的部分，準予扣除，超過部分準予在以後納稅年度結轉扣除。」該類職工教育經費支出與「符合條件的廣告費和業務宣傳費支出」的會計處理相同，也會產生可抵扣暫時性差異。

【實務16-11】湖南沙沙門業有限公司2019年發生廣告費10,000,000元，至2019年年末已全額支付給廣告公司。稅法規定，企業發生的廣告費、業務宣傳費不超過當年銷售收入15%的部分允許稅前扣除，超過部分允許結轉以後年度稅前扣除。湖南沙沙門業有限公司2019年實現銷售收入60,000,000元。

分析：

因廣告費支出形成的資產的帳面價值0元，其計稅基礎＝10,000,000－60,000,000×15%＝1,000,000（元）。

廣告費支出形成的資產的帳面價值為0元與計稅基礎1,000,000元之間形成1,000,000元可抵扣暫時性差異。

2. 可抵扣虧損及稅款抵減產生的暫時性差異

對於按照稅法規定可以結轉以後年度的未彌補虧損及稅款抵減，雖不是因資產、負債的帳面價值與計稅基礎不同產生的，但本質上可抵扣虧損和稅款抵減與可抵扣暫時性差異具有同樣的作用，均能減少未來期間的應納稅所得額和應交所得稅，視同可抵扣暫時性差異，在符合確認條件的情況下，應確認與其相關的遞延所得稅資產。

【實務16-12】湖南沙沙門業有限公司於2019年因政策性原因發生經營虧損2,000萬元，按照稅法規定，該虧損可用於抵減以後5個年度的應納稅所得額。

分析：

該經營虧損不是資產、負債的帳面價值與其計稅基礎不同產生的，但從性質上可以減少未來期間企業的應納稅所得額和應交所得稅，屬於可抵扣暫時性差異。企業預計未來期間能夠產生足夠的應納稅所得額，利用其可抵扣虧損時，應確認相關的遞延所得稅資產。

任務三　遞延所得稅資產及負債的確認和計量

一、遞延所得稅負債的確認和計量

（一）遞延所得稅負債的確認

1. 確認遞延所得稅負債的情況

除企業會計準則中明確規定可不確認遞延所得稅負債的情況以外，企業對於所有的應納稅暫時性差異均應確認相關的遞延所得稅負債。除直接計入所有者權益的交易或事項以及企業合併外，企業在確認遞延所得稅負債的同時，應加利潤表中的所得稅費用。

【實務16-13】湖南沙沙門業有限公司於2017年12月6日購入一臺管理用設備，取得成本為1,000萬元，會計上採用年限平均法計提折舊，預計使用年限為10年，預計淨殘值為0，因該資產常年處於強震動狀態，計稅時按雙倍餘額遞減法計提折舊，使用年限及淨殘值與會計相同。湖南沙沙門業適用的所得稅稅率為25%。假定該企業不存在其他會計與稅收處理的差異。

要求：編製湖南沙沙門業有限公司2018年12月31日和2019年12月31日與所得稅有關的會計分錄。

分析：

（1）2018年12月31日。

資產帳面價值＝1,000－1,000÷10×1＝900（萬元）

資產計稅基礎＝1,000－1,000×20%＝800（萬元）

遞延所得稅負債餘額＝（900－800）×25%＝25（萬元）

會計分錄為：

借：所得稅費用　　　　　　　　　　　　　　　　　　250,000
　　貸：遞延所得稅負債　　　　　　　　　　　　　　　　250,000

（2）2019年12月31日。

資產帳面價值＝1,000－1,000÷10×2＝800（萬元）

資產計稅基礎＝1,000－1,000×20%－800×20%＝640（萬元）

遞延所得稅負債餘額＝（800－640）×25%＝40（萬元）

借：所得稅費用　　　　　　　　　　　　　　　　　　150,000
　　貸：遞延所得稅負債　　　　　　　　　　　　　　　　150,000

2. 不確認遞延所得稅負債的特殊情況

特殊情況下，雖然資產、負債的帳面價值與其計稅基礎不同，產生了應納稅暫時性差異，但出於各方面考慮，企業會計準則中規定不確認相應的遞延所得稅負債。

（二）遞延所得稅負債的計量

遞延所得稅負債應以相關應納稅暫時性差異轉回期間適用的所得稅稅率計量。在中

國，除享受優惠政策的情況以外，企業適用的所得稅稅率在不同年度之間一般不會發生變化，企業在確認遞延所得稅負債時，應以現行適用稅率為基礎計算確定，遞延所得稅負債的確認不要求折現。

二、遞延所得稅資產的確認和計量

（一）遞延所得稅資產的確認

1. 一般原則

資產、負債的帳面價值與其計稅基礎不同產生可抵扣暫時性差異的，在估計未來期間能夠取得足夠的應納稅所得額用以抵扣該取得可抵扣暫時性差異的應納稅所得額時，應當以很可能取得用來抵扣可抵扣暫時性差異的應納稅所得額為限，確認相關的遞延所得稅資產。

（1）遞延所得稅資產的確認應以未來期間可能取得的應納稅所得額為限。在可抵扣暫時性差異轉回的未來期間內，企業無法產生足夠的應納稅所得額用以抵減可抵扣暫時性差異的影響，使得與遞延所得稅資產相關的經濟利益無法實現的，該部分遞延所得稅資產不應確認；企業有明確的證據表明其於可抵扣暫時性差異轉回的未來期間能夠產生足夠的應納稅所得額，進而利用可抵扣暫時性差異的，則應以可能取得的應納稅所得額為限，確認相關的遞延所得稅資產。

【實務16-14】湖南沙沙門業有限公司於2017年12月6日購入一臺管理專用設備，取得成本為1,000萬元，會計上採用雙倍餘額遞減法計提折舊，預計使用年限為10年，預計淨殘值為0，稅法規定按年限平均法計提折舊，使用年限及淨殘值與會計相同。湖南沙沙門業有限公司適用的所得稅稅率為25%。假定該企業不存在其他會計與稅收處理的差異。

要求：編製湖南沙沙門業有限公司2018年12月31日和2019年12月31日與所得稅有關的會計分錄。

分析：

（1）2018年12月31日。

資產帳面價值＝1,000-1,000×20%＝800（萬元）

資產計稅基礎＝1,000-1,000÷10×1＝900（萬元）

遞延所得稅資產餘額＝（900-800）×25%＝25（萬元）

會計分錄為：

借：遞延所得稅資產	250,000	
貸：所得稅費用		250,000

（2）2019年12月31日。

資產帳面價值＝1,000-1,000×20%-800×20%＝640（萬元）

資產計稅基礎＝1,000-1,000÷10×2＝800（萬元）

遞延所得稅資產餘額＝（800-640）×25%＝40（萬元）

借：遞延所得稅資產　　　　　　　　　　　　　　150,000
　　貸：所得稅費用　　　　　　　　　　　　　　　　150,000

（2）按照稅法規定可以結轉以後年度的未彌補虧損和稅款抵減，應視同可抵扣暫時性差異處理。企業在預計可利用可彌補虧損或稅款抵減的未來期間內能夠取得足夠的應納稅所得額時，應當以很可能取得的應納稅所得額為限，確認相應的遞延所得稅資產，同時減少確認當期的所得稅費用。

【實務 16-15】沿用【實務 16-12】中資料，若預計未來 5 年可實現利潤 600 萬元。
2019 年 12 月 31 日應確認遞延所得稅資產＝600×25%＝150（萬元）
若未來 5 年無利潤，則不確認遞延所得稅資產。

2. 不確認遞延所得稅資產的特殊情況

特殊情況下，如果企業發生的某項交易或事項不是企業合併，並且該交易發生時既不影響會計利潤也不影回應納稅所得額，且該項交易中產生的資產、負債的初始確認金額與其計稅基礎不同，產生可抵扣暫時性差異的，企業會計準則中規定在交易或事項發生時不確認相應的遞延所得稅資產。

【實務 16-16】沿用【實務 16-3】資料。
分析：
湖南沙沙門業有限公司按照會計準則規定資本化的開發支出為 6,000,000 元，其計稅基礎為 10,500,000（6,000,000×175%）元，該開發支出所形成的無形資產，在初始確認時其帳面價值與計稅基礎即存在差異，因該差異並非產生於企業合併，同時在產生時既不影響會計利潤也不影回應納稅所得額，故按照《企業會計準則第 18 號——所得稅》規定，不確認其與該暫時性差異相關的所得稅影響。

（二）遞延所得稅資產的計量

確認遞延所得稅資產時，企業應估計相關可抵扣暫時性差異的轉回時間，採用轉回期間適用的所得稅稅率為基礎計算確定。無論相關的可抵扣暫時性差異轉回期間如何，遞延所得稅資產均不予折現。

【實務 16-17】沿用【實務 16-12】中資料，湖南沙沙門業有限公司於 2019 年因政策性原因發生經營虧損 2,000 萬元，按照稅法規定，該虧損可用於抵減以後 5 個年度的應納稅所得額。
假設 2019 年稅率 25%，從 2020 年開始稅率為 15%，未來 5 年有足夠的應納稅所得額彌補該虧損。
分析：
2019 年 12 月 31 日應確認遞延所得稅資產＝2,000×15%＝300（萬元）

資產負債表日，企業應當對遞延所得稅資產的帳面價值進行復核。如果未來期間很可能無法取得足夠的應納稅所得額用以利用可抵扣暫時性差異帶來的利益，應當減記遞延所得稅資產的帳面價值。遞延所得稅資產的帳面價值減記以後，以後期間根據新的環境和情況判斷能夠產生足夠的應納稅所得額用以利用可抵扣暫時性差異，使得遞延所得稅資產包

含的經濟利益能夠實現的，應相應恢復遞延所得稅資產的帳面價值。

三、特殊交易或事項涉及遞延所得稅的確認

與當期及以前期間直接計入所有者權益的交易或事項相關的當期所得稅及遞延所得稅，應當計入所有者權益。如以公允價值計量且其變動計入其他綜合收益的金融資產的價值變動。

【實務 16-18】湖南沙沙門業有限公司於 2019 年 4 月自公開市場以每股 6 元的價格取得 A 公司普通股 100 萬股，作為以公允價值計量且其變動計入其他綜合收益的金融資產（假定不考慮交易費用），2019 年 12 月 31 日，湖南沙沙門業有限公司該股票投資尚未出售，當日市價為每股 9 元。按照稅法規定，資產在持有期間的公允價值的變動不計入應納稅所得額，待處置時一併計算應計入應納稅所得額。湖南沙沙門業有限公司適用的所得稅稅率為 25%，假定在未來期間不會發生變化。

湖南沙沙門業有限公司在期末應進行的會計處理：

借：其他權益工具投資　　　　　　　　　　　　　　　　6,000,000
　　貸：其他綜合收益　　　　　　　　　　　　　　　　　6,000,000
借：其他綜合收益　　　　　　　　　　　　　　　　　　3,000,000
　　貸：遞延所得稅負債　　　　　　　　　　　　　　　　3,000,000

四、適用所得稅稅率變化對已確認遞延所得稅資產遞延所得稅負債的影響

因適用稅收法規的變化，導致企業在某一會計期間適用的所得稅稅率發生變化的，企業應對已確認的遞延所得稅資產和遞延所得稅負債按照新的稅率進行重新計量。

任務四　所得稅費用的確認和計量

所得稅會計的主要目的之一是為了確定當期應交所得稅以及利潤表的所得稅費用。在採用資產負債表債務法核算所得稅的情況下，利潤表中的所得稅費用由兩個部分組成：當期所得稅和遞延所得稅費用（或收益）。

一、當期所得稅

當期所得稅是指企業按照稅法規定計算確定的針對當期發生的交易和事項，應繳納給稅務機關的所得稅金額，即應交所得稅。當期所得稅應當以適用的稅收法規為基礎計算確定。

企業在確定當期所得稅時，對於當期發生的交易或事項，會計處理與稅收處理不同的，應在會計利潤的基礎上，按照適用稅收法的要求進行調整（即納稅調整），計算出當期應納稅所得額，按照應納稅所得額與適用所得稅稅率計算確定當期應交所得稅。

一般情況下，應納稅所得額可在會計利潤的基礎上，考慮會計與稅收規定之間的差異，按照以下公式計算確定：

應納稅所得額＝稅前會計利潤＋納稅調整增加額－納稅調整減少額＋境外應稅所得彌補境內虧損－彌補以前年度虧損

當期所得稅＝當期應交所得稅＝應納稅所得額×適用稅率－減免稅額－抵免稅額

二、遞延所得稅費用（或收益）

遞延所得稅是指按照所得稅準則規定當期應予確認的遞延所得稅資產和遞延所得稅負債，即遞延所得稅資產及遞延所得稅負債當期發生額的綜合結果，但不包括計入所有者權益的交易或事項的所得稅影響。用公式表示即為：

遞延所得稅費用（或收益）＝當期遞延所得稅負債的增加額＋當期遞延所得稅資產的減少額－當期遞延所得稅負債的減少額－當期遞延所得稅資產的增加額

遞延所得稅資產、遞延所得稅負債的發生額對應所得稅費用的，屬於遞延所得稅費用。

如果某項交易或事項按照企業會計準則規定應計入所有者權益，由該交易或事項產生的遞延所得稅資產或遞延所得稅負債及其變化也應計入所有者權益，不構成利潤表中的遞延所得稅費用（或收益）。

三、所得稅費用

計算確定當期所得稅及遞延所得稅以後，利潤表中應予確認的所得稅費用為兩者之和，即：

所得稅費用＝當期所得稅＋遞延所得稅費用（或收益）

所得稅費用應當在利潤表中單獨列示。

【實務 16-19】湖南沙沙門業有限公司 20×7 年度利潤表中利潤總額為 12,000,000 元，該公司適用的所得稅稅率為 25%。預計未來期間適用的所得稅稅率不會發生變化，未來期間能夠產生足夠的應納稅所得額用以抵扣暫時性差異，遞延所得稅資產及遞延所得稅負債不存在期初餘額。

該公司 20×7 年發生的有關交易和事項中，會計處理與稅收處理存在差別的有：

（1）20×6 年 12 月 31 日取得的一項固定資產，成本為 6,000,000 元，使用年限為 10 年，預計淨殘值為 0，會計處理按雙倍餘額遞減法計提折舊，稅收處理按直線法計提折舊。假定稅法規定的使用年限及預計淨殘值與會計規定相同。

（2）向關聯企業捐贈現金 2,000,000 元。假定按照稅法規定，企業向關聯方的捐贈不允許稅前扣除。

（3）當期取得作為交易性金融資產核算的股票投資成本為 800,000 元，20×7 年 12 月 31 日的公允價值為 1,200,000 元。根據稅法規定，交易性金融資產公允價值變動收益不計入應納稅所得額。

（4）應付違反環保法規定罰款 1,000,000 元。
（5）期末對持有的存貨計提 300,000 元的存貨跌價準備。

分析：

（1）20×7 年度當期應交所得稅。

應納稅所得額＝12,000,000＋600,000＋2,000,000－400,000＋1,000,000＋300,000
　　　　　　＝15,500,000（元）

應交所得稅＝15,500,000×25%＝3,875,000（元）

（2）20×7 年度遞延所得稅。

湖南沙沙門業有限公司 20×7 年資產負債表相關項目金額及其計稅基礎如表 16-1 所示：

表 16-1　公司 20×7 年資產負債表相關項目金額及其計稅基礎　　　單位：元

項　目	帳面價值	計稅基礎	差　異	
			應納稅暫時性差異	可抵扣暫時性差異
存　貨	8,000,000	8,300,000		300,000
固定資產：				
固定資產原價	6,000,000	6,000,000		
減：累計折舊	1,200,000	600,000		
固定資產帳面價值	4,800,000	5,400,000		600,000
交易性金融資產	1,200,000	800,000	400,000	
其他應付款	1,000,000	1,000,000		
總　計			400,000	900,000

遞延所得稅資產＝900,000×25%＝225,000（元）
遞延所得稅負債＝400,000×25%＝100,000（元）

（3）利潤表中應確認的所得稅費用。

所得稅費用＝3,875,000－225,000＋100,000＝3,750,000（元）

借：所得稅費用　　　　　　　　　　　　　　　3,750,000
　　遞延所得稅資產　　　　　　　　　　　　　　225,000
　貸：應交稅費——應交所得稅　　　　　　　　　　　3,875,000
　　　遞延所得稅負債　　　　　　　　　　　　　　100,000

【本項目工作小結】

　　所得稅會計是稅務會計的一個分支，是反應企業所得稅的確認、計量和報告的一整套會計原理、程序和方法。通過本項目的學習，學生要掌握確定各類資產與負債的計稅基礎方法，能夠區別應納稅暫時性差異與可抵扣暫時性差異，能夠計量遞延所得稅資產及負

債，掌握計算企業所得稅費用的計算，並能進行相關的帳務處理。

◆仿真操作

1. 根據【實務16-1】至【實務16-19】進行所得稅相關計算。
2. 編寫有關的記帳憑證。

◆崗位業務認知

1. 利用節假日，去當地的一些公司，瞭解企業所得稅計算與調整工作。
2. 參與企業所得稅月度申報與年度匯算清繳工作。

◆工作思考

1. 所得稅會計核算的一般程序。
2. 什麼是計稅基礎？各類資產與負債的計算基礎如何確定？
3. 什麼是暫時性差異？如何確定應納稅暫時性差異與可抵扣暫時性差異？
4. 如何計量遞延所得稅資產及負債？
5. 如何計算所得稅費用？

項目十七　財務報告

財務報告是反應企業財務狀況和經營成果的書面文件，本項目涉及的會計崗位是總帳報表崗位。總帳報表崗位在整個會計崗位中處於核心地位，它與其他會計崗位有著信息交流與傳遞關係。處理各項具體經濟業務的各個會計崗位最終都要將會計資料和財務信息匯總於總帳報表崗位，所以總帳報表崗位在企業中具有非常重要的地位。

【項目工作目標】

⊙知識目標

瞭解財務報告的概念和內容；掌握資產負債表的概念作用、結構及其編製方法；掌握利潤表的概念作用、結構及其編製方法；掌握現金流量表的概念作用、結構及其編製方法；掌握所有者權益變動表的概念作用、結構及其編製方法。

⊙技能目標

學生通過本項目的學習，能夠編製相應單位的資產負債表、利潤表、現金流量表及所有者權益變動表。

【任務導入】

買一家公司的股票，實際上就是買這家公司的價值，該公司的經濟業績和未來的現金流量就是股票真正的價碼。而這方面最有價值的信息來源就是會計信息，即公司定期、不定期發布的財務報告。「股神」巴菲特就是一個典型的注重基本知識分析的積極投資者，他把自己的日常工作概括為「閱讀」，而他閱讀得最多的就是財務報告。有人對巴菲特1965—2006年的投資業績進行過統計，發現在此期間巴菲特的財富增長幅度達3,600多倍，是同期美國股市漲幅的55倍。打個比方說，如果你把自己僅有的1萬元交給巴菲特打理，42年後巴菲特就會使你擁有3,600多萬元的身價。人們驚嘆巴菲特擁有一個點石成金的金手指，但巴菲特卻說：「我從來不關心股價走勢，也沒有必要關心，這也許還會妨礙我做出正確的選擇。」巴菲特堅持認為，他是在投資企業而不是股票，如果有可能就盡量遠離股市。他的投資理念其實很簡單，那就是價值投資。價值投資是一種積極的、理性的投資行為。在價值投資理念的指導下，財務報告的作用就顯得尤為重要。巴菲特幾乎不用電腦，在他的辦公室裡最多的就是上市公司的年報。巴菲特保存了幾乎美國所有上市公

司的年報。在他進行投資前，他就已經對目標公司的財務報告進行了非常縝密的分析，通過透視財務報告，對公司的內在價值進行評估，並據以指導投資決策。

從上文中你已瞭解到有關財務報告的重要性，那什麼是財務報告呢？它具體包括哪些內容呢？會計人員應該如何編製財務報告，以使企業的投資者、決策者及信息利用者據此做出正確的決策呢？

【進入任務】

任務一　財務報告概述
任務二　資產負債表
任務三　利潤表
任務四　現金流量表
任務五　所有者權益變動表

任務一　財務報告概述

一、財務報告的意義及構成

財務報告是指企業對外提供的反應企業某一特定日期的財務狀況和某一會計期間的經營成果、現金流量等會計信息的文件。

編製會計報表是會計循環的最後一個環節，是會計信息對外輸出的主要方式、方法和手段。

財務報告是企業會計信息的主要載體，包括會計報表及其附註和其他應當在財務會計報告中披露的相關信息和資料。

（一）會計報表

企業財務部門通過編製記帳憑證、登記帳簿等會計程序，對日常發生的、數量繁多的、分散的數據資料加以具體地識別、判斷，進行選擇、歸類、整理、匯總。但是，這些記錄在憑證、帳簿中的會計信息還很分散，它所反應的只是企業生產經營過程中的某一方面的情況，無法滿足企業內外部有關人士瞭解他們所需要的有關信息的要求。因此，需要通過編製會計報表這種會計核算的專門方法，在會計日常核算的基礎上，對會計憑證和帳簿中所反應的經濟內容進行進一步的加工提煉，使其轉換成容易為他們接受並符合他們需要的、且能更為綜合、系統、全面地反應企業經濟活動情況和經營成果的財務信息。

會計報表是對企業財務狀況、經營成果和現金流量的結構性表述。

（二）會計報表附註

它是對財務報表的補充說明，是財務會計報告體系的重要組成部分。它主要是對會計

報表中不能包括的內容，或者披露不詳盡的內容做進一步的解釋說明。

二、會計報表的種類

企業的會計報表可以按照其反應的內容、編報時間、編製單位和服務對象進行分類。

(1) 按反應的內容不同，會計報表可分為資產負債表、利潤表、現金流量表、所有者權益（或股東權益）變動表和報表附註。

(2) 按列報時間不同，會計報表可分為年度會計報表和中期會計報表。年度會計報表是指年度終了對外提供的會計報表；中期報表是指一年以內的報表，主要包括月度報表、季度報表和半年度報表。年度報表要求對財務信息揭示完整、反應全面；月度報表是按月編報的報表，要求簡明扼要、及時編報；季度報表和半年度報表的詳細程度介於年度報表與月度報表之間。

(3) 按編製單位的不同，會計報表可分為單位報表和合併報表。單位報表，是在自身會計核算基礎上對帳簿記錄進行加工編製的會計報表，反應企業自身的財務狀況、經營成果和現金流量情況；合併報表，是以母公司和子公司組成的企業集團為會計主體，根據母子公司的會計報表，由母公司編製的綜合反應企業集團財務狀況、經營成果和現金流量情況的會計報表。

(4) 按服務對象的不同，會計報表可分為對外報表和內部報表。對外報表一般是按照會計準則所規定的格式和編製要求編製的公開報告的會計報表；內部報表是根據企業內部管理需要而編製的會計報表，一般不需要對外報告，沒有統一的編製要求與格式。

三、財務會計報表的編製要求

為了保證會計報表的質量，企業必須按照以下基本要求來編製會計報表：

（一）數字真實，計算準確

編製會計報表的數字來源於各帳戶，而各帳戶的數字來源於記帳憑證，記帳憑證的數字來源於經過確認的原始憑證，因此，為了保證會計報表數字的真實、準確，在報表數字來源正確的前提下，最關鍵在於對原始憑證數字的確認和計量。不能以估計數代替實際數，更不能弄虛作假、隱瞞謊報。在編製報表之前，應完成以下幾項工作：

(1) 按期結帳，確認會計主體的所有交易和事項是否均已登記入帳，是否存在應攤銷而未攤銷、應計提而未計提的費用。

(2) 認真做好對帳和財產清查工作，以達到帳證相符、帳帳相符、帳實相符。

(3) 通過編製試算平衡表，驗證總分類帳戶本期發生額的正確性，為正確編製會計報表提供可靠的數據。

（二）內容完整，說明清楚

按照會計準則規定的編製基礎、編製依據、編製原則和方法，按統一規定的報表種類、格式和內容編製會計報表；報表內所涉及的所有的表內項目及補充資料必須填列完整，必要時應對有關事項用文字加以簡要說明。

(三) 及時編製，及時報送

為了保證會計信息的及時性，要求各單位應及時編製、按國家或上級部門的有關規定的期限和程序及時報送會計報表。

任務二　資產負債表

一、資產負債表概念

資產負債表是指反應企業在某一特定日期（如月末、季末、年末）財務狀況的會計報表。該表根據「資產＝負債+所有者權益」會計恒等式設計，依據一定的分類標準和順序，將企業在一定日期的資產、負債和所有者權益各項目予以適當排列，並對日常核算中形成的大量數據進行整理匯總後編製而成，反應企業資產、負債、所有者權益的總體規模和結構，是靜態報表。

二、資產負債表的結構

帳戶式資產負債表的結構可以概括為如下方面：

（1）資產負債表分為左右兩方，左方為資產項目，右方為負債和所有者權益項目，左方的資產總計等於右方的負債和所有者權益總計。

（2）資產項目按照各項資產的流動性的大小或變現能力的強弱順序排列。流動性大、變現能力強的項目排前面，流動性小、變現能力弱的項目排後面，依此，先是流動資產，後是非流動資產。

（3）負債與所有者權益項目按照權益順序排列。由於負債是必須清償的債務，屬於第一順序的權益，具有優先清償的特徵，而所有者權益則是剩餘權益，在正常經營條件下不需要償還，所以負債在先、所有者權益在後。

（4）負債內部項目按照償還的先後順序排列。按照到期日由近至遠的順序，償還期近的負債項目排前面，償還期較遠的負債項目排後面，依此，先是流動負債，後是非流動負債。

（5）所有者權益內部項目按照穩定性程度或永久性程度高低順序排列。穩定性程度或永久性程度高的項目排前面，穩定性程度或永久性程度較低的項目排後面，依此，先是實收資本（或股本），因為實收資本是企業經過法定程序登記註冊的資本金，通常不會改變，所以穩定性最好，其次是資本公積、其他綜合收益、盈餘公積和未分配利潤項目。

註：根據2019年4月30日財政部發布的《關於修訂印發2019年度一般企業財務報表格式的通知》（財會〔2019〕6號），在執行企業會計準則的非金融企業中，未執行新金融準則、新收入準則和新租賃準則的企業應當按照企業會計準則和本通知附件1（略）的要求編製財務報表；已執行新金融準則、新收入準則和新租賃準則的企業應當按照企業會

計準則和本通知附件 2（本教材所引用財務報告格式）的要求編製財務報表；已執行新金融準則但未執行新收入準則和新租賃準則的企業，或已執行新金融準則和新收入準則但未執行新租賃準則的企業，應當結合本通知附件 1 和附件 2 的要求對財務報表項目進行相應調整。財政部於 2018 年 6 月 15 日發布的《財政部關於修訂印發 2018 年度一般企業財務報表格式的通知》（財會〔2018〕15 號）同時廢止。本教材依據財政部公布的已執行新金融準則、新收入準則和新租賃準則後的財務報表格式編製。

三、資產負債表的編製方法

資產負債表填寫數據的欄目有年初餘額欄和期末餘額欄。

（一）年初餘額的填列方法

資產負債表的「年初餘額」欄是根據上年年末資產負債表的「期末餘額」欄直接填列。如果本年度資產負債表規定的各個項目的名稱和內容同上年度不相一致，應對上年末資產負債表各項目的名稱和數字按本年度的規定進行調整，按調整後的數字填入資產負債表「年初餘額」欄內。

（二）期末餘額的填列方法

「期末餘額」欄的填列，可以分為以下幾種情況：

1. 根據總帳科目餘額直接填列

例如：其他權益工具投資、以公允價值模式計量的投產性房地產、遞延所得稅資產、應付票據、交易性金融負債、短期借款、應付職工薪酬、持有待售負債、預計負債、遞延收益、遞延所得稅負債、實收資本、資本公積、其他綜合收益和盈餘公積等項目。

2. 根據總帳科目的餘額計算填列

（1）貨幣資金：應根據「庫存現金」「銀行存款」和「其他貨幣資金」科目的期末餘額合計數填列。

（2）存貨：反應企業期末在庫、在途和在加工中的各項存貨的可變現價值。存貨應根據「材料採購」「在途物資」「原材料」「庫存商品」「發出商品」「委託加工物資」「委託代銷商品」「週轉材料」「生產成本」等科目的期末借方餘額合計，減去「存貨跌價準備」「受託代銷商品款」科目期末貸方餘額後的金額填列。材料採用計劃成本核算，以及庫存商品採用計劃成本核算或者售價核算的企業，還應加或減材料成本差異、商品進銷差價後的金額填列。

（3）持有待售資產：應根據「持有待售資產」科目期末餘額填列，已計提減值準備的，還應扣減相應的減值準備。

（4）長期股權投資：反應企業不準備在一年內變現的各種股權性質的投資的可收回金額。長期股權投資應根據「長期股權投資」科目的借方餘額，減去「長期股權投資減值準備」科目的期末貸方餘額後填列。

（5）固定資產：反應資產負債表日企業固定資產的期末帳面價值和企業尚未清理完畢的固定資產清理淨損益。該項目應根據「固定資產」科目的期末餘額，減去「累計折舊」

和「固定資產減值準備」科目的期末餘額後的金額,以及「固定資產清理」科目的期末餘額填列。

(6)在建工程:反應資產負債表日企業尚未達到預定可使用狀態的在建工程的期末帳面價值和企業為在建工程準備的各種物資的期末帳面價值。該項目應根據「在建工程」科目的期末餘額,減去「在建工程減值準備」科目的期末餘額後的金額,以及「工程物資」科目的期末餘額,減去「工程物資減值準備」科目的期末餘額後的金額填列。

(7)使用權資產:反應企業資產負債表日承租人企業持有的使用權資產的期末帳面價值。該項目應根據「使用權資產」科目的期末餘額,減去「使用權資產累計折舊」和「使用權資產減值準備」科目的期末餘額後的金額填列。

(8)以成本模式計量的投資性房地產、無形資產:反應企業投資性房地產、無形資產期末可收回的金額。該項目應根據相關科目期末餘額,扣減相關的累計折舊(或攤銷、折耗)、已計提的減值準備填列。

(9)長期應收款:應根據「長期應收款」的期末餘額,減去相應的「未確認融資收益」科目期末餘額後的金額填列,若已計提壞帳準備,應減去相應壞帳準備後的金額填列。

(10)其他應付款:應根據「應付利息」「應付股利」和「其他應付款」科目的期末餘額合計數填列。

(11)未分配利潤:反應企業尚未分配的利潤。該項目應根據「本年利潤」科目期末餘額,加上「利潤分配」科目的期末餘額後的金額填列。未分配利潤若為借方餘額,為未彌補的虧損,在本項目中以「-」數填列。

3. 根據有關科目所屬明細科目餘額分析填列

(1)交易性金融資產:反應資產負債表日企業分類為以公允價值計量且其變動計入當期損益的金融資產,以及企業持有的直接指定為以公允價值計量且其變動計入當期損益的金融資產的期末帳面價值。該項目應根據「交易性金融資產」科目的相關明細科目期末餘額分析填列。自資產負債表日起,超過一年到期且預期持有超過一年的以公允價值計量且其變動計入當期損益的非流動金融資產的期末帳面價值,在「其他非流動金融資產」行項目反應。

(2)預付款項:應根據「預付帳款」和「應付帳款」科目所屬的相關明細科目的期末借方餘額合計數,減去「壞帳準備」科目中有關預付帳款壞帳準備期末餘額後的金額填列。

(3)應付帳款:反應資產負債表日企業因購買材料、商品和接受服務等經營活動應支付的款項。該項目應根據「應付帳款」和「預付帳款」科目所屬的相關明細科目的期末貸方餘額合計數填列。

(4)預收款項:應根據「預收帳款」和「應收帳款」科目所屬的相關明細科目的期末貸方餘額合計數填列。

(5)應交稅費:應根據「應交稅費」所屬明細帳的貸方餘額合計數填列,如「應交

稅費」科目期末為借方餘額，應以「-」填列。需要說明的是，「應交稅費」科目下的「應交增值稅」「未交增值稅」「待抵扣進項稅額」「待認證進項稅額」「增值稅留抵稅額」等明細科目期末借方餘額應根據情況，在「其他流動資產」或「其他非流動資產」項目列示（根據期限長短）；「應交稅費」科目下的「待轉銷項稅額」等科目貸方餘額應根據情況，在「其他流動負債」或「其他非流動負債」項目列示。

（6）長期應付款：反應資產負債表日企業除長期借款和應付債券以外的其他各種長期應付款項的期末帳面價值。該項目應根據「長期應付款」科目的期末餘額，減去相關的「未確認融資費用」科目的期末餘額後的金額填列。

（7）租賃負債：反應資產負債表日承租人企業尚未支付的租賃付款額的期末帳面價值。該項目根據「租賃負債」科目的期末餘額填列。自資產負債表日起一年內到期應予以清償的租賃負債的期末帳面價值，在「一年內到期的非流動負債」項目中反應。

4. 根據總帳科目和明細科目餘額分析計算填列

（1）應收票據：反應資產負債表日以攤餘成本計量的企業因銷售商品、提供服務等經營活動收到的商業匯票，包括銀行承兌匯票和商業承兌匯票。該項目應根據「應收票據」科目的期末餘額，減去「壞帳準備」科目中有關應收票據壞帳準備期末餘額後的金額填列。

（2）應收帳款：反應資產負債表日以攤餘成本計量的、企業因銷售商品、提供服務等經營活動應收取的款項。該項目應根據「應收帳款」科目的期末餘額，減去「壞帳準備」科目中有關應收帳款壞帳準備期末餘額後的金額填列。如果「應收帳款」所屬明細科目期末為貸方餘額，應在本表「預收帳款」項目內填列。

（3）其他應收款：反應企業除應收帳款、應收票據、預付帳款等經營活動以外的其他各種應收、暫付款項。本項目應根據「應收利息」「應收股利」和「其他應收款」科目的期末餘額合計數，減去「壞帳準備」科目中有關其他應收款壞帳準備期末餘額後的金額填列。其中的「應收利息」僅反應金融工具已到期可收取，但於資產負債表日尚未收到的利息。基於實際利率法計提的金融工具的利息應包含在相應金融工具的帳面餘額中。

（4）合同資產、合同負債：企業應按照《企業會計準則第14號——收入》（2017年修訂）的相關規定根據本企業履行履約義務與客戶付款之間的關係在資產負債表中列示合同資產或合同負債。「合同資產」項目、「合同負債」項目，應分別根據「合同資產」科目、「合同負債」科目的相關明細科目期末餘額分析填列。同一合同下的合同資產和合同負債應當以淨額列示，其中淨額為借方餘額的，應當根據其流動性在「合同資產」或「其他非流動資產」項目中填列，已計提減值準備的，還應減去「合同資產減值準備」科目中相關的期末餘額後的金額填列；其中淨額為貸方餘額的，應當根據其流動性在「合同負債」或「其他非流動負債」項目中填列。

（5）債權投資：反應資產負債表日企業以攤餘成本計量的長期債權投資的期末帳面價值。該項目應根據「債權投資」科目的相關明細科目期末餘額，減去「債權投資減值準備」科目中相關減值準備的期末餘額後的金額分析填列。自資產負債表日起一年內到期的

長期債權投資的期末帳面價值，在「一年內到期的非流動資產」行項目反應。企業購入的以攤餘成本計量的一年內到期的債權投資的期末帳面價值，在「其他流動資產」行項目反應。

（6）其他債權投資：反應資產負債表日企業分類為以公允價值計量且其變動計入其他綜合收益的長期債權投資的期末帳面價值。該項目應根據「其他債權投資」科目的相關明細科目期末餘額分析填列。自資產負債表日起一年內到期的長期債權投資的期末帳面價值，在「一年內到期的非流動資產」行項目反應。企業購入的以公允價值計量且其變動計入其他綜合收益的一年內到期的債權投資的期末帳面價值，在「其他流動資產」行項目反應。

（7）長期待攤費用：反應企業尚未攤銷的攤銷期限在一年以上的各項費用。該項目應根據「長期待攤費用」科目期末餘額減去將於一年內攤銷的數額後的金額填列。長期待攤費用中將於一年內攤銷的部分，應在本表「一年內到期的非流動負債」項目內填列。

（8）長期借款：反應企業借入尚未歸還的一年期以上的借款本息。根據「長期借款」科目的期末餘額減去將於一年內到期本息後的餘額填列。將於一年以內到期的長期借款部分，合併在本表「一年內到期的非流動負債」項目內填列。

（9）應付債券：反應企業發行的尚未償還的各種長期債券的本息。根據「應付債券」科目的期末餘額減去將於一年內到期債券本息後的餘額填列。將於一年以內到期的應付債券本息，合併在「一年內到期的非流動負債」項目內填列。

四、資產負債表的編製舉例

【實務 17-1】沙沙門業公司 2018 年 12 月 31 日的資產負債表（年初餘額略）及 2019 年 12 月 31 日的科目餘額表分別見表 17-1 和表 17-2，假設沙沙門業公司 2019 年度除計提固定資產減值準備導致固定資產帳面價值與其計稅基礎存在可抵扣暫時性差異外，其他資產和負債項目的帳面價值均等於其計稅基礎。假定該公司未來很可能獲得足夠的應納稅所得額用來抵扣可抵扣暫時性差異，適用的所得稅稅率為 25%。

表 17-1　資產負債表　　　　　　　　　　　會企 01 表

編製單位：沙沙門業公司　　2018 年 12 月 31 日　　　　　　　單位：元

資　　產	期末餘額	年初餘額	負債及所有者權益（或股東權益）	期末餘額	年初餘額
流動資產：			流動負債：		
貨幣資金	1,406,300		短期借款	300,000	
交易性金融資產	15,000		交易性金融負債		
衍生金融資產			衍生金融負債		
應收票據			應付票據		
應收帳款	545,100		應付帳款	1,153,800	

表17-1(續)

資　　　　產	期末餘額	年初餘額	負債及所有者權益 (或股東權益)	期末餘額	年初餘額
應收款項融資			預收款項		
預付款項	100,000		合同負債		
其他應收款	5,000		應付職工薪酬	110,000	
存貨	2,580,000		應交稅費	36,600	
合同資產			其他應付款	51,000	
持有待售資產			持有待售負債		
一年內到期的非流動資產			一年內到期的非流動負債	1,000,000	
其他流動資產	100,000		其他流動負債		
流動資產合計	4,751,400		流動負債合計	2,651,400	
非流動資產：			非流動負債：		
債權投資			長期借款	600,000	
其他債權投資			應付債券		
長期應收款			其中：優先股		
長期股權投資	250,000		永續債		
其他權益工具投資			租賃負債		
其他非流動金融資產			長期應付款		
投資性房地產			預計負債		
固定資產	1,100,000		遞延收益		
在建工程	1,500,000		遞延所得稅負債		
生產性生物資產			其他非流動負債		
油氣資產			非流動負債合計	600,000	
使用權資產			負債合計	3,251,400	
無形資產	600,000		所有者權益(或股東權益)：		
開發支出			實收資本（或股本）	5,000,000	
商譽			其他權益工具		
長期待攤費用			其中：優先股		
遞延所得稅資產			永續債		
其他非流動資產	200,000		資本公積		
非流動資產合計	3,650,000		減：庫存股		
			其他綜合收益		
			專項儲備		
			盈餘公積	100,000	

表17-1(續)

資　　產	期末餘額	年初餘額	負債及所有者權益（或股東權益）	期末餘額	年初餘額
			未分配利潤	50,000	
			所有者權益（或股東權益）合計	5,150,000	
資產總計	8,401,400		負債和所有者權益（或股東權益）總計	8,401,400	

表 17-2　科目餘額表　　　　　　　　　單位：元

帳戶名稱	借方餘額	帳戶名稱	貸方餘額
庫存現金	2,000	短期借款	50,000
銀行存款	786,135	應付票據	100,000
其他貨幣資金	7,300	應付帳款	953,800
交易性金融資產		其他應付款	50,000
應收票據	66,000	應付職工薪酬	180,000
應收帳款	600,000	應交稅費	226,731
壞帳準備	-1,800	應付利息	
預付帳款	100,000	應付股利	32,215.85
其他應收款	5,000	一年內到期的非流動負債	
材料採購	275,000	長期借款	1,160,000
原材料	45,000	實收資本	5,000,000
週轉材料	38,050	盈餘公積	124,770.40
庫存商品	2,122,400	未分配利潤	190,717.75
材料成本差異	4,250		
其他流動資產	90,000		
長期股權投資	250,000		
固定資產	2,401,000		
累計折舊	-170,000		
固定資產減值準備	-30,000		
工程物資	150,000		
在建工程	578,000		
無形資產	600,000		
累計攤銷	-60,000		

表17-2(續)

帳戶名稱	借方餘額	帳戶名稱	貸方餘額
遞延所得稅資產	9,900		
其他非流動資產	200,000		
合計	8,068,235	合計	8,068,235

根據上述資料，編製沙沙門業2019年12月31日的資產負債表如表17-3所示。

表17-3 資產負債表　　　　　　　　　　　　　會企01表

編製單位：沙沙門業　　　　　2019年12月31日　　　　　　　　單位：元

資　產	期末餘額	年初餘額	負債及所有者權益 （或股東權益）	期末餘額	年初餘額
流動資產：			流動負債：		
貨幣資金	795,435	1,406,300	短期借款	50,000	300,000
交易性金融資產		15,000	交易性金融負債		
衍生金融資產			衍生金融負債		
應收票據	66,000		應付票據	100,000	
應收帳款	598,200	545,100	應付帳款	953,800	1,153,800
預付款項	100,000	100,000	預收款項		
其他應收款	5,000	5,000	合同負債		
存貨	2,484,700	2,580,000	應付職工薪酬	180,000	110,000
合同資產			應交稅費	226,731	36,600
持有待售資產			其他應付款	82,215.85	51,000
一年內到期的非流動資產			持有待售負債		
其他流動資產	90,000	100,000	一年內到期的非流動負債		1,000,000
流動資產合計	4,139,335	4,751,400	其他流動負債		
非流動資產：			流動負債合計	1,592,746.85	2,651,400
債權投資			非流動負債：		
其他債權投資			租賃負債		
長期應收款			長期借款	1,160,000	600,000
長期股權投資	250,000	250,000	應付債券		
其他權益工具投資			其中：優先股		
其他非流動金融資產			永續債		
投資性房地產			長期應付款		
固定資產	2,201,000	1,100,000	預計負債		
在建工程	728,000	1,500,000	遞延收益		
生產性生物資產			遞延所得稅負債		

表17-3(續)

資　產	期末餘額	年初餘額	負債及所有者權益 (或股東權益)	期末餘額	年初餘額
使用權資產			其他非流動負債		
油氣資產			非流動負債合計	1,160,000	600,000
無形資產	540,000	600,000	負債合計	2,752,746.85	3,251,400
開發支出			所有者權益(或股東權益)：		
商譽			實收資本（或股本）	5,000,000	5,000,000
長期待攤費用			其他權益工具		
遞延所得稅資產	9,900		其中：優先股		
其他非流動資產	200,000	200,000	永續債		
非流動資產合計	3,928,900	3,650,000	資本公積		
			減：庫存股		
			其他綜合收益		
			盈餘公積	124,770.4	100,000
			未分配利潤	190,717.75	50,000
			所有者權益（或股東權益）合計	5,315,488.15	5,150,000
資產總計	8,068,235	8,401,400	負債和所有者權益（或股東權益）總計	8,068,235	8,401,400

任務三　利潤表

一、利潤表的概念

利潤表又稱損益表、收益表，是指反應企業在一定會計期間經營成果的報表。它是根據「收入－費用＝利潤」的會計等式設計的，屬於動態報表。信息使用者通過利潤表，可以瞭解企業的經營成果以及盈虧形成情況、瞭解資本的保值增值情況，借以評價企業管理者的經營業績；通過對不同時期報表數據的對比，進行企業獲利能力分析，借以預測企業的未來收益能力及發展趨勢。

二、利潤表的格式

利潤表包括單步式和多步式兩種格式。單步式利潤表，是將企業本期發生的全部收入和全部支出相抵計算企業損益；多步式利潤表，是按照企業利潤形成環節，按照營業利潤、利潤總額、淨利潤和每股收益的順序來分步計算財務成果，從而詳細地揭示企業的利潤形成過程和主要因素。

中國企業會計準則規定，利潤表採用多步式。

三、利潤表的結構

利潤表一般包括表首、正表兩部分。其中，表首概括說明報表名稱、編製單位、編製日期、報表編號、貨幣名稱和計量單位。

在利潤表中，收入按照重要性程度列示，主要包括營業收入、其他收益、投資收益、公允價值變動淨收益和資產處置收益、營業外收入；費用則按照性質列示，並與相關收入相配比，主要包括營業成本、稅金及附加、銷售費用、管理費用、研發費用、財務費用、資產減值損失、信用減值損失、營業外支出和所得稅費用等；利潤則按照形成過程列示，依次是營業利潤、利潤總額、淨利潤和每股收益。

多步式利潤表按照四個步驟計算最終成果，即：

第一步，從營業收入出發，減去營業成本、稅金及附加、銷售費用、管理費用、研發費用、財務費用、資產減值損失和信用減值損失，再加上其他收益、投資收益、公允價值變動淨收益和資產處置收益，確定營業利潤。

第二步，從營業利潤開始，加上營業外收入，減去營業外支出，確定利潤總額。

第三步，在利潤總額的基礎上，扣除所得稅費用後，確定企業的淨利潤。

第四步，以淨利潤（或淨虧損）和其他綜合收益為基礎，計算綜合收益總額。

第五步，以綜合收益總額為基礎，計算每股收益。

四、利潤表的編製說明

利潤表中的「上期金額」欄內各項數字，應根據上期利潤表的「本期金額」欄所列各項目數字填列。如果上期利潤表規定的各項目的名稱和內容與本期不相一致，應對上期利潤表各項目的名稱和數字按本期規定進行調整，填入本表的「上期金額」欄內。

利潤表「本期金額」各項目的內容及填列方法說明如下：

（1）營業收入：反應企業經營主要業務和其他業務所確認的收入總額。應根據「主營業務收入」和「其他業務收入」科目的發生額之和填列。

（2）營業成本：反應企業經營主要業務和其他業務發生的實際成本，應根據「主營業務成本」和「其他業務成本」科目的發生額之和填列。

（3）稅金及附加：反應企業經營業務應負擔的消費稅、城市維護建設稅、資源稅、印花稅、教育費附加和地方教育費附加、城鎮土地使用稅、房產稅、車船稅等相關稅費。應根據「稅金及附加」科目的發生額填列。

（4）銷售費用：反應企業在銷售商品及商品流通企業在購入商品等過程中發生的費用。該項目應根據「銷售費用」科目的發生額填列。

（5）管理費用：反應企業發生的管理費用。應根據「管理費用」科目的發生額分析填列。(「管理費用」科目下的「研發費用」明細科目發生額不在本項目填列)

（6）研發費用：反應企業進行研究與開發過程中發生的費用化支出。該項目應根據

「管理費用」科目下的「研發費用」明細科目的發生額分析填列。

（7）財務費用：反應企業發生的財務費用。財務費用中的利息費用，反應企業為籌集生產經營所需資金等而發生的應予費用化的利息支出。利息收入，反應企業確認的利息收入。該項目應根據「財務費用」科目的發生額填列。

（8）資產減值損失：反應企業計提和發生的各類資產減值損失。該項目應根據「資產減值損失」科目的發生額填列。

（9）信用減值損失：反應企業按照《企業會計準則第22號——金融工具確認和計量》（2017年修訂）的要求計提的各項金融工具減值準備所形成的預期信用損失。該項目應根據「信用減值損失」科目的發生額分析填列。

（10）其他收益：反應計入其他收益的政府補助等。該項目應根據「其他收益」科目的發生額分析填列。

（11）投資收益：反應企業以各種方式對外投資所取得的收益。該項目應根據「投資收益」科目的發生額分析填列，如為投資損失，以「-」號填列。

（12）淨敞口套期收益：反應淨敞口套期下被套期項目累計公允價值變動轉入當期損益的金額或現金流量套期儲備轉入當期損益的金額。該項目應根據「淨敞口套期損益」科目的發生額分析填列；如為套期損失，以「-」號填列。

（13）公允價值變動收益：反應企業各種以公允價值為計量的資產在持有期間因公允價值變動而形成的收益。如果是淨損失，則以「-」填列。

（14）資產處置收益：反應企業出售劃分為持有待售的非流動資產（金融工具、長期股權投資和投資性房地產除外）或處置組（子公司和業務除外）時確認的處置利得或損失，以及處置未劃分為持有待售的固定資產、在建工程、生產性生物資產及無形資產而產生的處置利得或損失。債務重組中因處置非流動資產產生的利得或損失和非貨幣性資產交換中換出非流動資產產生的利得或損失也包括在本項目內。該項目應根據「資產處置損益」科目的發生額分析填列；如為處置損失，以「-」號填列。

（15）營業利潤：反應企業實現的營業利潤。如為虧損，則以「-」列示。

（16）營業外收入：反應企業發生的除營業利潤以外的收益，主要包括債務重組利得、與企業日常活動無關的政府補助、盤盈利得、捐贈利得（企業接受股東或股東的子公司直接或間接的捐贈，經濟實質屬於股東對企業的資本性投入的除外）等。該項目應根據「營業外收入」科目的發生額分析填列。

（17）營業外支出：反應企業發生的除營業利潤以外的支出，主要包括債務重組損失、公益性捐贈支出、非常損失、盤虧損失、非流動資產毀損報廢損失等。該項目應根據「營業外支出」科目的發生額分析填列。

（18）利潤總額：反應企業實現的利潤總額。如為虧損則以「-」列示。

（19）所得稅費用：反應企業根據所得稅準則確認的應從當期利潤總額中扣除的所得稅費用。應根據「所得稅費用」科目的發生額填列。

（20）淨利潤：反應企業實現的淨利潤。如為虧損則以「-」列示。

五、利潤表的編製舉例

【實務 17-2】沙沙門業公司 2019 年度有關損益類科目本年累計發生淨額見表 17-4。

表 17-4　沙沙門業公司損益帳戶累計發生淨額　　　　　　　單位：元

帳戶名稱	借方發生額	貸方發生額
主營業務收入		1,250,000
主營業務成本	750,000	
稅金及附加	2,000	
銷售費用	20,000	
管理費用	157,100	
其中：研發費用		
財務費用	41,500	
資產減值損失	30,900	
投資收益		31,500
營業外收入		50,000
營業外支出	19,700	
所得稅費用	112,596	

根據以上資料，編製沙沙門業公司 2019 年度利潤表如表 17-5 所示。

表 17-5　利潤表　　　　　　　　　　　　　　　　企會 02 表

編製單位：沙沙門業公司　　　　　　　　　　　　　　單位：元

項　　目	本期金額	上期金額
一、營業收入	1,250,000	（略）
減：營業成本	750,000	
稅金及附加	2,000	
銷售費用	20,000	
管理費用	157,100	
研發費用		
財務費用	41,500	
其中：利息費用		
利息收入		
資產減值損失	30,900	
信用減值損失		
加：其他收益		

表17-5(續)

項　　目	本期金額	上期金額
投資收益（損失以「-」號填列）	31,500	
其中：對聯營企業和合營業的投資收益	0	
淨敞口套期收益（損失以「-」號填列）		
公允價值變動收益（損失以「-」號填列）		
資產處置收益（損失以「-」號填列）		
二、營業利潤（虧損以「-」號填列）	280,000	
加：營業外收入	50,000	
減：營業外支出	19,700	
三、利潤總額（虧損總額以「-」號填列）	310,300	
減：所得稅費用	112,596	
四、淨利潤（淨虧損以「-」號填列）	197,704	
（一）持續經營淨利潤（淨虧損以「-」填列）		
（二）終止經營淨利潤（淨虧損以「-」填列）		
五、其他綜合收益的稅後淨額		
（一）以後不能重分類進損益的其他綜合收益		
（二）將重分類進損益的其他綜合收益		
六、綜合收益總額	197,704	
七、每股收益		
其中：基本每股收益		
稀釋每股收益		

任務四　現金流量表

一、現金流量表及其意義

現金流量表是以現金為基礎編製的反應企業在一定會計期間的現金及現金等價物（簡稱為現金）的流入和流出信息的會計報表，屬於動態報表。

現金流量表的作用主要表現在：

（1）提供企業的現金流量信息，有助於使用者評估企業的償還債務能力和對所有者分配股利及利潤的能力。

現金流量表反應企業經營活動、投資活動和籌資活動等所引起的現金流動情況，包括現金流入量、現金流出量和現金淨流量等情況，從而有利於報表閱讀者對該企業的償債能

力和支付能力的瞭解。企業的償債能力和支付能力直接取決於企業可用於支付的資產以及能夠迅速轉化為支付能力的資產數額。現金資產項目是決定一個企業償債能力和支付能力大小及其變化的關鍵，企業的現金數額越大，現金淨流量越多，其償債能力和支付能力就越強。所以現金流量表可以提供真實的企業償債能力和支付能力信息。

（2）提供一個企業的現金流量信息，有助於確定淨利潤與相關的現金收支產生差異的原因，評價企業的經營質量和真實的盈利能力。

利潤表提供的淨利潤是在權責發生制基礎上確定的，不能提供經營活動引起的現金流入和現金流出信息，不是企業具體已收到的現金利潤和收益；而現金流量表反應經營活動所實際產生的淨現金流量，並在補充資料部分將企業的淨利潤與經營活動現金淨流量進行比較和調整，可以看出差異及差異發生的原因。所以現金流量表有助於確定淨利潤與相關的現金收支產生差異的原因，評價企業真實的盈利能力。

（3）提供一個企業的現金流量信息，能更好地幫助投資者、債權人和其他人士評價企業未來獲取現金流量的能力。

現金流量表所反應的現金流量包括經營活動的現金流量、投資活動的現金流量和籌資活動的現金流量三部分內容，但在這三項內容中，經營活動的現金流量在本質上是最主要的，並具有較強的再生性，對企業未來現金流量具有極大的預測價值。在企業全部現金流量中，營業活動的現金流量占比越大，企業未來現金流量就越穩定，現金流量的質量就越高。可以根據現金流量表所提供的現金流量信息直接預測企業未來的現金流量，從而預測企業未來獲取現金的能力。

（4）提供一個企業的現金流量信息，能夠恰當地評估當期的現金與非現金投資和理財事項對企業財務狀況的影響。

現金流量表提供一定時期現金流入和流出的動態財務信息，顯示企業在報告期內由經營活動、投資活動和籌資活動獲得多少現金和現金等價物，以及企業是如何運用這些現金的，揭示企業理財活動對企業資產、負債、所有者權益的影響及影響程度。使報表使用者能夠恰當地評估當期的現金與非現金投資和理財事項對企業財務狀況的影響。

現金流量表的編製基礎是現金及現金等價物。現金，是指企業庫存現金以及可以隨時用於支付的存款等，具體包括現金、銀行存款和其他貨幣資金等。現金等價物，是指企業持有的期限短（通常為3個月以內）、流動性強、易於轉換為已知金額現金、價值變動風險很小的投資，通常不包括股票投資。

二、現金流量的分類

現金流量是指現金和現金等價物的流入和流出，可以分為三類，即經營活動產生的現金流量、投資活動產生的現金流量和籌資活動產生的現金流量。

（一）經營活動產生的現金流量

經營活動是指企業投資活動和籌資活動以外的所有交易和事項，包括銷售商品或提供勞務、購買商品或接受勞務、收到的稅費返還、支付職工薪酬、支付的各項稅費、支付廣

告費用等。

（二）投資活動產生的現金流量

投資活動是指企業長期資產的購建和不包括在現金等價物範圍內的投資及其處置活動，包括取得和收回投資、購建和處置固定資產、購買和處置無形資產等。

（三）籌資活動產生的現金流量

籌資活動是指導致企業資本及債務規模和構成發生變化的活動，包括發行股票或接受投入資本、分派現金股利、取得和償還銀行借款、發行和償還公司債券等。

三、現金流量表的填列方法

現金流量表主表中各項目的確定，可通過以下途徑取得：

（1）根據本期發生的影響現金流量的經濟業務確定。

（2）調整法：根據本期發生的全部經濟業務，通過對利潤表和資產負債表中的全部項目進行調整編製現金流量表。

（一）經營活動產生的現金流量

（1）「銷售商品、提供勞務收到的現金」項目。

銷售商品、提供勞務收到的現金＝當期銷售商品、提供勞務收到的現金＋當期收回前期的應收帳款和應收票據＋當期預收的款項－當期銷售退回支付的現金＋當期收回前期核銷的壞帳損失

「銷售商品、提供勞務收到的現金」項目，反應企業銷售商品、提供勞務實際收到的現金（含銷售收入和應向購買者收取的增值稅額），主要包括：本期銷售商品和提供勞務本期收到的現金，前期銷售商品和提供勞務本期收到的現金，本期預收的商品款和勞務款等，本期發生銷貨退回而支付的現金應從銷售商品或提供勞務收入款項中扣除。

銷售商品、提供勞務收到的現金＝銷售商品、提供勞務產生的「收入和增值稅銷項稅額」＋應收帳款本期減少額（期初餘額－期末餘額）＋應收票據本期減少額（期初餘額－期末餘額）＋預收款項本期增加額（期末餘額－期初餘額）±特殊調整業務

【實務17-3】某企業2019年度有關報表資料如下：①應收帳款項目：年初數140萬元，年末數130萬元。②預收款項項目：年初數80萬元，年末數90萬元。③主營業務收入6,000萬元。④應交稅費——應交增值稅（銷項稅額）780萬元。⑤其他有關資料如下：本期計提壞帳準備5萬元（該企業採用備抵法核算壞帳損失），本期發生壞帳回收2萬元，收到客戶用11.3萬元商品（貨款10萬元，增值稅1.3萬元）抵償前欠帳款12萬元。

銷售商品、提供勞務收到的現金＝（6,000+780）＋（140-130）＋（90-80）-5-12＝6,783萬元。

值得說明的是，若題目中的資料給定的是「應收帳款」的餘額，而不是報表中「應收帳款」項目的餘額，則在計算「銷售商品、提供勞務收到的現金」項目金額時，應將「本期發生的壞帳回收」作為加項處理，將本期實際發生的壞帳作為減項處理，本期計提

或衝回的「壞帳準備」不需做特殊處理。

（2）收到的稅費返還。

該項目反應企業收到返還的各種稅費，包括收到返還的增值稅、消費稅、關稅、所得稅、教育費附加等。本項目可以根據「庫存現金」「銀行存款」「營業外收入」「其他應收款」等科目的記錄分析填列。

（3）收到的其他與經營活動有關的現金。

（4）「購買商品、接受勞務支付的現金」項目。

「購買商品、接受勞務支付的現金」項目，反應企業購買商品、接受勞務支付的現金（包括支付的增值稅進項稅額），主要包括：本期購買商品接受勞務本期支付的現金，本期支付前期購買商品、接受勞務的未付款項和本期預付款項。本期發生購貨退回而收到的現金應從購買商品或接受勞務支付的款項中扣除。

購買商品、接受勞務支付的現金＝購買商品、接受勞務產生的「銷售成本和增值稅進項稅額」＋應付票據及應付帳款本期減少額（期初餘額－期末餘額）＋預付款項本期增加額（期末餘額－期初餘額）＋存貨本期增加額（期末餘額－期初餘額）±特殊調整業務

【實務 17-4】某企業 2019 年度有關資料如下：①應付帳款項目：年初數 140 萬元，年末數 130 萬元。②預付款項項目：年初數 80 萬元，年末數 90 萬元。③存貨項目的年初數為 100 萬元，年末數為 80 萬元。④主營業務成本 4,000 萬元。⑤應交稅費——應交增值稅（進項稅額）600 萬元。⑥其他有關資料如下：用固定資產償還應付帳款 10 萬元，生產成本中直接工資項目含有本期發生的生產工人工資費用 100 萬元，本期製造費用發生額為 60 萬元（其中消耗的物料為 5 萬元），工程項目領用的本企業產品 10 萬元。

購買商品、接受勞務支付的現金＝（4,000+600）+（140-130）+（90-80）+（80-100）-（10+100+55）+10＝4,445 萬元。

（5）支付給職工以及為職工支付的現金。

這裡不包括支付給離退休人員的各項費用及支付給在建工程人員的工資及其他費用。

【實務 17-5】某企業 2019 年度職工薪酬有關資料如表 17-6 所示：

表 17-6　某企業 2019 年度職工薪酬有關資料　　　　　　　　　　　單位：元

項　　目		年初數	本期分配或計提數	期末數
應付職工薪酬	生產工人工資	100,000	1,000,000	80,000
	車間管理人員工資	40,000	500,000	30,000
	行政管理人員工資	60,000	800,000	45,000
	在建工程人員工資	20,000	300,000	15,000

本期用銀行存款支付離退休人員工資 500,000 元。假定應付職工薪酬本期減少數均以銀行存款支付，應付職工薪酬為貸方餘額。假定不考慮其他事項。

要求計算：

①支付給職工以及為職工支付的現金。
②支付的其他與經營活動有關的現金。
③購建固定資產、無形資產和其他長期資產所支付的現金。
分析：①支付給職工以及為職工支付的現金＝（100,000+40,000+60,000）+（1,000,000+500,000+800,000）-（80,000+30,000+45,000）＝ 2,345,000元。
②支付的其他與經營活動有關的現金＝500,000元。
③購建固定資產、無形資產和其他長期資產所支付的現金＝20,000+300,000-15,000＝305,000元。

（6）支付的各項稅費。

支付的各項稅費不包括計入固定資產價值的實際支付的耕地占用稅，也不包括本期退回的增值稅、所得稅。

【實務17-6】某企業2019年有關資料如下：①2019年利潤表中的所得稅費用為500,000元（均為當期應交所得稅產生的所得稅費用）。②「應交稅費——應交所得稅」科目年初數為20,000元，年末數為10,000元。假定不考慮其他稅費。

要求：根據上述資料，計算「支付的各項稅費」項目的金額。
支付的各項稅費＝ 20,000+500,000-10,000 ＝510,000（元）

（7）支付的其他與經營活動有關的現金。

該項目反應企業除上述各項外所支付的其他與經營活動有關的現金，如經營租賃支付的租金、支付的罰款、差旅費、業務招待費、保險費等。本項目可以根據「管理費用」「庫存現金」「銀行存款」等科目的記錄分析填列。

【實務17-7】甲公司2019年度發生的管理費用為2,200萬元，其中：以現金支付退休職工統籌退休金350萬元和管理人員工資950萬元，存貨盤虧損失25萬元，計提固定資產折舊420萬元，無形資產攤銷200萬元，其餘均以現金支付。

要求：計算「支付的其他與經營活動有關的現金」項目的金額。
「支付的其他與經營活動有關的現金」項目的金額＝2,200-950-25-420-200＝605萬元。

（二）投資活動產生的現金流量

（1）收回投資收到的現金。

該項目反應企業出售、轉讓或到期收回除現金等價物以外的對其他企業的權益工具、債務工具和合營中的權益等投資收到的現金。收回債務工具實現的投資收益、處置子公司及其他營業單位收到的現金淨額不包括在本項目內。

【實務17-8】某企業2019年有關資料如下：①「交易性金融資產」科目本期貸方發生額為100萬元，「投資收益——轉讓交易性金融資產收益」貸方發生額為5萬元。②「長期股權投資」科目本期貸方發生額為200萬元，該項投資未計提減值準備，「投資收益——轉讓長期股權投資收益」貸方發生額為6萬元。假定轉讓上述投資均收到現金。

收回投資所收到的現金＝（100+5）+（200+6）＝ 311（萬元）

（2）取得投資收益所收到的現金。

該項目反應企業除現金等價物以外的對其他企業的權益工具、債務工具和合營中的權益投資分回的現金股利和利息等，不包括股票股利。本項目可以根據「庫存現金」「銀行存款」「投資收益」等科目的記錄分析填列。

（3）處置固定資產、無形資產和其他長期資產而收到的現金淨額。

注意：如所收回的現金淨額為負數，則在「支付的其他與投資活動有關的現金」項目反應。

（4）處置子公司及其他營業單位收到的現金淨額。

（5）收到的其他與投資活動有關的現金。

如收回購買股票和債券時，支付的已宣告但尚未領取的現金股利或已到付息期但尚未領取的債券利息。

（6）購建固定資產、無形資產和其他長期資產支付的現金。

注意：該項目不包括為購建固定資產而發生的借款利息資本化的部分，以及融資租入固定資產支付的租賃費。

（7）投資支付的現金。

（8）取得子公司及其他營業單位支付的現金淨額。

（9）支付的其他與投資活動有關的現金。

如企業購買股票和債券時，實際支付的價款中包含的已宣告但尚未領取的現金股利或已到付息期但尚未領取的債券利息。

（三）籌資活動產生的現金流量

（1）吸收投資收到的現金。

（2）取得借款收到的現金。

（3）收到的其他與籌資活動有關的現金。

（4）償還債務支付的現金。

該項目的現金只含本金，不含利息部分。

【實務17-9】某企業2019年度「短期借款」帳戶年初餘額為120萬元，年末餘額為140萬元；「長期借款」帳戶年初餘額為360萬元，年末餘額為840萬元。2015年借入短期借款240萬元，借入長期借款460萬元，長期借款年末餘額中包括確認的20萬元長期借款利息費用。除上述資料外，債權債務的增減變動均以貨幣資金結算。

要求計算：

①借款收到的現金。

②償還債務支付的現金。

分析：①借款收到的現金＝240+460＝700（萬元）

②償還債務支付的現金＝（120+240-140）+［360+460-（840-20）］＝220（萬元）

（5）分配股利、利潤和償付利息支付的現金。

該項目反應企業實際支付的現金股利、支付給其他投資單位的利潤或用現金支付的借

款利息、債券利息等。本項目可以根據「應付股利」「應付利息」「財務費用」「庫存現金」「銀行存款」等科目的記錄分析填列。

【實務 17-10】某企業 2019 年度「財務費用」帳戶借方發生額為 40 萬元，均為利息費用。財務費用包括計提的長期借款利息 25 萬元，其餘財務費用均以銀行存款支付。「應付股利」帳戶年初餘額為 30 萬元，無年末餘額。除上述資料外，債權債務的增減變動均以貨幣資金結算。

要求計算：分配股利、利潤和償付利息支付的現金。

分析：分配股利、利潤和償付利息支付的現金 =（40-25）+30 = 45（萬元）

(6) 支付的其他與籌資活動有關的現金。

(四) 匯率變動對現金的影響額

將企業外幣現金流量及境外子公司的現金流量折算成記帳本位幣，外幣現金流量及境外子公司的現金流量，應當採用現金流量發生日的即期匯率，按照系統合理的方法確定的或與現金流量發生日即期匯率近似的匯率折算，匯率變動對現金的影響額應當作為調節項目在本行單獨列報。

(五) 現金流量表補充資料

淨利潤+使淨利潤減少的項目（不影響經營活動現金流量）-使淨利潤增加的項目（不影響經營活動現金流量）+使經營活動現金流量增加的項目（不影響淨利潤）-使經營活動現金流量減少的項目（不影響淨利潤）= 經營活動現金流量淨額

(1) 將淨利潤調節為經營活動現金流量。

①資產減值準備。

②固定資產折舊、油氣資產折耗、生產性生物資產折舊。

③無形資產攤銷。

④長期待攤費用攤銷。

⑤處置固定資產、無形資產和其他長期資產的損失。

⑥固定資產報廢損失。

⑦公允價值變動損失。

⑧財務費用（屬於投資活動或籌資活動的財務費用調增，與經營活動有關的財務費用不調整）。

⑨投資損失。

⑩遞延所得稅資產減少。

⑪遞延所得稅負債增加。

⑫存貨的減少。

⑬經營性應收項目的減少。

⑭經營性應付項目的增加。

(2) 不涉及現金收支的重大投資和籌資活動。

(3) 現金及現金等價物淨變動情況。

四、現金流量表的編製舉例

【實務 17-11】 沿用【實務 17-1】和【實務 17-2】，沙沙門業公司其他相關資料如下：
1. 2019 年度利潤表有關項目的明細資料如下：
（1）管理費用的組成：職工薪酬 17,100 元，無形資產攤銷 60,000 元，折舊費 20,000 元，支付其他費用 50,000 元。
（2）財務費用的組成：計提借款利息 21,500 元，支付應收票據貼現利息 20,000 元。
（3）資產減值損失的組成：計提壞帳準備 900 元，計提固定資產減值準備 30,000 元。上年年末壞帳準備餘額為 900 元。
（4）投資收益的組成：收到股息收入 30,000 元，與本金一起收回的交易性股票投資收益 500 元，自公允價值變動損益結轉投資收益 1,000 元。
（5）資產處置收益的組成：處置固定資產淨收益 50,000 元（其所處置固定資產原價為 400,000 元，累計折舊為 150,000 元，收到處置收入 300,000 元）。假定不考慮與固定資產處置有關的稅費。
（6）營業外支出的組成：報廢固定資產淨損失 19,700 元（其所報廢固定資產原價 200,000 元，累計折舊 180,000 元，支付清理費用 500 元，收到殘值收入 800 元）。
（7）所得稅費用的組成：當期所得稅費用為 122,496 元，遞延所得稅收益 9,900 元。
除上述項目外，利潤表中的銷售費用至期末尚未支付。
2. 資產負債表有關項目的明細資料如下：
（1）本期收回交易性股票投資本金 15,000 元、公允價值變動 1,000 元，同時實現投資收益 500 元。
（2）存貨中生產成本、製造費用的組成：職工薪酬 324,900 元，折舊費 80,000 元。
（3）應交稅費的組成：本期增值稅進項稅額 42,466 元，增值稅銷項稅額 212,500 元，已交增值稅 100,000 元；應交所得稅期末餘額為 20,097 元，應交所得稅期初餘額為 0。應交稅費期末數中應由在建工程負擔的部分為 100,000 元。
（4）應付職工薪酬的期初數無應付在建工程人員的部分，本期支付在建工程人員職工薪酬 200,000 元。應付職工薪酬的期末數中應付在建工程人員的部分為 28,000 元。
（5）應付利息均為短期借款利息，其中本期計提利息 11,500 元，支付利息 12,500 元。
（6）本期用現金購買固定資產 101,000 元，購買工程物資 150,000 元。
（7）本期用現金償還短期借款 250,000 元，償還一年內到期的長期借款 1,000,000 元；借入長期借款 400,000 元。

根據以上資料，採用分析填列的方法，編製沙沙門業公司 2019 年度的現金流量表。
沙沙門業公司 2019 年度現金流量表各項目金額，分析確定如下：
（1）銷售商品、提供勞務收到的現金 = 主營業務收入 + 應交稅費（應交增值稅 – 銷項稅額）+（應收票據年初餘額 – 應收票據期末餘額）+（應收帳款年初餘額 – 應收帳款期末餘額）–

當期計提的壞帳準備＝1,250,000＋212,500＋（0－66,000）＋（545,100－598,200－900）－20,000＝1,322,500（元）

（2）購買商品、接受勞務支付的現金＝主營業務成本＋應交稅費（應交增值稅——進項稅額）－（存貨年初餘額－存貨期末餘額）＋（應付票據年初餘額－應付票據期末餘額）＋（應付帳款年初餘額－應付帳款期末餘額）＋（預付帳款期末餘額－預付帳款年初餘額）－當期列入生產成本、製造費用的職工薪酬－當期列入生產成本、製造費用的折舊費和固定資產修理費＝750,000＋42,466－（2,580,000－2,484,700）＋（0－100,000）＋（1,153,800－953,800）＋（100,000－100,000）－324,900－80,000＝392,266（元）

（3）支付給職工以及為職工支付的現金＝生產成本、製造費用、管理費用中職工薪酬＋（應付職工薪酬年初餘額－應付職工薪酬期末餘額）－[應付職工薪酬（在建工程）年初餘額－應付職工薪酬（在建工程）期末餘額]＝324,900＋17,100＋（110,000－180,000）－（0－28,000）＝300,000（元）

（4）支付的各項稅費＝當期所得稅費用＋稅金及附加＋應交稅費（增值稅－已交稅金）－（應交所得稅期末餘額－應交所得稅期初餘額）＝122,496＋2,000＋100,000－（20,097－0）＝204,399（元）

（5）支付其他與經營活動有關的現金＝其他管理費用＋銷售費用＝50,000（元）

（6）收回投資收到的現金＝交易性金融資產貸方發生額＋與交易性金融資產一起收回的投資收益＝16,000＋500＝16,500（元）

（7）取得投資收益所收到的現金＝收到的股息收入＝30,000（元）

（8）處置固定資產收回的現金淨額＝300,000＋（800－500）＝300,300（元）

（9）購建固定資產支付的現金＝用現金購買的固定資產、工程物資＋支付給在建工程人員的薪酬＝101,000＋150,000＋200,000＝451,000（元）

（10）取得借款所收到的現金＝400,000（元）

（11）償還債務支付的現金＝250,000＋1,000,000＝1,250,000（元）

（12）償還利息支付的現金＝12,500（元）

（13）支付其他與籌資活動有關的現金＝20,000（元）

將淨利潤調節為經營活動現金流量各項目計算分析如下：

（1）資產減值準備＝900＋30,000＝30,900（元）

（2）固定資產折舊＝20,000＋80,000＝100,000（元）

（3）無形資產攤銷＝60,000（元）

（4）處置固定資產、無形資產和其他長期資產的損失（減：收益）＝－50,000（元）

（5）固定資產報廢損失＝19,700（元）

（7）投資損失（減：收益）＝－31,500（元）

（8）遞延所得稅資產減少＝0－9,900＝－9,900（元）

（9）存貨的減少＝2,580,000－2,484,700＝95,300（元）

（10）經營性應收項目的減少＝（246,000－66,000）＋（299,100＋900－598,200－1,800）＝

-120,000（元）

（11）經營性應付項目的增加 =（100,000-200,000）+（100,000-100,000）+[（180,000-28,000）-110,000]+[（226,731-100,000）-36,600]= 32,131（元）

根據上述數據，編製現金流量表（見表17-7）及其補充資料（見表17-8）。

表 17-7　現金流量表　　　　　　　　　　會企 03 表

編製單位：沙沙門業公司　　　2019 年　　　　　　　　　　單位：元

項　　目	本期金額	上期金額
一、經營活動產生的現金流量：		略
銷售商品、提供勞務收到的現金	1,322,500	
收到的稅費返還		
收到其他與經營活動有關的現金		
經營活動現金流入小計	1,322,500	
購買商品、接受勞務支付的現金	392,266	
支付給職工以及為職工支付的現金	300,000	
支付的各項稅費	204,399	
支付其他與經營活動有關的現金	50,000	
經營活動現金流出小計	946,665	
經營活動產生的現金流量淨額	375,835	
二、投資活動產生的現金流量		
收回投資收到的現金	16,500	
取得投資收益收到的現金	30,000	
處置固定資產、無形資產和其他長期資產收回的現金淨額	300,300	
處置子公司及其他營業單位收到的現金淨額		
收到其他與投資活動有關的現金		
投資活動現金流入小計	346,800	
購建固定資產、無形資產和其他長期資產支付的現金	451,000	
投資支付的現金		
取得子公司及其他營業單位支付的現金淨額		
支付其他與投資活動有關的現金		
投資活動現金流出小計	451,000	
投資活動產生的現金流量淨額	-104,200	
三、籌資活動產生的現金流量：		
吸收投資收到的現金		
取得借款收到的現金	400,000	
收到其他與籌資活動有關的現金		
籌資活動現金流入小計	400,000	

342

表17-7(續)

項　　目	本期金額	上期金額
償還債務支付的現金	1,250,000	
分配股利、利潤或償付利息支付的現金	12,500	
支付其他與籌資活動有關的現金	20,000	
籌資活動現金流出小計	1,282,500	
籌資活動產生的現金流量淨額	-882,500	
四、匯率變動對現金及現金等價物的影響	0	
五、現金及現金等價物淨增加額	-610,865	
加：期初現金及現金等價物餘額	1,406,300	
六、期末現金及現金等價物餘額	795,435	

表17-8　現金流量表補充資料

補充資料	本期金額	上期金額
1. 將淨利潤調節為經營活動現金流量：		略
淨利潤	197,704	
加：資產減值準備	30,900	
固定資產折舊、油氣資產折耗、生產性生物資產折舊	100,000	
無形資產攤銷	60,000	
長期待攤費用攤銷		
處置固定資產、無形資產和其他長期資產的損失（收益以「-」號填列）	-50,000	
固定資產報廢損失（收益以「-」號填列）	19,700	
公允價值變動損失（收益以「-」號填列）		
財務費用（收益以「-」號填列）	41,500	
投資損失（收益以「-」號填列）	-31,500	
遞延所得稅資產減少（增加以「-」號填列）	-9,900	
遞延所得稅負債增加（減少以「-」號填列）		
存貨的減少（增加以「-」號填列）	95,300	
經營性應收項目的減少（增加以「-」號填列）	-120,000	
經營性應付項目的增加（減少以「-」號填列）	32,131	
其他	10,000	
經營活動產生的現金流量淨額	375,835	
2. 不涉及現金收支的重大投資和籌資活動：		
債務轉為資本		
一年內到期的可轉換公司債券		

表17-8(續)

補充資料	本期金額	上期金額
融資租入固定資產		
3. 現金及現金等價物淨變動情況：		
現金的期末餘額	795,435	
減：現金的期初餘額	1,406,300	
加：現金等價物的期末餘額		
減：現金等價物的期初餘額		
現金及現金等價物淨增加額	-610,865	

任務五　所有者權益變動表

一、所有者權益變動表的內容及結構

　　所有者權益變動表，應當反應構成所有者權益的各組成部分當期的增減變動情況。當期損益、直接計入所有者權益的利得和損失，以及與所有者（或股東，下同）的資本交易導致的所有者權益的變動都應當分別列示。

　　所有者權益變動表至少應當單獨列示反應下列信息的項目：

　　（1）淨利潤；

　　（2）直接計入所有者權益的利得和損失項目及其總額；

　　（3）會計政策變更和差錯更正的累積影響金額；

　　（4）所有者投入資本和向所有者分配利潤等；

　　（5）按照規定提取的盈餘公積；

　　（6）實收資本（或股本）、資本公積、盈餘公積、未分配利潤的期初和期末餘額及其調節情況。

二、所有者權益變動表的填列方法

　　（一）所有者權益變動表項目的填列方法

　　所有者權益變動表各項目均需填列「本年金額」和「上年金額」兩欄。

　　1.「上年金額」欄的填寫

　　所有者權益變動表「上年金額」欄內各項數字，應根據上年度所有者權益變動表「本年金額」欄內所列數字填列。

　　2.「本年金額」欄的填寫

　　所有者權益變動表「本年金額」欄內各項數字，一般應根據「實收資本（或股本）」「資本公積」「其他綜合收益」「盈餘公積」「利潤分配」「庫存股」「以前年度損益調整」科

目的發生額分析填列。

(二) 所有者權益變動表主要項目說明

1.「上年年末餘額」項目

「上年年末餘額」項目,反應企業上年資產負債表中實收資本(或股本)、資本公積、庫存股、其他綜合收益、盈餘公積、未分配利潤的年末餘額。

2.「會計政策變更」「前期差錯更正」項目

「會計政策變更」「前期差錯更正」項目,分別反應企業採用追溯調整法處理的會計政策變更的累積影響金額和採用追溯調整重述法處理的會計差錯更正的累積影響金額。

3.「本年增減變動額」項目

(1)「綜合收益總額」項目,反應淨利潤和其他綜合收益扣除所得稅影響後的淨額相加後的合計金額。

(2)「所有者投入和減少資本」項目,反應企業當年所有者投入的資本和減少的資本。

①「所有者投入資本」項目,反應企業接受投資者投入形成的實收資本(或股本)和資本溢價或股本溢價,並對應列在「實收資本(或股本)」和「資本公積」欄。

②「其他權益工具持有者投入資本」項目,反應企業除發行的除普通股以外的歸類為權益工具的各種金融資產持有者投入的資本。

③「股份支付計入所有者權益的金額」項目,反應企業處於等待期中的權益結算的股份支付當年計入資本公積的金額,並對應列在「資本公積」欄。

(3)「利潤分配」下各項目,反應當年對所有者(或股東)分配的利潤(或股利)金額和按照規定提取的盈餘公積金額,並對應列在「未分配利潤」和「盈餘公積」欄。

①「提取盈餘公積」項目,反應企業按照規定提取的盈餘公積。

②「對所有者(或股東)的分配」項目,反應對所有者(或股東)分配的利潤(或股利)金額。

(4)「所有者權益內部結轉」下各項目,反應不影響當年所有者權益總額的所有者權益各組成部分之間當年的增減變動。

①「資本公積轉增資本(或股本)」項目,反應企業以資本公積轉增資本或股本的金額。

②「盈餘公積轉增資本(或股本)」項目,反應企業以盈餘公積轉增資本或股本的金額。

③「盈餘公積彌補虧損」項目,反應企業以盈餘公積彌補虧損的金額。

④「設定受益計劃變動額結轉留存收益」項目,反應企業設定受益計劃變動額結轉留存收益的金額。

⑤其他綜合收益結轉留存收益,主要反應包括兩方面:一是企業指定為以公允價值計量且其變動計入其他綜合收益的非交易性權益工具投資終止確認時,之前計入其他綜合收益的累計利得或損失從其他綜合收益中轉入留存收益的金額;二是企業指定為以公允價值計量且其變動計入當期損益的金融負債終止確認時,之前由企業自身信用風險變動引起而計入其他綜合收益的累計利得或損失從其他綜合收益中轉入留存收益的金額等。該項目應根據「其他綜合收益」科目的相關明細科目的發生額分析填列。

三、所有者權益變動表編製示例

【實務17-12】 沿用【實務17-1】和【實務17-2】和【實務17-11】，沙沙門業公司其他相關資料為：提取盈餘公積24,770.4元，向投資者分配現金股利32,215.85元。

根據上述資料，編製沙沙門業公司2019年的所有者權益變動表，見表17-9。

表17-9 所有者權益變動表

編製單位：沙沙門業公司　　　　　2019年度　　　　　　　　　單位：元

項目	本年金額							上年金額						
	實收資本(或股本)	資本公積	減：庫存股	其他綜合收益	盈餘公積	未分配利潤	所有者權益合計	實收資本(或股本)	資本公積	減：庫存股	其他綜合收益	盈餘公積	未分配利潤	所有者權益合計
一、上年年末餘額	5,000,000	0	0		100,000	50,000	5,150,000							
加：會計政策變更														
前期差錯更正														
其他														
二、本年年初餘額	5,000,000	0	0		100,000	50,000	5,150,000							
三、本年增減變動金額(減少以「-」號填列)														
(一)綜合收益總額						197,704	197,704							
(二)所有者投入和減少資本														
1.所有者投入資本														
2.其他權益工具持有者投入資本														
3.股份支付計入所有者權益的金額														
4.其他														
(三)利潤分配														
1.提取盈餘公積					24,770.4	-24,770.4	0							
2.對所有者(或股東)的分配						-32,215.85	-32,215.85							
3.其他														
(四)所有者權益內部結轉														
1.資本公積轉增資本(或股本)														
2.盈餘公積轉增資本(或股本)														
3.盈餘公積彌補虧損														
4.設定受益計劃變動額結轉留存收益														
5.其他綜合收益結轉留存收益														
6.其他														
四、本年年末餘額	5,000,000	0	0		124,770.4	190,717.75	5,315,488.15							

【本項目工作小結】

本項目講述個別財務報表的編製，是本書前面各章節的階段性成果總結。企業應當按年（月）編製財務報表，年度財務報表涵蓋的期間短於一年的，應當披露年度財務報表的涵蓋期間，以及短於一年的原因。財務報表至少應當包括：①資產負債表；②利潤表；③現金流量表；④所有者權益（股東權益）變動表；⑤附註。學生要掌握資產負債表、利潤表、現金流量表、所有者權益變動表的編製方法及計算依據，並按照《企業會計準則》相關規定在報表附註中披露相關信息，對外提供真實、準確的財務狀況和經營成果。

◆ 仿真操作

根據【實務17-1】編製資產負債表，根據【實務17-2】編製利潤表，根據【實務17-11】編製現金流量表，根據【實務17-12】編製所有者權益變動表。

◆ 崗位業務認知

利用節假日，去當地的一些企業（工商企業），瞭解企業資產負債表、利潤表、現金流量表等財務報表方面的基本情況，對一般企業財務報表編製方面的情況有初步的認識和掌握。

◆ 工作思考

1. 什麼是財務報告？主要包括哪些內容？
2. 概括資產負債表的結構。
3. 多步式利潤表由哪幾個步驟構成？
4. 在資產負債表中，具體有哪些科目是根據所屬明細科目餘額分析填列的？
5. 簡述現金流量表包含的內容。

目錄

第一部分　財務會計各項目配套習題

項目一　會計業務流程…………………………………………………（3）
項目二　貨幣資金業務…………………………………………………（7）
項目三　往來款項核算業務……………………………………………（11）
項目四　存貨核算業務…………………………………………………（16）
項目五　固定資產核算業務……………………………………………（25）
項目六　無形資產及其他資產核算業務………………………………（30）
項目七　投資核算業務…………………………………………………（35）
項目八　稅費核算業務…………………………………………………（52）
項目九　職工薪酬核算業務……………………………………………（57）
項目十　籌資核算業務…………………………………………………（63）
項目十一　收入、費用和利潤核算業務………………………………（70）
項目十二　非貨幣性資產交換核算業務………………………………（77）
項目十三　債務重組核算業務…………………………………………（83）
項目十四　或有事項核算業務…………………………………………（91）
項目十五　借款費用核算業務…………………………………………（98）
項目十六　所得稅費用業務……………………………………………（105）
項目十七　財務報告……………………………………………………（112）

第二部分　財務會計模擬試卷

財務會計模擬試卷（一） …………………………………………………（125）
財務會計模擬試卷（二） …………………………………………………（131）
財務會計模擬試卷（三） …………………………………………………（138）
財務會計模擬試卷（四） …………………………………………………（146）

第一部分
財務會計
各項目配套習題

項目一　會計業務流程

一、單項選擇

1. 確立會計核算空間範圍所依據的會計基本假設是（　　）。
    A. 會計主體　　　　　　　　　B. 持續經營
    C. 會計分期　　　　　　　　　D. 貨幣計量
2. 企業會計的確認、計量和報告的會計基礎是（　　）。
    A. 收付實現制　　　　　　　　B. 權責發生制
    C. 永續盤存制　　　　　　　　D. 實地盤存制
3. 以下事項不屬於企業收入的是（　　）。
    A. 銷售商品取得的收入　　　　B. 提供勞務取得的收入
    C. 出售無形資產取得的淨收益　D. 出租機器設備取得的收入
4. 下列項目能同時引起資產和負債發生變化的是（　　）。
    A. 賒購商品　　　　　　　　　B. 接受投資者投入設備
    C. 收回應收帳款　　　　　　　D. 支付廣告費
5. 下列對會計基本假設的表述中恰當的是（　　）。
    A. 持續經營和會計分期確定了會計核算的空間範圍
    B. 一個會計主體必然是一個法律主體
    C. 貨幣計量為會計核算提供了必要的手段
    D. 會計主體確立了會計核算的時間範圍
6. 甲企業 2019 年 12 月份發生了一項費用，會計人員在 2020 年 1 月份入帳，這違背了（　　）要求。
    A. 相關性　　　　　　　　　　B. 客觀性
    C. 及時性　　　　　　　　　　D. 可比性
7. 以融資租賃方式租入一項固定資產，會計上將其視為企業的資產進行確認、計量和報告，列入資產負債表，體現了（　　）的會計信息質量要求。
    A. 可理解性　　　　　　　　　B. 可靠性
    C. 可比性　　　　　　　　　　D. 實質重於形式

8. 資產按照現在購買相同或者相似資產所需要支付的現金或現金等價物的金額計量，這是（　　）會計計量屬性。

  A. 歷史成本　　　　　　　　B. 可變現淨值

  C. 重置成本　　　　　　　　D. 公允價值

9. 下列內容不影響利潤金額的是（　　）。

  A. 當期收入　　　　　　　　B. 直接計入所有者權益的利得

  C. 當期費用　　　　　　　　D. 直接計入當期利潤的利得

10. 企業對交易或者事項進行會計確認、計量和報告應當保持應有的謹慎，不應高估資產或者收益、低估負債或者費用，所反應的是會計信息質量要求中的（　　）。

  A. 重要性　　　　　　　　　B. 實質重於形式

  C. 謹慎性　　　　　　　　　D. 及時性

二、多項選擇

1. 可比性要求（　　）。

  A. 企業提供的會計信息應當具有可比性

  B. 同一企業不同時期發生的相同或者相似的交易或者事項，應當採用一致的會計政策，不得隨意變更

  C. 不同企業發生的相同或者相似的交易或者事項，應當採用規定的會計政策，確保會計信息口徑一致、相互可比

  D. 企業對於已經發生的交易或者事項，應當及時進行會計確認、計量和報告，不得提前或者延後

2. 下列各項，體現實質重於形式會計原則的有（　　）。

  A. 商品售後租回不確認商品銷售收入

  B. 融資租入固定資產視同自有固定資產

  C. 計提固定資產折舊

  D. 材料按計劃成本進行日常核算

3. 下列各項中，體現會計核算的謹慎性的有（　　）。

  A. 將融資租入固定資產視作自有資產核算

  B. 採用雙倍餘額遞減法對固定資產計提折舊

  C. 對固定資產計提減值準備

  D. 將長期借款利息予以資本化

4. 下列各項屬於利得的有（　　）。

  A. 出租無形資產取得的收益

  B. 投資者的出資額大於其在被投資單位註冊資本中所占份額的金額

C. 處置固定資產取得的淨收益

D. 無法支付的應付帳款

5. 下列各項中，屬於本企業資產範圍的有（　　　）。

A. 融資租入設備

B. 經營方式租出設備

C. 委託加工物資

D. 經營方式租入設備

6. 下列項目中，屬於財務報告目標的主要內容的有（　　　）。

A. 向財務報告使用者提供與企業財務狀況有關的會計信息

B. 向財務報告使用者提供與企業經營成果有關的會計信息

C. 反應企業管理層受託責任履行情況

D. 反應國家宏觀經濟管理的需要

7. 下列不屬於會計要素計量屬性的有（　　　）。

A. 歷史成本　　　　　　　　B. 重置成本

C. 權責發生制　　　　　　　D. 實質重於形式

8. 根據資產定義，下列各項中屬於資產特徵的有（　　　）。

A. 資產是企業擁有或控制的經濟資源

B. 資產預期會給企業帶來未來經濟利益

C. 資產是由企業過去交易或事項形成的

D. 資產能夠可靠地計量

9. 下列各項中，不屬於利得的有（　　　）。

A. 出租無形資產取得的收益

B. 投資者的出資額大於其在被投資單位註冊資本中所占份額的金額

C. 處置固定資產產生的淨收益

D. 以現金清償債務形成的債務重組收益

10. 對下列不確定因素做出判斷時，符合「謹慎性」質量要求的有（　　　）。

A. 盡量壓低負債和費用

B. 合理估計可能發生的負債和費用

C. 充分估計可能取得的收入和利潤

D. 不高估資產和收益

三、判斷

1. 企業在一定期間發生虧損，則企業在這一會計期間的所有者權益一定減少。

（　　　）

2. 利得和損失一定會影響當期損益。   （   ）

3. 收入不包括為第三方或者客戶代收的款項，也不包括處置固定資產淨收益和出售無形資產淨收益。   （   ）

4. 資產是指由於過去的交易或者事項形成的，企業擁有或控制的經濟資源。（   ）

5. 費用和損失是指企業在日常活動中形成的、會導致所有者權益減少的、與向所有者分配利潤無關的經濟利益的總流出。   （   ）

6. 企業會計的確認、計量和報告應當以收付實現制為基礎。   （   ）

7. 公司的所有者權益又稱為股東權益，它是所有者對企業資產的剩餘索取權。
                                                              （   ）

8. 損失是指由企業非日常活動所發生的、會導致所有者權益減少的、與向所有者分配利潤無關的經濟利益的流出。   （   ）

9. 留存收益是企業歷年實現的淨利潤留存於企業的部分，主要包括計提的盈餘公積和未分配利潤。   （   ）

10. 費用和損失是指企業在日常活動中發生的、會導致所有者權益減少的、與向所有者分配利潤無關的經濟利益的總流出。   （   ）

四、業務分析

1. 會計的基本假設有哪些？
2. 會計信息質量要求包括哪些？
3. 會計要素是什麼？各要素的定義是什麼？
4. 會計的計量屬性有哪些？常用的是哪種計量屬性？
5. 什麼是帳務處理程序？中國主要的帳務處理程序有哪些？

項目二　貨幣資金業務

一、單項選擇

1. 下列各項，符合現金支付範圍的是（　　）。
   A. 支付辦公用品購置費現金 900 元　　B. 購買原材料支付現金 5,000 元
   C. 進行投資支付現金 1,000 元　　　　 D. 支付違約金 2,000 元

2. 企業一般不得「坐支」現金，因特殊情況需要坐支現金的單位，應事先報（　　）審核批准，並在核定的範圍和限額內進行，同時，收支的現金必須入帳。
   A. 稅務部門　　　　　　　　　　B. 工商行政管理部門
   C. 開戶銀行　　　　　　　　　　D. 上級主管單位

3. 某企業對基本生產車間所需備用金採用定額備用金制度，當基本生產車間報銷日常管理支出而補足其備用金定額時，應借記的會計帳戶是（　　）。
   A. 其他應收款　　　　　　　　　B. 其他應付款
   C. 製造費用　　　　　　　　　　D. 生產成本

4. 對於銀行已入帳而企業尚未入帳的未達帳項，企業應當（　　）。
   A. 在編製「銀行存款餘額調節表」的同時入帳
   B. 根據「銀行對帳單」記帳的金額入帳
   C. 根據「銀行對帳單」編製自制憑證入帳
   D. 待結算憑證到達後入帳

5. 下列各項，不通過「其他貨幣資金」帳戶核算的是（　　）。
   A. 信用證保證金存款　　　　　　B. 備用金
   C. 存出投資款　　　　　　　　　D. 銀行本票存款

6. 企業現金清查中，經檢驗仍無法查明原因的現金短款，經批准後應計入（　　）。
   A. 財務費用　　　　　　　　　　B. 管理費用
   C. 銷售費用　　　　　　　　　　D. 營業外支出

7. 商業匯票的付款期限最長不得超過（　　）月。
   A. 3 個月　　　　　　　　　　　 B. 6 個月
   C. 9 個月　　　　　　　　　　　 D. 12 個月

8. 企業將款項匯往異地銀行開立採購專戶，編製該業務的會計分錄時應當（　　）。
   A. 借記「應收帳款」科目，貸記「銀行存款」科目
   B. 借記「其他貨幣資金」科目，貸記「銀行存款」科目
   C. 借記「其他應收款」科目，貸記「銀行存款」科目
   D. 借記「材料採購」科目，貸記「其他貨幣資金」科目
9. 企業現金清查中，經檢查仍無法查明原因的現金長款，經批准後應計入（　　）。
   A. 財務費用　　　　　　　　　B. 衝減管理費用
   C. 銷售費用　　　　　　　　　D. 營業外收入
10. 支票用於（　　）。
    A. 同城結算　　　　　　　　　B. 異地結算
    C. 同城或異地結算　　　　　　D. 國際結算

二、多項選擇

1. 下列各項，不符合現金支付範圍的是（　　）。
   A. 支付差旅人員差旅費現金 2,000 元
   B. 向農民甲某收購農副產品支付現金 5,000 元
   C. 支付稅務機關罰金 3,000 元
   D. 支付職工獎金 10,000 元
2. 根據《人民幣銀行結算帳戶管理辦法》將單位銀行結算帳戶分為（　　）。
   A. 基本存款帳戶　　　　　　　B. 一般存款帳戶
   C. 專用存款帳戶　　　　　　　D. 臨時存款帳戶
3. 下列各項，應在基本存款帳戶辦理的業務有（　　）。
   A. 日常經營活動的資金收付　　B. 工資、獎金和現金的支取
   C. 借款轉存　　　　　　　　　D. 現金繳存
4. 在下列各項中，使得企業銀行存款日記帳餘額小於銀行對帳單餘額的有（　　）。
   A. 企業開出支票，對方未到銀行兌現
   B. 銀行誤將其他公司的存款記入本企業銀行存款帳戶
   C. 銀行代扣水電費，企業尚未接到通知
   D. 銀行收到委託收款結算方式下結算款項，企業尚未收到通知
5. 現金清查時，如發現現金短缺，分情況可分別記入（　　）帳戶。
   A. 管理費用　　　　　　　　　B. 銷售費用
   C. 營業外支出　　　　　　　　D. 其他應收款
6. 企業現金清查的主要內容有（　　）。
   A. 是否存在挪用　　　　　　　B. 是否存在白條抵庫

C. 是否存在未達帳項　　　　　　D. 是否存在超限額庫存現金

7. 根據《企業會計制度》規定，下列各項中，屬於其他貨幣資金的有（　　）。
　　A. 備用金　　　　　　　　　　　B. 存出投資款
　　C. 銀行承兌匯票　　　　　　　　D. 銀行匯票存款

8. 未達帳項包括下列（　　）種情況。
　　A. 銀行已收款記帳，企業尚未記帳
　　B. 銀行已付款記帳，企業尚未記帳
　　C. 企業已收款記帳，銀行尚未記帳
　　D. 企業已付款記帳，銀行尚未記帳

9. 下列各項中，違反現金收入管理規定的是（　　）。
　　A. 坐支現金
　　B. 收入的現金於當日送存銀行
　　C. 將企業的現金收入按個人儲蓄方式存入銀行
　　D.「白條」抵庫

10. 企業以外埠存款 10,000 元，購買需要安裝的設備一臺，會計分錄由（　　）組成。
　　A. 借：固定資產　10,000　　　　B. 借：在建工程　10,000
　　C. 貸：其他貨幣資金　10,000　　D. 貸：銀行存款　10,000

三、判斷

1. 企業開出的商業承兌匯票，若到期無力付款，應將應付票據轉為短期借款。
　　　　　　　　　　　　　　　　　　　　　　　　　　　　　　（　　）

2. 企業需要到外地臨時或零星採購時，可以將款項通過銀行匯入採購地銀行。匯入採購地銀行的這部分資金應通過「銀行存款」帳戶核算。（　　）

3. 現金清查，是以實地盤點法核對庫存現金實有數和帳存數的。（　　）

4. 盤點現金出現盈餘，可以在「其他應付款」帳號的貸方反應，待日後出現現金短缺時再進行沖抵。（　　）

5. 無法查明原因的現金短缺，根據管理權限批准後計入「營業外支出」帳號。
　　　　　　　　　　　　　　　　　　　　　　　　　　　　　　（　　）

6. 出納員可以兼管會計檔案的保管工作。（　　）

7. 依據相關規定，企業可以開立多個基本存款帳戶。（　　）

8. 依照《中華人民共和國現金管理暫行條例》，企業可以直接用當日收入的現金支付某些費用。（　　）

9. 對於銀行已經入帳而企業尚未入帳的未達帳項，企業應當根據「銀行對帳單」編

製自制憑證予以入帳。   (   )

10. 庫存現金的清查包括出納人員每日的清點核對和清查小組定期和不定期清查。
                                                              (   )

四、業務分析

1. 某企業 2019 年 12 月份業務如下：

（1）12 月 13 日，張明去北京採購材料，不方便攜帶現款，故委託當地銀行匯款 5,850 元到北京開立採購專戶，並從財務預借差旅費 2,000 元，財務以現金支付。

（2）12 月 18 日，張明返回企業，交回採購有關的供應單位發票帳單，共支付材料款項 5,850 元，其中，材料價款 5,000 元，增值稅 850 元。張明報銷差旅費 2,200 元，財務以現金補付餘款。

（3）12 月 21 日，企業收到上海公司上月所欠貨款 47,000 元的銀行轉帳支票一張。企業將支票和填製的進帳單送交開戶銀行。

（4）12 月 25 日，採購員持銀行匯票一張前往深圳採購材料，匯票價款 8,000 元，購買材料時，實際支付材料價款 6,000 元，增值稅 1,020 元。

（5）12 月 26 日，張明返回企業時，銀行已將多餘款項退回企業開戶銀行。

（6）12 月 30 日，企業對現金進行清查，發現現金短缺 600 元。原因正在調查。

（7）12 月 30 日，發現短缺的現金是由於出納員小華的工作失職造成的，應由其負責賠償，金額為 300 元，另外 300 元沒辦法查清楚，經批准轉做管理費用。

2. 某企業於 2019 年 12 月 31 日在中國工商銀行的銀行存款餘額為 256,000 元，銀行對帳單餘額為 265,000 元，經查對有以下未達帳項。

（1）企業於月末存入銀行的轉帳支票 2,000 元，銀行尚未入帳。

（2）委託銀行代收的銷貨款 12,000 元，銀行已經收到入帳，但企業尚未收到銀行收帳通知。

（3）銀行代付本月電話費 4,000 元，企業尚未收到銀行付款通知。

（4）企業於月末開出轉帳支票 3,000 元，持票人尚未到銀行辦理轉帳手續。

要求：

（1）根據所給資料編製銀行存款餘額調節表。

（2）該企業在 2019 年 12 月 31 日可動用的銀行存款的金額是多少？

項目三　往來款項核算業務

一、單項選擇

1. 下列各項中，企業應付銀行承兌匯票到期無力支付票款時，應將應付票據的帳面餘額轉入的會計科目是（　　）。
   A. 其他應付款　　　　　　　　B. 預付帳款
   C. 應付帳款　　　　　　　　　D. 短期借款

2. 某企業在 2019 年 12 月 8 日銷售商品 100 件，增值稅專用發票上註明的價款為 10,000元，增值稅額為 1,300 元。企業為了及早收回貨款而在合同中規定的現金折扣條件為：2/10，1/20，n/30。假定計算現金折扣時不考慮增值稅。如買方 2019 年 12 月 24 日付清貨款，該企業實際收款金額應為（　　）元。
   A. 11,466　　　　　　　　　　B. 11,500
   C. 11,368　　　　　　　　　　D. 11,200

3. 湖南沙沙門業有限公司為增值稅一般納稅企業，適用增值稅稅率為 13%。2019 年 12 月 1 日，湖南沙沙門業有限公司向乙公司銷售一批商品，按價目表上標明的價格計算，其不含增值稅的售價總額為 20,000 元。因屬批量銷售，湖南沙沙門業有限公司同意給予乙公司 10% 的商業折扣；同時，為鼓勵乙公司及早付清貨款，湖南沙沙門業有限公司規定的現金折扣條件（按含增值稅的售價計算）為：2/10，1/20，n/30。假定湖南沙沙門業有限公司 12 月 8 日收到該筆銷售的價款（含增值稅額），則實際收到的價款為（　　）元。
   A. 20,638.80　　　　　　　　B. 21,060
   C. 20,462.4　　　　　　　　　D. 19,933.2

4. 預付款項情況不多的企業，可以不設置「預付帳款」科目，預付貨款時，借記的會計科目是（　　）。
   A. 應付帳款　　　　　　　　　B. 應收帳款
   C. 其他應收款　　　　　　　　D. 其他應付款

5. 企業已計提壞帳準備的應收帳款確實無法收回，按管理權限報經批准作為壞帳轉銷時，應編製的會計分錄是（　　）。
   A. 借記「資產減值損失」科目，貸記「壞帳準備」科目

B. 借記「管理費用」科目，貸記「應收帳款」科目

C. 借記「壞帳準備」科目，貸記「應收帳款」科目

D. 借記「壞帳準備」科目，貸記「資產減值損失」科目

6. 長江公司2019年2月10日銷售商品應收大海公司的一筆應收帳款1,200萬元，2019年6月30日計提壞帳準備150萬元，2019年12月31日，該筆應收帳款的未來現金流量現值為950萬元。2019年12月31日，該筆應收帳款應計提的壞帳準備為（　　）萬元。

A. 300　　　　　　　　　　　B. 100

C. 250　　　　　　　　　　　D. 0

7. 企業轉銷無法支付的應付帳款時，應將該應付帳款帳面餘額計入（　　）。

A. 資本公積　　　　　　　　 B. 營業外收入

C. 其他業務收入　　　　　　 D. 其他應付款

8. 某一般納稅企業採用托收承付結算方式從其他企業購入原材料一批，貨款為200,000元，增值稅為26,000元，對方代墊運雜費6,000元（不考慮增值稅），該原材料已經驗收入庫。該購買業務所發生的應付帳款的入帳價值為（　　）元。

A. 240,000　　　　　　　　　B. 238,000

C. 206,000　　　　　　　　　D. 232,000

9. 下列各項中，導致負債總額變化的是（　　）。

A. 賒銷商品　　　　　　　　 B. 賒購商品

C. 收回應收帳款　　　　　　 D. 用盈餘公積轉增資本

10. 預收帳款情況不多的企業，可以不設「預收帳款」科目，而將預收的款項直接記入的帳戶是（　　）。

A. 應收帳款　　　　　　　　 B. 預付帳款

C. 其他應付款　　　　　　　 D. 應付帳款

二、多項選擇

1. 根據承兌人不同，商業匯票分為（　　）。

A. 商業承兌匯票　　　　　　 B. 銀行承兌匯票

C. 銀行本票　　　　　　　　 D. 銀行匯票

2. 應收款項減值方法（　　）。

A. 直接轉銷法　　　　　　　 B. 先進先出法

C. 間接轉銷法　　　　　　　 D. 備抵法

3. 下列各項中，構成應收帳款入帳價值的有（　　）。

A. 確認商品銷售收入時尚未收到的價款　B. 代購貨方墊付的包裝費

C. 代購貨方墊付的運雜費　　　　　　D. 銷售貨物發生的商業折扣
4. 下列事項中，通過「其他應收款」科目核算的有（　　）。
　　　A. 應收的各種賠款、罰款
　　　B. 應收的出租包裝物租金
　　　C. 存出保證金
　　　D. 企業代購貨單位墊付包裝費、運雜費
5. 下列各項中，會引起應收帳款帳面價值發生變化的有（　　）。
　　　A. 計提壞帳準備　　　　　　　　　B. 收回應收帳款
　　　C. 轉銷壞帳準備　　　　　　　　　D. 收回已轉銷的壞帳
6. 下列各項業務中，應記入「壞帳準備」科目貸方的有（　　）。
　　　A. 衝回多提的壞帳準備
　　　B. 當期確認的壞帳損失
　　　C. 當期應補提的壞帳準備
　　　D. 已轉銷的壞帳當期又收回
7. 下列各項中，應計提壞帳準備的有（　　）。
　　　A. 應收帳款　　　　　　　　　　　B. 應收票據
　　　C. 預付帳款　　　　　　　　　　　D. 其他應收款
8. 某企業壞帳損失採用備抵法核算，已作為壞帳損失處理的應收帳款 2,000 元，今又收回，可以作的會計分錄有（　　）。
　　　A. 借：銀行存款　　　　　　　　　　　　　　　　　　　2,000
　　　　　　貸：應收帳款　　　　　　　　　　　　　　　　　　　2,000
　　　B. 借：應收帳款　　　　　　　　　　　　　　　　　　　2,000
　　　　　　貸：壞帳準備　　　　　　　　　　　　　　　　　　　2,000
　　　　　借：銀行存款　　　　　　　　　　　　　　　　　　　2,000
　　　　　　貸：應收帳款　　　　　　　　　　　　　　　　　　　2,000
　　　C. 借：銀行存款　　　　　　　　　　　　　　　　　　　2,000
　　　　　　貸：管理費用　　　　　　　　　　　　　　　　　　　2,000
　　　D. 借：銀行存款　　　　　　　　　　　　　　　　　　　2,000
　　　　　　貸：壞帳準備　　　　　　　　　　　　　　　　　　　2,000
9. 應收票據終止確認時，對應的會計科目可能有（　　）。
　　　A. 資本公積　　　　　　　　　　　B. 原材料
　　　C. 應交稅費　　　　　　　　　　　D. 材料採購
10. 下列項目中，屬於其他應付款核算範圍的有（　　）。
　　　A. 職工未按期領取的工資　　　　　B. 存入保證金

C. 購買商品開出的商業匯票　　　　D. 應付、暫收所屬單位、個人的款項

三、判斷

1. 企業如果發生無法支付的應付帳款時，應計入營業外收入。（　）
2. 應付股利，是指企業經股東大會或類似機構審議批准分配的現金股利或利潤。
（　）
3. 企業支付的包裝物押金和收取的包裝物押金均應通過「其他應收款」帳戶核算。
（　）
4. 企業為職工墊付的水電費、應由職工負擔的醫藥費、房租費等應該在企業的應收帳款科目核算。（　）
5. 應收帳款入帳價值的確定中要扣除商業折扣和現金折扣後的淨額入帳。（　）
6. 預付帳款屬於企業的資產，核算的是企業銷售貨物預先收到的款項。（　）
7. 企業應當定期或者至少於每年年度終了，對其他應收款進行檢查，預計其可能發生的壞帳損失，並計提壞帳準備。（　）
8. 應付帳款一般按應付金額入帳，而不按到期應付金額的現值入帳。（　）
9. 預收帳款與應付帳款雖然均屬於負債項目，但與應付帳款不同，它通常不需要以貨幣償付。（　）
10. 支付銀行承兌匯票的手續費計入財務費用。（　）

四、業務分析

1. 企業因預購業務於2019年9月20日向乙公司用存款預付貨款10,000元，用於定購購商品30,000元。企業務於2019年9月28日收到乙公司發來商品30,000元，增值稅3,900元。企業於2019年10月8日向乙公司補付價稅款23,900。編製該企業的會計分錄。

2. 2019年1月1日，甲企業應收帳款餘額為3,000,000元，壞帳準備餘額為150,000元。2019年度，甲企業發生了如下相關業務：

（1）銷售商品一批，增值稅專用發票上註明的價款為5,000,000元，增值稅稅額為650,000元，貨款尚未收到。

（2）因某客戶破產，該客戶所欠貨款10,000元不能收回，確認為壞帳損失。

（3）收回上年度已轉銷為壞帳損失的應收帳款8,000元並存入銀行。

（4）收到某客戶以前所欠的貨款4,000,000元並存入銀行。

（5）2019年12月31日，湖南沙沙門業有限公司對應收帳款進行減值測試，確定按5%計提壞帳準備。

要求：

（1）編製2019年度確認壞帳損失的會計分錄。

（2）編製收到上年度已轉銷為壞帳損失的應收帳款的會計分錄。

（3）計算 2019 年年末「壞帳準備」科目餘額。

（4）編製 2019 年年末計提壞帳準備的會計分錄。（答案中的金額單位用元表示）

3. 甲上市公司為一般納稅人，2018 年 11 月 1 日取得應收票據，票據面值為 100,000 萬元，利率為 12%，期限為 6 個月；2019 年 3 月 1 日將該票據背書轉讓購進原材料，專用發票註明價款 120,000 萬元，進項稅為 15,600 萬元，差額部分通過銀行支付。

要求：

（1）編製 2018 年 12 月 31 日計提利息的會計分錄；

（2）編製 2019 年 3 月 1 日背書轉讓購進原材料的會計分錄；（會計分錄以萬元為單位）

4. A 公司為一般納稅人，增值稅率為 13%，2019 年發生以下業務：

（1）4 月 10 日向 B 公司賒銷一批商品。價稅合計 565,000 元。銷售成本 400,000 元，現金折扣條件為 2/10，N/30，銷售時用銀行存款代墊運雜費 5,000 元。

（2）5 月 10 日，B 公司用銀行存款支付上述運雜費 5,000 元並開出一張面值為 565,000 元、利率為 6%、期限為 4 個月的帶息商業匯票償還上述價稅款。

（3）A 公司用銀行存款向湖南沙沙門業有限公司預付材料款 100,000 元。

（4）A 公司收到湖南沙沙門業有限公司發來的材料，材料價款 200,000 元，增值稅 32,000 元，A 公司對材料採用實際成本核算。

（5）開出轉帳支票補付應付湖南沙沙門業有限公司不足材料款。

（6）A 公司某生產車間核對的備用金定額為 30,000 元，以現金撥付。

（7）上述生產車間報銷日常管理開支 25,000 元。

（8）A 公司租入包裝物一批，以銀行存款向出租方支付押金 20,000 元。

要求：編製 A 公司上述業務的會計分錄。

5. A 單位與 B 單位簽訂購銷合同銷售一批產品，B 企業預付貨款 60,000 元，一個月後，湖南沙沙門業有限公司將產品發往 B 企業，開出的增值稅專用發票上註明價款 100,000 元，增值稅 13,000 元，該批貨物成本 72,000 元。當日 B 企業以銀行存款支付剩餘貨款。

要求：編製 A 單位與 B 單位相關的會計分錄。

項目四　存貨核算業務

一、單項選擇

1. 下列項目中，不屬於存貨核算內容的是（　　）。
   A. 原材料　　　　　　　　　B. 存貨商品
   C. 在途物資　　　　　　　　D. 工程物資

2. 下列項目中，不屬於存貨採購成本的有（　　）。
   A. 存貨的購買價款　　　　　B. 存貨的非常損失
   C. 採購存貨的相關稅費　　　D. 存貨的運輸費

3. 下列存貨計價方法中，能夠準確反應本期發出存貨和期末結存存貨的實際成本、成本流轉與實物流轉完全一致的是（　　）。
   A. 先進先出法　　　　　　　B. 移動加權平均法
   C. 個別計價法　　　　　　　D. 月末一次加權平均法

4. 甲公司採用月末一次加權平均法計算發出材料成本。2019年9月1日結存A材料500件，單位成本30元；9月15日購入A材料1,000件，單位成本32元；9月20日購入A材料500件，單位成本28元；當月共發出A材料1,500件。9月份發出A材料的成本為（　　）元。
   A. 47,000　　　　　　　　　B. 45,750
   C. 46,000　　　　　　　　　D. 45,000

5. 甲公司採用月末一次加權平均法計算發出材料成本。2019年9月1日結存A材料500件，單位成本30元；9月15日購入A材料1,000件，單位成本32元；9月20日購入A材料500件，單位成本28元；當月共發出A材料1,500件。9月份末結存A材料的成本為（　　）元。
   A. 15,250　　　　　　　　　B. 14,000
   C. 15,000　　　　　　　　　D. 16,000

6. M企業原材料按實際成本進行日常核算。2019年10月1日結存甲材料150千克，每千克實際成本為20元；10月15日購入甲材料140千克，每千克實際成本為25元；10月31日發出甲材料200千克。如按先進先出法計算10月份發出甲材料的實際成本，則其

金額應為（　　）元。

A. 4,000　　　　　　　　　　B. 5,000

C. 4,250　　　　　　　　　　D. 4,500

7. M 企業為增值稅一般納稅人，適用的增值稅稅率為 13%，2019 年 10 月 1 日購入材料一批，增值稅專用發票上註明的價款為 20,000 元，增值稅金額為 2,600 元，運輸途中合理損耗 3%，材料入庫前的挑選整理費為 300 元，材料已驗收入庫。則該企業取得的該材料的入帳價值為（　　）元。

A. 20,000　　　　　　　　　B. 22,600

C. 22,900　　　　　　　　　D. 20,300

8. N 企業為增值稅小規模納稅人，本月購入甲材料 2,060 千克，每千克單價（含增值稅）50 元，另外支付運雜費 3,500 元，運輸途中發生合理損耗 60 千克，入庫前發生挑選整理費用 620 元。該批材料入庫的實際單位成本為（　　）元。

A. 50　　　　　　　　　　　B. 51.81

C. 52　　　　　　　　　　　D. 53.56

9.「材料成本差異」帳戶的期末貸方餘額表示期末結存材料的（　　）。

A. 實際成本大於計劃成本的超支差額

B. 實際成本小於計劃成本的節約差額

C. 實際成本

D. 計劃成本

10. 購進存貨運輸途中發生的合理損耗應（　　）。

A. 計入存貨採購成本　　　　B. 由運輸公司賠償

C. 計入管理費用　　　　　　D. 由保險公司賠償

11. M 公司月初結存材料的計劃成本為 30,000 元，成本差異為超支 200 元，本月入庫材料的計劃成本為 70,000 元，成本差異為節約 700 元。當月生產車間領用材料的計劃成本為 60,000 元，當月生產車間領用材料應負擔的材料成本差異為（　　）元。

A. -300　　　　　　　　　　B. 300

C. -540　　　　　　　　　　D. 540

12. A 企業月初甲材料的計劃成本為 10,000 元，「材料成本差異」帳戶借方餘額為 500 元，本月購進甲材料一批，實際成本為 16,180 元，計劃成本為 19,000 元，本月生產車間領用甲材料的計劃成本為 8,000 元，管理部門領用甲材料的計劃成本為 4,000 元，該企業期末甲材料的實際成本是（　　）元。

A. 14,680　　　　　　　　　B. 15,640

C. 15,680　　　　　　　　　D. 16,640

13. A 企業（一般納稅人）購進原材料一批，材料已驗收入庫，月末發票帳單尚未收

到，也無法確定其實際成本，暫估價值為 100 萬元。假定不考慮其他因素，則下列關於該業務的說法中，正確的是（　　）。

　　A. 發票帳單未到，無法確定其實際成本，不應該將材料確認為企業的存貨
　　B. 原材料應該按照成本 100 萬元暫估入帳
　　C. 企業應該確認應付帳款 117 萬元
　　D. 企業應該在實際收到發票帳單時再進行入帳

14. 隨同產品出售單獨計價的包裝物的成本應該借記的科目是（　　）。
　　A. 其他業務成本　　　　　　　　B. 管理費用
　　C. 銷售費用　　　　　　　　　　D. 主營業務成本

15. 企業對生產用材料因自然溢餘原因而產生的盤盈，在報經批准後，應當（　　）。
　　A. 衝減生產成本　　　　　　　　B. 衝減製造費用
　　C. 衝減管理費用　　　　　　　　D. 衝減銷售費用

16. 企業對屬於非常損失所造成的原材料毀損，應在扣除保險公司賠償、過失人賠償以及殘料價值後的差額，計入（　　）。
　　A. 管理費用　　　　　　　　　　B. 其他業務成本
　　C. 製造費用　　　　　　　　　　D. 營業外支出

17. 某增值稅一般納稅人，因管理不善毀損一批材料，其成本為 1,000 元，增值稅進項稅額為 130 元，收到保險公司賠款 200 元，殘料收入 100 元，批准後計入管理費用的金額為（　　）元。
　　A. 1,130　　　　　　　　　　　　B. 830
　　C. 700　　　　　　　　　　　　　D. 1,000

18. 資產負債表日，企業存貨應當按照（　　）計量。
　　A. 成本與可變現淨值孰低　　　　B. 成本
　　C. 可變現淨值　　　　　　　　　D. 銷售價格

19. 售價金額核算法通常適用於（　　）的核算。
　　A. 工業企業產成品　　　　　　　B. 商品零售企業商品存貨
　　C. 工業企業在產品　　　　　　　D. 商品零售企業週轉材料

20. M 公司委託外單位加工商品一批，該批委託加工物資為應稅消費品。該批物資收回後，直接用於銷售。則該企業應於提貨時，將受託單位代扣代繳的消費稅記入（　　）。
　　A.「委託加工物資」的借方
　　B.「應交稅費——應交消費稅」的借方
　　C.「應交稅費——應交消費稅」的貸方
　　D.「稅金及附加」

二、多項選擇

1. 存貨是指企業在日常活動中持有（　　）等。
   A. 以備出售的產成品或商品
   B. 處在生產過程中的在產品
   C. 在生產過程或提供勞務過程中耗用的材料和物料
   D. 在固定資產建造過程中耗用的材料和物料

2. 確認為企業存貨的物品，應當同時滿足（　　）等條件。
   A. 與該事項有關的經濟利益很可能流入企業
   B. 該存貨的成本能夠可靠地計量
   C. 該存貨應當放在企業倉庫
   D. 該存貨的貨款應當已經支付

3. 企業存貨成本包括（　　）。
   A. 存貨的採購成本　　　　B. 存貨的加工成本
   C. 存貨的其他成本　　　　D. 管理費用

4. 存貨的採購成本是指外購存貨的（　　）以及其他可歸屬於存貨採購成本的費用。
   A. 購買價款　　　　　　　B. 相關稅費
   C. 運輸費、裝卸費　　　　D. 保險費

5. 採用實際成本進行存貨日常核算的企業，應當採用（　　）確定發出存貨的實際成本。
   A. 先進先出法　　　　　　B. 加權平均法
   C. 成本與可變現淨值孰低法　D. 個別計價法

6. 原材料按計劃成本計價核算應設置（　　）等科目。
   A. 材料採購　　　　　　　B. 在途物資
   C. 原材料　　　　　　　　D. 材料成本差異

7. 原材料按實際成本計價核算應設置（　　）等科目。
   A. 材料採購　　　　　　　B. 在途物資
   C. 原材料　　　　　　　　D. 材料成本差異

8. 下列與存貨相關會計處理的表述中，正確的有（　　）。
   A. 應收保險公司存貨損失賠償款計入其他應收款
   B. 資產負債表日存貨應按成本與可變現淨值孰低計量
   C. 按管理權限報經批准的盤盈存貨價值衝減管理費用
   D. 結轉銷售成本的同時結轉其已計提的存貨跌價準備

9. 存貨的可變現淨值是指在企業日常活動中，存貨的估計售價減去至完工時（　　）

後的金額。

  A. 估計的總成本   B. 估計將要發生的成本
  C. 估計的銷售費用   D. 相關稅費

10. 企業發生的原材料盤虧或毀損中，應作為「管理費用」列支的是（　　）。

  A. 自然災害造成的毀損淨損失
  B. 保管中發生的定額內自然損耗
  C. 收發計量造成的定額內自然損耗
  D. 管理不善造成的盤虧損失

三、判斷

1. 存貨是指企業在日常活動中持有以備出售的產成品或商品、處在生產過程中的在產品，在生產過程或提供勞務過程中耗用的材料和物料等。（　　）
2. 按照存貨的概念和確認條件，委託代銷商品不屬於企業存貨。（　　）
3. 企業存貨應當按照可變現淨值進行初始計量。（　　）
4. 由於存貨發出的計價方法不同，期末在資產負債表中反應的存貨項目金額就會不同，當期計算出的利潤也可能不同。（　　）
5. 購入材料在運輸途中發生的合理損耗應計入管理費用。（　　）
6. 小規模納稅人購入材料涉及的增值稅可以作為進項稅額抵扣。（　　）
7. 採用計劃成本進行存貨的日常核算，應當單獨核算存貨實際成本與計劃成本之間的差異，正確計算發出存貨應負擔的成本差異。（　　）
8. 原材料採用計劃成本法核算的，購入的材料無論是否驗收入庫，均需先通過「材料採購」科目進行核算。（　　）
9. 出租包裝物的一次攤銷法，就是在出租包裝物報廢時，一次性全額攤銷其成本。（　　）
10. 企業出售商品時不單獨計價的包裝物，發出時記入「銷售費用」科目。（　　）
11. 已完成銷售手續、但購買方在當月尚未提取的產品，銷售方仍應作為本公司庫存商品核算。（　　）
12. 委託加工物資收回後用於連續生產應稅消費品的，委託方應將繳納的消費稅計入委託加工物資的成本。（　　）
13. 資產負債表日（會計期末）存貨成本高於其可變現淨值時，存貨按可變現淨值計量，同時按照存貨成本高於可變現淨值的差額計提存貨跌價準備，計入當期損益。（　　）
14. 企業對於已記入「待處理財產損溢」科目的存貨盤虧及毀損事項進行會計處理時，對於自然災害造成的存貨淨損失，應計入管理費用。（　　）
15. 存貨跌價準備一經確認，不得轉回。（　　）

四、業務分析

1. 練習採用先進先出法計算發出存貨的實際成本

資料：甲公司有關 A 存貨本月有關收入、發出和結存資料見下表。

甲公司 A 存貨收入、發出和結存資料

實物計量單位：千克　　　　　　　　　　　　　　　　　　　金額單位：元

20×8 年		摘要	收入		發出		結存	
月	日		數量	金額	數量	金額	數量	金額
6	1	上月結存					500	2,820
	2	入庫	200	1,160			700	
	5	發出			600		100	
	12	入庫	500	2,960			600	
	19	發出			400		200	
	24	入庫	400	2,300			600	
	25	發出			300		300	
		本月合計						

要求：

（1）根據資料採用先進先出法計算完成上表。

（2）計算本月發出存貨實際總成本。

（3）計算月末結存存貨實際總成本

2. 練習採用月末一次加權平均法計算發出存貨的實際成本

資料：見上表

要求：

（1）計算加權平均單位成本。

（2）計算本月發出存貨實際總成本。

（3）計算月末結存存貨實際總成本。

3. 練習採用移動加權平均法計算發出存貨的實際成本

資料：見上表。

要求：

（1）計算移動加權平均法成本和各批發出存貨總成本。

（2）計算本月發出存貨實際總成本

（3）計算月末結存存貨實際總成本

4. 練習原材料按實際成本計價的核算

資料：甲企業為增值稅一般納稅人，適用的增值稅稅率為13%，原材料按實際成本核算，2019年12月初，B材料帳面餘額為70,000元。該企業12月份發生的有關經濟業務如下：

（1）5日，購入B材料1,000千克，增值稅專用發票上註明的價款為300,000元，增值稅稅額為39,000元。購入該批材料發生保險費1,000元，發生運雜費3,600元，運輸過程中發生合理損耗10千克。材料已驗收入庫，款項均已通過銀行付訖。

（2）8日採用匯兌結算方式購入B材料一批，發票及帳單已收到，取得的增值稅專用發票上註明的價款為20,000元，增值稅稅額2,600元，材料尚未到達。

（3）20日，領用B材料60,000元，用於企業辦公樓的日常維修。

（4）27日，購入F材料一批，增值稅專用發票上註明的價款為50,000元，增值稅稅額6,500元。甲企業開出一張票面金額為58,000的商業承兌匯票，材料已驗收入庫。

（5）29日，購入B材料一批，材料已驗收入庫，月末發票帳單尚未收到也無法確定其實際成本，暫估價值為30,000元。

（6）31日，生產領用B材料一批，該批材料成本為15,000元。

要求：根據上述業務，編製相關的會計分錄。

5. 練習採用計劃成本法進行存貨日常核算時發出存貨實際成本的計算。

資料：乙企業原材料材料存貨採用計劃成本記帳，2019年10月份「原材料」科目某類材料的期初餘額為40,000元，「材料成本差異」科目期初借方餘額為3,400元，原材料單位計劃成本為10元。乙企業10月份發生發如下經濟業務：

（1）10月10日進貨1,000千克，以銀行存款支付材料貨款9,500元，材料增值稅進項稅額1,235元，材料已驗收入庫

（2）10月15日，車間一般耗用領用材料100千克

（3）10月20日進貨2,000千克，增值稅發票上價稅合計21,696元（增值稅稅率為13%）款項用銀行存款支付，材料已驗收入庫。

（4）10月25日，車間生產產品領用材料2,500千克。

要求：

（1）計算材料成本差異率。

（2）計算發出材料應負擔的材料成本差異。

（3）本月發出存貨實際總成本。

（4）計算月末結存存貨實際總成本。

（5）根據資料，編製會計分錄。

6. 練習採用售價金額法對已銷商品實際成本進行計算

資料：甲商業公司A櫃組上月庫存商品售價總額為40萬元，商品進銷差價為10萬

元，本月購進商品售價總額為360萬元，商品進銷差價為92萬元，本月銷售商品售價總額為365萬元。

要求：

（1）計算本月商品進銷差價率

（2）計算本月已銷商品應分攤的進銷差價

（3）計算本月已銷商品的進價成本。

（4）計算月末庫存商品應分攤的進銷差價

（5）計算月末庫存商品的進價成本

7. 練習委託加工物資的核算

資料：甲公司為一般納稅人，2019年9月委託A公司將木材加工成包裝木箱，按照加工合同，從倉庫發出木材一批，實際總成本為100,000元；以銀行存款支付往返運輸費3,270元（增值稅專用發票載明運費3,000元，增值稅額270元）和加工費33,900元（增值稅專用發票載明價款30,000元，增值稅額3,900元）；加工完成，木箱已驗收入庫。

要求：根據甲公司有關資料編製會計分錄。

（1）發出委託加工材料

（2）支付往返運輸費

（3）支付加工費

（4）包裝木箱驗收入庫

8. 練習產成品的核算

資料：甲公司採用實際成本法核算，本月產品入庫和銷售情況如下：

（1）甲公司基本生產車間生產A、B兩種產成品，成品倉庫匯總的產品交庫單載明，本月已經驗收入庫的A產品為4,000件，B產品為6,000件；財會部門編製的產品成本計算匯總表載明，本月A、B兩種產品的實際總成本分別為600,000元和1,140,000元。

（2）甲公司採用月末一次加權平均法計算並結轉銷售產品成本。上月結存A產品500件，實際總成本為120,000元，結存B產品300件，實際總成本為57,000元；本月生產完工入庫A產品和B產品資料見資料（1）；本月銷售A產品4,200件，B產品5,900件。

要求：

（1）計算A產品加權平均單位成本、本月A產品銷售成本、B產品加權平均單位成本、本月B產品銷售成本。

（2）根據甲公司資料編製結轉完工入庫產品成本和銷售產品成本（採用月末一次加權平均法計算）的會計分錄。

9. 練習存貨清查的核算

資料：

（1）甲公司在定期財產清查中，盤盈A材料100千克，同類材料的市場價格為40元；

盤虧 B 材料 200 千克，該材料帳面單位成本為 16 元。經查明，材料盤盈、盤虧系收發計量方面的差錯。

（2）甲公司 E 材料因自然災害毀損 4,000 千克，經清理，該材料帳面單位成本為 25 元，購入時支付的增值稅金為 13,000 元；保險公司已同意賠款 40,000 元，殘料處理收到現金 1,000 元。按管理權限報經批准後，淨損失列作營業外支出。

要求：

（1）按管理權限報經批准轉銷前。

（2）按管理權限報經批准轉銷

10. 練習計提存貨跌價準備的核算

資料：

（1）E 材料本年年末確定的可變現淨值為 100,000 元，該項存貨帳面實際成本為 120,000 元，帳面沒有計提存貨跌價準備。

（2）子產品本年年末確定的可變現淨值為 100,000 元，該項存貨帳面實際成本為 120,000 元，帳面原已計提存貨跌價準備 6,000 元。

（3）A 材料本年年末確定的可變現淨值為 110,000 元，該項存貨帳面實際成本為 120,000 元，帳面已計提存貨跌價準備 20,000 元。

（4）B 材料本年年末確定的可變現淨值 110,000 元，該項存貨帳面實際成本為 90,000 元，帳面已計提存貨跌價準備 16,000 元。

要求：根據甲公司有關存貨資料計算各項存貨應計提或轉回的跌價準備，編製有關會計分錄。

項目五　固定資產核算業務

一、單項選擇

1. 某企業購入一臺需要安裝的設備，取得的增值稅專用發票上註明的設備買價為50,000元，增值稅額為6,500元，取得的增值稅專用發票上運輸費為1,635元（含增值稅135元），另外設備安裝時領用工程用材料價值1,000元（不含稅），購進該批工程用材料的增值稅為130元，設備安裝時支付有關人員工資2,000元。該固定資產的成本為（　　）元。

  A. 62,500　　　　　　　　　　B. 62,650
  C. 54,500　　　　　　　　　　D. 62,810

2. 企業的下列固定資產，按規定不應計提折舊的是（　　）。
  A. 經營性租入的設備　　　　　B. 融資租入的設備
  C. 經營性租出的房屋　　　　　D. 未使用的設備

3. 某企業2019年8月20日自行建造的一條生產線投入使用，該生產線建造成本為740萬元，預計使用年限為5年，預計淨殘值為20萬元。在採用年數總和法計提折舊的情況下，2019年該設備應計提的折舊額為（　　）萬元。
  A. 160　　　　　　　　　　　　B. 224
  C. 240　　　　　　　　　　　　D. 80

4. 某企業出售一臺設備（不考慮相關稅費），原價160,000元，已提折舊35,000元，已提固定資產減值準備10,000元，出售設備時發生各種清理費用3,000元，出售設備所得全部價款113,000元，增值稅稅率13%。該設備出售淨收益為（　　）元。
  A. -18,000　　　　　　　　　　B. 18,000
  C. 5,000　　　　　　　　　　　D. -5,000

5. 如果購買固定資產的價款超過正常信用條件延期支付，實質上具有融資性質的，下列說法中正確的是（　　）。
  A. 固定資產的成本以購買價款為基礎確定
  B. 固定資產的成本以購買價款的現值為基礎確定
  C. 實際支付的價款與購買價款的現值之間的差額，無論是否符合資本化條件，均

應當在信用期間內計入當期損益

D. 實際支付的價款與購買價款的現值之間的差額，無論是否符合資本化條件，均應當在信用期間內資本化

6. 採用出包方式建造固定資產時，對於按合同規定預付的工程價款應借記的會計科目是（　　）。

　　A. 預付帳款　　　　　　　　　B. 在建工程
　　C. 固定資產　　　　　　　　　D. 工程物資

7. 在籌建期間，在建工程由於自然災害等原因造成的單項或單位工程報廢或毀損，扣除殘料價值和過失人或保險公司等賠款後的淨損失，報經批准後可計入（　　）。

　　A. 在建工程的成本　　　　　　B. 營業外支出
　　C. 長期待攤費用　　　　　　　D. 製造費用

8. 下列固定資產中，不應計提折舊的固定資產有（　　）。

　　A. 當月減少的固定資產　　　　B. 正處於改良期間的經營租入固定資產
　　C. 修理中的固定資產　　　　　D. 融資租入的固定資產

9. 企業接受投資者投入的一項固定資產，應按（　　）作為入帳價值。

　　A. 投資合同或協議約定的價值（但合同或協議約定的價值不公允的除外）
　　B. 公允價值
　　C. 投資方的帳面原值
　　D. 投資方的帳面價值

10. A 企業 2019 年 6 月 20 日自行建造的一條生產線投入使用，該生產線建造成本為 720 萬元，預計使用年限為 5 年，預計淨殘值為 20 萬元。在採用雙倍餘額遞減法計提折舊的情況下，2019 年該設備應計提的折舊額為（　　）萬元。

　　A. 168　　　　　　　　　　　　B. 144
　　C. 288　　　　　　　　　　　　D. 70

二、多項選擇

1. 下列固定資產中，應計提折舊的固定資產有（　　）。

　　A. 經營租賃方式租入的固定資產發生的改良支出
　　B. 季節性停用的固定資產
　　C. 正在改擴建而停止使用的固定資產
　　D. 融資租賃方式租入的固定資產

2. 下列稅金中，應該計入固定資產入帳價值的有（　　）。

　　A. 契稅
　　B. 耕地占用稅

C. 車輛購置稅

D. 一般納稅企業購入固定資產所支付的增值稅

3. 下列項目中，應計入固定資產入帳價值的是（　　）。

   A. 固定資產安裝過程中領用的生產用原材料負擔的增值稅

   B. 固定資產達到預定可使用狀態前發生的借款手續費用

   C. 固定資產達到預定可使用狀態並交付使用後至辦理竣工決算手續前發生的借款利息

   D. 固定資產改良過程中領用的自產產品負擔的消費稅

4. 下列各項中，會引起固定資產帳面價值發生變化的有（　　）。

   A. 計提固定資產折舊　　　　　B. 固定資產改擴建

   C. 固定資產修理支出　　　　　D. 計提固定資產減值準備

5. 下列各項，應通過「固定資產清理」科目核算的有（　　）。

   A. 出售的固定資產　　　　　　B. 盤虧的固定資產

   C. 報廢的固定資產　　　　　　D. 毀損的固定資產

6. 雙倍餘額遞減法和年數總和法的共同點有（　　）。

   A. 屬於加速折舊法　　　　　　B. 每期折舊率固定

   C. 前期折舊額高，後期折舊額低　D. 不考慮淨殘值

7. 下列項目中，應計提折舊的固定資產有（　　）。

   A. 因季節性或大修理等原因而暫停使用的固定資產

   B. 尚未投入使用的固定資產

   C. 企業臨時性出租給其他企業使用的固定資產

   D. 處置當月的固定資產

8. 企業在確定固定資產的使用壽命時，應當考慮的因素有（　　）。

   A. 預計有形損耗和無形損耗

   B. 預計清理淨損益

   C. 法律或者類似規定對資產使用的限制

   D. 預計生產能力或實物產量

9. 下列說法中正確的有（　　）。

   A. 購置的不需要經過建造過程即可使用的固定資產，按實際支付的買價、包裝費、運輸費、安裝成本、交納的有關稅金，作為入帳價值

   B. 自行建造的固定資產，按建造該項資產達到預定可使用狀態所發生的全部支出，作為入帳價值

   C. 投資者投入的固定資產，按投資方原帳面價值作為入帳價值

   D. 盤盈的固定資產，按其市價或同類、類似固定資產的市場價格，作為入帳價值

10.「固定資產清理」帳戶貸方登記的項目有（　　）。
　　A. 轉入清理的固定資產淨值　　B. 變價收入
　　C. 結轉的清理淨收益　　　　　D. 結轉的清理淨損失

三、判斷

1. 購置的不需要安裝的固定資產，按實際支付的買價、增值稅、運輸費、包裝費、安裝成本等，作為入帳價值。（　　）

2. 固定資產達到預定可使用狀態並交付使用後至竣工決算前發生的借款利息不應計入固定資產入帳價值，而應計入財務費用。（　　）

3. 已提足折舊仍然使用的固定資產和未提足折舊提前報廢的均不再計提折舊。（　　）

4. 企業出售、轉讓、報廢固定資產或發生固定資產毀損，應當將處置收入扣除帳面價值和相關稅費後的金額計入當期損益。（　　）

5. 企業一般應當按月提取折舊，當月增加的固定資產，當月計提折舊；當月減少的固定資產，當月不提折舊。（　　）

6. 對於計提的固定資產減值準備，在以後期間價值恢復時，企業不能轉回任何原已計提的減值準備金額。（　　）

7. 固定資產折舊方法一經確定不得變更。（　　）

8. 投資者投入固定資產的成本，應當按照投資合同或協議約定的價值確定，但合同或協議約定價值不公允的除外。（　　）

9. 企業固定資產一經入帳，其入帳價值均不得做任何變動。（　　）

10. 工作量法計提折舊的特點是每年提取的折舊額相等。（　　）

四、業務題

1. 某企業 2018 年 8 月 1 日自行建造的一條生產線投入使用，該生產線建造成本為 740 萬元，預計使用年限為 5 年，預計淨殘值為 20 萬元。在採用年數總和法計提折舊的情況下，2019 年該設備應計提的折舊額為多少萬元？

2. 企業的某項固定資產原價為 2,000 萬元，採用年限平均法計提折舊，使用壽命為 10 年，預計淨殘值為 0，在第 5 年年初企業對該項固定資產的某一主要部件進行更換，發生支出合計 1,000 萬元，符合準則規定的固定資產確認條件，被更換的部件的原價為 800 萬元。求更換後固定資產的原價為多少？

3. 甲公司生產線一條，原價為 1,400,000 元，預計使用年限為 6 年，預計淨殘值為 0，採用直線法計提折舊。該生產線已使用 3 年，已提折舊為 700,000 元。2019 年 12 月對該生產線進行更新改造，以銀行存款支付改良支出 240,000 元。改造後的生產線預計還可使

用 4 年，預計淨殘值為 0。根據上述資料，編製甲公司有關會計分錄。

4. 某企業於 2018 年 9 月 5 日對一生產線進行改擴建，改擴建前該生產線的原價為 900 萬元，已提折舊 200 萬元，已提減值準備 50 萬元。在改擴建過程中領用工程物資 300 萬元，領用生產用原材料 50 萬元，原材料的進項稅額為 8 萬元。發生改擴建人員工資 80 萬元，用銀行存款支付其他費用 61.5 萬元。該生產線於 2018 年 12 月 20 日達到預定可使用狀態。該企業對改擴建後的固定資產採用年限平均法計提折舊，預計尚可使用年限為 10 年，預計淨殘值為 50 萬元。2019 年 12 月 31 日該生產線的公允價值減去處置費用後的淨額為 690 萬元，預計未來現金流量現值為 670 萬元。假定固定資產按年計提折舊，固定資產計提減值準備不影響固定資產的預計使用年限和預計淨殘值。

要求：

（1）編製上述與固定資產改擴建有關業務的會計分錄。計算改擴建後固定資產的入帳價值。

（2）計算 2019 年 12 月 31 日該生產線是否應計提減值準備，若計提減值準備，編製相關會計分錄。

（3）計算該生產線 2019 年和 2020 年每年應計提的折舊額。（金額單位用萬元表示。）

5. 2019 年 5 月，A 股份有限公司準備自行建造一座廠房，為此發生以下業務：

（1）購入工程物資一批，價款為 500,000 元，支付的增值稅進項稅額為 65,000 元，款項以銀行存款支付。

（2）至 8 月，工程先後領用工程物資 400,000 元（不含增值稅進項稅額）；剩餘工程物資轉為該公司的存貨。

（3）領用生產用原材料一批，價值為 64,000 元。

（4）輔助生產車間為工程提供有關的勞務支出為 50,000 元。

（5）計提工程人員工資 95,800 元。

（6）11 月底，工程達到預定可使用狀態，但尚未辦理竣工決算手續，工程按暫估價值結轉固定資產成本。

（7）12 月中旬，該項工程決算實際成本為 700,000 元，經查其與暫估成本的差額為應付職工工資。

（8）假定不考慮其他相關稅費。

要求：編製上述業務相關的會計分錄。

項目六　無形資產及其他資產核算業務

一、單項選擇

1. 外購無形資產成本不包括（　　）。
   A. 購買價款　　　　　　　　B. 宣傳廣告費用
   C. 測試費用　　　　　　　　D. 專業服務費用
2. 下列項目中，應確認為無形資產的是（　　）。
   A. 企業自創的商譽　　　　　B. 企業內部產生的品牌
   C. 企業內部人力資源　　　　D. 企業購入的專利權
3. 下列各項中，一般不會引起無形資產帳面價值發生增減變動的是（　　）。
   A. 對無形資產計提減值準備　B. 無形資產可收回金額大於帳面價值
   C. 攤銷無形資產　　　　　　D. 轉讓無形資產所有權
4. 下列項目中，不能夠確認為無形資產的是（　　）。
   A. 通過購買方式取得的土地使用權
   B. 商譽
   C. 通過吸收投資方式取得的土地使用權
   D. 通過購買方式取得的非專利技術
5. 無形資產計提減值準備時，借記的科目是（　　）。
   A. 資產減值損失　　　　　　B. 管理費用
   C. 其他業務成本　　　　　　D. 營業外支出
6. 企業進行研究與開發無形資產過程中發生的各項支出，發生時應借記的會計科目是（　　）。
   A. 管理費用　　　　　　　　B. 無形資產
   C. 研發支出　　　　　　　　D. 銷售費用
7. 某企業研製成功一項新技術，該企業在此項研究過程中支付調研費 30,000 元，支付人工費 40,000 元。在開發過程中支付材料費 60,000 元、人工費 30,000 元、其他費用 50,000 元。假設開發過程中發生的支出均可資本化。不考慮其他因素，則該項專利權的入帳價值為（　　）元。

A. 90,000　　　　　　　　　　　B. 140,000
C. 160,000　　　　　　　　　　 D. 170,000

8. 宏達公司 2009 年 5 月 20 日購入一項專利權，入帳價值為 750 萬元，預計使用年限為 10 年，按照直線法進行攤銷。2010 年 12 月 31 日，該無形資產的可收回金額為 575 萬元。則 2010 年 12 月 31 日，應當對該無形資產計提的減值準備為（　）萬元。

A. 0　　　　　　　　　　　　　B. 50
C. 56.25　　　　　　　　　　　D. 125

9. 宏達公司出售一項 2 年前取得的專利權，該專利權取得時的成本為 20 萬元，按 10 年攤銷，出售時取得收入 25 萬元，不考慮相關稅費，則出售該項專利權時影響當期損益的金額為（　）萬元。

A. 5　　　　　　　　　　　　　B. 7
C. 9　　　　　　　　　　　　　D. 11

10. 甲公司 2017 年 1 月 10 日開始自行研究開發無形資產，12 月 31 日達到預定用途。其中，研究階段發生職工薪酬 30 萬元、計提專用設備折舊 40 萬元；進入開發階段後，相關支出符合資本化條件前發生的職工薪酬 30 萬元、計提專用設備折舊 30 萬元，符合資本化條件後發生職工薪酬 100 萬元、計提專用設備折舊 200 萬元。假定不考慮其他因素，甲公司 2007 年對上述研發支出進行的下列會計處理中，正確的是（　）。

A. 確認管理費用 70 萬元，確認無形資產 360 萬元
B. 確認管理費用 30 萬元，確認無形資產 400 萬元
C. 確認管理費用 130 萬元，確認無形資產 300 萬元
D. 確認管理費用 100 萬元，確認無形資產 330 萬元

二、多項選擇

1. 下列項目中，可以確認為無形資產的有（　）。

A. 有償取得的經營特許權　　　B. 企業自創的商譽
C. 有償取得的高速公路收費權　D. 國家無償劃撥給企業的土地使用權

2. 下列應當計入購入無形資產成本的有（　）。

A. 購買價款
B. 相關稅費
C. 為使無形資產達到預定用途所發生的測試費用
D. 無形資產達到預定用途後發生的費用

3. 下列關於無形資產會計處理的表述中，正確的有（　）。

A. 無形資產均應確定預計使用年限並分期攤銷
B. 有償取得的自用土地使用權應確認為無形資產

C. 內部研發項目研究階段支出應全部確認為費用

D. 無形資產減值損失一經確認在以後會計期間不得轉回

4. 下列各項中，屬於無形資產的特徵的有（　　）。

　　A. 不具有實物形態　　　　　　　　B. 具有可辨認性

　　C. 不具有可辨認性　　　　　　　　D. 屬於非貨幣性長期資產

5. 下列各項支出應計入無形資產成本的有（　　）。

　　A. 購入專利權發生的支出

　　B. 購入商標權發生的支出

　　C. 取得土地使用權發生的支出

　　D. 研發新技術在研究階段發生的支出

6. 下列有關無形資產的會計處理，不正確的有（　　）。

　　A. 將自創商譽確認為無形資產

　　B. 將轉讓使用權的無形資產的攤銷價值計入營業外支出

　　C. 將轉讓所有權的無形資產的帳面價值計入其他業務支出

　　D. 將預期不能為企業帶來經濟利益的無形資產的帳面價值轉銷

7. 對使用壽命有限的無形資產，下列說法中正確的有（　　）。

　　A. 其攤銷金額應當在使用壽命內系統合理攤銷

　　B. 其攤銷期限應當自無形資產可供使用時起至不再作為無形資產確認時止

　　C. 其攤銷期限應當自無形資產可供使用的下個月時起至不再作為無形資產確認時止

　　D. 無形資產可能有殘值

8. 下列有關無形資產攤銷的會計處理，不正確的有（　　）。

　　A. 企業對使用壽命有限的無形資產進行攤銷，攤銷金額一般應當計入當期損益，同時貸記「累計攤銷」科目

　　B. 企業對使用壽命有限的無形資產進行攤銷，攤銷金額可能借記的會計科目有：「管理費用」「製造費用」「其他業務成本」和「研發支出」

　　C. 對於使用壽命發生變化的無形資產，其攤銷額要追溯調整

　　D. 使用壽命不確定的無形資產不能轉換為使用壽命有限的無形資產

9. 根據會計準則的規定，下列無形資產研發支出中，可能計入無形資產入帳價值的有（　　）。

　　A. 研究過程中的調查支出

　　B. 開發過程中的研發支出

　　C. 開發過程中領用的材料

　　D. 開發過程中發生的人工費

10. 企業進行無形資產攤銷時，下列做法正確的有（　　）。
   A. 自用無形資產攤銷：借記「管理費用」科目，貸記「累計攤銷」科目
   B. 生產車間無形資產攤銷：借記「製造費用」科目，貸記「累計攤銷」科目
   C. 企業籌建期間無形資產攤銷（費用化的）：借記「管理費用」科目，貸記「累計攤銷」科目
   D. 自建工程使用的無形資產攤銷：借記「在建工程」科目，貸記「累計攤銷」科目

三、判斷

1. 無形資產是指企業擁有或控制的沒有實物形態的資產。　　　　　　（　）
2. 企業取得的所有無形資產，均應當按期攤銷。　　　　　　　　　　（　）
3. 企業外購無形資產發生的相關稅費不應計入其成本當中。　　　　　（　）
4. 無形資產的初始成本中包括購買價款、相關稅費以及為進行宣傳發生的廣告費、管理費用等其他間接費用。　　　　　　　　　　　　　　　　　　　　　（　）
5. 企業自行研發的無形資產，在研究階段發生的支出應當全部費用化，在開發階段發生的支出應當全部資本化。　　　　　　　　　　　　　　　　　　　　　（　）
6. 無形資產的使用壽命一經確定不得變更。　　　　　　　　　　　　（　）
7. 無形資產的攤銷金額都應計入管理費用。　　　　　　　　　　　　（　）
8. 企業出售無形資產，應當將取得的價款與該無形資產帳面價值的差額計入營業外收支。　　　　　　　　　　　　　　　　　　　　　　　　　　　　　　　（　）
9. 無形資產預期不能為企業帶來經濟利益的，應當將該無形資產的帳面價值予以轉銷。
　　　　　　　　　　　　　　　　　　　　　　　　　　　　　　　　（　）
10. 企業以經營租賃方式租入的固定資產發生的改良支出，應記入「長期待攤費用」科目。　　　　　　　　　　　　　　　　　　　　　　　　　　　　　　　（　）

四、業務題

1. A公司為增值稅一般納稅人，購入一項非專利技術，取得增值稅專用發票上註明的價款為90萬元，稅率6%，增值稅稅額5.4萬元，以銀行存款支付。
　　要求：編製A公司購入非專利技術會計分錄。
2. B公司自行研究開發一項技術：共發生研發支出450萬元，其研究階段發生職工薪酬100萬元，專用設備折舊費用50萬元；開發階段滿足資本化條件支出300萬元，取得增值稅專用發票上註明的增值稅稅額為48萬元，開發階段結束研究開發項目達到預定用途形成無形資產，暫不考慮其他因素。

要求：

（1）編製研究階段會計分錄。

（2）編製開發階段會計分錄。

（3）編製達到預用途開成無形資產的會計分錄。

3. 某企業將其自行開發完成的管理系統軟件出租給乙公司，每年支付使用費240,000元（不含增值稅）。雙方約定租賃期限為5年。該管理系統軟件的總成本為600,000元，該企業按月計提攤銷，暫不考慮其他因素。

要求：編製計提累計攤銷的會計分錄；

4. 甲公司為增值稅一般納稅人，按月編製財務報表，假定相關業務取得的增值稅專用發票均通過認證。甲公司2019年發生的無形資產相關業務如下：

a. 甲公司繼續研發一項生產用新興技術。該技術的「研發支出—資本化支出」明細科目年初額為70萬元。本年度1至6月份該技術研發支出共計330萬元，其中，不符合資本化條件的支出為130萬元。7月15日，該技術研發完成，申請取得專利權（以下稱為E專利權），發生符合資本化條件支出30萬元，發生不符合資本化條件支出20萬元，並於當月投入產品生產。本年發生各種研發支出取得的增值稅專用發票上註明的增值稅稅額為41.6萬元。依相關法律規定E專利權的有效使用年限為10年，採用年限平均法攤銷。

b. 12月31日，由於市場發生不利變化，E專利權存在可能發生減值的跡象，預計其可收回金額為185萬元。

c. 12月31日，根據協議約定，甲公司收到乙公司支付的F非專利技術使用權當年使用費收入，開具的增值稅專用發票上註明的價款為10萬元，增值稅稅額為0.6萬元，款項存入銀行。本年F非專利技術應計提的攤銷額為6萬元。

要求：

（1）根據資料a計算甲公司E專利權的入帳成本。

（2）根據資料a編製2019年甲公司E專利權攤銷的會計分錄。

（3）根據資料a和b，2019年年末，計算甲公司對E專利權應計提的無形資產減值準備的金額。

（4）根據資料c，編製甲公司轉讓F非專利技術使用權的會計分錄。

（5）根據資料a~c，確定甲公司無形資產相關業務對其2019年度利潤表相關項目的影響表述正確的是（　　）。

　　A.「研發費用」增加150萬元

　　B.「利潤總額」減少246萬元

　　C.「資產減值損失」增加100萬元

　　D.「營業收入」增加10萬元

項目七　投資核算業務

一、單項選擇

1. 關於交易性金融資產的計量，下列說法中正確的是（　　）。
   A. 應當按取得該金融資產的公允價值和相關交易費用之和作為初始確認金額
   B. 應當按取得該金融資產的公允價值作為初始確認金額，相關交易費用在發生時計入當期損益
   C. 資產負債表日，企業應當將金融資產的公允價值變動計入當期所有者權益
   D. 處置該金融資產時，其公允價值與初始入帳金額之間的差額應確認為投資收益，不調整公允價值變動損益

2. 將以攤餘成本計量的金融資產重分類為以公允價值計量且其變動計入其他綜合收益的金融資產的，應在重分類日按其公允價值，借記「其他債權投資」科目，按其帳面餘額，貸記「債權投資」科目，按其差額，貸記或借記（　　）科目。
   A.「營業外收入」　　　　　　　B.「投資收益」
   C.「其他綜合收益」　　　　　　D.「資產減值損失」

3. 關於金融資產的重分類，下列說法中正確的是（　　）。
   A. 交易性金融資產不可以和以攤餘成本計量的金融資產進行重分類
   B. 交易性金融資產和以公允價值計量且其變動計入其他綜合收益的金融資產之間不能進行重分類
   C. 以公允價值計量且其變動計入其他綜合收益的金融資產可以隨意和以攤餘成本計量的金融資產進行重分類
   D. 交易性金融資產在符合一定條件時可以和以攤餘成本計量的金融資產進行重分類

4. 甲公司於 2019 年 3 月 30 日以每股 12 元的價格購入某上市公司股票 50 萬股，作為交易性金融資產核算。購買該股票支付手續費等 10 萬元。5 月 25 日，收到該上市公司按每股 0.5 元發放的現金股利。12 月 31 日該股票的市價為每股 11 元。2019 年 12 月 31 日該股票投資的帳面價值為（　　）萬元。
   A. 550　　　　　　　　　　　　B. 575

C. 585　　　　　　　　　　　　D. 610

5. 2019年12月1日，甲上市公司購入一批股票，作為交易性金融資產核算和管理。實際支付價款100萬元，其中包含已經宣告的現金股利2萬元。另支付相關費用2萬元。均以銀行存款支付。假定不考慮其他因素，該項交易性金融資產的入帳價值為（　　）萬元。

A. 100　　　　　　　　　　　　B. 98
C. 102　　　　　　　　　　　　D. 103

6. 持有交易性金融資產期間被投資單位宣告發放現金股利或在資產負債表日按債券票面利率計算利息時，借記「應收股利」或「應收利息」科目，貸記（　　）科目。

A. 交易性金融資產　　　　　　B. 短期投資
C. 公允價值變動損益　　　　　D. 投資收益

7. 企業出售交易性金融資產時，應按實際收到的金額，借記「銀行存款」科目，按該金融資產的成本，貸記「交易性金融資產（成本）」科目，按該項交易性金融資產的公允價值變動，貸記或借記「交易性金融資產（公允價值變動）」科目，按其差額，貸記或借記（　　）。

A.「公允價值變動損益」科目　　B.「投資收益」科目
C.「短期投資」科目　　　　　　D.「營業外收入」科目

8. 乙企業於2019年12月1日，以700萬元的價格購進當日發行的面值為650萬元的公司債券。其中債券的買價為690萬元，相關稅費為10萬元。該公司債券票面利率為8%，期限為5年，一次還本付息。企業準備持有至到期。該企業計入「債權投資」科目的金額為（　　）萬元。

A. 650　　　　　　　　　　　　B. 690
C. 700　　　　　　　　　　　　D. 680

9. 下列關於交易性金融資產的說法中，錯誤的是（　　）。

A. 交易性金融資產的公允價值變動形成的利得或損失，應當計入當期損益
B. 企業取得的交易性金融資產，按其公允價值入帳
C. 在活躍市場中沒有報價、公允價值不能可靠計量的權益工具投資，可以指定為以公允價值計量且其變動計入當期損益的金融資產
D. 取得交易性金融資產的目標，主要是為了出售該金融資產實現現金流量

10. 未發生減值的以攤餘成本計量的金融資產債權投資如為分期付息、一次還本債券投資，應於資產負債表日按票面利率計算確定的應收未收利息，借記「應收利息」科目，按該投資期初攤餘成本和實際利率計算確定的利息收入，貸記「投資收益」科目，按其差額，借記或貸記（　　）科目。

A.「債權投資」（債券溢折價）　B.「債權投資」（成本）

C.「債權投資」（應計利息） D.「債權投資」（利息調整）

11. 甲股份有限公司取得乙企業35%股權，支付的下列款項中，（ ）不應計入其初始投資成本。

　　A. 交易印花稅　　　　　　　　　B. 交易手續費
　　C. 付出資產的帳面價值　　　　　D. 付出資產的公允價值

12. 甲、乙兩家公司同屬丙公司的子公司。甲公司於2019年12月20日以發行股票方式從乙公司的股東手中取得乙公司60%的股份。甲公司發行1,500萬股普通股股票，該股票每股面值為1元。乙公司在2019年12月20日所有者權益為2,000萬，甲公司在2019年12月20日資本公積為180萬元，盈餘公積為100萬元，未分配利潤為200萬元。甲公司該項長期股權投資的成本為（ ）萬元。

　　A. 1,200　　　　　　　　　　　　B. 1,500
　　C. 1,820　　　　　　　　　　　　D. 480

13. 甲公司出資1,000萬元，取得了乙公司80%的控股權，假如購買股權時乙公司的帳面淨資產價值為1,500萬元，甲、乙公司合併前後同受一方控制。則甲公司確認的長期股權投資成本為（ ）萬元。

　　A. 1,000　　　　　　　　　　　　B. 1,500
　　C. 800　　　　　　　　　　　　　D. 1,200

14. A、B兩家公司屬於非同一控制下的獨立公司。A公司於2019年12月1日以本企業的固定資產對B公司投資，取得B公司60%的股份。該固定資產原值1,500萬元，已計提折舊400萬元，已提取減值準備50萬元，12月1日該固定資產公允價值為1,250萬元。B公司2019年12月1日所有者權益為2,000萬元。A公司該項長期股權投資的成本為（ ）萬元。

　　A. 1,500　　　　　　　　　　　　B. 1,050
　　C. 1,200　　　　　　　　　　　　D. 1,250

15. 甲公司出資1,000萬元，取得了乙公司80%的控股權，假如購買股權時乙公司的帳面淨資產價值為1,500萬元，甲、乙公司合併前後不受同一方控制。則甲公司確認的長期股權投資成本為（ ）萬元。

　　A. 1,000　　　　　　　　　　　　B. 1,500
　　C. 800　　　　　　　　　　　　　D. 1,200

16. A、B兩家公司屬於同一控制下的獨立公司。A公司於2019年12月1日以本企業的固定資產對B公司投資，取得B公司60%的股份。該固定資產原值1,500萬元，已計提折舊400萬元，已提取減值準備50萬元，12月1日該固定資產公允價值為1,300萬元。B公司2019年12月1日所有者權益為2,000萬元。A公司該項長期股權投資的成本為（ ）萬元。

A. 1,500　　　　　　　　　　B. 1,050

C. 1,300　　　　　　　　　　D. 1,200

17. 非企業合併，且以支付現金取得的長期股權投資，應當按照（　）作為初始投資成本。

　　A. 實際支付的購買價款

　　B. 被投資企業所有者權益帳面價值的份額

　　C. 被投資企業所有者權益公允價值的份額

　　D. 被投資企業所有者權益

18. 非企業合併，且以發行權益性證券取得的長期股權投資，應當按照發行權益性證券的（　）作為初始投資成本。

　　A. 帳面價值　　　　　　　　B. 公允價值

　　C. 支付的相關稅費　　　　　D. 市場價格

19. 投資者投入的長期股權投資，如果合同或協議約定價值是公允的，應當按照（　）作為初始投資成本。

　　A. 投資合同或協議約定的價值　　B. 帳面價值

　　C. 公允價值　　　　　　　　　　D. 市場價值

20. 根據《企業會計準則第2號——長期股權投資》的規定，長期股權投資採用權益法核算時，初始投資成本大於應享有被投資單位可辨認資產公允價值份額之間的差額，正確的會計處理是（　）。

　　A. 計入投資收益　　　　　　B. 衝減資本公積

　　C. 計入營業外支出　　　　　D. 不調整初始投資成本

21. 下列不屬於企業投資性房地產的是（　）。

　　A. 房地產開發企業將作為存貨的商品房以經營租賃方式出租

　　B. 企業開發完成後用於出租的房地產

　　C. 企業持有並準備增值後轉讓的土地使用權

　　D. 房地產企業擁有並自行經營的飯店

22. 關於企業租出並按出租協議向承租人提供保安和維修等其他服務的建築物，是否屬於投資性房地產的說法正確的是（　）。

　　A. 所提供的其他服務在整個協議中不重大的，該建築物應視為企業的經營場所，應當確認為自用房地產

　　B. 所提供的其他服務在整個協議中如為重大的，應將該建築物確認為投資性房地產

　　C. 所提供的其他服務在整個協議中如為不重大的，應將該建築物確認為投資性房地產

D. 所提供的其他服務在整個協議中無論是否重大，均不將該建築物確認為投資性房地產

23. 下列投資性房地產初始計量的表述不正確的有（　　）。
   A. 外購的投資性房地產按照購買價款、相關稅費和可直接歸屬於該資產的其他支出
   B. 自行建造投資性房地產的成本，由建造該項資產達到可銷售狀態前所發生的必要支出構成
   C. 債務重組取得的投資性房地產按照債務重組的相關規定處理
   D. 非貨幣性資產交換取得的投資性房地產按照非貨幣性資產交換準則的規定處理

24. 企業對成本模式進行後續計量的投資性房地產攤銷時，應該借記（　　）科目。
   A. 投資收益　　　　　　　　B. 其他業務成本
   C. 營業外收入　　　　　　　D. 管理費用

25. 自用房地產轉換為採用公允價值模式計量的投資性房地產，轉換日該房地產公允價值大於帳面價值的差額應計入（　　）。
   A. 公允價值變動損益　　　　B. 其他綜合收益
   C. 營業外收入　　　　　　　D. 期初留存收益

26. 假定甲公司 2019 年 1 月 1 日以 9,360,000 元購入的建築物預計使用壽命為 20 年，預計淨殘值為零，採用直線法按年計提折舊。2019 年應計提的折舊額為（　　）元。
   A. 468,000　　　　　　　　B. 429,000
   C. 439,000　　　　　　　　D. 478,000

27. 存貨轉換為採用公允價值模式計量的投資性房地產，投資性房地產應當按照轉換當日的公允價值計量。轉換當日的公允價值小於原帳面價值的其差額通過（　　）科目核算。
   A. 營業外支出　　　　　　　B. 公允價值變動損益
   C. 投資收益　　　　　　　　D. 其他業務收入

28. 企業的投資性房地產採用成本計量模式。2020 年 1 月 1 日，該企業將一項投資性房地產轉換為固定資產。該投資性房地產的帳面餘額為 120 萬元，已提折舊 20 萬元，已經計提的減值準備為 10 萬元。該投資性房地產的公允價值為 75 萬元。轉換日固定資產帳戶的入帳金額為（　　）萬元。
   A. 100　　　　　　　　　　B. 80
   C. 90　　　　　　　　　　　D. 120

29. 甲公司將一棟自用辦公樓轉換為採用公允價值模式計量的投資性房地產，該辦公樓的帳面原值為 6,000 萬元，已計提累計折舊 100 萬元，固定資產減值準備 200 萬元，轉換日的公允價值為 7,000 萬元。下列關於甲公司在轉換日的會計處理，不正確的是

(　　)。
  A. 借記「投資性房地產」科目7,000萬元
  B. 不需要將固定資產的帳面價值轉入「固定資產清理」科目
  C. 轉換日的公允價值大於固定資產的帳面價值的差額1,300萬元，計入其他綜合收益
  D. 轉換日的公允價值大於固定資產的帳面價值的差額1,300萬元，計入公允價值變動損益

30. 甲公司將其一棟寫字樓租賃給乙公司使用，並一直採用成本模式進行後續計量。2020年1月1日，該項投資性房地產具備了採用公允價值模式計量的條件，甲公司決定對該投資性房地產從成本模式轉換為公允價值模式計量。該寫字樓的原價為5,000萬元，已計提折舊1,500萬元，計提減值準備250萬元，當日該寫字樓的公允價值為5,500萬元。甲公司按淨利潤的10%計提盈餘公積。不考慮所得稅等因素的影響，該事項對「利潤分配——未分配利潤」科目的影響金額為（　　）萬元。
  A. 2,025　　　　　　　　　　B. 2,250
  C. 0　　　　　　　　　　　　D. 1,800

二、多項選擇

1. 下列各項中，屬於交易性金融資產的有（　　）。
  A. 企業以出售金融資產實現現金流量為目標從二級市場購入的股票
  B. 企業以出售金融資產實現現金流量為目標從二級市場購入的基金
  C. 為收取合同現金流量為目標的債權投資
  D. 以出售實現現金流量為目標而進行管理的可辨認金融工具

2. 下列各項不可以作為以攤餘成本計量的金融資產的有（　　）。
  A. 購入的股權投資
  B. 為收取合同現金流量為目標的債權投資
  C. 購入的以出售金融資產實現現金流量為目標從二級市場購入的債權
  D. 購入的以出售實現現金流量為目標而進行管理的可辨認金融工具

3. 發生信用減值的金融資產的情形主要包括（　　）。
  A. 發行方或債務人發生重大財務困難
  B. 債務人違反合同，如償付利息或本金違約或逾期等
  C. 債務人很可能破產或進行其他財務重組
  D. 發行方或債務人財務困難導致該金融資產的活躍市場消失

4. 下列關於金融資產的說法正確的有（　　）。
  A. 以公允價值計量且其變動計入當期損益的金融資產其初始成本為其公允價值，

交易費用計入當期損益

 B. 以攤餘成本計量的金融資產其初始成本應以公允價值和交易費用之和進行確認

 C. 以公允價值計量且其變動計入其他綜合收益的金融資產其初始成本為其公允價值和交易費用之和

 D. 以公允價值計量且其變動計入其他綜合收益的金融資產其初始成本為其公允價值，交易費用計入當期損益

5. 下列各項中，會引起交易性金融資產帳面餘額發生變化的有（　　）。

 A. 收到原未計入應收項目的交易性金融資產的利息

 B. 期末交易性金融資產公允價值高於其帳面餘額的差額

 C. 期末交易性金融資產公允價值低於其帳面餘額的差額

 D. 出售交易性金融資產

6. 下列項目中，不應計入交易性金融資產取得成本的是（　　）。

 A. 支付的購買價格　　　　　　　B. 支付的相關稅費

 C. 支付的手續費　　　　　　　　D. 支付價款中包含的應收利息

7. 下列各項中，應作為以攤餘成本計量的金融資產取得時初始成本入帳的有（　　）。

 A. 投資時支付的不含應收利息的價款

 B. 投資時支付的手續費

 C. 投資時支付的稅費

 D. 投資時支付款項中所含的已到期尚未發放的利息

8. 如果購入的以攤餘成本計量的金融資產的實際利率等於票面利率，且不存在交易費用時，下列各項中，會引起以攤餘成本計量的金融資產債權投資帳面價值發生增減變動的有（　　）。

 A. 計提債權投資減值準備

 B. 確認分期付息債券的投資利息

 C. 確認到期一次付息債券的投資利息

 D. 出售債權投資

9. 下列金融資產需要計提資產減值的有（　　）。

 A. 以攤餘成本計量的金融資產

 B. 貸款及應收款項

 C. 以公允價值計量且其變動計入其他綜合收益的金融資產（權益工具）

 D. 以公允價值計量且其變動計入其他綜合收益的金融資產（債權工具）

10. 下列各項中，影響當期損益的有（　　）。

 A. 無法支付的應付款項

 B. 因產品質量保證確認的預計負債

C. 研發項目在研究階段發生的支出

D. 以公允價值計量且其變動計入其他綜合收益的金融資產持有期間公允價值的增加

11. 在同一控制下的企業合併中，合併方取得的淨資產帳面價值與支付的合併對價帳面價值（或發行股份面值總額）的差額，可能調整（　　）。

  A. 盈餘公積　 B. 營業外收入

  C. 資本公積　 D. 未分配利潤

12. 在非企業合併情況下，下列各項中，應作為長期股權投資取得時初始成本入帳的有（　　）。

  A. 投資時支付的不含應收股利的價款

  B. 為取得長期股權投資而發生的評估、審計、諮詢費

  C. 投資時支付的稅金、手續費

  D. 投資時支付款項中所含的已宣告而尚未領取的現金股利

13. 企業處置長期股權投資時，正確的處理方法有（　　）。

  A. 處置長期股權投資，其帳面價值與實際取得價款的差額，應當計入投資收益

  B. 處置長期股權投資，其帳面價值與實際取得價款的差額，應當計入營業外收入

  C. 採用權益法核算的長期股權投資，因被投資單位除淨損益以外所有者權益的其他變動而計入所有者權益的，處置該項投資時應當將原計入所有者權益的部分按相應比例轉入投資收益

  D. 採用權益法核算的長期股權投資，因被投資單位除淨損益以外所有者權益的其他變動而計入所有者權益的，處置該項投資時應當將原計入所有者權益的部分按相應比例轉入營業外收入

14. 長期股權投資的權益法的適用範圍是（　　）。

  A. 投資企業能夠對被投資企業實施控制的長期股權投資

  B. 投資企業對被投資企業不具有控制、共同控制或重大影響的投資

  C. 投資企業對被投資企業具有共同控制的長期股權投資

  D. 投資企業對被投資企業具有重大影響的長期股權投資

15. 根據《企業會計準則第 2 號——長期股權投資》的規定，長期股權投資採用成本法核算時，下列各項會引起長期股權投資帳面價值變動的有（　　）。

  A. 追加投資　 B. 減少投資

  C. 被投資企業實現淨利潤　 D. 被投資企業宣告發放現金股利

16. 對非同一控制下的企業合併購買方對合併成本大於合併中取得的被購買方可辨認淨資產公允價值份額的差額的，下列說法中正確的有（　　）。

  A. 確認為商譽

B. 計入資本公積

C. 構成長期股權投資的成本

D. 該部分是投資企業在購入該投資過程中與所取得的投資份額相對應的商譽，不須進行調整

17. 對長期股權投資採用權益法核算時，被投資企業發生的下列事項中，投資企業應該調整長期股權投資帳面價值的有（　　）。

A. 被投資企業實現淨利潤　　　　　B. 被投資企業宣告分配現金股利

C. 被投資企業購買固定資產　　　　D. 被投資企業計提盈餘公積

18. 在具體實務中，確定股權購買日應包括的條件有（　　）。

A. 在購買協議已獲股東大會通過，並已獲相關部門批准（如果需要有關政府部門批准）

B. 購買企業已經支付價款（以現金和銀行存款支付的價款）的大部分（一般應該超過50%）

C. 購買企業和被購買企業已經辦理必要的財產交接手續

D. 購買企業實際上已經控制被購買企業的財務和經營政策，被購買企業不能再從其所持有的股權中獲得利益和承擔風險

19. 下列項目中，投資企業不應確認投資收益的有（　　）。

A. 投資持有期間獲得的投資時實際支付價款中包含的已宣告但尚未發放的現金股利

B. 成本法下分得的屬於投資時被投資單位累積盈餘分派的現金股利

C. 權益法下收到的被投資單位分派的現金股利

D. 被投資單位宣告發放股票股利

20. 權益法下，應計入「投資收益」科目的有（　　）。

A. 被投資單位宣告分派股票股利

B. 被投資企業發生虧損

C. 處置長期股權投資的收入與長期股權投資帳面價值的差額

D. 被投資企業接受捐贈資產

21. 下列各項中，不屬於投資性房地產的是（　　）。

A. 房地產企業開發的準備出售的房屋

B. 房地產企業開發的已出租的房屋

C. 企業持有的準備建造房屋的土地使用權

D. 企業以經營租賃方式租入的建築物

22. 下列各項應該計入一般企業「其他業務收入」科目的有（　　）。

A. 出售投資性房地產的收入

B. 出租建築物的租金收入

C. 出售自用房屋的收入

D. 將持有並準備增值後轉讓的土地使用權予以轉讓所取得的收入

23. 下列各項中，不影響企業當期損益的是（　　）。

A. 採用成本計量模式，期末投資性房地產的可收回金額高於帳面價值

B. 採用成本計量模式，期末投資性房地產的可收回金額低於帳面餘額

C. 採用公允價值計量模式，期末投資性房地產的公允價值高於帳面餘額

D. 自用的房地產轉換為採用公允價值模式計量的投資性房地產時，轉換日房地產的公允價值大於帳面價值

24. 下列情況下，企業可將其他資產轉換為投資性房地產的有（　　）。

A. 原自用土地使用權停止自用改為出租

B. 房地產企業將開發的準備出售的商品房改為出租

C. 自用辦公樓停止自用改為出租

D. 出租的廠房收回改為自用

25. 關於投資性房地產的計量模式，下列說法中正確的是（　　）。

A. 已經採用公允價值模式計量的投資性房地產，不得從公允價值模式轉為成本模式

B. 已經採用成本模式計量的投資性房地產，不得從成本模式轉為公允價值模式

C. 採用公允價值模式計量的，不對投資性房地產計提折舊或進行攤銷

D. 企業對投資性房地產計量模式一經確定不得隨意變更

26. 關於投資性房地產的後續計量，下列說法正確的有（　　）。

A. 採用公允價值模式計量的，不對投資性房地產計提折舊或進行攤銷

B. 已採用公允價值模式計量的投資性房地產，不得從公允價值模式轉為成本模式

C. 已經採用成本模式計量的，可以轉為採用公允價值模式計量

D. 採用公允價值模式計量的，應對投資性房地產計提折舊或進行攤銷

27. 企業將自用房地產或存貨轉換為採用公允價值模式計量的投資性房地產，下列說法正確的有（　　）。

A. 自用房地產或存貨的房地產為採用公允價值模式計量的投資性房地產，該項投資性房地產應當按照轉換當日的公允價值計量

B. 自用房地產或存貨轉換為採用公允價值模式計量的投資性房地產，該項投資性房地產應當按照轉換當日的帳面價值計量

C. 轉換當日的公允價值小於原帳面價值的差額作為公允價值變動損益

D. 轉換當日的公允價值小於原帳面價值的差額計入資本公積——其他資本公積

28. 將投資性房地產轉換為其他資產或者將其他資產轉換為投資性房地產，關於轉換

日的確定，以下敘述正確的有（　　）。
    A. 企業於 2020 年 5 月 15 日開始將原本用於出租的房地產改用於自身生產使用，則該房地產的轉換日為 2020 年 5 月 15 日
    B. 房地產開發企業 2020 年 6 月 30 日決定將其持有的開發產品以經營租賃的方式出租，租賃期開始日為 2020 年 7 月 1 日，則該房地產的轉換日為 2020 年 7 月 1 日
    C. 2020 年 10 月 20 日，企業將某項土地使用權停止自用，2020 年 11 月 30 日正式確定該項資產將於增值後出售，則該房地產的轉換日為 2020 年 10 月 20 日
    D. 企業 2020 年 6 月 4 日將原本用於生產商品的房地產改用於出租，租賃期開始日為 2020 年 8 月 1 日，則該房地產的轉換日為 2020 年 8 月 1 日

三、判斷

1. 對於以公允價值計量且其變動計入其他綜合收益的金融資產，企業不能重分類為以攤餘成本計量的金融資產。　　　　　　　　　　　　　　　　　　　　（　　）

2. 金融資產在初始確認時分為交易性金融資產、以攤餘成本計量的金融資產、以公允價值計量且其變動計入其他綜合收益的金融資產。上述分類一經確定，不得變更。
　　　　　　　　　　　　　　　　　　　　　　　　　　　　　　　　（　　）

3. 購入交易性金融資產支付的交易費用，應該計入交易性資產的成本中。（　　）

4. 通常情況下以公允價值計量且其變動計入其他綜合收益的金融資產以公允價值計量，不應當確認減值損失。　　　　　　　　　　　　　　　　　　　　　（　　）

5. 「交易性金融資產」科目的期末借方餘額，反應企業持有的交易性金融資產的成本與市價孰低。　　　　　　　　　　　　　　　　　　　　　　　　　（　　）

6. 資產負債表日，對於以攤餘成本計量的金融資產為分期付息、一次還本債券投資的，企業應按票面利率計算確定的應收未收利息，應該借記「債權投資（應計利息）」科目。　　　　　　　　　　　　　　　　　　　　　　　　　　　　　（　　）

7. 資產負債表日，債券的合同利率與實際利率差異較小的，也可以採用合同利率計算確定利息收入。　　　　　　　　　　　　　　　　　　　　　　　　（　　）

8. 企業取得以公允價值計量且其變動計入其他綜合收益的金融資產時支付的交易費用應計入投資收益。　　　　　　　　　　　　　　　　　　　　　　　　（　　）

9. 「其他權益工具投資」借方的期末餘額，反應企業其他權益工具投資的金融資產的公允價值。　　　　　　　　　　　　　　　　　　　　　　　　　　　（　　）

10. 交易性金融資產在持有期間賺取的現金股利，應衝減交易性金融資產的帳面價值。（　　）。

11. 已經宣告發放的股票股利在尚未分派給股東之前，形成企業的一項負債。（　　）

12. 處置長期股權投資資產時，以前期間計入其他綜合收益的金額應轉入投資收益。
（　）

13. 對長期股權投資按照成本法核算時，被投資企業的資本公積增減變動，投資企業相應調整「資本公積——其他資本公積」科目。
（　）

14. A 公司於 2019 年 6 月以 3,000 萬元取得 B 公司 30%的股權，因能夠派人參與 B 公司的生產經營決策，對所取得的長期股權投資按照權益法核算，2019 年 12 月，A 公司又斥資 4,000 萬元取得 B 公司另外 30%的股權。假定 A 公司在取得對 B 公司的長期股權投資以後，B 公司並未宣告發放現金股利或利潤，則 A 公司的合併成本為 7,000 萬元。
（　）

15. 長期股權投資採用成本法核算的，應按被投資單位宣告發放的現金股利或利潤中屬於本企業的部分，借記「應收股利」科目，貸記「投資收益」科目；屬於被投資單位在本企業取得投資前實現淨利潤的分配額，應該借記「應收股利」科目，貸記「資本公積」科目。
（　）

16. 採用權益法核算的長期股權投資的初始投資成本大於投資時應享有被投資單位可辨認淨資產公允價值份額的，其差額計入長期股權投資（股權投資差額）中。
（　）

17. 權益法核算下，處置長期股權投資時，應按實際收到的金額，借記「銀行存款」等科目，按其帳面餘額，貸記「長期股權投資」科目，按尚未領取的現金股利或利潤，貸記「應收股利」科目，按其差額，貸記或借記「投資收益」科目。已計提減值準備的，還應同時結轉減值準備。除上述規定外，還應結轉原記入其他綜合收益的相關金額，借記或貸記「其他綜合收益」科目，貸記或借記「投資收益」科目。
（　）

18. A 公司購入 B 公司 5%的股份，買價 322,000 元，其中含有已宣告發放、但尚未領取的現金股利 8,000 元。那麼 A 公司取得長期股權投資的成本為 322,000 元。
（　）

19. 購買方為進行企業合併所發生的各項直接相關費用包括合併中發行權益性證券發生的手續費和佣金。
（　）

20. 被投資單位以盈餘公積彌補虧損和以資本公積轉增資本時，投資企業不需要進行帳務處理。
（　）

21. 期末企業將投資性房地產的帳面價值單獨列示在資產負債表上。
（　）

22. 企業以融資租賃方式出租建築物是作為投資性房地產進行核算的。
（　）

23. 企業不論在成本模式下，還是在公允價值模式下，投資性房地產取得的租金收入，均確認為其他業務收入。
（　）

24. 企業採用公允價值模式進行後續計量的，不對投資性房地產計提折舊或進行攤銷，應當以資產負債表日投資性房地產的公允價值為基礎調整其帳面價值，公允價值與原帳面價值之間的差額計入其他業務成本或其他業務收入。
（　）

25. 已採用公允價值模式計量的投資性房地產，不得從公允價值模式轉為成本模式。
(　　)

26. 企業在以成本模式計量的情況下，將作為存貨的房地產轉換為投資性房地產的，應按其在轉換日的帳面餘額，借記「投資性房地產」科目，貸記「開發產品」等科目。
(　　)

27. 企業採用公允價值模式計量的投資性房地產轉換為自用房地產時，應當以其轉換當日的公允價值作為自用房地產的帳面價值，公允價值與原帳面價值的差額計入當期損益（公允價值變動損益）。
(　　)

28. 自用房地產或存貨轉換為採用公允價值模式計量的投資性房地產時，投資性房地產應當按照轉換當日的公允價值計量，公允價值與原帳面價值的差額計入當期損益（公允價值變動損益）。
(　　)

29. 企業出售投資性房地產或者發生投資性房地產毀損，應當將處置收入扣除其帳面價值和相關稅費後的金額直接計入所有者權益。
(　　)

30. 企業對投資性房地產進行日常維護所發生的支出，不符合投資性房地產確認條件，應當在發生時直接計入管理費用。
(　　)

四、業務分析

1. 某股份有限公司2019年有關交易性金融資產的資料如下：

（1）3月1日以銀行存款購入A公司股票50,000股，並準備隨時變現，每股買價16元，同時支付相關稅費4,000元。

（2）4月20日A公司宣告發放的現金股利每股0.4元。

（3）4月21日又購入A公司股票50,000股，並準備隨時變現，每股買價18.4元（其中包含已宣告發放尚未支付的股利每股0.4元），同時支付相關稅費6,000元。

（4）4月25日收到A公司發放的現金股利40,000元。

（5）6月30日A公司股票市價為每股16.4元。

（6）7月18日該公司以每股17.5元的價格轉讓A公司股票60,000股，扣除相關稅費6,000元，實得金額為1,044,000元。

（7）12月31日A公司股票市價為每股18元。

要求：根據上述經濟業務編製有關會計分錄。

2. 甲股份有限公司2019年1月1日購入乙公司當日發行的五年期債券，根據其管理業務模式的目標，分類為以攤餘成本計量的金融資產，該債券的票面利率為12%，債券每張面值1,000元，企業按每張1,050元的價格購入80張。該債券每年年末付息一次，最後一年還本並付最後一次利息。假設甲公司按年計算利息。假定不考慮相關稅費。該債券的實際利率為10.66%。

要求：做出甲公司有關上述債券投資的會計處理（計算結果保留整數）。

3. 2019 年 5 月 6 日，甲公司支付價款 10,160,000 元（含交易費用 20,000 元和已宣告發放現金股利 140,000 元），購入乙公司發行的股票 200,000 股，占乙公司有表決權股份的 0.5%。甲公司將其劃分為以公允價值計量且其變動計入其他綜合收益的非交易性權益工具投資。

2019 年 5 月 10 日，甲公司收到乙公司發放的現金股利 140,000 元。

2019 年 6 月 30 日，該股票市價為每股 52 元。

2019 年 12 月 31 日，甲公司仍持有該股票；當日，該股票市價為每股 50 元。

2020 年 5 月 9 日，乙公司宣告發放股利 40,000,000 元。

2020 年 5 月 13 日，甲公司收到乙公司發放的現金股利。

2020 年 5 月 20 日，甲公司以每股 49 元的價格將股票全部轉讓。

假定不考慮其他因素，要求：編製甲公司的帳務處理。

4. 2019 年 1 月 1 日，甲公司購買了當日發行的一項公司債券，年限 5 年，債券的本金 1,000 萬元，公允價值為 1,100 萬元，交易費用為 8 萬元，次年 1 月 5 日按票面利率 6% 支付利息。該債券在第五年兌付本金及最後一期利息。實際利率 4%。2019 年年末，該債券公允價值為 1,200 萬元。

要求：

（1）假定甲公司根據其管理業務模式的目標，將該債券劃分為交易性金融資產，編製 2019 年甲公司相關的帳務處理。

（2）假定甲公司根據其管理業務模式的目標，將該債券劃分為以攤餘成本計量的金融資產，編製 2019 年甲公司相關的帳務處理。

（3）假定甲公司根據其管理業務模式的目標，將該債券劃分為以公允價值計量且其變動計入其他綜合收益的金融資產，編製 2019 年甲公司相關的帳務處理。

5. 2018 年 2 月 1 日，A 公司以銀行存款 500 萬元取得 B 公司 80% 的股份。該項投資屬於非同一控制下的企業合併。B 公司所有者權益的帳面價值為 700 萬元。2018 年 5 月 2 日，B 公司宣告分配 2017 年度現金股利 100 萬元，5 月 20 日已收到股利，2018 年度 B 公司實現利潤 200 萬元。2019 年 5 月 2 日，B 公司宣告分配現金股利 300 萬元，5 月 15 日收到此股利，2019 年度 B 公司實現利潤 300 萬元。

要求：做出 A 公司上述股權投資的會計處理。

6. 甲股份有限公司（以下簡稱甲公司）2017 年至 2019 年投資業務有關的資料如下：

（1）2017 年 2 月 1 日，甲公司以銀行存款 1,000 萬元，購入乙股份有限公司（以下簡稱乙公司）股票，占乙公司有表決權股份的 30%，對乙公司的財務和經營政策具有重大影響。不考慮相關費用。2017 年 2 月 1 日，乙公司所有者權益總額為 3,000 萬元（與公允價值一致）。

（2）2017年5月2日，乙公司宣告發放2016年度的現金股利200萬元，並於2017年5月26日實際發放。

（3）2017年度，乙公司實現淨利潤1,200萬元。

（4）2018年5月2日，乙公司宣告發放2017年度的現金股利300萬元，並於2018年5月20日實際發放。

（5）2018年度，乙公司發生淨虧損600萬元。

（6）2018年12月31日，甲公司預計對乙公司長期股權投資的可收回金額為900萬元。

（7）2019年9月3日，甲公司與丙股份有限公司（以下簡稱丙公司）簽訂協議，將其所持有乙公司的30%的股權全部轉讓給丙公司。股權轉讓協議如下：①股權轉讓協議在經甲公司和丙公司的臨時股東大會批准後生效；②股權轉讓價款總額為1,100萬元，協議生效日丙公司支付股權轉讓價款總額的80%，股權過戶手續辦理完成時支付股權轉讓價款總額的20%。

2019年10月31日，甲公司和丙公司分別召開臨時股東大會批准了上述股權轉讓協議。當日，甲公司收到丙公司支付的股權轉讓價款總額的80%。截至2019年12月31日，上述股權轉讓的過戶手續尚未辦理完畢。

（8）2019年度，乙公司實現淨利潤400萬元，其中1月至10月份實現淨利潤300萬元。

假定除上述交易或事項外，乙公司未發生導致其所有者權益發生變動的其他交易或事項。

要求：編製甲公司2017年至2019年投資業務相關的會計分錄。（「長期股權投資」科目要求寫出明細科目；答案中的金額單位用萬元表示。）

7. 2019年5月10日，甲上市公司以其庫存商品對乙企業投資，投出商品的成本為180萬元，公允價值和計稅價格均為200萬元，增值稅率為13%（不考慮其他稅費）。甲上市公司對乙企業的投資占乙企業註冊資本的20%，甲上市公司採用權益法核算該項長期股權投資。2019年5月10日，乙企業所有者權益總額為1,000萬元（假定為公允價值）。乙企業2019年實現淨利潤600萬元。假設2020年乙企業發生虧損2,200萬元。假定甲企業帳上有應收乙企業長期應收款80萬元。假設2021年乙企業實現淨利潤1,000萬元。

要求：根據上述資料，編製甲上市公司對乙企業投資及確認投資收益的會計分錄。（金額單位為萬元）

8. A公司2018年1月1日以950萬元（含支付的相關費用10萬元）購買B公司股票400萬股，每股面值1元，占B公司發行在外股份的20%，A公司採用權益法核算該項投資。

2018年1月1日B公司股東權益的公允價值總額為4,000萬元。

2018 年 B 公司實現淨利潤 600 萬元，提取盈餘公積 120 萬元。

2019 年 B 公司實現淨利潤 800 萬元，提取盈餘公積 160 萬元，宣告發放現金股利 100 萬元，A 公司已經收到。

2019 年 B 公司由於以公允價值計量且其變動計入其他綜合收益的金融資產公允價值變動增加其他綜合收益 200 萬元。

2019 年末該項股權投資的可收回金額為 1,200 萬元。

2020 年 1 月 5 日 A 公司轉讓對 B 公司的全部投資，實得價款 1,300 萬元。

要求：根據上述資料編製 A 公司上述有關投資業務的會計分錄（金額單位以萬元表示）。

9. 2019 年 4 月 20 日乙公司購買一塊土地使用權，增值稅專用發票上註明購買價款 2,000 萬元，增值稅 180 萬元，支付相關手續費 30 萬元，款項全部以銀行存款支付。企業購買後準備等其增值後予以轉讓。乙公司對該投資性房地產採用公允價值模式進行後續計量。

該項投資性房地產 2019 年取得含稅租金收入為 163.5 萬元（租金 150 萬元，增值稅 13.5 萬元），已存入銀行，假定不考慮其他相關稅費。經復核，該投資性房地產 2019 年 12 月 31 日的公允價值為 2,000 萬元。

要求：做出乙公司相關的會計處理。（金額單位用萬元表示）

10. 乙公司將原採用公允價值計量模式計價的一幢出租用廠房收回，作為企業的一般性固定資產處理。在出租收回前，該投資性房地產的成本和公允價值變動明細科目分別為 700 萬元和 100 萬元（借方）。轉換當日該廠房的公允價值為 780 萬元。（金額單位用萬元表示。）

要求：做出乙公司轉換日的會計處理。

11. 甲股份有限公司（以下簡稱甲公司）為華北地區的一家上市公司，甲公司 2017 年至 2019 年與投資性房地產有關的業務資料如下：

（1）2017 年 1 月，甲公司購入一幢建築物，取得的增值稅專用發票上註明的價款為 800 萬元，增值稅 72 萬元，款項以銀行存款轉帳支付。不考慮其他相關稅費。

（2）甲公司購入的上述用於出租的建築物預計使用壽命為 15 年，預計淨殘值為 17 萬元，採用年限平均法按年計提折舊。

（3）甲公司將取得的該項建築物自當月起用於對外經營租賃，甲公司對該房地產採用成本模式進行後續計量。

（4）甲公司該項房地產 2017 年取得含稅租金收入為 98.1 萬元（租金 90 萬元，增值稅 8.1 萬元），已存入銀行。假定不考慮其他相關稅費。

（5）2019 年 12 月，甲公司將原用於出租的建築物收回，作為企業經營管理用固定資產處理。

要求：
（1）編製甲公司 2017 年 1 月取得該項建築物的會計分錄。
（2）計算 2017 年度甲公司對該項建築物計提的折舊額，並編製相應的會計分錄。
（3）編製甲公司 2017 年取得該項建築物租金收入的會計分錄。
（4）計算甲公司該項房地產 2018 年年末的帳面價值。
（5）編製甲公司 2019 年收回該項建築物的會計分錄。
（答案中的金額單位用萬元表示。）

12. 長城有限責任公司（以下簡稱長城公司）於 2017 年 12 月 31 日將一建築物對外出租並採用公允價值模式計量，租期為 3 年，每年 12 月 31 日收取含稅租金 218 萬元（租金 200 萬元，增值稅 18 萬元），出租當日，該建築物的成本為 2,700 萬元，已計提折舊 400 萬元，尚可使用年限為 20 年，公允價值為 1,700 萬元，2018 年 12 月 31 日，該建築物的公允價值為 1,830 萬元，2019 年 12 月 31 日，該建築物的公允價值為 1,880 萬元，2020 年 12 月 31 日的公允價值為 1,760 萬元，2021 年 1 月 5 日將該建築物對外出售，收到 1,800 萬元存入銀行。

要求：編製長城公司上述經濟業務的會計分錄。

項目八　稅費核算業務

一、單項選擇

1. 某企業本月發生銷項稅合計 84,770 元，進項稅轉出 24,578 元，進項稅額為 20,440 元，已交增值稅 60,000 元，則本月應交增值稅為（　　）。
   A. 28,908 元　　　　　　　　B. -28,908 元
   C. 20,257 元　　　　　　　　D. -20,257 元

2. 企業建造辦公大樓領用生產用原材料 10,000 元，購入材料的增值稅為 1,300 元，則計入「在建工程」的金額為（　　）。
   A. 11,300 元　　　　　　　　B. 10,780 元
   C. 10,520 元　　　　　　　　D. 10,000 元

3. 某一般納稅企業委託外單位加工一批消費稅應稅消費品，材料成本 50 萬元，加工費 12 萬元（不含稅），受託方增值稅率為 13%，受託方代收代繳消費稅 2 萬元。該批材料加工後委託方直接出售，則該批材料加工完畢入庫時的成本為（　　）萬元。
   A. 64　　　　　　　　　　　　B. 62
   C. 58.5　　　　　　　　　　　D. 70.5

4. 某企業將自產的一批應稅消費品（非金銀首飾）用於在建工程。該批消費品成本為 750 萬元，計稅價格 1,250 萬元，適用的增值稅稅率為 13%，消費稅稅率為 10%。計入在建工程成本的金額為（　　）萬元。
   A. 875　　　　　　　　　　　　B. 962.5
   C. 1,075　　　　　　　　　　　D. 1,587.5

5. 某企業為增值稅一般納稅人，2018 年應交各種稅費為：增值稅 350 萬元，消費稅 150 萬元，城市維護建設稅 35 萬元，房產稅 10 萬元，車船稅 5 萬元，所得稅 250 萬元。上述各項稅金應計入稅金及附加的金額為（　　）萬元。
   A. 800　　　　　　　　　　　　B. 200
   C. 450　　　　　　　　　　　　D. 50

6. 小規模納稅企業購入原材料取得的增值稅專用發票上註明：貨款 20,000 元。增值稅 3,200 元，在購入材料的過程中另支付運雜費 600 元。則該企業原材料的入帳價值為

（　　）元。

  A. 20,000　　 B. 23,200

  C. 20,600　　 D. 23,800

  7. 甲公司收購免稅農業產品作為原材料，實際支付款項 1,090,000 元，產品已驗收入庫，款項已經支付。假定甲公司採用實際成本進行材料日常核算，該產品準予抵扣的進項稅額按買價的 9% 計算確定。甲公司的免稅農業產品的增值稅進項稅額為（　　）萬元。

  A. 9　　 B. 10.9

  C. 10.78　　 D. 9.81

  8. 甲增值稅一般納稅人因火災毀損庫存材料一批，該批原材料實際成本為 40 萬元，保險公司賠償 30 萬元。該企業適用的增值稅率為 13%，則毀損原材料應轉出的進項稅額是（　　）萬元。

  A. 3.9　　 B. 1.3

  C. 9.1　　 D. 5.2

  9. 某企業本期應交房產稅 3 萬元，應交城鎮土地使用稅 2 萬元，應交印花稅 1 萬元，因擴建占地應交耕地占用稅 10 萬元，則本期影響「應交稅費」科目的金額是（　　）萬元。

  A. 5　　 B. 6

  C. 15　　 D. 16

  10. 下列稅金中，與企業計算損益無關的是（　　）。

  A. 消費稅　　 B. 一般納稅企業的增值稅

  C. 所得稅　　 D. 城市維護建設稅

二、多項選擇

  1. 企業繳納的下列稅費，應通過「應交稅費」科目核算的有（　　）。

  A. 印花稅　　 B. 消費稅

  C. 房產稅　　 D. 土地增值稅

  2. 下列稅費中，應計入存貨成本的有（　　）。

  A. 受託方代收代繳的委託加工直接用於對外銷售的商品負擔的消費稅

  B. 由受託方代收代繳的委託加工繼續用於生產應納消費稅的商品負擔的消費稅

  C. 進口原材料交納的進口關稅

  D. 小規模納稅企業購買材料交納的增值稅

  3. 下列項目所包含的進項稅額，不得從銷項稅額中抵扣的有（　　）。

  A. 外購用於集體福利的車輛

  B. 因自然災害發生損失的原材料

C. 生產企業用於經營管理的辦公用品

D. 為生產有機肥（免稅產品）購入的原材料

4. 下列稅費，應計入企業固定資產價值的有（　　）。

A. 房產稅　　　　　　　　　　B. 車船稅

C. 車輛購置稅　　　　　　　　D. 購入固定資產交納的契稅

5. 下列稅費中，不考慮特殊情況時，會涉及抵扣情形的有（　　）。

A. 一般納稅人購入貨物用於生產所負擔的增值稅

B. 委託加工收回後用於連續生產應稅消費品

C. 取得海關完稅憑證進口貨物所負擔的增值稅

D. 從小規模納稅人購入貨物取得普通發票的增值稅

6. 甲企業為增值稅一般納稅人，委託外單位加工一批材料（屬於應稅消費品，且為非金銀首飾）。該批原材料加工收回後用於連續生產應稅消費品。甲企業發生的下列各項支出中，會增加收回委託加工材料實際成本的有（　　）。

A. 支付的加工費　　　　　　　B. 支付的增值稅

C. 負擔的運雜費　　　　　　　D. 支付的消費稅

7. 下列貨物中，適用增值稅低稅率9%的有（　　）。

A. 食用植物油　　　　　　　　B. 飼料

C. 化妝品　　　　　　　　　　D. 大米

8. 企業記入「稅金及附加」的稅費有（　　）。

A. 土地增值稅　　　　　　　　B. 印花稅

C. 房產稅　　　　　　　　　　D. 耕地占用稅

9. 下列各項稅費中，影響企業損益的有（　　）。

A. 消費稅　　　　　　　　　　B. 印花稅

C. 增值稅銷項稅額　　　　　　D. 所得稅

10. 企業按規定交納增值稅的項目有（　　）。

A. 銷售商品取得收入　　　　　B. 銷售不動產取得收入

C. 出租無形資產取得收入　　　D. 提供運輸勞務取得收入

三、判斷

1. 房產稅、車船使用稅、土地使用稅、印花稅在「管理費用」科目核算。（　　）
2. 在建工程領用企業外購的原材料，企業通常視同銷售處理。（　　）
3. 土地增值稅應該計入在建工程或固定資產的成本。（　　）
4. 公司向職工發放自產產品作為福利，同時要根據相關稅收規定，視同銷售計算增值稅銷項稅額。（　　）

5. 企業按規定計算出應交的教育費附加，一般都是借記「稅金及附加」科目，貸記「應交稅費——應交教育費附加」科目。實際上交時，借記「應交稅費——應交教育費附加」科目，貸記「銀行存款」科目。　　　　　　　　　　　　　　　　（　）

6. 企業應交的各種稅費，都通過「應交稅費」科目核算。　　　　　（　）

7. 委託加工的應稅消費品收回後直接用於銷售的，委託方應將受託方代收代交的消費稅計入委託加工後的應稅消費品的成本。　　　　　　　　　　　（　）

8. 企業只有在對外銷售消費稅應稅產品時才應交納消費稅。　　　　（　）

9. 企業以自產的產品對外捐贈，由於會計核算時不做銷售處理，因此不需交納增值稅。　　　　　　　　　　　　　　　　　　　　　　　　　　　　（　）

10. 某企業為小規模納稅人，銷售產品一批，含稅價格41,200元，增值稅徵收率3%，該批產品應交增值稅為1,200元。　　　　　　　　　　　　　　　（　）

四、業務分析

1. （1）甲小規模納稅企業購入材料一批，取得的專用發票註明貨款是20,000元，增值稅2,600元，款項以銀行存款支付，材料已經驗收入庫（該企業按實際成本計價核算）。

（2）甲小規模納稅企業銷售產品一批，所開具的普通發票中註明貨款（含稅）20,600元，增值稅徵收率3%，款項已存入銀行。

（3）甲企業月末以銀行存款上繳增值稅600元。

要求：編製甲企業上述業務的會計分錄。

2. 某工業生產企業核定為小規模納稅人，增值稅徵收率3%，本期購入原材料，按照增值稅專用發票上記載的原材料價款為100萬元，支付的增值稅額為13萬元，企業開出承兌的商業匯票，材料尚未到達。該企業本期銷售產品，銷售價格總額為90萬元（含稅），假定符合收入確認條件，貨款尚未收到。編製該企業上述業務的會計分錄。

3. 某企業委託外單位加工材料（非金銀首飾），原材料價款20萬元，加工費用5萬元，由受託方代收代繳的消費稅0.5萬元（不考慮增值稅），材料已經加工完畢驗收入庫，加工費用尚未支付。假定該企業材料採用實際成本核算。分別編製委託方收回後用於繼續生產應稅消費品和直接用於銷售的會計分錄。

4. 某企業（為增值稅一般納稅人）9月初「應交稅費」帳戶餘額為零，當月發生下列相關業務：

（1）購入材料一批，價款300,000元，增值稅39,000元，以銀行存款支付，企業採用計劃成本法核算，該材料計劃成本320,000元，已驗收入庫。

（2）將帳面價值為540,000元的產品專利權出售，收到價款636,000元存入銀行（含稅），適用的增值稅稅率為6%，假定該專利權沒有計提攤銷和減值準備（不考慮除增值稅以外的其他稅費）。

（3）銷售應稅消費品一批，價款600,000元，增值稅78,000元，收到貨款並存入銀行，消費稅適用稅率為10%，該批商品的成本是500,000元。

（4）月末計提日常經營活動產生的城市維護建設稅和教育費附加，適用的稅率和費率分別為7%和3%。

要求：編製（1）~（4）業務會計分錄並列示業務（4）的計算過程。

5. 華聯公司為增值稅一般納稅企業，適用的增值稅稅率為13%，消費稅稅率為10%，所得稅稅率為25%，存貨收發採用實際成本法核算。該企業2019年發生下列經濟業務：

（1）從一般納稅企業購入一批原材料，增值稅專用發票上註明的原材料價款為100萬元，增值稅13萬元，貨款已經支付，另購入材料過程中支付運費1萬元（不含增值稅），取得增值稅專用發票，稅率為9%，材料已經到達並驗收入庫。

（2）將一批外購原材料用於建造辦公樓，材料成本為10,000元，該材料購進時確認的進項稅為1,300元。

（3）購入工程物資一批，其價款為20萬元，增值稅為2.6萬元，用銀行存款支付。

（4）轉讓一項專利權的所有權，收入10.6萬元存入銀行，該專利權原值為12萬元，轉讓時已經累計攤銷6萬元，沒有計提減值準備，增值稅稅率為6%。

（5）企業用銀行存款支付購買印花稅票1,300元。

（6）向甲公司銷售一批應稅消費品10萬元（主營業務），增值稅1.3萬元，收到款項存入銀行。該批產品的實際成本為8萬元。

要求：根據上述業務（1）~（6）編製相關的會計分錄。

項目九　職工薪酬核算業務

一、單項選擇

1. 企業作為福利為高管人員配備汽車。計提這些汽車折舊時，應編製的會計分錄是（　　）。
    A. 借記「累計折舊」科目，貸記「固定資產」科目
    B. 借記「管理費用」科目，貸記「固定資產」科目
    C. 借記「管理費用」科目，貸記「應付職工薪酬」科目；同時，借記「應付職工薪酬」科目，貸記「累計折舊」科目
    D. 借記「管理費用」科目，貸記「固定資產」科目；同時，借記「應付職工薪酬」科目，貸記「累計折舊」科目

2. 甲公司為增值稅一般納稅人，適用的增值稅稅率為 13%。2019 年 12 月甲公司董事會決定將本公司生產的 500 件產品作為福利發放給公司管理人員。該批產品的單件成本為 1.2 萬元，市場銷售價格為每件 2 萬元（不含增值稅）。不考慮其他相關稅費，甲公司在 2019 年因該項業務應計入管理費用的金額為（　　）萬元。
    A. 600　　　　　　　　　　　B. 770
    C. 1,000　　　　　　　　　　D. 1,130

3. 企業從應付職工工資中代扣的職工房租，應借記的會計科目是（　　）。
    A. 應付職工薪酬　　　　　　　B. 管理費用
    C. 其他應收款　　　　　　　　D. 其他應付款

4. 下列職工薪酬中，不應當根據職工提供服務的受益對象計入成本費用的是（　　）。
    A. 因解除與職工的勞動關係給予的補償
    B. 構成工資總額的各組成部分
    C. 工會經費和職工教育經費
    D. 醫療保險費、養老保險費、失業保險費、工傷保險費和生育保險費等社會保險費

5. 某飲料生產企業為增值稅一般納稅人，年末將本企業生產的一批飲料發放給職工

作為福利。該飲料市場售價為 12 萬元（不含增值稅），增值稅適用稅率為 13%，實際成本為 10 萬元。假定不考慮其他因素，該企業應確認的應付職工薪酬為（　　）萬元。

  A. 10   B. 11.7

  C. 12   D. 13.56

6. 企業在無形資產研究階段發生的職工薪酬，最終應當計入（　　）。

  A. 無形資產的成本   B. 當期損益

  C. 存貨成本或勞務成本   D. 在建工程成本

7. 下列項目中，不屬於職工薪酬的是（　　）。

  A. 職工出差報銷的飛機票 B. 職工福利費

  C. 醫療保險費   D. 職工工資

8. 應由生產產品、提供勞務負擔的職工薪酬，應當（　　）。

  A. 計入管理費用   B. 計入營業外支出

  C. 計入存貨成本或勞務成本 D. 計入銷售費用

9. 企業因解除與職工的勞動關係給予職工補償而發生的職工薪酬，應借記的會計科目是（　　）。

  A. 營業外支出   B. 存貨成本或勞務成本

  C. 管理費用   D. 銷售費用

10. 對以經營租賃方式租入的生產線進行改良，應付企業內部改良工程人員工資，應借記的會計科目是（　　）。

  A. 製造費用   B. 長期待攤費用

  C. 應付職工薪酬   D. 在建工程

二、多項選擇

1. 下列各項中，應作為應付職工薪酬核算的有（　　）。

  A. 支付的工會經費   B. 支付的職工教育經費

  C. 為職工支付的住房公積金 D. 為職工無償提供的醫療保健服務

2. 下列屬於職工薪酬中所說的職工的是（　　）。

  A. 全職、兼職職工   B. 董事會成員

  C. 內部審計委員會成員   D. 勞務用工合同人員

3. 下列各項中，應通過「應付職工薪酬」科目核算的有（　　）。

  A. 基本工資   B. 經常性獎金

  C. 養老保險費   D. 股份支付

4. 甲公司決定為企業的部門經理每人租賃住房一套，並提供轎車一輛，免費使用，所有轎車的月折舊為 1 萬元，所有外租住房的月租金為 1.5 萬元，則甲公司的帳務處理正

確的有（　　）。
 A. 借：管理費用　　　　　　　　　　　　　　　　10,000
    貸：應付職工薪酬　　　　　　　　　　　　　　　　　10,000
 B. 借：應付職工薪酬　　　　　　　　　　　　　　　10,000
    貸：累計折舊　　　　　　　　　　　　　　　　　　　10,000
 C. 借：管理費用　　　　　　　　　　　　　　　　15,000
    貸：應付職工薪酬　　　　　　　　　　　　　　　　　15,000
 D. 借：應付職工薪酬　　　　　　　　　　　　　　　15,000
    貸：銀行存款　　　　　　　　　　　　　　　　　　　15,000

5. 下列各項中，應確認為應付職工薪酬的有（　　）。
 A. 非貨幣性福利　　　　　　　B. 社會保險費和辭退福利
 C. 職工工資、福利費　　　　　D. 工會經費和職工教育經費

6. 某公司向職工發放自產的加濕器作為福利，該產品的成本為每臺150元，共有職工500人，計稅價格為200元，增值稅稅率為13%，不計入該公司應付職工薪酬的金額為（　　）元。
 A. 113,000　　　　　　　　　B. 75,000
 C. 100,000　　　　　　　　　D. 92,000

7. 因解除與職工的勞動關係給予的補償，不應借記的科目是（　　），貸記「應付職工薪酬」科目。
 A. 在建工程　　　　　　　　　B. 研發支出
 C. 銷售費用　　　　　　　　　D. 管理費用

8. 下列關於職工薪酬計量的敘述正確的有（　　）。
 A. 國家規定了計提基礎和計提比例的，應當按照國家規定的標準計提
 B. 沒有規定計提基礎和計提比例的，企業應當根據歷史經驗數據和實際情況，合理預計當期應付職工薪酬
 C. 在職工提供服務的會計期末以後一年以上到期的應付職工薪酬，企業必須選擇恰當的折現率，以應付職工薪酬折現後的金額計入相關資產成本或當期損益
 D. 租賃住房等資產供職工無償使用的，應當根據受益對象，將每期應付的租金計入相關資產成本或當期損益，並確認應付職工薪酬

9. 分配職工養老保險費時，可能借記的會計科目有（　　）。
 A. 生產成本　　　　　　　　　B. 財務費用
 C. 管理費用　　　　　　　　　D. 在建工程　　E、銷售費用

10. 辭退福利通常採取的方式有（　　）。
 A. 在解除勞動關係時一次性支付補償

B. 提高退休後養老金的標準

C. 提高離職後福利的標準

D. 將職工工資支付至辭退後未來某一期間

三、判斷

1. 企業為職工繳納的基本養老保險金、補充養老保險費，以及為職工購買的商業養老保險，均屬於企業提供的職工薪酬。（　　）

2. 將企業擁有的房屋無償提供給職工使用的，應當根據受益對象，將該住房每期應計提的折舊計入相關資產成本或當期損益，借記「管理費用」「生產成本」「製造費用」等科目，貸記「累計折舊」科目。（　　）

3. 企業的工資總額都應計入產品成本。（　　）

4. 企業向職工食堂、職工醫院、生活困難職工等支付職工福利費。應借記「應付職工薪酬——職工福利」科目。（　　）

5. 工傷保險和職工教育經費不屬於職工薪酬的範圍，不通過「應付職工薪酬」科目核算。（　　）

6. 職工薪酬中的工會經費應當根據職工提供服務的受益對象分別計入成本費用。（　　）

7. 計量應付職工薪酬時，國家規定了計提基礎和計提比例的，應當按照國家規定的標準計提；沒有規定計提基礎和計提比例的，企業不得預計當期應付職工薪酬。（　　）

8. 「五險一金」是指企業依照國務院有關主管部門或者省級人民政府規定的範圍和標準為職工繳納的養老保險費、醫療保險費、失業保險費、工傷保險費、生育保險費等基本社會保險費和住房公積金。（　　）

9. 應由生產產品、提供勞務負擔的職工薪酬，計入當期損益。（　　）

10. 養老保險費，包括根據國家規定的標準向社會保險經辦機構繳納的基本養老保險費，以及根據企業年金計劃向企業年金基金相關管理人繳納的補充養老保險費。（　　）

四、業務分析

1. 某企業計算本月應付管理人員工資總額 200,000 元，代扣代繳個人所得稅 3,000 元，用銀行存款發放工資 197,000 元。

要求：編製該企業的相關會計處理。

2. 甲公司是一家生產洗衣機的企業，有職工 200 名，其中一線生產工人為 180 名，總部管理人員為 20 名，2019 年 12 月，甲公司決定以其生產的洗衣機作為福利發給職工。該洗衣機的單位成本為 2,000 元，單位計稅價格為 3,000 元，適用的增值稅率為 13%。要求做出甲公司的帳務處理。

3. A 工廠 2019 年 12 月份按照上年工資薪酬 20%、2%、0.5%、0.8%、9% 分別計提養老保險、失業保險、工傷保險金、生育保險金、醫療保險。上年工資薪酬為 500,000 元，具體為：基本生產車間工人 200,000 元，車間管理人員 50,000 元，為試製專利產品人員 100,000 元，行政管理部門人員 150,000 元。編製該企業計提社會保險的會計分錄。

4. 甲上市公司為增值稅一般納稅人，適用的增值稅稅率為 13%。2019 年 12 月發生與職工薪酬有關的交易或事項如下：

（1）對行政管理部門使用的設備進行日常維修，應付企業內部維修人員工資 1.2 萬元。

（2）對以經營租賃方式租入的生產線進行改良，應付企業內部改良工程人員工資 3 萬元。

（3）為公司總部下屬 25 位部門經理每人配備汽車一輛免費使用，假定每輛汽車每月計提折舊 0.08 萬元。

（4）將 50 臺自產的 V 型廚房清潔器作為福利分配給本公司行政管理人員。該廚房清潔器每臺生產成本為 1.2 萬元，市場售價為 1.5 萬元（不含增值稅）。

（5）月末，分配職工工資 150 萬元，其中直接生產產品人員工資 105 萬元，車間管理人員工資 15 萬元，企業行政管理人員工資 20 萬元，專設銷售機構人員工資 10 萬元。

（6）以銀行存款繳納職工醫療保險費 5 萬元。

（7）按規定計算代收代交職工個人所得稅 0.8 萬元。

（8）以現金支付職工李某生活困難補助 0.1 萬元。

（9）從應付張經理的工資中，扣回上月代墊的應由其本人負擔的醫療費 0.8 萬元。

要求：編製甲上市公司 2019 年 12 月上述交易或事項的會計分錄。

5. 大海公司為家電生產企業，共有職工 310 人，其中生產工人 200 人，車間管理人員 15 人，行政管理人員 20 人，銷售人員 15 人，在建工程人員 60 人。大海公司適用的增值稅稅率為 13%。2019 年 12 月份發生如下經濟業務：

（1）本月應付職工工資總額為 380 萬元，工資費用分配匯總表中列示的產品生產工人工資為 200 萬元，車間管理人員工資為 30 萬元，企業行政管理人員工資為 50 萬元，銷售人員工資 40 萬元，在建工程人員工資 60 萬元。

（2）以其自己生產的某種電暖氣發放給公司每名職工，每臺電暖氣的成本為 800 元，市場售價為每臺 1,000 元。

（3）為總部部門經理以上職工提供汽車免費使用，為副總裁以上高級管理人員每人租賃一套住房。大海公司現有總部部門經理以上職工共 10 人，假定所提供汽車每月計提折舊 4 萬元；現有副總裁以上職工 3 人，所提供住房每月的租金 2 萬元。

（4）用銀行存款支付副總裁以上職工住房租金 2 萬元

（5）結算本月應付職工工資總額 380 萬元，代扣職工房租 10 萬元，企業代墊職工家

屬醫藥費2萬元，代扣個人所得稅20萬元，餘款用銀行存款支付。

（6）上交個人所得稅20萬元。

（7）下設的職工食堂維修領用原材料5萬元，其購入時支付的增值稅0.65萬元。

要求：編製上述業務的會計分錄。（答案中的金額單位用萬元表示）

項目十　籌資核算業務

一、單項選擇

1. 在接受投資時，非股份有限公司應通過（　　）科目核算。
   A. 資本公積——其他資本公積　　B. 未分配利潤
   C. 股本　　　　　　　　　　　　D. 實收資本
2. 下列有關盈餘公積的表述正確的是（　　）。
   A. 企業計提法定盈餘公積的基數包括年初未分配利潤
   B. 企業在提取盈餘公積之前可以向投資者分配利潤
   C. 企業提取的盈餘公積可以用於彌補虧損、轉增資本和擴大生產經營
   D. 企業發生虧損時，可以用以後五年內實現的稅前利潤彌補，不得用稅後利潤彌補
3. 股票面值與股份總數的乘積稱為（　　）。
   A. 股本　　　　　　　　　　　　B. 註冊資本
   C. 股東　　　　　　　　　　　　D. 實收資本
4. 下列各項屬於「資本公積」帳戶貸方核算內容的有（　　）。
   A. 企業受到投資者出資額超出其註冊資本或股本中所占份額的部分
   B. 盈餘公積補的損失
   C. 企業用資本公積彌補虧損
   D. 企業因資本過剩而減資
5. 甲公司 2019 年 1 月 1 日按每份面值 100 元發行了 100 萬份可轉換公司債券，發行價格為 10,000 萬元，無發行費用。該債券期限為 3 年，票面年利率為 6%，利息每年 12 月 31 日支付。債券發行一年後可轉換為普通股。債券持有人若在當期付息前轉換股票的，應按照債券面值與和應付利息之和除以轉股價，計算轉股股份數。該公司發行債券時，二級市場上與之類似但沒有轉股權的債券的市場年利率為 9%。（P/A, 9%, 3）= 2.531, 3, （P/F, 9%, 3）= 0.772, 2。

甲公司發行可轉換公司債券初始確認對所有者權益的影響金額是（　　）萬元。
   A. 759.22　　　　　　　　　　　B. 9,240.78

C. 10,000　　　　　　　　　　　D. 0

6. 未分配利潤是指企業（　　）。

   A. 當年實現的利潤　　　　　　B. 累計實現的利潤
   C. 繳納所得稅前的利潤　　　　D. 尚未向投資者分配的利潤

7. 某股份有限公司於 2019 年 1 月 1 日發行 3 年期，每年 1 月 1 日付息、到期一次還本的公司債券，債券面值為 200 萬元，票面年利率為 5%，實際利率為 6%，發行價格為 194.65 萬元。按實際利率法確認利息費用。該債券 2020 年度確認的利息費用為（　　）萬元。

   A. 11.78　　　　　　　　　　　B. 12
   C. 10　　　　　　　　　　　　D. 11.68

8. 下列關於可轉換公司債券的表述不正確的是（　　）。

   A. 可轉換公司債券屬於混合工具，既含有負債成分，又含有權益成分
   B. 可轉換公司債券的負債成分按照其公允價值進行初始確認
   C. 可轉換公司債券的權益成分按照債券的發行價格扣除負債成分公允價值後的金額為基礎進行初始確認
   D. 發行可轉換公司債券的交易費用應計入當期損益

9. 甲股份有限公司由 A、B、C 三位股東各自出資 300 萬元設立，設立時註冊資本為 900 萬元。甲公司經營五年後，2019 年 11 月 25 日 D 公司決定投資 380 萬元，佔甲公司註冊資本的 25%，追加投資後，註冊資本由 900 萬元增加到 1,280 萬元。該投資協議於 2019 年 12 月 10 日經 D 公司臨時股東大會批准，12 月 31 日經甲公司董事會、股東會批准，增資手續於 2020 年 1 月 5 日辦理完畢，同日 D 公司已將全部款項投入給甲公司。甲公司記入「資本公積——股本溢價」科目的金額是（　　）萬元。

   A. 60　　　　　　　　　　　　B. 80
   C. 380　　　　　　　　　　　D. 150

10. 按《企業會計準則》的規定，短期借款所發生的利息，一般應計入（　　）。

    A. 管理費用　　　　　　　　　B. 營業外支出
    C. 財務費用　　　　　　　　　D. 銷售費用

二、多項選擇

1. 企業所有者權益可以分為（　　）。

   A. 實收資本　　　　　　　　　B. 資本公積和其他綜合收益
   C. 留存收益　　　　　　　　　D. 其他權益工具

2. 有限責任公司投資者出資的方式主要有（　　）。

   A. 貨幣資金

B. 固定資產，存貨等實物資產
C. 知識產權、土地使用權等可以用貨幣估價並可以依法轉讓的非貨幣財產
D. 法律、行政法規規定不得作為出資的財產
3. 企業增加實收資本的途徑主要有（　　）等。
 A. 投資者（包括原企業的所有者和新投資者）投入
 B. 將企業資本公積、盈餘公積轉為實收資本（或股本）
 C. 股份有限公司發放股票股利，可轉換公司債券持有人行使轉換權利，以權力結算的股份支付行權。
 D. 企業將重組債務轉為資本
4. 企業減少實收資本的原因主要有（　　）等。
 A. 因企業資本過剩而減資　　　　B. 因企業發生重大虧損而減資
 C. 因投資者要求而減資　　　　　D. 因債權人要求而償還債務
5. 「資本公積」帳戶的核算內容有（　　）等。
 A. 企業收到投資者出資額超出其在註冊資本或股本中所占份額的部分
 B. 以權益結算的股份支付
 C. 採用權益法核算的長期股權投資
 D. 企業計提的資本公積
6. 「盈餘公積」帳戶的核算內容有（　　）等。
 A. 企業按規定提取盈餘公積　　　B. 企業用盈餘公積彌補虧損
 C. 企業用盈餘公積轉增資本　　　D. 企業用盈餘公積派送新股
7. 下列關於可轉換公司債券轉股時的會計處理正確的有（　　）。
 A. 轉銷負債成分的帳面價值
 B. 將權益成分的帳面價值轉入投資收益
 C. 按照轉換的股票面值確認股本
 D. 按照負債成分和權益成分總的帳面價值與股本的差額記入「資本公積——股本溢價」
8. 企業彌補虧損的渠道主要有（　　）。
 A. 用資本公積彌補　　　　　　　B. 用以後年度稅前利潤彌補
 C. 用以後年度稅後利潤彌補　　　D. 用盈餘公積彌補
9. 企業只有（　　）的借款費用，才允許資本化。
 A. 發生在資產有效使用期間內　　B. 一般借款
 C. 發生在資本化期間內　　　　　D. 專門借款
10. 關於可轉換公司債券，不考慮發行費用的情況下，下列說法中錯誤的有（　　）。
 A. 發行可轉換公司債券時，應按實際收到的款項記入「應付債券（可轉換公司債

券)」科目

　　B. 發行可轉換公司債券時,應按該項可轉換公司債券包含的負債成分的公允價值,記入「應付債券(可轉換公司債券)」科目

　　C. 發行可轉換公司債券時,實際收到的金額與該項可轉換公司債券包含的負債成分的公允價值的差額記入「其他權益工具」科目

　　D. 發行可轉換公司債券時,應按實際收到的款項記入「資本公積」科目

三、判斷

1. 無論是否按面值發行一般公司債券,企業均應該按照實際收到的金額記入「應付債券」科目的「面值」明細科目。　　　　　　　　　　　　　　　　　(　　)
2. 長期借款,是指企業從銀行或其他金融機構借入的期限在一年及一年以上的借款。
　　　　　　　　　　　　　　　　　　　　　　　　　　　　　　　　　(　　)
3. 未分配利潤屬於企業留存收益,是實收資本的組成部分。　　　　　　(　　)
4. 投資者向企業投入的資本,在一般情況下無須償還,可以供企業長期使用。
　　　　　　　　　　　　　　　　　　　　　　　　　　　　　　　　　(　　)
5. 股份有限公司的特點是將企業全部資本劃分為等額股份,股東對公司承擔無限責任。
　　　　　　　　　　　　　　　　　　　　　　　　　　　　　　　　　(　　)
6. 庫存股是指企業的股份總額。　　　　　　　　　　　　　　　　　　(　　)
7. 應付債券屬於非流動負債。　　　　　　　　　　　　　　　　　　　(　　)
8. 過度負債將使企業財務風險增加,有可能造成企業財務狀況惡化。　　(　　)
9. 企業發生的借款費用,可以直接歸屬於符合資本化條件的資產構建或者生產的,應當予以資本化,計入相關資產成本;其他借款費用,應當在發生時根據發生額確認為費用,計入當期損益。　　　　　　　　　　　　　　　　　　　　　　　(　　)
10. 無論是否按面值發行一般公司債券,均應該按照實際收到的金額記入「應付債券」科目的「面值」明細科目。　　　　　　　　　　　　　　　　　　　(　　)

四、業務分析

1. 練習借款的核算

　　要求:根據資料(1)和(2)編製取得借款、計提利息費用、到期還本付息的會計分錄;根據資料(3)計算借款費用資本化的期間和金額,編製取得借款、支付工程款、計提利息費用和支付利息、固定資產驗收交付使用、到期還本並支付第3年利息等會計分錄。

　　資料:

　　(1) A公司從銀行借入期限為6個月,年利率為5.76%,到期一次還本付息的人民幣一般借款5,000,000元存入銀行;公司按月計提應付利息(該項借款利息計入財務費用);

到期日已以銀行存款償還本金和支付利息。

① 取得借款。

② 按月計提利息費用。

③ 到期還本付息。

（2）B 公司從銀行借入期限為 24 個月，年利率為 6.6%，到期一次還本付息的人民幣一般借款 2,000,000 元存入銀行；公司按月計提應付利息（該項長期借款沒有用於符合資本化條件的資產構建或者生產活動）；到期日已以銀行存款償還本金和支付利息。

① 取得借款。

② 各月計提利息費用。

③ 到期還本付息。

2. 練習短期借款的核算。

資料：某企業 2 季度發生下列有關短期借款的經濟業務：

（1）4 月 1 日短期借款帳面餘額 350 萬元；4 月 10 日，從工商銀行借入為期 5 個月的借款 40 萬元，存入銀行存款戶。

（2）4 月 30 日，按年利率 3.6% 計算提取本月應付利息。

（3）5 月 6 日，以銀行存款償還到期的短期借款 50 萬元；5 月 20 日，又借入短期借款 30 萬元，存入銀行存款戶。

（4）5 月 31 日，按年利率 3.6% 計算提取本月應付利息。

（5）設 6 月份未發生短期借款業務。月末，接到銀行短期借款利息通知單，共支付本季利息 33,600 元。

要求：根據上述資料計算每月應付利息，並編製相關會計分錄。

3. 練習應付債券的核算

要求：根據資料編製發行債券、各年年末計提應付利息和處理利息費用、到期歸還本息的會計分錄。

資料：

（1）D 公司為建設新產品生產線，經批准發行期限為 3 年、面值為 2,000,000 元、年利率為 7.2%、到期一次還本付息的債券。該債券按面值發行，發行費用為 12,000 元，從發行款中扣除。新生產線從收到債券發行資金時開始建設，第 2 年年末未達到預定可使用狀態，假定不考慮閒置資金收益。

① D 公司發行債券。

② 各年年末計提應付利息和處理利息費用

③ 到期歸還本息。

（2）E 公司為建設新產品生產線，經批准發行期限為 5 年、面值為 2,500,000 元、票面利率為 4.72%、每年 1 月 1 日支付利息、本金最後一次支付的公司債券。該債券發行價

格為 2,000,000 元、發行費用為 12,000 元,從發行款中扣除。新生產線收到債券發行資金開始建設,第 3 年年末達到預定可使用狀態。經計算,該債券實際利率為 10%。

①E 公司發行債券。

②各年年末計提應付利息和處理利息費用。

③到期歸還本金。

(3) F 公司為建設新產品生產線,經批准發行期限為 5 年、面值為 2,500,000 元、票面年利率為 10%、每年 1 月 1 日支付利息、本金最後一次支付的公司債券。該債券發行價格為 2,700,000 元,發行費用為 15,000 元,從發行款中扣除。新生產線收到債券發行資金開始建設,第 3 年年末達到預定可使用狀態。經計算,該債券實際利率為 8%。

①F 公司發行債券。

②各年年末計提應付利息和處理利息費用。

③到期歸還本金。

4. 練習實收資本的核算

要求:根據青山公司有關資料編製會計分錄。

資料:

(1) A、B、C、D、E 五家公司決定共同投資設立青山有限責任公司,按照公司章程規定,五家公司出資比例分別為 25%、22%、20%、18% 和 15%。A、B、C 三公司以現金投資,D、E 兩公司以現金以及固定資產、存貨實物和專利權等無形資產投資。五家公司以現金投入的資本分別為 2,500,000 元、2,200,000 元、2,000,000 元、1,000,000 元和 900,000元,已收到銀行收帳通知。

(2) 青山公司經相關股東共同商議,同意 D 公司以機器設備作價投資。經評估作價,投資合同約定機器設備的價值為 500,000 元,合同約定的固定資產價值與公允價值相符,設備投入使用前,青山公司以銀行存款 10,000 元支付相關稅費等費用。

(3) 青山公司經相關股東共同商議,同意 D 公司以原材料和庫存商品作價投資。經評估作價,投資合同約定原材料價值為 200,000 元,可出售商品價值為 100,000 元,合同約定的價值與公允價值相符。青山公司收到的原材料和庫存商品已驗收入庫,增值稅專用發票載明原材料價款為 170,900 元,增值稅稅額為 29,100 元,庫存商品價款為 85,500 元,增值稅稅額為 14,500 元。

(4) 青山公司經相關股東共同商議,同意 E 公司以專利權作價投資。經評估作價,該項專利權投資合同約定的價值為 600,000 元,已經辦妥有關交接手續。

5. 練習資本公積的核算

要求:根據資料編製會計分錄。

資料:

(1) 甲股份有限公司經批准發行普通股 20,000 萬股,每股面值為 1 元,每股發行價

格為 1、30 元。股票發行成功，證券交易所扣除發行手續費 200,000 元以後，發行收入 259,800,000 元已通過銀行收到。

（2）青山有限責任公司由 A、B、C、D、E 五家公司共同投資設立，經全體股東協商一致，同意 F 公司以現金 2,500,000 元出資作為新股東加入，其他五家公司不增加投資，只變更出資比例。變更後六家公司出資比例分別為 20%、17.6%、16%、14.4%、12% 和 20%，F 公司投資款已存入銀行，經公司登記機關批准，註冊資本已由 10,000,000 元變更為 12,500,000 元。

（3）青山有限責任公司經股東大會決議，同意用資本公積 3,500,000 元轉增資本，按六家公司出資比例（分別為 20%、17.6%、16%、14.4%、12% 和 20%）計算轉增數據，經公司登記機關批准，註冊資本已由 12,500,000 元變更為 16,000,000 元。

（4）K 股份有限公司經批准以收購本公司股份的方式減少註冊資本，按股票面值計算的金額為 20,000,000 元，銀行存款實際支付的金額為 21,000,000 元；公司「資本公積——股本溢價」帳戶的貸方餘額為 200,000 元，「盈餘公積」帳戶貸方餘額為 300,000 元。庫存股已經批准註銷。

①支付收購款。
②註銷庫存股。

（5）S 股份有限公司經批准為獎勵本公司職工而收購本公司股份，按股票面值計算的金額為 4,000,000 元，銀行存款實際支付的金額為 1,200,000 元；以股份獎勵職工時，確定的獎勵金額為 800,000 元，職工交款 400,000 元已存入銀行。庫存股已批准註銷。

①支付收購款。
②獎勵職工，註銷庫存股。

6. 練習盈餘公積的核算

要求：根據資料編製會計分錄。

資料：

（1）A 股份有限公司本年實現淨利潤為 60,000,000 元，法定盈餘公積計提比例為 10%，任意盈餘公積計提比例為 5%。

（2）B 公司經股東大會決議，用以前年度提取的法定盈餘公積 6,000,000 元彌補本年度虧損。假定不考慮其他因素。

（3）A 公司註冊資本為 500,000,000 元，經股東大會決議，同意用盈餘公積 20,000,000 元（其中法定盈餘公積 10,000,000 元）轉增資本，經公司登記機關批准，註冊資本已由 500,000,000 元變更為 520,000,000 元。

（4）B 公司股東大會決議用盈餘公積（其中法定盈餘公積 50%）派送新股，按股票面值和派送新股總數計算的股票面值總額為 10,000,000 元。經公司登記機關批准，註冊資本已經變更。

項目十一　收入、費用和利潤核算業務

一、單項選擇

1. 下列項目中，屬於在某一時點確認收入的是（　　）。
   A. 酒店管理服務
   B. 為客戶建造辦公大樓
   C. 企業履約過程中所產出的商品具有不可替代用途，且該企業在整個合同期間內有權就累計至今完成的履約部分收取款項
   D. 為客戶定制的具有可替代用途的產品

2. 某企業 2019 年 9 月份發生一次火災，共計損失 100 萬元，其中：流動資產損失 55 萬；固定資產損失 45 萬元。經查明事故原因是由於雷擊所造成的。企業收到保險公司賠款 50 萬元。其中，流動資產賠款 28 萬元，固定資產賠款 22 萬元。企業由於這次火災損失而應計入營業外支出的金額為（　　）萬元。
   A. 100 　　　　　　　　　　B. 50
   C. 27   　　　　　　　　　　D. 23

3. J 公司 2019 年 9 月 1 日與客戶簽訂了一項工程勞務合同，合同期一年，合同總收入 200,000 元，預計合同總成本 170,000 元，至 2019 年 12 月 31 日，實際發生成本 136,000 元（調整後的金額）。J 公司採用投入法確定履約進度。據此計算，J 公司 2019 年度應確認的勞務收入為（　　）元。
   A. 200,000 　　　　　　　　B. 170,000
   C. 160,000 　　　　　　　　D. 136,000

4. 採用支付手續費方式的委託代銷，委託方確認收入的時點是（　　）。
   A. 委託方收到代銷清單時　　B. 受託方銷售商品時
   C. 委託方交付商品時　　　　D. 委託方收到貨款時

5. 甲公司和乙公司均為增值稅一般納稅人，適用的增值稅稅率為 13%。2019 年 9 月 1 日，甲公司委託乙公司銷售 600 件商品，每件商品的成本為 40 元，協議價為每件 68 元。代銷協議約定，乙公司在取得代銷商品後，無論是否賣出、獲利，均與甲公司無關。商品已發出，並且貨款已經收付，則甲公司在 2019 年 9 月 1 日應確認收入（　　）元。

A. 0　　　　　　　　　　　　B. 40,800

C. 24,000　　　　　　　　　　D. 20,800

6. 2019年12月1日，甲公司向乙公司銷售商品5,000件，每件售價為20元（不含增值稅），甲、乙公司均為增值稅一般納稅人，銷售商品適用的增值稅率均為13%。甲公司向乙公司銷售商品給予10%的商業折扣，提供的現金折扣為2/10、1/20、n/30，並代墊運雜費1,000元。乙公司於2019年12月15日付款。不考慮其他因素，甲公司在該項交易中應確認的收入是（　　）。

A. 90,000元　　　　　　　　　B. 99,000元

C. 100,000　　　　　　　　　 D. 101,000

7. 下列各項中，應作為管理費用處理的是（　　）。

A. 自然災害造成的流動資產淨損失　　B. 退休人員的工資

C. 固定資產盤虧淨損失　　　　　　　D. 專設銷售機構人員的工資

8. 企業銷售商品發生的銷售折讓應（　　）。

A. 增加銷售費用　　　　　　　　　B. 衝減主營業務成本

C. 衝減主營業務收入　　　　　　　D. 增加營業外支出

9. 甲公司為增值稅一般納稅人，適用的增值稅稅率為13%，公司主要從事A產品的銷售。該產品每件售價800元（不含稅），同時規定：若客戶購買200件（含200件）以上，每件可獲得5%的商業折扣。乙公司於2019年9月10日購買A產品400件。為早日回收款項，該銷售附現金折扣條件2/10、1/20、n/30。甲公司於9月21日收到該款項，則實際收到（　　）元（計算現金折扣時不考慮增值稅）。

A. 200,070　　　　　　　　　　B. 3,040

C. 340,480　　　　　　　　　　D. 355,680

10. 下列各項交易或事項中，會影響發生當期營業利潤的有（　　）。

A. 以公允價值模式進行後續計量的投資性房地產持有期間公允價值發生變動

B. 出售無形資產取得淨收益

C. 開發無形資產時發生符合資本化條件的支出

D. 自營建造固定資產期間處置工程物資取得淨收益

11. 甲公司為增值稅一般納稅人。2019年12月1日，與一公司簽訂了一項為期6個月的諮詢合同，合同不含稅總價款為60,000元，當日收到總價款的50%。增值稅稅額為1,800元。截至年末家公司累計發生服務成本6,000元，估計，還將發生服務成本34,000元，履約進度按照已發生的成本占估計總成本的比例確定。2019年12月31日甲公司應確認該項服務的收入為（　　）。

A. 9,000　　　　　　　　　　　B. 30,000

C. 6,000　　　　　　　　　　　D. 40,000

12. 企業與客戶簽訂合同，向其銷售 A、B、C 三件產品，不含增值稅的合同總價款為 90 萬元。A、B、C 產品的不含增值稅單獨售價分別為 30 萬元、50 萬元和 20 萬元，合計 100 萬元。B 產品應分攤的交易價格為（　　）。

  A. 27   B. 50

  C. 45   D. 18

二、多項選擇

1. 有關收入的確認，下列表述中正確的有（　　）。

  A. 企業應當在履行了合同中的履約義務，即在客戶取得相關商品控制權時確認收入

  B. 沒有商業實質的非貨幣性資產交換不確認收入

  C. 企業應當考慮商品的性質，採用產出法或完工比例法確定恰當的履約進度。

  D. 收入是日常活動中形成的

2. 下列各項關於現金折扣、商業折扣、銷售折讓的會計處理的表述中，不正確的有（　　）。

  A. 現金折扣在實際發生時計入財務費用

  B. 現金折扣在確認銷售收入時計入財務費用

  C. 已確認收入的售出商品發生銷售折讓的，通常應當在發生時沖減當期銷售商品收入

  D. 商業折扣在確認銷售收入時計入銷售費用

3. 下列費用中，應當作為管理費用核算的有（　　）。

  A. 籌建期間的開辦費   B. 擴大商品銷售相關的業務招待費

  C. 行政管理部門的固定資產折舊   D. 工會經費

4. 下列稅金中應計入管理費用的是（　　）。

  A. 耕地占用稅   B. 土地使用稅

  C. 車船使用稅   D. 印花稅

5. 下列各項中應計入銷售費用的有（　　）。

  A. 銷售商品發生的銷售折讓

  B. 銷售商品過程中發生的保險費

  C. 廣告費

  D. 銷售機構的職工薪酬

6. 下列項目中，不應當作為營業外收入核算的有（　　）。

  A. 出售剩餘材料的收益   B. 出售無形資產淨收益

  C. 出租無形資產淨收益   D. 處置固定資產的收益

7. 下列各項中，應計入銷售費用的有（　　）。
   A. 銷售商品發生的銷售折讓
   B. 採用一次攤銷法結轉首次出借新包裝物成本
   C. 結轉出租包裝物報廢的殘料價值
   D. 結轉隨同商品出售不單獨計價的包裝物成本
8. 下列項目中，會影響企業營業利潤的有（　　）。
   A. 按規定程序批准後結轉的固定資產盤盈
   B. 有確鑿證據表明存在某金融機構的款項無法收回
   C. 為管理人員繳納的醫療保險
   D. 無法查明原因的現金短缺
9. 下列各項中，影響當期利潤總額的有（　　）。
   A. 原材料銷售收入　　　　　　B. 確認所得稅費用
   C. 對外捐贈固定資產　　　　　D. 處置固定資產的收益
10. 下列各項中，不應作為合同履約成本確認為合同資產的有（　　）。
    A. 為取得合同發生但預期能夠收回的增量成本
    B. 為組織和管理企業產生經營發生的但非由客戶承擔的管理費用
    C. 無法在尚未履行的已履行（或已部分履行）的履約義務之間區分的支出
    D. 為履行合同發生的非正常消耗的直接材料、直接人工和製造費用
11. 下列各項中不應作為合同履約成本確認為合同資產的有（　　）。
    A. 銷售佣金
    B. 投標費
    C. 為履行合同耗用的原材料
    D. 非正常消耗的直接材料、直接人工和製造費用。

三、判斷

1. 企業應當在履行了合同中的履約義務，即在客戶取得相關商品控制權時確認收入。　　　　　　　　　　　　　　　　　　　　　　　　　　　　　　（　　）
2. 如果客戶在企業履約的同時即取得並消耗企業履約所帶來的經濟利益，相關收入應當在履約義務履行的期間確認。　　　　　　　　　　　　　　　（　　）
3. 企業通常按照累計實際發生的成本占預計總成本的比例確定履約進度，不需要進行調整。　　　　　　　　　　　　　　　　　　　　　　　　　　（　　）
4. 企業已商品實物轉移給客戶，即客戶已實物佔有該商品，即可確認收入。　（　　）
5. 代銷商品中，受託方將商品銷售後，按實際售價確認為銷售收入，並向委託方開具代銷清單。　　　　　　　　　　　　　　　　　　　　　　　　　（　　）

6. 在支付手續費方式委託代銷的方式下，委託方確認收入的時點是委託方收到貨款時。
（　　）

7. 企業發生的商業折扣應該計入財務費用，企業發生的現金折扣應衝減主營業務收入。
（　　）

8. 中國一般採用「表結法」計算本月利潤總額和本年累計利潤。（　　）

9. 企業以前年度虧損未彌補完，可以提取法定盈餘公積，但不可以提取任意盈餘公積。
（　　）

10. 企業可以用以後年度稅後淨利潤彌補虧損，也可以用盈餘公積彌補虧損。（　　）

四、業務分析

1. 正保股份有限公司（以下簡稱正保公司）為增值稅一般納稅企業，適用的增值稅稅率為 13%。商品銷售價格均不含增值稅額，所有勞務均屬於工業性勞務。銷售實現時結轉銷售成本。正保公司銷售商品和提供勞務為主營業務。2019 年 12 月，正保公司銷售商品和提供勞務的資料如下：

（1）12 月 1 日，對 A 公司銷售商品一批，增值稅專用發票上銷售價格為 100 萬元，增值稅額為 13 萬元。提貨單和增值稅專用發票已交 A 公司，A 公司已承諾付款。為及時收回貨款，給予 A 公司的現金折扣條件如下：2/10，1/20，n/30（假設計算現金折扣時不考慮增值稅因素）。該批商品的實際成本為 85 萬元。12 月 19 日，收到 A 公司支付的扣除所享受現金折扣金額後的款項，並存入銀行。

（2）12 月 2 日，收到 B 公司來函，要求對當年 11 月 2 日所購商品在價格上給予 5% 的折讓（正保公司在該批商品售出時，已確認銷售收入 200 萬元，並收到款項）。經查核，該批商品外觀存在質量問題。正保公司同意了 B 公司提出的折讓要求。當日，收到 B 公司交來的稅務機關開具的索取折讓證明單，並出具紅字增值稅專用發票和支付折讓款項。

（3）12 月 14 日，與 D 公司簽訂合同，以現銷方式向 D 公司銷售商品一批。該批商品的銷售價格為 120 萬元，實際成本 75 萬元，提貨單已交 D 公司。款項已於當日收到，存入銀行。

（4）12 月 25 日，與 F 公司簽訂協議，委託其代銷商品一批。根據代銷協議，正保公司按代銷協議收取所代銷商品的貨款，商品實際售價由受託方自定。該批商品的協議價 200 萬元（不含增值稅額），實際成本為 180 萬元。商品已運往 F 公司。12 月 31 日，正保公司收到 F 公司開來的代銷清單，列明已售出該批商品的 20%，款項尚未收到。

（5）12 月 31 日，與 G 公司簽訂一件特製商品的合同。該合同規定，商品總價款為 80 萬元（不含增值稅額），自合同簽訂日起 2 個月內交貨。合同簽訂日，收到 C 公司預付的款項 40 萬元，並存入銀行。商品製造工作尚未開始。

（6）12 月 31 日，收到 A 公司退回的當月 1 日所購全部商品。經查核，該批商品存在

質量問題，正保公司同意了A公司的退貨要求。當日，收到A公司交來的稅務機關開具的進貨退出證明單，並開具負數增值稅專用發票和支付退貨款項。

要求：

（1）編製正保公司12月份發生的上述經濟業務的會計分錄。

（2）計算正保公司12月份主營業務收入和主營業務成本（「應交稅費」科目要求寫出明細科目，答案中的金額單位用萬元表示）。

2. 甲股份有限公司（以下簡稱甲公司）為增值稅一般納稅人，適用的增值稅稅率為13%，銷售單價均為不含增值稅價格。

甲公司2019年12月發生如下業務：

（1）12月3日，向乙企業賒銷A產品100件，單價為40,000元，單位銷售成本為20,000元。

（2）12月15日，向丙企業銷售材料一批，價款為700,000元，該材料發出成本為500,000元。上月已經預收帳款600,000元。當日丙企業支付剩餘貨款。

（3）12月18日，丁企業要求退回本年11月25日購買的40件B產品。該產品銷售單價為40,000元，單位銷售成本為20,000元，其銷售收入1,600,000元已確認入帳，價款已於銷售當日收取。經查明退貨原因系發貨錯誤，同意丁企業退貨，並辦理退貨手續和開具紅字增值稅專用發票，並於當日退回了相關貨款。

（4）12月20日，收到外單位租用本公司辦公用房下一年度租金300,000元，款項已收存銀行。

（5）12月31日，計算本月應交納的城市維護建設稅28,210元，其中銷售產品應交納21,840元，銷售材料應交納6,370元；教育費附加12,090元，其中銷售產品應交納9,360元，銷售材料應交納2,730元。

要求：

①根據上述（1）~（5）業務編製相關的會計分錄。

②計算甲公司2019年12月份發生的費用金額。

（答案中的金額以元為單位，「應交稅費」科目須寫出二級和三級明細科目，其他科目可不寫出明細科目）。

3. 甲公司為增值稅一般納稅人，適用的增值稅稅率為13%，商品、原材料售價中不含增值稅。甲公司銷售商品和提供勞務屬於主營業務。假定銷售商品、原材料和提供勞務均符合收入確認條件，其成本在確認收入時逐筆結轉，不考慮其他因素。2019年12月，甲公司發生如下交易或事項：

（1）銷售商品一批，按商品標價計算的金額為200萬元，由於是成批銷售，甲公司給予客戶10%的商業折扣並開具了增值稅專用發票，款項尚未收回。該批商品實際成本為150萬元。

（2）向本公司行政管理人員發放自產產品作為福利，該批產品的實際成本為 8 萬元，市場售價為 10 萬元。

（3）向乙公司轉讓一項軟件的使用權，一次性收取使用費 20 萬元並存入銀行，且不再提供後續服務。

（4）銷售一批原材料，增值稅專用發票註明售價 80 萬元，款項收到並存入銀行。該批材料的實際成本為 59 萬元。

（5）將以前會計期間確認的與資產相關的政府補助在本月分配計入當月收益 300 萬元。

（6）確認本月設備安裝勞務收入。該設備安裝勞務合同總收入為 100 萬元，預計合同總成本為 70 萬元，合同價款在前期簽訂合同時已收取。採用完工百分比法確認勞務收入。截止到本月末，該勞務的累計完工進度為 60%，前期已累計確認勞務收入 50 萬元、勞務成本 35 萬元。（假定勞務成本均為員工薪酬）

（7）以銀行存款支付管理費用 20 萬元，財務費用 10 萬元，營業外支出 5 萬元。

要求：

①逐筆編製甲公司上述交易或事項的會計分錄（「應交稅費」科目要寫出明細科目及專欄名稱）。

②計算甲公司 12 月的營業收入、營業成本、營業利潤、利潤總額。

（答案中的金額單位用萬元表示）

項目十二　非貨幣性資產交換核算業務

一、單項選擇

1. 下列資產中不屬於貨幣性資產的是（　　）。
   A. 應收票據　　　　　　　　　　B. 應收帳款
   C. 預付帳款　　　　　　　　　　D. 準備持有至到期的債券投資

2. 企業以專利權換入設備一臺，專利權帳面價值 100,000 元，公允價值 400,000 元，假設不考慮稅費，在交換過程中，同時收到補價 90,000 元，假定不考慮稅金對補價的影響，下列說法正確的有（　　）。
   A. 該交易適用於非貨幣性交易準則　　B. 應確認收益 310,000 元
   C. 設備的入帳價值為 300,000 元　　　D. 設備的入帳價值為 330,000 元

3. 企業之間發生非貨幣性交易，對換入可抵扣稅金的存貨如果不涉及補價的，如果不具有商業實質，且公允價值不能可靠計量，則正確的入帳價值是（　　）。
   A. 換出資產的帳面價值加上支付的相關稅費
   B. 換出資產的公允價值加上支付的相關稅費
   C. 換入資產的公允價值加上支付的相關稅費
   D. 換出資產的帳面價值減去可抵扣的稅金加上應支付的相關稅費

4. 非貨幣性交易與貨幣性交易的劃分標誌是（　　）。
   A. 補價率大於 25%　　　　　　　B. 補價率小於 25%
   C. 補價率等於 25%　　　　　　　D. 補價率小於或等於 25%

5. 對非貨幣性資產交換的換出資產公允價值與其帳面價值的差額，說法錯誤的有（　　）。
   A. 換出資產為存貨的，應當作為銷售處理，以其公允價值確認收入，同時結轉相應的成本。
   B. 換出資產為固定資產、無形資產的，換出資產公允價值與其帳面價值的差額，計入當期費用
   C. 換出資產為長期股權投資，換出資產公允價值與其帳面價值的差額，計入投資損益

D. 換出資產為固定資產、無形資產的，換出資產公允價值與其帳面價值的差額，計入營業外支出

6. 甲企業以一棟辦公樓換入一臺生產設備和一輛汽車。換出辦公樓的帳面原值為 600 萬元，以計提折舊 360 萬元，未計提減值準備，公允價值為 300 萬元；換入生產設備和汽車的帳面價值分別為 180 萬元和 120 萬元，公允價值分別為 200 萬元和 100 萬元。該交換具有商業實質，假定不考慮相關稅費。該公司換入汽車的入帳價值為（ ）萬元。

  A. 60   B. 100

  C. 80   D. 112

7. S 企業以其持有的一項長期股權投資換取 H 企業的一項無形資產，該項交易中不涉及補價。S 企業長期股權投資的帳面價值為 160 萬元。公允價值為 190 萬元。H 企業無形資產的帳面價值為 140 萬元，公允價值為 190 萬元。S 企業在換入中發生了 10 萬元的相關稅費。S 企業換入無形資產的帳面價值為（ ）萬元。

  A. 190   B. 200

  C. 160   D. 170

8. 在確定涉及補價的交易是否為非貨幣性資產交換時，支付補價的企業，應當按照支付的補價占（ ）的比例低於 25% 確定。

  A. 換出資產的公允價值

  B. 換出資產公允價值加上支付的補價

  C. 換入資產公允價值加補價

  D. 換出資產公允價值減補價

9. 甲企業用一輛汽車換入兩種原材料 A 和 B，汽車的帳面價值為 150,000 元，公允價值為 160,000 元，材料 A 的公允價值為 40,000 元，材料 B 的公允價值為 70,000 元，汽車和原材料增值稅稅率為 13%，計稅價格等於公允價值，甲企業收到補價 56,500 元。則原材料的入帳價值總額為（ ）元。

  A. 91,300   B. 110,000

  C. 127,600   D. 131,300

10. 甲公司以公允價值為 250 萬元的固定資產換入乙公司帳面價值為 230 萬元的長期股權投資，另從乙公司收取現金 30 萬元。甲公司換出固定資產的帳面原價為 300 萬元，已計提折舊 20 萬元，已計提減值準備 10 萬元。假定不考慮相關稅費，該交易不具有商業實質。則甲公司換入長期股權投資的成本為（ ）萬元。

  A. 220   B. 240

  C. 250   D. 245

二、多項選擇

1. 下列交易中，不屬於非貨幣性交易的是（   ）。
   A. 用原材料抵償債務 80 萬元
   B. 用銀行存款 80 萬元購入生產用設備
   C. 用 500 萬元價值的廠房進行投資，占被投資企業有表決權資本的 25%
   D. 用應收帳款 26 萬元和價值 74 萬元的汽車換入價值 100 萬元的原材料
2. 下列補價率的計算公式，正確的有（   ）。
   A. 補價率 = 收到補價 ÷ 換出資產的公允價值
   B. 補價率 = 支付補價 ÷ 換入資產的公允價值
   C. 補價率 = 支付補價 ÷（補價 + 換出資產的公允價值）
   D. 補價率 = 收到補價 ÷（補價 + 換入資產的公允價值）
3. 非貨幣性資產在將來為企業帶來的經濟利益是（   ）。
   A. 是固定的   B. 是不固定的
   C. 是可以確定的   D. 是不可以確定的
4. 下列項目中，屬於非貨幣性資產的有（   ）。
   A. 銀行存款   B. 股權投資
   C. 其他權益工具投資   D. 應收帳款
5. 在收到補價的具有商業實質並且公允價值能夠可靠計量的非貨幣性資產交換業務中，如果換入單項固定資產，影響固定資產入帳價值的因素有（   ）。
   A. 收到的補價   B. 換入資產的公允價值
   C. 換出資產的公允價值   D. 換出資產應交的稅費
6. 非貨幣性資產交換具有商業實質是指（   ）。
   A. 未來現金流量的風險、金額相同，時間不同
   B. 未來現金流量的時間、金額相同，風險不同
   C. 未來現金流量的風險、時間相同，金額不同
   D. 換入資產與換出資產的預計未來現金流量現值不同，其差額與換入資產和換出資產的公允價值相比是重大的
7. 下列各項交易中，屬於非貨幣性資產交換的有（   ）。
   A. 以固定資產換入股權   B. 以銀行匯票購買原材料
   C. 以銀行本票購買固定資產   D. 以無形資產換入原材料
8. 企業進行具有商業實質且公允價值能夠可靠計量的非貨幣性資產交換，同一事項同時影響雙方換入資產入帳價值的因素有（   ）。
   A. 企業支付的補價或收到的補價

B. 企業為換出存貨而交納的增值稅
C. 企業換出資產的帳面價值
D. 企業換出資產計提的資產減值準備

9. 在交換不具有商業實質情況下，下列項目中，會影響支付補價企業計算換入資產入帳價值的有（   ）。

A. 支付的補價
B. 換出資產的帳面餘額
C. 換出資產已計提的減值準備
D. 支付的有關稅費

10. 甲、乙企業進行非貨幣性資產交換，下列各項影響甲企業換入資產入帳價值的有（   ）。

A. 甲企業換出存貨的公允價值
B. 乙企業為換出固定資產支付的清理費用
C. 甲企業支付的補價
D. 乙企業計提的固定資產減值準備

三、判斷

1. 非貨幣性資產交易的核算中，無論是支付補價的一方還是收到補價的一方，都要解決換入資產的入帳價值和換出資產的收益或損失確認問題。（   ）

2. 非貨幣性交易涉及補價的，當補價率大於25%時應按貨幣性交易進行會計處理。（   ）

3. 應收帳款可能發生壞帳，將來收取的貨幣是不確定的，因此，應收帳款屬於非貨幣性資產。（   ）

4. 在非貨幣性資產交換中，對換入的資產，其入帳價值應以換出資產的帳面價值為基礎。（   ）

5. 企業發生的非貨幣性交易，涉及多項資產時，若不具有商業實質，需要按換出各項資產的公允價值占換出資產公允價值總額的比例，計算確定各項換入資產的入帳價值。（   ）

6. 貨幣性資產交換，是指交易雙方主要以存貨、固定資產、無形資產和長期股權投資等非貨幣性資產進行的交換。（   ）

7. 在確定非貨幣性資產交換是否具有商業實質時，企業不必關注交易各方之間是否存在關聯方關係。（   ）

8. 企業在按照公允價值和應支付的相關稅費作為換入資產成本的情況下，支付補價的，換入資產成本與換出資產帳面價值加上支付的補價、應支付的相關稅費之和的差額，應當計入當期損益。（   ）

9. 企業在按照換出資產的帳面價值和應支付的相關稅費作為換入資產成本的情況下，

支付補價的，應當以換出資產的帳面價值，加上支付的補價和應支付的相關稅費，作為換入資產的成本，確認損益。（　　）

10. 非貨幣性資產交換具有商業實質，且換入資產的公允價值能夠可靠計量的，應當按照換入各項資產的公允價值占換入資產公允價值總額的比例，對換入資產的成本總額進行分配，確定各項換入資產的成本。（　　）

四、業務分析

1. A 公司以其使用的機床一臺和庫存商品換入 B 公司的一輛汽車和若干股票（B 公司作為交易性金融資產，A 公司換入作為長期股權投資）。已知 A 公司機床帳面原價 125,000 元，累計折舊 35,000 元，公允價值為 110,000 元，庫存商品的帳面成本 50,000 元，已提跌價準備 10,000 元，公允價值（含稅）30,000 元，增值稅率 13%，B 公司汽車的帳面原價為 200,000 元，累計折舊為 100,000 元，公允價值為 95,000 元，股票的帳面價值為 18,000 元，公允價值為 25,000 元，B 公司另外支付補價 20,000 元給 A 公司。假設在交換過程只考慮庫存商品的增值稅，其餘的相關稅費不考慮，交換具有商業實質。

要求：分別編製 A、B 公司有關非貨幣性資產交換的會計分錄。

2. 甲公司為增值稅一般納稅人，經協商用一項長期股權投資交換乙公司的庫存商品。該項長期股權投資的帳面餘額 2,300 萬元，計提長期股權投資減值準備 300 萬元，公允價值為 2,100 萬元；庫存商品的帳面餘額為 1,550 萬元，已提存貨跌價準備 50 萬元，公允價值和計稅價格（含稅）均為 2,000 萬元，增值稅率 13%。乙公司向甲公司支付補價 100 萬元。假設在交換過程只考慮庫存商品的增值稅，其餘的相關稅費不考慮，該項交易具有商業實質。

要求：分別計算甲、乙公司換入資產的入帳價值並進行帳務處理。（以萬元為單位）

3. 甲公司以其生產經營用的設備與乙公司作為固定資產的貨運汽車交換。資料如下：

（1）甲公司換出：固定資產——設備：原價為 1,800 萬元，已提折舊為 300 萬元，公允價值為 1,650 萬元，以銀行存款支付了設備清理費用 15 萬元。

（2）乙公司換出：固定資產——貨運汽車：原價為 2,100 萬元，已提折舊為 550 萬元，公允價值為 1,680 萬元。乙公司收到甲公司支付的補價 30 萬元。

假設甲公司換入的貨運汽車作為固定資產管理，該項交易不具有商業實質。甲公司未對換出設備計提減值準備。假設在交換過程中不考慮增值稅及相關稅費。

要求：分別編製甲公司、乙公司的帳務處理。

4. 甲公司決定和乙公司進行非貨幣資產交換，甲、乙公司的增值稅率為 13%，乙公司向甲公司支付銀行存款 87 萬元。

（1）甲公司換出：

固定資產——廠房：原價 300 萬元，累計折舊 60 萬元，公允價值 200 萬元。

固定資產——機床：原價240萬元，累計折舊120萬元，公允價值100萬元。
原材料：帳面價值600萬元，計稅價格700萬元，公允價值700萬元。
（2）乙公司換出：
固定資產——辦公樓：原價300萬元，累計折舊100萬元。
固定資產——轎車：原價400萬元，累計折舊180萬元。
固定資產——客車：原價600萬元，累計折舊160萬元。
假設以上資產均未計提減值準備，該交換不具備商業實質，假設在交換過程中只考慮原材料的增值稅，其餘的相關稅費不考慮。要求：編製甲公司、乙公司的會計分錄。

5. W公司與N公司的下列資產相交換：
W公司換出資產為：
（1）汽車一輛，帳面原價300,000元，累計折舊50,000元，公允價值240,000元。
（2）鋼材15噸，帳面價值48,000元，計稅價格60,000元。增值稅稅率13%，公允價值等於計稅價格。

N公司換出的資產為：
（1）電子計算機一臺，帳面原價200,000元，累計折舊40,000元，已提減值得準備10,000元，公允價值為120,000元。
（2）車床五臺，帳面原價400,000元，累計折舊80,000元，已提減值準備40,000元，公允價值280,000元，雙方協議由W公司支付補價款9.22萬元給N公司。假設在交換過程中只考慮鋼材的增值稅，其餘的相關稅費不考慮。
要求：根據以上經濟業務或事項編製交易雙方的會計分錄。

項目十三　債務重組核算業務

一、單項選擇

1. 在債務人發生財務困難的前提下，下列選項中不屬於債務重組的是（　　）。
   A. 債務人以公允價值100萬元的廠房償還帳面餘額為100萬元的債務
   B. 債務人以公允價值50萬元的交易性金融資產償還帳面餘額為100萬元的債務
   C. 債權人減免部分債務，並將剩餘債務的還款期推遲兩年
   D. 債權人要求債務人用其一項公允價值為105萬元的無形資產（符合免徵增值稅的條件）償還帳面餘額為130萬元的債務

2. 湖南沙沙門業有限公司和湖南長江有限責任公司均為增值稅一般納稅人，銷售商品適用的增值稅稅率均為13%。因湖南沙沙門業有限公司發生財務困難，湖南沙沙門業有限公司就其所欠湖南長江有限責任公司的500萬元的貨款（含增值稅）與湖南長江有限責任公司進行債務重組。根據債務重組協議，湖南沙沙門業有限公司以銀行存款400萬元清償。在進行債務重組之前，湖南長江有限責任公司已經就該項債權計提了80萬元的壞帳準備。不考慮其他因素，湖南沙沙門業有限公司在債務重組日應確認債務重組利得（　　）萬元。
   A. 100　　　　　　　　　　　B. 80
   C. 20　　　　　　　　　　　D. 0

3. 關於以資產清償債務，下列說法中錯誤的是（　　）。
   A. 債務人以現金清償債務的，債權人應將重組債務的帳面餘額與實際收到現金之間的差額，確認為債務重組損失；如果債權人已對該項債權計提減值準備，應先將該差額沖減減值準備後，沖減後尚有餘額的，計入營業外支出，沖減後減值準備仍有餘額的，應予轉回並抵減當期信用減值損失
   B. 債權人收到的抵債資產，應按照資產的公允價值入帳
   C. 債權人收到抵債資產時，發生的與該資產相關的直接費用按照取得相關資產的原則處理
   D. 債務人用固定資產抵債時，債權人應將債務人發生的固定資產清理費用計入抵債資產的入帳價值

4. A公司和B公司均為增值稅一般納稅人，銷售商品適用的增值稅稅率為13%。A公司銷售給B公司一批庫存商品，形成應收帳款1,200萬元，款項尚未收到。到期時B公司無法按合同規定償還債務，經雙方協商，A公司同意B公司用存貨抵償該項債務，該批存貨公允價值1,000萬元（不含增值稅），增值稅稅額130萬元，成本600萬元（未計提存貨跌價準備），假設重組日A公司該應收帳款已計提了200萬元的壞帳準備。不考慮其他因素的影響，則該項債務重組對B公司的利潤總額的影響為（　　）萬元。

  A. 400   B. 600
  C. 200   D. 470

5. 湖南沙沙門業有限公司為增值稅一般納稅人，銷售商品適用的增值稅稅率為13%。因湖南沙沙門業有限公司發生財務困難，湖南沙沙門業有限公司與湖南長江有限責任公司就其所欠湖南長江有限責任公司的800萬元貨款進行了債務重組，債務重組之前，湖南長江有限責任公司已針對該項債權計提了60萬元的壞帳準備。根據債務重組協議，湖南沙沙門業有限公司以其生產的產品抵償債務，湖南沙沙門業有限公司交付產品後雙方的債權債務結清。湖南沙沙門業有限公司已將用於抵債的產品發出，並開具增值稅專用發票。湖南沙沙門業有限公司用於抵債的產品的帳面餘額為600萬元，已計提的存貨跌價準備為30萬元，公允價值（計稅價格）為620萬元。假定不考慮其他因素的影響，湖南沙沙門業有限公司確認債務重組利得（　　）萬元。

  A. 0   B. 14.6
  C. 99.4   D. 180

6. M公司銷售給N公司一批商品，價款200萬元，增值稅稅額26萬元，款項尚未收到，因N公司資金困難，已無力償還M公司的全部貨款，經協商，N公司分別用一棟自用廠房和一項交易性金融資產予以抵償。已知，該廠房的帳面餘額50萬元，已提累計折舊8萬元，已計提資產減值2萬元，公允價值（計稅基礎）30萬元，銷售不動產適用的增值稅稅率為9%；交易性金融資產的帳面價值為85萬元，其中成本為80萬元，公允價值變動收益的金額為5萬元，公允價值為90萬元。假定不考慮其他因素的影響，N公司因該業務對當期營業外收入的影響為（　　）萬元。

  A. 103.3   B. 5
  C. 104   D. 84

7. 長江公司欠黃河公司貨款1,000萬元，因長江公司發生財務困難，經協商，黃河公司同意長江公司以其所持有的一項原採用權益法核算的長期股權投資進行償債。長江公司該項投資的帳面價值為900萬元，其中成本為800萬元，損益調整60萬元，其他權益變動為40萬元。債務重組日該項投資的公允價值為945萬元。黃河公司將取得的投資仍作為長期股權投資核算。假定不考慮相關稅費的影響，則長江公司因債務重組使利潤總額增加（　　）萬元。

A. 140　　　　　　　　　　　　B. 100
C. 55　　　　　　　　　　　　　D. 45

8. 湖南長江有限責任公司為增值稅一般納稅人，銷售材料及商品適用的增值稅稅率為13%。2019年1月1日，湖南沙沙門業有限公司銷售一批材料給湖南長江有限責任公司，含稅價為113,000元；2019年7月1日，湖南長江有限責任公司發生財務困難，無法按合同規定償還債務，經雙方協議，湖南沙沙門業有限公司同意湖南長江有限責任公司用產品抵償該應收帳款。該產品市價為90,000元，成本為70,000元，湖南長江有限責任公司已為轉讓的產品計提了存貨跌價準備1,000元。湖南沙沙門業有限公司為債權計提了壞帳準備2,000元。假定不考慮其他稅費。湖南沙沙門業有限公司接受的存貨的入帳價值為（　　）元。

A. 90,000　　　　　　　　　　　B. 70,000
C. 115,000　　　　　　　　　　D. 89,000

9. 2019年1月1日，湖南沙沙門業有限公司應收湖南長江有限責任公司的貨款1,000萬元到期，湖南長江有限責任公司由於財務困難無法償還該部分債務，經甲乙雙方協商，決定進行債務重組，協議約定：湖南沙沙門業有限公司豁免200萬元債務，剩餘部分延長1年後支付，並加收年利率為3%的利息，相當於同期銀行貸款利率。同時規定如果湖南長江有限責任公司2017年實現淨利潤超過300萬元，應歸還豁免債務中的60萬元。債務重組日，估計湖南長江有限責任公司很可能實現淨利潤330萬元。則債務重組日湖南長江有限責任公司應確認預計負債的金額是（　　）萬元。

A. 200　　　　　　　　　　　　B. 140
C. 60　　　　　　　　　　　　　D. 0

10. 2019年3月1日，M公司銷售一批產品給N公司，開出的增值稅專用發票上註明的銷售價款為200萬元，增值稅稅額為26萬元，款項尚未收到。因N公司發生財務困難，無法償付到期債務，2019年6月30日，M公司與N公司協商進行債務重組。重組協議如下：M公司同意豁免N公司債務84萬元，其餘債務於2019年10月1日償還，債務延長期間，每月收取2%的利息（若N公司從7月份起每月獲利超過20萬元，每月加收1%的利息）。假定債務重組日重組後債務的公允價值為150萬元，假定M公司為該項應收帳款計提了壞帳準備45萬元，整個債務重組交易沒有發生相關稅費。若N公司預計從7月份開始每月獲利均很可能超過20萬元，在債務重組日，N公司應當確認的債務重組利得為（　　）萬元。

A. 0　　　　　　　　　　　　　B. 70.5
C. 71.5　　　　　　　　　　　　D. 84

二、多項選擇

1. 下列各項中屬於債務重組方式的有（   ）。
   A. 以資產清償債務
   B. 債務人根據轉換協議，將應付可轉換公司債券轉為資本的，屬於債務重組
   C. 債務轉增資本
   D. 以資產清償債務、債務轉增資本和修改其他債務條件三種方式的組合

2. 下列關於以非現金資產清償債務的說法中錯誤的有（   ）。
   A. 債務人以非現金資產清償債務的，債務人應當將重組債務的帳面價值與轉讓的非現金資產公允價值之間的差額，確認為資本公積，計入所有者權益
   B. 債務人以非現金資產清償債務的，債務人應當將重組債務的帳面價值與轉讓的非現金資產公允價值之間的差額，確認為營業外支出，計入當期損益
   C. 債務人以非現金資產清償債務的，債務人應當將重組債務的帳面價值與轉讓的非現金資產公允價值之間的差額，計入當期損益
   D. 債務人轉讓的非現金資產公允價值與其帳面價值之間的差額，計入當期損益

3. 關於債務重組中以非現金資產方式清償債務的會計處理中不正確的有（   ）。
   A. 以非現金資產清償債務的，債務人在進行會計處理時，視同處置非現金資產
   B. 以固定資產清償債務的，債務人應將固定資產公允價值與帳面價值之間的差額，計入債務重組利得
   C. 以存貨清償債務的，債務人應將存貨公允價值與帳面價值之間的差額確認為處置資產利得
   D. 以交易性金融資產清償債務的，債務人應將交易性金融資產公允價值和帳面價值之間的差額，計入營業外收入或營業外支出

4. 2019年3月8日，湖南沙沙門業有限公司因無力償還湖南長江有限責任公司的2,000萬元貨款，雙方進行債務重組。按債務重組協議規定，湖南沙沙門業有限公司用自身普通股股票800萬股償還債務，湖南長江有限責任公司將取得的股票作為可供出售金融資產進行核算。股票每股面值1元，該股份的公允價值為1,800萬元（不考慮相關稅費）。湖南長江有限責任公司對該應收帳款計提了100萬元的壞帳準備。湖南沙沙門業有限公司於2019年4月1日辦妥了增資批准手續。關於該項債務重組，下列表述中正確的有（   ）。
   A. 債務重組日為2019年4月1日
   B. 湖南長江有限責任公司因放棄債權而享有股權的入帳價值為1,800萬元
   C. 湖南沙沙門業有限公司應確認債務重組利得為200萬元
   D. 湖南長江有限責任公司應確認債務重組損失為200萬元

5. 甲、湖南長江有限責任公司均為增值稅一般納稅人，銷售商品適用的增值稅稅率為13%，銷售不動產適用的增值稅稅率為9%。湖南沙沙門業有限公司銷售給湖南長江有限責任公司一批商品，價款為1,000萬元，增值稅稅額為130萬元。款項尚未收到。因湖南長江有限責任公司資金困難，已無力償還湖南沙沙門業有限公司的全部貨款，經過兩者的協商，湖南長江有限責任公司用自己的廠房抵償，該廠房的原價為1,500萬元，累計折舊750萬元，計提減值準備250萬元，公允價值（等於計稅基礎）為1,100萬元。湖南沙沙門業有限公司因為該筆應收帳款計提了270萬元的壞帳準備。假定不考慮其他因素的影響，則湖南沙沙門業有限公司因該債務重組對下列處理不正確的有（　　）。

　　A. 確認貸方的資產減值損失339萬元　　B. 確認貸方的營業外支出200萬元
　　C. 確認貸方的營業外收入200萬元　　D. 確認借方的營業外支出70萬元

6. N公司和D公司均為增值稅一般納稅人，銷售商品適用的增值稅稅率為13%，銷售無形資產（專利權）適用的增值稅稅率為6%，2019年12月31日，N公司應收D公司帳款餘額為200萬元，由於D公司發生財務困難，雙方協商進行債務重組，N公司同意D公司以一項專利權和其生產的產品抵償債務。D公司該專利權成本為100萬元，累計攤銷為20萬元，當日的公允價值為100萬元；產品的成本為50萬元，當日的公允價值為60萬元。相關資產均未計提減值準備，N公司不改變收到資產的用途。假定不考慮其他因素。則下列表述中錯誤的有（　　）。

　　A. N公司專利權入帳價值為100萬元、庫存商品入帳價值60萬元
　　B. N公司對於專利權和存貨均應按照其在D公司的原帳面價值入帳
　　C. N公司確認債務重組損失40萬元
　　D. D公司確認處置資產利得49.8萬元，營業利潤10萬元

7. 關於以債務轉增資本方式進行的債務重組，下列說法中不正確的有（　　）。

　　A. 債務人為股份有限公司時，應當在滿足金融負債終止確認條件時，終止確認重組債務，並將債權人放棄債權而享有股份的面值總額確認為股本
　　B. 債務人為股份有限公司時，應當在滿足金融負債終止確認條件時，終止確認重組債務，並將債權人放棄債權而享有股份的公允價值確認為股本
　　C. 債務人為股份有限公司時，應將所轉換股份的公允價值與股本之間的差額計入資本公積——其他資本公積
　　D. 債務人應將重組債務的帳面價值超過股本的差額，作為債務重組利得計入營業外收入

8. 湖南沙沙門業有限公司應收丁有限責任公司（以下簡稱丁公司）帳款400萬元，因丁公司發生財務困難，2019年3月1日雙方進行債務重組，將丁公司所欠債務轉為丁公司的股份，轉股後丁公司註冊資本為1,000萬元，占丁公司註冊資本的10%，其公允價值為300萬元，湖南沙沙門業有限公司將該股份作為成本法核算的長期股權投資，且為該應

收帳款計提 120 萬元的壞帳準備。則下列表述中錯誤的有（　　）。
    A. 湖南沙沙門業有限公司應確認債務重組利得 20 萬元
    B. 湖南沙沙門業有限公司應衝減資產減值損失 20 萬元
    C. 丁公司應確認資本公積 100 萬元
    D. 丁公司應確認債務重組利得 100 萬元

9. 下列關於修改其他債務條件進行債務重組的說法中不正確的有（　　）。
    A. 以修改其他債務條件進行債務重組的，修改後的債務重組條款涉及或有應付金額，且該或有應付金額符合或有事項中有關預計負債確認條件的，債務人應當將該或有應付金額確認為預計負債
    B. 以修改其他債務條件進行債務重組的，當或有應付金額在隨後會計期間沒有發生時，企業應當衝銷原已確認的預計負債，同時衝減營業外支出
    C. 以修改其他債務條件進行債務重組的，修改後的債務條款中涉及或有應收金額的，債權人應當確認或有應收金額，將其計入重組後債權的帳面價值
    D. 以修改其他債務條件進行債務重組的，涉及或有應收金額的，應當在或有應收金額實際發生時，計入重組債權的帳面價值

10. 以現金、非現金資產和修改其他債務條件混合重組方式清償債務的情況下，債務人和債權人進行處理的先後順序不正確的有（　　）。
    A. 修改債務條件清償方式、非現金資產清償方式或債務轉為資本清償方式、現金清償方式
    B. 非現金資產清償方式或債務轉為資本清償方式、現金清償方式、修改債務條件清償方式
    C. 現金清償方式、非現金資產清償方式或債務轉為資本清償方式、修改債務條件清償方式
    D. 現金清償方式、修改債務條件清償方式、非現金資產清償方式或債務轉為資本清償方式

三、判斷

1. 債務重組，是指在債務人發生財務困難的情況下，債權人按照其與債務人達成的協議或法院的裁定做出讓步的事項。在債務重組中，債權人一定會確認「營業外支出——債務重組損失」。（　　）

2. 企業以低於應付債務帳面價值的現金清償債務的，支付的現金低於應付債務帳面價值的差額，應當計入營業外收入。（　　）

3. 對債權人來說，如果債務重組涉及或有應收金額，那麼在基本確定可以收到該或有應收金額時將其確認為其他應收款。（　　）

4. 對於增值稅一般納稅人，如果債務人以庫存商品作為抵債資產的，應付債務的帳面價值與該庫存商品的公允價值之間的差額計入債務重組利得。（　　）

5. 債務重組中債務人以採用公允價值模式計量的投資性房地產進行抵債時，投資性房地產的公允價值與該投資性房地產的帳面價值差額計入其他業務收入。（　　）

6. 以非現金資產進行債務重組的，對於債務人而言，轉讓非現金資產過程中發生的相關稅費（如固定資產清理費用、評估費等，不含增值稅）屬於轉讓資產損益。（　　）

7. 債務人用以權益法核算的長期股權投資進行抵債時，長期股權投資核算期間確認的資本公積——其他資本公積的金額需要結轉到投資收益。（　　）

8. 修改後的債務條款如涉及或有應收金額，債權人將該或有應收金額確認為資產。
（　　）

9. 債務重組中，債權人為取得資產發生的直接相關稅費，無論何種資產，一律計入取得資產的成本中。（　　）

10. 債務人根據轉換協議，將應付可轉換公司債券轉為資本的，屬於債務重組準則規定的內容。（　　）

四、業務分析

1. 莫斯公司和利安公司均為增值稅一般納稅人，銷售商品適用的增值稅稅率為13%，銷售固定資產（不動產）適用的增值稅稅率均為9%。2017年11月莫斯公司銷售一批貨物給利安公司（與莫斯公司屬非關聯方），價稅合計500萬元。至2018年5月利安公司因發生財務困難而無法償還貨款。2019年6月1日經雙方商定進行債務重組，同意利安公司以一項公允價值為300萬元的固定資產（不動產）及公允價值為100萬元的自產產品償還全部債務。至債務重組日莫斯公司已對該項債權計提了65萬元的壞帳準備，利安公司換出固定資產的帳面餘額為350萬元，累計折舊80萬元，未計提減值準備；自產產品成本為80萬元（未計提存貨跌價準備）。莫斯公司取得的固定資產作為管理用固定資產核算，取得的商品作為庫存商品核算。

假設不考慮其他相關稅費。

要求：分別編製莫斯公司和利安公司的會計分錄。

（答案中的金額單位以萬元表示）

2. 湖南沙沙門業有限公司為上市公司，於2019年2月1日銷售給丁公司產品一批，不含稅價款為3,000萬元，銷售商品適用的增值稅稅率為13%，雙方約定4個月後付款；丁公司因發生財務困難無法按期支付該筆款項。至2019年12月31日湖南沙沙門業有限公司仍未收到款項，湖南沙沙門業有限公司已對該應收帳款計提壞帳準備510萬元。2019年12月31日，湖南沙沙門業有限公司與丁公司進行債務重組，協議內容如下：

（1）丁公司以一項無形資產（土地使用權）和其生產的產品抵償部分債務，銷售無

形資產（土地使用權）適用的增值稅稅率為9%，無形資產的原價為500萬元，已計提攤銷200萬元，計提減值準備10萬元，公允價值為300萬元。產品的帳面成本為100萬元（未計提存貨跌價準備），公允價值（等於計稅基礎）為150萬元。

（2）將部分債務轉為丁公司的500萬股普通股，每股面值為1元，每股市價為2元，不考慮其他因素。湖南沙沙門業有限公司將取得的股權作為公允價值計量且其變動計入其他綜合收益的非交易性權益工具投資。

（3）湖南沙沙門業有限公司同意免除丁公司剩餘款項的20%並將剩餘款項的還款期延長至2020年12月31日，從2020年1月1日起按年利率3%計算利息，但是附有一個條件：如果丁公司從2020年起實現盈利，則年利率上升為5%，如果沒有盈利，則年利率仍為3%。丁公司2019年年底預計未來每年都很可能盈利。

（4）不考慮貨幣時間價值的影響，相關資產轉讓手續均於債務重組協議簽訂當日辦理完畢。

要求：

①計算債務人丁公司的債務重組利得並編製與重組日相關的會計分錄。

②計算債權人湖南沙沙門業有限公司的債務重組損失並編製與重組日相關的會計分錄。

（答案中的金額單位用萬元表示）

項目十四　或有事項核算業務

一、單項選擇

1. 下列各項關於或有事項會計處理的表述中，不正確的是（　　）。
   A. 因虧損合同預計產生的損失，在滿足預計負債確認條件時，應當確認預計負債
   B. 因或有事項產生的潛在義務應當確認為預計負債
   C. 重組計劃對外公告前不應就重組義務確認預計負債
   D. 對期限較長的預計負債進行計量時應考慮貨幣時間價值的影響

2. 2019 年 12 月 10 日，湖南沙沙門業有限公司因合同違約而涉及一椿訴訟案。根據公司的法律顧問判斷，最終的判決結果很可能對湖南沙沙門業有限公司不利。2019 年 12 月 31 日，湖南沙沙門業有限公司尚未接到法院的判決，因訴訟須承擔的賠償金額無法準確地確定。不過，據專業人士估計，賠償金額可能在 100 萬元至 120 萬元之間（且各金額發生的可能性相同），另需支付承擔的訴訟費 2 萬元，湖南沙沙門業有限公司應確認的營業外支出的金額為（　　）萬元。
   A. 100　　　　　　　　　　　　　B. 120
   C. 110　　　　　　　　　　　　　D. 112

3. 湖南沙沙門業有限公司管理層於 2018 年 12 月制定了一項業務重組計劃，擬從 2019 年 1 月 1 日起關閉 A 產品生產線。湖南沙沙門業有限公司預計發生以下支出或損失：因辭退員工將支付補償款 500 萬元；因撤銷廠房租賃合同將支付違約金 30 萬元；因將用於 A 產品生產的固定資產等轉移至另一生產車間將發生運輸費 3 萬元；因對留用員工進行培訓將發生支出 1 萬元；因推廣新款 A 產品將發生廣告費用 2,500 萬元；因處置用於 A 產品生產的固定資產將發生減值損失 150 萬元。2018 年 12 月 31 日，因該項重組計劃減少 2018 年度利潤總額的金額為（　　）萬元。
   A. 500　　　　　　　　　　　　　B. 534
   C. 680　　　　　　　　　　　　　D. 684

4. 2019 年 11 月，湖南沙沙門業有限公司因污水排放對環境造成污染被周圍居民提起訴訟。2019 年 12 月 31 日，該案件尚未一審判決。根據以往類似案例及公司法律顧問的判斷，湖南沙沙門業有限公司很可能敗訴。如敗訴，預計賠償 2,000 萬元的可能性為 70%，

預計賠償 1,800 萬元的可能性為 30%。假定不考慮其他因素,該事項對湖南沙沙門業有限公司 2019 年利潤總額的影響金額為（　　）萬元。

  A. -1,800   B. -1,900

  C. -1,940   D. -2,000

5. 湖南沙沙門業有限公司 2019 年年初「預計負債——產品質量保證」餘額為 0。當年分別銷售 A、B 產品 3 萬件和 4 萬件,銷售單價分別為 50 元和 40 元。湖南沙沙門業有限公司向購買者承諾產品售後 2 年內提供免費保修服務,預計保修期內發生的保修費在銷售額的 2%~8% 之間,且範圍內各種結果發生的可能性相同。2019 年實際發生產品保修費 5 萬元（已用銀行存款支付）。假定無其他或有事項,不考慮其他因素的影響,則湖南沙沙門業有限公司 2019 年年末資產負債表「預計負債」項目的餘額為（　　）萬元。

  A. 5   B. 1.2

  C. 7.5   D. 10.5

6. 2017 年 1 月 1 日,湖南沙沙門業有限公司與乙公司簽訂了一項不可撤銷的租賃合同,以經營租賃方式租入乙公司一臺機器設備,專門用於生產 M 產品,租賃期為 5 年,年租金為 240 萬元。因 M 產品在使用過程中產生嚴重的環境污染,湖南沙沙門業有限公司自 2019 年 1 月 1 日起停止生產該產品,當日 M 產品庫存為零。假定不考慮時間價值等其他因素,該事項對湖南沙沙門業有限公司 2019 年度利潤總額的影響金額為（　　）萬元。

  A. 0   B. -240

  C. -480   D. -720

7. 2019 年 3 月 1 日湖南沙沙門業有限公司與乙公司簽訂一份不可撤銷的產品銷售合同,約定在 2020 年 1 月 1 日以每件 10 萬元的價格向乙公司銷售 15 件 D 產品,乙公司於簽訂合同同時預付定金 30 萬元,若湖南沙沙門業有限公司違約需雙倍返還定金。2019 年 12 月 31 日,湖南沙沙門業有限公司庫存中沒有 D 產品所需原材料,因原材料價格突然上漲,預計生產每件 D 產品成本上升至 15 萬元,則 2019 年年末湖南沙沙門業有限公司應在資產負債表中確認預計負債（　　）萬元。

  A. 75   B. 30

  C. 60   D. 65

8. 2019 年 10 月 20 日,湖南沙沙門業有限公司因合同違約而被乙公司起訴。2019 年 12 月 31 日,湖南沙沙門業有限公司尚未接到人民法院的判決。湖南沙沙門業有限公司預計,最終的判決很可能對其不利,並預計將要支付的賠償金額為 170 萬元至 190 萬元之間,並且這個區間內每個金額的可能性都大致相同。2019 年 12 月 31 日,湖南沙沙門業有限公司對該項未決訴訟應確認的預計負債金額為（　　）萬元。

  A. 160   B. 190

  C. 170   D. 180

二、多項選擇

1. 下列涉及預計負債的會計處理中，錯誤的有（　　）。
   A. 待執行合同變成虧損合同時，應當將全部損失立即確認預計負債
   B. 重組計劃對外公告前不應就重組義務確認預計負債
   C. 因某產品質量保證而確認的預計負債，如企業不再生產該產品，應將其餘額立即沖銷
   D. 企業當期實際發生的擔保訴訟損失金額與上期合理預計的預計負債相差較大時，應按重大會計差錯更正的方法進行調整

2. 下列關於最佳估計數的確定，正確的有（　　）。
   A. 所需支出存在一個連續範圍（或區間），且該範圍內各種結果發生的可能性相同，則最佳估計數應當按照該範圍內的中間值，即上下限金額的平均數確定
   B. 所需支出不存在一個連續範圍，或者雖然存在一個連續範圍但該範圍內各種結果發生的可能性不相同，涉及單個項目的，按照最可能發生金額確定
   C. 所需支出不存在一個連續範圍，或者雖然存在一個連續範圍但該範圍內各種結果發生的可能性不相同，涉及多個項目的，按照各種可能結果及相關概率計算確定
   D. 所需支出存在一個連續範圍（或區間），且該範圍內各種結果發生的可能性相同，則最佳估計數應當按照該範圍內的幾何平均數計算確定

3. 關於虧損合同的會計處理正確的有（　　）。
   A. 虧損合同確認預計負債時，預計負債的計量應當反應退出該合同的最低淨成本，即履行該合同的成本與未能履行該合同而發生的補償或處罰兩者之中的較低者
   B. 如果與虧損合同相關的義務不可撤銷，企業就存在了現實義務，同時滿足該義務很可能導致經濟利益流出企業且金額能夠可靠地計量的，應當確認為預計負債
   C. 待執行合同變為虧損合同的，合同存在標的資產的，應當對標的資產進行減值測試並按規定確認減值損失，在這種情況下企業通常不確認預計負債；如果預計虧損超過該減值損失，應將超過部分確認為預計負債
   D. 待執行合同變為虧損合同的，合同不存在標的資產的，虧損合同相關義務滿足預計負債確認條件時，應該確認預計負債

4. 2018 年 8 月 30 日，北方公司與西方公司簽訂不可撤銷的銷售合同。合同約定，北方公司應當於 2019 年 3 月 1 日前，向西方公司提供 100 件 A 產品，銷售總額為 100 萬元，若北方公司違約，則需要向西方公司按照銷售總額的 10% 支付違約金。2018 年 12 月 31

日，庫存 A 產品 60 件，成本為 60 萬元；北方公司開始籌備原材料以生產剩餘的 40 件 A 產品時，原材料價格突然上漲，預計生產剩餘 40 件 A 產品的成本為 48 萬元，預計銷售 100 件 A 產品將發生銷售稅費 10 萬元。當日 100 件 A 產品的市場價格為 140 萬元。假定不考慮其他因素的影響，北方公司的下列處理中，正確的有（　　）。

  A. 北方公司應選擇執行合同，並確認預計負債 26 萬元

  B. 北方公司應選擇執行合同，並計提存貨跌價準備和確認資產減值損失 26 萬元

  C. 北方公司應選擇不執行合同，並確認預計負債 10 萬元

  D. 北方公司應選擇不執行合同，並確認營業外支出 10 萬元

5. 下列項目中屬於重組事項的有（　　）。

  A. 出售或終止企業的部分業務

  B. 對企業的組織結構進行較大調整

  C. 關閉企業的部分營業場所，或將營業活動由一個國家或地區遷移到其他國家或地區

  D. 債務重組

6. 下列關於或有負債和或有資產說法正確的有（　　）。

  A. 或有負債一定是由過去的交易或事項形成的潛在義務

  B. 或有負債一定是過去的交易或者事項形成的現實義務

  C. 或有資產指過去的交易或者事項形成的潛在資產

  D. 企業通常不應披露或有資產，但或有資產很可能給企業帶來經濟利益的，應當予以披露

7. 下列關於或有事項的說法中，正確的有（　　）。

  A. 或有資產和或有負債不符合資產和負債的確認條件，不應當確認資產和負債

  B. 或有事項在滿足負債的確認條件時，可以確認為負債

  C. 或有資產一般不應在財務報表附註中披露，當或有資產很可能給企業帶來經濟利益時，則應在財務報表附註中披露

  D. 一樁經濟案件，若企業有 98% 的可能性獲得補償 100 萬元，則企業就應將其確認為資產

8. 如果企業清償因或有事項而確認的負債所需支出全部或部分預期由第三方補償的，下列說法中正確的有（　　）。

  A. 補償金額在基本確定能收到時，企業應按所需支出扣除補償金額後的金額確認預計負債

  B. 補償金額只有在基本確定能收到時，才能作為資產單獨確認，且確認的補償金額不應超過所確認負債的帳面價值

  C. 補償金額在很可能收到時，就可以作為資產單獨確認，但確認的補償金額不應

超過所確認負債的帳面價值

D. 補償金額在基本確定能收到時，企業應按所需支出確認預計負債，而不能扣除從第三方或其他方得到的補償金額

三、判斷

1. 或有負債無論是潛在義務還是現實義務，均不符合負債的確認條件，因而不能在財務報表中予以確認，但是應按相關規定在財務報表中附註披露。　　　　　　（　　）

2. 企業對已經確認的預計負債在實際支出發生時，不應當僅限於最初為之確定該預計負債的支出。　　　　　　　　　　　　　　　　　　　　　　　　　（　　）

3. 或有事項形成的或有資產只有企業基本確定能夠收到的情況下，才能轉換為真正的資產，從而全部予以確認。　　　　　　　　　　　　　　　　　　　　（　　）

4. 履行該義務很可能導致經濟利益流出企業，是指履行與或有事項相關的現時義務時，導致經濟利益流出企業的可能性50%以上（含50%），但尚未達到基本確定的程度。
　　　　　　　　　　　　　　　　　　　　　　　　　　　　　　　　　　　（　　）

5. 企業應當在資產負債日對預計負債的帳面價值進行復核，有確鑿正確表明該帳面價值不能真實反應當前最佳估計數的，應當按照當前最佳估計數對該帳面價值進行調整。
　　　　　　　　　　　　　　　　　　　　　　　　　　　　　　　　　　　（　　）

6. 預期可獲得的補償在基本確定能夠收到時應當確認為一項資產，作為預計負債金額的扣減。　　　　　　　　　　　　　　　　　　　　　　　　　　　　（　　）

7. 虧損合同產生的義務滿足預計負債條件，應當確認為預計負債，預計負債的計量應當反應退出該合同的最低淨成本，即履行該合同的成本與未能履行該合同而發生補償或處罰兩者之中的較低者。　　　　　　　　　　　　　　　　　　　　　　（　　）

8. 如果預計負債的確認時點距離實際清償有較長的時間跨度，貨幣時間價值的影響重大，那麼在確定預計負債的金額時，應考慮採用現值計量，即通過對相關未來現金流出進行折現後確認最佳估計數。　　　　　　　　　　　　　　　　　　　　（　　）

四、業務分析

1. 乙公司主要生產A、B、C三種家電產品，2019年發生如下事項：

（1）2019年12月10日，乙公司認為本企業應享受一項稅收優惠，獲得稅收返還，但稅務部門遲遲不予落實執行。乙公司遂將稅務部門告上法庭。律師認為，法律已經有明文規定，本訴訟基本確定能獲勝，如果獲勝，將獲得返還款200萬元。

（2）2019年12月1日，乙公司接到法院的通知，其聯營企業在兩年前的一筆借款到期，本息合計為1,000萬元，因聯營企業無力償還，債權單位（貸款單位）已將本筆貸款的擔保企業乙公司告上法庭，要求乙公司履行擔保責任，代為清償。乙公司經研究認為，

目前聯營企業的財務狀況較差，乙公司有 80% 的可能性承擔全部本息的償還責任。

（3）2019 年 7 月 1 日，乙公司與湖南沙沙門業有限公司簽訂一份不可撤銷合同，合同約定：乙公司在 2017 年 2 月 1 日以每件 3 萬元的價格向湖南沙沙門業有限公司銷售 10 件 A 產品，湖南沙沙門業有限公司應預付定金 5 萬元，若乙公司違約，雙倍返還定金。

2019 年 12 月 31 日，乙公司庫存 A 產品 10 件，成本總額為 40 萬元，按目前市場價格計算的市價總額為 38 萬元，假定不考慮相關稅費。

（4）2019 年 12 月 25 日，乙公司司機駕駛大貨車在高速公路上追尾，致使被追尾車輛連同產品遭受重大損失，受害單位要求賠償 20 萬元。交警已明確責任，這次事故應由乙公司負全部責任，乙公司認為情況屬實，是因為當時急需材料，強令司機日夜兼程，疲勞駕駛，引致重大交通事故。乙公司已同意將賠償損失 20 萬元，款項已於 12 月 31 日支付。

要求：

①判斷資料（1）、資料（2）、資料（3）、資料（4）是否屬於或有事項，標明序號即可。

②根據上述資料，針對判斷出來的或有事項符合負債確認條件的業務，編製相應的會計分錄。

（答案中的金額單位用萬元表示）

2. 湖南沙沙門業有限公司 2019 年發生如下經濟業務：

（1）8 月 1 日，由於湖南沙沙門業有限公司提供貸款擔保的丙公司發生財務困難無法支付到期貸款本息 1,000 萬元，貸款銀行提起訴訟，至 12 月 31 日法院一審判決湖南沙沙門業有限公司承擔連帶償還責任，湖南沙沙門業有限公司不服從判決進行上訴。至 12 月 31 日，湖南沙沙門業有限公司法律顧問認為，湖南沙沙門業有限公司很可能需要為丙公司所欠貸款本息承擔 80% 的連帶責任。

（2）9 月 1 日，因為湖南沙沙門業有限公司產品質量問題，被丁公司提起訴訟，至 12 月 31 日法院尚未判決。期末湖南沙沙門業有限公司法律顧問認為敗訴的可能性為 65%，預計賠償金額在 200 萬元至 250 萬元（該區間內支付各種金額的可能性相等），鑒於湖南沙沙門業有限公司對該產品買了產品質量保險，期末湖南沙沙門業有限公司基本確定可從保險公司獲得賠償 250 萬元。

（3）湖南沙沙門業有限公司 12 月 10 日與戊公司簽訂不可撤銷的產品銷售合同，預收定金 150 萬元。約定在 2020 年 2 月 1 日以每件 10 萬元的價格向戊公司提供 C 產品 100 件，若違約，湖南沙沙門業有限公司將雙倍返還定金，簽訂合同時，C 產品尚未開始生產。湖南沙沙門業有限公司準備生產 C 產品時，原材料上漲，預計生產 C 產品的成本為 12 萬元，不考慮其他因素。

要求：
（1）根據上述資料，分別編製與或有事項相關的會計分錄。
（2）計算上述事項對 2019 年度利潤總額的影響金額。
（答案中的金額單位用萬元表示）

項目十五　借款費用核算業務

一、單項選擇

1. 湖南沙沙門業有限公司下列經濟業務中，借款費用不應予以資本化的是（　　）。
   A. 2019 年 1 月 1 日起，用銀行借款開工建設一幢簡易廠房，廠房於當年 2 月 15 日完工，達到預定可使用狀態
   B. 2019 年 1 月 1 日起，向銀行借入資金用於生產 A 產品，該產品屬於大型發電設備，生產時間較長，為 1 年零 1 個月
   C. 2019 年 1 月 1 日起，向銀行借入資金開工建設辦公樓，預計次年 2 月 15 日完工
   D. 2019 年 1 月 1 日起，向銀行借入資金開工建設寫字樓並計劃用於投資性房地產，預計次年 5 月 16 日完工

2. 借款費用不包括（　　）。
   A. 借款利息　　　　　　　　B. 溢折價攤銷
   C. 輔助費用　　　　　　　　D. 權益性融資費用

3. 予以資本化的借款費用計入（　　）。
   A. 資產的成本　　　　　　　B. 財務費用
   C. 借款費用　　　　　　　　D. 當期損益

4. 下列導致固定資產建造中斷時間連續超過 3 個月的事項中，不應暫停借款費用資本化的是（　　）。
   A. 勞務糾紛　　　　　　　　B. 安全事故
   C. 資金週轉困難　　　　　　D. 可預測的天氣影響

5. 湖南沙沙門業有限公司於 2019 年 1 月 1 日向 B 銀行借款 500,000 元，為期 3 年，每年年末償還利息，到期日償還本金。借款合同利率為 3%，實際利率為 4%，為取得借款發生手續費 15,495 元，2019 年末 X 公司「長期借款」項目的金額為（　　）元。
   A. 503,885.2　　　　　　　B. 536,114.8
   C. 488,885.2　　　　　　　D. 486,126.5

6. 2019 年 4 月 20 日，湖南沙沙門業有限公司公司以當月 1 日自銀行取得的專門借款

支付了建造辦公樓的首期工程物資款，5 月 10 日開始施工，5 月 20 日因發現文物需要發掘保護而暫停施工，7 月 15 日復工興建。甲公司該筆借款費用開始資本化的時點為（　　）。

  A. 2019 年 4 月 1 日　　　　　　　　B. 2019 年 4 月 20 日
  C. 2019 年 5 月 10 日　　　　　　　D. 2019 年 7 月 15 日

  7. 2017 年 1 月 1 日，湖南沙沙門業有限公司公司從銀行取得 3 年期專門借款開工興建一棟廠房。2019 年 6 月 30 日該廠房達到預定可使用狀態並投入使用，7 月 31 日驗收合格，8 月 5 日辦理竣工決算，8 月 31 日完成資產移交手續。甲公司該專門借款費用在 2019 年停止資本化的時點為（　　）。

  A. 6 月 30 日　　　　　　　　　　　B. 7 月 31 日
  C. 8 月 5 日　　　　　　　　　　　　D. 8 月 31 日

  8. 2018 年 2 月 1 日，湖南沙沙門業有限公司公司為建造一棟廠房向銀行取得一筆專門借款。2018 年 3 月 5 日，以該貸款支付前期訂購的工程物資款，因徵地拆遷發生糾紛，該廠房延遲至 2018 年 7 月 1 日才開工興建，開始支付其他工程款，2019 年 2 月 28 日，該廠房建造完成，達到預定可使用狀態。2019 年 4 月 30 日，甲公司辦理工程竣工決算，不考慮其他因素，甲公司該筆借款費用的資本化期間為（　　）。

  A. 2018 年 2 月 1 日至 2019 年 4 月 30 日
  B. 2018 年 3 月 5 日至 2019 年 2 月 28 日
  C. 2018 年 7 月 1 日至 2019 年 2 月 28 日
  D. 2018 年 7 月 1 日至 2019 年 4 月 30 日

  9. 在確定借款費用資本化金額時，資本化期間內與一般借款有關的利息收入應（　　）。

  A. 衝減當期財務費用　　　　　　　B. 計入營業外收入
  C. 衝減借款費用資本化的金額　　　D. 計入其他綜合收益

  10. 湖南沙沙門業有限公司公司 2018 年 1 月 1 日發行面值總額為 10,000 萬元的債券，取得的款項專門用於建造廠房。該債券系分期付息、到期還本債券，期限為 4 年，票面年利率為 10%，每年 12 月 31 日支付當年利息。該債券年實際利率為 8%。債券發行價格總額為 10,662.10 萬元，款項已存入銀行。廠房於 2018 年 1 月 1 日開工建造，2018 年初發生第一筆資產支出並截至年末累計發生建造工程支出 4,600 萬元。經批准，當年甲公司將尚未使用的債券資金投資於國債，取得投資收益 760 萬元。2018 年 12 月 31 日工程尚未完工，該在建工程的帳面餘額為（　　）。

  A. 4,692.97 萬元　　　　　　　　　B. 906.21 萬元
  C. 5,452.97 萬元　　　　　　　　　D. 5,600 萬元

二、多項選擇

1. 在確定借款費用暫停資本化的期間時，應當區別正常中斷和非正常中斷，下列各項中，屬於非正常中斷的有（　　）。
   A. 質量糾紛導致的中斷　　　　B. 安全事故導致的中斷
   C. 勞動糾紛導致的中斷　　　　D. 資金周圍困難導致的中斷

2. 在計算所占用一般借款的資本化率時，應考慮的因素有（　　）。
   A. 借款的時間　　　　　　　　B. 溢折價的攤銷
   C. 資產支出　　　　　　　　　D. 借款的利率

3. 按照借款費用準則規定，在借款費用資本化期間內，為購建或者生產符合資本化條件的資產占用了一般借款的，其資本化金額的計算處理方法正確的有（　　）。
   A. 應當根據累計資產支出加權平均數乘以所占用一般借款的資本化率，計算確定一般借款應予資本化的利息金額
   B. 應當根據累計資產支出超過專門借款部分的資產支出加權平均數乘以所占用一般借款的資本化率，計算確定一般借款應予資本化的利息金額
   C. 一般借款加權平均利率＝所占用一般借款當期實際發生的利息之和÷所占用一般借款本金加權平均數
   D. 一般借款屬外幣借款的，其本金和利息所產生的匯兌差額應作為財務費用，計入當期損益

4. 在資本化期間內，下列有關借款費用會計處理的表述中，正確的有（　　）。
   A. 所建造固定資產的支出基本不再發生，應停止借款費用資本化
   B. 為購建固定資產取得的外幣專門借款本金發生的匯兌差額，應予以資本化
   C. 固定資產建造中發生正常中斷且連續超過3個月的，應暫停借款費用資本化
   D. 為購建固定資產取得的外幣專門借款利息發生的匯兌差額，全部計入當期損益

5. 借款費用資本化必須同時滿足的條件有（　　）。
   A. 資產支出已經發生
   B. 借款費用已經發生
   C. 為使資產達到預定可使用或者可銷售狀態所必要的購建或者生產活動已經開始
   D. 已使用借款購入工程物資

6. 下列項目中，屬於借款費用應予資本化的資產範圍的有（　　）。
   A. 經過13個月的購建達到預定可使用狀態的投資性房地產
   B. 需要18個月的生產活動才能達到可銷售狀態的存貨
   C. 經過2年的研發達到預定用途的無形資產
   D. 經過8個月的建造即可達到預定可使用狀態的生產設備

7. 下列各項中，不應暫停借款費用資本化的有（　　）。
   A. 因重大安全事故導致固定資產建造活動連續中斷超過 3 個月
   B. 因事先無法預見的不可抗力因素導致固定資產建造活動連續中斷超過 3 個月
   C. 因施工質量例行檢查導致固定資產建造活動連續中斷超過 3 個月
   D. 因可預見的不可抗力因素導致固定資產建造活動連續中斷超過 3 個月
8. 下列有關借款費用的論斷中，正確的是（　　）。
   A. 具有融資性質的分次付款購入固定資產時，如果固定資產需要安裝，則安裝期內的利息費用計入工程成本
   B. 一般借款費用資本化的計算需考慮閒置資金收益
   C. 當專門借款和一般借款混合使用時，應區分二者並分別按各自處理原則進行核算
   D. 無論是專門借款還是一般借款只要達到兩筆或兩筆以上時均需加權計算平均利率
   E. 公司債券的發行費用以提高內含利率增加各期利息費用的方式列入資本化
9. 下列關於專門借款費用資本化的暫停或停止的表述中，正確的有（　　）。
   A. 購建固定資產過程中發生非正常中斷且中斷時間連續超過 3 個月的，應當暫停借款費用資本化
   B. 購建固定資產過程中發生正常中斷且中斷時間連續超過 3 個月，應當暫停借款費用資本化
   C. 在購建固定資產過程中，某部分固定資產已達到預定可使用狀態，且該部分固定資產可供獨立使用，則應停止該部分固定資產的借款費用資本化
   D. 在購建固定資產過程中，某部分固定資產雖已達到預定可使用狀態，但必須待整體完工後方可使用，則需待整體完工後停止借款費用資本化
10. 下列關於借款費用資本化的表述中，正確的有（　　）。
    A. 每一會計期間的利息資本化金額，可能超過當期相關借款實際發生的利息金額
    B. 在建項目占用一般借款的，其借款利息符合資本化條件的部分可資本化
    C. 房地產開發企業不應將用於項目開發的借款費用資本化列入開發成本
    D. 一般借款應予資本化的利息金額等於累計資產支出超過專門借款部分的資產支出加權平均數乘以所占用的一般借款的資本化率

三、判斷

1. 在借款費用允許資本化的期間內發生的外幣專門借款匯兌差額，應當計入以該專門借款所購建固定資產的成本中。（　　）
2. 資產支出只包括為購建或者生產符合資本化條件的資產而以支付現金、轉移非現

金資產或者承擔不帶息債務形式發生的支出。（　　）

3. 符合資本化條件的資產在購建或者生產過程中發生因可預見的不可抗力因素而發生中斷，且中斷時間連續超過3個月的，中斷期間所發生的借款費用，應當計入當期損益，直至購建或者生產活動重新開始。（　　）

4. 在資本化期間內，外幣一般借款本金及利息所產生的匯兌差額一律記入當期損益。（　　）

5. 在借款費用資本化期間內，一般借款有閒置資金的，利息資本化金額還應扣除一般借款閒置資金產生的利息或收益。（　　）

6. 企業每一會計期間的利息資本化金額不應當超過當期相關借款實際發生的利息金額。（　　）

7. 企業借款費用開始資本化之前發生的借款輔助費用，應將其全部發生額計入當期損益。（　　）

8. 在資本化期間內，外幣一般借款本金及利息產生的匯兌差額，應當予以資本化；外幣一般借款本金及利息產生的匯兌差額，應計入當期損益。（　　）

9. 資本化期間發生的專門借款的利息費用一定資本化。（　　）

10. 資本化期間，是指從借款費用開始資本化時點至停止資本化時點的期間。（　　）

四、業務分析

1. 湖南沙沙門業有限公司為建造一條生產線於2017年12月31日借入一筆長期借款，本金為1,000萬元，年利率為6%，期限為4年，每年末支付利息，到期還本。工程採用出包方式，於2018年2月1日開工，工程期為2年，2018年相關資產支出如下：2月1日支付工程預付款200萬元；5月1日支付工程進度款300萬元；7月1日因工程事故一直停工至11月1日，11月1日支付了工程進度款300萬元。2019年3月1日支付工程進度款100萬元，6月1日支付工程進度款100萬元，工程於2019年9月30日完工。閒置資金因購買國債可取得0.1%的月收益。

要求：計算2018年和2019年專門借款利息費用資本化金額，並編製與借款利息相關的會計分錄。

2. 2018年3月1日，湖南沙沙門業有限公司取得3年期專門借款2,000萬元直接用於當日開工建造的辦公樓，年利率為8%。2018年累計發生建造支出1,600萬元，2019年1月1日，該公司又取得一般借款3,000萬元，年利率為7%，當天發生建造支出100萬元，上述支出均以借款項支付（A公司無其他一般借款）。該工程項於2019年5月1日至2019年8月31日發生非正常中斷，工程於2018年年末達到預定可使用狀態。

要求：計算2019年借款費用的資本化金額。

3. 湖南沙沙門業有限公司擬建造一棟廠房，預計工期為2年，有關資料如下：

（1）湖南沙沙門業有限公司於 2018 年 1 月 1 日為該項工程專門借款 3,000 萬元，借款期限為 3 年，年利率 6%，利息按年支付。

（2）工程建設期間占用了兩筆一般借款，具體如下：

①2018 年 12 月 1 日向某銀行借入長期借款 4,000 萬元，期限為 3 年，年利率為 9%，利息按年於每年年初支付。

②2018 年 7 月 1 日按面值發行 5 年期公司債券 3,000 萬元，票面年利率為 8%，利息按年於每年年初支付，款項已全部收存銀行。

（3）工程於 2018 年 1 月 1 日開始動工興建，工程採用出包方式建造，當日支付工程款 1,500 萬元。工程建設期間的支出情況如下：

2018 年 7 月 1 日：3,000 萬元。

2019 年 1 月 1 日：2,000 萬元。

2019 年 7 月 1 日：3,000 萬元。

截至 2019 年末，工程尚未完工。其中，由於施工質量問題工程於 2019 年 8 月 1 日~11 月 30 日停工 4 個月。

（4）專門借款中未支出部分全部存入銀行，假定月利率為 0.5%。假定全年按照 360 天計算，每月按照 30 天計算。

根據上述資料，要求：

①計算 2018 年利息資本化和費用化的金額並編製會計分錄。

②計算 2019 年利息資本化和費用化的金額並編製會計分錄。

（計算結果保留兩位小數，答案金額以萬元為單位）

4. 湖南沙沙門業有限公司公司於 2018 年 1 月 1 日動工興建一幢辦公樓，工程採用出包方式，每半年支付一次工程進度款，工程於 2019 年 6 月 30 日完工，達到預定可使用狀態。建造資產工程支出如下：2018 年 1 月 1 日，支出 1,500 萬元；2018 年 7 月 1 日，支出 2,500 萬元；2019 年 1 月 1 日，支出 1,500 萬元。公司為建造辦公樓於 2018 年 1 月 1 日專門借款 2,000 萬元，期限為 3 年，年利率 8%。辦公樓的建造還占用了兩筆一般借款：商業銀行長期貸款 2,000 萬元，期限為 2017 年 12 月 1 日至 2020 年 12 月 1 日，年利率為 6%，按年支付利息。發放公司債券 1 億元，發行日為 2017 年 1 月 1 日，期限為 5 年，年利率為 8%，按年支付利息。企業將專門借款中未支出部分全部存入銀行，假定月利率為 0.5%。

根據上述資料，要求：

（1）計算 2018 年利息資本化的金額並編製會計分錄。

（2）計算 2019 年利息資本化的金額並編製會計分錄。

（計算結果保留兩位小數，答案金額以萬元為單位）

5. 湖南沙沙門業有限公司與 2019 年 1 月 1 日動工興建一幢辦公樓，工期為 1 年，工

程採用出包方式，分別與2019年1月1日、7月1日和10月1日支付工程進度款1,000萬元、3,500萬元和1,000萬元。辦公樓與2019年12月31日完工，達到預定可使用狀態。公司為建造辦公樓發生了兩筆專門借款，分別為：

（1）2019年1月1日專門借款2,000萬元，借款期限為3年，年利率為7%，利息按年支付。

（2）2019年7月1日專門借款2,000萬元，借款期限為5年，年利率為11%，利息按年支付。閒置專門借款資金均用於固定收益債券短期投資，假定該短期投資月收益為0.5%。

公司為建造辦公樓的支出占用了一般借款。假定所占用一般借款有兩筆，分別為：

（1）向A銀行長期借款2,000萬元，期限為2019年11月1日至2022年11月1日，年利率為6%，按年支付利息。

（2）發行公司債券10,000萬元，於2019年1月1日發行，期限為5年，年利率為9%，按年支付利息。

要求：

（1）計算專門借款利息費用資本化金額。

（2）計算一般借款利息費用資本化金額。

（3）計算應予資本化的利息費用金額。

項目十六　所得稅費用業務

一、單項選擇

1. 長江公司於 2019 年 6 月 15 日取得某項固定資產，其初始入帳價值為 360 萬元，使用年限為 10 年，採用年限平均法計提折舊，預計淨殘值為 0。稅法規定，該項固定資產折舊年限為 15 年，折舊方法、預計淨殘值與會計規定相同。則 2019 年 12 月 31 日該項固定資產的計稅基礎為（　　）萬元。

  A. 336　　　　　　　　　　　　B. 24
  C. 12　　　　　　　　　　　　 D. 348

2. 大海公司當期發生研究開發支出共計 320 萬元，其中研究階段支出 120 萬元，開發階段不符合資本化條件的支出 50 萬元，開發階段符合資本化條件的支出 150 萬元，該項研發當期達到預定用途轉入無形資產核算，假定大海公司當期攤銷無形資產 30 萬元。稅法攤銷方法、攤銷年限和預計淨殘值與會計相同。大海公司當期期末無形資產的計稅基礎為（　　）萬元。

  A. 150　　　　　　　　　　　　B. 120
  C. 0　　　　　　　　　　　　　D. 210

3. 甲公司於 2019 年 6 月 20 日取得一項交易性金融資產，其購買價格為 800 萬元，相關交易費用為 20 萬元。2019 年 12 月 31 日該項交易性金融資產的公允價值為 950 萬元。則 2019 年 12 月 31 日該項交易性金融資產的計稅基礎為（　　）萬元。

  A. 950　　　　　　　　　　　　B. 800
  C. 810　　　　　　　　　　　　D. 0

4. 南昌公司 2019 年 12 月 31 日預提產品質量保證費用，確認預計負債 100 萬元，2016 年發生產品質量保修費用 20 萬元，假定預計負債期初餘額為零。稅法規定，企業計提的質量保修費在實際發生時允許稅前扣除。則南昌公司 2019 年 12 月 31 日預計負債計稅基礎為（　　）萬元。

  A. 0　　　　　　　　　　　　　B. 80
  C. 20　　　　　　　　　　　　 D. 100

5. 西方公司於 2018 年 12 月 31 日取得某項固定資產，其初始入帳價值為 600 萬元，

使用年限為 5 年，採用年數總和法計提折舊，預計淨殘值為 0。稅法規定對於該項固定資產採用年限平均法計提折舊，折舊年限、預計淨殘值與會計規定相同。下列關於該固定資產 2019 年 12 月 31 日產生暫時性差異的表述中正確的是（　）。

  A. 產生應納稅暫時性差異 80 萬元　　B. 產生可抵扣暫時性差異 80 萬元

  C、產生可抵扣暫時性差異 40 萬元　　D. 不產生暫時性差異

6. 甲公司 2019 年 12 月計入成本費用的職工工資總額為 5,600 萬元，2019 年 12 月 31 日尚未支付。稅法規定，當期計入成本費用的 5,600 萬元工資支出中，可予稅前扣除的合理部分為 4,000 萬元。則甲公司 2019 年 12 月 31 日應付職工薪酬的計稅基礎為（　）萬元。

  A. 5,600　　　　　　　　　　　B. 4,000

  C. 1,600　　　　　　　　　　　D. 0

7. 甲公司所得稅採用資產負債表債務法核算，適用的所得稅稅率為 25%。甲公司於 2019 年 7 月 1 日購入一項專利技術，該專利技術專門用於生產 X 產品。入帳價值為 600 萬元，預計使用年限為 5 年，無殘值，採用直線法攤銷，假定稅法對於該項專利技術的折舊政策與會計規定一致。2019 年年末，由於市場上出現了更先進的生產 X 產品的專利技術，甲公司為該專利技術進行減值測試。估計該專利技術的公允價值減去處置費用後的淨額為 420 萬元，預計未來現金流量現值為 400 萬元。假定生產的 X 產品期末全部對外出售。則甲公司因該事項確認遞延所得稅資產金額為（　）萬元。

  A. 30　　　　　　　　　　　　B. 50

  C. 65　　　　　　　　　　　　D. 80

8. A 公司 2019 年 12 月因違反當地有關環保法規的規定，接到環保部門的處罰通知，要求其支付罰款 280 萬元，A 公司確認其他應付款 280 萬元。稅法規定，企業因違反國家有關法律法規支付的罰款和滯納金，計算應納稅所得額時不允許稅前扣除。至 2019 年 12 月 31 日，該項罰款已經支付了 200 萬元。則 A 公司 2019 年 12 月 31 日該項其他應付款的計稅基礎為（　）萬元。

  A. 0　　　　　　　　　　　　　B. 280

  C. 200　　　　　　　　　　　　D. 80

9. 新華公司使用的所得稅稅率為 25%，採用資產負債表債務法核算所得稅。新華公司 2019 年年初壞帳準備的餘額為 0。2019 年 12 月 31 日應收帳款餘額為 2,300 萬元，該公司期末對應收帳款計提了 200 萬元的壞帳準備。按照稅法規定，應收帳款計提的壞帳準備在發生實質性損失之前不允許稅前扣除。則 2019 年 12 月 31 日該項應收帳款對遞延所得稅的影響為（　）。

  A. 應確認遞延所得稅資產 50 萬元　　B. 應確認遞延所得稅資產 -50 萬元

  C. 應確認遞延所得稅負債 50 萬元　　D. 應確認遞延所得稅負債 -50 萬元

10. 下列各項確認的遞延所得稅不對應所得稅費用科目的是（　　）。
    A. 非交易性權益工具投資公允價值變動
    B. 交易性金融資產公允價值變動
    C. 存貨計提減值準備
    D. 應收帳款計提壞帳

二、多項選擇

1. 下列各項中，可能引起固定資產帳面價值與計稅基礎不一致的有（　　）。
    A. 折舊方法不同
    B. 折舊年限不同
    C. 預計淨殘值不同
    D. 計提固定資產減值準備

2. 下列各項中可能會導致無形資產帳面價值與計稅基礎不同的因素有（　　）。
    A. 使用壽命有限的無形資產，會計與稅法中對其預計使用年限的估計不同，其他因素估計相同
    B. 使用壽命有限的無形資產，會計和稅法中對其預計的使用年限及預計淨殘值相同，攤銷的方法不同
    C. 使用壽命不確定的無形資產，稅法中按直線法計提攤銷
    D. 外購的無形資產，會計上計提減值準備

3. 下列關於負債的計稅基礎基本理解的表述中正確的有（　　）。
    A. 負債的計稅基礎代表的是在未來期間可予稅前扣除的總金額
    B. 負債的計稅基礎代表的是帳面價值在扣除稅法規定未來期間允許稅前扣除的金額之後的差額
    C. 負債的帳面價值大於其計稅基礎表示未來期間計稅時按照稅法規定可予稅前扣除的金額
    D. 負債的帳面價值大於其計稅基礎減少未來期間的應納稅所得額，均應確認遞延所得稅資產

4. 下列情況中，會產生應納稅暫時性差異的有（　　）。
    A. 資產的帳面價值大於其計稅基礎
    B. 資產的帳面價值小於其計稅基礎
    C. 負債的帳面價值大於其計稅基礎
    D. 負債的帳面價值小於其計稅基礎

5. 下列選項中產生可抵扣暫時性差異的有（　　）。
    A. 預提產品保修費用

B. 計提存貨跌價準備

C. 採用公允價值模式進行後續計量的投資性房地產期末公允價值大於投資性房地產取得時成本

D. 計提固定資產減值準備

6. 下列各項中產生應納稅暫時性差異的有（　　）。

　　A. 固定資產的帳面價值為 500 萬元，計稅基礎為 450 萬元

　　B. 其他權益工具投資的帳面價值為 60 萬元，計稅基礎為 30 萬元

　　C. 交易性金融資產的帳面價值為 50 萬元，計稅基礎為 100 萬元

　　D. 因產品質量保證計提預計負債的帳面價值為 20 萬元，計稅基礎為 0 萬元

7. 下列各項關於資產計稅基礎的表述中，正確的有（　　）。

　　A. 資產的計稅基礎是指資產在當期可以稅前扣除的金額

　　B. 自行研發無形資產，其初始確認時的計稅基礎為其成本的 150%

　　C. 固定資產在某一資產負債表日的計稅基礎是指其成本扣除按照稅法規定計算確定的累計折舊後的金額

　　D. 固定資產在某一資產負債表日的計稅基礎是指其成本扣除累計折舊和減值準備後的金額

8. 下列各項中，假設遞延所得稅均對應所得稅費用，則下列能夠增加遞延所得稅費用金額的有（　　）。

　　A. 遞延所得稅資產借方發生額　　　　B. 遞延所得稅資產貸方發生額

　　C. 遞延所得稅負債借方發生額　　　　D. 遞延所得稅負債貸方發生額

9. 下列有關負債計稅基礎確定的表述中，正確的有（　　）。

　　A. 企業因銷售商品提供售後三包等原因於當期確認了 200 萬元的預計負債。則該預計負債的帳面價值為 200 萬元，計稅基礎為 0

　　B. 企業因債務擔保確認了預計負債 100 萬元，則該項預計負債的帳面價值為 100 萬元，計稅基礎為 0

　　C. 企業收到客戶的一筆款項 100 萬元，因不符合收入確認條件，會計上作為預收帳款反應，但符合稅法規定的收入確認條件，該筆款項已計入當期應納稅所得額，則預收帳款的帳面價值為 100 萬元，計稅基礎為 0

　　D. 企業當期期末確認應付職工薪酬 1,500 萬元，按照稅法規定可以於當期全部扣除。則應付職工薪酬的帳面價值為 1,500 萬元，計稅基礎為 1,500 萬元

10. 2019 年 1 月 1 日，甲公司為開發新技術開始自行研發某項專利技術，研發過程中共發生研發支出 30 萬元，其中符合資本化條件的支出為 24 萬元，不符合資本化條件的支出為 6 萬元。2019 年 7 月 1 日甲公司該項專利技術研發成功達到預定可使用狀態並立即投入使用，甲公司預計該項專利技術的使用年限為 30 年，對其採用直線法計提攤銷，預計

淨殘值為 0；稅法規定該類無形資產的攤銷年限、攤銷方法及淨殘值與會計相同。2019 年年末該項無形資產未發生減值，則下列說法中不正確的有（　　）。

A. 2019 年 7 月 1 日該項無形資產的帳面價值為 30 萬元
B. 2019 年 7 月 1 日該項無形資產的計稅基礎為 24 萬元
C. 2019 年 12 月 31 日該項無形資產的帳面價值為 23.6 萬元
D. 2019 年 12 月 31 日該項無形資產的計稅基礎為 23.6 萬元

三、判斷

1. 所得稅準則規範的是資產負債表中遞延所得稅資產和遞延所得稅負債的確認和計量。（　　）
2. 資產的計稅基礎，是指企業收回資產帳面價值的過程中，計算應納稅所得額時按照稅法規定可以自應稅經濟利益中抵扣的金額。（　　）
3. 除內部研究開發形成的無形資產外，以其他方式取得的無形資產，初始確認時其入帳價值與稅法上規定的成本之間一般不存在差異。（　　）
4. 以公允價值計量且其變動計入其他綜合收益的金融資產公允價值下降應確認的遞延所得稅資產對應所得稅費用。（　　）
5. 企業因提供債務擔保而確認的預計負債的計稅基礎為 0。（　　）
6. 一般情況下，對於應付職工薪酬，其計稅基礎為帳面價值減去在未來期間可予稅前扣除的金額 0 之間的差額，即帳面價值等於計稅基礎。（　　）
7. 已支付的廣告費用中超標部分計稅基礎為超過標準部分。（　　）
8. 因適用稅收法規的變化，導致企業在某一會計期間適用的所得稅稅率發生變化的，企業應對已確認的遞延所得稅資產和遞延所得稅負債進行重新計量。（　　）
9. 暫時性差異，是指資產或負債的帳面價值與其計稅基礎不同產生的差額。（　　）
10. 若資產的帳面價值大於計稅基礎，則形成可抵扣暫時性差異。（　　）

四、業務分析

1. 甲公司為上市公司，所得稅採用資產負債表債務法核算，適用的所得稅稅率為 25%。2019 年 12 月 31 日甲公司某項專利權出現減值跡象，預計可收回金額為 108 萬元。該專利權自 2013 年年初開始自行研究開發，2017 年發生相關研發支出 105 萬元，符合資本化條件前發生的研究和開發支出 45 萬元，符合資本化條件後發生的開發支出為 60 萬元；2018 年至無形資產達到預定用途前發生開發支出 160 萬元（全部符合資本化條件），2018 年 7 月 1 日專利技術獲得成功達到預計用途並專門用於生產 A 產品。申請專利權發生註冊費用 7.5 萬元，為運行該項無形資產發生培訓支出 8 萬元。甲公司預計運用該項專利權生產的產品在未來 10 年內會為企業帶來經濟利益。乙公司向甲公司承諾在 5 年後以 45

萬元（不含增值稅）購買該項專利權。甲公司管理層計劃在5年後將其出售給乙公司。甲公司採用直線法攤銷無形資產，無殘值，假定稅法的折舊政策與會計規定相同。

要求：

（1）根據上述資料，計算甲公司2018年形成無形資產的帳面價值及計稅基礎並編製相關會計分錄。

（2）根據上述資料，計算甲公司2019年年末無形資產計提減值準備的金額及計稅基礎並編製相關會計分錄。

（答案中的金額單位用萬元表示，計算結果保留兩位小數）

2. 甲公司對於所得稅採用資產負債表債務法進行核算，適用的所得稅稅率為25%。2019年1月2日，甲公司以銀行存款從證券市場上購入長江上市公司股票20,000萬股，每股購入價為10元，另支付相關稅費600萬元，佔長江公司股份的15%，不能夠對長江公司施加重大影響。2019年1月2日，長江公司可辨認淨資產公允價值與其帳面價值相等。長江公司2019年實現淨利潤5,000萬元，未分派現金股利，無其他所有者權益變動。甲公司沒有近期內出售該項股權的計劃。2019年12月31日，長江公司股票每股市價為13元。

要求：

（1）分析判斷甲公司取得長江公司的股票投資應確認為哪類金融資產，並說明理由。

（2）編製上述經濟業務相關的會計分錄。

（答案中的金額單位用萬元表示）

3. 甲公司是一家在深圳交易所掛牌交易的上市公司，適用的所得稅稅率為25%，採用資產負債表債務法核算企業所得稅。2019年1月1日遞延所得稅資產餘額（全部為存貨項目計提的跌價準備）為25萬元；遞延所得稅負債餘額（全部為交易性金融資產項目的公允價值變動）為15萬元。根據稅法規定自2020年1月1日起甲公司認定為高新技術企業，同時該公司適用的所得稅稅率變更為15%。該公司2019年實現的稅前利潤總額為5,090萬元，涉及所得稅的交易或事項如下：

（1）年末存貨的餘額為400萬元，可變現淨值為360萬元。根據稅法規定，轉回的存貨跌價準備不計入應納稅所得額。

（2）年末交易性金融資產的帳面價值為420萬元，其中成本220萬元、累計公允價值變動200萬元。根據稅法規定，交易性金融資產公允價值變動收益不計入應納稅所得額。

（3）2019年6月20日，甲公司因違反稅收的規定被稅務部門處以10萬元罰款，罰款未支付。稅法規定，企業違反國家法規所支付的罰款不允許在稅前扣除。

（4）2019年10月5日，甲公司自證券市場購入某股票，支付價款200萬元（假定不考慮交易費用）。甲公司將該股票作為以公允價值計量且其變動計入其他綜合收益的金融資產核算。12月31日，該股票的公允價值為250萬元。假定稅法規定，以公允價值計量

且其變動計入其他綜合收益的金融資產持有期間公允價值變動金額及減值損失不計入應納稅所得額，待出售時一併計入應納稅所得額。

（5）2019年12月10日，甲公司被乙公司提起訴訟，要求其賠償未履行合同造成的經濟損失。12月31日，該訴訟尚未審結。甲公司預計很可能支出的金額為100萬元。稅法規定，該訴訟損失在實際發生時允許在稅前扣除。

（6）其他資料：

假定甲公司預計在未來期間有足夠的應納稅所得額用於抵扣可抵扣暫時性差異。

要求：

（1）根據上述資料，計算2019年年末甲公司各項目的暫時性差異金額，計算結果填列在下列表格中。

項目	帳面價值	計稅基礎	可抵扣暫時性差異	應納稅暫時性差異
存貨				
交易性金融資產				
其他應付款				
其他權益工具投資				
預計負債				

（2）計算甲公司2019年應納稅所得額和應交所得稅。

（3）計算甲公司2019年應確認的遞延所得稅資產、遞延所得稅負債和所得稅費用。

（4）編製甲公司2019年確認所得稅費用的相關會計分錄。

（答案中的金額單位用萬元表示）

項目十七　財務報告

一、單項選擇

1. 關於財務報告的說法中，下列各項中正確的是（　　）。
   A. 反應企業管理層受託責任履行情況
   B. 向投資者提供有關會計信息，幫助投資者做出經濟決策
   C. 外部使用者主要包括投資者、債權人、政府及其有關部門、社會公眾和內部管理者等
   D. 滿足管理者的信息需要是企業財務報告的首要出發點

2. 「預付帳款」科目明細帳中若有貸方餘額，應將其計入資產負債表中的（　　）項目。
   A. 應收帳款　　　　　　　　　　B. 預收帳款
   C. 應付帳款　　　　　　　　　　D. 其他應付款

3. 某公司年末結帳前「應收帳款」科目所屬明細科目中有借方餘額 50,000 元，貸方餘額 20,000 元；「應收票據」科目無餘額；「預付帳款」科目所屬明細科目中有借方餘額 13,000 元，貸方餘額 5,000 元；「應付票據」科目無餘額；「應付帳款」科目所屬明細科目中有借方餘額 50,000 元，貸方餘額 120,000 元；「預收帳款」科目所屬明細科目中有借方餘額 3,000 元，貸方餘額 10,000 元；「壞帳準備」科目餘額為 0。則年末資產負債表中「應收帳款」項目和「應付帳款」項目的期末數分別為（　　）。
   A. 30,000 元和 70,000 元　　　　B. 53,000 元和 125,000 元
   C. 63,000 元和 53,000 元　　　　D. 47,000 元和 115,000 元

4. 資產負債表中的「未分配利潤」項目，應根據（　　）填列。
   A. 「利潤分配」科目餘額
   B. 「本年利潤」科目餘額
   C. 「本年利潤」和「利潤分配」科目的餘額計算後
   D. 「盈餘公積」科目餘額

5. 下列資產負債表項目中，不可以直接根據總分類帳戶期末餘額填列的項目是（　　）。

A. 資本公積　　　　　　　　B. 短期借款

C. 長期借款　　　　　　　　D. 實收資本

6. 某企業2019年主營業務收入為1,000萬元，其他業務收入100萬元，2019年應收帳款的年初數為150萬元，期末數為120萬元，2019年發生壞帳10萬元，計提壞帳準備12萬元。根據上述資料，該企業2019年「銷售商品收到的現金」為（　　）萬元。

A. 1,118　　　　　　　　　B. 1,108

C. 1,142　　　　　　　　　D. 1,132

7. 下列項目中不應列入資產負債表中「存貨」項目的是（　　）。

A. 委託代銷商品　　　　　　B. 分期收款發出商品

C. 工程物資　　　　　　　　D. 生產成本

8. 某企業2019年12月31日固定資產帳戶餘額為2,000萬元，累計折舊帳戶餘額為800萬元，固定資產減值準備帳戶餘額為100萬元，在建工程帳戶餘額為200萬元。該企業2019年12月31日資產負債表中固定資產項目的金額為（　　）萬元。

A. 1,200　　　　　　　　　B. 90

C. 1,100　　　　　　　　　D. 2,200

9. 現金流量表是以（　　）為基礎編製的會計報表。

A. 權責發生制　　　　　　　B. 收付實現制

C. 應收應付制　　　　　　　D. 費用配比制

10. 下列屬於「投資活動現金流量」的是（　　）。

A. 取得短期借款3,000元存入銀行　　B. 向股東分配現金股利2,000元

C. 銷售商品10,000元，款項存入銀行　D. 用存款購買機器一臺5,000元

二、多項選擇

1. 根據現行會計制度的規定，下列各項中，屬於企業經營活動產生的現金流量的有（　　）。

A. 收到的出口退稅款

B. 收到長期股權投資的現金股利

C. 轉讓無形資產所有權取得的收入

D. 出租無形資產使用權取得的收入

2. 下列交易或事項產生的現金流量中，屬於投資活動產生的現金流量的有（　　）。

A. 購建固定資產支付的耕地占用稅

B. 為購建固定資產支付的已資本化的利息費用

C. 因火災造成固定資產損失而收到的保險賠款

D. 融資租賃方式租入固定資產所支付的租金

3. 甲公司當期發生的交易或事項中，會引起現金流量表中籌資活動產生的現金流量發生增減變動的有（　　）。

　　A. 接受現金捐贈

　　B. 向投資者分派現金股利 300 萬元

　　C. 收到投資企業分來的現金股利 500 萬元

　　D. 發行股票時由證券商支付的股票印刷費用

4. 資產負債表中的預付帳款項目應根據（　　）填列。

　　A. 應付帳款所屬明細帳貸方餘額合計

　　B. 預付帳款所屬明細帳借方餘額合計

　　C. 應付帳款總帳餘額

　　D. 應付帳款所屬明細帳借方餘額合計

5. 下列資產中，屬於流動資產的有（　　）。

　　A. 交易性金融資產

　　B. 一年內到期的非流動資產

　　C. 貨幣資金

　　D. 開發支出

6. 在採用間接法將淨利潤調節為經營活動的現金流量時，下列各調整項目中，屬於調增項目的是（　　）。

　　A. 存貨的減少

　　B. 遞延所得稅資產減少額

　　C. 計提的壞帳準備

　　D. 經營性應付項目的減少

7. 將淨利潤調節為經營活動產生的現金流量時，下列各調整項目中，屬於調減項目的有（　　）。

　　A. 投資收益

　　B. 遞延所得稅負債增加額

　　C. 長期待攤費用的增加

　　D. 固定資產報廢損失

8. 下列交易和事項中，不影響當期經營活動產生的現金流量的有（　　）。

　　A. 用產成品償還短期借款

　　B. 支付管理人員工資

　　C. 收到被投資單位利潤

　　D. 支付各項稅費

9. 現金流量表中「支付給職工以及為職工支付的現金」項目應反應的內容有

( )。
    A. 企業為離退休人員支付的統籌退休金
    B. 企業為經營管理人員支付的困難補助
    C. 支付的在建工程人員的工資
    D. 支付的行政管理人員的工資

10. 下列交易或事項產生的現金流量中，屬於投資活動產生的現金流量的有（　　）。
    A. 為購建固定資產支付的耕地占用稅
    B. 轉讓一項專利權，取得價款 200 萬元
    C. 因火災造成固定資產損失而收到的保險賠款
    D. 融資租賃方式租入固定資產所支付的租金

三、判斷

1. 企業必須對外提供資產負債表、利潤表和現金流量表，會計報表附註可以不對外提供。（　　）

2. 資產負債表中的「應收帳款」項目，應根據「應收帳款」和「預付帳款」科目所屬明細科目的借方餘額合計數填列。（　　）

3. 現金流量表中的「現金」即為貨幣資金。（　　）

4. 「利潤分配」總帳的年末餘額一定與資產負債表中未分配利潤項目的數額一致。（　　）

5. 現金流量表只能反應企業與現金有關的經營活動、投資活動和籌資活動。（　　）

6. 企業在編製現金流量表時，對企業為職工支付的住房公積金、為職工繳納的商業保險金、社會保障基金等，應按照職工的工作性質和服務對象分別在經營活動和投資活動產生的現金流量有關項目中反應。（　　）

7. 企業購入 3 個月內到期的國債，會減少企業投資活動產生的現金流量。（　　）

8. 資產負債表中的資產類應分別流動資產和非流動資產項目列示，非流動資產在前，流動資產在後。（　　）

9. 投資收益不影響營業利潤。（　　）

10. 企業以發行股票方式籌集資金過程中直接支付的評估、審計、諮詢等費用在「吸收投資收到的現金」項目中扣除。（　　）

四、業務分析

1. 長江公司 2019 年 12 月 31 日有關帳戶的餘額如下：
應收帳款——A　24,000 元（貸方）
       ——B　21,000 元（借方）

　　　　　——C　35,000 元（貸方）
　　　　　——D　17,000 元（借方）
預收帳款——E　16,000 元（借方）
　　　　　——F　25,000 元（貸方）
預付帳款——G　42,000 元（貸方）
　　　　　——H　31,000 元（借方）

要求：計算填列資產負債表中以下項目：

(1)「應收帳款」項目

(2)「應付帳款」項目

(3)「預收帳款」項目

(4)「預付帳款」項目

2. 縱通公司 2019 年 1 月 1 日至 12 月 31 日損益類科目累計發生額如下：

主營業務收入 3,750 萬元（貸方）　　主營業務成本 1,375 萬元（借方）

稅金及附加 425 萬元（借方）　　銷售費用 500 萬元（借方）

管理費用 250 萬元（借方）　　財務費用 250 萬元（借方）

投資收益 500 萬元（貸方）　　營業外收入 250 萬元（貸方）

營業外支出 200 萬元（借方）　　其他業務收入 750 萬元（貸方）

其他業務支出 450 萬元（借方）　　所得稅費用 600 萬元（借方）

要求：計算該公司 2019 年的營業利潤、利潤總額和淨利潤。

3. 黃河公司為增值稅一般納稅人。該企業 2019 年各科目的期初餘額和 2019 年度發生的經濟業務如下：

2019 年 1 月 1 日有關科目餘額如下表所示：

科目名稱	借方餘額	貸方餘額
貨幣資金	6,000	
交易性金融資產	3,000	
應收帳款	6,000	
原材料	12,000	
固定資產	21,000	
累計折舊		6,000
在建工程	15,000	
應交稅費		6,000
長期借款		21,000

續表

科目名稱	借方餘額	貸方餘額
實收資本		18,000
盈餘公積		12,000

該企業 2019 年度發生的經濟業務如下：

（1）用銀行存款支付購入原材料貨款 3,000 元及增值稅 390 元，材料已驗收入庫。

（2）2019 年度，企業的長期借款發生利息費用 1,500 元。按新準則中借款費用資本化的規定，計算出工程應負擔的長期借款利息費用為 600 元，其他利息費用 900 元，利息尚未支付。

（3）企業將帳面價值為 3,000 元的股票投資售出，獲得價款 6,000 元，已存入銀行。

（4）購入不需安裝的設備 1 臺，設備價款 9,000 元（假定不考慮增值稅），設備價款已用銀行存款支付，設備已經交付使用。

（5）本年計提固定資產折舊 4,500 元，其中：廠房及生產設備折舊 3,000 元，辦公用房及設備折舊 1,500 元。

（6）實際發放職工工資 6,000 元，並將其分配計入相關成本費用項目。其中，生產人員工資 3,000 元，管理人員工資 1,500 元，在建工程應負擔的人員工資 1,500 元。本年產品生產耗用原材料 12,000 元。產品全部完工，計算產品生產成本並將其結轉庫存商品科目。假設 2,018 年度生產成本科目無年初年末餘額。

（7）銷售產品一批，銷售價款 30,000 元，應收取的增值稅為 3,900 元。已收款項 17,250 元，餘款尚未收取。該批產品成本為 18,000 元。

（8）將各收支科目結轉本年利潤。

（9）假設本年企業不交所得稅，不提取盈餘公積，沒有利潤分配。本年利潤餘額全部轉入「利潤分配——未分配利潤」科目。

要求：（1）編製上述各項經濟業務的會計分錄。

（2）編製該企業 2019 年度的資產負債表和利潤表。

4. 甲企業和乙企業均為增值稅一般納稅工業企業，其有關資料如下：

（1）甲企業銷售的產品、材料均為應納增值稅貨物，增值稅稅率 13%，產品、材料銷售價格中均不含增值稅。

（2）甲企業材料和產品均按實際成本核算，其銷售成本隨著銷售同時結轉。

（3）乙企業為甲企業的聯營企業，甲企業對乙企業的投資占乙企業有表決權資本的 25%，甲企業對乙企業的投資按權益法核算。

(4) 甲企業 2019 年 1 月 1 日有關科目餘額如下：

科目名稱	借方餘額	科目名稱	貸方餘額
庫存現金	500	短期借款	300,000
銀行存款	400,000	應付票據	50,000
應收票據	30,000	應付帳款	180,000
應收帳款	200,000	應付職工薪酬	5,000
壞帳準備	-1,000	應交稅費	12,000
其他應收款	200	長期借款	1,260,000
原材料	350,000	實收資本	2,000,000
週轉材料	30,000	盈餘公積	120,000
庫存商品	80,000	利潤分配（未分配利潤）	7,700
長期股權投資—乙企業	600,000		
固定資產	2,800,000		
累計折舊	-560,000		
無形資產	5,000		
合計	3,934,700	合計	3,934,700

(5) 甲企業 2019 年度發生如下經濟業務：

①購入原材料一批，增值稅專用發票上註明的增值稅稅額為 39,000 元，原材料實際成本 300,000 元。材料已經到達，並驗收入庫。企業開出商業承兌匯票。

②銷售給乙企業一批產品，銷售價格 40,000 元，產品成本 32,000 元。產品已經發出，開出增值稅專用發票，款項尚未收到（除增值稅以外，不考慮其他稅費）。甲企業銷售該產品的銷售毛利率為 20%。

③對外銷售一批原材料，銷售價格 26,000 元，材料實際成本 18,000 元。銷售材料已經發出，開出增值稅專用發票。款項已經收到，並存入銀行（除增值稅以外，不考慮其他稅費）。

④出售一臺不需用設備給乙企業，設備帳面原價 150,000 元，已提折舊 24,000 元，出售價格 180,000 元。出售設備價款已經收到，並存入銀行。甲企業出售該項設備的毛利率為 30%（假設出售該項設備不需交納增值稅等有關稅費）。乙公司購入該項設備用於管理部門，本年度提取該項設備的折舊 18,000 元。

⑤按應收帳款年末餘額的 5‰ 計提壞帳準備。

⑥用銀行存款償還到期應付票據 20,000 元，交納所得稅 2,300 元。

⑦乙企業本年實現淨利潤280,000元，甲企業按投資比例確認其投資收益。

⑧攤銷無形資產價值1,000元，計提管理用固定資產折舊8,766元。

⑨本年度所得稅費用和應交所得稅為42,900元，實現淨利潤87,100元，計提盈餘公積8,710元。

要求：

（1）編製甲企業的有關經濟業務會計分錄（各損益類科目結轉本年利潤以及與利潤分配有關的會計分錄除外。除「應交稅費」科目外，其餘科目可不寫明細科目）。

（2）填列甲企業2019年12月31日資產負債表的年末數（填入下表）。

資產負債表

會企01表

編製單位：　　　　　　　　　　　年　月　日　　　　　　　　　　單位：元

資產	期末餘額	年初餘額	負債及所有者權益（或股東權益）	期末餘額	年初餘額
流動資產：			流動負債：		
貨幣資金			短期借款		
交易性金融資產			交易性金融負債		
衍生金融資產			衍生金融負債		
應收票據			應付票據		
應收帳款			應付帳款		
預付款項			預收款項		
其他應收款			合同負債		
存貨			應付職工薪酬		
合同資產			應交稅費		
持有待售資產			其他應付款		
一年內到期的非流動資產			持有待售負債		
其他流動資產			一年內到期的非流動負債		
流動資產合計			其他流動負債		
非流動資產：			流動負債合計		
債權投資			非流動負債：		
其他債權投資			長期借款		
長期應收款			應付債券		

續表

資產	期末餘額	年初餘額	負債及所有者權益（或股東權益）	期末餘額	年初餘額
長期股權投資			其中：優先股		
其他權益工具投資			永續債		
其他非流動金融資產			租賃負債		
投資性房地產			長期應付款		
固定資產			預計負債		
在建工程			遞延收益		
生產性生物資產			遞延所得稅負債		
使用權資產			其他非流動負債		
油氣資產			非流動負債合計		
無形資產			負債合計		
開發支出			所有者權益（或股東權益）：		
商譽			實收資本（或股本）		
長期待攤費用			其他權益工具		
遞延所得稅資產			其中：優先股		
其他非流動資產			永續債		
非流動資產合計			資本公積		
			減：庫存股		
			其他綜合收益		
			盈餘公積		
			未分配利潤		
			所有者權益（或股東權益）合計		
資產總計			負債和所有者權益（或股東權益）總計		

5. 某商業企業為增值稅一般納稅企業，適用的增值稅率為13%。2019年有關資料如下：

（1）資產負債表有關帳戶年初、年末餘額和部分帳戶發生額如下表（單位：萬元）：

帳戶名稱	年初餘額	本年增加	本年減少	年末餘額
應收帳款	2,925			5,031
交易性金融資產	300		100（出售）	200
其他應收款（其中：應收股利）	20	30		10
存貨	2,500			2,400
長期股權投資	500	200（以固定資產投資）		700
應付帳款	1,755			2,340
應交稅費				
應交增值稅	250		302（已交）408（進項稅額）	180
應交所得稅	30	100		40
短期借款	600	400		700

（2）利潤表有關帳戶本年發生額如下表（單位：萬元）：

帳戶名稱	借方發生額	貸方發生額
主營業務收入		4,000
主營業務成本	2,500	
投資收益		
現金股利		10
出售交易性金融資產		20

（3）其他有關資料如下：

交易性金融資產均為非現金等價物；出售交易性金融資產已收到現金；應收、應付款項均以現金結算；應收帳款變動數中含有本期計提的壞帳準備100萬元。不考慮該企業本年度發生的其他交易和事項。

要求：計算以下項目現金流入和流出（要求列出計算過程）。

（1）銷售商品、提供勞務收到的現金（含收到的增值稅銷項稅額）。
（2）購買商品、接受勞務支付的現金（含支付的增值稅進項稅額）。
（3）支付的各項稅費。
（4）收回投資收到的現金。
（5）分得股利或利潤收到的現金。
（6）借款收到的現金。
（7）償還債務支付的現金。

財務會計複習題集

第二部分
財務會計模擬試卷

財務會計複習題集

財務會計模擬試卷（一）

一、單項選擇題（共20題，每小題1.5分，共30分）

1. 下列不應確認為營業外支出的是（　　）。
   A. 公益性捐贈支出　　　　　B. 無形資產報廢損失
   C. 固定資產盤虧損失　　　　D. 固定資產減值損失
2. 商業匯票的付款期限一般不得超過（　　）。
   A. 1個月　　　　　　　　　B. 3個月
   C. 6個月　　　　　　　　　D. 12個月
3. 下列各項中，不符合資產會計要素定義的是（　　）。
   A. 原材料　　　　　　　　　B. 委託加工物資
   C. 盤虧的固定資產　　　　　D. 尚待加工的半成品
4. 企業對隨同商品出售而不單獨計價的包裝物進行會計處理時，該包裝物的實際成本應結轉到（　　）。
   A.「製造費用」科目　　　　B.「管理費用」科目
   C.「銷售費用」科目　　　　D.「其他業務成本」科目
5. 下列各項中，不屬於所有者權益的是（　　）。
   A. 資本溢價　　　　　　　　B. 盈餘公積
   C. 投資者投入的資本　　　　D. 應付高管人員基本薪酬
6. 企業對一條生產線進行更新改造。該生產線的原價為120萬元，已提折舊為60萬元。改造過程中發生支出30萬元，被替換部分的帳面價值15萬元。該生產線更新改造後的成本為（　　）萬元。
   A. 65　　　　　　　　　　　B. 75
   C. 135　　　　　　　　　　D. 150
7. 企業用於出租的無形資產的攤銷，應計入（　　）。
   A. 其他業務成本　　　　　　B. 管理費用
   C. 銷售費用　　　　　　　　D. 營業外支出
8. 下列不屬於期間費用的是（　　）。

A. 管理費用 　　　　　　　　　　B. 製造費用
C. 財務費用 　　　　　　　　　　D. 銷售費用

9. 某公司短期借款利息採用月末預提的方式核算，按季支付。則下列預提短期借款利息的分錄，正確的為（　　　）。

 A. 借：財務費用 　　　　　　　B. 借：財務費用
   貸：銀行存款 　　　　　　　　貸：應付利息
 C. 借：管理費用 　　　　　　　D. 借：管理費用
   貸：銀行存款 　　　　　　　　貸：應付利息

10. 固定資產採用加速折舊法折舊，體現了（　　　）原則。

 A. 可比性 　　　　　　　　　　B. 謹慎性
 C. 重要性 　　　　　　　　　　D. 及時性

11. 中國企業資產負債表採用（　　　）結構

 A. 報告式 　　　　　　　　　　B. 單步式
 C. 帳戶式 　　　　　　　　　　D. 多步式

12. 下列稅金，不計入存貨成本的是（　　　）。

 A. 一般納稅企業進口原材料支付的關稅
 B. 一般納稅企業購進原材料支付的增值稅
 C. 小規模納稅企業購進原材料支付的增值稅
 D. 一般納稅企業進口應稅消費品支付的消費稅

13. 下列各項中，應計入「其他業務收入」帳戶的是（　　　）。

 A. 銷售材料取得的收入
 B. 接受捐贈收到的現金
 C. 報廢專利權取得的淨收益
 D. 報廢自用房產取得的淨收益

14. 2019年8月1日，某企業開始研究開發一項新技術，當月共發生研發支出800萬元，其中，費用化的金額650萬元，符合資本化條件的金額150萬元。8月末，研發活動尚未完成。該企業2018年8月應計入當期損益的研發支出為（　　　）萬元。

 A. 0 　　　　　　　　　　　　　B. 150
 C. 650 　　　　　　　　　　　　D. 800

15. 下列各項中，不屬於企業流動負債的是（　　　）。

 A. 預收購貨單位的款項
 B. 預付採購材料款
 C. 應付採購商品貨款
 D. 購買材料開出的商業承兌匯票

16. 確立會計核算空間範圍所依據的會計基本假設是（　　）。
    A. 會計主體　　　　　　　　　B. 持續經營
    C. 會計分期　　　　　　　　　D. 貨幣計量

17. 預付貨款業務不多的企業，可以不設置「預付帳款」帳戶，其預付貨款時直接計入的帳戶是（　　）。
    A. 應收帳款　　　　　　　　　B. 應付帳款
    C. 預收帳款　　　　　　　　　D. 其他應收款

18. 某企業 2019 年 12 月 31 日固定資產帳戶餘額為 3,000 萬元，累計折舊帳戶餘額為 1,000 萬元，固定資產減值準備帳戶餘額為 100 萬元。該企業 2019 年 12 月 31 日資產負債表中固定資產項目的金額為（　　）萬元。
    A. 1,900　　　　　　　　　　B. 2,900
    C. 2,100　　　　　　　　　　D. 2,000

19. 下列各項中，不屬於留存收益的是（　　）。
    A. 資本溢價　　　　　　　　　B. 任意盈餘公積
    C. 未分配利潤　　　　　　　　D. 法定盈餘公積

20. 採用支付手續費方式委託代銷商品時，委託方應將支付的手續費記入（　　）科目。
    A. 管理費用　　　　　　　　　B. 財務費用
    C. 銷售費用　　　　　　　　　D. 其他業務成本

二、多項選擇題（共 10 題，每小題 2 分，共 20 分）

1. 下列各項中，應通過其他貨幣資金核算的是（　　）。
    A. 信用卡存款
    B. 存出投資款
    C. 銀行匯票存款
    D. 外埠存款

2. 以下屬於企業存貨的有（　　）。
    A. 包裝物　　　　　　　　　　B. 庫存商品
    C. 受託加工物資　　　　　　　D. 在產品

3. 反應企業經營成果的要素有（　　）。
    A. 利潤　　　　　　　　　　　B. 費用
    C. 收入　　　　　　　　　　　D. 所有者權益

4. 以下屬於企業無形資產的有（　　）。
    A. 土地使用權　　　　　　　　B. 商譽

C. 非專利技術 　　　　　　　　D. 商標權

5. 以下計入「稅金及附加」帳戶核算的稅費有（　　）。
   A. 企業所得稅 　　　　　　　　B. 城市維護建設稅
   C. 增值稅 　　　　　　　　　　D. 教育費附加

6. 下列科目中期末餘額應轉入本年利潤的有（　　）。
   A. 財務費用 　　　　　　　　　B. 主營業務收入
   C. 營業外收入 　　　　　　　　D. 製造費用

7. 下列各項中，應計入資本公積的有（　　）。
   A. 對外進行的公益性捐贈
   B. 投資者超額投入的資本
   C. 股票發行的溢價
   D. 長期股權投資權益法下，因被投資單位除淨損益、其他綜合收益和利潤分配以外的所有者權益其他變動

8. 下列各項中，應計入應付職工薪酬的有（　　）。
   A. 為職工支付的培訓費
   B. 為職工支付的補充養老保險
   C. 因解除職工勞動合同支付的補償款
   D. 為職工進行健康檢查而支付的體檢費

9. 下列屬於企業財務報表的有（　　）。
   A. 試算平衡表 　　　　　　　　B. 利潤表
   C. 現金流量表 　　　　　　　　D. 資產負債表

10. 下列各項中，屬於費用的有（　　）。
    A. 稅金及附加 　　　　　　　　B. 銷售費用
    C. 管理費用 　　　　　　　　　D. 營業外支出

三、判斷題（共10題，每小題1分，共10分）

1. 甲公司收到某投資者作為資本投入的銀行存款820萬元，在註冊資本中所占的份額為800萬元，則該業務計入甲公司資本公積的金額為20萬元。　　　　　　　　　（　　）

2. 無法查明原因的現金溢餘，根據管理權限報經批准後，借記「待處理財產損溢——待處理流動資產損溢」帳戶，貸記「管理費用」帳戶。　　　　　　（　　）

3. 企業收到的押金應通過「其他應收款」帳戶核算。　　　　　　　　　　（　　）

4. 將企業擁有的房屋無償提供給職工使用的，應當根據受益對象，將該住房每期應計提的折舊計入相關資產成本或當期損益，借記「管理費用」「生產成本」「製造費用」等科目，貸記「累計折舊」科目。　　　　　　　　　　　　　　　　　　　　　（　　）

5. 原材料採用計劃成本法核算的，購入的材料無論是否驗收入庫，均需先通過「材料採購」科目進行核算。（ ）

6. 生產車間的固定資產修理費計入製造費用。（ ）

7. 資產負債表日，當存貨成本低於可變現淨值時，存貨按成本計價，當可變現淨值低於成本時，存貨按可變現淨值計價。（ ）

8. 企業用盈餘公積補虧時，借記「盈餘公積」帳戶，貸記「利潤分配」帳戶。
（ ）

9. 企業當年可供分配的利潤，應該等於年初未分配利潤，加上當年實現的淨利潤以及其他轉入。（ ）

10. 企業繳納本月的增值稅，應借記「應交稅費——未交增值稅」，貸記「銀行存款」。
（ ）

四、業務分析題（共2題，每小題6分，共12分）

1. 丙公司2019年12月1日結存存貨3,000千克，單價4元。2019年1月份發生下列存貨收發業務：

(1) 2日，購進2,000千克，單價3元。

(2) 6日，領用1,000千克。

(3) 10日，購進6,000千克，單價3.5元。

(4) 12日，領用5,000千克。

(5) 23日，購進9,000千克，單價3元。

(6) 30日，領用5,000千克。

要求：採用先進先出法，計算丙公司2019年12月份發出存貨的成本和期末結存存貨的成本。

2. 2018年12月1日，甲公司購入一項固定資產，該固定資產原價為2,000萬元，預計使用年限為5年，預計淨殘值為20萬元。

要求：

(1) 採用年限平均法計算2019年的折舊額；

(2) 採用年數總和法計算2019年的折舊額。

五、業務題（共3題，第1題8分，第2題10分，第3題10分，共28分）

1. 甲股份有限公司年初未分配利潤為10萬元，本年實現淨利潤200萬元，本年提取法定盈餘公積20萬元，向股東宣告發放現金股利80萬元，假定不考慮其他因素。

要求：

(1) 編製甲公司結轉本年利潤的會計分錄；

（2）編製甲公司提取法定盈餘公積的會計分錄；

（3）編製甲公司宣告發放現金股利的會計分錄；

（4）計算甲公司年末未分配利潤。（不需要做結轉利潤分配明細帳戶的相關帳務處理）

2. 遠超公司採用「應收帳款餘額百分比法」核算壞帳損失，該企業2017年年末壞帳準備貸方餘額為4,000元，壞帳準備的提取比率為2%，有關資料如下：

（1）2018年發生壞帳9,000元，其中甲企業3,000元、乙企業6,000元；

（2）2018年年末應收帳款餘額為150,000元；

（3）2019年，上年已確認為壞帳的甲企業應收帳款3,000元又收回；

（4）2019年年末應收帳款餘額為100,000元。

要求：編製遠超公司上述4筆業務的會計分錄。

3. 光明公司為增值稅一般納稅人，存貨採用計劃成本法核算，2019年12月發生下列業務：

（1）購入原材料一批，價款50,000元，增值稅6,500元，運費1,000元，增值稅100元，所有款項通過銀行轉帳支付。

（2）上述材料驗收入庫，入庫數量為5,000千克，該材料計劃成本為10.5元/千克。

（3）領用一批外購原材料用於集體福利，該批材料的實際成本為10,000元，相關增值稅專用發票上註明的增值稅額為1,300元。

（4）銷售A產品一批，售價100,000元，增值稅13,000元，收到一張面額為113,000的商業承兌匯票。

（5）以公司生產的產品對外捐贈，該批產品的實際成本為200,000萬元，售價為300,000萬元，開具的增值稅專用發票上註明的增值稅額為39,000元。

要求：編製光明公司上述5筆業務的會計分錄。（應交稅費需寫出明細帳戶）

財務會計模擬試卷（二）

一、單項選擇題（共 20 題，每小題 1.5 分，共 30 分）

1. 下列交易或事項中，應確認為流動負債的是（　　）。
    A. 企業向銀行借入五年期借款，借款已到帳
    B. 企業擬於 3 個月後購買設備一臺，款項未付
    C. 企業計劃購買 A 公司發行的五年期債券
    D. 企業與客戶簽訂合同銷售一批家電產品，預收貨款已到帳

2. 下列關於應付票據會計處理的說法中，不正確的是（　　）。
    A. 企業到期無力支付的商業承兌匯票，應按帳面餘額轉入「短期借款」
    B. 企業支付的銀行承兌匯票手續費，記入當期「財務費用」
    C. 企業到期無力支付的銀行承兌匯票，應按帳面餘額轉入「短期借款」
    D. 企業開出商業匯票，應當按其票面金額作為應付票據的入帳金額

3. 甲企業向丙公司銷售產品 1,000 件，單價為 300 元，適用的增值稅率為 13%，產品交付並辦妥托收手續。規定的現金折扣條件為 2/20, N/30，假定計算現金折扣時不考慮增值稅。丙公司於第 20 天付款，甲企業實際收到的款項金額為（　　）元。
    A. 341,040　　　　　　　　　　B. 300,000
    C. 333,000　　　　　　　　　　D. 339,000

4. 下列會計處理方法中，符合權責發生制基礎的是（　　）。
    A. 銷售產品的收入只有在收到款項時才予以確認
    B. 產品已銷售，貨款未收到也應確認收入
    C. 廠房租金只有在支付時計入當期費用
    D. 職工薪酬只能在支付給職工時計入當期費用

5. 甲企業對一條生產線進行改擴建，該生產線原價為 1,000 萬元，已計提折舊為 300 萬元，擴建生產線發生相關支出為 800 萬元，滿足固定資產確認條件，則改建後生產線的入帳價值為（　　）萬元。
    A. 500　　　　　　　　　　　　B. 1,000
    C. 1,200　　　　　　　　　　　D. 1,500

6. 下列各項中，關於企業固定資產清查的會計處理的表述不正確的是（　　）。
   A. 盤盈固定資產應作為前期差錯處理
   B. 盤盈的固定資產，應按重置成本確定入帳價值
   C. 盤盈的固定資產應通過「以前年度損益調整」科目進行核算
   D. 盤虧的固定資產應通過「固定資產清理」科目進行核算

7. 企業從應付職工工資中代扣的職工房租，應借記的會計科目是（　　）。
   A. 應付職工薪酬　　　　　　　B. 管理費用
   C. 其他應收款　　　　　　　　D. 其他應付款

8. 採用支付手續費方式委託代銷商品時，委託方應將支付的手續費記入（　　）科目。
   A. 管理費用
   B. 財務費用
   C. 銷售費用
   D. 其他業務成本

9. 某公司於2019年1月1日向銀行借入款項100,000元，期限6個月，年利率6%，到期一次還本，利息按月支付。則該公司2019年1月31日支付利息的分錄為（　　）。
   A. 借：財務費用 500　　　　　B. 借：財務費用 500
      貸：銀行存款 500　　　　　　貸：應付利息 500
   C. 借：管理費用 500　　　　　D. 借：管理費用 500
      貸：銀行存款 500　　　　　　貸：應付利息 500

10. 下列各項屬於「盈餘公積」帳戶貸方核算內容的有（　　）。
    A. 企業提取的盈餘公積　　　　B. 企業用盈餘公積彌補虧損
    C. 企業用盈餘公積轉增資本　　D. 企業因資本過剩而減資

11. 中國企業利潤表採用（　　）結構。
    A. 報告式　　　　　　　　　　B. 單步式
    C. 帳戶式　　　　　　　　　　D. 多步式

12. 甲公司當月發生的增值稅銷項稅額合計為20,000元，增值稅進項稅額合計為15,000元，則甲公司當月應交的增值稅額為（　　）。
    A. 5,000元　　　　　　　　　B. 0元
    C. 20,000元　　　　　　　　D. -5,000元

13. 下列屬於損益類帳戶的是（　　）。
    A. 盈餘公積　　　　　　　　　B. 資本公積
    C. 利潤分配　　　　　　　　　D. 投資收益

14. 將融資租入的固定資產作為承租方的資產，體現了（　　）原則。

A. 可比性 B. 謹慎性
C. 重要性 D. 實質重於形式

15. 某非上市公司為一般納稅人，於設立時接受商品投資，則實收資本的入帳金額為（　　）。

A. 評估確認的商品價值加上或減去商品進銷差價

B. 商品的市場價值

C. 評估確認的商品價值

D. 商品的公允價值加上進項稅額

16. 企業發生的違約金支出應計入（　　）。

A. 營業外支出 B. 管理費用
C. 銷售費用 D. 其他業務成本

17. 預收貨款業務不多的企業，可以不設置「預收帳款」科目，其預收貨款時，可以通過（　　）科目核算。

A. 應收帳款 B. 應付帳款
C. 其他應收款 D. 應付帳款

18. 企業日常經營活動的資金收付通過（　　）帳戶辦理。

A. 基本存款 B. 專用存款
C. 一般存款 D. 臨時存款

19. 2019年12月31日某企業所有者權益情況如下：實收資本200萬元，資本公積26萬元，盈餘公積28萬元，未分配利潤59萬元。則企業2019年12月31日留存收益為（　　）萬元。

A. 87 B. 32
C. 38 D. 70

20. 某企業一筆6個月到期的長期借款，應填入的報表項目是（　　）。

A. 短期借款

B. 長期借款

C. 其他長期負債

D. 一年內到期的非流動負債

二、多項選擇題（共10題，每小題2分，共20分）

1. 下列各項中，應確認為企業資產的有（　　）。

A. 購入的無形資產

B. 已霉爛變質無使用價值的存貨

C. 融資性租入的固定資產

D. 計劃在下個月購進的材料

2. 以下屬於企業存貨的有（　　）。
   A. 包裝物　　　　　　　　B. 庫存商品
   C. 受託加工物資　　　　　D. 在產品

3 下列情況下，（　　）可能使企業銀行存款日記帳餘額大於銀行對帳單餘額。
   A. 企業已收，銀行未收
   B. 企業已付，銀行未付
   C. 銀行已收，企業未收
   D. 銀行已付，企業未付

4. 某企業為增值稅一般納稅人，委託其他單位加工應稅消費品，該產品收回後繼續加工，下列各項中，應計入委託加工物資成本的有（　　）。
   A. 發出材料的實際成本
   B. 支付給受託方的加工費
   C. 支付給受託方的增值稅
   D. 受託方代收代繳的消費稅

5. 下列各項中，屬於讓渡資產使用權收入的有（　　）。
   A. 債券投資取得的利息
   B. 出租固定資產取得的租金
   C. 股權投資取得的現金股利
   D. 轉讓商標使用權取得的收入

6. 反應企業財務狀況的會計要素有（　　）。
   A. 資產　　　　　　　　　B. 負債
   C. 收入　　　　　　　　　D. 所有者權益

7. 下列各項中，關於留存收益的表述正確的有（　　）。
   A. 法定盈餘公積經批准可用於轉增資本
   B. 「未分配利潤」明細科目年末借方餘額表示累積的虧損額
   C. 留存收益包括盈餘公積和未分配利潤
   D. 任意盈餘公積可用於發放現金股利

8. 某企業為改進技術自行研究開發一項無形資產。研究階段發生支出90萬元，開發階段發生符合資本化條件的支出200萬元，不符合資本化條件的支出100萬元，研發結束形成無形資產。不考慮其他因素，下列各項中，關於上述研發支出的會計處理結果正確的有（　　）。
   A. 計入管理費用的金額為190萬元
   B. 無形資產的入帳價值為200萬元

C. 計入製造費用的金額為 200 萬元

D. 無形資產的入帳價值為 190 萬元

9 關於費用的特點，下列說法中正確的有（　　）。

A. 費用是企業在日常活動中發生的經濟利益的總流出

B. 費用會導致企業所有者權益的減少

C. 費用與向所有者分配利潤無關

D. 費用與向所有者分配利潤有關

10. 下列經濟業務對於一般納稅人企業而言需計算增值稅銷項稅額的有（　　）。

A. 將自產產品用於集體福利或個人消費

B. 將自產產品對外捐贈

C. 將自產產品用於對外投資

D. 將自產產品對外銷售

三、判斷題（共 10 題，每小題 1 分，共 10 分）

1. 企業繳納上月未交的增值稅，應借記「應交稅費—未交增值稅」，貸記「銀行存款」。
（　　）

2. 無法查明原因的現金溢餘，根據管理權限報經批准後，借記「待處理財產損溢——待處理流動資產損溢」帳戶，貸記「營業外收入」帳戶。（　　）

3. 非年末資產負債表中的未分配利潤的金額是由「本年利潤」及「利潤分配」科目的餘額合計填入；年末，由於「本年利潤」已轉入「利潤分配」，所以年末資產負債表的未分配利潤的金額等於「利潤分配」科目的餘額。（　　）

4. 已確認為壞帳的應收帳款，意味著企業放棄了其追索權。（　　）

5. 庫存現金的限額由企業根據需要自己核定。（　　）

6. 長期借款是企業從銀行或者其他金融機構借入的期限在一年以上的借款。（　　）

7. 企業生產工人的社會保險費應計入當期管理費用。（　　）

8. 「所得稅費用」科目的期末餘額應直接轉入「未分配利潤」科目，結轉後本科目應無餘額。（　　）

9. 企業出售無形資產和出租無形資產取得的收益，均應作為其他業務收入核算。
（　　）

10. 企業的商譽應作為無形資產入帳。（　　）

四、業務分析題（共 2 題，第 1 題 6 分，第 2 題 10 分，共 16 分）

1. 甲公司 2019 年 12 月 31 日銀行存款日記帳餘額為 256,000 元，銀行對帳單餘額為 265,000 元，經逐筆核對，發現以下未達帳項：

(1) 企業與月末存入銀行的轉帳支票 2,000 元，銀行尚未入帳。
(2) 委託銀行代收的銷貨款 12,000 元，銀行已經收到入帳，但企業尚未收到銀行收款通知。
(3) 銀行代付本月水電費 4,000 元，企業尚未收到銀行的付款通知。
(4) 企業於月末開出轉帳支票 3,000 元，持票人尚未到銀行辦理轉帳手續。

要求：根據上述資料編製甲公司 2019 年 12 月的銀行存款餘額調節表。

銀行存款餘額調節表

2019 年 12 月 31 日　　　　　　　　　　　　　　　　　　　單位：元

項目	金額	項目	金額
企業帳面存款餘額		銀行對帳單餘額	
加：銀行已代收的銷貨款 減：銀行已代付的電費		加：企業已收、銀行未收 減：企業已付、銀行未付	
調節後的存款餘額		調節後的存款餘額	

2. 甲公司 2019 年 12 月 1 日—12 月 31 日，損益類帳戶的發生額如下：

帳戶名稱	借方累計發生額	貸方累計發生額
主營業務收入		1,990,000
其他業務收入		500,000
主營業務成本	630,000	
其他業務成本	150,000	
稅金及附加	780,000	
銷售費用	60,000	
管理費用	50,000	
財務費用	170,000	
資產減值損失	50,000	
公允價值變動損益	450,000	
投資收益		850,000
營業外收入		100,000
營業外支出	40,000	
所得稅費用	171,600	

要求：計算甲公司 12 月份利潤表以下 5 個項目：

（1）營業收入
（2）營業成本
（3）營業利潤
（4）利潤總額
（5）淨利潤

五、綜合業務題（共2題，第1題12分，第2題12分，共24分）

1. 甲企業為增值稅一般納稅人。2019年2月6日購入一臺需要安裝的機器設備，增值稅專用發票上註明價款為60,000元，增值稅稅額為7,800元。該企業開出並經開戶銀行承兌的商業匯票一張，面值為67,800元、期限5個月。交納銀行承兌手續費35.10元（不考慮相關稅費）。2月7日，設備投入安裝，發生安裝費2,000元，用銀行存款支付。2月8日設備安裝完畢，交付使用。7月6日商業匯票到期，甲企業以銀行存款支付票款。

要求：

（1）編製甲企業上述購入機器設備相關的會計分錄；

（2）假設7月6日，甲企業無力償還票據款。編製甲企業無力支付票款的會計分錄。

2. 某企業材料存貨採用計劃成本法核算，材料入庫時同時結轉材料成本差異。2019年12月份「原材料」科目的期初餘額200,000元，「材料成本差異」科目期初借方餘額4,000元，原材料計劃成本10元/千克。12月份發生如下經濟業務：

（1）10日購進一批原材料，支付材料價款105,000元，材料進項稅13,650元，以銀行存款支付價稅款。

（2）11日上述材料驗收入庫，入庫數量為10,000千克。

（3）25日車間生產產品領用材料20,000千克。

（4）月末結轉發出材料的成本差異。

要求：

（1）計算本月材料成本差異率；

（2）計算本月發出材料應分攤的差異額；

（3）編製上述4筆業務的會計分錄。

財務會計模擬試卷（三）

一、單項選擇題（共20題，每小題1.5分，共30分）

1. 下列不屬於企業投資性房地產的是（　　）。
   A. 房地產開發企業將作為存貨的商品房以經營租賃方式出租
   B. 企業開發完成後用於出租的房地產
   C. 企業持有並準備增值後轉讓的土地使用權
   D. 房地產企業擁有並自行經營的飯店

2. 自用房地產轉換為採用公允價值模式計量的投資性房地產，轉換日該房地產公允價值大於帳面價值的差額應計入（　　）。
   A. 公允價值變動損益　　　　B. 其他綜合收益
   C. 營業外收入　　　　　　　D. 期初留存收益

3. 關於交易性金融資產的計量，下列說法中正確的是（　　）。
   A. 應當按取得該金融資產的公允價值和相關交易費用之和作為初始確認金額
   B. 應當按取得該金融資產的公允價值作為初始確認金額，相關交易費用在發生時計入當期損益
   C. 資產負債表日，企業應當將金融資產的公允價值變動計入當期所有者權益
   D. 處置該金融資產時，其公允價值與初始入帳金額之間的差額應確認為投資收益，不調整公允價值變動損益

4. 關於金融資產的重分類，下列說法中正確的是（　　）。
   A. 交易性金融資產不可以和以攤餘成本計量的金融資產進行重分類
   B. 交易性金融資產和以公允價值計量且其變動計入其他綜合收益的金融資產之間不能進行重分類
   C. 以公允價值計量且其變動計入其他綜合收益的金融資產可以隨意和以攤餘成本計量的金融資產進行重分類
   D. 交易性金融資產在符合一定條件時可以和以攤餘成本計量的金融資產進行重分類

5. 未發生減值的以攤餘成本計量的金融資產債權投資如為分期付息、一次還本債券

投資，應於資產負債表日按票面利率計算確定的應收未收利息，借記「應收利息」科目，按該投資期初攤餘成本和實際利率計算確定的利息收入，貸記「投資收益」科目，按其差額，借記或貸記（　　）科目。

　　A. 債權投資（債券溢折價）　　B. 債權投資（成本）
　　C. 債權投資（應計利息）　　D. 債權投資（利息調整）

6. A、B 兩家公司屬於非同一控制下的獨立公司。A 公司於 2019 年 7 月 1 日以本企業的固定資產對 B 公司投資，取得 B 公司 60% 的股份。該固定資產原值 1,500 萬元，已計提折舊 400 萬元，已提取減值準備 50 萬元，7 月 1 日該固定資產公允價值為 1,250 萬元。B 公司 2019 年 7 月 1 日所有者權益為 2,000 萬元。A 公司該項長期股權投資的成本為（　　）萬元。

　　A. 1,500　　　　　　　　　　B. 1,050
　　C. 1,200　　　　　　　　　　D. 1,250

7. 非企業合併，且以支付現金取得的長期股權投資，應當按照（　　）作為初始投資成本。

　　A. 實際支付的購買價款
　　B. 被投資企業所有者權益帳面價值的份
　　C. 被投資企業所有者權益公允價值的份額
　　D. 被投資企業所有者權益

8. 根據《企業會計準則第 2 號——長期股權投資》的規定，長期股權投資採用權益法核算時，初始投資成本小於應享有被投資單位可辨認資產公允價值份額之間的差額，正確的會計處理是（　　）。

　　A. 計入投資收益　　　　　　B. 衝減資本公積
　　C. 計入營業外支出　　　　　D. 不調整初始投資成本

9. J 公司 2019 年 9 月 1 日與客戶簽訂了一項工程勞務合同，合同期一年，合同總收入 200,000 元，預計合同總成本 170,000 元，至 2019 年 12 月 31 日，實際發生成本 136,000 元（調整後的金額）。J 公司採用投入法確定履約進度。據此計算，J 公司 2019 年度應確認的勞務收入為（　　）元。

　　A. 200,000　　　　　　　　B. 170,000
　　C. 160,000　　　　　　　　D. 136,000

10. 甲公司和乙公司均為增值稅一般納稅人，適用的增值稅稅率為 16%。2019 年 9 月 1 日，甲公司委託乙公司銷售 600 件商品，每件商品的成本為 40 元，協議價為每件 68 元。代銷協議約定，乙公司在取得代銷商品後，無論是否賣出、獲利，均與甲公司無關。商品已發出，並且貨款已經收付，則甲公司在 2019 年 9 月 1 日應確認收入（　　）元。

　　A. 0　　　　　　　　　　　　B. 40,800

C. 24,000 D. 20,800

11. 下列各項交易或事項中，會影響發生當期營業利潤的有（   ）。

   A. 以公允價值模式進行後續計量的投資性房地產持有期間公允價值發生變動

   B. 報廢固定資產的淨損失

   C. 開發無形資產時發生符合資本化條件的支出

   D. 自營建造固定資產期間處置工程物資取得淨收益

12. 對非貨幣性資產交換的換出資產公允價值與其帳面價值的差額，說法錯誤的有（   ）。

   A. 換出資產為存貨的，應當作為銷售處理，以其公允價值確認收入，同時結轉相應的成本。

   B. 換出資產為固定資產、無形資產的，換出資產公允價值與其帳面價值的差額，計入當期費用

   C. 換出資產為長期股權投資的，換出資產公允價值與其帳面價值的差額，計入投資損益

   D. 換出資產為固定資產、無形資產的，換出資產公允價值與其帳面價值的差額，計入資產處置損益

13. 在確定涉及補價的交易是否為非貨幣性資產交換時，支付補價的企業，應當按照支付的補價占（   ）的比例低於25%確定。

   A. 換出資產的公允價值

   B. 換出資產公允價值加上支付的補價

   C. 換入資產公允價值加補價

   D. 換出資產公允價值減補價

14. 2019年7月5日，甲公司與乙公司協商進行債務重組，同意免去乙公司前欠帳款中的20萬元，剩餘款項在2019年9月30日支付；同時約定，截至2019年9月30日，乙公司如果經營狀況好轉，現金流量充裕，應再償還甲公司12萬元。重組日，甲公司估計這12萬元屆時被償還的可能性為70%。2019年7月5日，甲公司應確認的債務重組損失為（   ）萬元。

   A. 8 B. 11.6

   C. 20 D. 12

15. 2019年12月10日，湖南沙沙門業有限公司因合同違約而涉及一樁訴訟案。根據公司的法律顧問判斷，最終的判決結果很可能對湖南沙沙門業有限公司不利。2019年12月31日，湖南沙沙門業有限公司尚未接到法院的判決，因訴訟須承擔的賠償金額無法準確地確定。不過，據專業人士估計，賠償金額可能在100萬元至120萬元之間（且各金額發生的可能性相同），另需支付承擔的訴訟費2萬元，湖南沙沙門業有限公司應確認的營

業外支出的金額為（　　）萬元。

A. 100　　　　　　　　　　B. 120
C. 110　　　　　　　　　　D. 112

16. 湖南沙沙門業有限公司 2017 年年初「預計負債——產品質量保證」餘額為 0。當年分別銷售 A、B 產品 3 萬件和 4 萬件，銷售單價分別為 50 元和 40 元。湖南沙沙門業有限公司向購買者承諾產品售後 2 年內提供免費保修服務，預計保修期內發生的保修費在銷售額的 2%～8% 之間，且該範圍內各種結果發生的可能性相同。2017 年實際發生產品保修費 5 萬元（已用銀行存款支付）。假定無其他或有事項，不考慮其他因素的影響，則湖南沙沙門業有限公司 2017 年年末資產負債表「預計負債」項目的餘額為（　　）萬元。

A. 5　　　　　　　　　　　B. 1.2
C. 7.5　　　　　　　　　　D. 10.5

17. 下列導致固定資產建造中斷時間連續超過 3 個月的事項中，不應暫停借款費用資本化的是（　　）。

A. 勞務糾紛　　　　　　　B. 安全事故
C. 資金週轉困難　　　　　D. 可預測的天氣影響

18. 甲公司於 2019 年 7 月 1 日正式動工興建一棟辦公樓，工期預計為 2 年，工程採用出包方式，甲公司分別於 2019 年 7 月 1 日和 10 月 1 日支付工程進度款 1,000 萬元和 2,000 萬元。甲公司為建造辦公樓占用了兩筆一般借款：①2018 年 8 月 1 日向某商業銀行借入長期借款 1,000 萬元，期限為 3 年，年利率為 6%，按年支付利息，到期還本；②2018 年 1 月 1 日按面值發行公司債券 10,000 萬元，期限為 3 年，票面年利率為 8%，每年年末支付利息，到期還本。甲公司上述一般借款 2019 年計入財務費用的金額是（　　）萬元。

A. 1,000　　　　　　　　　B. 78.2
C. 781.8　　　　　　　　　D. 860

19. 西方公司於 2018 年 12 月 31 日取得某項固定資產，其初始入帳價值為 600 萬元，使用年限為 5 年，採用年數總和法計提折舊，預計淨殘值為 0。稅法規定對於該項固定資產採用年限平均法計提折舊，折舊年限、預計淨殘值與會計規定相同。下列關於該固定資產 2019 年 12 月 31 日產生暫時性差異的表述中正確的是（　　）。

A. 產生應納稅暫時性差異 80 萬元　　B. 產生可抵扣暫時性差異 80 萬元
C. 產生可抵扣暫時性差異 40 萬元　　D. 不產生暫時性差異

20. 下列屬於「投資活動現金流量」的是（　　）。

A. 取得短期借款 3,000 元存入銀行　　B. 向股東分配現金股利 2,000 元
C. 銷售商品 10,000 元，款項存入銀行　D. 用存款購買機器一臺 5,000 元

二、單項選擇題（共10題，每小題2分，共20分）

1. 下列各項應該計入一般企業「其他業務收入」科目的有（　　）。
   A. 出售投資性房地產的收入
   B. 出租建築物的租金收入
   C. 出售自用房屋的收入
   D. 將持有並準備增值後轉讓的土地使用權予以轉讓所取得的收入

2. 下列各項中，會引起交易性金融資產帳面餘額發生變化的有（　　）。
   A. 收到原計入應收項目的交易性金融資產的利息
   B. 期末交易性金融資產公允價值高於其帳面餘額的差額
   C. 期末交易性金融資產公允價值低於其帳面餘額的差額
   D. 出售交易性金融資產

3. 長期股權投資的權益法的適用範圍是（　　）。
   A. 投資企業能夠對被投資企業實施控制的長期股權投資
   B. 投資企業對被投資企業不具有共同控制或重大影響，並且在活躍市場中沒有報價、公允價值不能可靠計量的長期股權投資
   C. 投資企業對被投資企業具有共同控制的長期股權投資
   D. 投資企業對被投資企業具有重大影響的長期股權投資

4. 下列費用中，應當作為管理費用核算的有（　　）。
   A. 籌建期間的開辦費　　　　　　B. 擴大商品銷售相關的業務招待費
   C. 行政管理部門的固定資產折舊　　D. 工會經費

5. 2019年3月10日，甲公司因無力償還乙公司的1,000萬元貨款，經協商雙方進行債務重組。按債務重組協議規定，甲公司用自身普通股股票400萬股（每股面值1元）償還債務，該股票的公允價值為900萬元（不考慮相關稅費）。乙公司對該應收帳款計提了50萬元的壞帳準備。甲公司於2019年4月1日辦妥了增資批准手續。關於該項債務重組，下列表述中正確的有（　　）。
   A. 債務重組日為2019年3月10日
   B. 乙公司因放棄債權而享有股權的入帳價值為900萬元
   C. 甲公司應確認債務重組利得100萬元
   D. 乙公司應確認債務重組損失100萬元

6. 按照企業會計準則規定，下列各項中，屬於非貨幣性資產交換的有（　　）。
   A. 以應收票據換取土地使用權
   B. 以專利技術換取擁有控制權的股權投資
   C. 以長期股權投資換取以攤餘成本計量的金融資產

D. 以公允價值計量且其變動計入當期損益的金融資產換取機器設備
7. 下列關於最佳估計數的確定，正確的有（　　）。
   A. 所需支出存在一個連續範圍（或區間），且該範圍內各種結果發生的可能性相同，則最佳估計數應當按照該範圍內的中間值，即上下限金額的平均數確定
   B. 所需支出不存在一個連續範圍，或者雖然存在一個連續範圍但該範圍內各種結果發生的可能性不相同，涉及單個項目的，按照最可能發生金額確定
   C. 所需支出不存在一個連續範圍，或者雖然存在一個連續範圍但該範圍內各種結果發生的可能性不相同，涉及多個項目的，按照各種可能結果及相關概率計算確定
   D. 所需支出存在一個連續範圍（或區間），且該範圍內各種結果發生的可能性相同，則最佳估計數應當按照該範圍內的幾何平均數計算確定
8. 借款費用資本化必須同時滿足的條件有（　　）。
   A. 資產支出已經發生
   B. 借款費用已經發生
   C. 為使資產達到預定可使用或者可銷售狀態所必要的購建或者生產活動已經開始
   D. 已使用借款購入工程物資
9. 現金流量表中「支付給職工以及為職工支付的現金」項目應反應的內容有（　　）。
   A. 企業為離退休人員支付的統籌退休金
   B. 企業為經營管理人員支付的困難補助
   C. 支付的在建工程人員的工資
   D. 支付的行政管理人員的工資
10. 下列各項中產生應納稅暫時性差異的有（　　）。
    A. 固定資產的帳面價值為 500 萬元，計稅基礎為 450 萬元
    B. 其他權益工具投資的帳面價值為 60 萬元，計稅基礎為 30 萬元
    C. 交易性金融資產的帳面價值為 50 萬元，計稅基礎為 100 萬元
    D. 因產品質量保證計提預計負債的帳面價值為 20 萬元，計稅基礎為 0 萬元

三、判斷題（共 10 題，每小題 1 分，共 10 分）

1. 企業不論在成本模式下，還是在公允價值模式下，投資性房地產取得的租金收入，均確認為其他業務收入。（　　）
2. 金融資產可以在以攤餘成本計量、以公允價值計量且其變動計入其他綜合收益和以公允價值計量且其變動計入當期損益之間隨意進行重分類。（　　）
3. 採用權益法核算的長期股權投資的初始投資成本大於投資時應享有被投資單位可

辨認淨資產公允價值份額的，其差額計入長期股權投資中。（　）

4. 在確定非貨幣性資產交換是否具有商業實質時，企業不必關注交易各方之間是否存在關聯方關係。（　）

5. 將債務轉為資本的債務重組中，債務人應將股份的公允價值總額與股本（或實收資本）之間的差額確認為投資收益。（　）

6. 或有事項形成的或有資產只有企業基本確定能夠收到的情況下，才能轉換為真正的資產，從而全部予以確認。（　）

7. 資本化期間發生的專門借款的利息費用一定資本化。（　）

8. 以公允價值計量且其變動計入其他綜合收益的金融資產公允價值下降應確認的遞延所得稅資產對應所得稅費用。（　）

9. 資產負債表中的資產類應分別以流動資產和非流動資產項目列示，非流動資產在前，流動資產在後。（　）

10. 投資收益不影響營業利潤。（　）

四、業務分析題（共3題，1小題10分，2小題12分，3小題8分，共30分）

1. 甲公司有關交易性金融資產的資料如下：

（1）2019年1月1日購入面值總額為100萬元，票面年利率為4%的A債券，取得時的價款為104萬元（含已到付息期但尚未領取的利息4萬元），另支付交易費用0.2萬元。甲公司將該項金融資產劃分為交易性金融資產。

（2）2019年1月5日，收到購買時價款中所含的利息4萬元。

（3）2019年12月31日，A債券的公允價值為106萬元（不含利息）。

（4）2020年1月5日，收到A債券2018年度的利息。

（5）2020年4月20日甲公司出售A債券，售價為108萬元，未發生相關處置費用。

要求：根據上述經濟業務編製甲公司的帳務處理。

2. 甲股份有限公司（以下簡稱甲公司）2017—2019年投資業務有關的資料如下：

（1）2017年2月1日，甲公司以銀行存款2,000萬元，購入乙股份有限公司（以下簡稱乙公司）股票，占乙公司有表決權股份的30%，對乙公司的財務和經營政策具有重大影響。不考慮相關費用。2017年2月1日，乙公司所有者權益總額為6,000萬元（與公允價值一致）。

（2）2017年5月2日，乙公司宣告發放2016年度的現金股利500萬元，並於2017年5月26日實際發放。

（3）2017年度，乙公司實現淨利潤1,200萬元。

（4）2018年5月2日，乙公司宣告發放2017年度的現金股利300萬元，並於2018年5月20日實際發放。

（5）2018年度，乙公司發生淨虧損500萬元。
（6）2018年度，乙公司由於某項自用房地產轉換為投資性房地產的業務增加其他綜合收益200萬元。
（7）2019年1月5日甲公司轉讓對乙公司的全部投資，實得價款2,500萬元。
假定除上述交易或事項外，乙公司未發生導致其所有者權益發生變動的其他交易或事項。

要求：編製甲公司2017年至2019年投資業務相關的會計分錄。（「長期股權投資」科目要求寫出明細科目；答案中的金額單位用萬元表示。）

3. 湖南沙沙門業有限公司於2017年2月1日銷售給丁公司產品一批，應收價款為3,000萬元，雙方約定4個月後付款；丁公司因發生財務困難無法按期支付該筆款項。至2017年12月31日湖南沙沙門業有限公司仍未收到款項，湖南沙沙門業有限公司已對該應收帳款計提壞帳準備510萬元。2017年12月31日，湖南沙沙門業有限公司與丁公司進行債務重組，同意丁公司以一項公允價值為2,000萬元的機器設備償還全部債務。丁公司換出固定資產的帳面餘額為2,500萬元，累計折舊800萬元，未計提減值準備。沙沙門業取得的固定資產作為管理用固定資產核算。假設不考慮相關稅費。

要求：分別編製湖南沙沙門業有限公司和丁公司債務重組的會計分錄。
（答案中的金額單位以萬元表示）

五、綜合題（共10分）

大明企業2019年發生的主營業務收入為2,000萬元，其他業務收入100萬，主營業務成本為1,200萬元，其他業務成本為60萬元，稅金及附加為20萬元，銷售費用為40萬元，管理費用為100萬元，其中：研發費用為20萬元，財務費用為20萬元，利息費用18萬元，利息收入0.6萬元，投資收益為80萬元，資產減值損失為140萬元（損失），公允價值變動損益為160萬元（收益），營業外收入為50萬元，營業外支出為30萬元。

要求：試編製該企業2019年利潤表（編製「利潤總額」即可）。

財務會計模擬試卷（四）

一、單項選擇題（共20題，每小題1.5分，共30分）

1. 企業對採用成本模式進行後續計量的投資性房地產攤銷時，應該借記（　　）科目。

　　A. 投資收益　　　　　　　　　　B. 其他業務成本
　　C. 營業外收入　　　　　　　　　D. 管理費用

2. 存貨轉換為採用公允價值模式計量的投資性房地產，投資性房地產應當按照轉換當日的公允價值計量。轉換當日的公允價值小於原帳面價值的其差額通過（　　）科目核算。

　　A. 營業外支出　　　　　　　　　B. 公允價值變動損益
　　C. 投資收益　　　　　　　　　　D. 其他業務收入

3. 關於金融資產的重分類，下列說法中正確的是（　　）。

　　A. 交易性金融資產不可以和以攤餘成本計量的金融資產進行重分類
　　B. 交易性金融資產和以公允價值計量且其變動計入其他綜合收益的金融資產之間不能進行重分類
　　C. 以公允價值計量且其變動計入其他綜合收益的金融資產可以隨意和以攤餘成本計量的金融資產進行重分類
　　D. 交易性金融資產在符合一定條件時可以和以攤餘成本計量的金融資產進行重分類

4. 持有交易性金融資產期間被投資單位宣告發放現金股利或在資產負債表日按債券票面利率計算利息時，借記「應收股利」或「應收利息」科目，貸記（　　）科目。

　　A. 交易性金融資產　　　　　　　B. 短期投資
　　C. 公允價值變動損益　　　　　　D. 投資收益

5. 甲公司出資1,000萬元，取得了乙公司80%的控股權，假如購買股權時乙公司的帳面淨資產價為1,500萬元，甲、乙公司合併前後同受一方控制。則甲公司確認的長期股權投資成本為（　　）萬元。

　　A. 1,000　　　　　　　　　　　　B. 1,500

C. 800　　　　　　　　　　　　D. 1,200

6. A、B兩家公司屬於非同一控制下的獨立公司。A公司於2019年9月1日以本企業的固定資產對B公司投資，取得B公司60%的股份。該固定資產原值1,500萬元，已計提折舊400萬元，已提取減值準備50萬元，9月1日該固定資產公允價值為1,300萬元。B公司2019年9月1日所有者權益為2,000萬元。甲公司該項長期股權投資的成本為（　　）萬元。

A. 1,500　　　　　　　　　　　B. 1,050

C. 1,300　　　　　　　　　　　D. 1,200

7. 根據《企業會計準則第2號——長期股權投資》的規定，長期股權投資採用權益法核算時，初始投資成本大於應享有被投資單位可辨認資產公允價值份額之間的差額，正確的會計處理是（　　）。

A. 計入投資收益　　　　　　　B. 衝減資本公積

C. 計入營業外收入　　　　　　D. 不調整初始投資成本

8. 採用支付手續費方式的委託代銷，委託方確認收入的時點是（　　）。

A. 委託方收到代銷清單時　　　B. 受託方銷售商品時

C. 委託方交付商品時　　　　　D. 委託方收到貨款時

9. 2019年9月1日，甲公司向乙公司銷售商品5,000件，每件售價為20元（不含增值稅），甲、乙公司均為增值稅一般納稅人，銷售商品適用的增值稅率均為16%。甲公司向乙公司銷售商品給予10%的商業折扣，提供的現金折扣為2/10、1/20、n/30，並代墊運雜費1,000元。乙公司於2019年9月15日付款。不考慮其他因素，甲公司在該項交易中應確認的收入是（　　）。

A. 90,000元　　　　　　　　　B. 99,000元

C. 100,000　　　　　　　　　　D. 101,000

10. 下列各項交易或事項中，會影響發生當期營業利潤的有（　　）。

A. 以公允價值模式進行後續計量的投資性房地產持有期間公允價值發生變動

B. 由於合同違約向對方支付違約金

C. 開發無形資產時發生符合資本化條件的支出

D. 自營建造固定資產期間處置工程物資取得淨收益

11. 甲企業以一棟辦公樓換入一臺生產設備和一輛汽車。換出辦公樓的帳面原值為600萬元，以計提折舊360萬元，未計提減值準備，公允價值為300萬元；換入生產設備和汽車的帳面價值分別為180萬元和120萬元，公允價值分別為200萬元和100萬元。該交換具有商業實質，假定不考慮相關稅費。該公司換入汽車的入帳價值為（　　）萬元。

A. 60　　　　　　　　　　　　B. 100

C. 80　　　　　　　　　　　　D. 112

12. 在債務人發生財務困難的前提下，下列選項中不屬於債務重組的是（　　）。
    A. 債務人以公允價值 100 萬元的廠房償還帳面餘額為 100 萬元的債務
    B. 債務人以公允價值 50 萬元的交易性金融資產償還帳面餘額為 100 萬元的債務
    C. 債權人減免部分債務，並將剩餘債務的還款期推遲兩年
    D. 債權人要求債務人用其一項公允價值為 105 萬元的無形資產（符合免徵增值稅的條件）償還帳面餘額為 130 萬元的債務

13. 下列各項關於或有事項會計處理的表述中，不正確的是（　　）。
    A. 因虧損合同預計產生的損失，在滿足預計負債確認條件時，應當確認預計負債
    B. 因或有事項產生的潛在義務應當確認為預計負債
    C. 重組計劃對外公告前不應就重組義務確認預計負債
    D. 對期限較長的預計負債進行計量時應考慮貨幣時間價值的影響

14. 2019 年 11 月，湖南沙沙門業有限公司因污水排放對環境造成污染被周圍居民提起訴訟。2019 年 12 月 31 日，該案件尚未一審判決。根據以往類似案例及公司法律顧問的判斷，湖南沙沙門業有限公司很可能敗訴。如敗訴，預計賠償 2,000 萬元的可能性為 70%，預計賠償 1,800 萬元的可能性為 30%。假定不考慮其他因素，該事項對湖南沙沙門業有限公司 2019 年利潤總額的影響金額為（　　）萬元。
    A. -1,800　　　　　　　　　　B. -1,900
    C. -1,940　　　　　　　　　　D. -2,000

15. 下列資產中不屬於貨幣性資產的是（　　）。
    A. 應收票據　　　　　　　　　B. 應收帳款
    C. 預付帳款　　　　　　　　　D. 準備持有至到期的債券投資

16. 2019 年 2 月 1 日，湖南沙沙門業有限公司公司為建造一棟廠房向銀行取得一筆專門借款。2019 年 3 月 5 日，以該貸款支付前期訂購的工程物資款，因徵地拆遷發生糾紛，該廠房延遲至 2019 年 7 月 1 日才開工興建，開始支付其他工程款，2020 年 2 月 28 日，該廠房建造完成，達到預定可使用狀態。2020 年 4 月 30 日，甲公司辦理工程竣工決算，不考慮其他因素，甲公司該筆借款費用的資本化期間為（　　）。
    A. 2019 年 2 月 1 日至 2020 年 4 月 30 日
    B. 2019 年 3 月 5 日至 2020 年 2 月 28 日
    C. 2019 年 7 月 1 日至 2020 年 2 月 28 日
    D. 2019 年 7 月 1 日至 2020 年 4 月 30 日

17. 新華公司使用的所得稅稅率為 25%，採用資產負債表債務法核算所得稅。新華公司 2019 年年初壞帳準備的餘額為 0。2019 年 12 月 31 日應收帳款餘額為 2,300 萬元，該公司期末對應收帳款計提了 200 萬元的壞帳準備。按照稅法規定，應收帳款計提的壞帳準備在發生實質性損失之前不允許稅前扣除。則 2019 年 12 月 31 日該項應收帳款對遞延所得

稅的影響為（　　）。

  A. 應確認遞延所得稅資產 50 萬元　　B. 應確認遞延所得稅資產-50 萬元

  C. 應確認遞延所得稅負債 50 萬元　　D. 應確認遞延所得稅負債-50 萬元

18. 下列各項確認的遞延所得稅不對應所得稅費用科目的是（　　）。

  A.「非交易性權益工具投資的公允價值變動」

  B.「交易性金融資產公允價值變動」

  C.「存貨計提減值準備」

  D.「應收帳款計提壞帳」

19. 某企業 2019 年主營業務收入為 1,000 萬元，其他業務收入 100 萬元，2018 年應收帳款的年初數為 150 萬元，期末數為 120 萬元，2018 年發生壞帳 10 萬元，計提壞帳準備 12 萬元。根據上述資料，該企業 2019 年「銷售商品收到的現金」為（　　）萬元。

  A. 1,118　　　　　　　　　　　B. 1,108

  C. 1,142　　　　　　　　　　　D. 1,132

20. 現金流量表是以（　　）為基礎編製的會計報表。

  A. 權責發生制　　　　　　　　　B. 收付實現制

  C. 應收應付制　　　　　　　　　D. 費用配比制

二、多項選擇題（共 10 題，每小題 2 分，共 20 分）

1. 關於投資性房地產的計量模式，下列說法中正確的是（　　）。

  A. 已經採用公允價值模式計量的投資性房地產，不得從公允價值模式轉為成本模式

  B. 已經採用成本模式計量的投資性房地產，不得從成本模式轉為公允價值模式

  C. 採用公允價值模式計量的，不對投資性房地產計提折舊或進行攤銷

  D. 企業對投資性房地產計量模式一經確定不得隨意變更

2. 下列各項中，應作為以攤餘成本計量的金融資產取得時初始成本入帳的有（　　）。

  A. 投資時支付的不含應收利息的價款

  B. 投資時支付的手續費

  C. 投資時支付的稅費

  D. 投資時支付款項中所含的已到期尚未發放的利息

3. 根據《企業會計準則第 2 號——長期股權投資》的規定，長期股權投資採用成本法核算時，下列各項會引起長期股權投資帳面價值變動的有（　　）。

  A. 追加投資　　　　　　　　　　B. 減少投資

  C. 被投資企業實現淨利潤　　　　D. 被投資企業宣告發放現金股利

4. 下列各項關於現金折扣、商業折扣、銷售折讓的會計處理的表述中，不正確的有

（　　）。
- A. 現金折扣在實際發生時計入財務費用
- B. 現金折扣在確認銷售收入時計入財務費用
- C. 已確認收入的售出商品發生銷售折讓的，通常應當在發生時衝減當期銷售商品收入
- D. 商業折扣在確認銷售收入時計入銷售費用

5. 下列各項中應計入銷售費用的有（　　）。
- A. 銷售商品發生的銷售折讓
- B. 銷售商品過程中發生的保險費
- C. 廣告費
- D. 銷售機構的職工薪酬

6. 在關於債務重組中以非現金資產方式清償債務的會計處理中不正確的有（　　）。
- A. 以非現金資產清償債務的，債務人在進行會計處理時，視同處置非現金資產
- B. 以固定資產清償債務的，債務人應將固定資產公允價值與帳面價值之間的差額，計入債務重組利得
- C. 以存貨清償債務的，債務人應將存貨公允價值與帳面價值之間的差額確認為處置資產利得
- D. 以交易性金融資產清償債務的，債務人應將交易性金融資產公允價值與帳面價值之間的差額，計入營業外收入或營業外支出

7. 關於虧損合同的會計處理正確的有（　　）。
- A. 虧損合同確認預計負債時，預計負債的計量應當反應退出該合同的最低淨成本，即履行該合同的成本與未能履行該合同而發生的補償或處罰兩者之中的較低者
- B. 如果與虧損合同相關的義務不可撤銷，企業就存在了現實義務，同時滿足該義務很可能導致經濟利益流出企業且金額能夠可靠地計量的，應當確認為預計負債
- C. 待執行合同變為虧損合同的，合同存在標的資產的，應當對標的資產進行減值測試並按規定確認減值損失，在這種情況下企業通常不確認預計負債；如果預計虧損超過該減值損失，應將超過部分確認為預計負債
- D. 待執行合同變為虧損合同的，合同不存在標的資產的，虧損合同相關義務滿足預計負債確認條件時，應該確認預計負債

8. 在確定借款費用暫停資本化的期間時，應當區別正常中斷和非正常中斷，下列各項中，屬於非正常中斷的有（　　）。
- A. 質量糾紛導致的中斷
- B. 安全事故導致的中斷

C. 勞動糾紛導致的中斷　　　　　　D. 資金周圍困難導致的中斷

9. 下列交易或事項產生的現金流量中，屬於投資活動產生的現金流量的有（　　）。
    A. 為購建固定資產支付的耕地占用稅
    B. 轉讓一項專利權，取得價款 200 萬元
    C. 因火災造成固定資產損失而收到的保險賠款
    D. 融資租賃方式租入固定資產所支付的租金

10. 下列各項中，假設遞延所得稅均對應所得稅費用，則下列能夠增加遞延所得稅費用金額的有（　　）。
    A. 遞延所得稅資產借方發生額
    B. 遞延所得稅資產貸方發生額
    C. 遞延所得稅負債借方發生額
    D. 遞延所得稅負債貸方發生額

三、判斷題（共 10 題，每小題 1 分，共 10 分）

1. 已採用公允價值模式計量的投資性房地產，不得從公允價值模式轉為成本模式。　　　　　　　　　　　　　　　　　　　　　　　　　　　　（　　）
2. 企業取得非交易性權益工具投資時支付的交易費用應計入投資收益。（　　）
3. 被投資單位以盈餘公積彌補虧損和以資本公積轉增資本時，投資企業不需要進行帳務處理。　　　　　　　　　　　　　　　　　　　　　　　　（　　）
4. 應收帳款可能發生壞帳，將來收取的貨幣是不確定的，因此，應收帳款屬於非貨幣性資產。　　　　　　　　　　　　　　　　　　　　　　　　（　　）
5. 如果債務人以低於重組應付債務的帳面價值的現金清償債務，則債權人確認的利得與債務人確認的債務重組損失金額是相等。　　　　　　　　　　（　　）
6. 虧損合同產生的義務滿足預計負債條件，應當確認為預計負債，預計負債的計量應當反應退出該合同的最低淨成本，即履行該合同的成本與未能履行該合同而發生補償或處罰兩者之中的較低者。　　　　　　　　　　　　　　　　　　（　　）
7. 資本化期間，是指從借款費用開始資本化時點至停止資本化時點的期間。（　　）
8. 以公允價值計量且其變動計入其他綜合收益的金融資產公允價值下降應確認的遞延所得稅資產對應所得稅費用。　　　　　　　　　　　　　　　（　　）
9. 已支付的廣告費用中超標部分計稅基礎為超過標準部分。　　　　（　　）
10. 現金流量表中的「現金」即為貨幣資金。　　　　　　　　　　　（　　）

四、業務分析題（共 3 題，每小題 10 分，共 30 分）

1. 甲公司有關投資性房地產的資料如下：

（1）2019 年 1 月，甲公司購入一幢建築物，取得價款為 600 萬元，款項以銀行存款轉帳支付，不考慮相關稅費。購入當月起即用於對外經營租賃。

（2）甲公司對該房地產採用成本模式進行後續計量。

（3）甲公司購入的上述用於出租的建築物預計使用壽命為 10 年，預計淨殘值為 36 萬元，採用年限平均法按年計提折舊。

（4）甲公司該項房地產 2018 年取得租金收入為 100 萬元，已存入銀行。假定不考慮其他相關稅費。

（5）2019 年 12 月 31 日，甲公司將原用於出租的建築物出售，實得價款 700 萬，不考慮相關稅費。

要求：

（1）編製甲公司 2019 年 1 月取得該項建築物的會計分錄。

（2）計算 2019 年度甲公司對該項建築物計提的折舊額，並編製相應的會計分錄。

（3）編製甲公司 2019 年取得該項建築物租金收入的會計分錄。

（4）編製甲公司 2019 年出售該項建築物的會計分錄。

2. 2018 年 2 月 1 日，中德公司以銀行存款 1,000 萬元取得 B 公司 80% 的股份。該項投資屬於非同一控制下的企業合併，B 公司所有者權益的帳面價值 1,500 萬元。2018 年 5 月 2 日，B 公司宣告分配現金股利 200 萬元，5 月 20 日已收到股利，2018 年度 B 公司實現利潤 200 萬元。2019 年 5 月 2 日，B 公司宣告分配現金股利 300 萬元，5 月 15 日收到此股利，2019 年度 B 公司發生虧損 300 萬元。

要求：做出中德公司上述股權投資的會計處理。

3. 湖南沙沙門業有限公司於 2017 年 2 月 1 日銷售給丁公司產品一批，應收價款為 3,000 萬元（含稅），雙方約定 4 個月後付款；丁公司因發生財務困難無法按期支付該筆款項。至 2017 年 12 月 31 日湖南沙沙門業有限公司仍未收到款項，湖南沙沙門業有限公司已對該應收帳款計提壞帳準備 510 萬元。2017 年 12 月 31 日，湖南沙沙門業有限公司與丁公司進行債務重組，同意丁公司以公允價值為 2,000 萬元的自產產品償還全部債務，適用的增值稅稅率為 16%。丁公司自產產品成本為 1,500 萬元（未計提存貨跌價準備）。沙沙門業取得的該批商品作為庫存商品核算。假設不考慮其他相關稅費。

要求：分別編製湖南沙沙門業有限公司和丁公司債務重組的會計分錄。

（答案中的金額單位以萬元表示）

五、綜合題（共 10 分）

甲公司 2019 年度實現的利潤總額為 2,000 萬元，所得稅採用資產負債表債務法核算，適用的所得稅稅率為 25%，遞延所得稅資產和遞延所得稅負債期初無餘額。甲公司 2019 年度與所得稅有關的經濟業務如下：

(1) 2018年12月購入管理用固定資產，原價為300萬元，預計淨殘值為15萬元，預計使用年限為10年，按雙倍餘額遞減法計提折舊，稅法按年限平均法計提折舊，折舊年限與預計淨殘值和會計規定相一致。

(2) 2019年1月1日，甲公司支付價款120萬元購入一項專利技術，企業根據各方面情況判斷，無法合理預計其為企業帶來的經濟利益的期限，將其視為使用壽命不確定的無形資產。假定稅法規定此專利技術攤銷年限為10年，採用直線法攤銷，無殘值。2019年12月31日，該無形資產的可收回金額為90萬元。

(3) 2019年甲公司因銷售產品承諾3年的保修服務，年末預計負債帳面餘額為80萬元，當年度未發生任何保修支出，按照稅法規定，與產品售後服務有關的費用在實際支付時抵扣。

(4) 2019年8月4日購入一項以公允價值計量且其變動計入其他綜合收益的金融資產（債務工具），取得成本為900萬元，2019年12月31日該項以公允價值計量且其變動計入其他綜合收益的金融資產（債務工具）公允價值為1,020萬元，假定稅法規定，以公允價值計量且其變動計入其他綜合收益的金融資產（債務工具）持有期間公允價值變動金額不計入應納稅所得額，待出售時一併計入應納稅所得額。

假定不考慮其他因素。

要求：

(1) 計算甲公司2019年應納稅所得額和應交所得稅金額。

(2) 計算甲公司2019年12月31日遞延所得稅資產和遞延所得稅負債餘額。

(3) 計算甲公司2019年所得稅費用金額並編製與所得稅相關的會計分錄。

國家圖書館出版品預行編目（CIP）資料

財務會計（附習題集）/ 洪娟 編著. -- 第一版.
-- 臺北市：財經錢線文化, 2020.05
　　面；　　公分
POD版

ISBN 978-957-680-432-8(平裝)

1.財務會計

495.4　　　　　　　　　　　109006802

書　　名：財務會計（附習題集）
作　　者：洪娟 編著
發 行 人：黃振庭
出 版 者：財經錢線文化事業有限公司
發 行 者：財經錢線文化事業有限公司
E - m a i l：sonbookservice@gmail.com
粉絲頁：　　　　　　網址：
地　　址：台北市中正區重慶南路一段六十一號八樓 815 室
8F.-815, No.61, Sec. 1, Chongqing S. Rd., Zhongzheng Dist., Taipei City 100, Taiwan (R.O.C.)
電　　話：(02)2370-3310　傳　真：(02) 2388-1990
總 經 銷：紅螞蟻圖書有限公司
地　　址：台北市內湖區舊宗路二段 121 巷 19 號
電　　話：02-2795-3656 傳真：02-2795-4100　　網址：
印　　刷：京峯彩色印刷有限公司（京峰數位）

　　本書版權為西南財經大學出版社所有授權崧博出版事業股份有限公司獨家發行電子書及繁體書繁體字版。若有其他相關權利及授權需求請與本公司聯繫。

定　　價：780元
發行日期：2020 年 05 月第一版
◎ 本書以 POD 印製發行